滚动轴承几何与力学参数化设计和工程问题分析

主　编　杨咸启
副主编　李晓玲　刘胜荣

合肥工业大学出版社

内 容 提 要

本书是介绍了滚动轴承几何参数化设计、力学参数化设计和工程问题。主要内容包括：滚动轴承学基础知识、通用球轴承的几何三维图形参数化设计、通用滚子轴承的几何三维图形参数化设计、滚动轴承的接触力学参数化设计、滚动轴承额定静载荷参数化设计、滚动轴承额定动载荷参数化设计、滚动轴承高等力学参数化设计以及滚动轴承系统工程问题分析方法。全书力求从工程设计问题出发，介绍了滚动轴承创新设计新的思想、理论和方法，并在优化设计的基础上引入稳健可靠性设计的方法。针对机械工程等相关专业人员的工作需要，本书在介绍滚动轴承计算理论知识和计算方法的同时，还给出大量的工程应用实例，目的是便于读者理解和参考。本书可供从事机械设计方面的研究人员和工程技术人员以及相关专业的研究生参考。

图书在版编目(CIP)数据

滚动轴承几何与力学参数化设计和工程问题分析/杨咸启编著．—合肥：合肥工业大学出版社，2021.11

ISBN 978-7-5650-5100-5

Ⅰ.①滚…　Ⅱ.①杨…　Ⅲ.①滚动轴承—几何参数—设计②滚动轴承—力学—参数—设计　Ⅳ.①TH133.33

中国版本图书馆 CIP 数据核字(2021)第 000961 号

滚动轴承几何与力学参数化设计和工程问题分析

杨咸启　编著　　　　责任编辑　许璘琳

出　版	合肥工业大学出版社	版　次	2021 年 11 月第 1 版
地　址	合肥市屯溪路 193 号	印　次	2021 年 11 月第 1 次印刷
邮　编	230009	开　本	787 毫米×1092 毫米　1/16
电　话	基础与职业教育出版中心：0551-62903120	印　张	26.5
	营销与储运管理中心：0551-62903198	字　数	695 千字
网　址	www.hfutpress.com.cn	印　刷	安徽联众印刷有限公司
E-mail	hfutpress@163.com	发　行	全国新华书店

ISBN 978-7-5650-5100-5　　　　定价：89.00 元

如果有影响阅读的印装质量问题，请与出版社营销与储运管理中心联系调换。

前　言

滚动轴承科学技术理论的发展在不断深入，特别是计算机技术和数学分析模型技术的引入，大大促进了轴承分析理论和技术的进步。多年以前，作者曾在洛阳轴承研究所从事接触力学和滚动轴承理论方面的研究，开发轴承分析计算软件，包括轴承接触有限元计算软件和轴承性能分析软件。后来又到中国海洋大学、黄山学院、安徽建筑大学城市建设学院从事教学和研究工作，对轴承理论应用进行了比较深入的研究，出版了《接触力学理论与滚动轴承设计分析》一书，总结了多年以来的理论与试验研究结果。为了完善轴承分析设计理论，在该书介绍的理论内容基础上，进一步发展新的设计方法，提出稳健可靠性设计理论。《滚动轴承几何与力学参数化设计和工程问题分析》中介绍了这些理论分析方法和有关新结果，同时也修正了《接触力学理论与滚动轴承设计分析》中的一些错误。

本书内容包括，滚动轴承几何三维图形参数化设计部分：轴承学基础简介、通用球轴承的几何三维图形参数化设计、通用滚子轴承的几何三维图形参数化设计。而轴承的几何尺寸由轴承设计方法确定。滚动轴承力学参数化设计部分：轴承的接触力学参数化设计、轴承额定静载荷参数化设计、轴承额定动载荷参数化设计、轴承高等力学参数化设计。滚动轴承系统工程问题分析方法。

作为科技专著，本书在编写过程中力求突出以下方面：理论叙述简练，采用简明的理论建立轴承几何和力学分析模型，去除了复杂的数学推导；增加轴承设计新的思想和理论知识的介绍，作者结合了国内外的轴承技术的发展以及工程应用成果，在优化设计的理论基础上提出轴承系统稳健可靠性设计的方法；全书力图从工程设计问题出发，介绍典型的轴承设计实例，针对性和实用性比较强。

本书由杨咸启主编，负责全书主要内容编写和最后统稿；李晓玲参与第 4 章及第 8 章的内容编写；刘胜荣参与第 8 章的内容编写。经过多年的努力，反复推敲修改，书稿得以完成。在此，想借用诗人辛弃疾的《水龙吟 · 甲辰岁寿韩南涧尚书》词句“况有文章山斗。对桐阴、满庭清昼。”和诗人苏轼的《江城子 · 密州出猎》词句“酒酣胸胆尚开张。鬓微霜，又何妨！”来表达未尽的滋味。作者在有关高校指导的研究生和本科生在轴承理论、试验和设计方面曾经取得的一些研究结果，他们对本书贡献了很多有益的内容。同时本书引用了参考文献中的部分资料和互联网中的有关资料，也得到黄山学院及安徽省教育厅质量工程项目、安徽日飞轴承有限公司项目的支持。在此对以上相关单位和人员表示感谢。

本书编写出版过程中得到安徽建筑大学城市建设学院（合肥城市学院）及教育厅质量工程项目、浙江天马轴承集团有限公司项目的有力支持。同时也得到商丘工学院和合肥工业大学出版社等单位给予的帮助。在此对以上相关单位和人员表达深深谢意。

这里，作者特别感谢教育指导自己成长的师长，帮助、支持、协助过自己工作的同事，特别是家人一直以来的无私关爱，在此深表感激！由于作者水平所限，书中难免存在缺点和错误，敬请读者批评指正。

作　者

2021 年 5 月黄麓荫桐园

目　　录

第1章　绪　论

1.1　概　述

滚动轴承是一种通用标准机械产品，应用场合非常广泛。它是一类非常关键的支撑减摩精密零件，也是容易失效的零件。滚动轴承从产品创新设计技术到生产制造技术再到理论分析和试验测试技术经历了很长的发展过程。有很多人做出了重要贡献，其中理论分析和试验研究最著名的有：琼斯(A. B. Jones，1946) 研究了滚动轴承中的载荷、变形与应力；伦德贝格(G. Lundberg 1947) 与帕姆格林(A. Palmgren) 建立了滚动轴承载荷能力计算理论；帕姆格林(A. Palmgren，1959) 出版了《滚动轴承工程学》；塔廉(T. Tallian，1969) 完成大量的滚动轴承疲劳寿命试验分析；哈里斯(T. A. Harris) 出版了《滚动轴承分析》(第 5 版，第 1 卷、第 2 卷，2007)。世界范围内的主要轴承公司，如，SKF，INA/FAG，NSK，NTN，Timken 等，对轴承技术发展起到了主导和推动作用。中国的轴承制造企业总体规模巨大，虽然几经变化，但也对轴承技术发展做出了重要贡献。经历了这些发展之后，形成了滚动轴承学。它是研究滚动轴承的专门设计、计算理论、制造与测试技术和轴承材料等方面的专门科学，是一门综合性的科学，其研究对象主要包括轴承的几何结构分析、轴承中的受力与运动规律分析、轴承润滑机理分析、轴承制造与测试技术以及轴承材料、轴承使用和轴承失效分析等。

本章首先简单介绍滚动轴承学中一些基本的概念。

传统的滚动轴承一般由外圈、内圈、滚动体和保持架组成，它包括很多种结构，典型的如图 1－1 所示。为了能够正常运转，轴承中还需要润滑，因此，通常将润滑剂也作为轴承组成的一部分。

按照滚动体形状来划分时，轴承可以分为球轴承、滚子轴承和滚针轴承。

如果按照轴承中滚动体列数分，轴承又可以分为：

1) 单列球轴承，如图 1－1(a)(b)(c) 所示；

2) 单列滚子轴承，如图 1－1(f)(g)(i) 所示；

3) 双列和专用多列(三列及以上) 滚动体轴承，如图 1－1(d)(k)(l)。

按承受载荷的方向不同，滚动轴承可分为：

1) 主要承受径向载荷的向心轴承，如图 1－1(a)(d)(e)(f)；

2) 主要承受轴向载荷的推力轴承，如图 1－1(b)(i)(j)；

3) 同时承受径向和轴向联合载荷的向心推力轴承(接触角小于等于 45 度)，或推力向心轴承(接触角大于 45 度)。如图 1－1(c)(g)(h)。

轴承采用不同的润滑方法，可以分为油润滑、脂润滑以及油气润滑等。而具有球面滚道的轴承可以起一定的调心作用。

(a) 深沟球轴承

(b) 推力球轴承

(c) 角接触球轴承

(d) 双列调心球轴承

(e) 双列角接触球轴承

(f) 向心短圆柱滚子轴承

(g) 圆锥滚子轴承

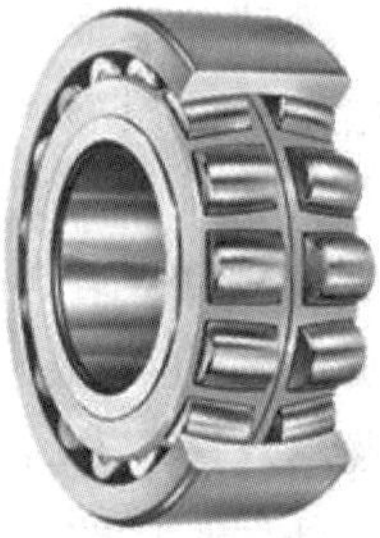
(h) 双列调心滚子轴承

(i) 推力圆锥滚子轴承

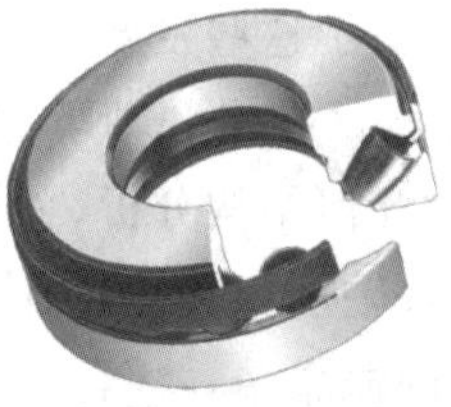
(j) 推力调心滚子轴承

(k) 四列圆柱滚子轴承

(l) 四列圆锥滚子轴承

(m) 各类滚针轴承

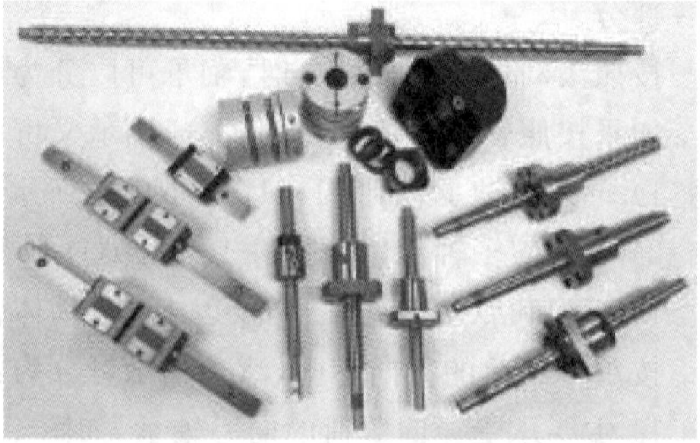
(n) 各类直线运动导轨轴承系统

图 1-1 典型滚动轴承

1.2　轴承基本结构类型

滚动轴承类型繁多，作为标准件产品，通常采用代号来表示。国家标准已经规定了滚动轴承的代号，包括基本代号、前置代号和后置代号，其排列顺序为前置代号＋基本代号＋后置代号。

滚动轴承的基本代号由类型代号＋尺寸系列代号＋内径代号构成。

类型代号：用阿拉伯数字或大写拉丁字母表示，表1-1给出了几种基本类型轴承代号。轴承结构有很多种变形，具体的结构变化可查看有关轴承手册。

表1-1　轴承类型代号

代号	0	1	2		3	4	5	6	7	8	9	N	U	QJ
轴承类型	双列角接触球轴承	调心球轴承	调心滚子轴承	推力调心滚子轴承	圆锥滚子轴承	双列深沟球轴承	推力球轴承	深沟球轴承	角接触球轴承	推力圆柱滚子轴承	推力圆锥滚子轴承	圆柱滚子轴承	外球面球轴承	四点接触球轴承

尺寸系列代号：由轴承宽（高）度系列代号和直径系列代号组合而成，一般用两位数字表示（有时省略其中一位）。它的主要作用是区别内径（d）相同而宽度和外径不同的轴承，具体代号需查阅相关标准。

内径代号：表示轴承的公称内径，一般用两位数字表示。

(1) 代号数字为00，01，02，03时，分别表示内径10 mm、12 mm、15 mm、17 mm。

(2) 代号数字为04～96时，代号数字乘以5，即得轴承内径。

(3) 轴承公称内径为1～9 mm、22 mm、28 mm、32 mm、500 mm或大于500 mm时，用公称内径毫米数值直接表示，但与尺寸系列代号之间用“/”隔开。

轴承基本代号举例：

例1-1　轴承代号6210的含义：6为轴承类型代号，表示深沟球轴承；2为尺寸系列代号(02)，其中宽度系列代号0省略，直径系列代号为2；10为内径代号，直径值为$d=5\times10=50$ mm。

例1-2　轴承代号30315的含义：3为轴承类型代号，表示圆锥滚子轴承；03为尺寸系列代号(03)，其中宽度系列代号为0，直径系列代号为3；15为内径代号，直径值为$d=5\times15=75$ mm。

例1-3　轴承代号62/22的含义：6为轴承类型代号，表示深沟球轴承；2为尺寸系列代号(02)；22为内径，$d=22$ mm（用公称内径毫米数值直接表示）。

前置代号及后置代号：当轴承在结构形状、尺寸、公差、技术要求等有改进时，在基本代号前添加的补充代号为前置代号，在基本代号后添加的补充代号为后置代号。具体内容可查阅有关的国家标准。

滚动轴承的外形尺寸已经标准化了，具体尺寸可查阅有关的国家标准。

常用的滚动轴承结构见表 1-2。

表 1-2　常用滚动轴承的结构与安装简图

名称、类型号和主要尺寸	结构图规定画法	轴与轴承的安装示意图
圆锥滚子轴承 30000 型 (外形尺寸 $D\times d\times T$)	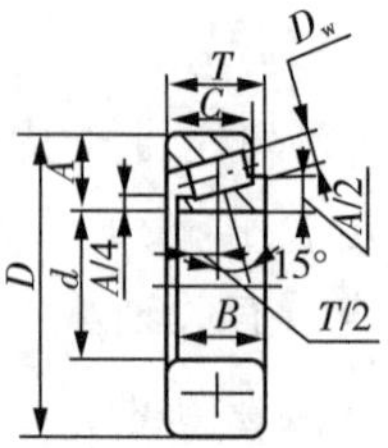	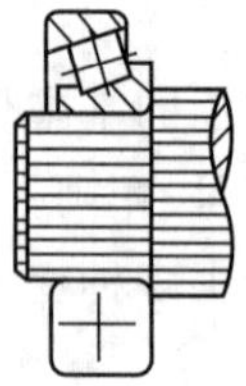
推力球轴承 50000 类型 (外形尺寸 $D\times d\times T$)	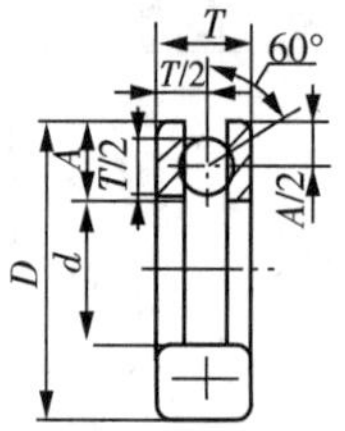	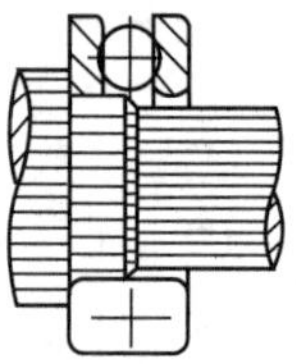
深沟球轴承 60000 类型 (外形尺寸 $D\times d\times B$)	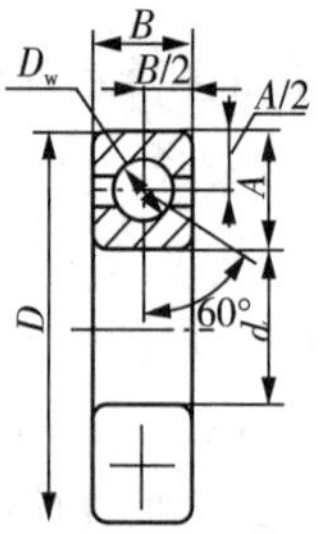	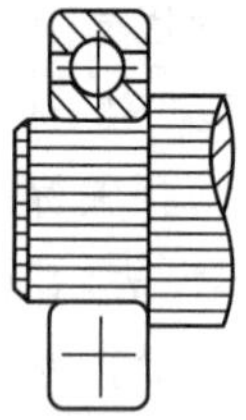
角接触球轴承 70000 型 (外形尺寸 $D\times d\times B$)	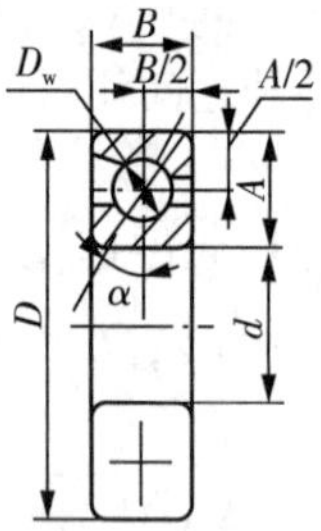	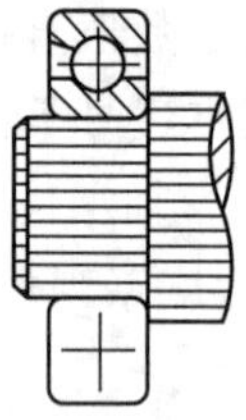
圆柱滚子轴承 NU0000 型 (外形尺寸 D×d×B)	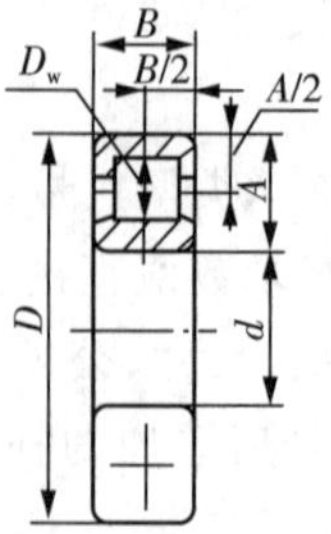	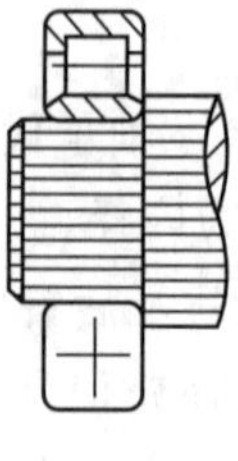

1.3 轴承内部结构主要几何参数

滚动轴承的外形尺寸包括轴承外径、内径、宽度。对于标准轴承，这些尺寸已经标准化了。轴承结构几何关系主要指轴承内部结构的尺寸关系。图 1-2 是典型的向心球轴承与向心圆柱滚子轴承结构示意图。图中的尺寸是轴承的主要尺寸，轴承游隙是在套圈轴线和滚动体轴线理想对中（正）条件下显示的情况。

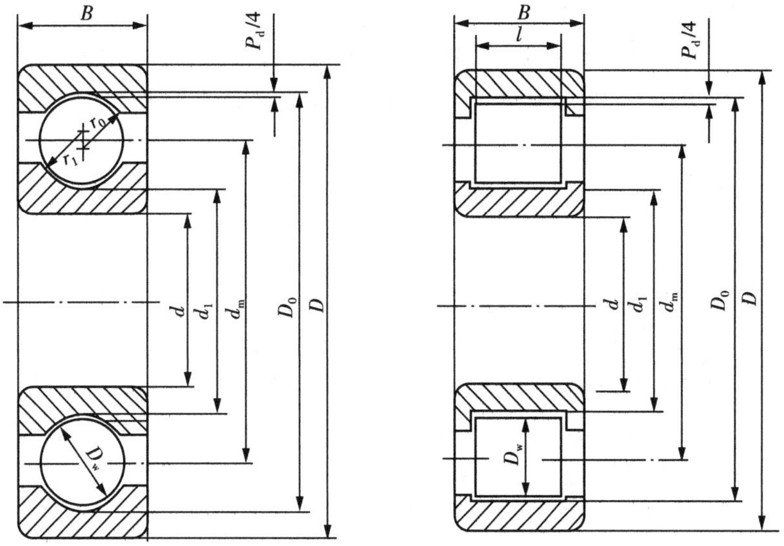

（a）向心球轴承　（b）向心圆柱滚子轴承

图 1-2　轴承结构示意图

由于轴承是一种机械运动的产品，它的内部尺寸必须满足一定的几何关系，才能保证运动的可行性和可靠性。下面介绍几种典型轴承内部结构重要的几何关系。

1.3.1 球轴承内部结构参数

（1）球轴承中心圆（节圆）直径

轴承中一个重要的几何量是轴承滚动体的中心圆（节圆）直径：

$$d_m = k_m(D + d) \tag{1-1}$$

式中，D 为轴承外径，d 为轴承内径，k_m 为中心圆直径系数。

（2）球轴承滚道密合度

由于轴承中零件的运动特点，轴承中的滚道和滚动体的几何形状要求比较严格。对球轴承，在垂直于轴承滚动方向的横截平面内，定义球与滚道密合度为：在轴承直径剖面内，球的半径和滚道的半径比值，即

$$\phi_D = D_w/(2r) \tag{1-2}$$

式中，D_w 为球的直径，r 为滚道曲率半径。而轴承滚道的半径在设计时采用式(1-3)：

$$r = fD_w \tag{1-3}$$

式中，f 为滚道曲率半径系数，它分为内滚道系数 f_i 和外滚道系数 f_e。

将式(1-3)代入式(1-2)，球轴承的密合度又可以表达为

$$\phi_D = 1/(2f) \tag{1-4}$$

对于球面滚子轴承，也可以此类推，定义其密合度为

$$\phi_R = R_w/r$$

式中，R_w 为球面滚子的半径。而对于直母线滚子轴承，则不定义密合度参数。

(3) 球轴承滚道接触点的主曲率

当轴承不受外力时，滚动体与沟道接触为一点时称为点接触，为一条线时称为线接触。通常，球轴承和球面滚子轴承中的接触为点接触，而圆柱轴承和圆锥轴承中的接触为线接触。

为了计算接触应力，需要确定接触点的主曲率。轴承零件(滚动体与套圈)在接触点附近曲面函数可以近似表示为二次函数式：

$$z = f(x, y) = \rho_{\mathrm{I}} x^2 + \rho_{\mathrm{II}} y^2 \tag{1-5}$$

式中，ρ_{I}，ρ_{II} 分别为一个接触体曲面的两个主曲率。根据微分几何的规定，接触体的曲面外凸，其曲率规定为正值；曲面内凹，其曲率规定为负值。

一般情况下，两个物体在接触点处的主曲率半径分别用 $r_{\mathrm{I}1}$，$r_{\mathrm{II}1}$，$r_{\mathrm{I}2}$，$r_{\mathrm{II}2}$ 表示，对应的主曲率分别记为 $\rho_{\mathrm{I}1} = 1/r_{\mathrm{I}1}$，$\rho_{\mathrm{II}1} = 1/r_{\mathrm{II}1}$，$\rho_{\mathrm{I}2} = 1/r_{\mathrm{I}2}$，$\rho_{\mathrm{II}2} = 1/r_{\mathrm{II}2}$，其中第一个下标代表主曲率平面，第二个下标代表接触物体，如图 1-3 所示。

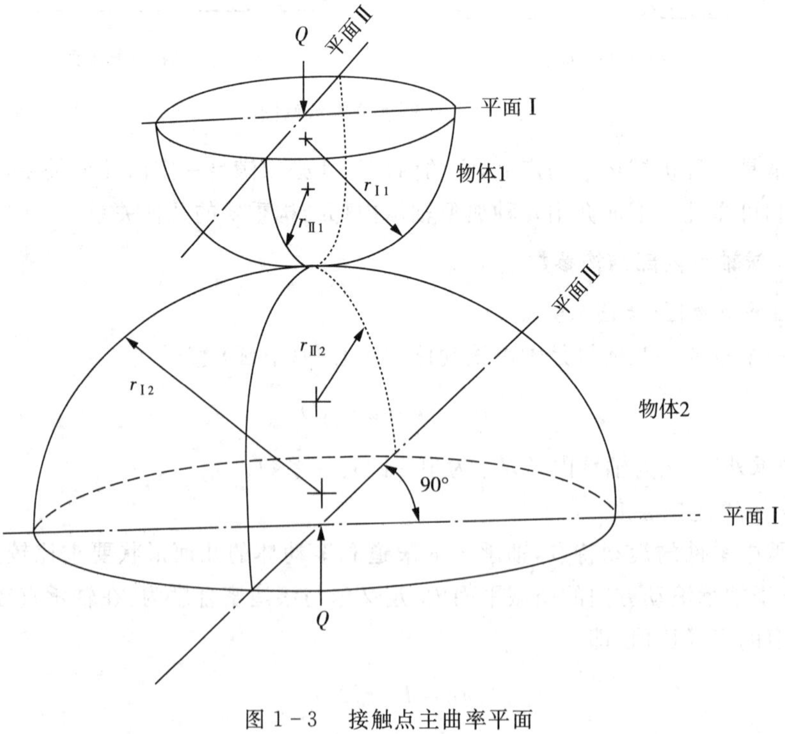

图 1-3 接触点主曲率平面

具体地，轴承中滚道接触模型如图 1－4 所示为向心球轴承中球与内圈点接触模型。球体的两个主曲率分别为

$$\rho_{\mathrm{I}1}=\rho_{\mathrm{II}1}=2/D_{\mathrm{w}}$$

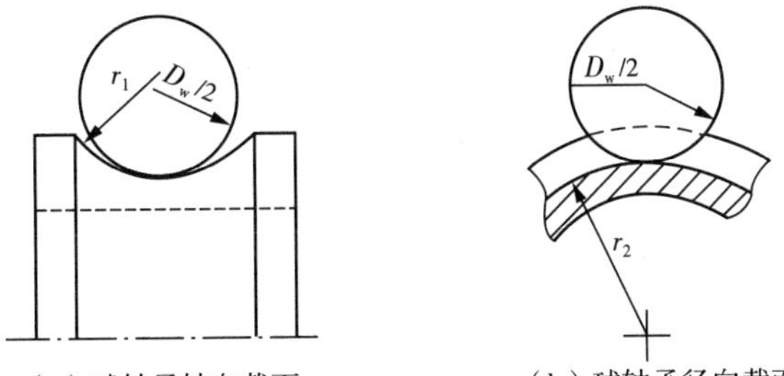

（a）球轴承轴向截面　　（b）球轴承径向截面

图 1－4　向心球轴承中球与内圈点接触模型

对于向心球轴承的内圈沟道，其接触点主曲率分别为

$$\rho_{\mathrm{I}2}=\frac{-1}{R_{\mathrm{I}}}=\frac{-1}{f_{\mathrm{i}}D_{\mathrm{w}}},\quad \rho_{\mathrm{II}2}=\frac{1}{R_{\mathrm{II}}}=\frac{2}{D_{\mathrm{w}}}\left(\frac{\gamma}{1-\gamma}\right)$$

对于向心球轴承的外圈沟道，其接触点主曲率分别为

$$\rho_{\mathrm{I}2}=\frac{-1}{f_{\mathrm{e}}D_{\mathrm{w}}},\quad \rho_{\mathrm{II}2}=\frac{-2}{D_{\mathrm{w}}}\left(\frac{\gamma}{1+\gamma}\right)$$

式中，f_{i} 为内圈沟道曲率半径系数，f_{e} 为外圈沟道曲率半径系数，

$$\gamma=\frac{D_{\mathrm{w}}}{d_{\mathrm{m}}}\cos\alpha \tag{1-6}$$

其中，α 为轴承接触角。

在接触应力计算中，通常需要建立两个接触体的曲率组合辅助函数。

曲率和函数：

$$\sum\rho=\rho_{\mathrm{I}1}+\rho_{\mathrm{II}1}+\rho_{\mathrm{I}2}+\rho_{\mathrm{II}2} \tag{1-7}$$

曲率比值函数：

$$F(\rho)=\frac{\sqrt{(\rho_{\mathrm{I}1}-\rho_{\mathrm{II}1})^2+(\rho_{\mathrm{I}2}-\rho_{\mathrm{II}2})^2+2(\rho_{\mathrm{I}1}-\rho_{\mathrm{II}1})(\rho_{\mathrm{I}2}-\rho_{\mathrm{II}2})\cos(2\theta)}}{\sum\rho}$$

其中，θ 为两个接触体的主曲率平面之间的夹角。

通常在轴承中的接触点处，两个接触体的主曲率平面之间的夹角为零。所以，其主曲率比值辅助函数简化为

$$F(\rho)=\frac{\left|(\rho_{\mathrm{I}1}-\rho_{\mathrm{II}1})+(\rho_{\mathrm{I}2}-\rho_{\mathrm{II}2})\right|}{\sum\rho} \tag{1-8}$$

具体到典型的球轴承结构，其中接触点的主曲率函数的计算公式列于表 1－3 中。

表 1-3 球轴承接触滚道曲率函数

轴承类型	轴承简图	零件	ρ_{I}	ρ_{II}	$\sum\rho$(套圈＋滚动体)	$F(\rho)$(套圈＋滚动体)
深沟球轴承($\alpha=0°$)； 角接触球轴承($\alpha\neq0°$)	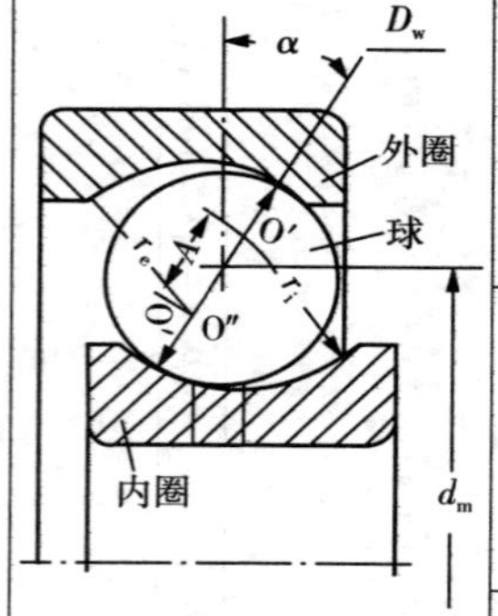	外圈	$\rho_{\mathrm{I}1}=\frac{-1}{r_e}=\frac{-1}{f_eD_w}$	$\rho_{\mathrm{II}1}=\frac{-1}{D_w}\frac{2\gamma}{1+\gamma}$	$\frac{1}{D_w}\left(4-\frac{1}{f_e}-\frac{2\gamma}{1+\gamma}\right)$	$\frac{\left(\frac{1}{f_e}-\frac{2\gamma}{1+\gamma}\right)}{\left(4-\frac{1}{f_e}-\frac{2\gamma}{1+\gamma}\right)}$
		内圈	$\rho_{\mathrm{I}1}=\frac{-1}{r_i}=\frac{-1}{f_iD_w}$	$\rho_{\mathrm{II}1}=\frac{1}{D_w}\frac{2\gamma}{1-\gamma}$	$\frac{1}{D_w}\left(4-\frac{1}{f_i}+\frac{2\gamma}{1-\gamma}\right)$	$\frac{\left(\frac{1}{f_i}+\frac{2\gamma}{1-\gamma}\right)}{\left(4-\frac{1}{f_i}+\frac{2\gamma}{1-\gamma}\right)}$
	$\gamma=\frac{D_W\cos\alpha}{d_m}$	球	$\rho_{\mathrm{I}2}=\frac{2}{D_w}$	$\rho_{\mathrm{II}2}=\frac{2}{D_w}$		
双列球面球轴承($\alpha\neq0°$)	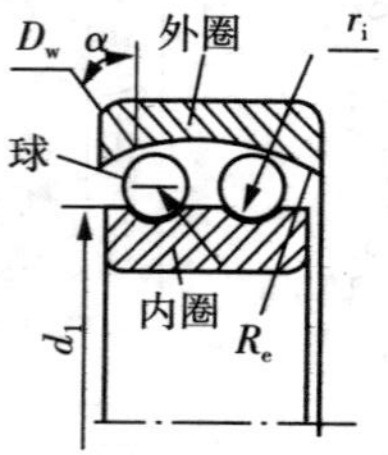	外圈	$\rho_{\mathrm{I}1}=\frac{-1}{R_e}$	$\rho_{\mathrm{II}1}=\frac{-1}{R_e}$	$\frac{4}{D_w}-\frac{2}{R_e}$	0
		内圈	$\rho_{\mathrm{I}1}=\frac{-1}{r_i}=\frac{-1}{f_iD_w}$	$\rho_{\mathrm{II}1}=2\gamma_i/D_w$	$\frac{1}{D_w}\left(4-\frac{1}{f_i}+2\gamma_i\right)$	$\frac{\left(\frac{1}{f_i}+2\gamma_i\right)}{\left(4-\frac{1}{f_i}+2\gamma_i\right)}$
	$\gamma_i=\frac{D_W\cos\alpha_i}{d_i}$	球	$\rho_{\mathrm{I}2}=\frac{2}{D_w}$	$\rho_{\mathrm{II}2}=\frac{2}{D_w}$		
推力球轴承($\alpha_0=90°$)	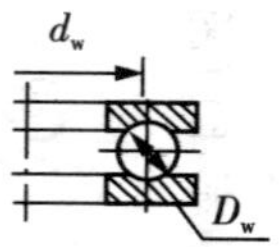	外圈	$\rho_{\mathrm{I}1}=\frac{-1}{r_e}=\frac{-1}{f_eD_w}$	$\rho_{\mathrm{II}1}=0$	$\frac{1}{D_w}\left(4-\frac{1}{f_e}\right)$	$\frac{1}{4f_e-1}$
		内圈	$\rho_{\mathrm{I}1}=\frac{-1}{r_i}=\frac{-1}{f_iD_w}$	$\rho_{\mathrm{II}1}=0$	$\frac{1}{D_w}\left(4-\frac{1}{f_i}\right)$	$\frac{1}{4f_i-1}$
		球	$\rho_{\mathrm{I}2}=\frac{2}{D_w}$	$\rho_{\mathrm{II}2}=\frac{2}{D_w}$		

(4)球轴承游隙与初始接触角

轴承游隙是轴承中一种重要的几何量。它影响轴承中的载荷分布、摩擦力大小、振动与噪声，甚至轴承的寿命。定义轴承游隙为：轴承套圈的相对位移量。在半径方向上的相对位移量定义为径向游隙，在轴向的相对位移量定义为轴向游隙。在游隙测量中，将一个套圈固定，另一个套圈移动一个来回，位移计测得的移动值即为轴承游隙值。轴承的径向游隙和轴向游隙通常具有一定的关系。标准轴承的游隙值已经分为几组标准值，可以通过标准来查找。

在图 1 - 2 所示的向心轴承中，当内外套圈与滚动体靠向一边时，其径向游隙为

$$P_d = D_e - d_i - 2D_w \tag{1-9}$$

式中，d_i，D_e 分别为内圈、外圈的沟底直径，D_w 为滚动体直径。

对具有径向游隙（或轴向游隙）的球轴承，轴向推移套圈后会出现接触角。因此，定义轴承接触角 α 为：在垂直于轴承滚动方向的横截平面内，滚动体法向接触力方向与轴承径向之间的夹角（如图 1 - 5 所示）。

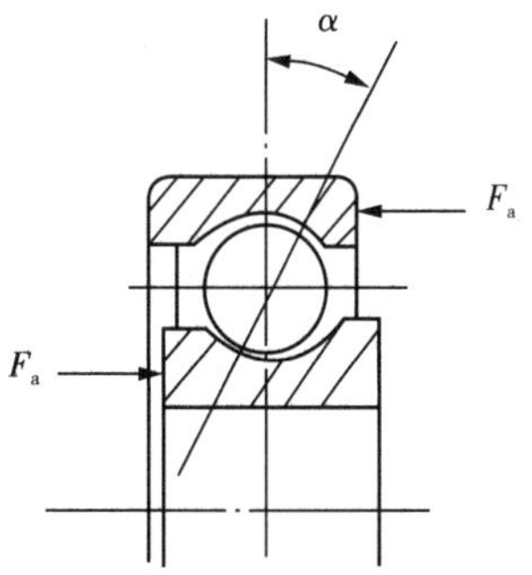

图 1 - 5　轴承接触角

轴承接触角分为初始接触角（设计接触角）和工作接触角（实际接触角）。轴承实际接触角的大小与接触受力有关。轴承在零载荷状态下检测的接触角称为初始接触角。由于受载后产生接触变形会使球轴承的接触角发生变化。由图 1 - 6(a) 所示的球轴承，当内外套圈的轴线重合后，球靠向内圈而与外套圈形成 1/2 的径向游隙。图 1 - 6(b) 所示的是径向游隙和轴向游隙与轴承接触角之间的几何关系。

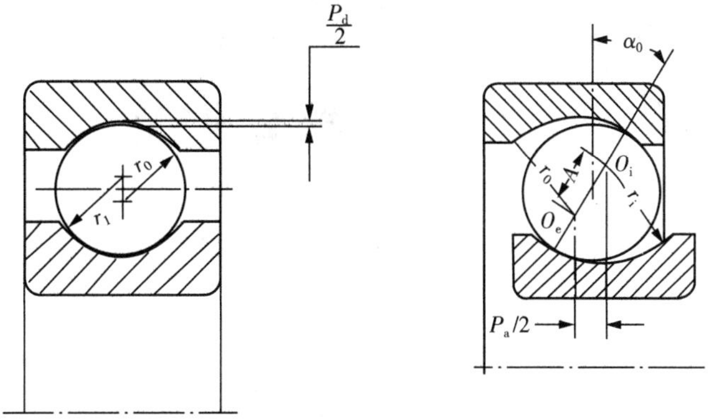

（a）径向游隙　（b）轴向游隙

图 1 - 6　径向游隙和轴向游隙与轴承接触角的几何关系

从图 1 - 6(b) 可以看出，轴承初始接触角满足下面的关系：

$$\cos\alpha_0 = \frac{A - P_d/2}{A} = 1 - \frac{P_d}{2A} \tag{1-10}$$

$$P_a/2 = A\sin\alpha_0 \tag{1-11}$$

式中，$A = r_e + r_i - D_w = (f_e + f_i - 1)D_w$，$P_d$ 为轴承径向游隙，P_a 为轴承轴向游隙。

接触角的存在使得轴承可以同时承受轴向载荷和径向载荷。轴向载荷使得轴承的滚动体受力更均匀，运动更稳定。因此，有些轴承在设计时专门按照不同的接触角大小来设计轴承尺寸，使得轴承成为角接触轴承，如角接触球轴承、圆锥滚子轴承等。这类轴承工作时必须有轴向载荷（或轴向预载荷）。有时也将轴承的设计接触角称为名义接触角。

通常简单地划分为：轴承的初始接触角 $\alpha_0 \approx 0°$ 时称为向心轴承，接触角满足 $0° < \alpha \leqslant 45°$ 时称为向心推力轴承，接触角满足 $45° < \alpha < 90°$ 时称为推力向心轴承，接触角 $\alpha = 90°$ 时称为推力轴承。有时，也可以利用轴承能够承担不同方向的外载荷来划分。只能承担径向载荷的轴承称为向心轴承；主要承担径向载荷，同时也可以承担一定的轴向载荷的轴承称为向心推力轴承；主要承担轴向载荷，同时也可以承担一定的径向载荷的轴承称为推力向心轴承；只能承担轴向载荷的轴承称为推力轴承。

针对不同结构的轴承，利用结构尺寸和接触角的计算公式可以具体计算轴承的初始接触角。另外，轴承的径向游隙也可以转化为轴向游隙。下面给出几种常见的轴承初始接触角和轴向游隙的计算公式。

① 深沟球轴承的初始接触角、轴向游隙计算公式（如图 1-7 所示）

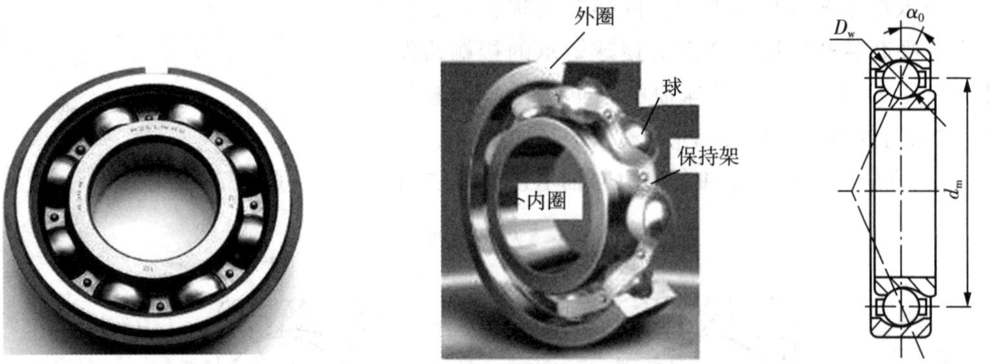

（a）轴承实物　（b）轴承剖面　（c）产生初始接触角

图 1-7　深沟球轴承接触角

初始接触角：

$$\alpha_0 = \cos^{-1}\left[1 - \frac{P_d}{2(f_e + f_i - 1)D_w}\right] \tag{1-12}$$

轴向游隙：

$$P_a = 2A\sin\alpha_0 = 2(f_e + f_i - 1)D_w\sin\alpha_0 \tag{1-13}$$

② 双半内套圈球轴承接触角计算（如图 1-8 所示）

初始接触角：

$$\cos\alpha_0 = 1 - \frac{S_d}{2(f_e + f_i - 1)D_w} - \frac{(2f_i - 1)(1 - \cos\alpha_D)}{2(f_e + f_i - 1)} \tag{1-14}$$

式中，α_D 为垫片角，S_d 为双半内套圆球轴承装配后的径向游隙。

$$\sin\alpha_D = \frac{h}{(2f_i - 1)D_w} \tag{1-15}$$

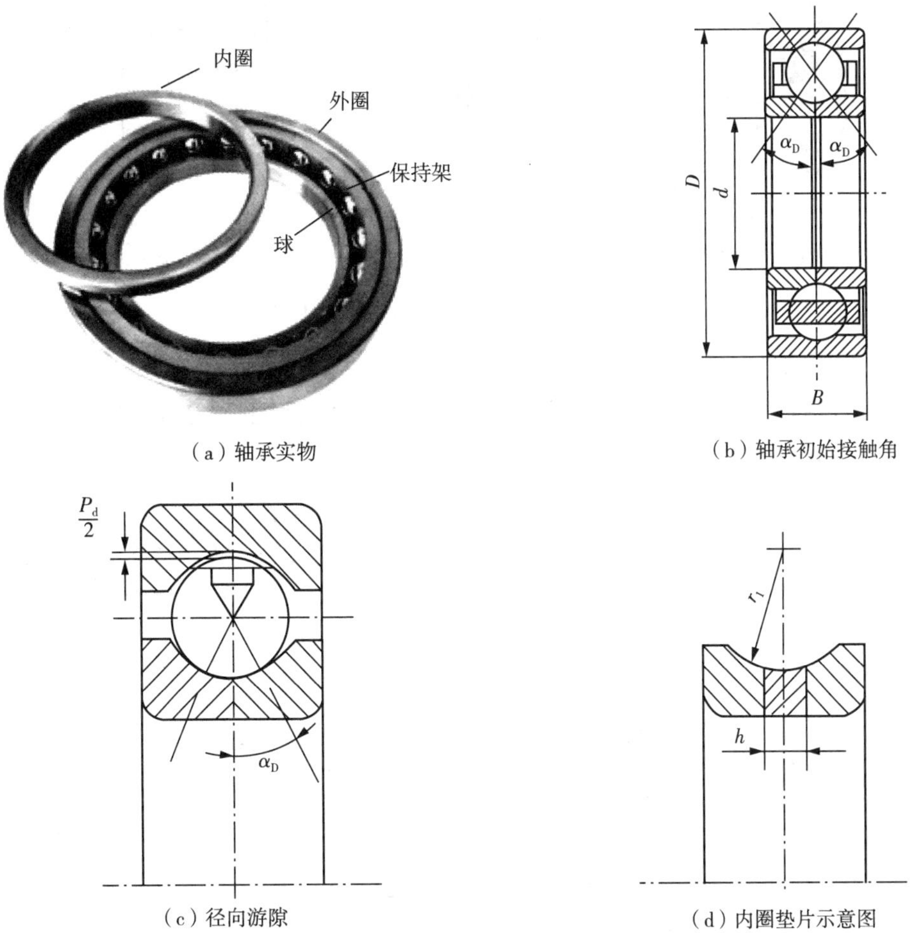

（a）轴承实物　（b）轴承初始接触角

（c）径向游隙　（d）内圈垫片示意图

图 1-8　双半内套圈球轴承接触角

③ 双列调心球面球轴承初始接触角、轴向游隙计算（如图 1-9 所示）

初始接触角：

$$\cos\alpha_0 = \left[1 - \frac{P_n}{2(f_e + f_i - 1)D_w}\right]\cos\alpha_D \tag{1-16}$$

轴向游隙：

$$P_a = 2A\sin\alpha_D - (2A - P_n)\sin\alpha_0$$

$$A = r_e + r_i - D_w = (f_e + f_i - 1)D_w \tag{1-17}$$

其中，P_n 为轴承接触法向游隙，α_D 为设计偏位角。轴向极限角 α_a 为

$$\alpha_a = \cos^{-1}\left[\left(1 - \frac{P_n}{2r_0}\right)\right]\cos\alpha_0$$

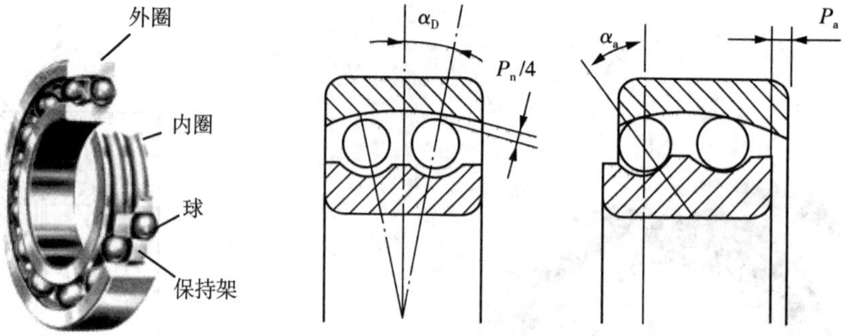

（a）轴承实体　（b）径向游隙放大　（c）轴向游隙放大

图 1-9　双列球面球轴承接触角

（5）深沟球轴承的极限偏转角

由于深沟球轴承的游隙存在，轴承内外套圈轴线之间会产生一定量的偏转（如图 1-10 所示），这个偏转角的大小由下面的方法确定。

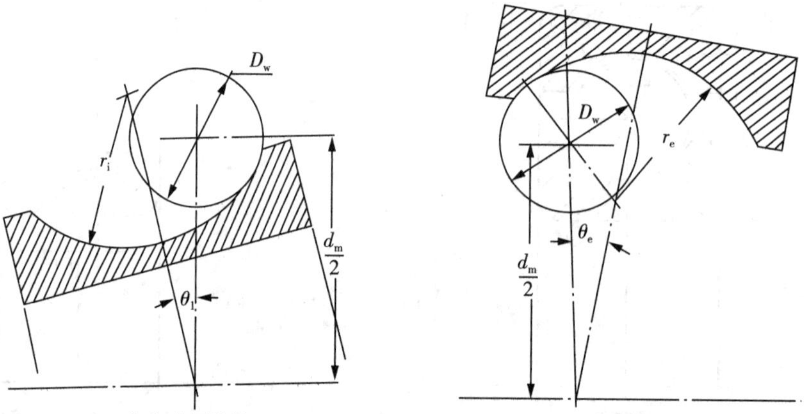

（a）内圈偏转　（b）外圈偏转

图 1-10　套圈偏转角示意图

轴承内圈挡边高度：

$$h_i = \frac{D_{1i} - D_i}{2} = k_i D_w \tag{1-18}$$

轴承外圈挡边高度：

$$h_e = \frac{D_e - D_{1e}}{2} = k_e D_w \tag{1-19}$$

其中，D_w 为球直径，D_i 为内圈沟底直径，D_{1i} 为内圈挡边直径，D_e 为外圈沟底直径，D_{1e} 为外圈挡边直径，k_i，k_e 为内、外圈挡边高系数，通常取 0.2 ~ 0.4。

由挡边高度可以确定容许的套圈偏转角，其计算方法如下。

内圈容许的偏转角：

$$\cos\theta_i = 1 - \frac{D_{1i} - D_i}{2f_i D_w} \tag{1-20}$$

外圈容许的偏转角：

$$\cos\theta_e = 1 - \frac{D_e - D_{1e}}{2f_e D_w} \tag{1-21}$$

其中，f_i、f_e 为内、外圈滚道曲率半径系数。

如果采用轴承游隙等参数来计算，则有计算方法如下。

内圈容许的偏转角：

$$\cos\theta_i = 1 - \frac{P_d[(2f_i - 1)D_w - P_d/4]}{2d_m[d_m + (2f_i - 1)D_w - P_d/2]} \tag{1-22}$$

外圈容许的偏转角：

$$\cos\theta_e = 1 - \frac{P_d[(2f_e - 1)D_w - P_d/4]}{2d_m[d_m + (2f_e - 1)D_w - P_d/2]} \tag{1-23}$$

而轴承的偏转角为

$$\theta = \theta_i + \theta_e$$

经过简化近似推导后，得到：

$$\cos\frac{\theta}{2} \approx \frac{\cos\theta_i + \cos\theta_e}{2} \tag{1-24}$$

如果采用轴承滚道尺寸来计算，则有

$$\cos\theta = \frac{\left(\frac{D_e}{2} + r_i - D_w - \frac{P_d}{2}\right)^2 + \left(\frac{D_e}{2} - r_e\right)^2 - (r_e + r_i - D_w)^2}{\left(\frac{D_e}{2} + r_i - D_w - \frac{P_d}{2}\right)(D_e - 2r_e)} \tag{1-25}$$

(6) 深沟球轴承的最大填球角

由于深沟球轴承的结构特点，球安装进套圈中会受到套圈结构尺寸的限制。因此，球的直径、数量以及轴承中心直径之间要求有一定的关系。这些关系都体现在轴承填球角参数中。深沟球轴承的填球角 φ 需要满足：

$$180^\circ < \varphi < \varphi_{\max} = 2(Z-1)\,\sin^{-1}(D_w/d_m) \tag{1-26}$$

式中，Z 为球数量，D_w 为球直径，d_m 为轴承节圆直径。

如果深沟球轴承的填球角 φ 过小，会严重影响轴承的承载能力。因此，除非考虑轴承的其他性能要求，一般情况下，轴承填球角都会大于 180°。

(7) 球轴承保持架

轴承保持架的作用主要为：均匀隔离滚动体，保持或引导滚动体正常运动，减少滚动体的摩擦等。球轴承的保持架有多种多样，常见的结构有金属浪形冲压保持架、冲压花形保持架、塑料注塑球轴承保持架、胶布管轴承保持架等。图 1-11 所示的是一些典型的球轴承保持架实物。

图 1-11 一些典型的球轴承保持架实物

1.3.2 滚子轴承内部结构参数

(1) 滚子轴承中心圆(节圆)直径

与球轴承类似，滚子轴承一个重要的几何量也是轴承滚动体的中心圆(节圆)直径：

$$d_m = K_m(D + d) \tag{1-27}$$

式中，D 为轴承外径，d 为轴承内径，K_m 为中心圆直径系数。

(2) 滚子轴承滚道密合度

由于轴承中零件的运动特点，轴承中的滚道和滚动体的几何形状要求比较严格。

对于球面滚子轴承，可以类似定义其密合度为

$$k_w = R_w / r \tag{1-28}$$

式中，R_w 为球面滚子的母线半径，r 为滚道轴向平面内的曲率半径。而对于直母线滚子轴承，不定义密合度参数。

(3) 滚子轴承滚道接触点的主曲率

与球轴承类似，当轴承不受力、滚动体与沟道接触为一点时称为点接触，为一条线时称为线接触。如图 1-12 所示，球面滚子轴承中的接触为点接触，而圆柱轴承和圆锥轴承中的接触为线接触。

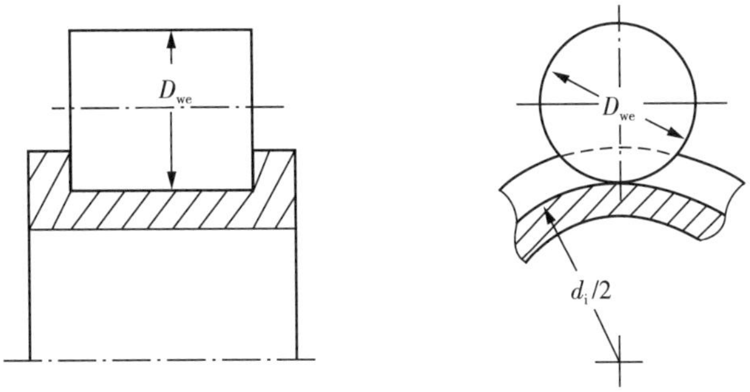

(a) 线接触滚子轴向截面　　(b) 线接触滚子径向截面

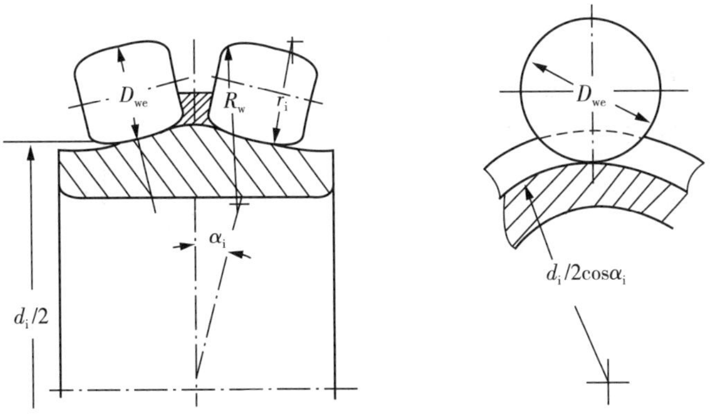

(c) 点接触球面滚子轴向截面　　(d) 点接触球面滚子法向截面

图 1-12　滚子轴承中滚子与内圈点接触模型

典型滚子轴承的接触滚道主曲率与曲率函数见表 1-4。

表 1-4 滚子轴承接触滚道曲率函数

轴承类型	轴承简图	零件	ρ_{I}	ρ_{II}	$\sum\rho$(套圈＋滚动体)	$F(\rho)$(套圈＋滚动体)
圆柱滚子轴承	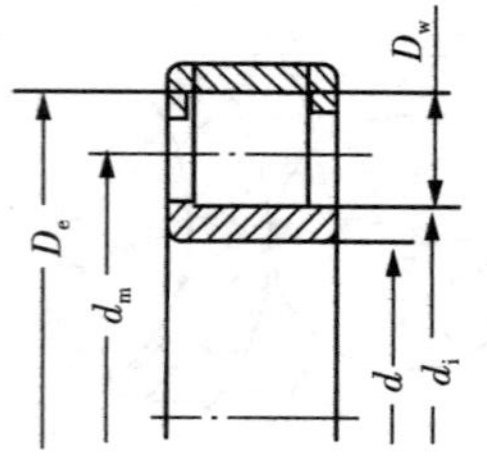	外圈	$\rho_{\mathrm{I}1}=0$	$\rho_{\mathrm{II}1}=\frac{-2}{D_e}$	$\frac{2}{D_w}-\frac{2}{D_e}$	1
		内圈	$\rho_{\mathrm{I}1}=0$	$\rho_{\mathrm{II}1}=\frac{2}{d_i}$	$\frac{2}{D_w}+\frac{2}{d_i}$	1
		滚子	$\rho_{\mathrm{I}2}=0$	$\rho_{\mathrm{II}2}=\frac{2}{D_w}$		
圆锥滚子轴承	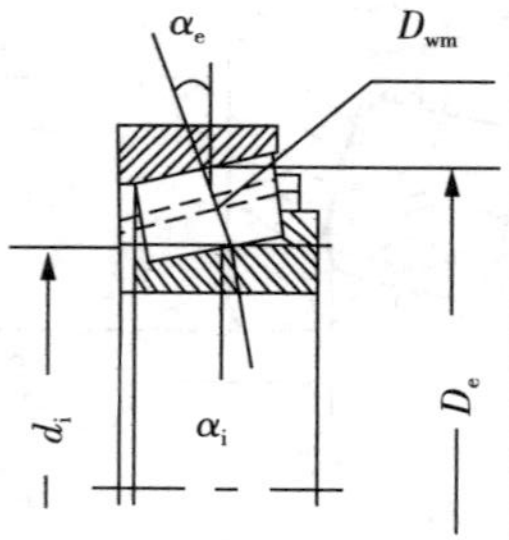	外圈	$\rho_{\mathrm{I}1}=0$	$\rho_{\mathrm{II}1}=\frac{-2\cos\alpha_e}{D_e}$	$\frac{2}{D_{wm}}-\frac{2\cos\alpha_e}{D_e}$	1
		内圈	$\rho_{\mathrm{I}1}=0$	$\rho_{\mathrm{II}1}=\frac{2\cos\alpha_i}{d_i}$	$\frac{2}{D_{wm}}+\frac{2\cos\alpha_i}{d_i}$	1
		滚子	$\rho_{\mathrm{I}2}=0$	$\rho_{\mathrm{II}2}=\frac{2}{D_{wm}}$		

（续表）

轴承类型	轴承简图	零件	ρ_{I}	ρ_{II}	$\sum\rho$(套圈＋滚动体)	$F(\rho)$(套圈＋滚动体)
双列调心球面滚子轴承（$\alpha_i \neq 0°$）	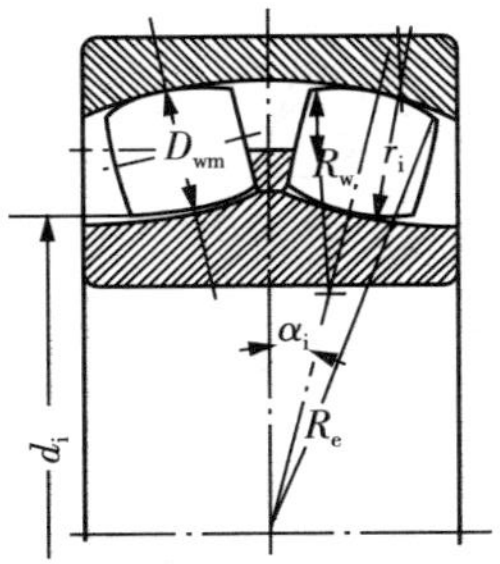	外圈	$\rho_{\mathrm{I}1} = \frac{-1}{R_e}$	$\rho_{\mathrm{II}1} = \frac{-1}{R_e}$	$\frac{2}{D_{wm}} - \frac{2}{R_e} + \frac{1}{R_w}$	$\frac{\left(\frac{2}{D_{wm}} - \frac{1}{R_w}\right)}{\left(\frac{2}{D_{wm}} - \frac{2}{R_e} + \frac{1}{R_w}\right)}$
		内圈	$\rho_{\mathrm{I}1} = \frac{-1}{r_i}$	$\rho_{\mathrm{II}1} = \frac{2\cos\alpha_i}{d_i}$	$\frac{2}{D_{wm}} - \frac{1}{r_i} + \frac{1}{R_w} + \frac{2\cos\alpha_i}{d_i}$	$\frac{\left(\frac{2}{D_{wm}} + \frac{1}{r_i} - \frac{1}{R_w} + \frac{2\cos\alpha_i}{d_i}\right)}{\left(\frac{2}{D_{wm}} - \frac{1}{r_i} + \frac{1}{R_w} + \frac{2\cos\alpha_i}{d_i}\right)}$
		滚子	$\rho_{\mathrm{I}2} = \frac{1}{R_w}$	$\rho_{\mathrm{II}2} = \frac{2}{D_{wm}}$		
推力球面滚子轴承	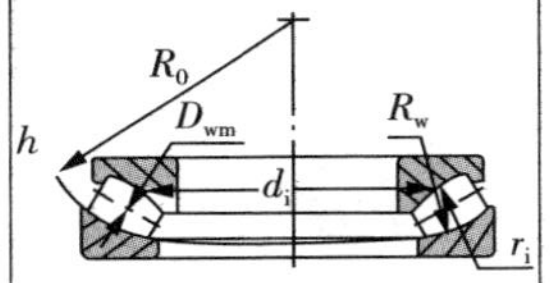	外圈	$\rho_{\mathrm{I}1} = \frac{-1}{R_o}$	$\rho_{\mathrm{II}1} = \frac{-1}{R_o}$	$\frac{2}{D_{wm}} - \frac{2}{R_o} + \frac{1}{R_w}$	$\frac{\left(\frac{2}{D_{wm}} - \frac{1}{R_w}\right)}{\left(\frac{2}{D_{wm}} - \frac{2}{R_o} + \frac{1}{R_w}\right)}$
		内圈	$\rho_{\mathrm{I}1} = \frac{-1}{r_i}$	$\rho_{\mathrm{II}1} = \frac{2}{d_i}$	$\frac{2}{D_{wm}} - \frac{1}{r_i} + \frac{1}{R_w} + \frac{2}{d_i}$	$\frac{\left(\frac{2}{D_{wm}} + \frac{1}{r_i} - \frac{1}{R_w} + \frac{2}{d_i}\right)}{\left(\frac{2}{D_{wm}} - \frac{1}{r_i} + \frac{1}{R_w} + \frac{2}{d_i}\right)}$
		滚子	$\rho_{\mathrm{I}2} = \frac{1}{R_w}$	$\rho_{\mathrm{II}2} = \frac{2}{D_{wm}}$		

(4)滚子轴承接触角与游隙

滚子轴承的接触角由设计时确定，一般不会随外载荷变化。轴承接触角大小一般由规范确定。

① 圆锥滚子轴承轴向游隙(如图 1-13 所示)

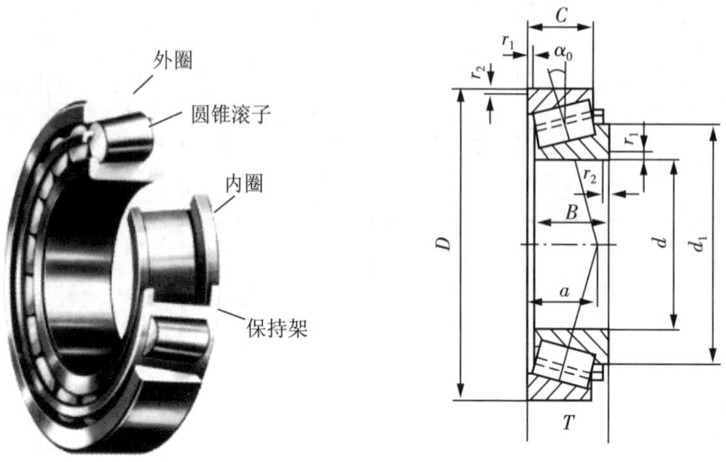

(a) 轴承实体　　(b) 轴承几何尺寸

图 1-13　圆锥滚子轴承接触角

圆锥轴承接触角分内圈接触角、外圈接触角和滚子锥顶角。它们在设计时已经确定了，不会随载荷变化。其径向游隙与轴向游隙之间具有下面的关系。

$$P_a = P_d/(2\tan\alpha_0) \tag{1-29}$$

② 双列球面滚子轴承轴向极限接触角(如图 1-14 所示)

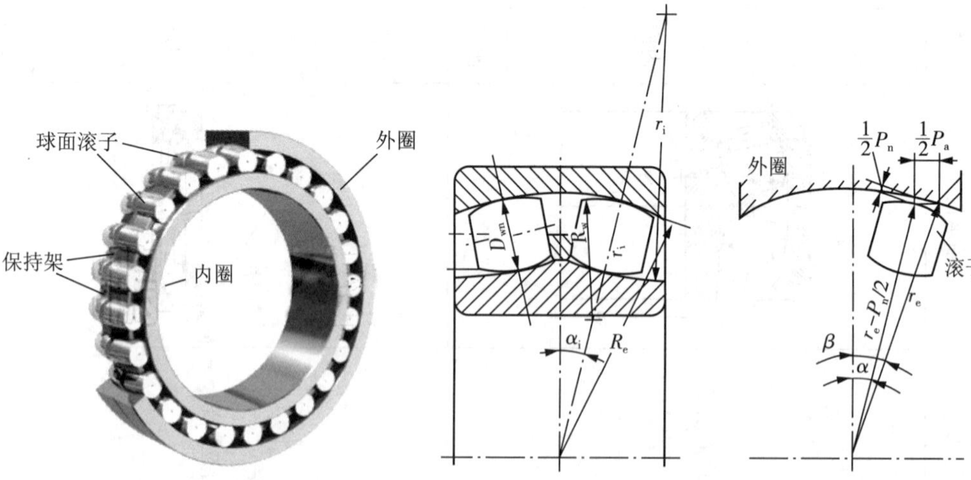

(a) 轴承实体　　(b) 滚道几何尺寸　　(c) 法向与轴向游隙放大

图 1-14　双列球面滚子轴承接触角

轴向极限角：

$$\cos\alpha_a = \left(1 - \frac{P_n}{2r_e}\right)\cos\alpha_0 \tag{1-30}$$

轴向游隙：

$$P_a = (2r_e)\sin\alpha_a - (2r_e - P_n)\sin\alpha_0 \tag{1-31}$$

其中，P_n 为轴承接触法向游隙，α_0 为初始接触角。

③ 向心圆柱滚子轴承径向游隙（如图 1-15 所示）

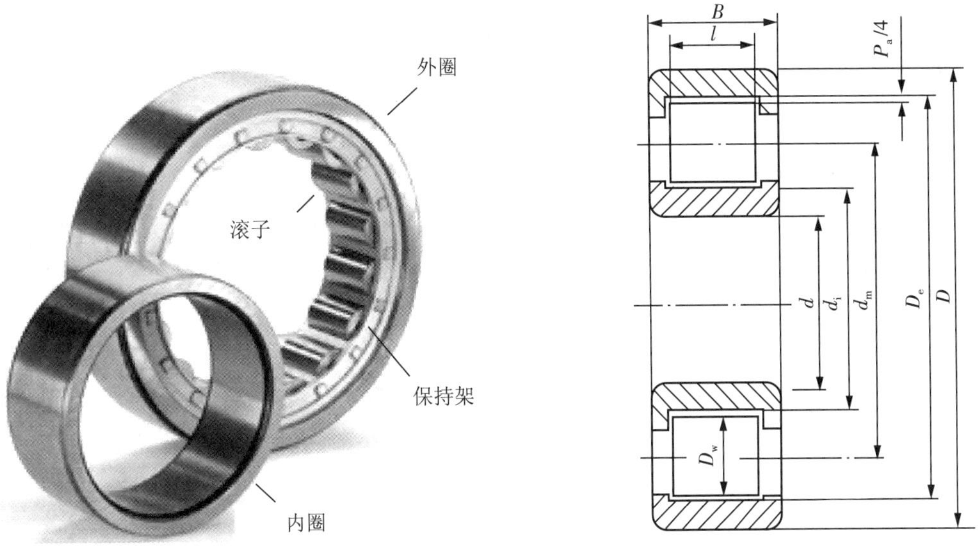

（a）轴承实体　　（b）轴承几何尺寸

图 1-15　圆柱滚子轴承

向心圆柱滚子轴承接触角为零，但它们在设计时也需要确定径向游隙。径向游隙满足式（1-32）：

$$P_d = D_e - d_i - 2D_{we} \tag{1-32}$$

式中，D_e 为外圈滚道直径，d_i 为内圈滚道直径，D_{we} 为滚子接触点直径。

（5）滚子轴承保持架

滚子轴承的保持架与滚子的形状相适应。与球轴承一样，滚子轴承保持架具有均匀隔离滚子、保持或引导滚子正常运动、减少滚动体的摩擦等作用。常见的有金属冲压保持架、冲压框形保持架、塑料注塑滚子保持架、车制滚子保持架等。图 1-16 所示的是一些典型的滚子轴承保持架实物。

图 1-16　典型的滚子轴承保持架实物

1.4　滚动轴承工程学研究的基本内容

自 1959 年帕姆格林(A. Palmgren) 出版《滚动轴承工程学》以来,滚动轴承作为一门科学技术理论,得到了深入的研究。一般情况下,滚动轴承工程学研究内容包括轴承设计、轴承制造、轴承检查试验以及轴承使用。轴承设计理论包括几何与运动学理论、接触力学理论、润滑理论、轴承寿命理论等。在设计阶段,主要是保证轴承内部几何结构的合理,保证力学量计算正确。轴承制造、检查、试验方面包括轴承材料与热处理技术、轴承制造技术、轴承检查与检测技术、轴承试验技术。轴承材料和制造工艺水平对轴承的质量性能影响至关重要,在制造阶段,最重要的是保证轴承材料质量、制造工艺一致性。这方面需要专门的分析介绍。

本书主要介绍滚动轴承设计和分析,具体涉及以下几个方面内容。

(1) 轴承结构参数设计

① 首先确定工程中轴承的工作条件。包括:轴承可能占据的空间尺寸、载荷的类型和大小、使用的性能和寿命要求等。目前,轴承的外形尺寸和结构类型已经标准化了。因此这一过程变为选择标准轴承尺寸和类型。

② 再确定轴承的结构形式。根据载荷的类型和大小来确定轴承的类型以及可能的空间体积。

③ 根据轴承空间体积尺寸,确立优化目标,利用优化方法进行轴承主参数的优化设计。

④ 根据需要的轴承外形尺寸、工作环境以及对轴承性能和寿命的要求,利用轴承的设计理论和计算方法来确定轴承内部结构尺寸。轴承设计内容包括:几何与运动学设计、接触力学设计、润滑设计、轴承寿命设计等。

(2) 轴承所受的外力、内力以及接触应力分析

轴承所受的外力一般包括轴向力、径向力和力矩。在分析一般的轴承性能时,把这些力当作集中力来对待。当需要细化分析时,才将外载荷根据实际的作用的形式加到轴承上。

外载荷一定会引起轴承内部载荷分布发生变化,内部载荷又通过轴承内部接触点来传递。接触力与接触变形需要利用赫兹接触理论,分析轴承接触应力是轴承设计的重要部分。

(3) 轴承的承载能力与寿命计算

轴承的承载能力分为额定静载荷与额定动载荷。它们是衡量轴承的一种承载水平。承载力大,轴承就可以用来承受大的外载荷。额定静载荷与轴承的接触变形密切相关,额定动载荷与轴承的寿命相关。设计与分析轴承额定静载荷与额定动载荷是轴承设计的主要内容。

(4) 轴承与轴系的刚度计算

轴承刚度与轴承的结构、材料、制造以及接触载荷都关系,它是一种非线性参数。轴承刚度有时是轴承重要的性能指标,设计与分析轴承刚度是轴承设计需要项目。

(5) 轴承零件运动关系分析

轴承的工作状态一般是套圈旋转,它引起轴承内部的零件运动关系是比较复杂的关

系。分析这种运动关系通常分为两种假设状态：① 低速无打滑运动状态；② 高速打滑运动状态。分析轴承零件的运动是轴承设计的重要项目。

(6) 轴承中的润滑与摩擦计算

轴承中的润滑分析理论主要是弹流润滑理论。它是轴承平稳长久工作的理论基础。分析计算轴承润滑膜厚度已经有完整的理论方法。轴承摩擦是轴承一个重要的力学指标，它与轴承润滑密切相关。同时，摩擦又与表面质量和结构有关，轴承摩擦包括滑动摩擦和滚动摩擦。它们的分析比较复杂，目前多数只能采用估算方法。设计与分析轴承润滑与摩擦是轴承设计的重要内容。

(7) 轴与轴承受力系统的分析

为了完整的分析轴承受力，最好的方法是研究轴与轴承组成的系统。对于向心球轴承，当作用于轴系上的轴向工作合力为 F_A，则轴系中受 F_A 作用的轴承的轴向载荷 $F_a=F_A$，不受 F_A 作用的轴承的轴向载荷 $F_a=0$。但对于角接触轴承的轴向载荷不能这样计算。如图 1-17 所示的角接触轴承，根据轴受力的大小和方向角度使用圆锥滚子轴承，或者角接触球轴承。圆锥滚子轴承属于分离型轴承，轴承的内圈、外圈均具有锥形滚道。该类轴承按所装滚子的列数分为单列、双列和四列圆锥滚子轴承等不同的结构。单列圆锥滚子轴承可以承受径向负荷和单一轴向负荷。

当角接触轴承承受径向负荷时，将会产生一个附加的轴向分力，所以需要另一个可承受反方向轴向力的轴承来加以平衡。因此，为了防止轴承脱载，必须有一个最小轴向力的要求，它与轴承的接触角有关，如表 1-5 所列。表中的系数 e,Y 的取值可参考有关轴承设计资料。

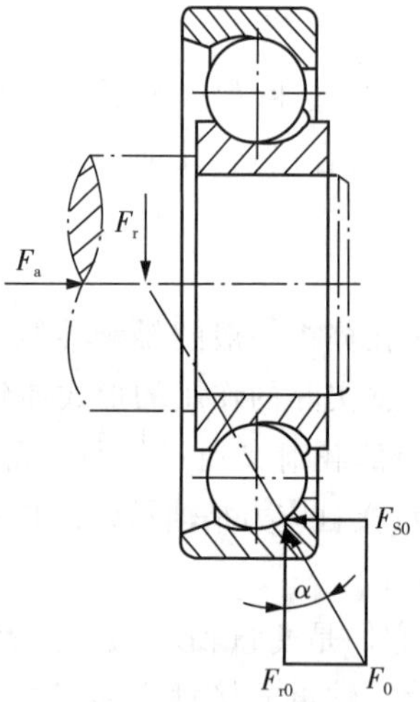

(a) 径向载荷与轴向载荷

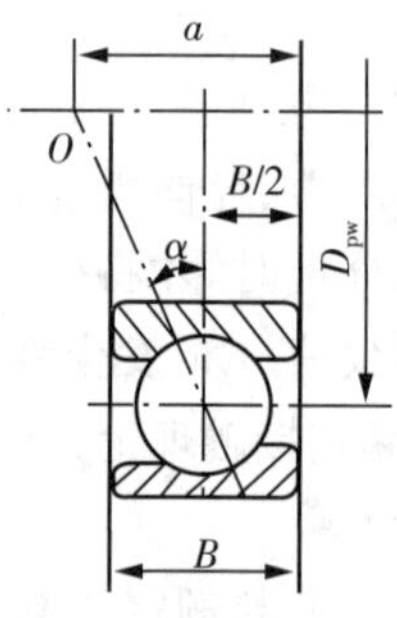

(b) 球轴承接触角

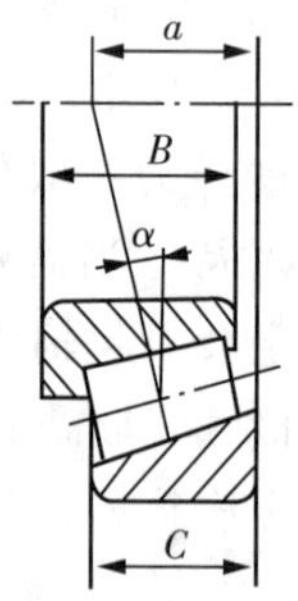

(c) 圆锥轴承接触角

图 1-17　轴承载荷与接触角

表 1-5　最小轴向力

轴承类型	角接触球轴承			圆锥滚子轴承
接触角 α	15°	25°	40°	10° ~ 45°
最小轴向力 F_S	eF_r	$0.68F_r$	$1.14F_r$	$F_r/(2Y)$

这里,轴向载荷是指轴承轴线方向的力或者与轴线平行方向的力。径向载荷是力的方向沿直径方向。角接触轴承受径向载荷 F_r 时,会产生附加轴向力 F_S。轴承第 i 个球受力为 F_i。由于轴承套圈接触点法线与轴承直径平面有接触角 α,球通过接触点法线对轴承套圈的法向力 F_i 将产生径向分力 F_{ri} 和轴向分力 F_{Si}。各球的轴向分力之和即为轴承的附加轴向力 F_S。当按一半滚动体受力进行分析时,有 $F_S \approx 1.25F_r\tan\alpha$。

对于安装在轴系中的角接触轴承 Ⅰ,Ⅱ 的受载情况如图 1-18 所示。计算角接触轴承所受的轴向载荷 F_{a1},F_{a2} 时,要同时考虑附加轴向力 F_{S1},F_{S2} 和作用于轴上的其他工作轴向力 F_A。若 $F_{S1}+F_A>F_{S2}$,由于轴承 Ⅱ 的右端已固定,轴不能向右移动,根据轴系轴向力的平衡关系,则 $F_{a2}=F_{S1}+F_A$。同理,若 $F_{S2}>F_{S1}+F_A$,则 $F_{a2}=F_{S2}$。因此,轴承 Ⅱ 所受的轴向力应该是下列两值中较大者:$F_{a2}=F_{S2}$,$F_{a2}=F_{S1}+F_A$。

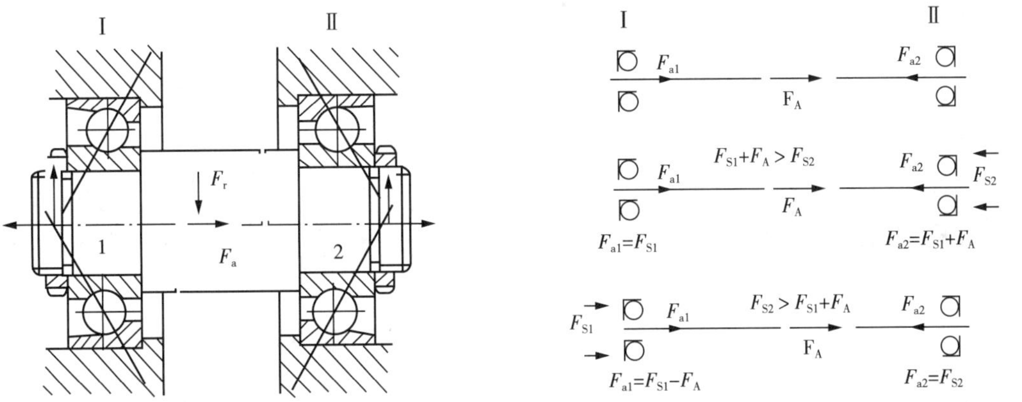

(a) 轴与轴承安装受载　　(b) 轴承受力

图 1-18　轴系中的角接触轴承受力

用同样分析方法,可得轴承 Ⅰ 所受的轴向力是下列两值中较大者:$F_{a1}=F_{S1}$,$F_{a1}=F_{S2}-F_A$。当轴上轴向力 F_A 与图示方向相反时,F_A 应取负值。

1.5　轴承系统的稳健可靠性设计理论介绍

在旋转机械中几乎都要使用轴承支撑,其中滚动轴承的应用场合非常广泛,包括:机床、汽车、火车、轮船、航空航天等。图 1-19 所示就是典型的滚动轴承应用的场合。因此,滚动轴承是一类非常关键的支撑减摩机械产品,同时又是容易失效的零件。

在轴承系统实际工作中,要求轴承零件的受力满足强度条件,而轴承零件的疲劳寿命需要满足寿命参数估计要求。而一般情况下材料的强度和疲劳寿命都具有随机因素,应该利用随机变量的可靠性分析方法,才能合理进行轴承零件的设计。下面介绍材料满足强度条件的可靠性设计理论和疲劳寿命估计的可靠性设计理论。本书中后面的有关章节介绍的可靠性与稳健性设计方法是在这些可靠性设计理论基础之上的推广。

（a）大型机床

（b）工业机械手

（c）三峡水电机械

（d）“和谐号”动车组

（e）“辽宁号”航空母舰

（f）“蛟龙号”载人深海潜航器

（g）“神舟十号”载人航天工程

（h）“嫦娥号”探月工程

图 1－19　滚动轴承应用场合

1. 强度条件的可靠性设计理论

假设轴承材料的受力(引起内力 F 和应力 σ)是满足正态分布的随机变量，材料的许用强度应力 $[\sigma]$ 也是满足正态分布的随机变量，根据正态分布的随机概率密度函数为：

$$f(x)=\frac{1}{\sqrt{2\pi}\cdot s}\exp\left[\frac{-(x-u)^2}{2s^2}\right],\quad(-\infty<x<+\infty)\tag{1-33}$$

式中，s 为为随机变量 x 的均方差，u 为随机变量 x 的均值。显然，只要随机变量的均方差和均值确定后，随机变量的规律就确定下来了。

对于多个相同分布的随机变量，它们的随机概率密度函数分别为：

$$f(x_1)=\frac{1}{\sqrt{2\pi}\cdot s_1}\exp\left[\frac{-(x_1-u_1)^2}{2{s_1}^2}\right],\quad(-\infty<x_1<+\infty)\tag{1-34}$$

$$f(x_2)=\frac{1}{\sqrt{2\pi}\cdot s_2}\exp\left[\frac{-(x_2-u_2)^2}{2{s_2}^2}\right],\quad(-\infty<x_2<+\infty)\tag{1-35}$$

则它们之间随机过程运算结果如表 1－6 所示。

表 1－6　正态分布变量的随机过程运算

随机变量 x_1、x_2 的运算量 z	随机变量 z 的均值 u_z	随机变量 z 的均方差 s_z
$z=ax_1$(这里 a 为常数，下同)	$u_z=au_1$	$s_z=as_1$
$z=a+x_1$	$u_z=a+u_1$	$s_z=s_1$
$z=x_1\pm x_2$	$u_z=u_1\pm u_2$	$s_z=\sqrt{s_1^2+s_2^2}$
$z=x_1x_2$	$u_z=u_1u_2$	$s_z=\sqrt{u_2^2s_1^2+u_1^2s_2^2}$
$z=x_1/x_2$	$u_z=u_1/u_2$	$s_z=\sqrt{u_2^2s_1^2+u_1^2s_2^2}/u_2^2$
$z={x_1}^n$	$u_z={u_1}^n$	$s_z=nu_1^{n-1}s_1$

将随机过程运算规律应用到强度校核时，设应力 σ 的分布函数为

$$f(\sigma)=\frac{1}{\sqrt{2\pi}\cdot s_\sigma}\exp\left[\frac{-(\sigma-u_\sigma)^2}{2{s_\sigma}^2}\right],\quad(-\infty<\sigma<+\infty)\tag{1-36}$$

许用应力强度 $[\sigma]$ 的分布函数：

$$f([\sigma])=\frac{1}{\sqrt{2\pi}\cdot s_{[\sigma]}}\exp\left[\frac{-([\sigma]-u_{[\sigma]})^2}{2{s_{[\sigma]}}^2}\right],\quad(-\infty<[\sigma]<+\infty)\tag{1-37}$$

而 σ 与 $[\sigma]$ 两者之间的差 $z=[\sigma]-\sigma$ 的概率就是结构的可靠度，即

$$R=P(z>0)=\int_0^\infty f(z)\mathrm{d}z=\frac{1}{\sqrt{2\pi}\cdot s_z}\int_0^\infty\exp\left[\frac{-(z-u_z)^2}{2s_z^2}\right]\mathrm{d}z\tag{1-38}$$

若令 $t=(z-u_z)/S$，则式(1－38) 简化为

$$R=\frac{1}{\sqrt{2\pi}}\int_{-\infty}^{a}\exp[-t^2/2]\,\mathrm{d}t\tag{1-39}$$

式中，$a=(u_{[\sigma]}-u_\sigma)/\sqrt{s_{[\sigma]}^2+s_\sigma^2}$。

显然，可靠度R与联结系数a直接有关。表1-7给出系数a与可靠度R之间的典型数值。

表1-7　系数a与可靠度R之间的典型数值

a	0.000	1.288	1.645	2.326	2.576	3.091	3.716	4.256	5.199	5.997
R	0.50	0.90	0.95	0.99	0.995	0.999	0.9999	0.99999	0.9999999	0.999999999

当确定了设计可靠度R后，则可以确定结构的可靠性尺寸。

例如，对于大尺寸的深沟球轴承保持架的铆钉的稳健可靠性尺寸设计如下：

若铆钉承受到的拉力F的均值$u_F=25$ kN，均方差$s_F=300$ N。铆钉材料的屈服强度的均值$u_{[\sigma]}=800$ MPa，其均方差$s_{[\sigma]}=32$ MPa。当可靠度取$R=0.999$时，确定铆钉杆的半径r的均值u_r。

(1) 确定铆钉杆面积的均值和均方差值。

设铆钉半径的均方差值与均值之间符合$s_r=0.005u_r$，铆钉杆的截面积为$A=\pi r^2$，则截面积的均值$u_A=\pi u_r^2=\pi u_r^2(\text{mm}^2)$，截面积的均方差$s_A=2\pi u_r s_r=2\pi u_r(0.005u_r)=0.01\pi u_r^2(\text{mm}^2)$。

(2) 确定铆钉的应力均值和均方差值。

由拉压的应力计算公式$\sigma=F/A$，得

$$u_\sigma=\frac{u_F}{u_A}=\frac{25\times10^3}{\pi u_r^2}=7957.7/u_r^2(\text{N/mm}^2),$$

$$s_\sigma=\frac{1}{{u_A}^2}\sqrt{u_F^2s_A^2+u_A^2s_F^2}$$

$$=\frac{1}{(\pi u_r^2)^2}\sqrt{(25\times10^3)^2\ (0.01\pi u_r^2)^2+(\pi u_r^2)^2\ (300)^2}$$

$$=124.3/u_r^2(\text{N/mm}^2)$$

(3) 当$R=0.999$时，$a=3.091$，而$a=(u_{[\sigma]}-u_\sigma)/\sqrt{S_{[\sigma]}^2+S_\sigma^2}$，所以

$$3.091=\frac{800\times10^6-7957.7/u_r^2}{\sqrt{(32\times10^6)^2+(124.3/u_r^2)^2}}$$

由上式可解得杆的半径r的均值为$u_r=3.36$(mm)。

2. 轴承疲劳寿命的可靠性估计理论

通过大量的轴承疲劳寿命试验发现，轴承的疲劳失效规律符合威布尔概率分布。轴承寿命L的分布密度函数为

$$f(L)=\frac{e}{\beta}\left(\frac{L}{\beta}\right)^{e-1}\exp\left[-\left(\frac{L}{\beta}\right)^{e}\right],\quad (0<L<+\infty) \tag{1-40}$$

式中，e为分布函数的斜率，β为尺度参数。当$e=1$时为指数分布，$e=2$时为瑞利分布，$3.2<e<3.7$时为近似正态分布。显然，当参数e、β确定后，轴承寿命分布也就确定了。

威布尔概率分布的均值为

$$u(L)=\beta\Gamma\left(1+\frac{1}{e}\right) \tag{1-41}$$

式中，Γ 为特殊函数。

威布尔概率分布的均方差为

$$s(L)=\beta\left[\Gamma\left(1+\frac{2}{e}\right)-\Gamma^2\left(1+\frac{1}{e}\right)\right] \tag{1-42}$$

有多种方法可用于估计参数 e、β 的值，常用的方法有最小二乘法。具体的估计算式为

$$\hat{e}=\frac{z_n}{2.30258\sum L} \tag{1-43}$$

$$\lg\hat{\beta}=\frac{1}{n}\sum_{j=1}^{n}\lg L_j+\frac{y_n}{2.30258\hat{e}} \tag{1-44}$$

$$\sum L=\sqrt{\frac{n}{n-1}\left[\frac{1}{n}\sum_{j=1}^{n}\lg^2 L_j-(\frac{1}{n}\sum_{j=1}^{n}L_j)^2\right]} \tag{1-45}$$

式中，L_j 为第 j 套轴承的疲劳寿命，n 为轴承疲劳试验的失效套数。y_n，z_n 值与轴承疲劳试验的失效套数有关，它们的取值参考表1-8所示。

表1-8　y_n，z_n 数值

n	y_n	z_n	n	y_n	z_n
8	0.4843	0.9043	21	0.5252	1.0696
9	0.4902	0.9288	22	0.5268	1.0754
10	0.4982	0.9497	23	0.5283	1.0811
11	0.4996	0.9676	24	0.5296	1.0864
12	0.5035	0.9833	25	0.63088	1.09145
13	0.5070	0.9972	26	0.5320	1.0961
14	0.5100	1.0095	27	0.5332	1.1004
15	0.5128	1.02057	28	0.5343	1.1047
16	0.5157	1.0316	29	0.5353	1.1086
17	0.5181	1.0411	30	0.53622	1.11238
18	0.5202	1.0493	31	0.5371	1.1159
19	0.5220	1.0566	32	0.5380	1.1193
20	0.52355	1.06283	33	0.5388	1.1226

例如，对于某圆锥滚子轴承，进行 $n=19$ 套轴承寿命试验数据如表1-9所示，通过计算得到参数 e，β 的估计值为[3]

$$\hat{e}=1.2483,\hat{\beta}=3593$$

表 1-9　某圆锥滚子轴承 19 套的寿命试验数据

轴承失效序号 j	破坏概率 $j/(n+1)\%$	实际寿命 L_j	$\lg L_j$	$\lg^2 L_j$
1	5	120	2.0792	4.3231
2	10	1189	3.0752	9.4569
3	15	1242	3.0941	9.5735
4	20	1335	3.1255	9.7688
5	25	1940	3.2878	10.8096
6	30	2007	3.3025	10.9065
7	35	2254.5	3.3531	11.2433
8	40	2656	3.4342	11.7251
9	45	3211.5	3.5067	12.2969
10	50	3246	3.5113	12.3292
11	55	3364	3.5269	12.4390
12	60	3378	3.5287	12.4517
13	65	3647.5	3.5620	12.6878
14	70	3672	3.5649	12.7085
15	75	3686.5	3.5666	12.7206
16	80	3794.5	3.5792	12.8107
17	85	4108.5	3.6137	13.0588
18	90	5016	3.7004	13.6930
19	95	5022.5	3.7009	13.6967

3. 轴承几何与接触力学参数化稳健设计的数学模型

一般轴承的几何设计参数主要包括轴承内部的一系列几何尺寸，如：

$$X=\{D_w, d_m, f_i, f_e, l_e, R_i, R_e, \cdots\cdots\}$$

其中，D_w 为滚动体直径，d_m 为轴承节圆直径，f_i，f_e 为球轴承内外沟道曲率系数，l_e 为滚子有效接触长度，R_i，R_e 为轴承内外圈接触区域计算相关尺寸。

轴承承受的外载荷及内部接触载荷一般有

$$Y=\{F_a, F_r, F_m, Q_i, Q_e, Q_f, \cdots\cdots\}$$

其中，F_a，F_r，F_m 为轴承受到的外载荷，Q_i，Q_e，Q_f 为轴承滚道及挡边接触力。

轴承的材料参数包括：

$$Z=\{E, \nu, [\sigma], \cdots\cdots\}$$

其中，E，ν 为轴承材料弹性常数，$[\sigma]$ 为轴承材料强度许用应力。

而轴承的滚道接触参数一般有

$$W = \{a, b, \delta, q_{\max}, \cdots\cdots\}$$

其中，a，b，δ，$q_{\max}$ 与轴承接触点处的接触面尺寸、变形、接触载荷等。

另外，轴承的外形尺寸参数一般有

$$A = \{d, D, B, H, \cdots\cdots\}$$

其中，d，D，B，H 等为轴承的内径、外径、宽度、装配高度等。

因此，对整个轴承设计来说，可以建立下面泛函关系式：

$$X^{\mathrm{T}} = [GJ]A^{\mathrm{T}} \tag{1-46}$$

$$W^{\mathrm{T}} = [SJ]\{X, Y, Z\}^{\mathrm{T}} \tag{1-47}$$

式(1-46)、式(1-47)中，左边的量为轴承内部尺寸参数、滚道接触参数，右边是轴承外形尺寸参数、轴承接触点处的结构参数、接触载荷、材料常数等。

$[GJ]$ 是轴承几何参数设计过程中的一种泛函矩阵关系；$[SJ]$ 是轴承接触力学参数设计过程中的一种泛函矩阵关系；上标 T 表示矩阵转置运算。

当对轴承接触参数作出某些要求(或限制)时，则可以对轴承滚道结构参数进行规划设计。这是一种接触力学参数化稳健设计思想。采用数学方法表达时可以写成

$$X^{\mathrm{T}} = [SJ]_{\min}^{-1}\{[W]\}^{\mathrm{T}} \tag{1-48}$$

其中，$[W]$ 表示对接触尺寸、变形和最大接触压力等参数的限制性要求值，它们可以根据情况来挑选。$[SJ]_{\min}^{-1}$ 表示泛函矩阵逆向稳健优化运算。这一过程可以利用程序在计算机上完成。

对接触参数的限制性要求的取值，应该根据不同的使用场合，选择不同的限制值。例如，对通用轴承，限制值可以选择稳健的可靠性高的值，对应的设计称为稳健的可靠性设计；而对于特殊使用的专用轴承，限制值可以选择极限值，对应的设计称为极限设计。

特别是对于轴承创新设计的问题，可以引入不同的创新设计模型来进行特殊应用场合中的轴承创新设计。在传统的轴承参数优化设计基础上，随着科学技术技术的不断发展，采用智能设计模型和大数据技术应用于轴承设计的实例也在不断出现。作者在本书中提出了轴承稳健设计模型，并在书中的有关章节中对这方面作了适当的介绍，有兴趣的读者可以参考。

参考文献

[1] A PALMGREN. Ball and Roller Bearing Engineering(3rd)[M]. Burbank, Philadephis, 1959.

[2] T A HARRIS. Rolling bearing analysis (3nd)[M]. John Wiley & Sons, Inc, 1991.

[3] 万长森,滚动轴承分析[M]. 北京:机械工业出版社,1987.

[4] T A HARRIS, M N KOTZALAS. 滚动轴承分析(第1卷)—— 轴承技术的基本概念[M]. 罗继伟,马伟,杨咸启,等,译. 北京:机械工业出版社,2010.

[5] T A HARRIS, M N KOTZALAS. 滚动轴承分析(第2卷)—— 轴承技术的高等概念[M]. 罗继伟,马伟,杨咸启,等,译. 北京:机械工业出版社,2010.

[6] 刘泽九. 滚动轴承应用手册[M]. 第3版. 北京:机械工业出版社,2014.

[7] 邓四二,贾群义,薛进学. 滚动轴承设计原理[M]. 北京:中国标准出版社,2014.

[8] 杨咸启. 接触力学理论与滚动轴承设计分析[M]. 武汉:华中科技大学出版社,2018.

[9] 孙训方,等,材料力学(I)[M]. 第5版. 北京:高等教育出版社,2009.

[10] 师忠秀,杨巍,杨咸启. 函数生成机构的稳健性综合[J]. 青岛大学学报. 工程技术版,2004,1,1-6.

[11] 师忠秀,杨咸启. 基于稳健设计的弹性连杆机构动力学分析[J]. 机械科学与技术,2004(7),799-801.

[12] 杨咸启,时大方,刘国仓. 高速铁路滚子轴承中凸度滚子接触参数分析与轴承稳健设计模型[J]. 黄山学院学报,2021(03),15-21.

第 2 章 球轴承的几何参数化三维设计方法

2.1 概 述

在滚动轴承产品中，球轴承是一个大的家族，结构类型比较多。在第 1 章中，已经介绍了通用球轴承的主要类型。具体包括：调心球轴承、推力球轴承、深沟球轴承、角接触球轴承、四点接触球轴承、双列角接触球轴承、外球面球轴承，等等。它们的结构参数设计，首先需要确定轴承的主参数，然后再确定轴承结构的其他尺寸。在确定轴承主参数时，需要考虑轴承所受的外载荷和其他工作环境条件，将轴承的承载能力和其寿命作为优化设计的主要目标。

滚动轴承结构参数设计需要专门的设计方法。不同的生产厂家都有自己的设计参数，但设计原理和过程是类似的。在球轴承几何参数设计中，需要确定的主要结构尺寸参数和方法如下：

(1) 轴承节圆直径：$d_m = K_m(D + d)$，系数 K_m 通常取值在 0.5 ～ 0.515。

(2) 轴承球直径：$D_w = K_{Dw}(D - d)$，系数 K_{Dw} 通常取值在 0.23 ～ 0.43。

(3) 轴承球数量：$Z = K_z(d_m/D_w)$，系数 K_z 的值与轴承类型有关。

(4) 轴承滚道曲率半径：$r = fD_w$，曲率系数 f，通常取值在 0.505 ～ 0.54。

(5) 轴承游隙与原始接触角：$P_d = D_o - d_i - 2D_w$，$\cos\alpha_0 = 1 - \dfrac{P_d}{2(f_o + f_i - 1)D_w}$。

轴承主尺寸参数可以通过最优化设计方法来确定。对于轴承的其他结构尺寸可以采用稳健性目标设计方法来确定。滚动轴承仿真设计主要是通过设计软件，计算出轴承全部结构参数，再建立产品零件三维模型，装配完整的轴承产品；并进一步模拟轴承的有关运动特性，同时检查设计中的缺陷等。

一般情况下，球轴承的外形尺寸参数有

$$A = \{d, D, B, H, \cdots\cdots\}$$

其中，d, D, B, H 等为轴承的内径、外径、宽度、装配高度等。

球轴承的几何设计参数，主要包括轴承内部的一系列几何尺寸，如：

$$X = \{D_w, d_m, f_i, f_e, R_i, R_e, \cdots\cdots\}$$

其中，D_w 为滚动体直径，d_m 为轴承节圆直径，f_i, f_e，为球轴承内外沟道曲率系数，R_i, R_e 为轴承内外圈接触区域计算相关尺寸。

轴承受到的外载荷及内部接触载荷一般有

$$Y=\{F_a,F_r,F_m,Q_i,Q_e,Q_f,\cdots\cdots\}$$

其中，F_a，F_r，F_m 为轴承受到的外载荷，Q_i，Q_e，Q_f 为轴承滚道及挡边接触力。

而轴承的材料参数包括：

$$C=\{E,\nu,[\sigma],\cdots\cdots\}$$

其中，E，ν 为轴承材料弹性常数，$[\sigma]$ 为轴承材料强度许用应力。

作为设计目标，球轴承的滚道接触参数一般有：

$$W=\{a,b,\delta,q_{\max},\cdots\cdots\}$$

因此，对各类球轴承设计来说，可以建立下面结构尺寸泛函关系式：

$$X^{\mathrm{T}}=[QNJ]A^{\mathrm{T}}$$

$$W^{\mathrm{T}}=[QNS]\ \{X,Y,C\}^{\mathrm{T}}$$

上面各式中，X 为轴承内部结构尺寸参数，W 为滚道接触参数，A 为轴承外形尺寸参数，Y 为轴承内外载荷参数，Z 为轴承材料常数，$[QNJ]$ 为球轴承内部几何参数设计程中的一种泛函矩阵关系，$[QNS]$ 为球轴承内部接触力学参数设计过程中的一种泛函矩阵关系，上标 T 表示矩阵转置运算。

当对轴承接触设计目标参数作出某些要求（或限制）时，则可以对轴承滚道结构参数进行规划设计。这是一种接触力学参数化稳健设计思想。采用数学方法表达时可以写成：

$$X^{\mathrm{T}}=[QNS]_{\min}^{-1}\ \{[W_S]\}^{\mathrm{T}}$$

其中，$[W_S]$ 表示对接触尺寸、变形和最大接触压力等参数的限制性要求值，它们可以根据情况来挑选，$[QNS]_{\min}^{-1}$ 表示球轴承内部参数设计广义泛函矩阵逆向稳健优化运算，这需要利用优化程序在计算机上完成。典型的球轴承参数设计软件可以参看第 3 章中 3.6.1 节有关内容。

由于采用的设计软件不同，设计的思路不一样，有多种方法可以实现产品参数化仿真设计。本章主要介绍几种常见通用球轴承的不同参数化仿真设计方法。

2.2 调心球轴承（10000 基本型）几何参数化设计

2.2.1 调心球轴承的特点与应用

调心球轴承外圈滚道为球面，外圈滚道表面曲率中心在轴承中心转轴上，它具有自动调心的功能，可以补偿轴不同心和轴挠度造成的误差，但其内、外圈相对倾斜度不得超过 3

度。调心球轴承可承受较大的径向载荷，同时也能承受一定的轴向载荷。轴承可以直接安装在轴上及轴承座内工作。当轴受力弯曲或倾斜而使内圈中心线与外圈中心线相对倾斜不超过 3° 时，轴承仍能正常工作。

调心球轴承内圈的内孔有圆柱形和圆锥形两种。圆锥形内孔的锥度为 1∶12 或 1∶30。为了加强轴承的润滑性能，在轴承外圈上加工有环形油槽和三个油孔。轴承保持架的材质有钢板、铜、合成树脂等。图 2-1 为典型的产品调心球轴承实物。由于调心球轴承结构独特的优越性，可以应用于特定的场合。

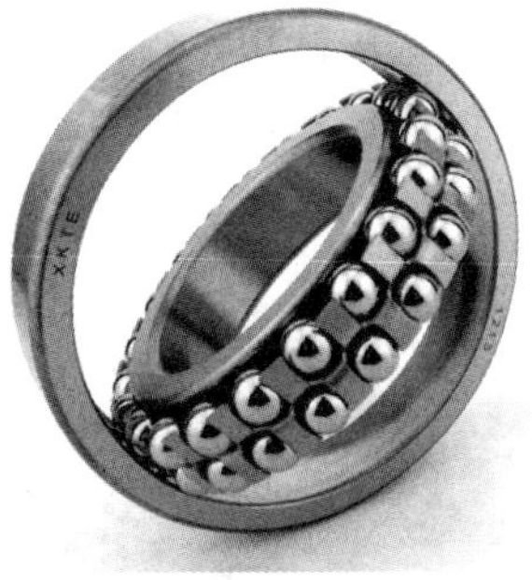

图 2-1　调心球轴承实物

轴承常见的结构和代号如下：

(1) 圆柱内孔调心球轴承 10000 型，如图 2-2(a) 所示；

(2) 圆锥内孔调心球轴承 10000K 型，内孔锥度为 1∶12，如图 2-2(b) 所示；

(3) 带紧定套调心球轴承 10000K＋H 型，如图 2-2(c) 所示。

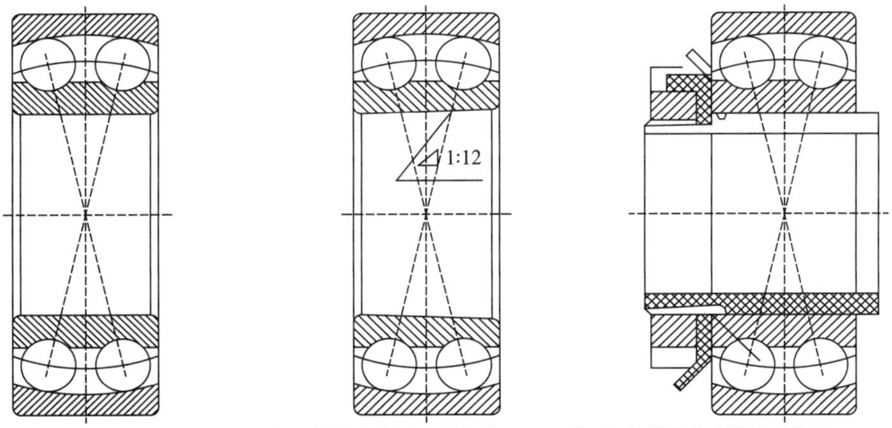

(a) 圆柱内孔调心球轴承10000型　(b) 圆锥内孔调心球轴承10000K型　(c) 带紧定套调心球轴承10000K+H型

图 2-2　调心球轴承结构

调心球轴承结构参数设计已经有专门的设计方法，不同的生产厂家都有自己的设计文档和软件，其设计原理和过程可以参考有关资料。

2.2.2　典型调心球轴承零件三维建模

本节选择典型型号为 1206 的调心球轴承，其外形基本尺寸是标准的，为 $d \times D \times B = 30 \times 62 \times 16$(mm)。轴承内部结构尺寸则需要利用轴承专门设计方法计算得到。本次典型轴承三维建模直接采用设计好的轴承结构尺寸值。再利用 SolidWorks 软件来构建三维模型。

(1) 套圈三维建模

打开 SolidWorks 软件，建立零件草图界面，选择前视面作为基准面，进入草图绘制界面。新建一个零件图空间，根据内圈尺寸，画出内圈径向截面轮廓图，且画出中心轴参考线。在软件中使用【旋转凸台／基体】特征命令，使内圈轮廓绕参考轴线旋转 360°，得到轴承内圈三维实体模型图，如图 2－3 所示。

采用同样的方法，画轴承外圈图。根据外圈尺寸，画出外圈轮廓图，且画出中心轴参考线。在软件中使用【旋转凸台／基体】特征命令，使外圈轮廓绕参考轴线旋转 360°，得到轴承外圈三维实体图，如图 2－4 所示。

图 2－3　内圈三维实体图

图 2－4　外圈三维实体图

(2) 保持架与球体三维建模

由于冲压成型的轴承保持架结构比较复杂，需要利用比较多的建模工具。具体的建模步骤如下：

① 新建一个零件图空间，进入草图绘制界面，根据保持架尺寸，画出保持架半侧截面外形和中心线。

② 使用【旋转】命令，选择中心线，旋转保持架半侧截面。

③ 选择【镜像】命令，以竖直中心线为基准，镜像出保持架的另一半。得到保持架毛坯模型图。

④ 选择视图为基准，选择中心线，利用【旋转切除】命令切除多余部分。

⑤ 选择视图上面的基准面 1，画兜孔圆尺寸，然后拉伸切除多余尺寸。

⑥ 选择基准面 4，画喇叭口，确定尺寸，然后拉伸切除多余尺寸。

⑦ 画另外半侧保持架，新建 10° 夹角的基准面，与上面同样方法操作，切除旋转、拉伸切除各一次。

⑧ 选择【圆周阵列】命令，以保持架外圆表面为旋转面，阵列以上所有特征，设置阵列数和等间距选项，得到最终保持架模型，如图 2－5 所示。

⑨ 调心球轴承中的球体建模比较简单。先画出球外圆和中心轴线，使用智能尺寸命令，根据球体的实际尺寸，定义球圆直径为 6.96 mm，再使用【剪裁实体】命令将圆截为半圆。进入软件特征界面，使用【旋转凸台／基体】命令，选择半圆为旋转轮廓、直径为旋转轴，按任意方向旋转 360°，得到直径为 6.96 mm 的球体，如图 2－6 所示。

图 2-5　保持架三维实体图

图 2-6　球形滚动体

2.2.3　典型调心球轴承产品装配建模

进入 SolidWorks 软件装配体界面，新建一个装配体空间，使用【插入零部件】命令，把轴承内圈、外圈、球体、保持架逐次插入。再使用【配合】命令，将内圈和外圈同轴配合，使侧面重合、钢珠和内圈前视基准面重合、上视基准面重合、右视基准面重合。保持架和内圈前视基准面夹角为 10°，右视基准面重合，圆柱面同轴。圆周阵列钢珠，设置具体尺寸，可完成装配，如图 2-7 所示。最终可以选择给装配体附加外观颜色，以便更清晰观察整体结构。

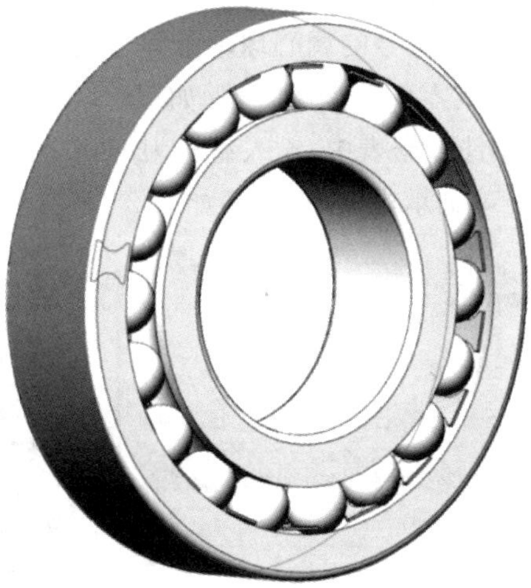

图 2-7　调心球轴承装配图

2.2.4　系列调心球轴承的几何参数化设计

调心球轴承是一种系列化产品，有必要对其进行系统参数化设计。首先需要确定球轴承参数化设计的内容，然后划分系统的功能模块，提出系统的目标，最后在此基础上建立设计开发内容。本次对系列调心球轴承进行参数化设计，选取一种最简单的方法进行参数化设计。即通过表格或方程式直接改变相应结构尺寸，能够简单、迅速地得到系列化的轴承模型。

(1) 参数化设计方法

几何参数化设计主要有两种选择：第一种是在软件中由用户直接输入参数值，所涉及的结构全部参数是通过主要参数计算得出的。首先编译计算程序，然后通过绘图程序获得相应的图形。此方法适用于某些具有标准化参数的常见和标准零件。它要求操作人员高度专业化。如果操作员在使用过程中输入了不正确的参数，将导致绘图错误或绘图失败。第二种是利用数据库技术建立已知产品尺寸信息数据库，根据用户选择的特征尺寸参数来读取数据库中的相应记录，可自动获取全部的参数值信息，然后调用绘图程序绘图。该方法需要用户具有专业设计知识，适用于具有完全标准化或高度标准化参数的零件。针对滚动轴承的具体情况，选择了后一种方案，并使用 ACCESS 建立了符合要求的滚动轴承数据值。

(2) 参数化设计步骤

① 轴承零件参数导出：打开 SolidWorks 软件中轴承零件三维图，点击【插入】，选择表格中的“设计表”，如选择内圈参数导出。点击【对号】弹出表格。选择尺寸表中的所有尺寸值，单击【确定】。选择【设置单元格式】，在数字栏中，点击【常规】，再单击【确定】。在表格中修改相应尺寸为新的轴承值，即可得到新的调心球轴承零件三维图。

② 进入 SolidWorks 软件中装配体界面，新建一个装配体空间，使用【插入零部件】命令，把轴承内圈、外圈、球体、保持架逐次插入。再使用【配合】命令，将内圈和外圈同轴配合，侧面重合。钢珠和内圈前视基准面重合，上视基准面重合，右视基准面重合，保持架和内圈前视基准面夹角为 10°，右视基准面重合，圆面同轴，圆周阵列全部的球，完成装配。这样即可实现调心球轴承参数化建模。

(3) 系列轴承参数化设计实例

上述参数导出的数据为 1206 型号的调心球轴承零件尺寸。作为例子，再选择 1205 型号的轴承零件数据，导入软件，生成零件模型图，步骤如下。

① 内圈生成：在导出的零件数据表中，输入型号为 1205 的调心球轴承内圈全部参数，单击空白处即可生成 1205 调心球轴承内圈模型图，如图 2-8 所示。

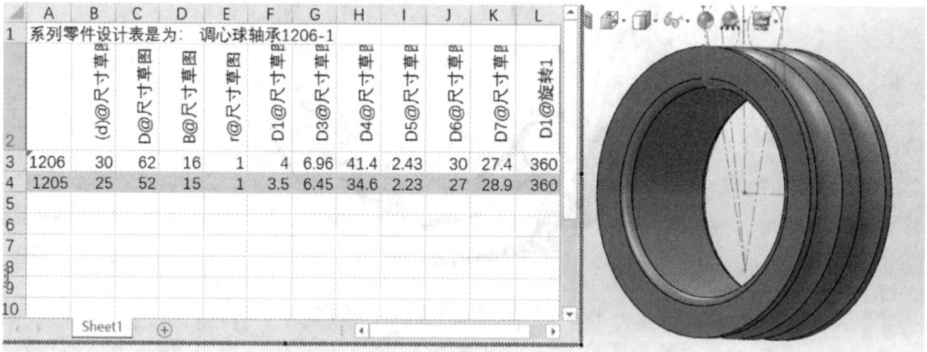

图 2-8 1205 轴承内圈尺寸及三维实体图

② 外圈生成：在导出的零件数据表中，输入型号为 1205 的调心球轴承外圈全部参数。单击空白处即可生成 1205 调心球轴承外圈模型图，如图 2-9 所示。

③ 球体生成：在导出的零件数据表中，输入型号为 1205 的调心球轴承滚球基本参数，单击空白处即可生成 1205 调心球轴承的球模型图，如图 2-10 所示。

④ 保持架生成：打开 SolidWorks 软件中调心球轴承保持架三维模型图，导出零件数据表，输入型号为 1205 的调心球轴承保持架全部参数，得到型号为 1205 的调心球轴承保持架

三维模型图，如图 2－11 所示。

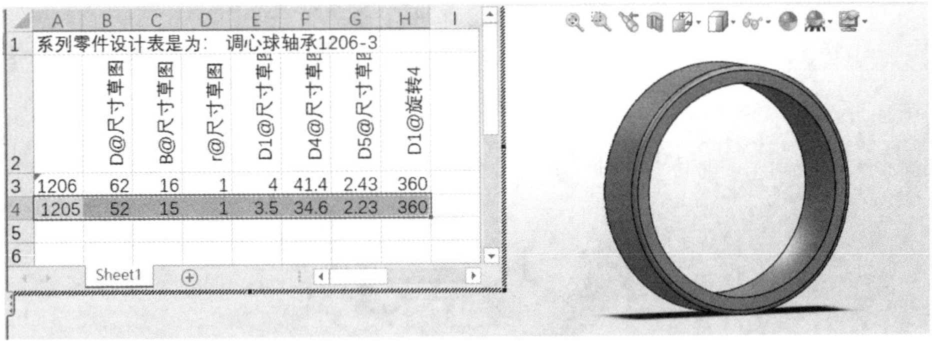

	A	B	C	D	E	F	G	H
1	系列零件设计表是为: 调心球轴承1206-3							
2		D@尺寸草图	B@尺寸草图	r@尺寸草图	D1@尺寸草图	D4@尺寸草图	D5@尺寸草图	D1@旋转4
3	1206	62	16	1	4	41.4	2.43	360
4	1205	52	15	1	3.5	34.6	2.23	360

图 2－9　1205 轴承外圈尺寸及三维实体图

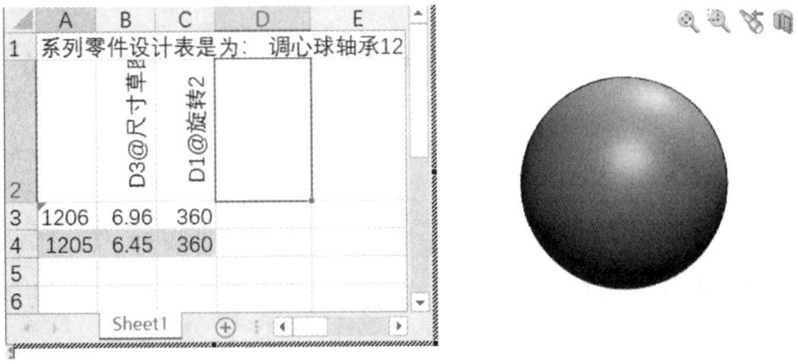

	A	B	C
1	系列零件设计表是为: 调心球轴承12		
2		D3@尺寸草图	D1@旋转2
3	1206	6.96	360
4	1205	6.45	360

图 2－10　1205 轴承滚球尺寸及三维实体图

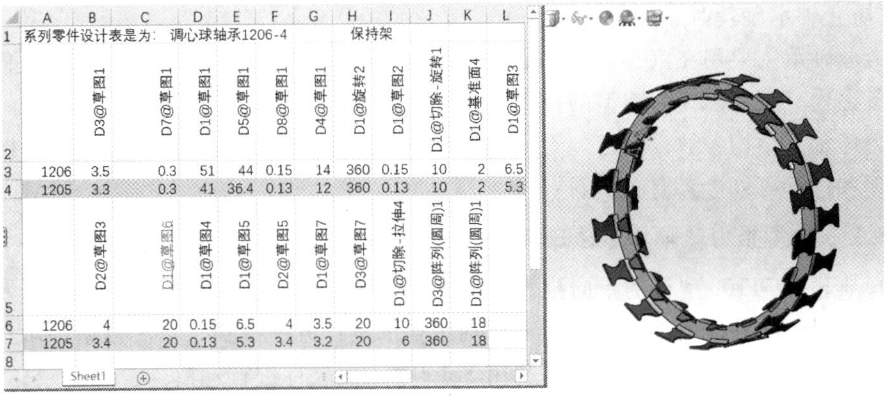

	A	B	C	D	E	F	G	H	I	J	K	L
1	系列零件设计表是为: 调心球轴承1206-4							保持架				
2		D3@草图1	D7@草图1	D1@草图1	D5@草图1	D8@草图1	D4@草图1	D1@旋转2	D1@草图2	D1@切除-旋转1	D1@基准面4	D1@草图3
3	1206	3.5	0.3	51	44	0.15	14	360	0.15	10	2	6.5
4	1205	3.3	0.3	41	36.4	0.13	12	360	0.13	10	2	5.3
5		D2@草图3	D1@草图6	D1@草图4	D1@草图5	D2@草图5	D1@草图7	D3@草图7	D1@切除-拉伸4	D3@阵列(圆周)1	D1@阵列(圆周)1	
6	1206	4	20	0.15	6.5	4	3.5	20	10	360	18	
7	1205	3.4	20	0.13	5.3	3.4	3.2	20	6	360	18	

图 2－11　1205 轴承保持架尺寸及三维实体图

⑤ 进入 SolidWorks 软件装配体界面，新建一个装配体空间，使用【插入零部件】命令，把轴圈、座圈、球体、保持架逐次插入。再使用【配合】命令，将内圈和外圈同轴配合，使侧面重合、钢珠和内圈前视基准面重合、上视基准面重合、右视基准面重合。保持架和内圈前视基准面夹角为 10°，右视基准面重合，圆面同轴，圆周阵列钢珠，完成装配，得到型号 1205 的轴承三维模型，如图 2－12 所示。

对于其他的尺寸系列的调心球轴承设计方法相同。

图 2-12 1205 轴承三维实体图

2.3 推力球轴承(50000 基本型)几何参数化设计

2.3.1 推力球轴承的特点与应用

推力球轴承是一种分离型轴承,它由轴圈、座圈、保持架和球体等零件组成。轴圈是与轴相配合的套圈;座圈是与轴承座孔相配合的套圈,它和轴之间有一定的间隙。座圈有平面座圈和调心座圈两种。

根据受力情况不同,轴承可分为单向推力球轴承和双向推力球轴承。单向轴承只可承受单向轴向载荷,而双向轴承可承受双向轴向载荷。推力球轴承安装时需要施加一定的预载荷,以防止轴承旋转时套圈脱落。

推力球轴承主要用在汽车、机床、起重机吊钩、立式水泵、立式离心机、千斤顶、低速减速器等设备之中。图 2-13 为典型的推力球轴承实物。

推力球轴承结构参数设计已经有专门的设计方法,各生产厂家都有自己的设计文档,其设计原理和过程可以参考有关资料。

2.3.2 典型推力球轴承零件三维建模

选择典型的 51100 型号的单向推力球轴承,产品剖面如图 2-14 所示。其外形基本尺寸可以查标准得到。轴承内部结构尺寸需要利用轴承设计方法得到。本次典型轴承三维建模直接采用设计好的轴承结构尺寸值。利用 SolidWorks 软件进行建模。

图 2-13 推力球轴承实物

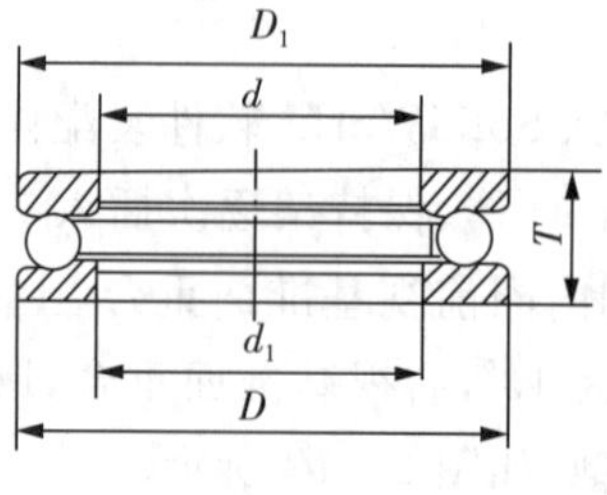

图 2-14 51100 推力球轴承剖面图

(1) 轴圈、座圈的三维建模

基于 SolidWorks 软件，利用轴承结构尺寸值，建立推力球轴承各零件的三维模型以及整体装配。

① 新建一个零件图空间，在前视基准面上进行草图绘制，先过坐标系原点做一条竖直中心线，根据轴承套圈的尺寸，画出一个高度为 2.5 mm 的矩形，其下边与原点约束在同一水平线上，矩形左右两边与原点分别距离为 5 mm、12 mm。再画出半径为 2.57 mm 的圆，其圆心与原点标注为 8.5 mm，且与矩形上边标注为 4.69 mm。此时用【剪裁实体】命令减去与矩形下边相交圆的多余部分，最后给矩形四角做相应倒角，其截面草图如图 2-15 所示。

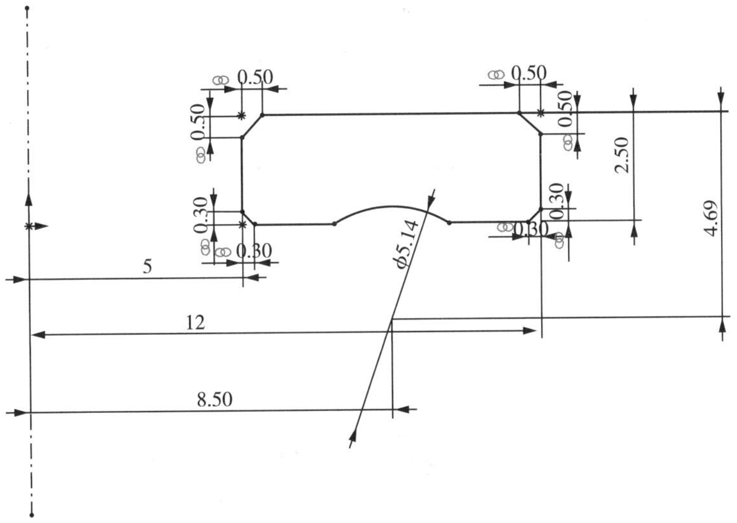

图 2-15　轴圈截面草图

② 在软件中使用【旋转凸台 / 基体】特征命令，选择图(2-15)为旋转轮廓，以中心线为旋转轴旋转 360°，得到轴圈三维实体图，如图 2-16 所示。

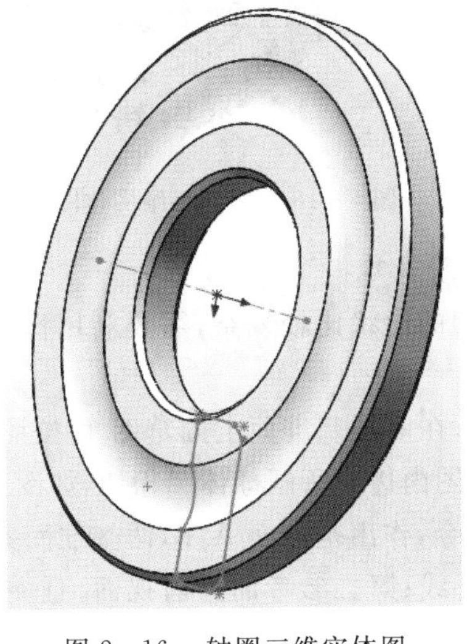

图 2-16　轴圈三维实体图

③ 座圈画法与轴圈相同，按照座圈尺寸，画出截面草图，如图 2-17 所示，座圈三维实体图如图 2-18 所示。

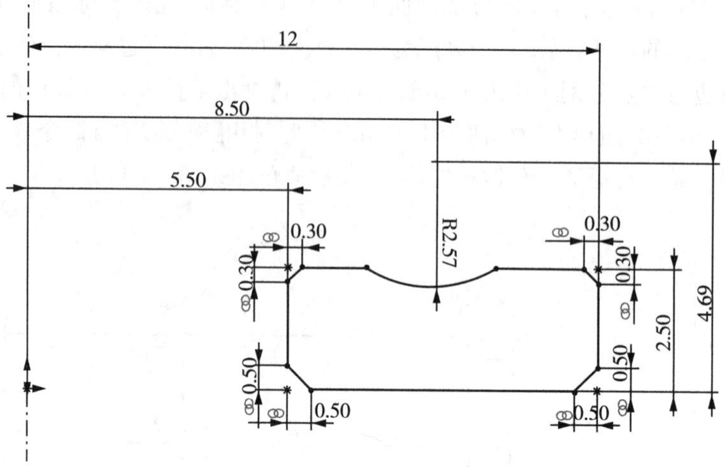

图 2-17　座圈截面草图

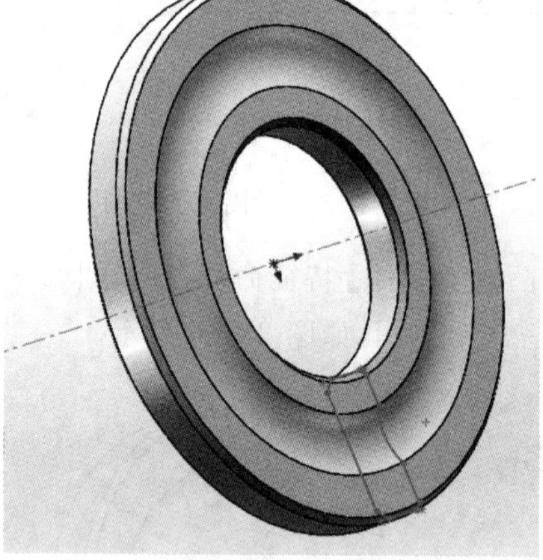

图 2-18　座圈三维实体图

(2) 保持架和球体的三维设计建模

冲压型推力球轴承保持架的形状比较复杂，需要利用比较多的建模工具。具体的建模步骤如下：

① 新建一个零件图空间，在前视基准面上画草图 1，按照保持架尺寸，画出保持架兜孔处横剖面草图，其中保持架草图内边与所画球体圆相切，如图 2-19 所示。

② 使用【参考几何体】命令，作出基准面 A，B，两基准面关于前视面相互对称，且基准面第一参考为草图 1 的竖直中心线；第二参考面为前视面，且夹角为 18°。在两基准面上画出草图 8，且两草图所画一样，其草图 8 如图 2-20 所示。

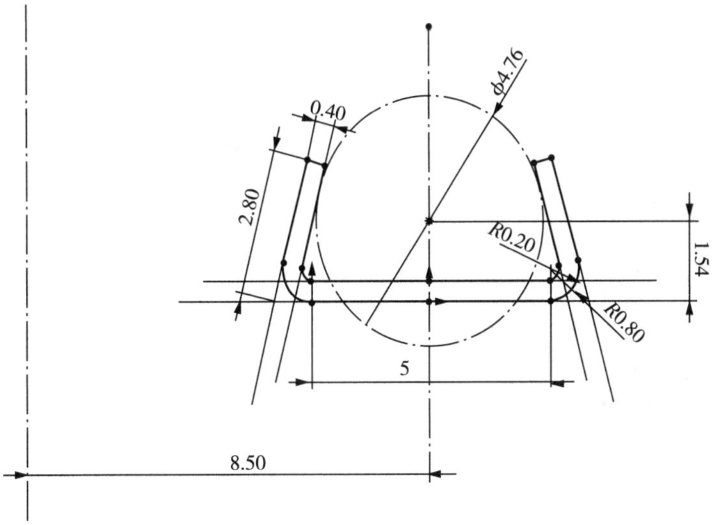

图 2-19　保持架兜孔处横剖面草图 1

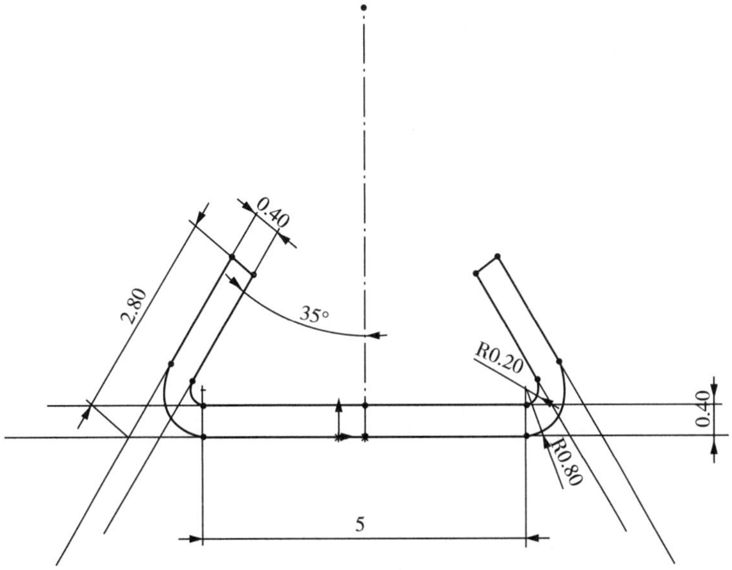

图 2-20　草图 8

③ 在草图 8 的基准面上做图，画出一个直径为 17 mm 的圆，使用【显示 / 删除几何关系】命令中的【添加几何】命令，使圆与草图 1、草图 8、草图 9 中的点重合并穿透。

④ 使用【放样凸台 / 基体】命令，以草图 1、草图 8、草图 9 作为放样轮廓，草图 4 作为引导线（也可以不用引导线），起始 / 结束轮廓设置为相切。

⑤ 在上视基准面上，作直径为 4.29 mm 的圆，其圆心在草图 1、草图 4 的交点处，再用【拉伸切除】命令作切除，结果如图 2-21 所示。

⑥ 使用【草图绘制】命令中的“3D 草图”，画出与草图 1 中竖直中心线重合的 3D 图，在特征中使用“线性阵列”的“圆周阵列”命令，以所做的一块保持架为阵列实体，3D 图为阵列轴，

作出完整的保持架。并在“插入”的“特征”中选用“组合”命令，最后得到所需的保持架三维实体图，如图 2 - 22 所示。

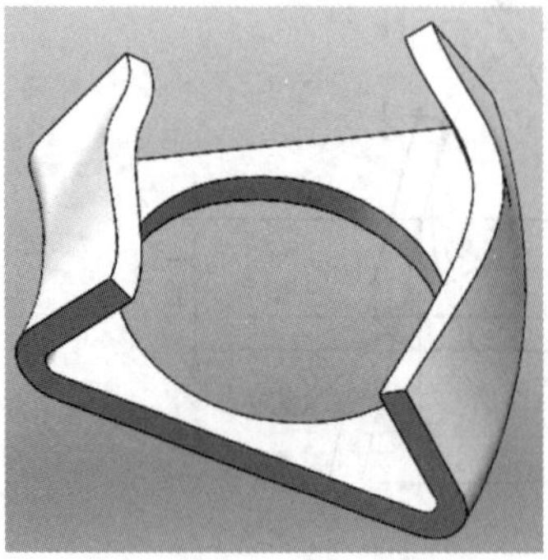

图 2 - 21　带兜孔的保持架局部图

图 2 - 22　完整保持架三维实体图

⑦ 球体建模。新建一个零件图空间，并进入草图绘制界面，选择前视面作为基准面，以基准点为圆心画圆和中心轴线，根据滚珠的尺寸，使用“智能尺寸”命令，定义圆直径为 4.762 mm，再使用“剪裁实体”命令将圆截为半圆。退出草图，在软件中使用【旋转凸台 / 基体】特征命令，选择半圆为旋转轮廓、以中心轴为旋转轴旋转 360°，得到球体三维建模图，如图 2 - 23 所示。

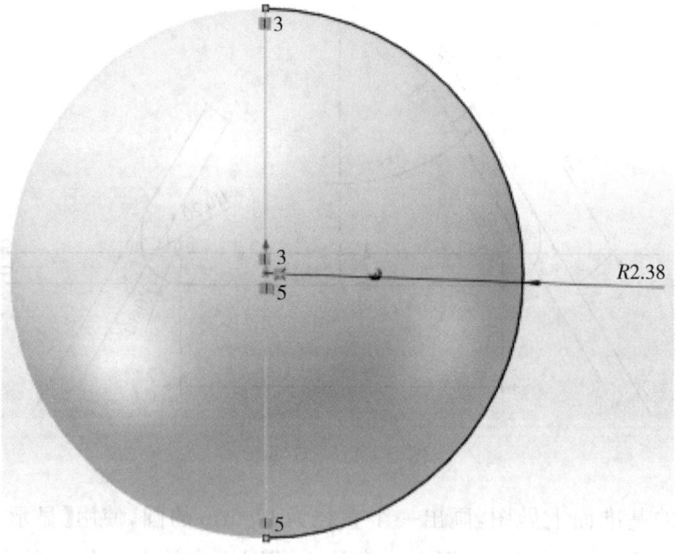

图 2 - 23　球体三维建模图

2.3.3　典型推力球轴承产品装配建模

① 进入 SolidWorks 软件装配体界面，新建一个装配体空间，使用【插入零部件】命令，依次把轴圈、座圈、球体、保持架插入。第一个插入的零件自定义是“固定”的，根据需要改成“浮动”。再打开滚珠中的草图 1 和保持架中的草图 1，为之后配合作基础。其轴承插入各零

部件的布局如图 2－24 所示。

② 再使用【配合】命令，先使轴圈、座圈和保持架三者同轴配合；利用上步中打开的草图，对保持架和滚珠进行点重合配合；通过已给尺寸计算出球体与座圈内表面距离，确定给滚珠和座圈内表面反向距离为 0.381 mm 的配合；再者，轴圈、座圈两外表面距离配合 9 mm。其次，在装配体中用【圆周零部件阵列】命令，使所有球按兜孔数阵列好。最终把显现出来的草图隐藏，如图 2－25 所示。

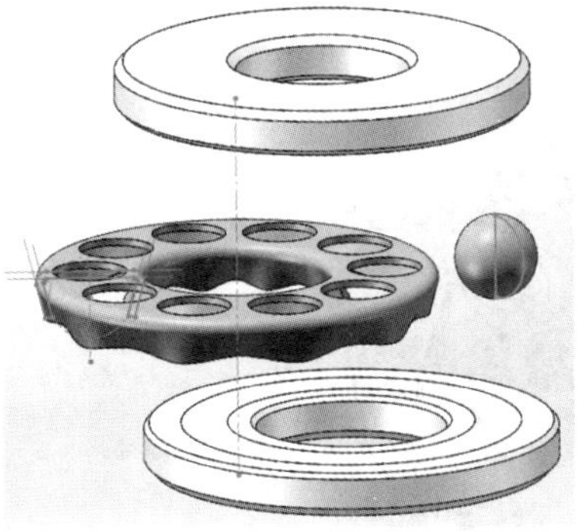

图 2－24　插入零部件的布局图

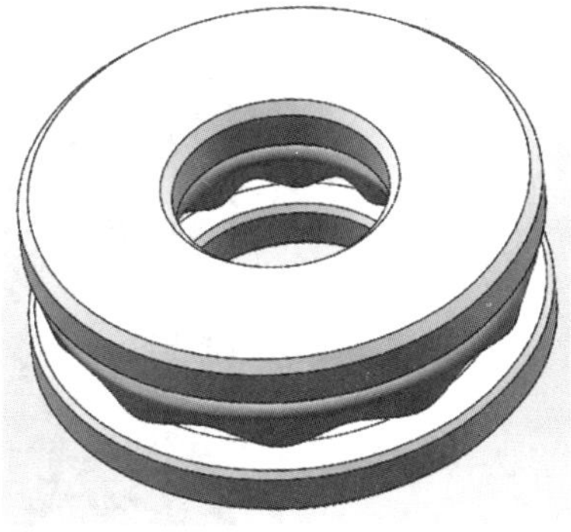

图 2－25　推力球轴承装配图

③ 再将装配体前视基准面和保持架前视基准面重合，使用“剖面视图”从配合的前基准面处剖切，并选择性给装配体附加外观颜色，以便更清晰地观察整体结构，如图 2－26 所示。

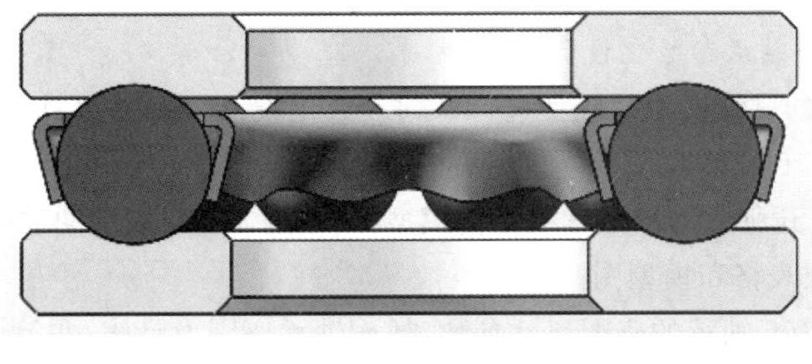

图 2－26　推力球轴承装配剖面图

2.3.4　系列推力球轴承的参数化设计

(1) 参数化设计方法

在三维设计中，避免重新建模麻烦，希望直接进行赋值修改即可达到理想效果。SolidWorks 中自带几种参数化设计应用命令。第一种是简单的方程式、设计表及配置驱动命令，它能快速实现产品改型和系列化；第二种则是利用软件插件，它能自动建模和出图；第三种就是利用 SolidWorks 宏命令，不过较为复杂，需要编程使之重复任务自动化。

推力球轴承是一种系列化产品，有必要对其进行参数系统设计。首先，需要确定推力球轴承参数化设计的内容，再去划分系统的功能模块，提出系统的目标，最后在此基础上设计系统开发内容。本次对系列推力球轴承进行参数化设计，选取第一种最简单方便的方法进行参数化设计。即通过表格或方程式直接改变相应尺寸，能够简单迅速地得到一系列的轴承模型图。

首先，根据现有轴承尺寸参数画出三维模型，在工具选项中打开方程式，先定义全局变量，再在方程式中把相应草图和全局变量定义在一起并附加关系。但是，如果模型尺寸变量过多，则可以选择设计表命令，重新对每一个尺寸进行更改，保存到不同配置，随时可以调用。操作如下：打开轴圈零件→打开插入→打开表格→打开设计表→选择自动插入→选择需要的变量插入表格→插入参数。表格插入后可以在配置中进行编辑和选用所需尺寸，如图2-27所示。

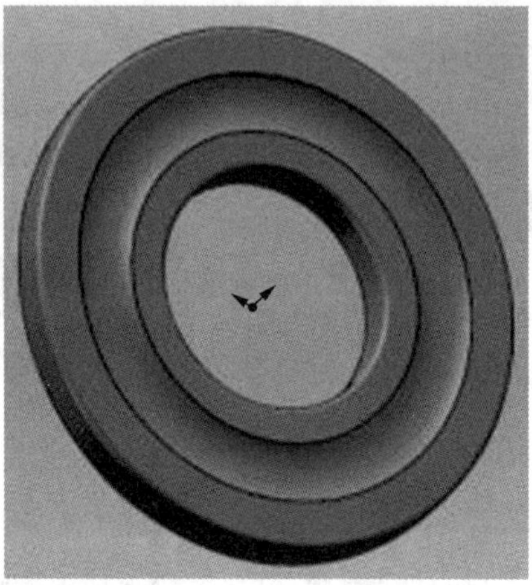

图2-27　设计尺寸表图

(2) 系列推力球轴承参数化设计

在51100型号的三维模型基础上进行系列参数化设计，使用【设计表】命令，作为例子，设计另一个型号51105的轴承。

① 在软件中打开所做的轴圈三维零件模型图，按照51105轴承的轴圈参数，插入设计表格中，插入后的参数表格和模型图。

② 同样，将51105轴承的座圈尺寸参数，插入轴承座圈设计表，得到设计表中尺寸和新建模型图。

③ 保持架参数化设计，确定51105型号保持架的尺寸参数。由于保持架画法比较复杂，尺寸较多，所以导出51105型号的保持架各项尺寸表格数据大，需要对各项尺寸进行定义。可以参照51100型保持架的草图，把导出表格中的尺寸一一对应起来，将51105型号保持架的尺寸参数输入其表格中，得到保持架模型图。

④ 滚珠的参数导出及模型图。

⑤ 最后，在软件中打开之前做好的51100型号的装配体，然后再打开所组成的各零件图，把所有零件的配置设为51105轴承，再打开装配体，则装配体会自动重建模型为51105型号的轴承。而配合关系需要改变轴圈、座圈外表面距离T为11 mm，滚珠和座圈内表面反向距离为0.478 mm，且阵列数变为16个。装配好三维实体图和剖面图分别如图2-28和图2-29所示。

对于其他尺寸系列的推力球轴承设计方法相同。

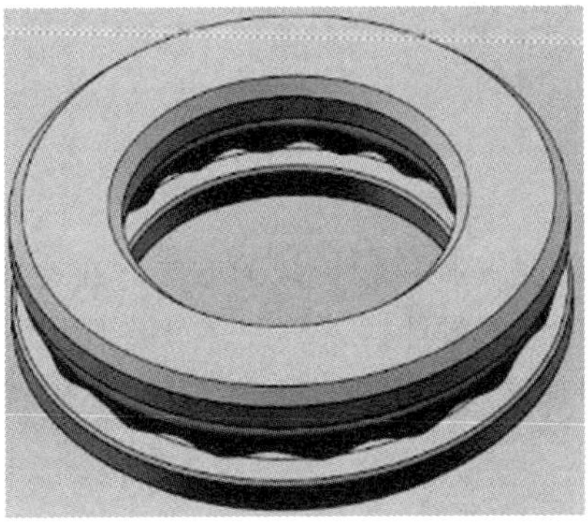

图 2-28　51105 轴承装配体图

图 2-29　51105 轴承装配体剖面图

2.4　深沟球轴承(60000 基本型)几何参数化设计

2.4.1　深沟球轴承的特点与应用

深沟球轴承是最为普通的一种类型的滚动轴承。它的基本结构是由外圈、内圈、保持架和一组球体构成。深沟球轴承的结构还分闭式(密封)和开式两种结构。开式深沟球结构指轴承不带密封结构。开式(密封)深沟球结构又分为防尘密封和防油密封。防尘密封只起到简单的防止灰尘进入轴承滚道的作用。防油密封为接触式油封,能有效地阻止轴承内的润滑脂外溢。

深沟球轴承尺寸变化范围大,结构形式变化多样。在精密仪表、低噪音电机、汽车、摩托车及一般机械等行业中使用最为广泛。它主要承受径向负荷,也可承受一定量的轴向负荷。深沟球轴承摩擦系数小,极限转速高,适用于高运行。

深沟球轴承类型有单列和双列两种。单列深沟球轴承类型代号为“6”,双列深沟球轴承类型代号为“4”。图 2-30 为典型的单列深沟球轴承实物,图 2-31 为典型的双列深沟球轴承实物,图 2-32 为单列深沟球轴承内部结构图。

图 2-30　单列深沟球轴承实物

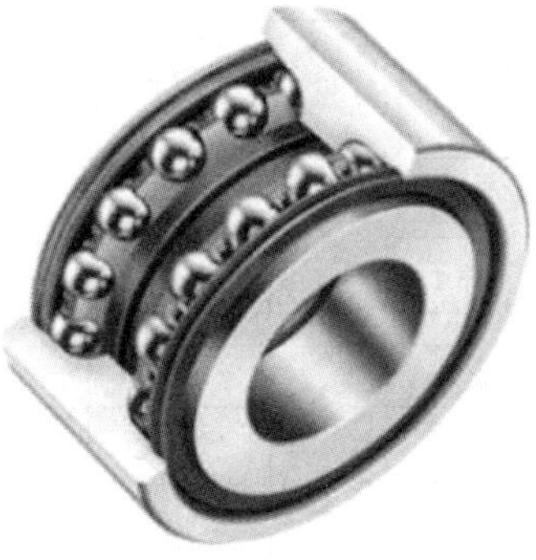

图 2-31　双列深沟球轴承实物

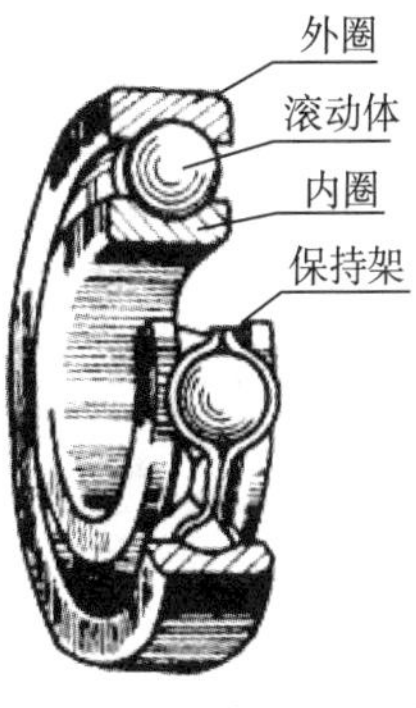

图 2-32　单列深沟球轴承内部结构图

深沟球轴承结构参数设计已经有专门的设计方法，各生产厂家都有自己的设计文档，其设计原理和过程可以参考有关资料。

2.4.2 系列深沟球轴承零件参数化三维建模

(1) 常见三维仿真建模过程

① 由零件向装配的设计法：如图 2-33 所示，它是一种比较传统的方法。在这种设计方法中，首先是在绘制零件的软件中建立新零件模型，再将零件插入装配体软件环境下进行装配，并根据要求设计零件配合。由于是在零件绘图环境中建立每个零件的模型，当需要先生成的零件时，这是首选的方法。

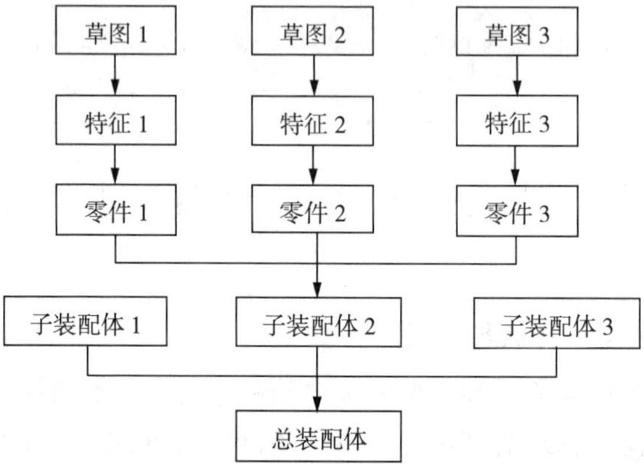

图 2-33　由零件向装配的设计逻辑示意图

这种设计法的另一个优点是因为零部件是独立设计的，与自顶向下设计法相比，它们的相互关系及重建行为更为简单。自底向上建模能够做到对于单个零件的设计更加专注。当不需要建立控制零件大小和尺寸的参考关系时，此方法较为适用。

② 由装配向零件的设计方法：如图 2-34 所示，它从装配体开始设计工作，通过一个零件的几何图形来辅助另一个零件定义，或者在完成装配零件后添加一些加工特征。它可以从布局草图开始设计，定义零件的基准面、位置等，最后参照定义来设计零件。

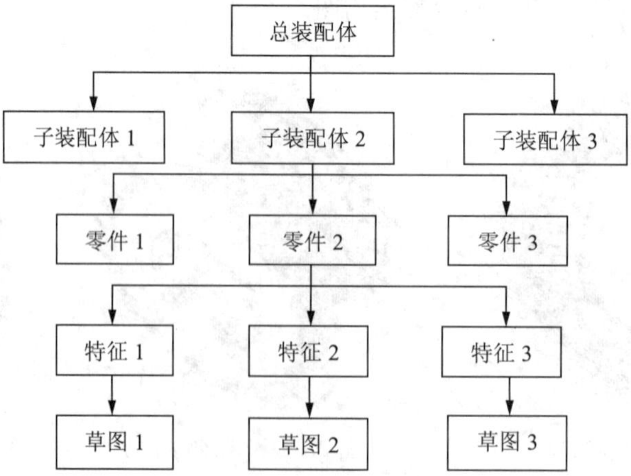

图 2-34　由装配向零件的设计逻辑示意图

不同的设计软件有不一样的参数化设计方法，例如，在 Solidworks 软件中，可以通过零件的参数表导出、导入的方法实现参数化设计。而在 Pro/E 软件中，则可以通过数学函数和全局变量来定义尺寸，并生成零件和装配体两者尺寸之间的数学关系。可以使用任何受支持的运算符、函数和常数。它支持函数的关系包括三角函数、反三角函数、对数函数、指数函数等。装配体间的几何关系包括重合、垂直、相切等。零部件彼此之间还存在主动与从动的对应关系。本节将采用 Pro/E 软件进行参数化设计。

(2) 套圈的参数化三维建模

以典型的 6010 型号的单列深沟球轴承为例，其外形基本尺寸可以查标准得到。轴承内部结构尺寸需要利用轴承设计方法得到。本次轴承三维建模直接采用设计好的轴承结构尺寸值。

利用 Pro/E 软件中的【关系】(RELATION)、【阵列】(PATTERN) 及【程序】(PROGRAM) 等功能来实现。具体的零件图绘制步骤如下。

1) 外圈三维参数化设计

打开软件，选择软件中的命令【文件】→【新建】→【零件】→【实体】。在软件菜单栏中选取【插入】→【旋转】，在 TOP(基准平面) 中草绘，以 RIGHT(基准平面) 为参照，方向为右，如图 2-35 所示。

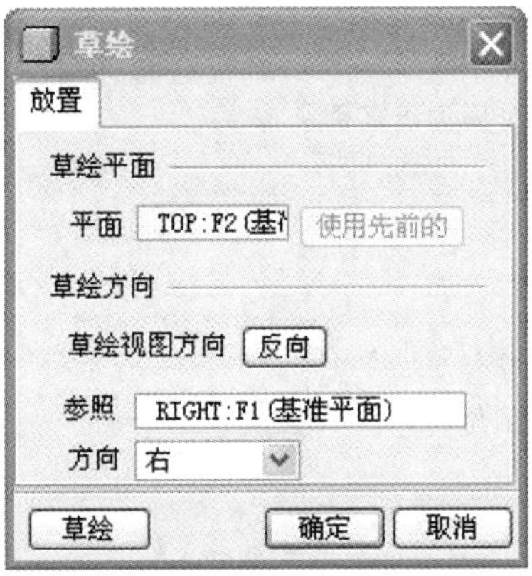

图 2-35　选择基准平面

先按照设计所给尺寸，草绘套圈截面形状，测量出必要的尺寸(具体根据需要增加删减)完成绘制。草绘图如图 2-36 所示。

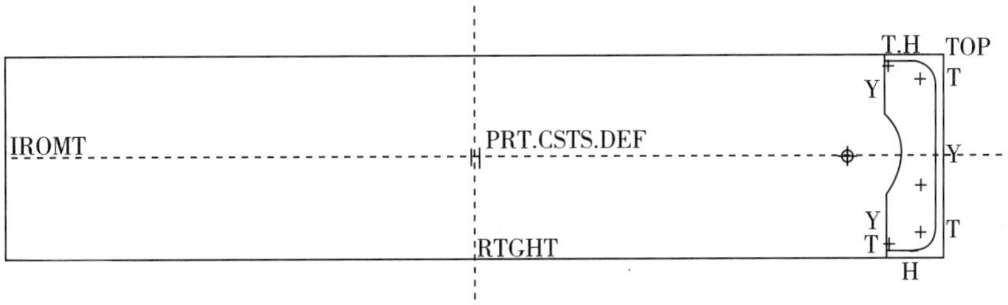

图 2-36　外圈截面草图

在菜单栏中，选择【工具】→【关系】，选取零件，出现如图2-37所示的外图各尺寸代号，也可自定义。

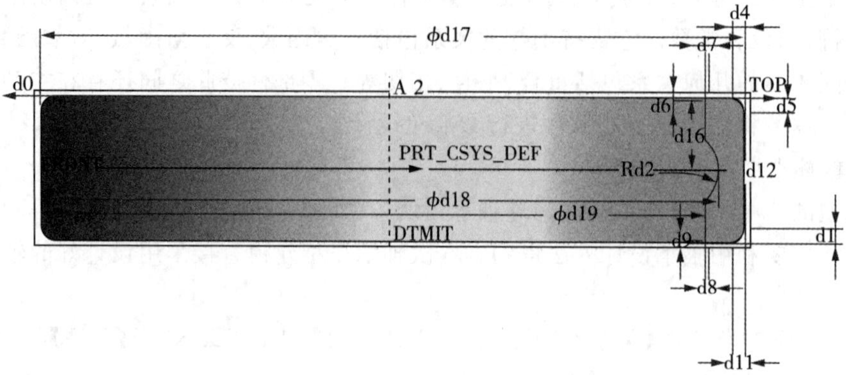

图2-37 外圈尺寸代号

根据上面章节所给公式推导出各参数以及尺寸间的关系，在关系栏中加入下面的关系：

```
D2 = 0.525 * DW          (外圈沟道曲率半径)
D12 = B                  (轴承宽度)
D16 = B/2
D17 = DD                 (轴承外径)
D18 = (D + DD)/2 + DW    (外圈沟道直径)
D19 = DD - DW
D4 = RD
D5 = D4
D10 = D4
D11 = D4
D6 = RX                  (倒角)
D7 = D6
D8 = D6
D9 = D6
```

需要说明的是，上面尺寸代号等不是固定的，用户可自定义。然后，选择【程序】→【编辑程序】，在编写程序中的INPUT与END INPUT间加入下面的内容：

```
D NUMBER     "请输入轴承内径:"
DD NUMBER    "请输入轴承外径:"
B NUMBER     "请输入轴承宽度:"
DW NUMBER    "请输入钢球直径:"
RX NUMBER    "请输入圈套小倒角半径:范围 0 - 1.0"
RD NUMBER    "请输入圈套大倒角半径:范围 1.0 - 5.0"
```

点击【保存】，信息栏出现"要将所做的修改体现到模型中"，选择"是"。

点击【输入】→【选取全部】→【完成选取】，在信息栏提示输入参数值就可以根据各参数的不同完成零件的模型再生。图2-38所示为轴承外圈实体图。

图 2-38　轴承外圈实体图

2）内圈三维参数化设计

按照上面外圈绘制的步骤，根据内圈的尺寸，先添加尺寸参数，完成内圈截面草绘，如图 2-39 所示。

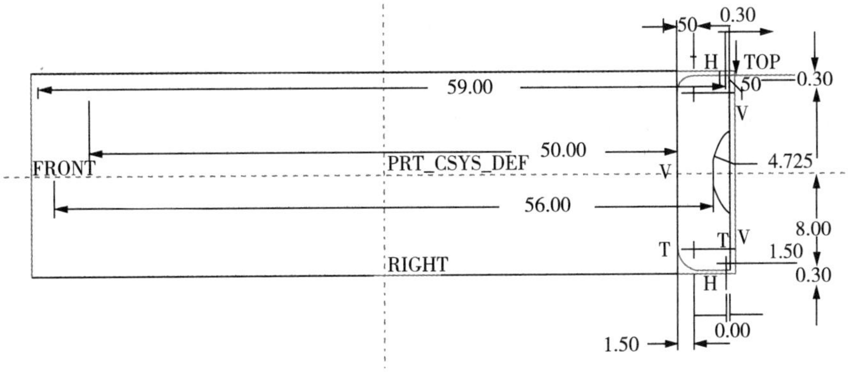

图 2-39　内圈截面草图

根据各参数和尺寸间关系，加入如下关系（倒角尺寸等省略未列出）：

```
D14 = B/2
D15 = B                 （轴承宽度）
D17 = D + DW
D18 = D                 （轴承内径）
D19 = (DD + D)/2 - DW   （内圈沟道直径）
D20 = 0.515 * DW        （内圈沟道曲率半径）
```

校验关系成功后，选择【确定】，同样在程序中，INPUT 与 END INPUT 间加入提示：

```
INPUT
  D NUMBER        "请输入轴承内径："
  DD NUMBER       "请输入轴承外径："
  B NUMBER        "请输入轴承宽度："
  DW NUMBER       "请输入钢球直径："
  Z NUMBER        "请输入钢球个数："
```

```
    RX NUMBER          "请输入圈套小倒角半径:范围 0 - 1.0"
    RD NUMBER          "请输入圈套大倒角半径:范围 1.0 - 5.0"
END INPUT
```

完成编辑后保存。

最后完成参数化的轴承内圈，其实体图如图 2-40 所示。

图 2-40 轴承内圈实体图

(3) 浪形保持架参数化三维建模

冲压浪形球轴承保持架的形状比较复杂，需要利用比较多的建模工具。具体的建模步骤如下。

先加入参数：

```
D = 50          (轴承内径)
DD = 80         (轴承外径)
B = 16          (轴承宽度)
DW = 9          (钢球直径)
Z = 13          (钢球个数)
```

建立基准轴 A_2，这很关键，在后面的装配中不可缺少。建立基准面 DTM1，同样重要。

点击【插入】→【旋转】命令，以 DTM1 为草绘平面，参照 A_2 轴草绘如图 2-41 所示。

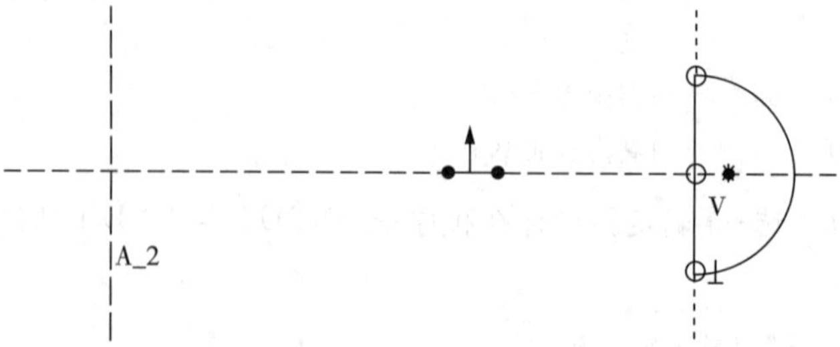

图 2-41 草绘图

然后旋转成实体球体。在左侧模型树中选择 DTM1 和【旋转伸出】项，将球体组合起来，再点击【阵列】，最后点击【剪切】剪切出如图 2-42 的效果。

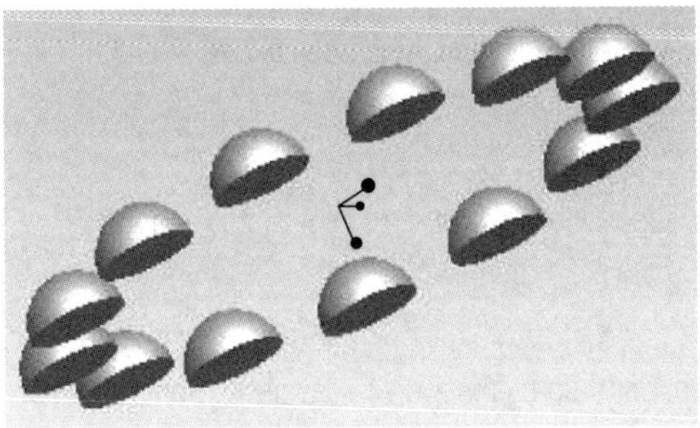

图 2 - 42　剪切实体球体

再点击【旋转伸出】,厚度由设计尺寸确定。

利用壳工具,形成球壳,如图 2 - 43 所示。壳壁厚同上【旋转伸出】项。

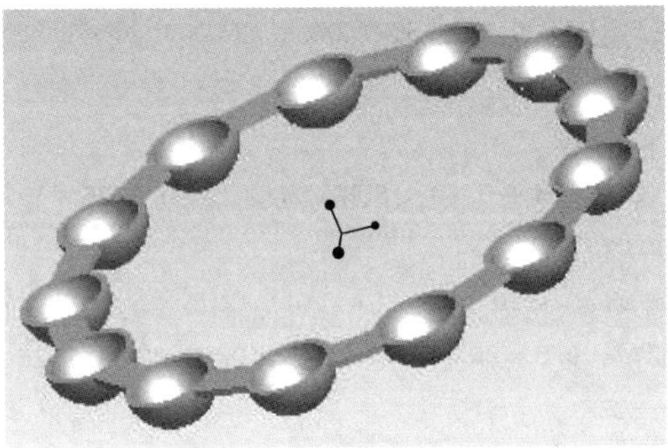

图 2 - 43　形成球壳

再分别插入两个圆柱剪切,得到保持架实体模型;完成浪形保持架绘制,在浪形保持架上打孔,通过阵列孔得到保持架效果,这样就完成了浪形保持架实体模型图绘制,如图 2 - 44 所示。

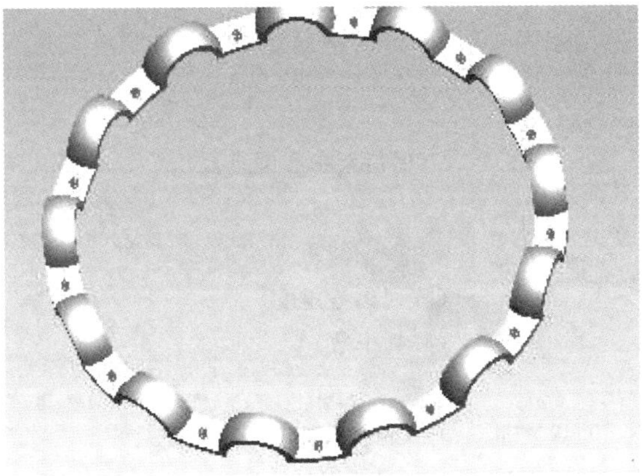

图 2 - 44　浪形保持架实体模型图

通过阵列孔得到效果图,完成浪形保持架绘制。

根据浪形保持架各参数的尺寸间设计关系(参考有关设计资料),在【工具】【关系】命令中加入如下关系:(保持架球兜外球面半径 D27 = 保持架球兜内球面半径 + 保持架钢板厚度)

```
IF DW <= 6
  D27 = 0.5 * DW + 0.04 + SQRT(DW/3.174 + 1.25 * 1.25) - 1.25
ELSE
    IF DW <= 10
  D27 = 0.5 * DW + 0.05 + SQRT(DW/3.174 + 1.25 * 1.25) - 1.25
      ELSE
      IF DW <= 14
      D27 = 0.5 * DW + 0.06 + SQRT(DW/3.174 + 1.25 * 1.25) - 1.25
        ELSE
        IF DW <= 18
      D27 = 0.5 * DW + 0.07 + SQRT(DW/3.174 + 1.25 * 1.25) - 1.25
          ELSE
            IF DW <= 24
              D27 = 0.5 * DW + 0.08 + SQRT(DW/3.174 + 1.25 * 1.25) - 1.25
              ELSE
                IF DW <= 40
                D27 = 0.5 * DW + 0.10 + SQRT(DW/3.174 + 1.25 * 1.25) - 1.25
                  ELSE
                    IF DW <= 50
                    D27 = 0.5 * DW + 0.12 + SQRT(DW/3.174 + 1.25 * 1.25) - 1.25
                      ELSE
                          D27 = 0.5 * DW + 0.14 + SQRT(DW/6.3 - 0.5) - 0.04
                    ENDIF
  ENDIF
            ENDIF
          ENDIF
        ENDIF
  ENDIF
ENDIF
D28 = (D + DD)/4                    (保持架中心圆直径)
D141 = D27 * 4
D142 = DD * 2
D340 = 360/Z                        (阵列参考角度)
P341 = Z                            (阵列个数)
IF DD <= 100
  D372 = (DD + D)/2 - 0.48 * DW       (保持架内径)
  D373 = (DD + D)/2 + 0.48 * DW       (保持架外径)
  ELSE
  D372 = (DD + D)/2 - 0.45 * DW
  D373 = (DD + D)/2 + 0.45 * DW
ENDIF
IF DD <= 100
```

```
D374 = SQRT(DW/3.174 + 1.25 * 1.25) - 1.25        (保持架钢板厚度)
  ELSE
  D374 = SQRT(DW/6.3 - 0.5) - 0.04
ENDIF
D375 = D374
D376 = D141
D377 = D372
D378 = D141
D379 = D373
D396 = 360/Z/2
D397 = D28
D398 = D374
D399 = D141
D400 = 360/Z
P401 = Z
```

校验关系成功后,在程序中 INPUT 与 END INPUT 间加入:

```
D NUMBER        "请输入轴承内径:"
DD NUMBER       "请输入轴承外径:"
B NUMBER        "请输入轴承宽度:"
DW NUMBER       "请输入钢球直径:"
Z NUMBER        "请输入钢球个数:"
```

程序完成后,选择【零件】→【再生】命令,或点击工具栏再生模型图标,按照提示输入参数后,保持架零件即可改变,参数化保持架设计完成。如图 2-45 所示为参数化浪形保持架实体。

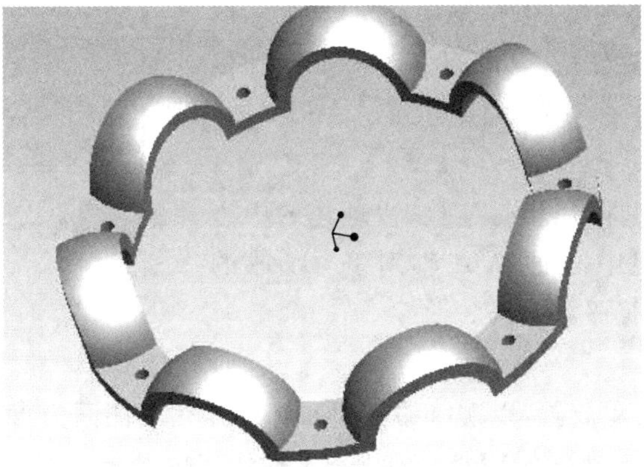

图 2-45　参数化浪形保持架实体

(4) 球体参数化三维建模

球的绘制比较简单,首先,加入参数:DW = 9(球直径)

点击【插入】→【旋转】命令,草绘半圆,旋转即得。

在【工具】【关系】命令中加入以下关系：

```
D27 = DW/2          (球半径)
```

在程序中加入：

```
D NUMBER       "请输入轴承内径:"
DD NUMBER      "请输入轴承外径:"
DW NUMBER      "请输入球直径:"
```

球体参数化设计完成。

5. 铆钉参数化三维建模

铆钉的绘制比较简单。点击【插入】→【旋转】，草绘和实体效果如图2-46所示。铆钉的尺寸根据设计结果选取。

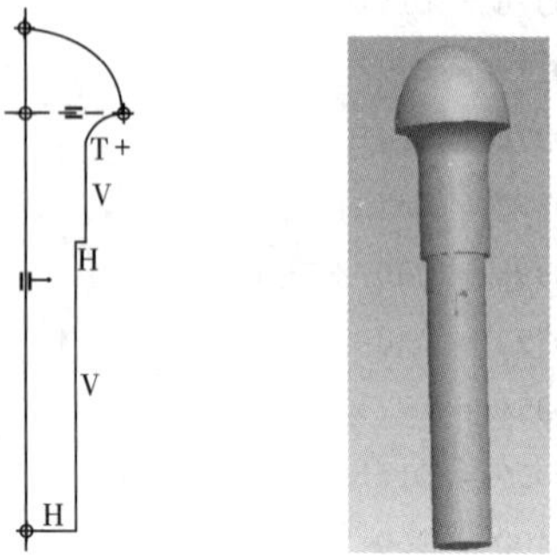

(a) 铆钉草绘　　(b) 铆钉实体图

图2-46　铆钉图

2.4.3　系列深沟球轴承参数化产品装配

在软件中完成各个零件后，进行轴承装配，具体步骤如下。

(1) 外圈装配

选择【插入】→【元件】→【装配】命令，由于外圈是参照件，不需要运动，故对外圈选择缺省放置(点击图2-47中框出的图标即可)。

(2) 内圈装配

采用添加元件到组件，用销钉连接。以外圈中心轴A_2和内圈中心轴A_2为参照轴对齐，以内外圈的FRONT面为参照平移，完成连接定义。

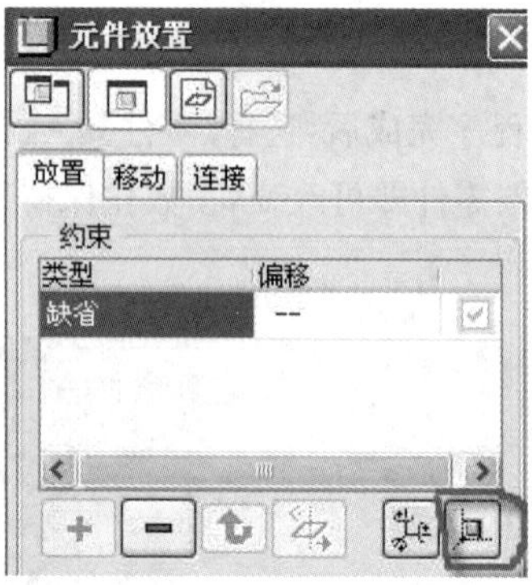

图2-47　选择零件

(3) 保持架装配

同样是采用销钉连接，以保持架中心轴A_2和内圈中心轴A_2为参照轴对齐，以内圈FRONT面和保持架曲面(箭头所指)平移对齐，完成连接。

(4) 球体装配

采用添加元件到组件，用销钉连接，以球体的中心轴A_4和保持架球兜中心轴A_4轴对齐，以球的RIGHT面和保持架曲面平移对齐。

(5) 铆钉装配

铆钉的安装采用简单放置，以铆钉的柱面和铆钉孔孔内侧面为参照，点击【匹配】连接，再以铆钉头平面和(4)中所标保持架曲面为参考相切连接。

(6) 系统编程

打开软件程序，在"INPUT"和"ENDINPUT"之间加入：

```
D NUMBER       "请输入轴承内径:"
DD NUMBER      "请输入轴承外径:"
B NUMBER       "请输入轴承宽度:"
```

```
DW NUMBER      "请输入钢球直径:"
Z NUMBER       "请输入钢球个数:"
RX NUMBER      "请输入圈套小倒角半径:范围 0 - 1.0"
RD NUMBER      "请输入圈套大倒角半径:范围 1.0 - 5.0"
```

然后在“RELATIONS”和“END RELATIONS”之间加入以下程序：

```
EXECUTE PART WAIQUANS
D = D
DD = DD
B = B
DW = DW
Z = Z
RX = RX
RD = RD
END EXECUTE
EXECUTE PART NEIQUANS
D = D
DD = DD
B = B
DW = DW
Z = Z
RX = RX
RD = RD
END EXECUTE
EXECUTE PART BAOCHIJIAS
D = D
DD = DD
B = B
DW = DW
Z = Z
END EXECUTE
EXECUTE PART GUNZHUS
D = D
DD = DD
DW = DW
END EXECUTE
EXECUTE PART MAODINGS
DD = DD
DW = DW
Z = Z
END EXECUTE
```

完成这些程序输入和检查后，即可根据提示的参数来改变组件的尺寸，组件装配完成。

如图 2 - 48 所示。对于其他的尺寸系列的深沟球轴承设计方法相同。

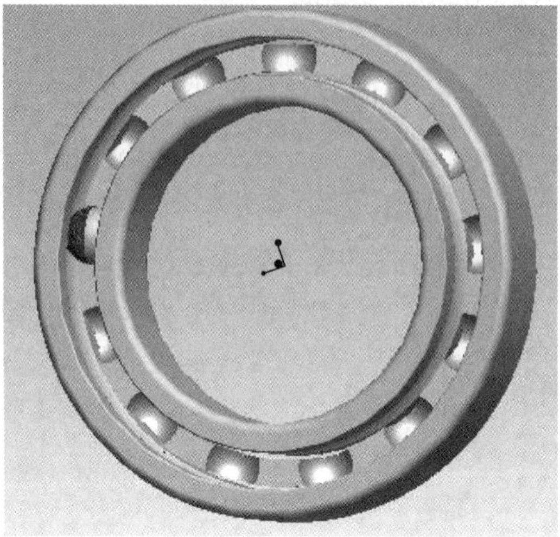

图 2 - 48　轴承装配后实体图

2.4.4　典型密封深沟球轴承(60000 - 2RS 型)零件三维建模

密封深沟球轴承的密封件分为金属防尘盖和橡胶密封圈两种，如图 2 - 49 所示。其外形基本尺寸可以通过查标准得到。轴承内部结构尺寸需要利用轴承设计方法得到。本次轴承三维建模直接采用设计好的橡胶密封圈轴承结构。

(a) 轴承实物

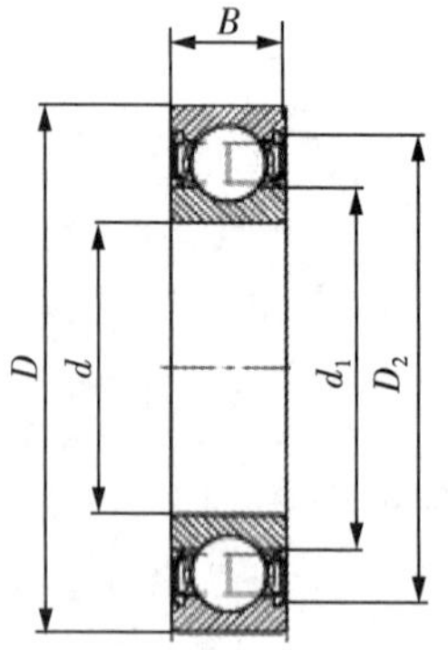

(b) 轴承截面图

图 2 - 49　密封深沟球轴承

(1) 套圈三维实体设计

选择典型型号为 6203 - 2RS 的密封深沟球轴承尺寸，利用 SolidWorks 软件建模。首先打开 SolidWorks 软件，选择前视基准面。绘制轴承截面轮廓草图，确定中心轴线，如图 2 - 50 所示。

对草图进行绕轴旋转 360°，即得到内外圈零件三维实体图，如图 2 - 51 所示。

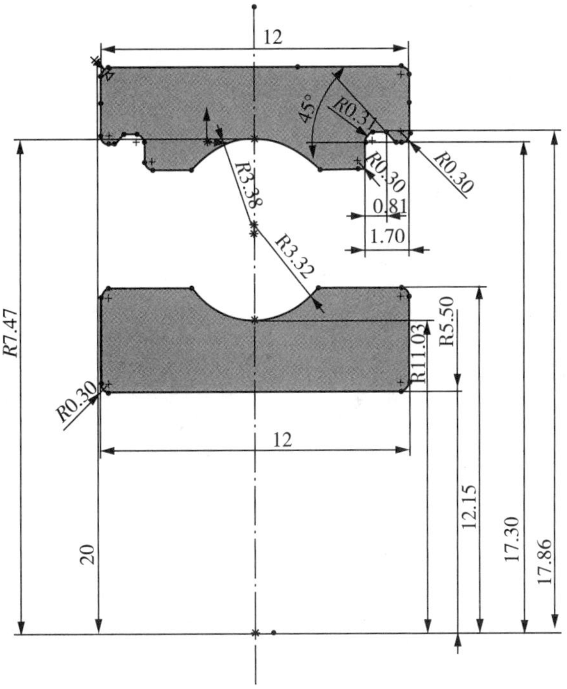

图 2-50　内外圈截面草图

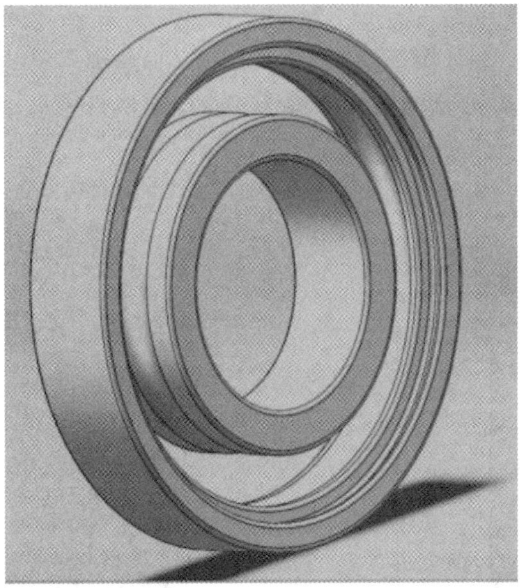

图 2-51　内外圈零件三维实体图

(2) 保持架与钢球三维实体设计

保持架的绘制。首先选择前视基准面，按尺寸绘制毛坯圆柱管。用一个旋转切除的命令，把圆柱管切一个半圆的缺口。对有缺口的圆柱管进行阵列和抽壳操作。在抽壳好的零件表面打上一个通孔，并且进行阵列，以便后续铆钉的装配。最后对保持架进行倒角绘制，一个完整的浪形保持架就画好了，如图 2－52 所示。保持架细节放大如图 2－53 所示。

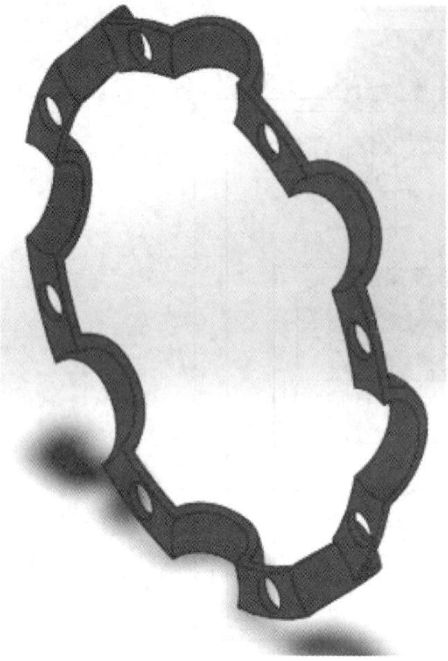

图 2－52　保持架三维实体图

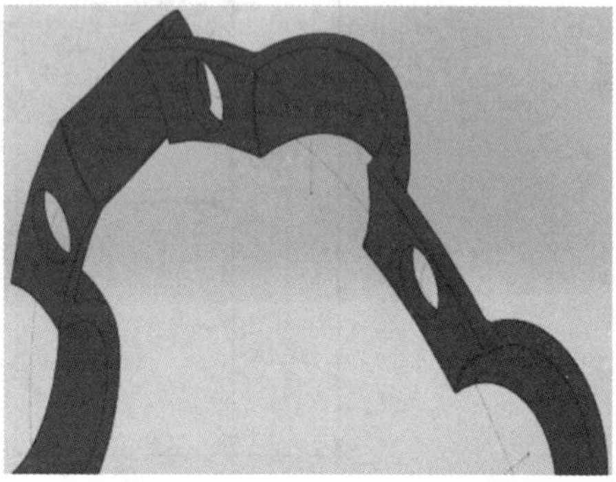

图 2－53　保持架细节放大图

球体三维实体建模比较简单，可参考前面介绍的建模方法。

(3) 钢钉三维实体设计

选择前视基准面。绘制如图 2－54 所示的铆钉截面轮廓草图。

对铆钉截面轮廓草图进行绕轴 360° 旋转，即得到铆钉零件三维实体图，如图 2－55 所示。

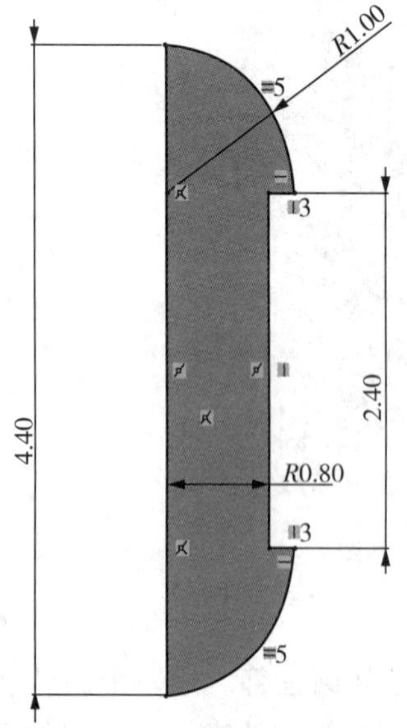

图 2－54　铆钉截面轮廓草图

图 2－55　铆钉零件三维实体图

(4) 密封圈骨架三维实体设计

选择前视基准面。绘制密封圈骨架轮廓草图，确定中心轴线，如图 2-56 所示。

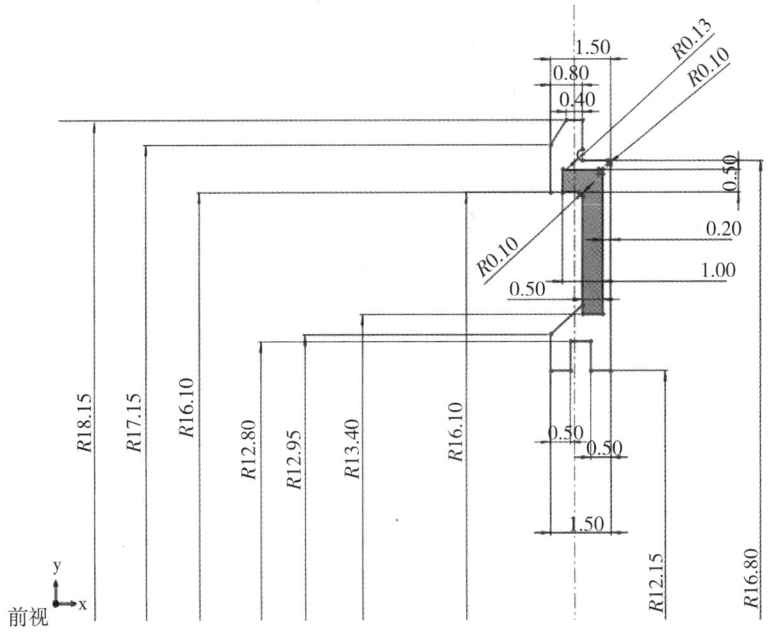

图 2-56　密封圈骨架轮廓草图

对密封圈骨架草图进行绕轴 360° 旋转，即得密封圈骨架零件图，如图 2-57 所示。

图 2-57　密封圈骨架零件三维实体图

2.4.5　典型密封深沟球轴承零件装配

在软件中，对画好的各部分零件进行装配工作，过程与前面介绍的相同，得到一个完整的密封深沟球轴承，如图 2-58 所示。也可以将装配图拆开，检查是否存在缺陷，如图 2-59 和图 2-60 所示。

图 2-58　密封深沟球轴承装配图

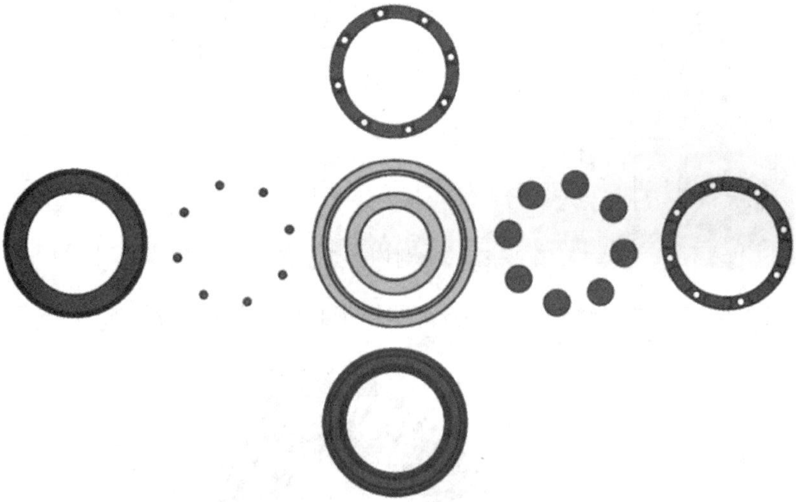

图 2-59　密封深沟球轴承零件检查图(正面)

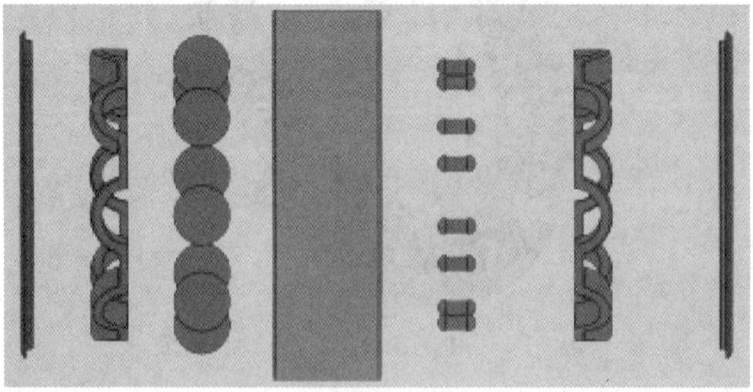

图 2-60　密封深沟球轴承零件检查图(侧面)

密封深沟球轴承的参数化设计涉及的数据比较多，在 SolidWorks 设计软件中采用参数表格导出与导入比较方便。具体操作与前面的推力球轴承使用的方法相似。

首先打开 SolidWorks 轴承零件的三维图，点击右上角插入，插入设计表，选择自动生成，允许模型编辑以更新系列零件设计表，导入所有数据，设置表格单元格格式，设置为常规。即可生成参数设计表，并且以第一组参数为原型，对原型参数进行改变，增加新参数数据就可以实现(见下节相关内容)。

2.5　四点接触球轴承(QJ0000 基本型)几何参数化设计

2.5.1　四点接触球轴承结构特点与应用

四点接触球轴承主要由外圈、内圈、保持架和球体组成。它又分为双半内圈[如图 2-61(a)]和双半外圈[如图 2-61(b)]两种结构。双半外圈这一种结构相对来说用得比较少一些，一般情况下都会选择用双半内圈分离型结构。因为内圈分离结构相对来说安装更加方便，可以让轴承在更加高速的场合运行。而双半外圈分离结构一般用在转速较低的场合，并且安装会难度大一点。采用内圈分离还是外圈分离，主要是根据轴承使用的场合来决定。如果完整套圈零件是采用完整圆弧沟道则成为三点接触球轴承。如果完整套圈零件的沟道是分段桃形沟道则为四点接触球轴承。

四点接触球轴承具有以下特点：

(1) 它是一种可分离型结构轴承，由于是双半内圈(或外圈)，装球数量增多，具有较大的承载能力。

(2) 它与其他轴承相比，当径向游隙相同时，轴向游隙较小，极限转速高。

(3) 它适用于承受纯轴向负荷或以轴向负荷为主的轴向、径向联合负荷。

(a) 内圈两半圈轴承实物 (QJ)　　(b) 外圈两半圈轴承实物 (QJF)

图 2-61　四点接触球轴承实物

(4) 单个轴承可代替正面组合或背面组合的接触球轴承。可以限制两个方向的轴向位移，比双列角接触球轴承占用的轴向空间少。

(5) 四点接触球轴承只有形成两点接触时才能够保证正常的工作。因此，它实际是一种特殊的角接触球轴承。在正常的工作状况下，该类轴承承受任何方向的轴向载荷时，都能形成一个接触角，钢球与内、外滚道各接触于一点，避免在两个滚道发生接触，发生大的滑动摩擦，因此，轴承不宜承受以径向力为主的负荷。

四点接触球轴承结构参数设计已经有专门的设计方法，各生产厂家都有自己的设计文档，其设计原理和过程可以参考有关资料。四点接触球轴承内部结构如图 2－62 所示。

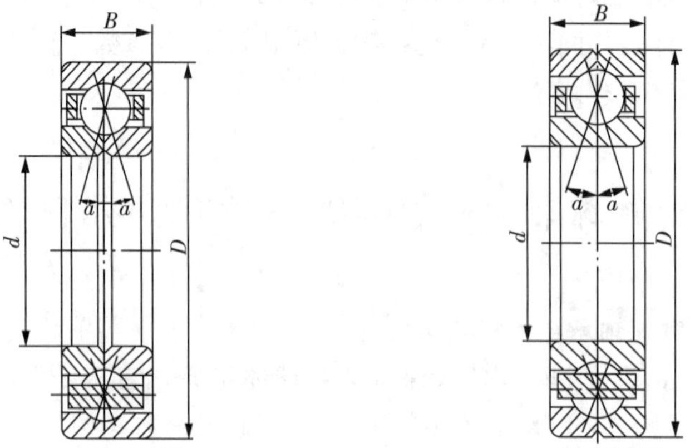

QJ0000型　　QJF0000型

（a）内圈两半圈结构（QJ）　　（b）外圈两半圈结构（QJF）

图 2－62　四点接触球轴承内部结构

2.5.2　典型四点接触球轴承三维建模

选择典型的 QJ218 四点接触球轴承，内圈分两半圈，外圈为完整的套圈结构。采用 SolidWorks 软件进行三维实体建模。其外形基本尺寸可以通过查标准得到。轴承内部结构尺寸需要利用轴承设计方法得到。本次轴承三维建模直接采用设计好的轴承结构尺寸值。

(1) 典型外圈三维实体设计

根据轴承结构尺寸数据，外圈的建模过程如下。

① 在软件中，点击【新建】命令，选择“单一设计的零部件 3D 展示”，点击【确定】命令。

② 选择前视基准面作为本图的绘制平面。在草图中选择中心线，以中心点为原点绘制两条相互垂直的中心线，中心点为 O 点。

③ 根据轴承套圈截面形状和尺寸画草图，采用【线段】【圆】【剪裁实体】【镜像实体】等命令，画出截面形状为两段圆弧，形成桃形截面。同时建立中心轴线。

④ 建立中心轴线，利用【旋转凸台 / 基体】命令，将套圈截面形状绕中心线旋转 360°，得到套圈实体模型图，如图 2－63 所示。

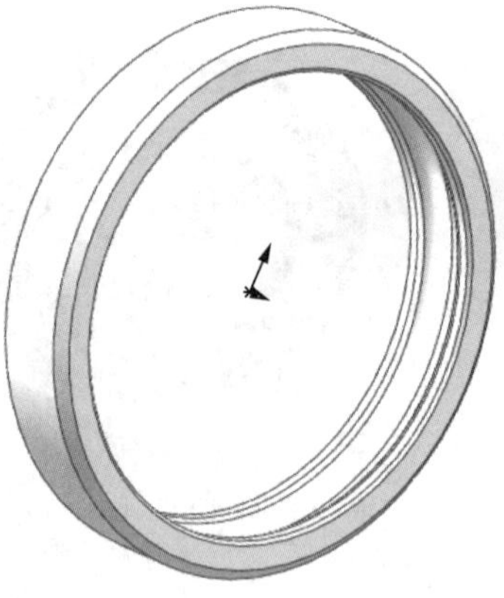

图 2－63　外圈三维实体图

(2) 典型两半内圈三维实体设计

内圈分为两个完全相同半内圈，只需要绘制一个半内圈。根据套圈尺寸，建模的步骤如下。

① 在软件中，点击【新建】，选择“单一设计零部件 3D 展示”，点击【确定】。

② 选择前视基准面作为绘图平面，右击【前视基准面】，选择“草图绘制”。此时作两条相互垂直的中心线，交点为 O 点。

③ 沿着 O 点画线段，采用命令【线段】【圆】【裁剪实体】等，画出套圈截面形状，同时建立中心轴线。

半内圈草图全部绘制完成以后，检查一下是否有错误，如果发现错误，及时进行更改。如果没有错误，点击【退出草图绘制】，再点击【特征】，选择【旋转凸台 / 基体】，将截面形状绕中心轴线旋转 360°，得到内圈三维实体模型图，如图 2 - 64(a) 所示。另一半内圈只需要将图 2 - 64(a) 翻转 180° 即可，如图 2 - 64(b) 所示。

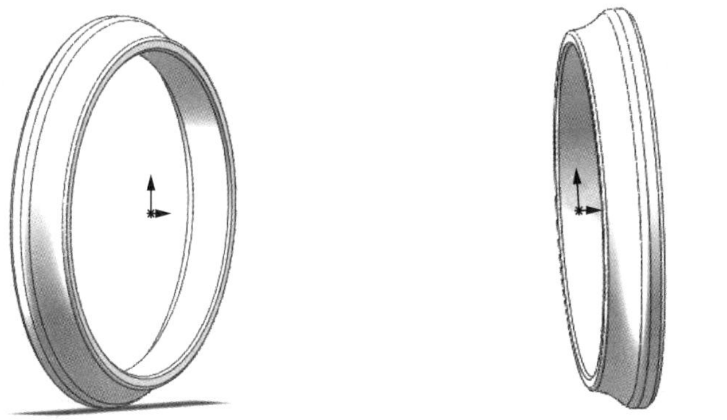

（a）左半内圈　（b）右半内圈

图 2 - 64　两半内圈三维实体图

(3) 典型保持架与球体三维实体设计

根据保持架的数据以及图形，建模过程如下：

① 在软件中，点击【新建】，选择“单一设计零部件 3D 展示”，点击【确定】。

② 选择前视基准面，右击选择“草图绘制”，跟外圈一样，作两条相互垂直的中心线，交点为 O 点。

③ 从 O 点开始，利用【线段】命令，画保持架截面形状草图。

④ 检查确认一下草图是否正确，如果正确，可以点击【退出草图】，点击【特征】命令，选择【旋转凸台 / 基体】命令，将保持架截面形状绕中心轴线旋转 360°，得到保持架三维实体模型图，点击【确定】，得到保持架毛坯结构图。

⑤ 保持架兜孔建模。选择前视基准面，选择【草图绘制】【特征】【拉伸切除】【圆周阵列】【确定】等命令，得到保持架三维实体图，如图 2 - 65 所示。

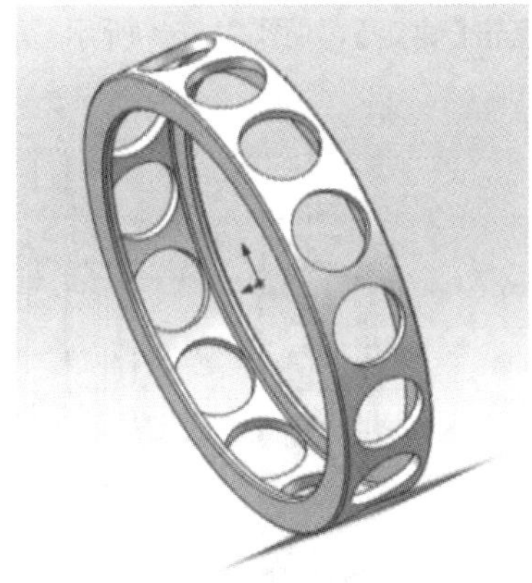

图 2 - 65　保持架三维实体模型图

球体的建模比较简单，可以参考本章前面介绍的建模方法，这里不再叙述。

2.5.3　典型四点接触球轴承产品装配建模

四点接触球轴承整个装配工作步骤如下：

① 在软件中，点击【新建】，选择“零件和 / 或其他装配体的 3D 排列”，点击【确定】。

② 点击【插入零部件】，装配的顺序是由内到外，点击【浏览】，打开零部件的文件夹，选择左内圈，点击【确定】。再打开右内圈，步骤如刚才左内圈一样，如图 2－65(a) 所示。接着再点击【配合】，配合标准选择“重合”，“配合选择”选择两个两个内圈的参数内圈的面，然后再点击左上角的【确定】。接着在配合标准中点击【同轴心】，“配合选择”中选择两内圈的边线，再点击左上角的【确定】。此时左右两个内圈的装配就已经完成了，如图 2－66(b) 所示。

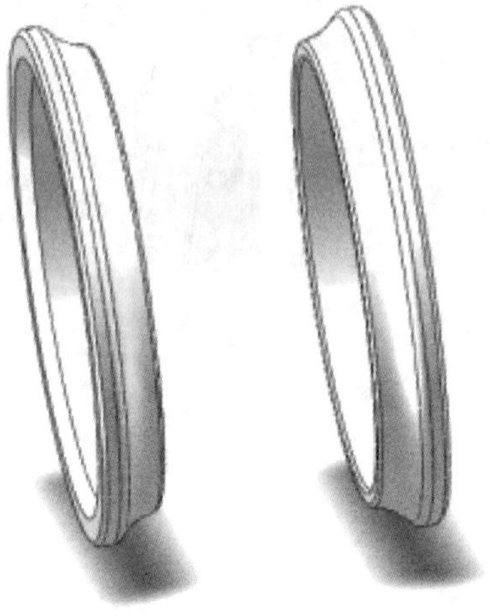

（a）双内圈分离图

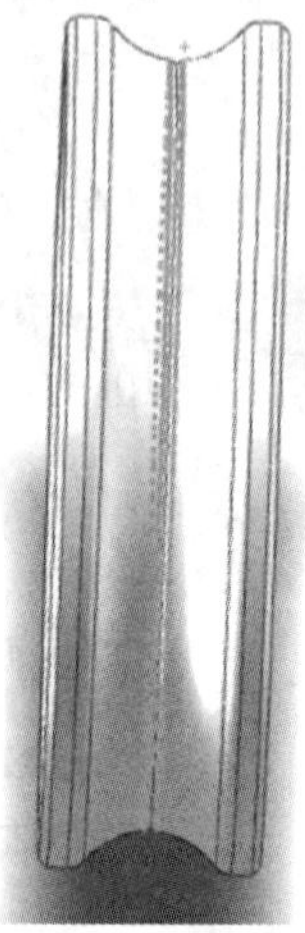

（b）双内圈装配图

图 2－66　轴承内圈

③ 再打开【零件】，选择保持架，点击【配合】，在“标准配合选择”中选择同轴心，“配合选择”中可以选择左内圈的边线以及保持架的边线，选择完毕后，点击【确定】。保持架就会与内圈相互平行。此时再将保持架以及内圈的右视基准面显示出来，如图 2－67 所示。再点击【配合】，在“标准配合”里面选择【重合】，在“配合选择”里面点击保持架以及内圈的右视基准面，点击【确定】，如图 2－68 所示。此时再将两个右视基准面隐藏。

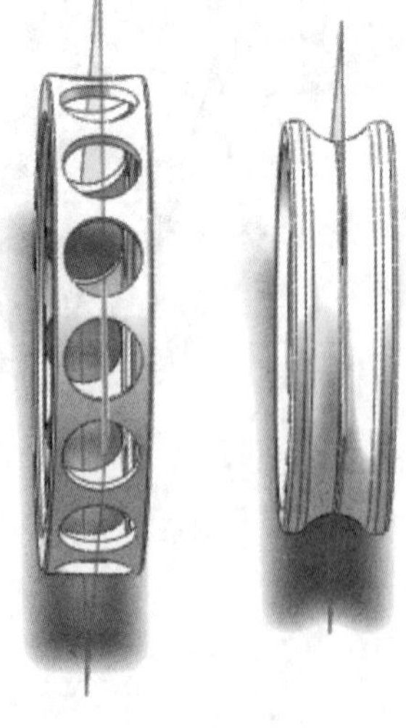

图 2－67　同轴心

图 2－68　保持架与内圈装配体

④ 组装球体。打开球体的模型，点击【配合】，选择“同轴心”，“配合选择”完成后，球会在保持架的一个兜孔的正上方，此时再点开球模型，再次选择“草图绘制”，在球心作一个水平的基准面。水平基准面完成以后，将刚才保持架与内圈组成的装配体的中心处再作一个水平的基准面。基准面完成以后，再点击【配合】，选择“重合”，完成以后，球会在装配体的中心处。此时再测量球心到孔的距离，距离测绘完毕以后，停放的位置正好与内圈相切。这样一个球的装配就完成了。接下来再进行球的阵列。按照球数量阵列完毕。

⑤ 外圈的装配。打开外圈的模型图，点击【配合】，选择“同心”，完成后，再点击【确定】。接着再点击【配合】，选择“重合”，完成后一个四点接触球轴承的装配图就完成了，如图 2-69 所示。

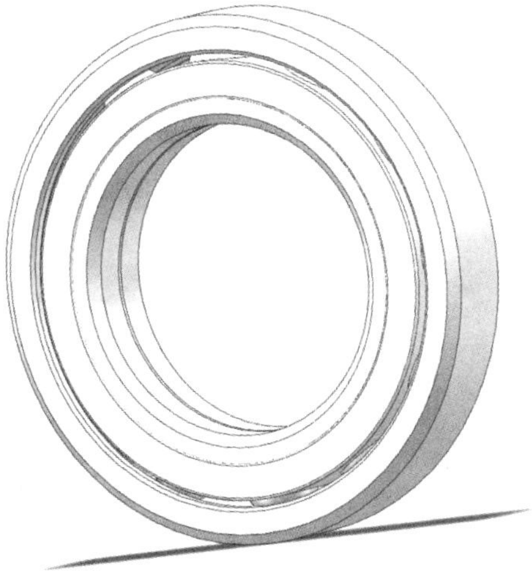

图 2-69　四点接触球轴承模型装配图

2.5.4　系列四点接触球轴承的参数化设计

(1) 套圈的参数导出与导入

首先打开 SolidWorks 中已经建立好的轴承外圈的三维图，点击右上角插入，插入设计表，选择自动生成，允许模型编辑以更新系列零件设计表，导出所有数据，设置表格单元格格式为常规。即可生成参数设计表，并且以第一组参数为原型，接下来进行对原型参数进行改变，增加四组数据与其对比，如图 2-70 所示。

QJS219系列零件设计表是为： 外圈														
	D1@草图1	D2@草图1	D3@草图1	D4@草图1	D5@草图1	D6@草图1	D7@草图1	D8@草图1	D9@草图1	D10@草图1	D11@草图1	D12@草图1	D13@草图1	D14@旋转1
1	65.46350	0.55063	0.55063	12.96000	12.96000	3.50000	3.50000	1.20000	1.20000	3.00000	32.00000	85.00000	72.96000	360.00000
2	65.49650	0.52769	0.52769	12.42000	12.42000	3.50000	3.50000	1.20000	1.20000	3.00000	32.00000	85.00000	72.68000	360.00000
3	65.53000	0.50470	0.50470	11.88000	11.88000	3.50000	3.50000	1.20000	1.20000	3.00000	32.00000	85.00000	72.40000	360.00000
4	65.56200	0.48180	0.48180	11.34000	11.34000	3.50000	3.50000	1.20000	1.20000	3.00000	32.00000	85.00000	72.12100	360.00000
5	65.59450	0.45886	0.45886	10.80000	10.80000	3.50000	3.50000	1.20000	1.20000	3.00000	32.00000	85.00000	71.84150	360.00000

(a) 外圈数据

QJ219轴承系列内圈设计表是为：

	D1@草图1	D2@草图1	D4@草图1	D5@草图1	D6@草图1	D7@草图1	D8@草图1	D9@草图1	D10@草图1	D11@草图1	D12@草图1	D13@旋转1
1	66.7415	3	0.34415	12.6	1	12.5	50	60.02	0.8	12.5	0.8	360
2	66.721	3	0.38921	12.075	1	12.5	50	60.28	0.8	12.5	0.8	360
3	66.7	3	0.3155	11.55	1	12.5	50	60.54	0.8	12.5	0.8	360
4	66.68	3	0.30113	11.025	1	12.5	50	60.799	0.8	12.5	0.8	360
5	66.6595	3	0.28679	10.5	1	12.5	50	61.0585	0.8	12.5	0.8	360

（b）内圈数据

图 2 - 70 套圈的参数表格

(2) 保持架与球的参数导出与导入

打开 SolidWorks 软件中的轴承保持架的三维图，点击右上角【插入】，插入设计表，选择自动生成，允许模型编辑以更新系列零件设计表，导出所有数据，设置表格单元格格式，设置为常规。即可生成参数设计表，并且以第一组参数为原型，接下来进行对原型参数进行改变，增加四组数据，如图 2 - 71 所示。

QJS219系列保持架设计表是为： 零件1

	D1@草图2	D2@草图2	D3@草图2	D4@草图2	D5@草图2	D6@草图2	D7@草图2	D8@草图2	D9@草图2	D10@草图2	D11@旋转2	D12@草图3	D13@切除-拉伸1	14@阵列(圆周)1	D15@阵列(圆周)1
1	61.32	72.66	25.46	69.05	0.8	0.8	0.8	0.8	0.8	30.56	360	24.16	75	360	15
2	61.58	72.38	25.46	69.05	0.8	0.8	0.8	0.8	0.8	30.56	360	23.16	75	360	16
3	61.84	72.1	25.46	69.05	0.8	0.8	0.8	0.8	0.8	30.56	360	22.16	75	360	16
4	62.099	71.821	25.46	69.05	0.8	0.8	0.8	0.8	0.8	30.56	360	21.16	75	360	17
5	62.3585	71.5415	25.46	69.05	0.8	0.8	0.8	0.8	0.8	30.56	360	20.16	75	360	18

（a）保持架数据

	D1@草图1	D2@草图1	D1@旋转4	D3@阵列(圆周)5	D1@阵列(圆周)5
1	66.25	24	360	360	15
2	66.25	23	360	360	16
3	66.25	22	360	360	16
4	66.25	21	360	360	17
5	66.25	20	360	360	18

（b）球体数据

图 2 - 71 保持架与球的参数表格

(3) 轴承产品装配

根据导入的新轴承的参数进行整体的装配，结果如图 2 - 72 所示。

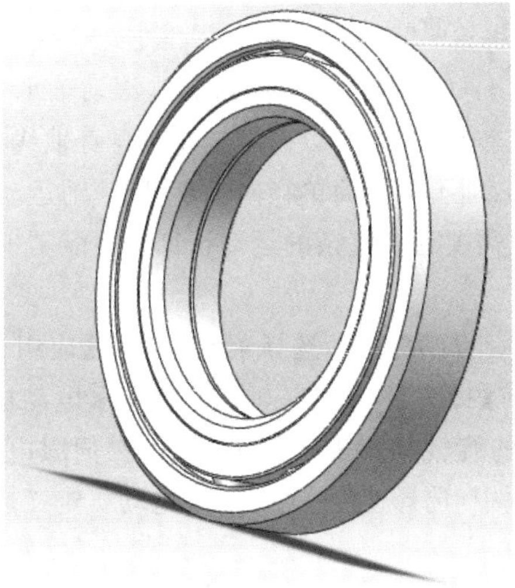

图 2-72　参数化产品装配图

2.6　球轴承零件运动可靠性仿真

2.6.1　轴承零件装配干涉检查

利用 PRO/E 设计软件可以检查轴承零件的装配干涉。当轴承的各个零件的装配不合理，或某个零件尺寸不合理时，就会发生干涉。为了验证干涉检查效果，根据上面设计的深沟球轴承模型，专门安排了尺寸大误差，装配干涉检查如图 2-73 所示。当保持架与内外圈之间无游隙时，仿真选取全局干涉项，在干涉区域就会出现红色（图 2-73 中深色）标记。图中保持架和内外圈接触处由于尺寸过大，配合过盈，干涉比较明显。

出现干涉现象和轴承的尺寸的准确性和装配的合理性有着密切的关系。应该根据这些现象再回去修改参数值，生成合理的模型。

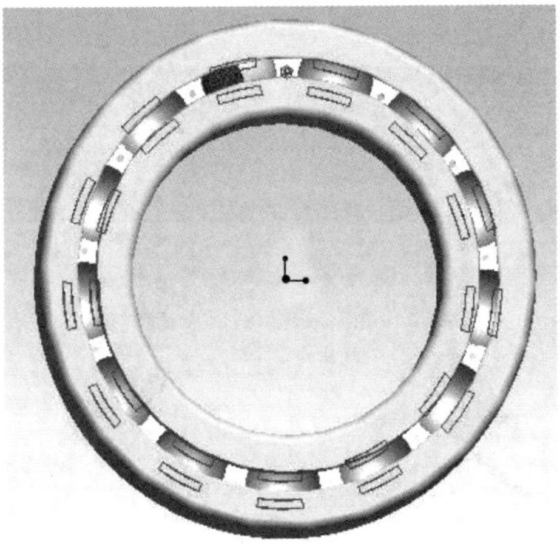

图 2-73　轴承零件的干涉现象

2.6.2 滚动体运动模型仿真

滚动轴承中的运动通常是一些复杂的运动，例如，滚动轴承安装在转速一定的轴上，滚动体以另一转速绕轴承轴线转动，同时又以一定转速绕自身轴线旋转。在球轴承中，如果球和沟道之间的接触角不为零，即不同于简单径向轴承，则滚动运动还伴随着一定程度的自旋运动。轴承真实的运动仿真需要通过复杂的运动计算后才能实现。这里给出的运动仿真是在已知分析结果后的模拟。

在 PRO/E 软件中，轴承组件完成后，选择菜单栏中的【应用程序】→【机构】，进行组件的运动分析。选择【连接】→【接头】→【旋转轴】，添加伺服电动机。接头里的连接是按照装配顺序进行的，首先对内圈的旋转轴添加伺服电动机：在伺服电动机定义中选择连接轴类型，在【轮廓】→【规范】选项中，选择速度－常数，给电动机定义速度，点击【确定】，完成内圈电机的添加。

然后依次对保持架\每个滚子按照上面的步骤添加伺服电动机。完成电动机的添加后，选择【运动分析】选项。首先定义名称，然后在类型中选择运动学，在优先选项中修改帧数、帧频等，在电动机选项中添加上所有的伺服电动机，选择【运行】，进行运动分析。

根据已有的分析结果，不同运动时刻的运动模拟动画如图 2－74 所示，注意各球的颜色位置运动变化。

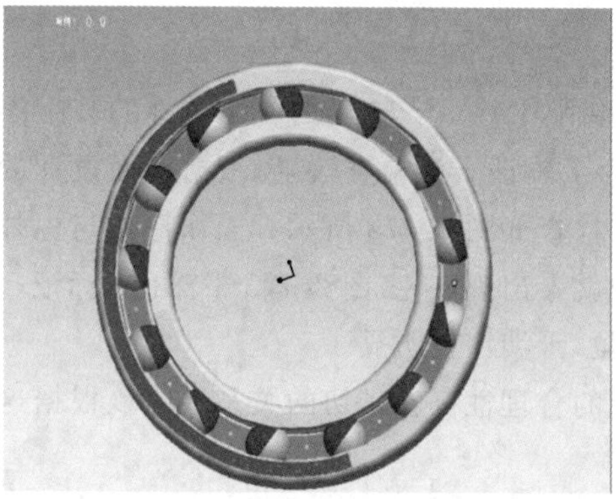

0时刻

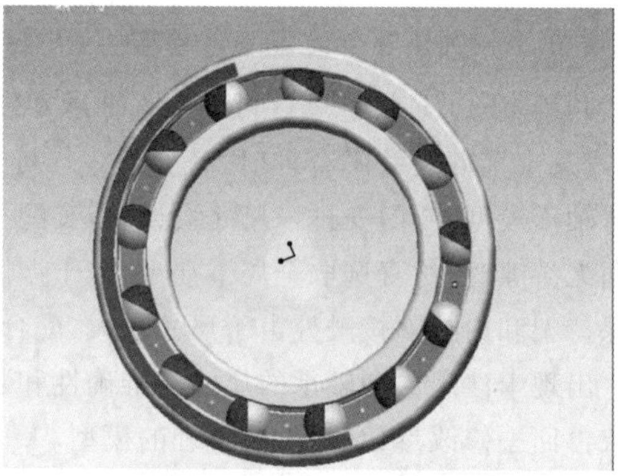

1.0秒时刻

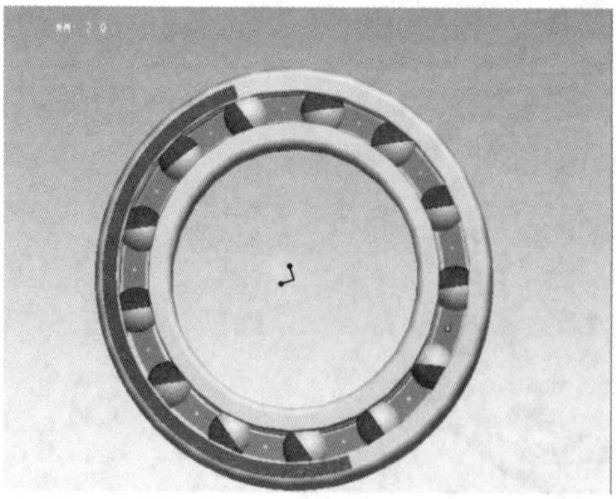

2.0秒时刻

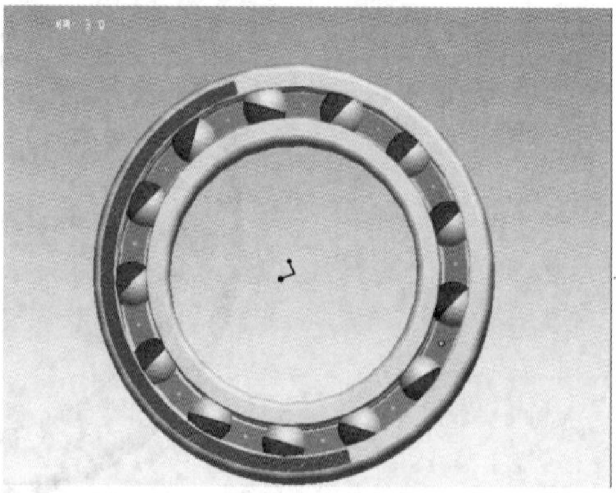

3.0秒时刻

图 2－74 轴承运动模拟

2.6.3　钢球打滑模型分析

由于球体承受载荷，受各种因素影响，运动极不规则，既有自转，也有公转运动。在低速或重载荷情况下，分析轴承滚动可以略去动态效应。钢球的公转运动与保持架运动一致，钢球自转不发生打滑运动。

(1) 保持架速度

一般情况，首先假定轴承内圈和外圈同时旋转，角速度为 ω_i，ω_e。内外圈具有相同接触角 α。因此，内圈滚道接触处速度为：

$$v_i = \omega_i (d_m - D_w \cos\alpha)/2 \tag{2-1}$$

同样，外圈接触点速度为：

$$v_e = \omega_e (d_m + D_w \cos\alpha)/2 \tag{2-2}$$

如果转速以 r/min 为单位，上面接触点速度可以表示为：

$$v_i = \pi n_i d_m (1 - \gamma)/60 \tag{2-3}$$

$$v_e = \pi n_e d_m (1 + \gamma)/60 \tag{2-4}$$

其中，$\gamma = D_w \cos\alpha / d_m$。

如果在滚道接触处没有滑动，则保持架和钢球的公转线速度是内圈和外圈沟道线速度平均值，于是钢球的公转线速度为：

$$v_m = \pi d_m [n_i (1 - \gamma) + n_e (1 + \gamma)]/120 \tag{2-5}$$

又因为：

$$v_m = \omega_m d_m / 2 = \pi n_m d_m / 60 \tag{2-6}$$

所以：

$$n_m = [n_i (1 - \gamma) + n_e (1 + \gamma)]/2 \tag{2-7}$$

保持架相对内圈滚道的角速度是：

$$n_{mi} = n_m - n_i \tag{2-8}$$

(2) 滚动体自转速度

假定内圈沟道与钢球接触处没有滑动，接触点上钢球线速度等于沟道线速度，于是：

$$\omega_{mi} d_m (1 - \gamma)/2 = \omega_r D_w / 2 \tag{2-9}$$

因 n 正比于 ω_r，并将 n_{mi} 代入上式，得滚动体自转速度为：

$$n_R = (n_m - n_i)(1-\gamma)d_m/D_w \tag{2-10}$$

再将 n_m 代入，得：

$$n_R = [d_m(1-\gamma)(1+\gamma)(n_e - n_i)/D_w]/2 \tag{2-11}$$

如果仅仅考虑内圈旋转时，

$$n_m = n_i(1-\gamma)/2 \tag{2-12}$$

$$n_R = [d_m n_i(1-\gamma)(1+\gamma)/D_w]/2 \tag{2-13}$$

以上各式中，d_m 为轴承节圆直径，n 为旋转速度，ω_r 为球的角速度，$\gamma=D_w\cos\alpha/d_m$，D_w 为球的直径。为了更直观了解，图 2-75 中标出了上面各个量。

这里考虑内圈旋转、外圈固定情况，钢球与内圈沟道接触，在滚动半径位置上钢球的线速度等于内圈沟道的线速度，且钢球中心以一定的角速度公转。如果钢球出现打滑，则在滚动接触位置上钢球的线速度小于内圈沟道的线速度。设这个速度差量为 ε。其具体的计算由于涉及载荷、摩擦、润滑等因素，比较复杂，这里不作介绍了。

在图 2-75 中，设内圈沟道线速度为 v_i，在滚动接触位置上钢球的线速度为 v_b，则两者的速度差为：

$$\varepsilon = v_b - v_i \tag{2-14}$$

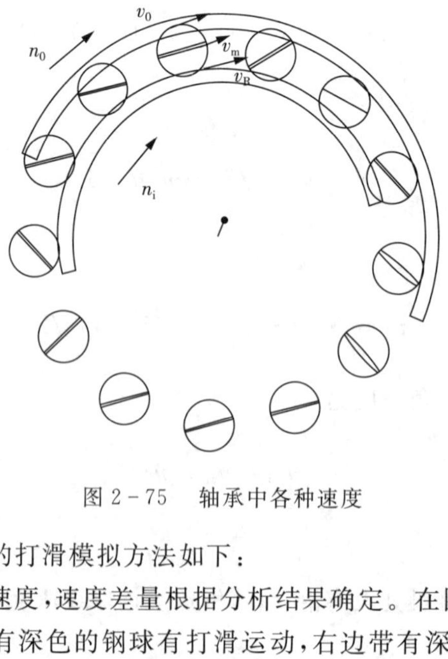

图 2-75 轴承中各种速度

内圈沟道和钢球之间的打滑模拟方法如下：

在机构中改变钢球的速度，速度差量根据分析结果确定。在图 2-76 中，两个作色钢球运动出现不一致。左边带有深色的钢球有打滑运动，右边带有深色的钢球正常运动。利用球上颜色位置的变化来反映打滑和无打滑运动。

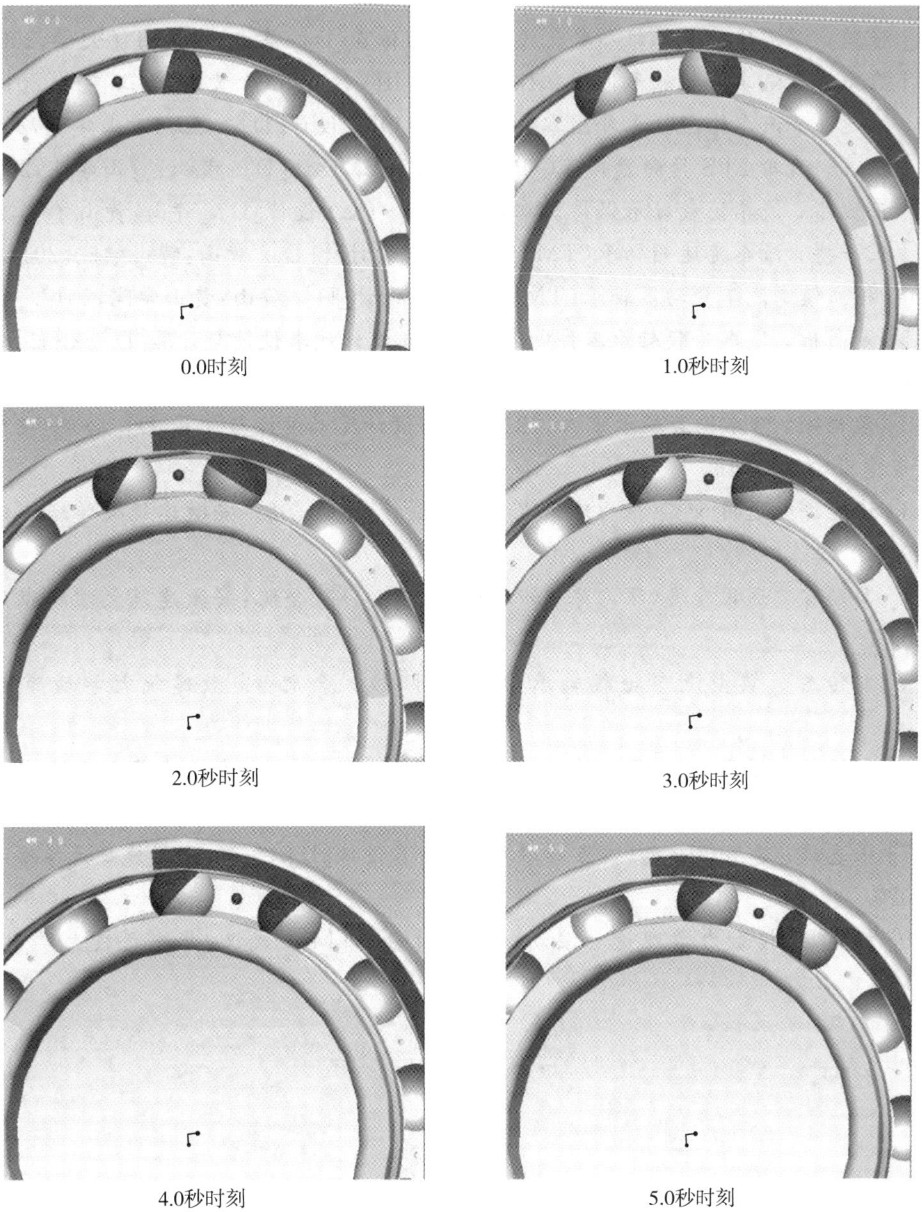

图 2-76　球体打滑模拟

参考文献

[1] 洛阳轴承研究所．滚动轴承设计方法(手册)[R]. 1990.

[2] 杨咸启，姜韶峰，陈俊杰，等．高速角接触球轴承优化设计[J]. 轴承，2000(16).

[3] 杨咸启，褚园，钱胜．机电产品三维造型创新设计于仿真实例[M]. 北京：科学出版

社,2016.

[4] 张鹏．深沟球轴承三维参数化设计和运动仿真[D]. 青岛:中国海洋大学,2005.

[5] 徐文涛．汽车轮毂轴承内圈零件(43416-IR)设计[D]. 黄山:黄山学院,2017.

[6] 张送伟．汽车轮毂轴承外圈零件(43416-OR)设计[D]. 黄山:黄山学院,2017.

[7] 柳悦．汽车 EPS 转向器轴承(4P—6004/2RS)设计[D]. 黄山:黄山学院,2017.

[8] 王俊伟．汽车轮毂轴承保持器零件(43416-CG)设计[D]. 黄山:黄山学院,2017.

[9] 王一搏．汽车变速箱轴承(TM6305/2RS)设计计[D]. 黄山:黄山学院,2017.

[10] 杨立镇．汽车分动器轴承(TM32211)设计计[D]. 黄山:黄山学院,2017.

[11] 董高雅．汽车轮毂轴承零件(43416-IO)设计反求设计与计算[D]. 合肥:安徽建筑大学城市建设学院,2018.

[12] 孟祥探．汽车轮毂轴承零件(43416-C)设计反求设计与计算[D]. 合肥:安徽建筑大学城市建设学院,2018.

[13] 诸允许．通用 5 类(推力球)轴承仿真设计[D]. 合肥:安徽建筑大学城市建设学院,2020.

[14] 高贻赏．通用 6 类(深沟球)轴承仿真设计[D]. 合肥:安徽建筑大学城市建设学院,2020.

[15] 刘传杰．典型汽车轮毂轴承仿真设计[D]. 合肥:安徽建筑大学城市建设学院,2020.

[16] 周远航．通用 1 类(调心球)轴承仿真设计[D]. 合肥:安徽建筑大学城市建设学院,2020.

[17] 张志斌．通用 QJF 类(四点接触)轴承仿真设计[D]. 合肥:安徽建筑大学城市建设学院,2020.

[18] 杨咸启,接触力学理论与滚动轴承设计分析[M]. 武汉:华中科技大学出版社,2018,4.

第 3 章　滚子轴承的几何参数化三维设计方法

3.1　概　　述

在滚子轴承产品中也具有很多类型，例如向心圆柱滚子轴承、圆锥滚子轴承、推力圆柱滚子轴承、推力圆锥滚子轴承、调心滚子轴承等。与球轴承一样，滚子轴承的设计也需要专门的设计方法。

工程中轴承设计的主要过程包括：① 确定工程中轴承的工作条件。② 确定轴承的结构形式。③ 根据轴承空间体积尺寸确立轴承外形尺寸。④ 根据需要的轴承外形尺寸、工作环境以及对轴承性能和寿命的要求，确定优化目标，利用优化方法进行轴承主参数的优化设计。⑤ 利用轴承的设计理论和计算方法来确定轴承内部结构尺寸。滚子轴承设计理论包括几何与运动学理论、接触力学理论、润滑理论、轴承寿命理论等。

滚子轴承结构参数设计需要专门的设计方法。不同的生产厂家也都有自己的设计参数，但设计原理和过程是类似的。在滚子轴承几何参数设计中，主要的结构尺寸参数确定方法如下：

(1) 轴承节圆直径：$d_{\mathrm{m}}=k_{\mathrm{m}}(D+d)$，系数 k_{m} 通常取值为 0.5 ～ 0.515。

(2) 轴承滚子接触点直径：$D_{\mathrm{we}}=K_{\mathrm{Dwe}}(D-d)$，系数 K_{Dwe} 通常取值为 0.23 ～ 0.3。

(3) 轴承滚子有效长度：$L_{\mathrm{we}}=K_{\mathrm{Lwe}}D_{\mathrm{we}}$，系数 K_{Lwe} 通常取值为 1.0 ～ 1.8。

(4) 轴承滚子凸度曲线：$y=f(Q,L_{\mathrm{we}},\widetilde{E})$。

(5) 轴承滚子数量：$Z=K_{z}(d_{\mathrm{m}}/D_{\mathrm{w}})$，系数 K_{z} 的值与轴承类型有关。

轴承主尺寸参数可以通过最优化设计方法来确定。对于轴承的其他结构尺寸可以采用稳健性目标设计方法来确定。滚动轴承仿真设计主要是通过设计软件计算出轴承全部结构参数，再建立产品零件三维模型，装配完整的轴承产品。进一步模拟轴承的有关运动特性，同时检查设计中的缺陷等。

一般情况下，滚子轴承的外形尺寸参数有：

$$A=\{d,D,B,H,\cdots\cdots\}$$

其中，d,D,B,H 等为轴承的内径、外径、宽度、装配高度等。

滚子轴承的几何设计参数主要包括轴承内部的一系列几何尺寸，如：

$$X=\{D_{w},d_{m},f_{i},f_{e},l_{e},R_{i},R_{e},\cdots\cdots\}$$

其中，D_{w} 为滚动体直径，d_{m} 为轴承节圆直径，f_{i}，f_{e} 为球轴承内外沟道曲率系数，l_{e} 为滚子有效接触长度，R_{i}，R_{e} 为轴承内外圈接触区域计算相关尺寸。

轴承受到的外载荷及内部接触载荷一般有：

$$Y=\{F_a,F_r,F_m,Q_i,Q_e,Q_f,\cdots\cdots\}$$

其中，F_a，F_r，F_m 为轴承受到的外载荷，Q_i，Q_e，Q_f 为轴承滚道及挡边接触力。

而轴承的材料参数包括：

$$C=\{E,\nu,[\sigma],\cdots\cdots\}$$

其中，E，ν 为轴承材料弹性常数，$[\sigma]$ 为轴承材料强度许用应力。

作为设计目标，滚子轴承的滚道接触参数一般有：

$$W=\{a,b,\delta,q_{\max},\cdots\cdots\}$$

其中，a，b，δ，$q_{\max}$ 与轴承接触点处的接触面尺寸、变形、接触载荷等。

因此，对各类滚子轴承设计来说，可以建立下面泛函关系式

$$X^{\mathrm{T}}=[GNJ]A^{\mathrm{T}}$$

$$W^{\mathrm{T}}=[GNS]\{X,Y,C\}^{\mathrm{T}}$$

上面各式中，X 为轴承内部结构尺寸参数，W 为滚道接触参数，A 为轴承外形尺寸参数，Y 为轴承内外载荷参数，Z 为轴承材料常数等，$[GNJ]$ 为滚子轴承内部几何参数设计程中的一种泛函矩阵关系，$[GNS]$ 为滚子轴承接内部触力学参数设计过程中的一种泛函矩阵关系，上标 T 表示矩阵转置运算。

当对滚子轴承接触设计目标参数作出某些要求（或限制）时，则可以对轴承滚道结构参数进行规划设计。这是一种接触力学参数化稳健设计思想。由数学方法表达时可以写成：

$$X^{\mathrm{T}}=[GNS]_{\min}^{-1}\{[W_S]\}^{\mathrm{T}}$$

其中，$[W_S]$ 表示对接触尺寸、变形和最大接触压力等参数的限制性要求值，它们可以根据情况来挑选，$[GNS]_{\min}^{-1}$ 表示滚子轴承内部参数设计广义泛函矩阵逆向稳健优化运算，这需要利用优化程序在计算机上完成。典型的滚子轴承参数设计软件可以参看第 3 章中 3.6.2 节有关内容。

由于采用的设计软件不同，设计的思路不一样，有多种方法可以实现产品参数化仿真设计。本章主要介绍常见的几种通用滚子轴承的不同参数化仿真设计方法。

3.2 调心滚子轴承(20000 CA 型) 几何参数化设计

3.2.1 调心滚子轴承的特点与作用

(1) 调心滚子轴承的特点

调心滚子轴承按滚子截面形状分为对称形球面滚子和非对称形球面滚子两种不同结构，非对称调心滚子轴承属早期产品。对称形调心滚子轴承相比于非对称调心滚子轴承，经全面设计改进以及参数优化，可以承受更大的荷载。这种轴承的运行不易发热，可适应较高

转速的工作环境。

(2) 调心滚子轴承结构

调心滚子轴承的结构比较多，现共分 9 个系列的轴承，分别是 22200 系列、22300 系列、23000 系列、23100 系列、23200 系列、21300 系列、24000 系列、24100 系列和 23800 系列。每个系列又有许多不同的结构，每种结构又有 K、W33 等结构区别。除此之外，还有单列调心滚子轴承、装在紧固套上的对称调心滚子轴承、双半外圈调心滚子轴承、径向剖分式调心滚子轴承、宽内圈调心滚子轴承等结构形式。下面介绍主要的几种结构形式。

1) 带固定中挡圈的调心滚子轴承

该轴承结构中采用非对称调心滚子和带有固定中挡边的内圈，如图 3－1 所示。这种结构主要有以下缺陷：

① 当轴承承受轴向荷载时，轴承内部会产生应力集中，从而影响轴承使用寿命。

② 滚子与中档边滑动接触，难于实现弹流润滑而易出现该区域的滑动咬合故障。

③ 由于是非对称滚子，内圈压力角小于轴承接触角，会产生一个滚子轴向分力，中挡边的反力与它构成力矩，从而增加滚道的载荷，使滚道产生分布不均匀的载荷，产生应力集中，使轴承早期疲劳失效。且非对称滚子加工困难，成本高。

④ 内圈挡边固定，需加工退刀槽，挡边和退刀槽限制了滚子的承载长度，从而降低了轴承载荷容量，使轴承寿命短。

由于这种的结构的固有缺陷，目前很多厂家已不再生产这种轴承，但这种结构类型也有其独特的优点，即可以实现纯滚动，适用于高速运转的情况。目前个别厂家还保留着这种结构的轴承生产。

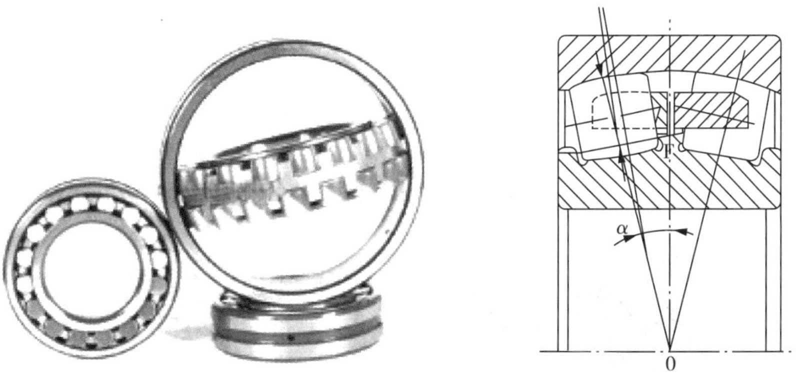

(a) 轴承实物　　(b) 轴承内部结构

图 3－1　非对称球面滚子轴承

2)C 型调心滚子轴承

该轴承采用对称腰鼓型滚子，可活动的中挡圈，内圈不带大小挡边，如图 3－2 所示。相比于非对称调心滚子轴承有四点改进：

① 活动中挡圈代替固定中挡边，结构紧凑，提高了轴承的承载能力。

② 活动中挡圈可以自由轴向移动，使对称滚子始终处于均衡受力引导状态。

③ 轴承可以承受很大的径向和轴向联合载荷。在冲击载荷下，也能保持均衡的载荷分

布，不易出现应力集中的现象。

④ 可以使滚子处于平衡位置上，消除翻转力矩的出现。

由于采用对称球面滚子和钢板冲压保持架，内圈无固定挡边，滚子加长，承载能力大，活动中挡圈由内圈引导，调心性能好。该类轴承广泛用于各类机械，如钢铁、造纸、海运、电力等行业的炼钢转炉、连铸机械、造纸机械、提升机械、减速机、振动机械、矿山及重型机械中。

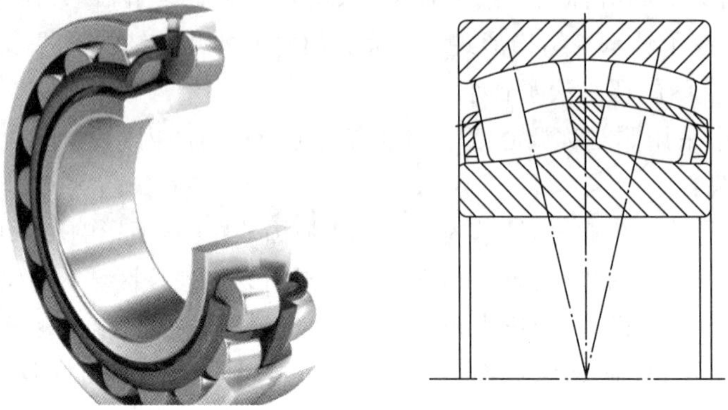

(a) 轴承实物　　(b) 轴承内部结构

图 3-2　C 型调心滚子轴承

3)CC 型调心滚子轴承

CC 型调心滚子轴承是在 C 型调心滚子轴承的基础上加以改进的，通过对轴承内部运动的动力学分析，提出了轴承中的滚子主要靠滚道引导，而不是靠中挡圈引导。改变内外圈密合度和内外圈滚道、滚子表面的粗糙度等级。相比于 C 型结构，CC 型结构轴承摩擦更小，载荷能力提高，使用寿命更长。

4)CA(CAC) 型调心滚子轴承

CA(CAC) 型调心滚子轴承的特点是：内圈两端有两个小挡边，两边小挡边上分别有一个装滚子的缺口且相隔 180°，中间为活动中挡圈，滚子为对称腰鼓形，保持架为双爪轮番兜孔结构，材料一般是黄铜或者青铜，如图 3-3 所示。

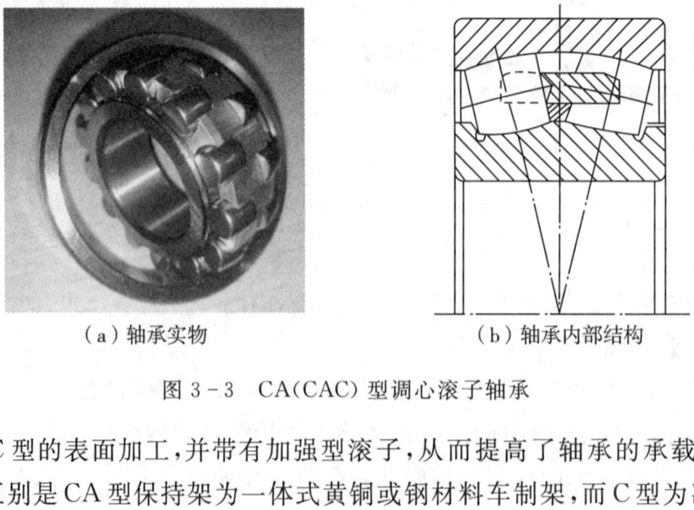

(a) 轴承实物　　(b) 轴承内部结构

图 3-3　CA(CAC) 型调心滚子轴承

由于采用 C 型的表面加工，并带有加强型滚子，从而提高了轴承的承载能力，减小了磨擦。与 C 型的区别是 CA 型保持架为一体式黄铜或钢材料车制架，而 C 型为冲压铁保持架。

CA 型同样适用于 C 型的应用场所。

5)E 型调心滚子轴承

E 型调心滚子轴承的内圈与 CC 型轴承结构类似，只是两滚道中心位置相互靠近了一些，缩短了两列滚子轴向距离，滚子长度加长。保持架采用玻璃纤维增强的聚酰胺材料精密注塑而成，或两片淬火钢冲压保持架，如图 3－4 所示。

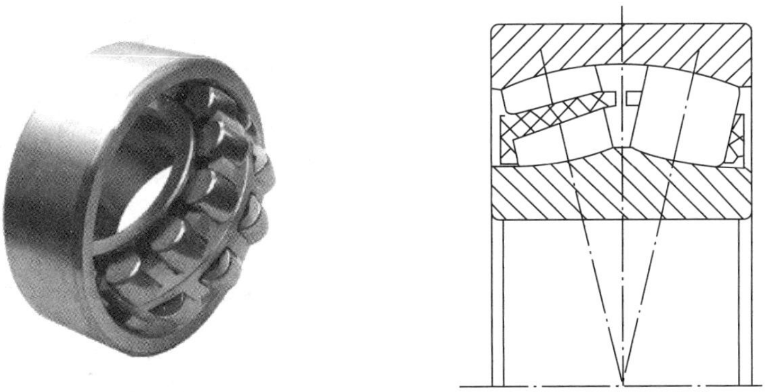

(a) 轴承实物　(b) 轴承内部结构

图 3－4　E 型调心滚子轴承

由于采用对称球面滚子，两片淬火钢冲压保持架，内圈无挡边和带一个由保持架引导的中挡圈。其作用在于可以减少轴承摩擦，有助于在非荷载区引导滚子，适用于环境温度变化大以及重载且设备要求紧凑的工作环境。

3.2.2　典型调心滚子轴承零件三维建模

调心滚子轴承结构参数设计已经有专门的设计方法，各生产厂家都有自己的设计软件，其设计原理和过程可以参考有关资料。

本节主要针对 CA 型调心滚子进行三维仿真设计。选择典型轴承型号为 22206 CA，其外形基本尺寸可以通过查标准得到。轴承内部结构尺寸需要利用轴承设计方法得到。本次轴承三维建模直接采用设计好的轴承结构尺寸值。利用 SolidWorks 软件来构建三维模型。

(1) 典型轴承套圈三维设计建模

打开 SolidWork 软件，点击【新建】，选择【零件】，然后点击【确定】按钮，进入草图绘制页面。出现前视、右视、上视三个基准面，点击前视基准面进入草图绘制。

① 轴承套圈截面草图绘制。根据轴承套圈截面尺寸数据，用【直线】工具画外轮廓，用【圆弧】工具画外圆、内圆和滚子的球面轮廓。画出图形后用【智能尺寸】标记尺寸，然后更改尺寸的大小，调整位置和直线的长短，后用【倒圆角】工具画半径为 1 mm 的圆角。最终画出截面草图如图 3－5 所示。保存为草图 1 文件。

② 外圈三维实体建模。选择草图 1 文件，打开文件，显示截面草图。然后点击工具栏中的【转换实体】，选择需要转换的外圆轮廓和中心线，选取完成后，点击“√”确定后，点击左侧设计树上的草图 1，出现小眼睛，点击一下，隐藏草图 1。然后点击工具栏中的【裁剪实体】，去除多余的线条，并点击中心线，将中心线的实线转换为构造线。

然后点击【确定】命令。选择软件特征里的【旋转凸台/基体】工具，选择中心线为旋转轴，旋转 360°，得到套圈实体模型图。后点击【确定】完成绘制，如图 3-6 所示。将完成的外圈另存为外圈文档。

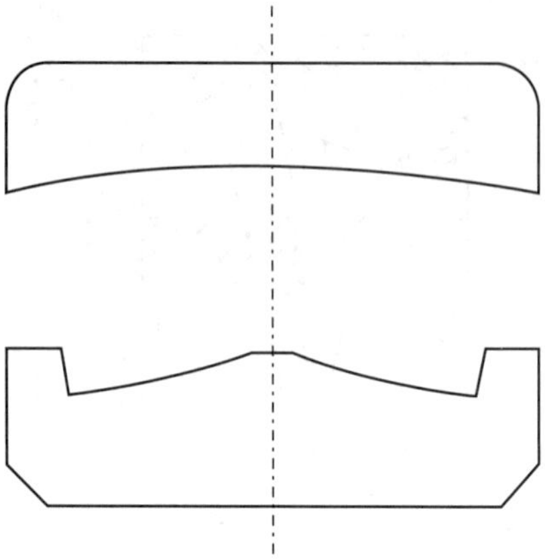

图 3-5　截面草图

图 3-6　外圈三维实体模型图

③ 内圈三维实体建模. 与外圈建模类似，打开软件显示草图 1，用【实体转换】截取内圈的截面图，并用【裁剪】工具去除多余线条，得到内圈截面。

截取平面草图后点【确定】，使用【旋转凸台】工具，以中心线为旋转轴，旋转 360°，可得内圈实体模型图。取水平中心线作一条基准轴，并做一个基准面平行于右视基准面，过内圈宽度中点。实体模型见图 3-7。将画好的内圈另存为内圈文档。

(2) 典型保持架三维实体设计建模

根据保持架尺寸数据，画保持架草图的前几步和画内圈、外圈相同，打开软件，点击文件夹中的草图 1，显示草图 1。用【实体转换】截取保持架毛坯的平面图，并用【裁剪】工具去除多余线条，得到保持架毛坯截面草图，另存为草图 2。

得到保持架截面图后，退出草绘平面。选择【旋转凸台】工具，以中心线为旋转轴，旋转 360°，得到保持架毛坯实体三维图形。

点击前视基准面，进入草图绘制，画出保持架圆柱凹槽草图，确定草图。点击【旋转切除】工具，绕轴旋转切除，切出弧形凹槽。

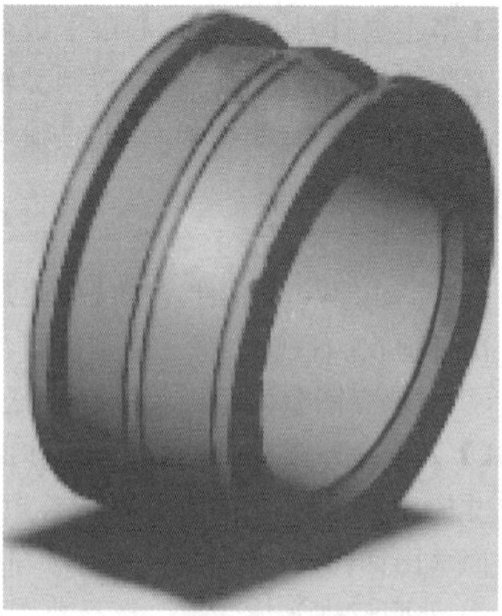

图 3-7　内圈三维实体模型图

建立基准轴 1 和基准面 1，与内圈基准轴、基准面相同，用特征中的参考几何体绘制，基准轴 1 与水平中心线重合，基准面 1 平行于右视基准面，且过保持架宽度中点。建立基准轴 1 和基准面 1 后，开始绘制基准面 2，采用参考几何体来选择基准面，第一参考平面选前视，选择合适的夹角。第二参考轴选基准轴 1 重合。以此确定基准面 2 的位置，保存基准面 2。

点击基准面 2，以基准面 2 为平面，进行草图绘制。与在前视平面绘制滚子弧形凹槽一样，保留 1 mm 的缝隙，画出另一边保持架滚子凹槽草图。然后选择旋转切除，切出另外一边的滚子弧形凹槽。

切出两个弧形凹槽后，用【圆周阵列】方法，选择要阵列的特征为旋转切除 1 和旋转切除 2 的两个图形，根据滚子个数，360 度等间距圆周阵列弧形凹槽，得到保持架的三维实体图形。如图 3－8 所示。

(3) 滚子三维实体设计建模

滚子建模方法相对比较简单，这里不再分步骤说明。根据滚子尺寸数据，画出滚子截面草图(包括倒角)，再旋转即可以得到三维实体模型图。如图 3－9 所示。另存为滚子文档。

图 3－8　保持架三维实体模型图

图 3－9　滚子三维实体图

3.2.3　典型调心滚子轴承产品装配建模

打开软件，先依次调入内圈、外圈、保持架、滚子四个零件模型图，滚子调入两次。完成后，在零件的装配状态中，点击【配合】，开始装配，步骤如下。

第一步：选择外圈与内圈同轴心配合；

第二步：选择外圈和内圈右视面重合；

第三步：滚子旋转中心线与保持架凹槽旋转切除的中心线重合；

第四步：滚子旋转中心线顶点与保持架凹槽旋转切除中心线顶点重合；

第五步：外圈右视与保持架右视重合；

第六步：外圈与保持架同轴心配合；

第七步：选择旋转中心轴为保持架的基准轴，360°等距离阵列两列滚子，圆周阵列，见图 3－10。完成零件的装配后，保存至文件名调心滚子轴承。

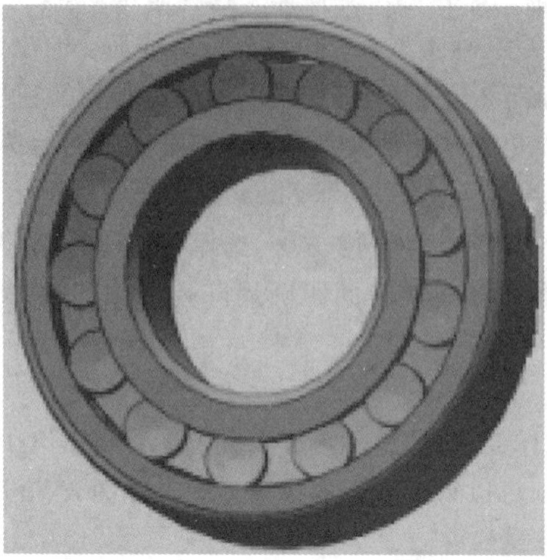

图 3-10　调心滚子轴承装配模型图

3.2.4　系列调心滚子轴承的参数化设计

(1) 轴承零部件参数化设计作用

滚动轴承一般是系列化产品，参数化设计非常必要。在可变参数的作用下，设计系统能够自动改变所有的参数。因此，参数化模型中要建立各种约束关系，体现设计人员的设计意图。参数化设计可以大大提高模型的生成和修改的速度。在产品的系列设计、相似设计及专用 CAD 系统开发方面都具有较大的应用价值。参数化建模方法主要有：变量几何设计表法和基于结构生成历程的方法，前者主要用于平面模型的建立，而后者更适合于三维实体或曲面模型。

几何设计表是 SolidWorks 软件中创建零件体配置的最好方法，它可以控制零件几何的尺寸值和特征状态。系列零件设计表是以一个零部件创建出一个零件系列设计表。因为 SolidWoks 软件是一个基于 0LE/2 平台的应用软件，所以设计表可以直接用 Word 中的 Excel 电子表格直接创建，然后再输入到 SolidWorks 中来实现参数化。

对于具有明显特征的系列轴承，只需更改一些设计变量，并且可以通过简单的特征工具操作来实现参数设计。从 SolidWorks 导出的设计变量文档，它更适合基于设计变量的零件参数设计。

(2) 导出与导入轴承零件参数

① 外圈参数模型图。打开软件中的轴承外圈三维图，点击右上角【插入】，插入设计表，选择自动生成，允许模型编辑以更新系列零件设计表，导入所有数据，设置表格单元格格式为常规，即可生成参数设计表。再根据套圈的尺寸数据，导入表格，生成轴承外圈三维实体模型图。

② 内圈参数模型图。与外圈建模方法相同，打开软件中的轴承内圈三维图，点击右上角【插入】，插入设计表，选择自动生成，允许模型编辑以更新系列零件设计表，导入所有数据，设置表格单元格格式为常规，即可生成内圈参数设计表。同样再根据套圈的尺寸数据，导入表格，生成轴承内圈三维实体模型图。

③ 保持架和滚子参数模型图。在保持架与滚子三维模型中，参数导出步骤与外圈和内圈的步骤一致，具体实际步骤可参考外圈和内圈的方法。由于参数比较多，这里不再给出。

④ 最后零件模型装配。进入软件装配体界面空间，使用【插入】零部件命令，把内圈、外圈、保持架、滚子等逐次插入。再使用【配合】命令，使内圈和外圈同轴配合，宽度相等。滚子和内圈前视基准面重合，上视基准面重合，右视基准面重合，保持架和内圈前视基准面夹角适合，右视基准面重合，圆柱面同轴，圆周阵列滚子，设置具体尺寸，可以完成零件模型装配。还可以选择给装配体附加外观颜色，以达到更清晰观察整体结构。得到参数化的三维实体模型，如图 3－11 所示。

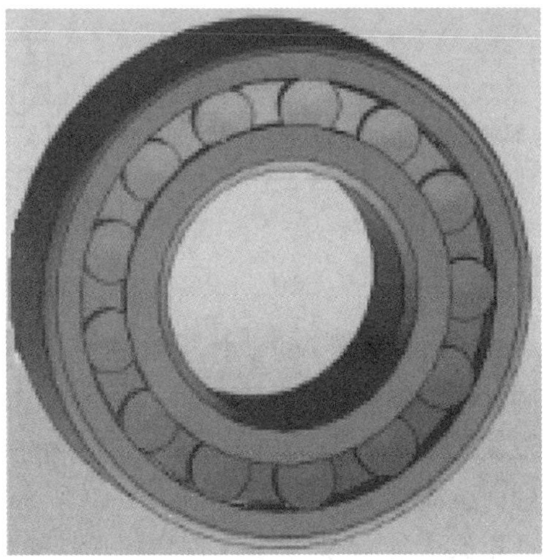

图 3－11　轴承参数化的三维实体模型

3.3　圆柱滚子轴承(NJ0000 型)几何参数化设计

3.3.1　圆柱滚子轴承的特点与应用

圆柱滚子轴承由外圈、内圈、保持架和滚子等零件组成，如图 3－12 所示。

圆柱滚子轴承的结构又分为：① 外圈无挡边、内圈双挡边、不带挡圈的单列向心圆柱滚子轴承(“N”类型)；② 外圈单挡边、内圈双挡边、不带挡圈的单列向心圆柱滚子轴承(“NF”类型)；③ 外圈双挡边、内圈无挡边、不带挡圈单列向心圆柱滚子轴承(“NU”类型)；④ 外圈双挡边、内圈单挡边、不带挡圈的单列向心圆柱滚子轴承(“NJ”类型)；⑤ 外圈双挡边、内圈单挡边、带挡圈的单列向心圆柱滚子轴承(“NUP”类型)；⑥ 外圈无挡边、内圈双挡边的双列向心圆柱滚子轴承(“NN”类型)；⑦ 外圈双挡边、内圈无挡边的双列向心圆柱滚子轴承(“NNU”类型)；等等。它们的截面如图 3－13 所示。

图 3－12　圆滚子轴承实物图

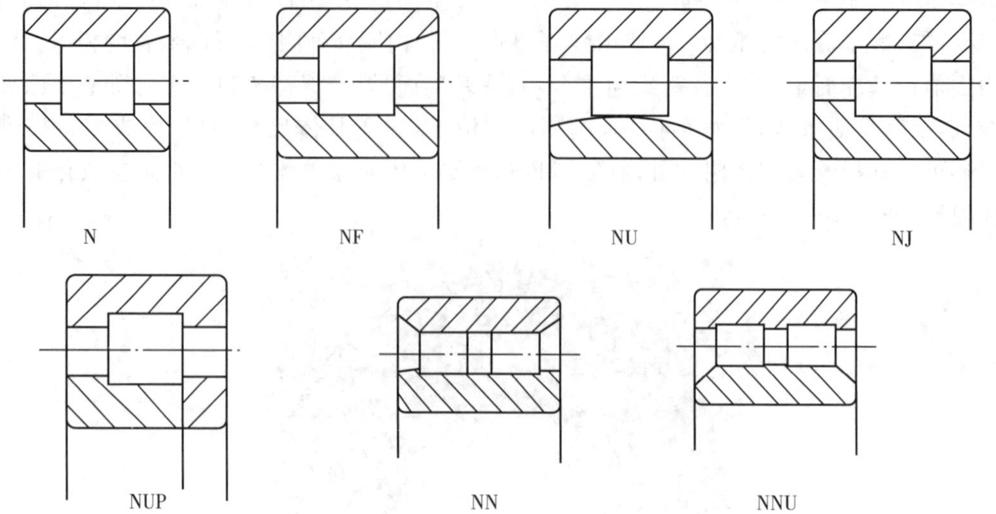

图 3-13　圆柱滚子轴承结构类型

内圈或外圈无挡边的圆柱滚子轴承,可以作轴向相对移动,因此可以用于轴的自由端的移动支承。内圈和外圈的某一侧有双挡边而另一侧的套圈有单挡边的圆柱滚子轴承,可以承受一定程度单一方向的轴向负荷。

轴承中一般使用钢板冲压保持架,或铜合金车制实体保持架。但也有一部分使用聚酰胺成形保持架。各类圆柱滚子轴承的特点如下:

(1) 滚子与滚道为线接触或近似线接触,径向承载能力大,适用于承受重负荷与冲击负荷。圆柱滚子轴承滚道及滚动体经改进后,具有较高的承载能力,挡边和滚子端面的新型结构设计不仅提高了轴承的轴向承载能力,同时改善了滚子端面与挡边接触区域的润滑条件,提高了轴承的使用性能。

(2) 摩擦系数较小,适合高速工作环境,轴承极限转速接近深沟球轴承。

(3)"N"类型及"NU"类型可轴向移动,能适应因热膨胀或安装误差引起的轴与外壳相对位置的变化,可作自由端的支承使用。

(4) 对轴或座孔的加工要求较高,轴承安装后外圈轴线相对偏斜要严加控制,以免造成接触应力集中。

(5) 内圈或外圈可分离,便于安装和拆卸。

圆柱滚子轴承结构参数设计已经有专门的设计方法,各生产厂家都有自己的设计文档,其设计原理和过程可以参考有关资料。

3.3.2 典型圆柱滚子轴承零件三维建模

选取典型的 NJ204E(外圈双挡边,内圈单挡边) 轴承为建模对象,查标准数据可得轴承的基本尺寸,轴承内部结构尺寸需要利用轴承设计方法得到。本次轴承三维建模直接采用设计好的轴承结构尺寸值。采用 SolidWorks 软件分别设计内圈、外圈、保持架、滚子的三维模型。

(1) 内圈三维设计建模

① 打开设计软件,选择【新建零件】,选择前视基准面。在前视基准面上进行草图绘制。启动【直线】命令,画出一条线作为中心线,然后根据内圈尺寸,继续用【直线】命令绘制

出套圈截面大概图形，对于倒角的地方直接选择【倒角】命令，根据尺寸进行倒角。之后，对直线进行条件约束（内外两条线关于中心线对称），最后要修改尺寸。值得注意的是必须使绘制的截面图形是闭环完整的图形。得到套圈截面草图如图 3 - 14 所示。

② 退出草图绘制。选择【特征旋转凸台 / 基体】命令，选择旋转轴中心线轴，绕该轴旋转 360° 得到内圈三维实体模型图。如图 3 - 15 所示。

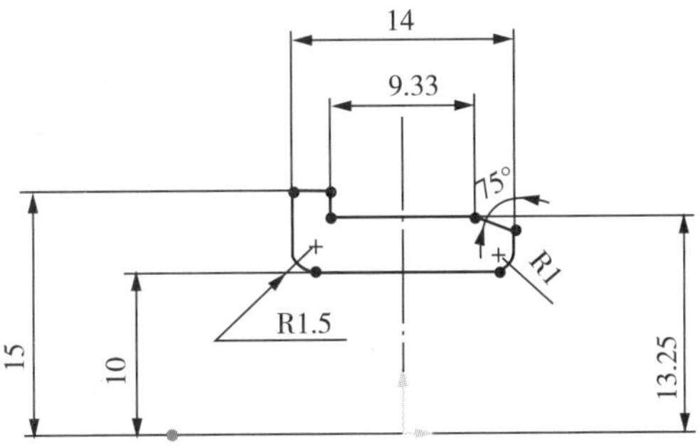

图 3 - 14　内圈截面草图

图 3 - 15　内圈三维实体图

(2) 外圈三维设计建模

① 打开软件，选择【新建零件】，点击草图绘制菜单，然后选择前视基准面，在前视基准面上，根据外圈截面尺寸数据，画截面草图，建立旋转轴线，如图 3 - 16 所示。

② 退出草图，选择【特征旋转凸台 / 基体】命令，选择旋转轴线，绕轴旋转 360° 得到外圈三维实体模型图，如图 3 - 17 所示。

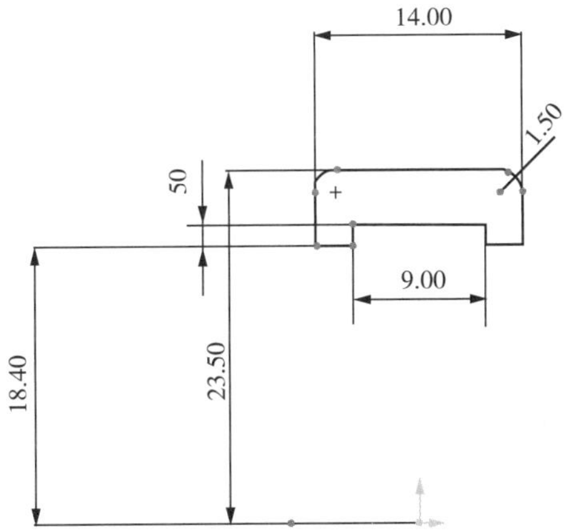

图 3 - 16　外圈截面草图

图 3 - 17　外圈三维实体模型图

(3) 保持架三维设计建模

① 打开软件，选择【新建零件】，点击草图绘制菜单，然后选择前视基准面，在前视基准面上，根据保持架截面尺寸数据，画截面草图，建立旋转轴线。

② 退出草图绘制。选择【特征旋转凸台 / 基体】，选择旋转轴线，绕轴旋转 360° 得到保持

架毛坯三维模型图。

③ 切割保持架圆柱面兜孔。新建基准面位于图中间，然后选择平面，在平面内绘制一个直径为 7.5 mm 的圆。

④ 退出草图绘制，选择【特征拉伸切除】，选择【切除面(圆形)】，方向选择为两侧对称。

⑤ 退出【拉伸切除】命令后，在主菜单下选择【圆周阵列】，选择绕其外圆阵列兜孔个数，得到保持架实体模型图，如图 3－18 所示。

(4) 圆柱滚子三维设计建模

圆柱滚子建模比较简单。建立圆柱体的特征截面，采用拉伸或者旋转就可以得到圆柱体图形。注意在圆柱体两端加倒角。

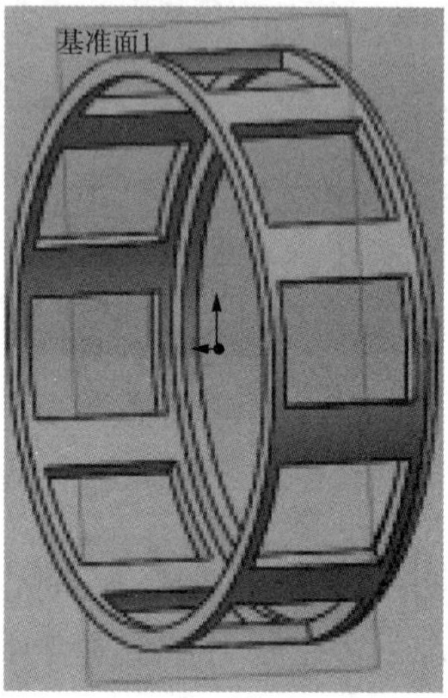

图 3－18 保持架实体模型图

3.3.3 典型圆柱滚子轴承产品装配建模

在 SolidWorks 软件中，装配方便、快捷，准确度高。先打开软件，在软件中新建装配体文件，然后选择插入零部件模型图，将已经设计好的 4 个零部件导入装配体文件中。

(1) 内圈的装配。先将内圈的状态由固定改为浮动状态，再进行装配。让内圈的其中一个端面与装配体的前视图重合，并使内圈的基准轴分别与上视图、右视图重合。

(2) 外圈的装配。外圈导入装配后，使其基准轴与内圈的基准轴重合，且外圈的端面与内圈的端面重合。

(3) 保持架的装配。选择保持架使其基准轴与内圈的基准轴重合，且保持架的端面与内圈的端面重合。

(4) 滚子的装配。将滚子的中心轴与保持架的中心轴重合。使滚子的一边端面与保持架的内切面重合，再通过圆周阵列全部滚子。装配成功后的效果如图 3－19(a) 所示。在完成装配后，进行干涉检查。如无干涉，说明装配成功。零件模型检查如图 3－19(b) 所示。

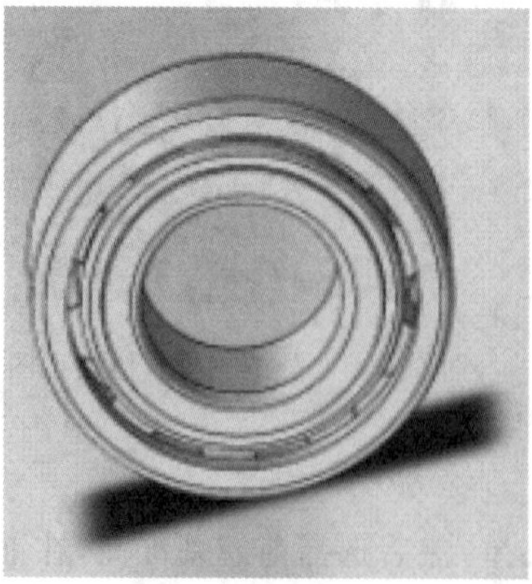

(a)滚子轴承装配效果图

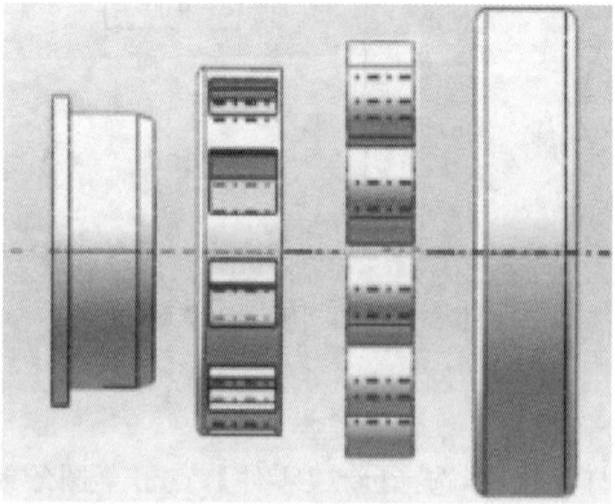

(b) 轴承零件检查图

图 3－19 滚动轴承装配

3.3.4　系列圆柱滚子轴承的参数化设计

(1) 轴承零部件参数化设计过程

SolidWorks 是典型的参数化软件，参数化功能非常强大，并且实现方法多种多样。通过一种 Excel 表格对模型参数进行驱动的方法，是充分利用 Excel 表格强大的公式计算、直观的参数输入、方便的数据维护功能，来实现产品的参数化、系列化设计。

选择 NJ 系列 NJ205 轴承为例，在 NJ204 轴承模型图中对应尺寸进行修改。在软件命令栏中选择【插入】，找到尺寸数据表格，点击选择【设计表】，软件会自动生成导出 NJ204 轴承尺寸数据。接下来把 NJ205 轴承的尺寸导入，可得到一个新的零件尺寸表。最后找到【配置】命令。在表格下面右击鼠标，选择【保存】表格。将保存的表格打开，可得到轴承零件模型图。

(2) 内圈数据导入的效果图(如图 3-20 所示)

(3) 外圈数据导入的效果图(如图 3-21 所示)

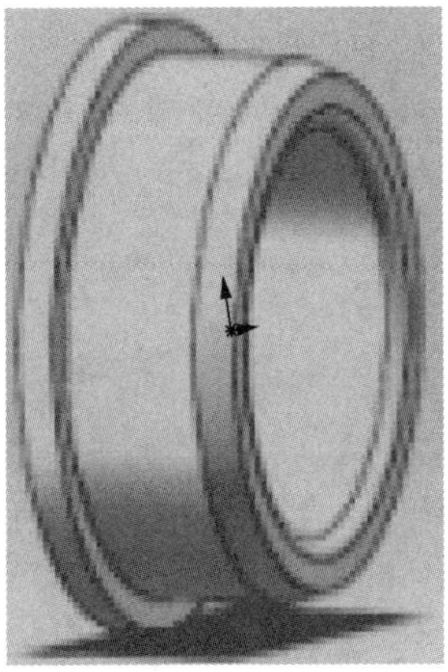

图 3-20　内圈参数数据与效果图

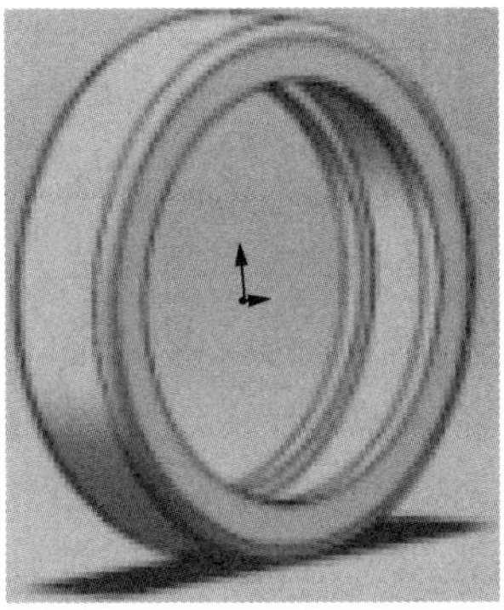

图 3-21　外圈参数数据与效果图

(4) 保持架数据导入的效果图(如图 3-22 所示)

(5) 滚子数据导入的效果图(如图 3-23 所示)

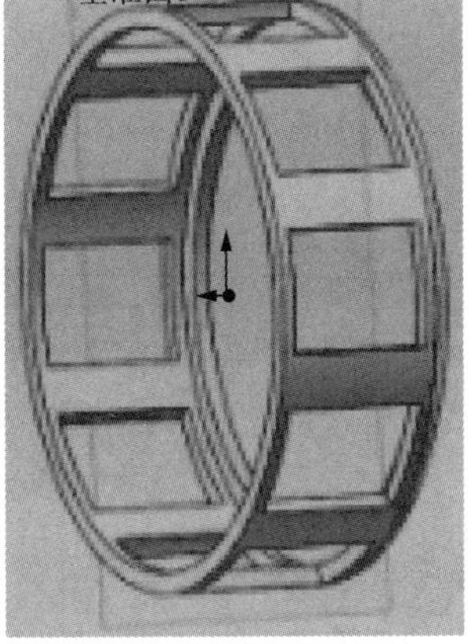

图 3-22　保持架参数数据与效果图

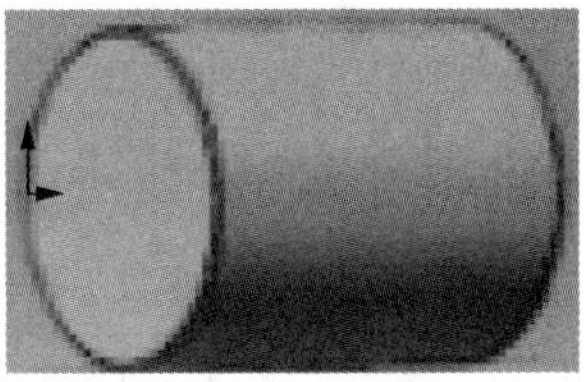

图 3-23　滚子参数数据与效果图

(6) 进行零件模型装配

在圆柱滚子轴承的参数化设计装配中，主要利用方程式定义其外径、内径、宽度之间的比例关系，同时利用 Excel 表格记录数据，填写参数。并对参数进行计算，最后要用设计模式中的 ctiveX 控件命令，点击命令按钮书写其外径、内径、宽度之间关系的代码，最后通过运行实现产品的参数化，如图 3-24 所示。

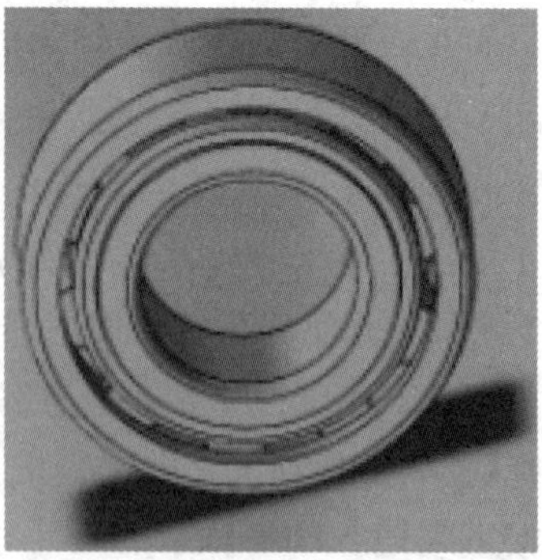

图 3-24 滚子轴承参数装配效果图

以上是轴承零件模型的参数化设计过程，主要是利用 SolidWorks 中设计表方法以及 Excel 电子表格中强大的计算能力。可以先画出一种零件，当需要进行尺寸修改时，直接在 Excel 电子表格中进行数据修改，不需要重新构建三维模型，大大提高了工作效率。

3.4 圆锥滚子轴承(30000 基本型)几何参数化设计

3.4.1 轴承结构特点与应用

圆锥滚子轴承由外圈、内圈、滚动体和保持架组成，滚动体依靠保持架均匀分布在滚道内，保持架主要用来保证轴承在工作时各滚子不会彼此发生碰撞，可以做良好的滚动。圆锥轴承的实物如图 3-25 所示，它是一种外套圈可以分离型的轴承。圆锥轴承的结构如图 3-26 所示。

图 3-25 圆锥滚子轴承实物

圆锥滚子轴承的内圈和外圈具有圆锥形滚道，圆锥滚子布置在两者之间。所有圆锥形表面的投影线会聚在轴承轴线上的同一点上，如图 3-27 所示。这种设计使得圆锥滚子轴承在运动时不会产生很大的滑动运动。

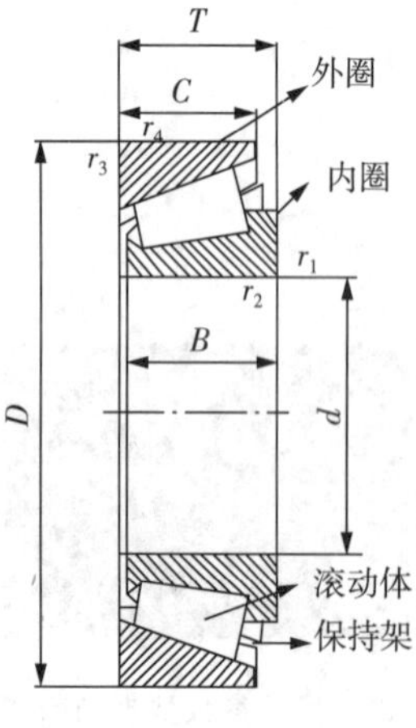

图 3-26 圆锥滚子轴承结构图

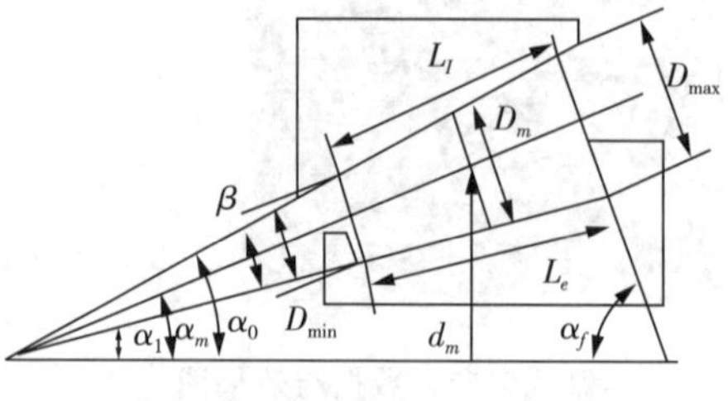

图 3-27 滚道与滚子接触角示意图

圆锥滚子轴承主要承受径向和轴向的组合载荷。轴承的承载能力取决于外圈的滚道角度，该角度越大，轴向承载能力就越大。也就是轴承的轴向负载能力主要由接触角 α 决定。角度 α 越大，轴向载荷能力越高。圆锥滚子轴承主要用于轿车轮毂、各类减速器、大型冷、热轧机和其他重型机器等设备中。其主要特性如下：

(1) 轴承承载能力强，可承受多方向载荷。圆锥滚子轴承滚道表面是有一定锥度的圆锥面，滚道的锥角在承受载荷时，会产生分力，因此圆锥滚子轴承可同时承受来自径向和轴向方向的负载，轴承的接触角范围一般为 10° ~ 30°。圆锥滚子轴承滚动体和滚道间接触为线接触，因此，轴承具有较大的承载能力，并且接触角越大，轴承承受轴向分量载荷的能力越强。

(2) 设计圆锥滚子轴承时，轴承的内、外滚道之间的接触线的延长线与滚子的中心线的延长线在轴承的轴线上相交。这使得滚子在滚道上的每一点都可以做纯滚动运动，可减少滑动摩擦力。

(3) 轴承挡边存在较大滑动摩擦。圆锥滚子承受载荷时，因为内外圈滚道的锥角不同，会产生一个分力，使滚子的大端面紧压在内圈大挡边上，因滚子大端面与大挡边之间为滑动接触，摩擦比较大，会影响轴承极限转速的提高。如今随着轴承加工制造技术的不断提高，大挡边的润滑条件得以改进，圆锥滚子轴承已经可以实现高速运转。

(4) 轴承刚性好，可成对安装。单列圆锥滚子轴承一般不会单个使用，通常将两个轴承共同安装在工作主轴上，这样可以调节轴承在工作时的轴向游隙，实现轴承的预紧。圆锥轴承以同时承受径向载荷及轴向载荷，可以承受较大的载荷，并具有良好的刚性。

与其他轴承的设计模式相同，进行圆锥轴承设计时也需考虑轴承的基本额定寿命，然后根据圆锥轴承的主要外形参数如轴承公称外径、外圈公称宽度、外圈公称小内径、公称接触角、内圈公称内径等，来进行优化设计。

由于圆锥轴承的结构尺寸很多，轴承的结构尺寸设计计算公式复杂，有兴趣的读者可以参考有关设计资料。

3.4.2　系列圆锥滚子轴承零件参数化三维建模

不同的设计软件中有不一样的参数化设计方法，例如，在 SolidWorks 软件中，可以通过零件的参数表导出、导入的方法实现参数化设计。而在 Pro/E 软件中，则可以通过数学函数和全局变量来定义尺寸，并生成零件和装配体两者尺寸之间的数学关系。Pro/E 软件可以使用任何受支持的运算符、函数和常数，它支持三角函数的关系。装配体间的几何关系包括重合、垂直度、相切等，主动件与从动件之间也有对应关系。零部件彼此之间还存在主动与从动的对应关系。为了说明这种方法的设计过程，本节将采用 Pro/E 软件进行参数化设计。

本节选择典型的 30210 型号的圆锥滚子轴承。其外形基本尺寸可以查标准得到，轴承内部结构尺寸需要利用轴承设计方法得到。本次轴承三维建模直接采用设计好的轴承结构尺寸值。利用 Pro/E 软件中的程序、关系等功能进行建模，具体的步骤如下。

(1) 外圈参数化三维建模

打开软件，选择【文件】→【新建】→【零件】→【实体】，然后加入参数：

D = 90　　　　（轴承公称外径）

C = 17　　　　（外圈公称宽度）

E = 75.078　　（外圈公称小内径）

α = 15.717　　（公称接触角）

在软件中，选择【插入】→【旋转】，在DTM1中草绘，以DTM2为参照，方向为底面，选择旋转轴A1，如图3-28所示。然后草绘，先按照轴承截面图画好形状，确定出必要的尺寸，完成绘制。修改所测量尺寸的名称为：D1，D2，D3，D4，如图3-29所示。

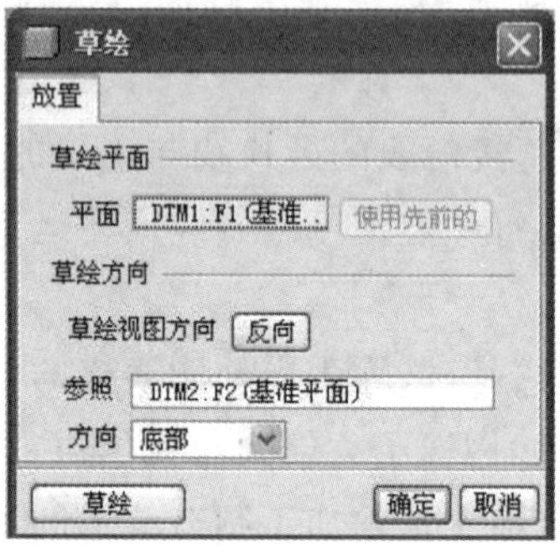

图3-28　选择参照

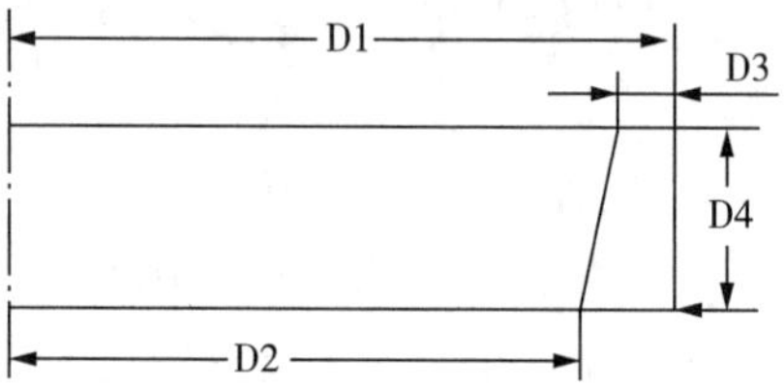

图3-29　外圈截面草图

加入如下运算关系：

D1 = D/2　　　　　　　　（外圈外半径）

D2 = E/2　　　　　　　　（外圈小内半径）

D3 = (D - E - 2 * C * TAN(α))/2　　（外圈小面厚度）

D4 = C　　　　　　　　　（外圈宽度）

选择【程序】→【编辑程序】，在INPUT和ENDINPUT间加入：

D NUMBER　　"请输入轴承公称外径："

CNUMBER　　"请输入外圈公称宽度："

E NUMBER　　"请输入外圈公称小内径："

α NUMBER　　"请输入公称接触角："

选择【完成】→【再生】，就可以根据参数的变化完成零件的变化，再进行倒角等操作。参数化的外圈模型图完成如图3-30所示。

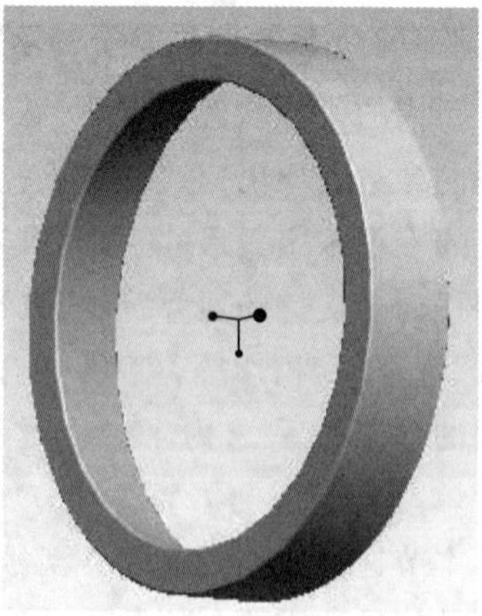

图3-30　外圈三维实体模型图

(2) 内圈参数化三维建模

如同上面外圈的绘图步骤，添加参数：

X = 50　　　　（轴承公称内径）

T = 21.75　　 （轴承公称宽度）

B = 20　　　　（内圈公称宽度）

E = 75.078　　（外圈公称小内径）

α = 15.717　　（公称接触角）

```
β = 11.717        （内滚道中心线与母线夹角）
φ = 2             （滚子母线与其中心线夹角）
```

在 DTM1 面中完成内圈截图草图。

修改尺寸的属性，加入如下关系：

```
D21 = T             （轴承公称宽度）
D22 = X             （轴承公称内径）
D27 = B - A0 - A1  （滚道在轴线上的投影长度）
D26 = A0            （大挡边厚度 A0 = Ka0 * B  Ka0 取值 0.16 ～ 0.22）
D29 = β             （内滚道中心与母线夹角）
D28 = (0.5 * E/tan(α) + T - D26)/cos(β)         （挡边曲率半径）
D67 = A1                                         （小挡边厚度 A1 = Ka1 * B  Ka1 取值 0.10 ～ 0.13）
D23 = D28 * sin(β + 0.5 * φ + 2/X * φ)/cos(β)  （大挡边半径）
D25 = D28 * sin(β) - D27 * sin(β) + 2           （小挡边半径）
```

校验关系成功后，选择【确定】。

同样，在程序中加入：

```
X NUMBER      "请输入轴承公称内径:"
T NUMBER      "请输入轴承公称宽度:"
B NUMBER      "请输入内圈公称宽度:"
E NUMBER      "请输入外圈公称小内径:"
α NUMBER      "请输入公称接触角:"
β NUMBER      "请输入内滚道中心与母线夹角:"
φ NUMBER      "请输入滚子母线与其中心夹角:"
```

图 3-31　内圈三维实体图

完成编辑后，对必要的边缘进行倒角，完成参数化的内圈模型图，如图 3-31 所示。

(3) 保持架参数化三维建模

保持架结构相对比较复杂，需要利用比较多建模工具。运用【草绘】【旋转】，窗孔运用【草绘】【拉伸】等命令。步骤为：选择【文件】→【新建】→【零件】→【实体】，然后加入参数：

```
X = 50          （轴承公称内径）
T = 21.75       （轴承公称宽度）
B = 20          （内圈公称宽度）
C = 17          （外圈公称宽度）
E = 75.078      （外圈公称小内径）
DC = 34.1       （计算直径）
α = 15.717      （公称接触角）
β = 11.717      （内滚道中心与母线夹角）
φ = 2           （滚子母线与其中心夹角）
θ = 14.517      （保持架内角）
ε0              （相关系数）
```

ε1 （相关系数）

ε3 （相关系数）

采用旋转成实体得到保持架毛坯图。再建模保持架窗孔，以实体外表面为基准，插入个基准面。

窗孔草图完成后，选择【反向】→【去除材料】→【完成】，窗孔的绘制完成，再阵列 19 个窗孔。改变尺寸属性，根据有关保持架尺寸设计要求，加入下列关系：

```
D30 = (D44 + D45 + D43) * cos(θ) + 1.2                    (保持架宽度)
D32 = Dc + (D43 + D44 + D45) * sin(θ                      (保持架大端半径)
D34 = DC - 1.75 * d164                                     (保持架底孔半径)
D35 = θ                                                    (保持架内角)
D43 = (B - A0 - A1) * cos(φ)/cos(β) - ε3 + 0.95 * (0.5 * E/tan(α) + T - A0)/cos(β) -
SQRT(0.95 * 0.912 - sin(φ) * sin(φ)) * (0.5 * E/tan(α) + T - A0)/cos(β) + ε1
(窗孔长度)
D44 = 2 * D164                                             (窗孔大头筋宽)
D45 = 0.7 * D164                                           (小端底边至窗孔距离)
D164 = 1.                                                  (保持架厚度)
D42 = 2 * (0.5 * E/tan(α) + T - a0) * sin(φ)/cos(β) + 0.1 (窗孔大端宽度)
D41 = 2 * (0.5 * E/tan(α) + T - a0) * sin(φ)/cos(β) - 2 * (B - a0 - a1) * cos(φ)/cos(β) *
tan(φ) - ε3 * tan(φ) + 0.1                                 (窗孔小端宽度)
D49 = 90 + φ                                               (窗孔斜边与中心线夹角)
IF 2 * (0.5 * E/tan(α) + T - A0) * sin(φ)/cos(β) > 0&2 * (0.5 * E/tan(α) + T - A0) * sin(φ)
  /cos(β) <= 10
  ε0 = 0.18
  ε1 = 0.3
  ε3 = 0.2
ELSE
  IF * (0.5 * E/tan(α) + T - A0) * sin(φ)/cos(β) > 10&2 * (0.5 * E/tan(α) + T - A0) * sin(φ)
  /cos(β) <= 18
  ε0 = 0.2
  ε1 = 0.4
  ε3 = 0.3
ELSE
  IF * (0.5 * E/tan(α) + T - A0) * sin(φ)/cos(β) > 18&2 * (0.5 * E/tan(α) + T - A0) *
  sin(φ)/cos(β) <= 30
  ε0 = 0.25
  ε1 = 0.5
  ε3 = 0.4
ELSE
  IF 2 * (0.5 * E/tan(α) + T - A0) * sin(φ)/cos(β) > 30&2 * (0.5 * E/tan(α) + T - A0) *
  sin(φ)/cos(β) <= 50
  ε0 = 0.3
```

```
      ε1 = 0.6
      ε3 = 0.6
    ELSE
      ε0 = 0.5
      ε1 = 0.7
      ε3 = 0.8
     ENDIF
     ENDIF
  ENDIF
ENDIF
```

校验关系成功后，在程序中加入：

```
X NUMBER          "请输入轴承公称内径:"
T NUMBER          "请输入轴承公称宽度:"
B NUMBER          "请输入内圈公称宽度:"
C NUMBER          "请输入外圈公称宽度:"
E NUMBER          "请输入外圈公称小内径:"
DC NUMBER         "请输入计算直径:"
α NUMBER          "请输入公称接触角:"
β NUMBER          "请输入内滚道中心与母线夹角:"
φ NUMBER          "请输入滚子母线与其中心夹角:"
θ NUMBER          "请输入保持架内角:"
Z NUMBER          "请输入滚子个数:"
```

完成编程后，在软件中选择【零件】→【再生】，按照提示输入参数后，保持架零件尺寸即可改变，参数化保持架建模完成，如图 3-32 所示。

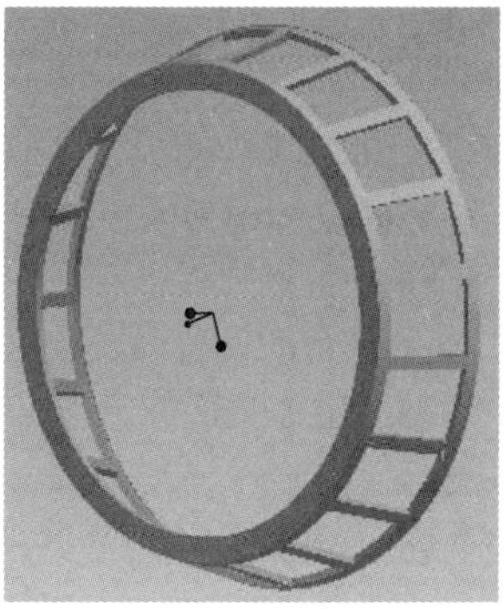

图 3-32　保持架三维实体图

(4) 圆锥滚子参数化三维建模

首先，选择【文件】→【新建】→【零件】→【实体】，加入参数：

```
T = 21.75         (轴承公称宽度)
B = 20            (内圈公称宽度)
C = 17            (外圈公称宽度)
E = 75.078        (外圈公称小内径)
α = 15.717        (公称接触角)
β = 14.717        (内滚道中心与母线夹角)
φ = 2             (滚子母线与其中心夹角)
ε0                (相关系数)
ε1                (相关系数)
ε3                (相关系数)
```

草图完成后，旋转成实体。

根据轴承有关参数设计关系，在【工具】→【关系】中加入以下关系：

```
D54 = 0.95 * (0.5 * E/tan(α) + T - A0)/cos(β)  （球端面曲率半径）
D50 = (B - A0 - A1) * cos(φ)/cos(β) - ε3 + D54 - SQRT(D54 * D54 - D51 * D51)  （滚子全长）
D51 = (0.5 * E/tan(α) + T - 0.19 * B)/cos(β) * sin(φ)  （滚子大头半径）
D52 = D51 - (B * cos(φ)/cos(β) - A0 * cos(φ)/cos(β) - A1 * cos(φ)/cos(β) - ε3) * tan(φ)  （滚子小头半径）
D53 = φ  （滚子母线与其中心夹角）
D156 = (0.5 * E/tan(α) + T - A0) * tan(β)  （滚子母线与中心轴距离）
IF 2 * (0.5 * E/tan(α) + T - A0) * sin(φ)/cos(β) > 0&2 * (0.5 * E/tan(α) + T - A0) * sin(φ)/
  cos(β) <= 10
    ε0 = 0.18
    ε1 = 0.3
    ε3 = 0.2
ELSE
  IF 2 * (0.5 * E/tan(α) + T - A0) * sin(φ)/cos(β) > 10&2 * (0.5 * E/tan(α) + T - A0) * sin(φ)/
    cos(β) <= 18
    ε0 = 0.2
    ε1 = 0.4
    ε3 = 0.3
  ELSE
  IF 2 * (0.5 * E/tan(α) + T - A0) * sin(φ)/cos(β) > 18&2 * (0.5 * E/tan(α) + T - A0) * sin(φ)
    /cos(β) <= 30
    ε0 = 0.25
    ε1 = 0.5
    ε3 = 0.4
  ELSE
    IF 2 * (0.5 * E/tan(α) + T - A0) * sin(φ)/cos(β) > 30&2 * (0.5 * E/tan(α) + T - A0) *
        sin(φ)/cos(β) <= 50
        ε0 = 0.3
        ε1 = 0.6
        ε3 = 0.6
      ELSE
        ε0 = 0.5
        ε1 = 0.7
        ε3 = 0.8
      ENDIF
    ENDIF
  ENDIF
ENDIF(定义 ε0,ε1,ε3 的大小)
```

校验关系成功后，在程序中加入：

```
T NUMBER          "请输入轴承公称宽度:"
B NUMBER          "请输入内圈公称宽度:"
```

```
C NUMBER        "请输入外圈公称宽度:"
E NUMBER        "请输入外圈公称小内径:"
α NUMBER        "请输入公称接触角:"
β NUMBER        "请输入内滚道中心与母线夹角:"
φ NUMBER        "请输入滚子母线与其中心夹角:"
```

完成程序后。点击【再生】，参数化滚子模型完成。如图 3-33 所示。

图 3-33　圆锥滚子三维实体模型图

3.4.3　系列圆锥滚子轴承参数化产品装配建模

完成各个零件建模后，进行轴承零件装配。通常轴承的真实装配步骤为：内圈→保持架→滚子→外圈。由于需要模拟运动，在软件中采用下面的装配步骤。

(1) 外圈装配

选择【插入】→【元件】→【装配】，由于外圈是参考件，不需要运动，故对外圈选择缺省放置。

(2) 内圈装配

首先，在内圈的零件图中插入基准面，以 DTM2 为基准，偏移为 0，放置基准面 DTM4，然后【插入】→【元件】→【装配】，在元件放置中选择销钉连接，内圈的轴 A1 和外圈的轴 A1 对齐，内圈的 DTM4 平面和组件的 Asm_top 面对齐，完成内圈的安装。

(3) 保持架装配

在保持架装配之前，先在零件中以 DTM2 面为基准，偏移为 0，插入基准面 DTM5，再以保持架窗孔的小端面为基准，插入面 DTM6，然后以 DTM6 和 DTM1 为基准，插入基准线 A6，以 A1 为旋转中心，对 DTM6 和 A6 进行阵列命令，阵列数为 19(DTM6 和 A6 是装配滚子时选用的基准)。所有基准完成后，点击【插入】→【元件】→【装配】，选择销钉连接，保持架的 A6 轴和内圈的 A1 轴对齐，保持架的 DTM5 面和内圈的 DTM4 面对齐。这样完成保持架的装配。

(4) 滚子装配

首先，在零件中以滚子的小端底面为基准，插入平面 DTM6，然后选择【插入】→【元件】→【装配】。选择销钉连接，滚子的旋转轴 A7 和保持架的轴 A6 对齐，滚子的面 DTM6 和保持架的面 DTM7 对齐。按照这个步骤，逐个安装剩余的滚子。完成滚子的安装图，如图 3-34 所示。

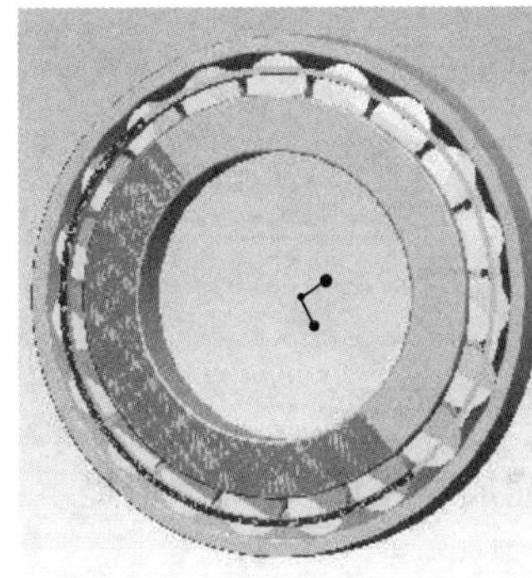

图 3-34　滚子轴承参数化装配完成图

当轴承的零件装配完成后，在程序 INPUT 和 ENDINPUT 中加入：

```
D NUMBER        "请输入轴承公称外径:"
X NUMBER        "请输入轴承公称内径:"
T NUMBER        "请输入轴承公称宽度:"
```

```
B NUMBER          "请输入内圈公称宽度:"
C NUMBER          "请输入外圈公称宽度:"
E NUMBER          "请输入外圈公称小内径:"
DC NUMBER         "请输入计算直径:"
α NUMBER          "请输入公称接触角:"
β NUMBER          "请输入内滚道中心与母线夹角:"
φ NUMBER          "请输入滚子母线与其中心夹角:"
θ NUMBER          "请输入保持架内角:"
END INPUT
```

然后,加入以下程序:

```
EXECUTE PART CSHWAIQUANO          EXECUTE PART CSHNEIQUANO
D = D                             X = X
C = C                             T = T
E = E                             B = B
α = α                             E = E
END EXECUTE                       α = α
β = β
φ = φ
END EXECUTE
```

```
EXECUTE PART CSHBAOCHIJIAO         EXECUTE PART CSHHUNZIO
X = X                             T = T
T = T                             B = B
B = B                             C = C
C = C                             E = E
E = E                             α = α
DC = DC                           β = β
α = α                             φ = φ
β = β                             END EXECUTE
φ = φ
θ = θ
END EXECUTE
```

完成编程后,即可根据提示的参数来改变组件的尺寸,轴承的参数化装配完成。

3.5　滚子轴承运动可靠性仿真

3.5.1　轴承零件装配干涉检查

当轴承的各个零件设计不合理时会发生干涉。利用 Pro/E 设计软件可以检查轴承零件的装配干涉。为了验证干涉检查效果，根据上面设计的圆锥轴承模型图，专门安排了尺寸大误差，装配干涉检查如图 3 - 35 所示，图中箭头所指位置就是已经发生干涉的区域。

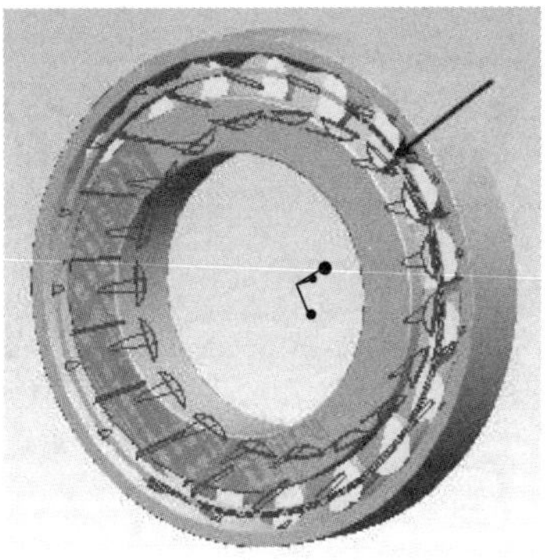

图 3 - 35　圆锥轴承零件的干涉现象检查

3.5.2　滚动体运动仿真

装配完成后，选择菜单栏中的应用程序—机构来进行组件的运动分析。在软件中选择【连接】→【接头】→【旋转轴】，如图 3 - 36 所示。

首先，对内圈的旋转轴添加伺服电动机，在伺服电动机定义中选择连接轴类型，再选择内圈的轴 A1，在【轮廓】→【规范】选项中，选择速度—常数，给电动机定义速度，点击【确定】，完成内圈电机的添加。

然后，依次对保持架、每个滚子按照上面的步骤添加伺服电动机。完成电动机的添加后，选择运动分析选项。首先定义名称，在类型中选择“运动学”，在优先选项中修改帧数、帧频等，在电动机选项中添加上所有的伺服电动机，选择运行，进行干涉分析。

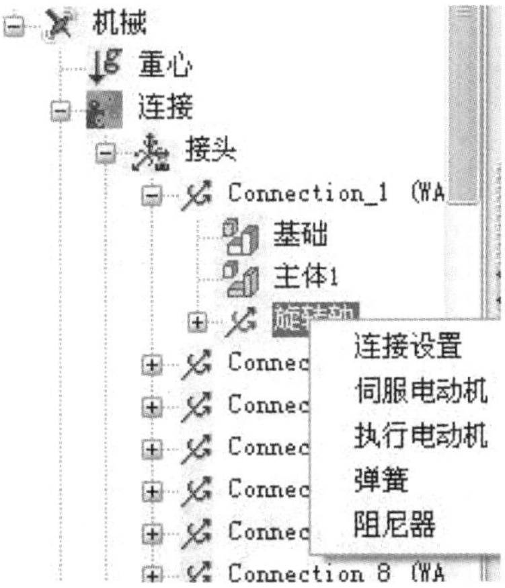

图 3 - 36　仿真菜单选择

轴承运动仿真的运动参数需要经过复杂的计算才能确定，要利用轴承运动学、动力学的方程求解。这里介绍的仿真参数结果是已有了分析结果后所作的模拟。

3.5.3　滚子运动打滑分析

与球轴承的打滑分析相似，也需要计算滚子的自转角速度。要模拟滚子的打滑，需要改变滚子的速度。在已经获得滚子的自转角速度后，把轴承按照无滑动运动时和有滑动时的运动截图对比，可以看出滑动的效果。在图 3 - 37 中，深色的滚子显示其的运动。左边为有打滑运动，右边为无打滑运动。经过对照，可以明显看出两者滚子位置的差别。打滑运动的滚子明显滞后于正常运动的滚子。

无论出现打滑还是干涉都和轴承尺寸的准确性和装配的合理性有着密切的关系，出现这些现象时，轴承设计应该修改零件尺寸和组件设计。

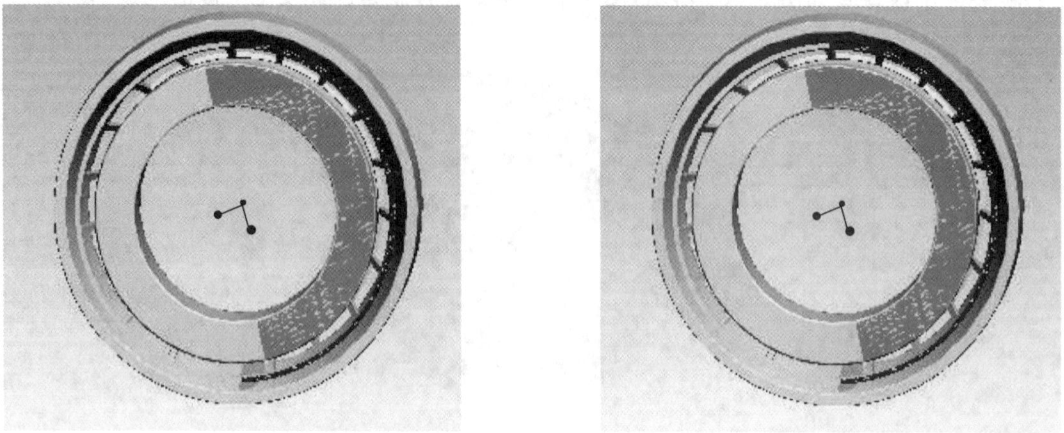

（a）初始位置

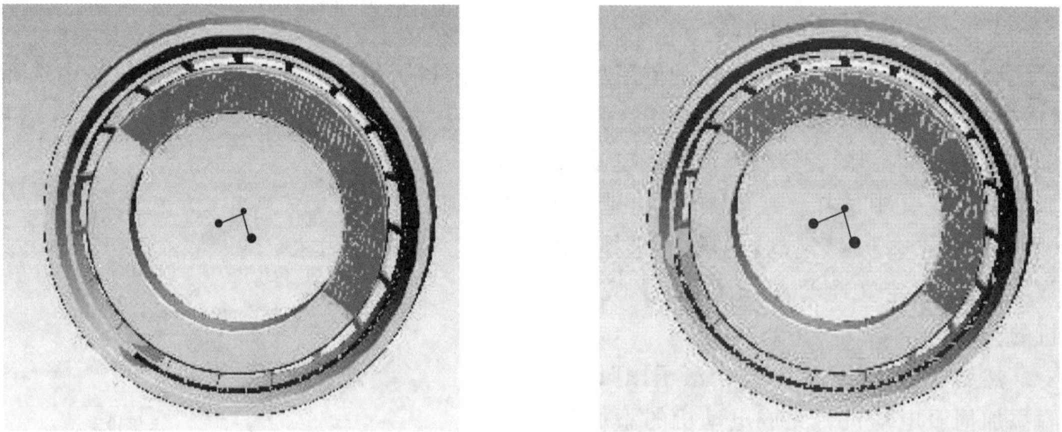

（b）运行 2 秒后

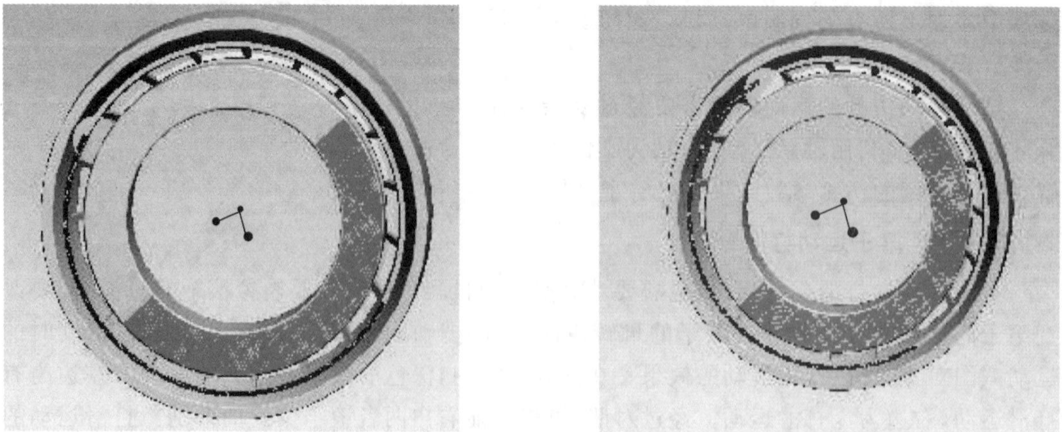

（c）运行 4 秒后

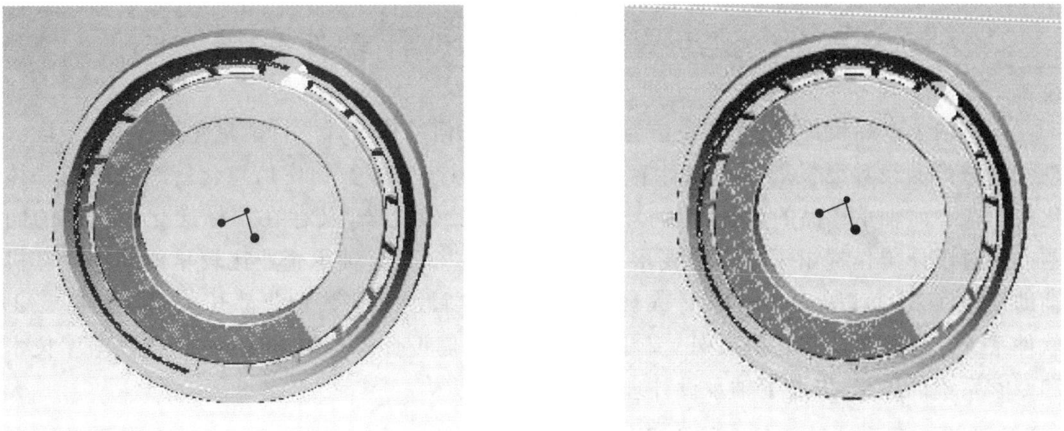

（d）运行 6 秒后

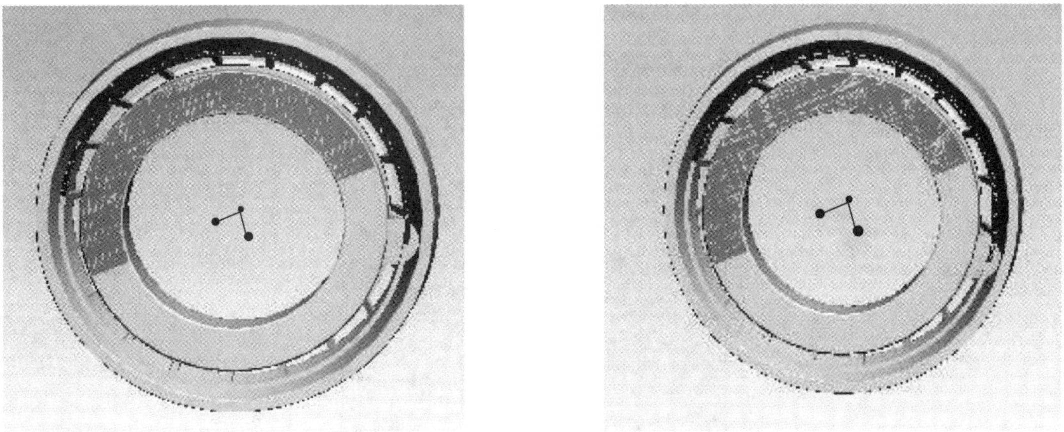

（e）运行 8 秒后

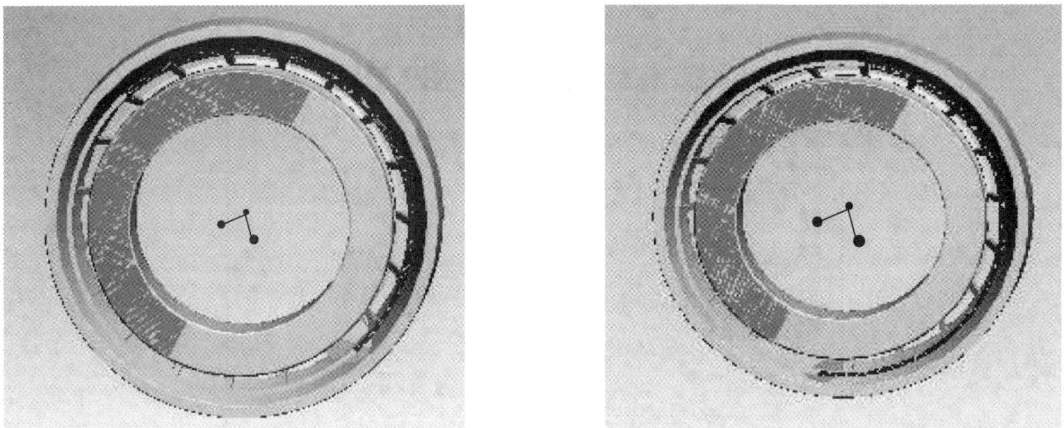

（f）运行结束

图 3－37　轴承滚子运动模拟

3.6 滚动轴承参数化设计软件介绍

国内轴承产品设计经历了“模仿与经验设计”“几何结构设计”“性能优化设计”等阶段。现代机械产品设计已发展成为以计算机稳健优化设计，并集数据库信息化管理及制图一体化的模式。而轴承产品的设计和生产中要求高，设计较复杂，又存在着标准化程度高的问题。这对设计工作提出了很高的要求。为了解决这些问题，轴承企业比较早地采用计算机辅助设计(CAD)，以提高轴承设计人员的工作效率。目前大多数企业都开发了自己的CAD软件系统。近些年除优化设计外，又将模糊设计、稳健设计思想引进来，再结合数据库技术和专家系统的思想，发展了轴承设计理论。

3.6.1 深沟球轴承参数优化设计软件

针对深沟球轴承的特点，本书作者开发了优化和交互式设计软件“BBCAD”，包括主参数设计、结构参数设计。软件的各功能界面如下面图3-38至图3-49所示。

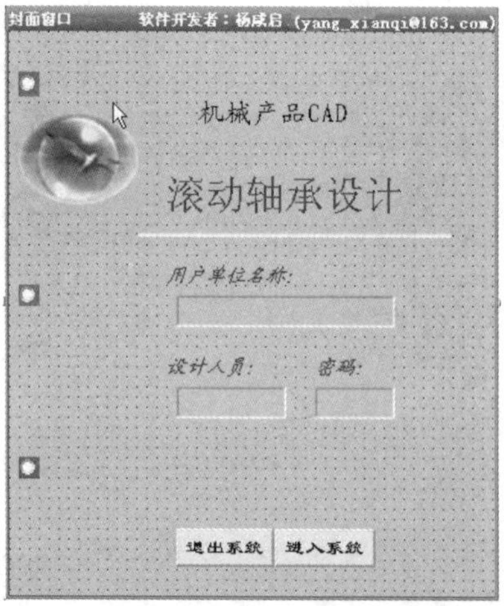

图3-38 软件开始界面

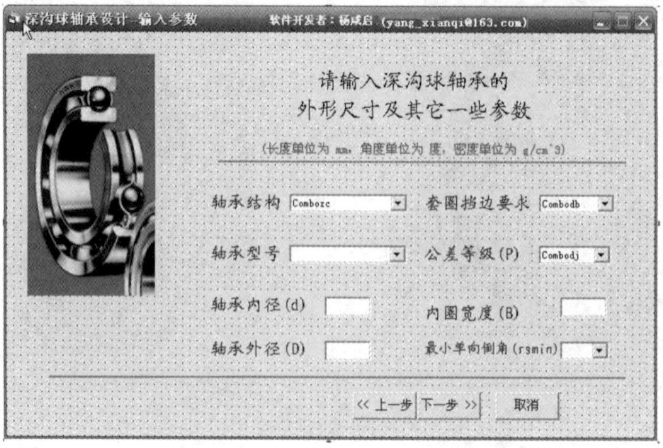

图3-39 轴承外形尺寸交互设计软件界面

图 3-40　轴承主参数优化设计结果显示

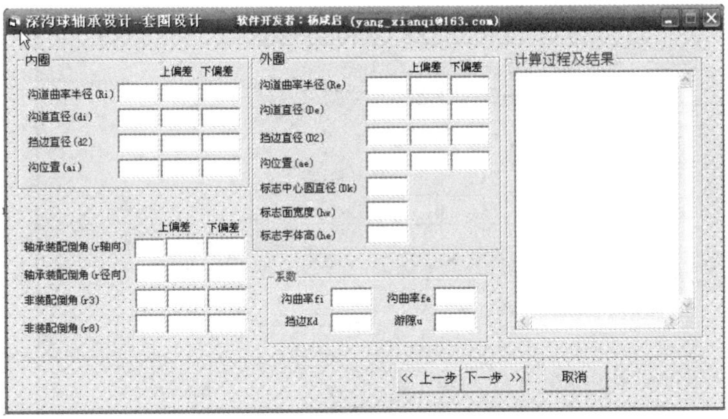

图 3-41　开式轴承套圈尺寸设计结果显示

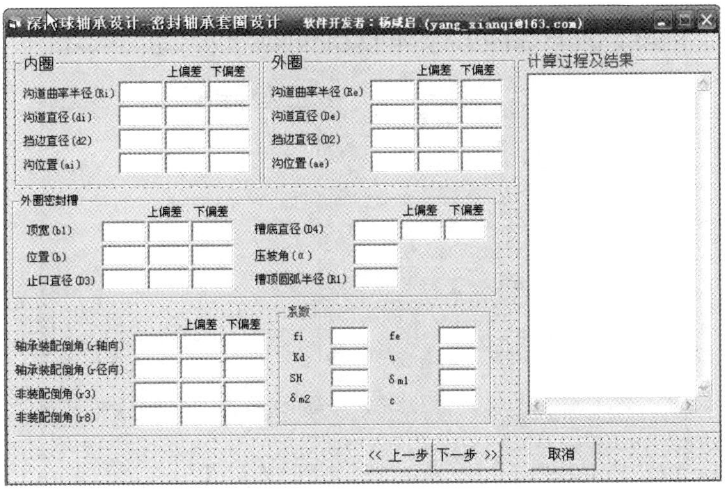

图 3-42　密封轴承套圈尺寸设计结果显示

图 3-43　轴承套圈质量计算结果显示

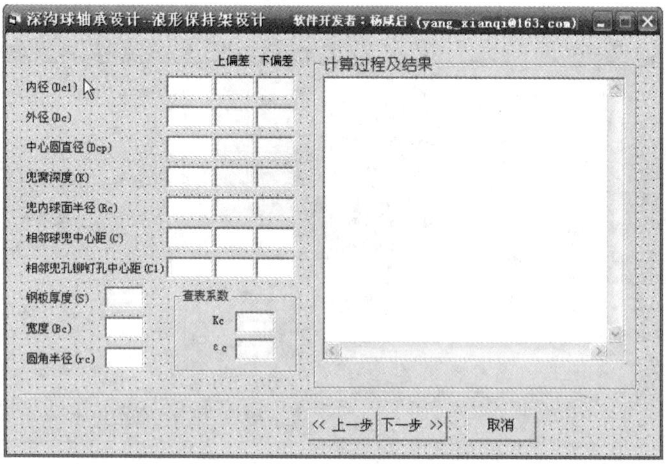

图 3-44　轴承保持架尺寸设计结果显示

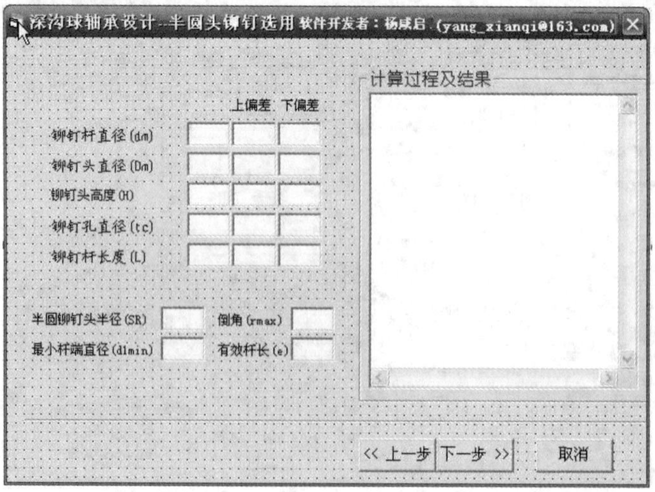

图 3-45　轴承铆钉尺寸设计结果显示

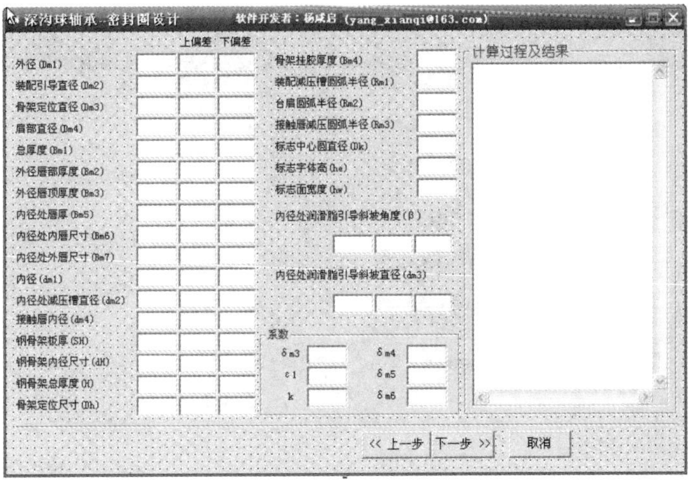

图 3-46　轴承密封圈尺寸设计结果显示

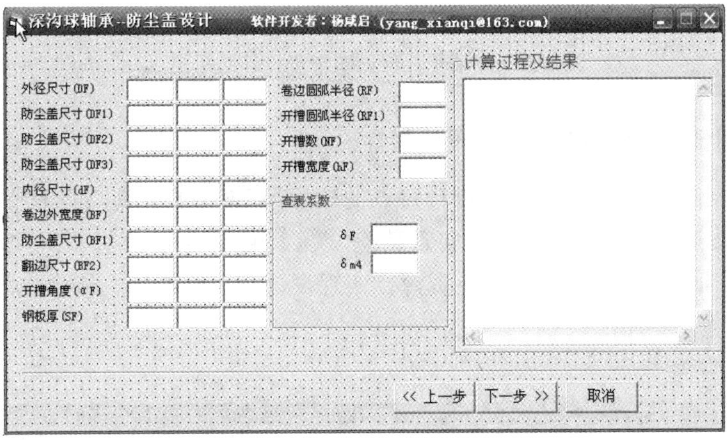

图 3-47　轴承防尘盖尺寸设计结果显示

图 3-48　轴承几何尺寸公差设计结果显示

图 3-49　轴承几何面粗糙度设计结果显示

3.6.2　圆锥滚子轴承参数优化设计软件

下面介绍一种交互式，具有稳健设计特点的软件“TBCAD”。其特点是它产生的设计数据可以方便地传递给其他软件，从而实现信息交流。它结合了当前CAD发展新技术，在WINDOWS界面环境下可充分利企业资源。实现设计、分析、绘图一体化。图3-50、图3-51是该软件的主要界面。

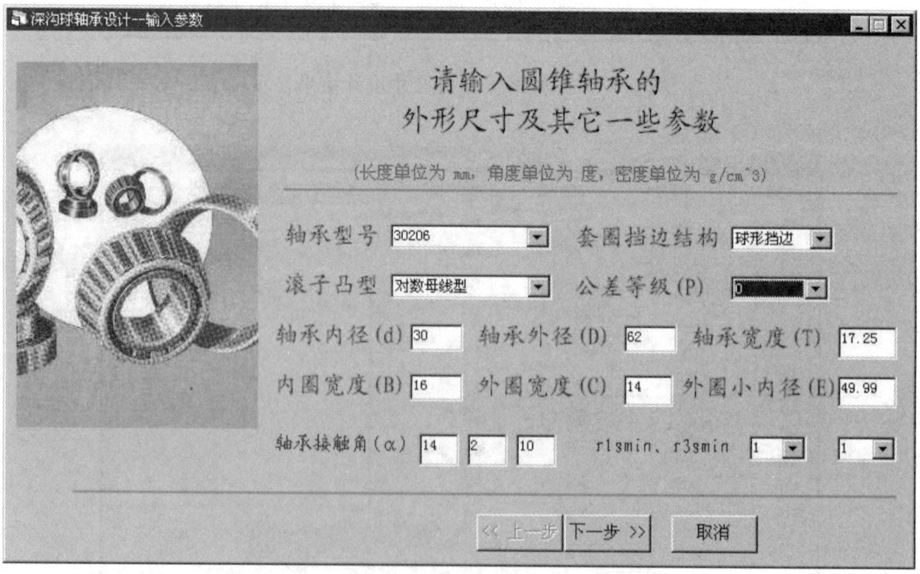

图 3-50　TBCAD 软件交互设计数据界面

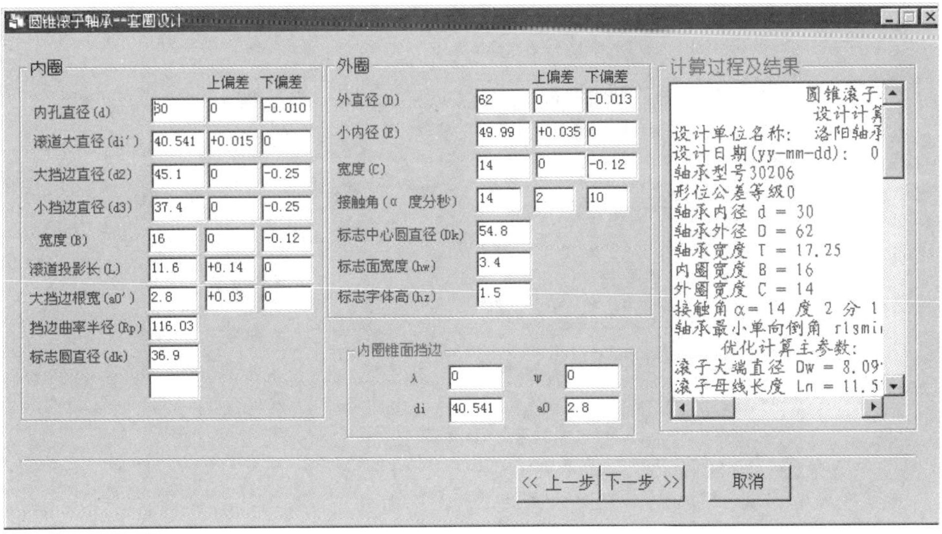

图 3-51　轴承结构参数稳健设计数据

3.6.3　轴承产品信息化软件介绍

1) 产品性能分析软件(BCAA)

合理的产品设计之后，还需要对产品进行工况模拟分析。利用已设计的轴承参数，可以实现这种分析。但由于轴承的内部运动十分复杂，需要利用专门的模型来分析，而且计算繁杂，必须由计算机来完成。产品的性能模拟包括：轴承游隙变化分析、载荷分布与刚度计算、摩擦学分析、静力学与动力学分析、疲劳寿命估算、精度与振动性能分析、温升模拟等。图 3-52～图 3-54 是采用 BCAA 软件分析后的结果。经过分析后可以发现设计的结构是否合理，从而提出改进方法。

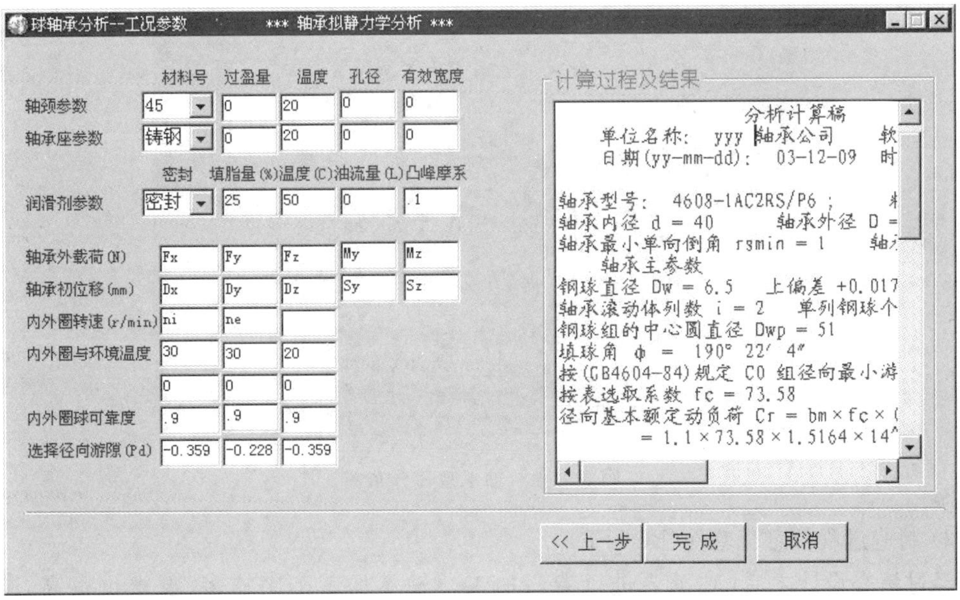

图 3-52　轴承分析输入参数

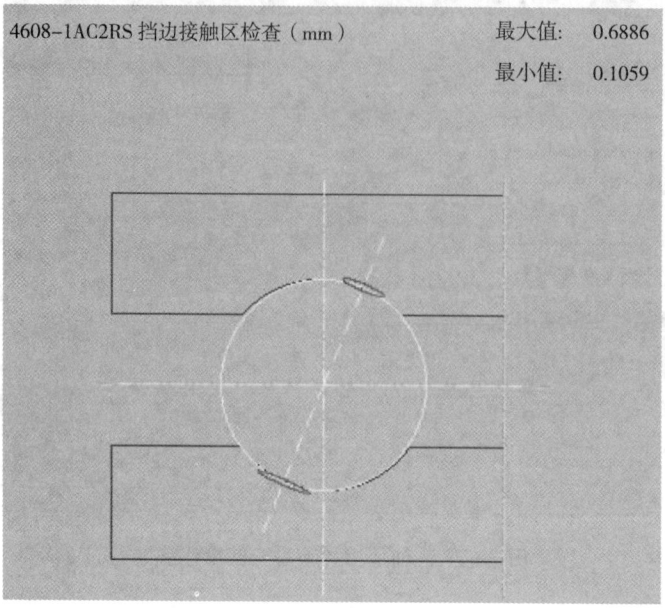

图 3-53　沟道接触区检查显示图

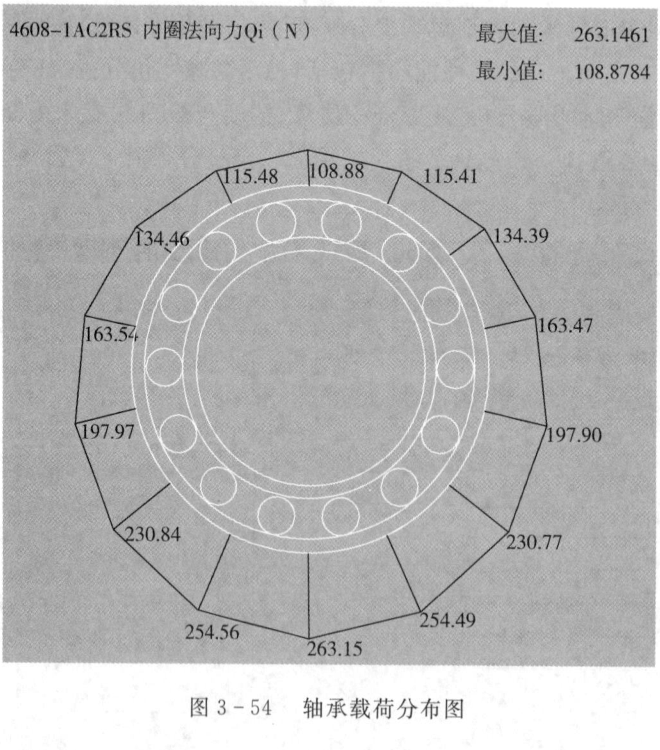

图 3-54　轴承载荷分布图

2）制造过程信息化软件(BCAPP)

经过精心设计之后，轴承要进行专门加工。轴承加工工序较多，要求也很高。采用BCAPP管理已经在很多企业中实现，它可以提高企业的生产效率，对于每一道工序都有可能实现计算机管理。除工艺设计和管理外，对于较复杂的结构还可以开发一些软件来实现虚拟制造，减少制造中不可预见的错误带来的损失。图 3-55～图 3-58 为车间生产管理软件样式。

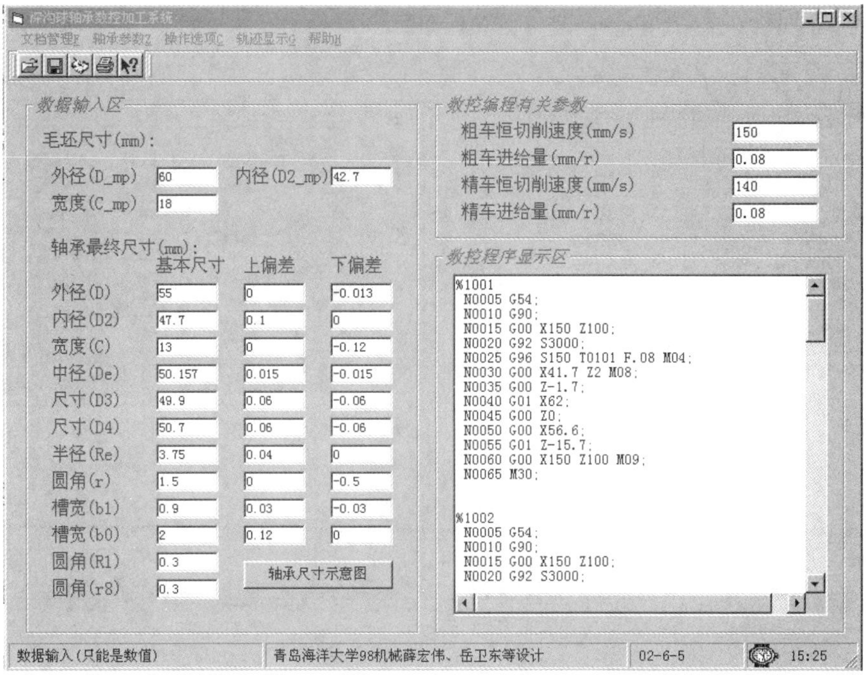

图 3-55　轴承套圈车削模拟

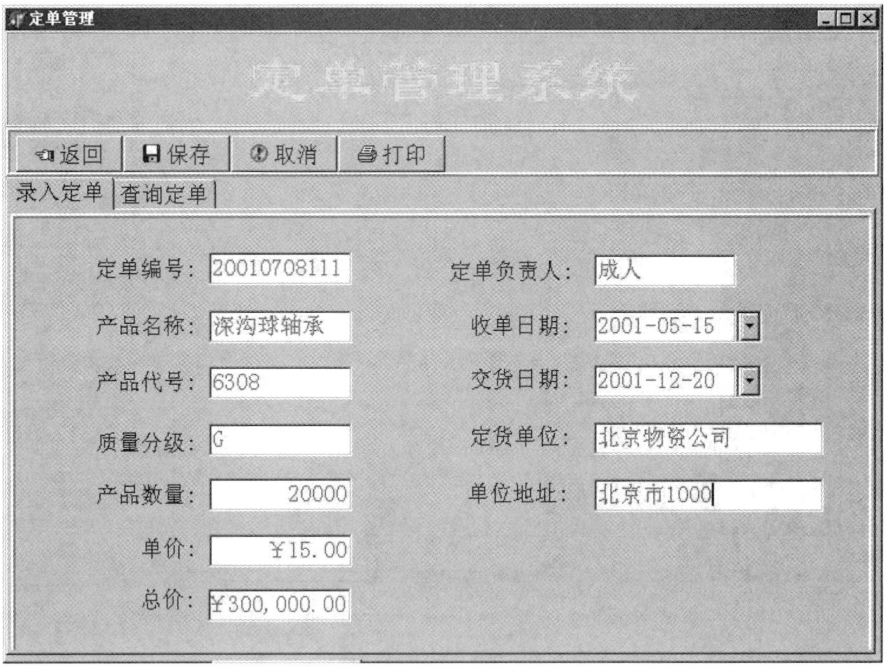

图 3-56　订单管理

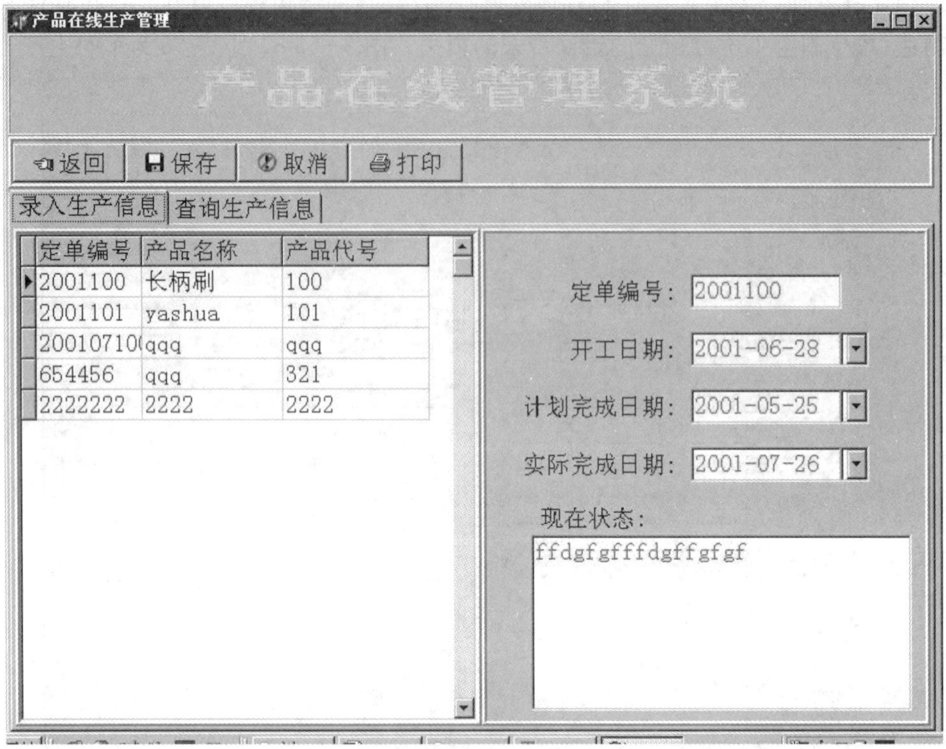

图 3-57　生产管理

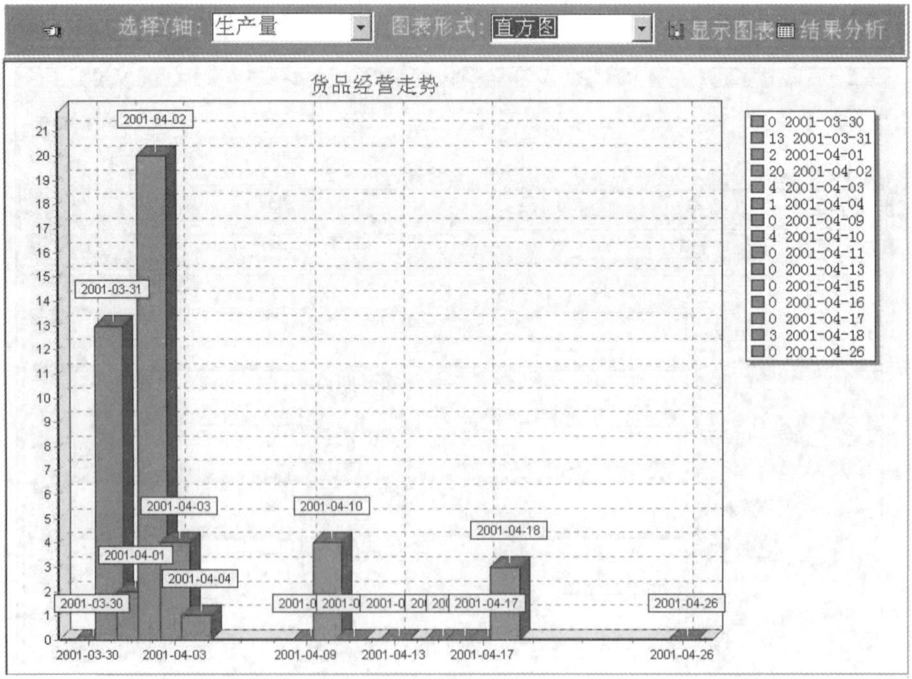

图 3-58　企业经营分析

参考文献

[1] 洛阳轴承研究所．滚动轴承设计方法(手册)[R]. 1990.

[2] 杨咸启，张鹏，赵杰．轴承零件的三维参数化设计和运动仿真[J]. 轴承，2006(3):2-5.

[3] 杨咸启,蔡素然．推力调心滚子轴承结构主参数设计[J]. 轴承,1996(1):5-9.

[4] 赵杰．圆锥滚子轴承三维参数化设计和运动仿真[D]. 青岛:中国海洋大学,2005.

[5] 杨咸启,褚园,钱胜．机电产品三维造型创新设计于仿真实例[M]. 北京:科学出版社,2016.

[6] 王婷婷．圆柱滚子轴承内部的接触特性分布规律计算产品设计[D]. 合肥:安徽建筑大学城市建设学院,2018.

[7] 孔凡捷．圆柱滚动轴承设计与滚道的接触特性分布规律计算[D]. 合肥:安徽建筑大学城市建设学院,2018.

[8] 权超凡．通用 3 类(圆锥滚子) 轴承仿真设计[D]. 合肥:安徽建筑大学城市建设学院,2020.

[9] 王浩朋．通用 N 类(圆柱滚子) 轴承仿真设计[D]. 合肥:安徽建筑大学城市建设学院,2020.

[10] 张磊．通用 2 类(调心滚子) 轴承仿真设计[D]. 合肥:安徽建筑大学城市建设学院,2020.

[11] 杨咸启,接触力学理论与滚动轴承设计分析[M]. 武汉:华中科技大学出版社,2018,4.

第 4 章　滚动轴承接触力学参数化设计方法

在轴承接触力学分析中，主要计算的接触参数包括接触区域的尺寸 a，b，接触变形 δ，最大接触压力 q_{max} 等。从设计角度出发，需要对接触参数提出限制性取值要求。应该根据不同的使用场合，对接触参数选择不同的限制值$[a]$，$[b]$，$[\delta]$，$[q_{max}]$。例如，对于通用轴承，这些限制值可以选择稳健的可靠性高的值，对应的设计称为稳健的可靠性设计；而对应特殊使用的专用轴承，有些限制值可以选择极限值，这时对应的设计称为极限设计。

本章介绍经典的弹性力学中的接触参数分析和有限元分析在轴承参数化设计中的应用。

4.1　轴与轴承系统的受力模型

考虑典型的轴和单列向心轴承（球轴承或圆柱滚子轴承）系统，在径向和轴向载荷 F_r、F_a 作用如图 4－1 所示。

不论轴承是在静止状态还是在运动状态，外载荷都是通过轴承套圈与滚动体接触来传递载荷。在静止状态下，轴承中滚动体与套圈的接触载荷是作用在离散的接触点上。如果轴承处于运动状态，接触载荷沿运动套圈周向可假设为连续分布的。在轴承径向平面内，轴承的内部受力模型，如图 4－2 所示。

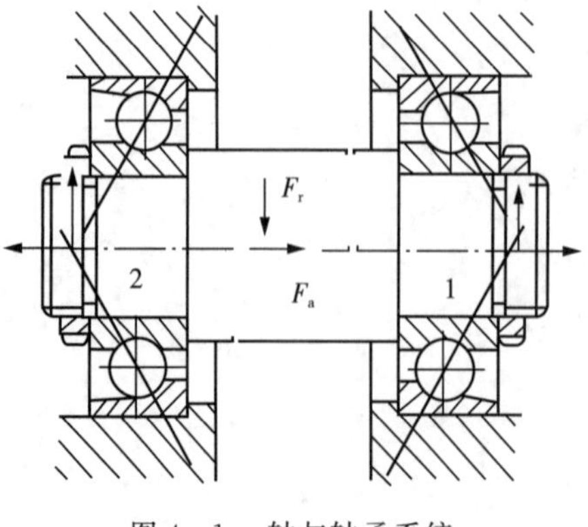

图 4－1　轴与轴承系统

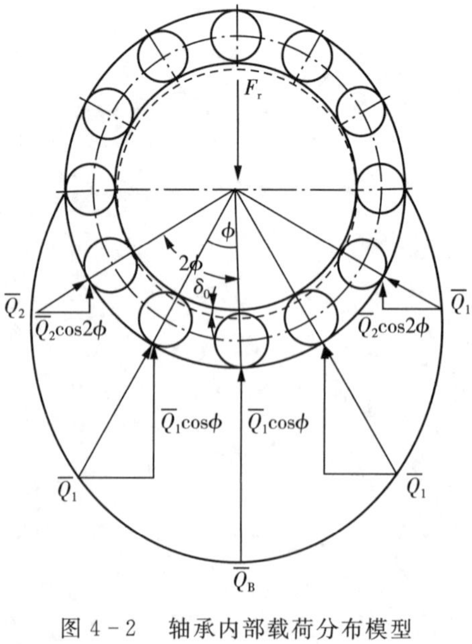

图 4－2　轴承内部载荷分布模型

根据轴承中滚动体与套圈的接触力与径向外载荷平衡，当轴承接触角 α 不为零时，得到：

$$F_r = \sum_{\phi_j} \bar{Q}_{\phi_j} \cos\phi_j = \sum_{\phi_j} Q_{\phi_j} \cos\phi_j \cos\alpha \tag{4-1}$$

其中，Q_{ϕ_j} 为第 j 个滚动体位置处的法向接触力，$\phi_j = \frac{2\pi}{Z} j$，$j = 0, 1, 2, 3, \cdots, Z-1$。$Z$ 为轴承中单列滚动体的总数。

显然，式(4-1)与载荷分布模型有关，采用不同的分布模型将会有不同的结果。在第 5 章中将介绍不同结构的轴承的内部载荷分布模型。将轴承内部载荷的关系引入，简化式(4-1)如下：

$$F_r = Q_{\max} Z J_r(\varepsilon) \cos\alpha \tag{4-2}$$

式中，$J_r(\varepsilon) = \frac{1}{Z} \sum_{\phi_j = -\phi_L}^{\phi_L} \left[1 - \frac{1}{2\varepsilon}(1 - \cos\phi_j)\right]^{\chi} \cos\phi_j$，为分布求和函数。$\varepsilon$ 为轴承分布载荷参数，ϕ_L 为载荷分布区角度，χ 为指数，点接触取 $\chi = \frac{3}{2}$，线接触取 $\chi = \frac{10}{9}$。

由式(4-2)得到轴承中的最大接触载荷为：

$$Q_{\max} = \frac{F_r}{Z J_r(\varepsilon) \cos\alpha} \tag{4-3}$$

对不同的类型轴承和滚动体数量，积分参数 $J_r(\varepsilon)$ 与接触变形类型有关，计算该参数的值比较复杂，需要采用近似的迭代方法计算 $J_r(\varepsilon)$。作为近似计算，由式(4-3)得到的特别情况如下：

球轴承中的最大接触载荷为：

$$Q_{\max} = \frac{4.37 F_r}{Z\cos\alpha} \tag{4-4}$$

滚子轴承中的最大接触载荷为：

$$Q_{\max} = \frac{4.08 F_r}{Z\cos\alpha} \tag{4-5}$$

轴承中的载荷分布更一般的计算方法见下章有关内容。

了解滚动轴承的受力分布模型后，需要进一步分析接触应力与变形，这是一种特殊的弹性力学问题，它是在已知外载荷的情况下分析接触区域中的压力分布及其接触变形和体内的应力变化。由于接触区域大小和接触压力分布均未知，接触问题成为非线性的力学问题。求解接触问题时需要借助一些附加条件，例如，利用两个弹性体在外力作用下接触产生的变形协调条件来分析。在理论上能够求解的接触问题是一类称为赫兹接触问题。

4.2　赫兹型二次曲面接触力学理论

为了介绍赫兹接触理论，首先需要利用弹性力学中的一些知识和方法。

4.2.1 波西涅斯克问题

(1) 考虑一个无限大半空间弹性体,表面上受到一个集中压力 Q 作用,求其弹性力学的位移和应力解。

1882 年,J. V. 波西涅斯克(J. V. Boussinesq) 首先给出了这种问题的解答。建立半空间坐标系,使 z 轴指向半空间内部,坐标原点选在力的作用点,力的方向沿 z 轴正方向,如图 4-3 所示。为了避免解的奇异性,这个问题可以分解为两个简单的情况的叠加,即半球体作用集中压力与半无限体作用球面分布压力。问题的解法可以利用两种载荷作用弹性体的结果叠加来求出。

由于集中力的作用,会引起力作用点处弹性变形解的奇异。为了避免在力作用点出现应力奇异,将作用点用一个半球体包围起来。这个问题可以分解为两个简单的情况的叠加,即半球体作用集中压力与半无限体作用球面分布压力。

因为问题是关于 z 轴是轴对称的,因此采用柱面坐标(r,θ,z) 表示可以简化表达形式。在物体内任意点 A 处[如图 4-3(a) 所示],由弹性力学知识可知,利用两种载荷作用下半无限体内的位移分量模型叠加,得到问题的解为[16]:

$$\begin{cases} u_r = \dfrac{Q}{4\pi G}\left[\dfrac{rz}{R^3} - \dfrac{G}{(\lambda+G)}\dfrac{r}{R(z+R)}\right] \qquad u_\theta = 0 \\ u_z = \dfrac{Q}{4\pi G}\left[\dfrac{z^2}{R^3} + \dfrac{(\lambda+2G)}{(\lambda+G)}\dfrac{1}{R}\right] \end{cases} \tag{4-6}$$

其中,G 为材料的剪切弹性模量系数,λ 为材料的拉梅系数,$R^2 = r^2 + z^2$。

弹性体内各点的应力分量为:

$$\begin{cases} \sigma_r = \dfrac{Q}{2\pi}\left[\dfrac{G}{(\lambda+G)}\dfrac{R-z}{Rr^2} - 3\dfrac{r^2 z}{R^5}\right] \qquad \sigma_\theta = \dfrac{QG}{2\pi(\lambda+G)}\left[\dfrac{z}{R^3} + \dfrac{z}{Rr^2} - \dfrac{1}{r^2}\right] \\ \sigma_z = \dfrac{-3Q}{2\pi}\dfrac{z^3}{R^5} \qquad \tau_{rz} = \dfrac{-3Q}{2\pi}\dfrac{z^2 r}{R^5} \qquad \tau_{\theta z} = 0 \qquad \tau_{r\theta} = 0 \end{cases} \tag{4-7}$$

对于接触问题分析,我们特别关注的是在表面上$(z=0,R=r)$ 位移和应力分量,它们分别为

$$\begin{cases} u_r(z=0) = \dfrac{-1}{4\pi}\dfrac{Q}{\lambda+G}\dfrac{1}{r} \qquad u_\theta = 0 \\ u_z(z=0) = \dfrac{Q}{4\pi G}\dfrac{(\lambda+2G)}{(\lambda+G)}\dfrac{1}{r} = \dfrac{Q}{\pi}\dfrac{1-\nu^2}{E}\dfrac{1}{r} \end{cases} \tag{4-8}$$

其中,$\dfrac{(\lambda+2G)}{4G(\lambda+G)} = \dfrac{1-\nu^2}{E}$,$E$ 为材料的弹性模量系数,ν 为材料的泊松系数。

$$\begin{cases} \sigma_r(z=0) = \dfrac{QG}{2\pi(\lambda+G)}\dfrac{1}{r^2} \qquad \sigma_\theta(z=0) = \dfrac{-QG}{2\pi(\lambda+G)}\dfrac{1}{r^2} \\ \sigma_z(z=0) = 0 \qquad \tau_{rz}(z=0) = 0 \qquad \tau_{\theta z} = 0 \qquad \tau_{r\theta} = 0 \end{cases} \tag{4-9}$$

以上结果称为半空间物体受集中力问题的波西涅斯克解。

(2) 如果半无限大空间表面上作用有分布的压力,沿 z 方向作用,分布力的区域为 S,分

布力的强度为 q。如图 4-3(b) 所示。分布力的合力为：

$$Q=\iint_S q(\tilde{x},\tilde{y})\mathrm{d}\tilde{x}\mathrm{d}\tilde{y} \tag{4-10}$$

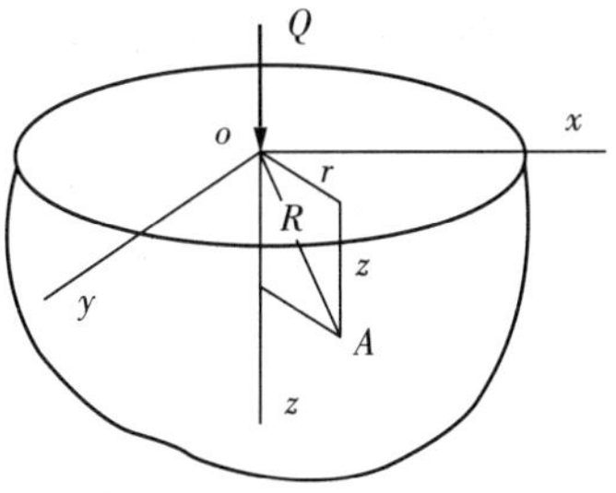

(a) 受集中力作用

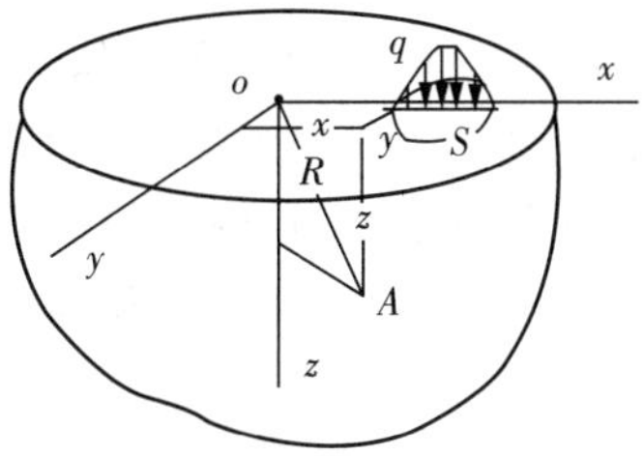

(b) 受分布力作用

图 4-3　半空间弹性体受力作用模型

根据集中力作用下波西涅斯克位移和应力的计算公式，再利用积分的方法得到分布力作用下半无限体内一点 A 处[见图 4-3(b)] 的 3 个位移向量分量为：

$$\begin{cases} u_x=\dfrac{1}{4\pi G}\iint_S q\,\dfrac{(x-\tilde{x})z}{R^3}\mathrm{d}\tilde{x}\mathrm{d}\tilde{y}-\dfrac{1}{4\pi(\lambda+G)}\iint_S q\,\dfrac{x-\tilde{x}}{R(z+R)}\mathrm{d}\tilde{x}\mathrm{d}\tilde{y} \\ u_y=\dfrac{1}{4\pi G}\iint_S q\,\dfrac{(y-\tilde{y})z}{R^3}\mathrm{d}\tilde{x}\mathrm{d}\tilde{y}-\dfrac{1}{4\pi(\lambda+G)}\iint_S q\,\dfrac{y-\tilde{y}}{R(z+R)}\mathrm{d}\tilde{x}\mathrm{d}\tilde{y} \\ u_z=\dfrac{1}{4\pi G}\iint_S q\,\dfrac{z^2}{R^3}\mathrm{d}\tilde{x}\mathrm{d}\tilde{y}+\dfrac{(\lambda+2G)}{4\pi G(\lambda+G)}\iint_S q\,\dfrac{1}{R}\mathrm{d}\tilde{x}\mathrm{d}\tilde{y} \end{cases} \tag{4-11}$$

其中，$R^2=(x-\tilde{x})^2+(y-\tilde{y})^2+z^2=r^2+z^2$。

在上面的分布力作用下，半空间中各点的应力分量为

$$\begin{cases} \sigma_x=\dfrac{1}{2\pi(\lambda+G)}\iint_S q\left[G\dfrac{z}{R^3}-3(\lambda+G)\,\dfrac{(x-\tilde{x})^2 z}{R^5}-G\,\dfrac{(y-\tilde{y})^2+z^2}{R^3(z+R)}+G\,\dfrac{(x-\tilde{x})^2}{R^2\,(z+R)^2}\right]\mathrm{d}\tilde{x}\mathrm{d}\tilde{y} \\ \sigma_y=\dfrac{1}{2\pi(\lambda+G)}\iint_S q\left[G\dfrac{z}{R^3}-3(\lambda+G)\,\dfrac{(y-\tilde{y})^2 z}{R^5}-G\,\dfrac{(x-\tilde{x})^2+z^2}{R^3(z+R)}+G\,\dfrac{(y-\tilde{y})^2}{R^2\,(z+R)^2}\right]\mathrm{d}\tilde{x}\mathrm{d}\tilde{y} \\ \sigma_z=\dfrac{-3}{2\pi}\iint_S q\,\dfrac{z^3}{R^5}\mathrm{d}\tilde{x}\mathrm{d}\tilde{y} \\ \tau_{zx}=\dfrac{-3}{2\pi}\iint_S q\,\dfrac{z^2(x-\tilde{x})}{R^5}\mathrm{d}\tilde{x}\mathrm{d}\tilde{y}\qquad \tau_{yz}=\dfrac{-3}{2\pi}\iint_S q\,\dfrac{z^2(y-\tilde{y})}{R^5}\mathrm{d}\tilde{x}\mathrm{d}\tilde{y}, \\ \tau_{xy}=\dfrac{1}{2\pi}\iint_S q\left[\dfrac{G}{(\lambda+G)}\,\dfrac{(x-\tilde{x})(y-\tilde{y})(z+2R)}{R^3\,(z+R)^2}-3\,\dfrac{(x-\tilde{x})(y-\tilde{y})z}{R^5}\right]\mathrm{d}\tilde{x}\mathrm{d}\tilde{y} \end{cases} \tag{4-12}$$

以上结果称为半空间物体受分布力问题的波西涅斯克解。

同样，我们关注表面上($z=0$) 的 z 方向的位移，由上面 z 方向的位移公式得到：

$$u_z(z=0)=\frac{(\lambda+2G)}{4\pi G(\lambda+G)}\iint_S \frac{q(\tilde{x},\tilde{y})}{r}\mathrm{d}\tilde{x}\mathrm{d}\tilde{y}=\frac{1-\nu^2}{\pi E}\iint_S \frac{q(\tilde{x},\tilde{y})}{\sqrt{(x-\tilde{x})^2+(y-\tilde{y})^2}}\mathrm{d}\tilde{x}\mathrm{d}\tilde{y} \tag{4-13}$$

当已知压力分布函数 q 后，式(4-13) 可以求解出表面产生的 z 方向上位移。如果已知表面位移函数 u_z，也可以确定出相应的压力函数 q。这种问题在弹性接触问题分析中也会遇到。下面给出几种典型的压力分布函数的积分结果。

① 特别地，如果半无限大体受力区域是圆形，且压力 q 均匀分布，合力为 Q。上面的位移公式中的积分可以通过积分变换，导出位移简化的计算式。

设圆形区域的半径为 a，均布压力为 q_0，则：

$$q(r)=\begin{cases} q_0, r\leqslant a \\ 0, r>a \end{cases} \qquad Q=\iint_S q(\tilde{x},\tilde{y})\mathrm{d}\tilde{x}\mathrm{d}\tilde{y}=\pi a^2 q_0 \tag{4-14}$$

在表面上($z=0$) 的 z 方向的位移推导如下：

由位移 u_z 的计算式得到：

$$u_z(z=0)=\frac{(\lambda+2G)q_0}{4\pi G(\lambda+G)}\iint_S \frac{1}{r}\mathrm{d}\tilde{x}\mathrm{d}\tilde{y} \tag{4-15}$$

首先，分析压力区域内任意一点 D 处的位移，如图 4-4(a) 所示。取圆区域中过 D 点的任意弦 mn，弦长 $l_{mn}=2\sqrt{a^2-r_D^2\sin^2\psi}$，且 $a\sin\varphi=r_D\sin\psi$。采用特殊的积分变换，积分元采用 $\mathrm{d}\tilde{x}\mathrm{d}\tilde{y}=r\mathrm{d}\psi\mathrm{d}r$。当角度 ψ 在 $-\pi/2\leqslant\psi\leqslant\pi/2$ 变化时，弦 mn 就扫过整个圆区域。因此，位移 u_z 的积分可以简化为：

$$\begin{aligned} u_z(D)&=\frac{(\lambda+2G)q_0}{4\pi G(\lambda+G)}\iint_S \frac{1}{r}\mathrm{d}\tilde{x}\mathrm{d}\tilde{y}=\frac{(1-\nu^2)q_0}{\pi E}\iint_S \mathrm{d}\psi\mathrm{d}r \\ &=\frac{(1-\nu^2)q_0}{\pi E}\int_{-\pi/2}^{\pi/2}\mathrm{d}\psi\int_0^{l_{mn}}\mathrm{d}r=\frac{4(1-\nu^2)q_0 a}{\pi E}\int_0^{\pi/2}\sqrt{1-\left(\frac{r_D}{a}\right)^2\sin^2\psi}\,\mathrm{d}\psi \end{aligned} \tag{4-16}$$

式中，r_D 是 D 点到压力区域中心的距离。

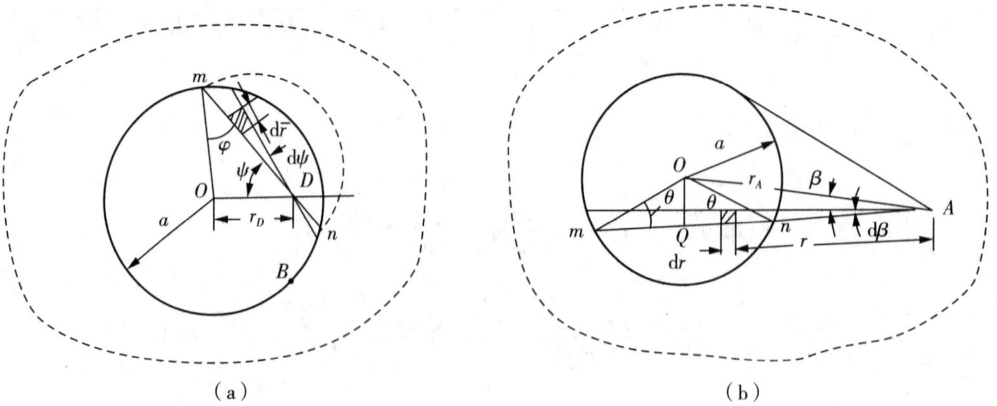

图 4-4　圆形均匀压力区域积分

当考虑的 D 点是圆区域的中心 O 点时，有 $r_D = r_O = 0$，则位移 u_z 的积分表达式简化为：

$$u_z(O) = (u_z)_{\max} = \frac{2(1-\nu^2)}{E}q_0 a \tag{4-17}$$

当考虑的 D 点是压力区域边界上的 B 点[如图 4-4(a) 所示]时，有 $r_D = r_B = a$，则位移 u_z 的积分表达式简化为：

$$u_z(B) = \frac{4(1-\nu^2)}{\pi E}q_0 a \tag{4-18}$$

显然，比较上面的两个结果知道，压力区域中心的位移 $u_z(O)$ 是压力区域边界的位移 $u_z(B)$ 的 $\pi/2$ 倍。

最后，考虑压力区域外一点 A[如图 4-4(b) 所示]的位移 u_z 的计算。利用相似的积分变换形式，位移 u_z 的积分表达式简化为：

$$\begin{aligned} u_z(A) &= \frac{(\lambda+2G)q_0}{4\pi G(\lambda+G)}\iint_S \frac{1}{r}\mathrm{d}\tilde{x}\mathrm{d}\tilde{y} = \frac{(1-\nu^2)q_0}{\pi E}\iint_S \mathrm{d}\beta\mathrm{d}r \\ &= \frac{4(1-\nu^2)q_0}{\pi E}\int_0^{\beta_m}\sqrt{a^2 - r_A^2\sin^2\beta}\,\mathrm{d}\beta \end{aligned} \tag{4-19}$$

式中，积分上限 β_m 为角度 β 的最大值，且 $\sin\beta_m = a/r_A$。r_A 是 A 点到压力区域中心的距离。

为了进一步简化上面的积分计算，再利用三角关系 $r_A\sin\beta = a\sin\theta$，作变换，则 $\beta=0$ 时，$\theta=0$；$\beta=\beta_m$ 时，$\theta=\pi/2$。

$$\mathrm{d}\beta = \frac{a\cos\theta}{r_A\cos\beta}\mathrm{d}\theta$$

$$\sqrt{a^2 - r_A^2\sin^2\beta} = a\cos\theta \qquad r_A\cos\beta = r_A\sqrt{1-\left(\frac{a}{r_A}\right)^2\sin^2\theta}$$

将上面各式代入积分，并简化后得到：

$$u_z(A) = \frac{4(1-\nu^2)q_0 r_A}{\pi E}\left[\int_0^{\pi/2}\sqrt{1-\left(\frac{a}{r_A}\right)^2\sin^2\theta}\,\mathrm{d}\theta - \left(1-\frac{a^2}{r_A^2}\right)\int_0^{\pi/2}\mathrm{d}\theta\Big/\sqrt{1-\left(\frac{a}{r_A}\right)^2\sin^2\theta}\right]$$

上式中包含的两个特殊积分，分别称为第一椭圆积分和第二椭圆积分。可分别记为：

$$\Gamma\left(\frac{a}{r_A}\right) = \int_0^{\pi/2}\mathrm{d}\theta\Big/\sqrt{1-\left(\frac{a}{r_A}\right)^2\sin^2\theta} \qquad \Pi\left(\frac{a}{r_A}\right) = \int_0^{\pi/2}\sqrt{1-\left(\frac{a}{r_A}\right)^2\sin^2\theta}\,\mathrm{d}\theta$$

则表面位移 u_z 的积分表达式简化为：

$$u_z(A) = \frac{4(1-\nu^2)q_0 a}{\pi E}\left[\frac{r_A}{a}\Pi\left(\frac{a}{r_A}\right) - \left(\frac{r_A}{a} - \frac{a}{r_A}\right)\Gamma\left(\frac{a}{r_A}\right)\right] \qquad r_A > a \tag{4-20}$$

同样，也可以导出表面沿 r 方向的位移为：

$$u_r(z=0) = \frac{-(1-2\nu)q_0 a}{4G}\begin{cases} r_A/a, r \leqslant a \\ a/r, r > a \end{cases} \tag{4-21}$$

表面各点的应力为：

$$
\begin{cases}
\sigma_r(z=0)=\begin{cases}\dfrac{-(1+2\nu)q_0}{2}, r\leqslant a\\[2mm] \dfrac{(1-2\nu)q_0}{2}\left(\dfrac{a}{r}\right)^2, r>a\end{cases}\\[6mm]
\sigma_\theta(z=0)=\begin{cases}\dfrac{-(1+2\nu)q_0}{2}, r\leqslant a\\[2mm] \dfrac{-(1-2\nu)q_0}{2}\left(\dfrac{a}{r}\right)^2, r>a\end{cases}\\[6mm]
\sigma_z(z=0)=-q_0\begin{cases}1, r\leqslant a\\ 0, r>a\end{cases}
\end{cases}
\tag{4-22}
$$

显然，在载荷区域，应力 $\sigma_z(z=0)$ 都为压应力（<0），在非载荷区域，$\sigma_r(z=0)$ 为是拉应力（>0）。$\sigma_\theta(z=0)$ 均为压应力（<0）。在对称轴 z 上，应力都为主应力，因此，z 轴上对应 45° 方向的剪应力为：

$$
\tau_{45}=\frac{1}{2}[\sigma_r(r=0)-\sigma_z(r=0)]=\frac{q_0}{4}\left[(1-2\nu)+2(1+\nu)\frac{z}{\sqrt{a^2+z^2}}-3\left(\frac{z}{\sqrt{a^2+z^2}}\right)^3\right]
\tag{4-23}
$$

利用$\dfrac{\partial\tau_{45}}{\partial_z}=0$，对上述剪应力求最大值，这个剪应力的最大值发生的位置和大小为：

$$
z=a\sqrt{\frac{2(1+\nu)}{7-2\nu}}
\tag{4-24}
$$

$$
(\tau_{45})_{\max}=\frac{q_0}{2}\left[\frac{1}{2}(1-2\nu)+\frac{2}{9}\sqrt{2\,(1+\nu)^3}\right]
$$

② 如果半无限大体受到半球形状分布压力 q 作用，合力为 Q，区域是圆形，如图 4-5 所示。即

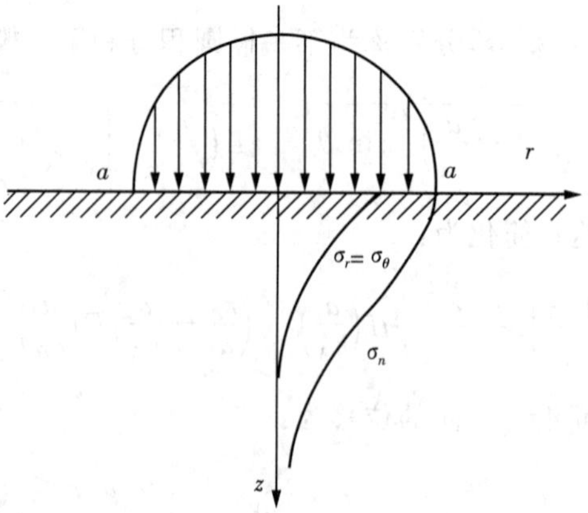

图 4-5　半无限大体受半球形状压力分布

$$\begin{cases} q(r)=\begin{cases} q_{\max}\sqrt{1-(r/a)^2}, & r\leqslant a \\ 0, & r>a \end{cases} \\ Q=\int_0^a 2\pi r q(r)\mathrm{d}r = 2\pi a^2 q_{\max}/3 \end{cases} \tag{4-25}$$

经过推导，表面上的位移公式的积分也可以通过积分变换导出位移具体的计算式如下：

$$\begin{cases} u_z(z=0)=\dfrac{(1-\nu)q_{\max}}{2Ga}\begin{cases} \pi(a^2/2-r^2/4), & r\leqslant a \\ (a^2-r^2/2)\sin^{-1}(a/r)+(a/2)\sqrt{r^2-a^2}, & r>a \end{cases} \\ u_r(z=0)=\dfrac{-(1-2\nu)q_{\max}}{6G}\dfrac{a^2}{r}\begin{cases} 1-(1-r^2/a^2)^{3/2}, & r\leqslant a \\ 1, & r>a \end{cases} \end{cases} \tag{4-26}$$

表面各点的应力为：

$$\begin{cases} \sigma_{\mathrm{r}}(z=0)=\dfrac{q_{\max}}{3}\begin{cases} \{-3(1-r^2/a^2)^{1/2}+(1-2\nu)(a/r)^2[1-(1-r^2/a^2)^{3/2}]\}, & r\leqslant a \\ (1-2\nu)(a/r)^2, & r>a \end{cases} \\ \sigma_\theta(z=0)=0 \\ \sigma_z(z=0)=-q_{\max}\begin{cases} \sqrt{1-r^2/a^2}, & r\leqslant a \\ 0, & r>a \end{cases} \end{cases} \tag{4-27}$$

显然，在载荷区域内，应力都为压应力。在非载荷区域，应力都是拉应力。

在对称轴 z 上，应力为主应力。对应 45° 方向的剪应力为：

$$\tau_{45}=\frac{1}{2}[\sigma_{\mathrm{r}}(r=0)-\sigma_z(r=0)]=\frac{q_{\max}}{2}\left[\frac{3}{2}\frac{a^2}{a^2+z^2}-(1+\nu)\left(1-\frac{z}{a}\arctan\frac{a}{z}\right)\right] \tag{4-28}$$

利用$\dfrac{\partial\tau_{45}}{\partial_z}=0$，对上述剪应力求最大值，这个剪应力的最大值发生的位置和大小为(取 $\nu=0.3$)：

$$\begin{cases} z=0.47a \\ (\tau_{45})_{\max}=0.31q_{\max} \end{cases} \tag{4-29}$$

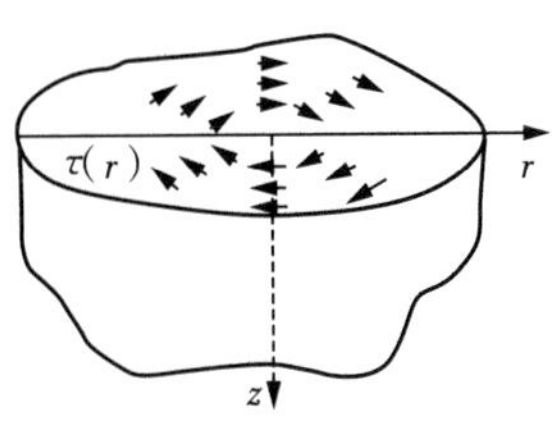

图 4-6　半无限大体受到分布剪应力 τ 作用

③ 如果半无限大体受到分布剪应力 τ 作用，合力矩为 T，区域是圆形，如图 4-6 所示。即

$$\tau(r)=\begin{cases} kr, & r\leqslant a \\ 0, & r>a \end{cases}\qquad T=\int_0^a 2\pi r^2\tau(r)\mathrm{d}r=\pi k a^4/2$$

经过推导,得出半无限大体产生的位移以及应力分别为:

$$\begin{cases} u_\theta = \dfrac{-T}{4\pi G}\dfrac{r}{(r^2+z^2)^{3/2}} \\ \tau_{r\theta} = \dfrac{3T}{4\pi}\dfrac{r^2}{(r^2+z^2)^{5/2}} \\ \tau_{z\theta} = \dfrac{3T}{4\pi}\dfrac{rz}{(r^2+z^2)^{5/2}} \end{cases} \tag{4-30}$$

4.2.2 赫兹型点接触问题

赫兹型接触问题被描述为:两个弹性体在外力作用下接触,接触表面光滑,确定接触区域大小和接触压力分布规律。1881 年,赫兹(H. R. Hertz) 给出了比较完整的接触应力计算结果。

弹性力学中赫兹接触问题的分析基于下面的假设:

(1) 接触体的材料处于弹性状态;

(2) 接触区域表面是理想光滑的二次曲面,不考虑摩擦;

(3) 接触区域尺寸与弹性体表面的曲率半径尺寸相比是很小的量;

(4) 接触压力分布模式与接触区域形状与接触表面相适应。

进一步,把接触问题区分为点接触类型和线接触类型。本书第 1 章中已经介绍过,如果两个物体开始接触时只有一点接触的情况称为点接触类型,如果两个物体开始接触时是一条线接触的情况称为线接触类型。在不同结构的滚动轴承中会发生点接触或线接触。一般球轴承的接触都为点接触类型,滚子轴承接触多数为线接触,但球面滚子是点接触情况。下面先介绍点接触情况。

在球轴承中,套圈和球之间的接触是典型的点接触问题,如图 4-7 所示。

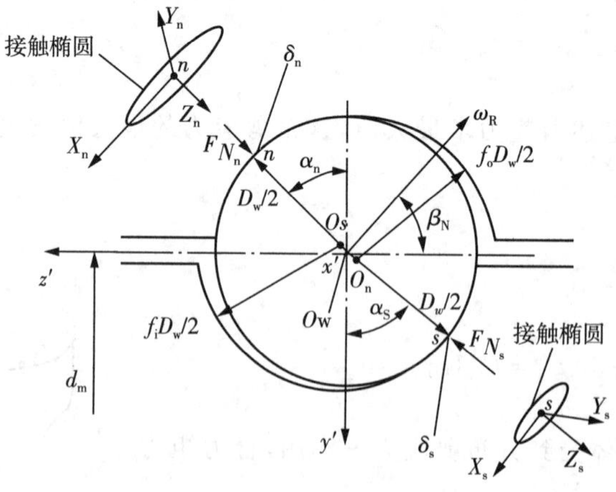

图 4-7 球轴承滚道接触模型

对于点接触问题,根据赫兹假设,接触理论分析方法如下。

1. 点接触压力分布

在外力 Q 作用下两个物体相互对中接触在一起，如图 4－8(a) 所示。已知物体材料的弹性模量和泊松比分别为 E_1，E_2；ν_1，ν_2。在满足赫兹接触的条件下，进一步假设点接触区域是椭圆形区域，如图 4－8(b) 所示(接触区域放大图)。

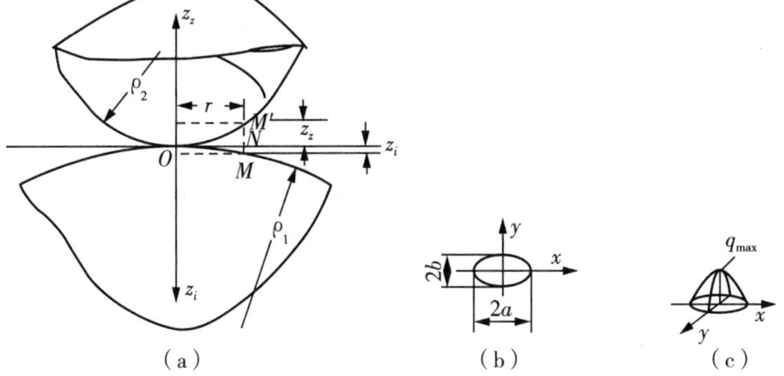

图 4－8　点接触模型，区域与压力分布

接触区域边界椭圆的方程可以写为：

$$\left(\frac{x}{a}\right)^2+\left(\frac{y}{b}\right)^2=1 \tag{4-31}$$

式中，a，b 为椭圆半轴长。

接触区上的接触压力分布与接触区域点的位置有关，在接触区域中心点压力最大，在边缘点上为零。因此，为了与接触区域相适应，赫兹理论假定接触压力分布是一种半椭球的形状[见图 4－8(c)]，即

$$q(x,y)=q_{\max}\sqrt{1-\left(\frac{x}{a}\right)^2-\left(\frac{y}{b}\right)^2}\text{，}|x|\leqslant a\text{，}|y|\leqslant b \tag{4-32}$$

其中，$q_{\max}$ 为最大接触压力。

求解接触问题就是确定接触区半径 a，b 和最大接触压 $q_{\max}$。

利用接触压力与外力的平衡关系，并且利用半椭球体的积分得到：

$$Q=\iint_S q\,\mathrm{d}\tilde{x}\mathrm{d}\tilde{y}=\iint_S q_{\max}\sqrt{1-(\underline{a})^2-(\underline{b})^2}\,\mathrm{d}\tilde{x}\mathrm{d}\tilde{y}=\frac{2\pi abq_{\max}}{3}$$

这样，得到最大接触压力为：

$$q_{\max}=\frac{3Q}{2\pi ab} \tag{4-33}$$

2. 点接触区域形状大小和接触变形

为了确定接触区域的尺寸和接触变形大小，需要根据椭圆接触区域形状，并考虑接触物体的外形和接触变形过程中必须满足的协调条件。由于赫兹接触区域很小，因此，可以利用前面导出的半无限大体作用分布载荷下的波西涅斯克弹性力学位移方程解的结果。

接触表面发生的接触变形解为：

$$w = u_z(z=0) = \frac{1-\nu^2}{\pi E}\iint_S \frac{q(\tilde{x},\tilde{y})}{r}\mathrm{d}\tilde{x}\mathrm{d}\tilde{y}$$

$$= \frac{1-\nu^2}{\pi E}\iint_S \frac{q_{\max}\sqrt{1-(\tilde{x}/a)^2-(\tilde{y}/b)^2}}{\sqrt{(x-\tilde{x})^2+(y-\tilde{y})^2}}\mathrm{d}\tilde{x}\mathrm{d}\tilde{y} \tag{4-34}$$

对于上述积分，采用图 4-9 所示的坐标积分，经过一系列特殊的积分变换后，可以简化为[5]：

$$w = \frac{1-\nu^2}{\pi E}q_{\max}\int_0^{2\pi}\mathrm{d}\varphi\int_0^{r_0(\varphi)}\left[1-\frac{(x+r\cos\varphi)^2}{a^2}-\frac{(y+r\sin\varphi)^2}{b^2}\right]^{1/2}\mathrm{d}r$$

$$= \frac{1-\nu^2}{E}\,\frac{abq_{\max}}{2}\int_0^{\pi}\frac{1-x^2\sin^2\varphi+2xy\sin\varphi\cos\varphi-y^2\cos^2\varphi}{\sqrt{(a\sin\varphi)^2+(b\cos\varphi)^2}}\mathrm{d}\varphi \tag{4-35}$$

引入椭圆偏心率 $e=\sqrt{1-(b/a)^2}$，$(a \geqslant b)$，则上面的积分可以转化为：

$$w = \frac{1-\nu^2}{E}q_{\max}(J_0 - J_1x^2 + J_2xy - J_3y^2) \tag{4-36}$$

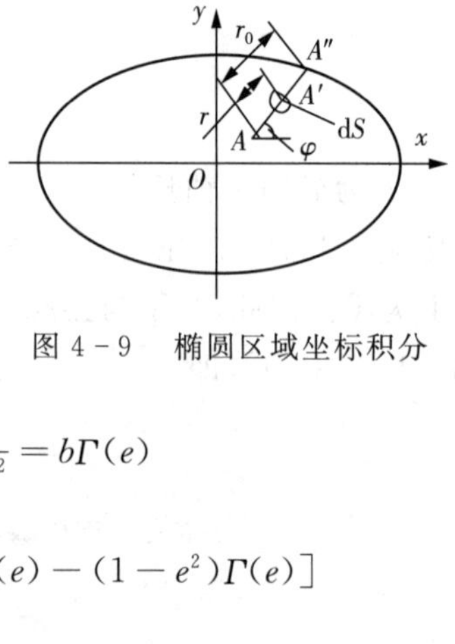

图 4-9 椭圆区域坐标积分

式中，

$$J_0 = \frac{ab}{2}\int_0^{\pi}\frac{\mathrm{d}\varphi}{[(b\sin\varphi)^2+(a\cos\varphi)^2]^{1/2}} = b\Gamma(e)$$

$$J_1 = \frac{ab}{2}\int_0^{\pi}\frac{\sin^2\varphi\mathrm{d}\varphi}{[(b\sin\varphi)^2+(a\cos\varphi)^2]^{3/2}} = \frac{1}{be^2}[\Pi(e)-(1-e^2)\Gamma(e)]$$

$$J_2 = ab\int_0^{\pi}\frac{\sin\varphi\cos\varphi\mathrm{d}\varphi}{[(b\sin\varphi)^2+(a\cos\varphi)^2]^{3/2}} = 0\text{（主曲面接触条件）}$$

$$J_3 = \frac{ab}{2}\int_0^{\pi}\frac{\cos^2\varphi\mathrm{d}\varphi}{[(b\sin\varphi)^2+(a\cos\varphi)^2]^{3/2}} = \frac{(1-e^2)}{be^2}[\Gamma(e)-\Pi(e)]$$

$\Gamma(e)=\int_0^{\pi/2}\mathrm{d}\varphi/[1-e^2\sin^2\varphi]^{1/2}$，为第一类完全椭圆积分；

$\Pi(e)=\int_0^{\pi/2}[1-e^2\sin^2\varphi]^{1/2}\mathrm{d}\varphi$，为第二类完全椭圆积分。

再根据两个接触体的接触区域变形协调条件[如图(4-8(a) 所示]：

$$w_1 + w_2 = \delta - z_1 - z_2 \tag{4-37}$$

将接触变形积分计算结果和接触体的表面形状函数(二次曲面函数)代入上式,得到一组二次函数表达式如下:

$$\begin{cases} w_1 + w_2 = \left(\dfrac{1-\nu_1^2}{E_1} + \dfrac{1-\nu_2^2}{E_2}\right) q_{\max}(J_0 - J_1 x^2 - J_3 y^2) \\ z_1 + z_2 = (A_1 + A_2)x^2 + (B_1 + B_2)y^2 = Ax^2 + By^2 \end{cases} \tag{4-38}$$

式中,系数 A,B 可以表示为二次曲面的曲率函数。$A = \dfrac{1}{2}(\rho_{\mathrm{I1}} + \rho_{\mathrm{I2}})$,$B = \dfrac{1}{2}(\rho_{\mathrm{II1}} + \rho_{\mathrm{II2}})$;$\rho_{\mathrm{I1}}$、$\rho_{\mathrm{II1}}$ 为第 1 个接触体的两个主曲率系数;ρ_{I2}、ρ_{II2} 为第 2 个接触体的两个主曲率系数。

比较变形协调条件公式(4-37)中的二次函数各项系数,它们必须满足:

$$\begin{cases} A = \dfrac{q_{\max}}{\widetilde{E}} J_1 = \dfrac{q_{\max}}{\widetilde{E}} \dfrac{1}{be^2}[\Pi(e) - (1-e^2)\Gamma(e)], \\ B = \dfrac{q_{\max}}{\widetilde{E}} J_3 = \dfrac{q_{\max}}{\widetilde{E}} \dfrac{1-e^2}{be^2}[\Pi(e) - \Gamma(e)], \\ \delta = \dfrac{q_{\max}}{\widetilde{E}} J_0 = \dfrac{q_{\max}}{\widetilde{E}} b\Gamma(e) \end{cases} \tag{4-39}$$

其中,$\widetilde{E} = 1/\left(\dfrac{1-\nu_1^2}{E_1} + \dfrac{1-\nu_2^2}{E_2}\right)$ 称为当量弹性模量。

由上面的各方程关系,最后解得接触区域尺寸和接触变形分别为:

$$a = \left(\frac{3\Pi(e)}{2\pi(1-e^2)} \frac{Q}{\widetilde{E}(A+B)}\right)^{1/3} \qquad b = a\sqrt{1-e^2} \qquad \delta = \frac{3Q}{2\pi\widetilde{E}} \frac{\Gamma(e)}{a} \tag{4-40}$$

其中,$A + B = \dfrac{1}{2}(\rho_{\mathrm{I1}} + \rho_{\mathrm{II1}} + \rho_{\mathrm{I2}} + \rho_{\mathrm{II2}}) = \dfrac{1}{2}\sum\rho$,$\sum\rho$ 为两个接触表面主曲率代数和。

为了便于工程实际计算,将上式中各量在组合为两个部分,一部分为与椭圆偏心率 e 及椭圆积分有关的无量纲参数,另一部分为与载荷、材料参数和接触表面曲率有关量纲量。经过推导计算,接触区域椭圆半轴长度和接触体中心变形趋近量以两部分形式可以表示为:

$$\begin{cases} a = a^* \left(\dfrac{3Q}{2\widetilde{E}\sum\rho}\right)^{1/3} \\ b = b^* \left(\dfrac{3Q}{2\widetilde{E}\sum\rho}\right)^{1/3} \\ \delta = \delta^* \left(\dfrac{3Q}{2\widetilde{E}\sum\rho}\right)^{2/3} \dfrac{\sum\rho}{2} \end{cases} \tag{4-41}$$

上面各式中,无量纲量部分为

$$a^* = \left(\frac{2\Pi(e)}{\pi(1-e^2)}\right)^{1/3} \qquad b^* = \left(\frac{2\sqrt{1-e^2}\,\Pi(e)}{\pi}\right)^{1/3}$$

$$\delta^* = \frac{2\Gamma(e)}{\pi}\left(\frac{\pi(1-e^2)}{2\Pi(e)}\right)^{1/3} \qquad \frac{b}{a} = \frac{b^*}{a^*} = \sqrt{1-e^2}$$

在上面的具体计算中，需要求椭圆积分，其过程还是比较复杂的。后面将介绍具体的计算过程。

4.2.3 赫兹型线接触问题

在圆柱滚子轴承中，套圈和直线滚子之间的接触是典型的线接触问题，如图 4-10 所示。

对于线接触问题的求解，需要分为理想的线接触和有限长的线接触。赫兹理论主要针对理想的线接触问题。

1. 理想线接触压力分布

设两个光滑的接触圆柱体的半径为 R_1，R_2，材料弹性模量和泊松比分别为 E_1，E_2；ν_1，ν_2。圆柱体长度相同，为 l（或假设为无限长），轴线平行，在外力 Q 作用下对中接触，如图 4-11(a) 所示。这是一种理想的线接触情况。这时，假设接触区域为矩形[如图 4-11(b) 所示]。接触压力假设沿轴线为均匀分布。这样，它可以转化为平面接触问题。对相同长度的线接触对应于平面应力问题，对无限长线接触对应于平面应变问题。

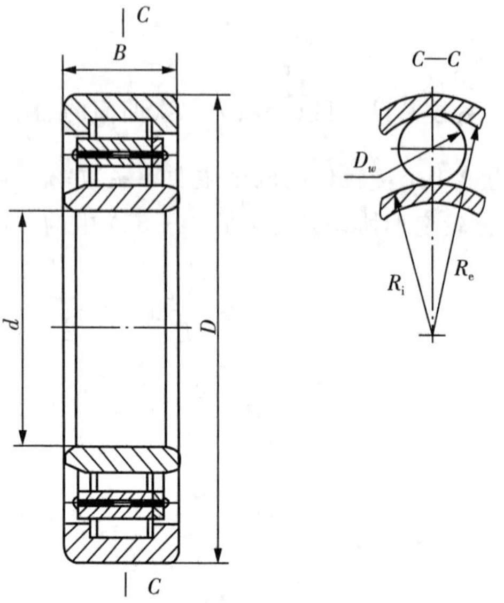

（a）直径剖面　　（b）圆周剖面

图 4-10　圆柱轴承中线接触模型

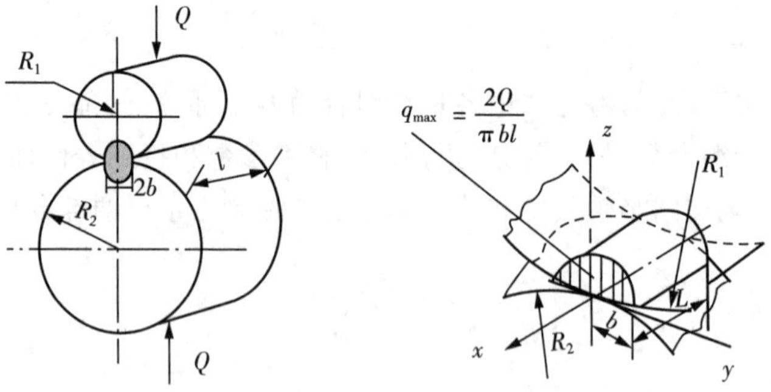

（a）线接触模型　　（b）线接触区域与压力分布

图 4-11　两个长度相同圆柱体线接触模型

在赫兹假设条件下，理想线线接触区域和接触压力分布等参数的分析方法如下。

类似于点接触的分析方法，为了与接触表面相适应，赫兹理论假定接触压力分布为半椭圆柱体[图 4-10(b) 所示接触压力示意图]：

$$q(y) = q_{max}\sqrt{1-\left(\frac{y}{b}\right)^2},\ |y| \leqslant b \tag{4-42}$$

由外力与接触力的平衡条件，并且利用半椭圆柱体的积分得到：

$$Q=\int_S lq(y)\mathrm{d}y=q_{\max}l\int_{-b}^{b}\sqrt{1-\left(\frac{y}{b}\right)^2}\mathrm{d}y=\frac{\pi blq_{\max}}{2}$$

因此，得到接触表面的最大压力为：

$$q_{\max}=\frac{2Q}{\pi bl} \tag{4-43}$$

2. 理想线接触区域形状大小和接触变形

理想线接触区域形状认为是一种矩形形状，如图 4-11(b) 所示，接触区域矩形的长宽为 $l\times 2b$。为了求出接触表面上的变形，利用接触触物体的外形和接触变形过程中必须满足的协调条件。与点接触问题推导类似，当已知压力的分布函数后，由波西涅斯克解，接触表面的变形可以表示为：

$$w=\frac{1-\nu^2}{\pi E}\iint_{\Xi}\frac{q}{}d\tilde{x}d\tilde{y}=\frac{1-\nu^2}{\pi E}\iint_{\Xi}\frac{q_{\max}}{}\sqrt{1-(\underline{b})^2}\,d\tilde{x}d\tilde{y}$$

$$=\frac{1-\nu^2}{\pi E}\frac{2q_{\max}}{b}\int_{-b}^{b}\sqrt{b^2-\tilde{y}^2}\ln\frac{1}{|y-\tilde{y}|}d\tilde{y}=\frac{1-\nu^2}{\pi E}\frac{2q_{\max}}{b}J(y)$$

式中，E 为弹性模量，ν 为泊松比，$\tilde{R}=\sqrt{(x-\tilde{x})^2+(y-\tilde{y})^2}$，$J(y)=\int_{-b}^{b}\sqrt{b^2-\tilde{y}^2}\ln\frac{1}{|y-\tilde{y}|}d\tilde{y}$ 为广义积分，Ξ 代表矩形接触区域。

进一步，如果两个接触圆柱体的半径分别为 R_1，R_2，其材料弹性模量和泊松比分别为 E_1、ν_1，E_2、ν_2。根据平面接触的特点，假设开始接触点的切平面保持不变，接触变形发生应该满足下面的接触变形的协调条件。

$$\delta=w_1+w_2+z_1+z_2$$

上式中，δ 代表初始接触点上两个圆柱体的变形和(也称为两者的弹性变形趋近量)。

在上面的方程中，两个柱面之间的距离近似为：

$$z_1+z_2\approx\frac{y^2}{2R_1}+\frac{y^2}{2R_2}=\frac{\sum\rho}{2}y^2$$

式中，$\sum\rho=\frac{1}{R_1}+\frac{1}{R_2}$。

这样，接触变形的协调条件可以改写为：

$$\delta=\left(\frac{1-\nu_1{}^2}{E_1}+\frac{1-\nu_2{}^2}{E_2}\right)\frac{2q_{\max}}{\pi b}J(y)+\frac{\sum\rho}{2}y^2 \tag{4-44}$$

上式对于坐标 y 的任意值都应该成立。特别，当 $y=0$ 时，必须满足：

$$\delta=\left(\frac{1-\nu_1{}^2}{E_1}+\frac{1-\nu_2{}^2}{E_2}\right)\frac{2q_{\max}}{\pi b}J(0)$$

式中的 $J(0)$ 还不能直接求出。

在式(4-44)中对 y 求导，并经过积分简化推导，可以得到接触区域半宽度参数为[16]：

$$b=\sqrt{\frac{4}{\pi}\frac{Q}{l\widetilde{E}\sum\rho}} \tag{4-45}$$

式中，$\sum\rho$ 为两个接触表面主曲率代数和，对于两个圆柱体接触，$\sum\rho=\frac{1}{R_1}+\frac{1}{R_2}=\frac{R_1+R_2}{R_1R_2}$，$\frac{1}{\widetilde{E}}=\frac{1-\nu_1^2}{E_1}+\frac{1-\nu_2^2}{E_2}$。

与点接触不同，对于线接触，赫兹理论不能直接求出两个圆柱体的接触中心趋近量。为了解决这一问题，通常采用近似的计算方法。例如，K. L. Johson 利用平面应变状态积分，导出两个圆柱体接触区中心弹性趋近量近似公式为：

$$\delta_c=\frac{Q}{\pi l}\left[\frac{1-\nu_1^2}{E_1}\left(2\ln\frac{4R_1}{b}-1\right)+\frac{1-\nu_2^2}{E_2}\left(2\ln\frac{4R_2}{b}-1\right)\right] \tag{4-46}$$

式中，Q 为作用外力，l 为接触圆柱体长度，R_1，R_2 分别为接触圆柱体的半径，b 为接触区域半宽度，E_1，E_2；ν_1，ν_2 分别为材料弹性模量和泊松比。

G. Lundberg 与 H. Sjovall 针对轴承中的理想线接触区中心弹性趋近量近似公式为：

$$\delta_c=\frac{2(1-\nu^2)}{\pi E}\frac{Q}{l}\ln\frac{\pi El^2}{Q(1-\nu^2)(1\mp\gamma)} \tag{4-47}$$

式中，Q 为接触区作用外力，l 为接触圆柱体长度，E，ν 分别为轴承材料弹性模量和泊松比。$1\mp\gamma=1\mp\frac{D_w\cos\alpha}{d_m}$ 为轴承内外圈与滚动体接触结构参数。

而 A. Palmgren 通过试验给出带凸度的圆柱体接触中心弹性趋近量（单位：mm）的近似公式为：

$$\delta_c=1.36\times\left(\frac{Q}{\widetilde{E}}\right)^{0.9}\frac{1}{l^{0.8}} \tag{4-48}$$

式中，Q 为作用外载荷(N)，l 为接触圆柱体长度(mm)，$\widetilde{E}$ 为当量弹性模量(MPa)。

对于平面应变状态下，接触表面下，沿对称轴上的主应力为：

$$\begin{cases}\sigma_y(x=0)=\dfrac{-2Q}{\pi l}\dfrac{1}{\sqrt{b^2+z^2}}\left[1-\dfrac{2z}{b}\left(\sqrt{1+\dfrac{z^2}{b^2}}-\dfrac{z}{b}\right)\right]\\ \sigma_z(x=0)=\dfrac{-2Q}{\pi l}\dfrac{1}{\sqrt{b^2+z^2}}\\ \sigma_x(x=0)=-\nu[\sigma_y(x=0)+\sigma_z(x=0)]\\ \tau_{xy}(x=0)=0\end{cases} \tag{4-49}$$

因此，在对称轴上的最大剪应力为

$$\tau_{max}(x=0)=\frac{\sigma_y(x=0)-\sigma_z(x=0)}{2}=\frac{2Q}{\pi l}\frac{z}{\sqrt{b^2+z^2}(z+\sqrt{b^2+z^2})}$$

具体计算得出，当 $z=0.786b$ 时，$\tau_{max}(x=0)=0.301q_{max}$。当 $z=0.165b$ 时，$\tau_{max}(x=0)=0.262q_{max}$。

对于平面应力状态下的应力，如两个圆盘接触，表面下沿对称轴上的主应力计算时，将上面的平面应变状态的主应力公式(4-49) 中的泊松系数 ν 换成 $\nu/(1+\nu)$ 即可。

4.3　赫兹型接触参数的简化计算

从上面的理论计算公式可以看出，赫兹型接触力学计算是比较复杂的。为了在轴承设计中方便地进行轴承内部接触力的计算，需要对这些方法进行适当的简化。在赫兹接触参数计算过程中，首先要计算接触表面的主曲率($\rho_{I1},\rho_{I2},\rho_{II1},\rho_{II2}$)，再计算主接触点的曲率代数之和 $\sum\rho$、主曲率函数 $F(\rho)$。利用这些函数再计算椭圆积分值 $\Gamma(e)$，$\Pi(e)$。这个过程往往比较复杂。下面介绍一些具体的工程简化计算方法。

4.3.1　两个球体点接触

如果接触体是两个光滑的球体，在外力 Q 作用下相互对中接触，两球体半径为 R_1，R_2，这时，接触点的曲率代数和 $\sum\rho=\frac{\pm 2}{R_1}+\frac{\pm 2}{R_2}$，其中正号对应外凸表面，负号对应内凹表面。主曲率函数 $F(\rho)=0$。已知接触体为钢材，它们的材料弹性模量和泊松比取为 $E=2.07\times 10^5$ MPa，$\nu=0.3$，则赫兹接触参数计算可简化为：

$$a=0.02363\left[Q\frac{R_1R_2}{2(R_1+R_2)}\right]^{1/3}(\mathrm{mm}) \tag{4-50}$$

$$\delta=2.791\times 10^{-4}\left[Q^2\frac{2(R_1+R_2)}{R_1R_2}\right]^{1/3}(\mathrm{mm}) \tag{4-51}$$

其中，接触力 Q 的单位为 N，R_1、R_2 的单位为 mm。

根据上面的结果，接触表面的最大压应力为：

$$q_{max}=\frac{3Q}{2\pi a^2} \tag{4-52}$$

整个接触区上的压应力分布为：

$$q(x,y)=q_{max}\sqrt{1-\frac{x^2+y^2}{a^2}} \tag{4-53}$$

4.3.2　两个二次曲面体点接触

如果接触体是两个光滑的任意二次曲面体，在外力 Q 作用下相互对中接触，二次曲面接触点的曲率半径分别为 R_{I1}，R_{II1}，R_{I2}，R_{II2}，这里下标 I，II 代表两个主曲率平面，1，2 代表两个接触体。如果取两个接触体由相同的钢材制作，$E=2.07\times 10^5$ MPa，$\nu=0.3$，则点接触参数

(单位:mm) 公式可简化为:

$$a=0.02363a^{*}\left(\frac{Q}{\sum\rho}\right)^{1/3}\qquad b=0.02363b^{*}\left(\frac{Q}{\sum\rho}\right)^{1/3}\tag{4-54}$$

$$\delta=2.791\times10^{-4}\delta^{*}\left(Q^{2}\sum\rho\right)^{1/3}\tag{4-55}$$

其中,$a^{*}=\left[\frac{2\Pi(e)}{\pi(1-e^{2})}\right]^{1/3}$,$b^{*}=\left[\frac{2\sqrt{1-e^{2}}\,\Pi(e)}{\pi}\right]^{1/3}$,$\delta^{*}=\frac{2\Gamma(e)}{\pi}\left[\frac{\pi(1-e^{2})}{2\Pi(e)}\right]^{1/3}$,$Q$ 为接触力(N),$\sum\rho$ 为两个接触表面主曲率代数和(1/mm)。

接触点的曲率和:

$$\sum\rho=\frac{\pm1}{R_{I1}}+\frac{\pm1}{R_{I2}}+\frac{\pm1}{R_{II1}}+\frac{\pm1}{R_{II2}}\tag{4-56}$$

上式中正号对应外凸表面,负号对应内凹表面。

定义接触点的曲率函数

$$F(\rho)=\frac{|\rho_{\mathrm{I}1}-\rho_{\mathrm{II}1}+\rho_{\mathrm{I}2}-\rho_{\mathrm{II}2}|}{\sum\rho}\qquad(0\leqslant F\leqslant1)\tag{4-57}$$

且利用式(4-39)可以导出下面关系式:

$$F(\rho)=\frac{A-B}{A+B}=1-\frac{2(1-e^{2})}{e^{2}}\frac{\Gamma(e)-\Pi(e)}{\Pi(e)}\tag{4-58}$$

接触表面的最大压应力为:

$$q_{\max}=\frac{3Q}{2\pi ab}\tag{4-59}$$

整个接触区上的压应力分布为:

$$q(x,y)=q_{\max}\sqrt{1-\left(\frac{x}{a}\right)^{2}-\left(\frac{y}{b}\right)^{2}}\tag{4-60}$$

由上面的各式可以看出,接触区域参数的计算过程是,当确定出接触表面的主曲率后,首先计算出 $\sum\rho$,$F(\rho)$,再定出接触椭圆偏心率 e。进一步,计算出第一、二类完全椭圆积分 $\Gamma(e)$,$\Pi(e)$,才可以计算 a^{*},b^{*},δ^{*}。这个过程比较复杂,也还存在一些不完善的地方。下面介绍一些工程中采用的近似计算方法。

1. *查表法*

在工程问题计算时,可以利用已经计算好的系数表,直接查找和利用插补计算方法来快速近似计算。表 4-1 给出了这些系数的参考值。表中的数据是先利用给定的椭圆偏心率 e 值或给定的主曲率函数 $F(\rho)$ 计算出来的。

表 4-1 接触无量纲参数 $e, a^*, b^*, \delta^*, \Gamma(e), \Pi(e)$ 与 $F(\rho)$ 的关系值

e	$F(\rho)$	$\Gamma(e)$	$\Pi(e)$	a^*	b^*	δ^*
0.0	0.0	1.57079	1.57079	1	1	1
0.005	0.000205	1.57080613	1.570786499	1.000006254	0.999993753	1.000000004
0.010	0.000233	1.570835621	1.570757094	1.000025015	0.999975013	1.000000017
0.030	0.000533	1.571150347	1.570443388	1.000225262	0.999775059	1.000000132
0.050	0.001133	1.571780641	1.569815682	1.000626414	0.999374849	1.000000237
0.080	0.002599	1.573321704	1.568283997	1.001607926	0.998397636	0.999999796
0.100	0.003958	1.574750204	1.566868048	1.002518633	0.997493446	0.999998504
0.105	0.004345	1.575157986	1.566464528	1.002778762	0.997235623	0.99999798
0.110	0.004752	1.575586166	1.56604115	1.003051977	0.996965043	0.999997355
0.115	0.005179	1.576034816	1.565597887	1.003338336	0.996681679	0.999996618
0.120	0.005625	1.576504013	1.565134713	1.0036379	0.996385504	0.999995759
0.125	0.006090	1.57699384	1.5646516	1.003950733	0.996076488	0.999994764
0.130	0.006575	1.57750438	1.56414852	1.004276902	0.995754602	0.999993622
0.135	0.007080	1.578035721	1.563625442	1.004616476	0.995419814	0.999992318
0.140	0.007605	1.578587958	1.563082335	1.00496953	0.995072091	0.999990839
0.145	0.008149	1.579161185	1.562519166	1.005336138	0.994711399	0.999989171
0.150	0.008714	1.579755504	1.5619359	1.005716381	0.994337702	0.999987299
0.155	0.009298	1.58037102	1.561332504	1.006110341	0.993950964	0.999985206
0.160	0.009903	1.58100784	1.560708939	1.006518104	0.993551146	0.999982876
0.165	0.010527	1.581666078	1.560065168	1.006939761	0.993138208	0.999980292
0.170	0.011172	1.582345851	1.559401153	1.007375403	0.992712109	0.999977436
0.175	0.011838	1.58304728	1.558716851	1.007825127	0.992272806	0.999974291
0.180	0.012524	1.583770492	1.558012222	1.008289033	0.991820256	0.999970836
0.185	0.013230	1.584515617	1.557287222	1.008767226	0.991354411	0.999967052
0.190	0.013957	1.585282789	1.556541807	1.009259811	0.990875226	0.999962918
0.200	0.015475	1.586883841	1.554989544	1.01028861	0.989876635	0.999953515
0.250	0.024349	1.596264309	1.545986232	1.016337988	0.984065025	0.999877453
0.300	0.035485	1.608075628	1.534868862	1.024007972	0.976841347	0.999731238
0.350	0.049078	1.622557762	1.521564088	1.033493505	0.96812473	0.999476403
0.400	0.065380	1.64002898	1.505979645	1.045057008	0.957810569	0.999060228
0.450	0.084720	1.660911031	1.488000556	1.059052551	0.945764169	0.998410154

（续表）

e	$F(\rho)$	$\Gamma(e)$	$\Pi(e)$	a^*	b^*	δ^*
0.500	0.107520	1.685766998	1.467483727	1.075963124	0.931811399	0.997425095
0.550	0.134332	1.715359807	1.444250097	1.096459954	0.915724599	0.99596158
0.600	0.165884	1.750746104	1.418072945	1.121500769	0.897200616	0.993810825
0.650	0.203158	1.793434128	1.388659892	1.15250109	0.875825002	0.99065906
0.700	0.247515	1.845665738	1.355623968	1.191652781	0.851010305	0.986014836
0.750	0.300907	1.910960874	1.318434323	1.242568075	0.821881528	0.979065471
0.800	0.366284	1.99528388	1.276325512	1.311735765	0.787041459	0.968363618
0.805	0.373641	2.005122917	1.271803696	1.320067479	0.783162782	0.966996716
0.810	0.381170	2.015271006	1.267219971	1.328719538	0.779200835	0.965562223
0.815	0.388876	2.02574495	1.262572758	1.337712327	0.775152064	0.964055788
0.820	0.396767	2.03656295	1.257860388	1.347068124	0.771012654	0.962472678
0.825	0.404849	2.047744766	1.253081094	1.356811336	0.766778492	0.960807736
0.830	0.413131	2.059311899	1.248233007	1.366968774	0.762445138	0.959055335
0.835	0.421621	2.0712878	1.243314141	1.377569959	0.758007792	0.95720931
0.840	0.430327	2.083698114	1.238322386	1.388647499	0.753461245	0.955262904
0.845	0.439260	2.096570955	1.233255495	1.400237508	0.748799837	0.95320868
0.850	0.448430	2.109937239	1.228111072	1.412380122	0.744017397	0.95103844
0.855	0.457847	2.123831061	1.222886555	1.425120087	0.739107177	0.948743114
0.860	0.467524	2.138290145	1.217579199	1.438507477	0.734061782	0.94631264
0.865	0.477473	2.153356379	1.212186059	1.452598541	0.728873072	0.943735817
0.870	0.487706	2.169076444	1.206703963	1.467456727	0.723532065	0.941000133
0.875	0.498241	2.185502571	1.201129489	1.483153924	0.718028806	0.938091557
0.880	0.509092	2.202693452	1.195458936	1.49977197	0.712352217	0.93499429
0.885	0.520278	2.22071535	1.189688282	1.517404519	0.706489921	0.931690467
0.890	0.531817	2.239643447	1.183813153	1.536159346	0.700428021	0.928159784
0.895	0.543731	2.25956352	1.177828765	1.55616123	0.694150831	0.924379049
0.900	0.556042	2.280574013	1.171729868	1.577555607	0.687640547	0.920321621
0.905	0.568777	2.302788656	1.165510679	1.600513226	0.680876837	0.915956701
0.910	0.581964	2.326339784	1.159164796	1.625236169	0.673836322	0.911248443
0.915	0.595634	2.351382615	1.15268509	1.651965731	0.666491916	0.906154808
0.920	0.609824	2.378100828	1.146063583	1.680992887	0.658811974	0.900626079

（续表）

e	$F(\rho)$	$\Gamma(e)$	$\Pi(e)$	a^*	b^*	δ^*
0.925	0.624573	2.406713946	1.139291285	1.712672415	0.650759177	0.894602901
0.930	0.639928	2.437487281	1.132357992	1.747442297	0.64228905	0.888013657
0.935	0.655941	2.470745573	1.125252021	1.785850921	0.633347944	0.880770893
0.940	0.672673	2.506892115	1.117959877	1.828596099	0.623870254	0.872766335
0.945	0.690195	2.546436239	1.110465786	1.876582545	0.61377447	0.863863778
0.950	0.708591	2.590033956	1.102751081	1.931009168	0.602957419	0.853888673
0.955	0.727962	2.63855013	1.094793326	1.993506543	0.591285601	0.842612339
0.960	0.748433	2.69315748	1.086565051	2.06636292	0.578581618	0.829727109
0.965	0.770158	2.755502145	1.078031851	2.152915782	0.564601907	0.814805295
0.970	0.793336	2.827997923	1.069149382	2.258275968	0.548997989	0.797227376
0.975	0.818233	2.91439157	1.05985832	2.390783657	0.531243749	0.776046517
0.980	0.845220	3.020967713	1.050075193	2.565282003	0.510484673	0.749706195
0.985	0.874854	3.159522562	1.03967369	2.811739863	0.485177914	0.715362966
0.990	0.908073	3.356572873	1.028439432	3.204315407	0.452024314	0.66686965
0.991	0.915284	3.408053576	1.026061034	3.315735293	0.443850524	0.654344855
0.992	0.922731	3.465719179	1.023627991	3.445199065	0.434914594	0.640411585
0.993	0.930442	3.531229207	1.021133426	3.598480012	0.425032133	0.624722206
0.994	0.938456	3.607014755	1.018568484	3.784408304	0.41393885	0.60677833
0.995	0.946823	3.696845768	1.015921323	4.017375567	0.40123507	0.585826521
0.996	0.955613	3.807039577	1.013175285	4.322961785	0.386270606	0.560642641
0.997	0.964932	3.949441994	1.010305166	4.752744429	0.367869787	0.529019168
0.998	0.974959	4.150654128	1.007268185	5.434170442	0.343515229	0.486254261
0.999	0.986068	4.495580976	1.003974291	6.838013848	0.305728815	0.418539045
0.9991	0.987269	4.548085965	1.003623396	7.081489675	0.300374555	0.408868986
0.9992	0.988492	4.606799519	1.003267037	7.364051457	0.29450314	0.398256276
0.9993	0.989742	4.673384216	1.002904526	7.698177226	0.287989006	0.386477053
0.9994	0.991020	4.750275084	1.002534979	8.102945331	0.280652153	0.373212328
0.9995	0.992332	4.841247333	1.002157213	8.609439096	0.272220335	0.357983115
0.9996	0.993686	4.952625699	1.001769566	9.272886589	0.262250611	0.340017045
0.9997	0.995091	5.0962672	1.00136952	10.20460344	0.249941967	0.317933425

（续表）

e	$F(\rho)$	$\Gamma(e)$	$\Pi(e)$	a^*	b^*	δ^*
0.9998	0.996564	5.298791979	1.000952799	11.67953959	0.233579112	0.288822669
0.9999	0.998143	5.645145102	1.000510405	14.7128843	0.208066403	0.24426285
0.99991	0.998309	5.69780225	1.000464017	15.2385232	0.204441642	0.238037084
0.99992	0.998478	5.756670388	1.000417082	15.84842855	0.200464517	0.231241239
0.99993	0.998650	5.823412401	1.000369532	16.56949417	0.196049468	0.223742469
0.99994	0.998824	5.900463709	1.000321279	17.44283772	0.191073848	0.215352111
0.99995	0.999002	5.991600049	1.000272205	18.53544696	0.185352153	0.205787923
0.99996	0.999184	6.103146899	1.000222142	19.96633857	0.178582575	0.194596723
0.99997	0.999370	6.246962395	1.000170841	21.97538678	0.170219337	0.180972462
0.99998	0.999564	6.449668585	1.000117872	25.15505223	0.159093724	0.163227116
0.99999	0.999768	6.796214541	1.000062336	31.69274035	0.141733889	0.136517214

2. 曲线查找法

利用图 4-12 至图 4-14 中给出的 3 段关系曲线，可以比较方便地得出接触参数 a^*，b^*，δ^* 的值（取自文献[4]）。

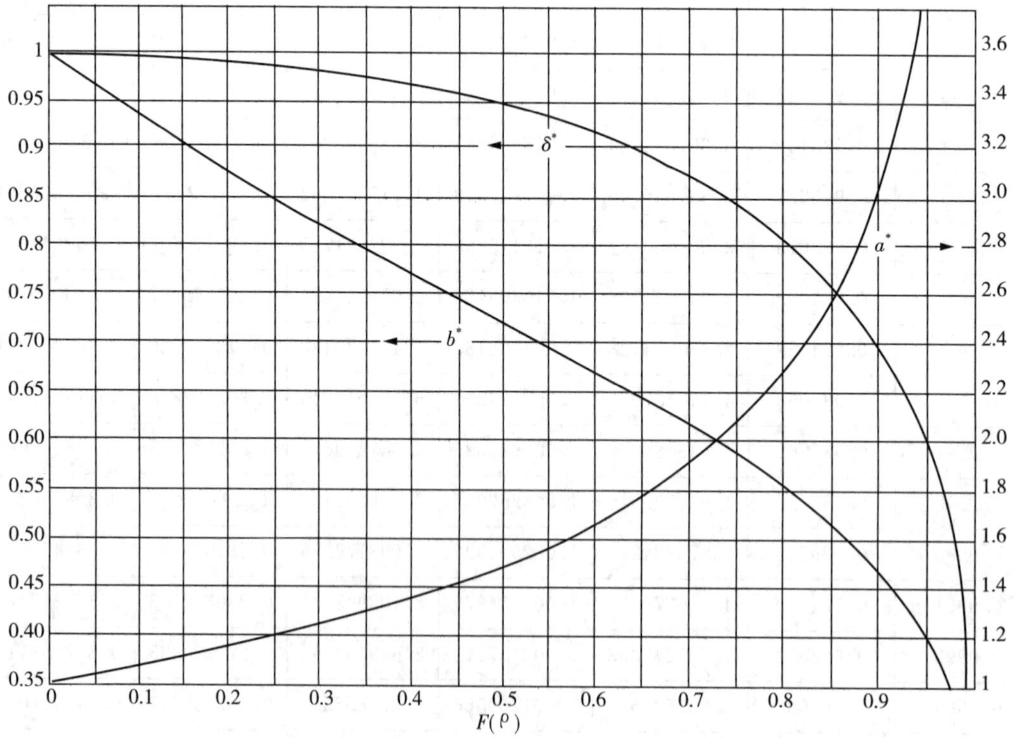

图 4-12 a^*，b^*，δ^* 与 $F(\rho)$ 近似第 1 段曲线

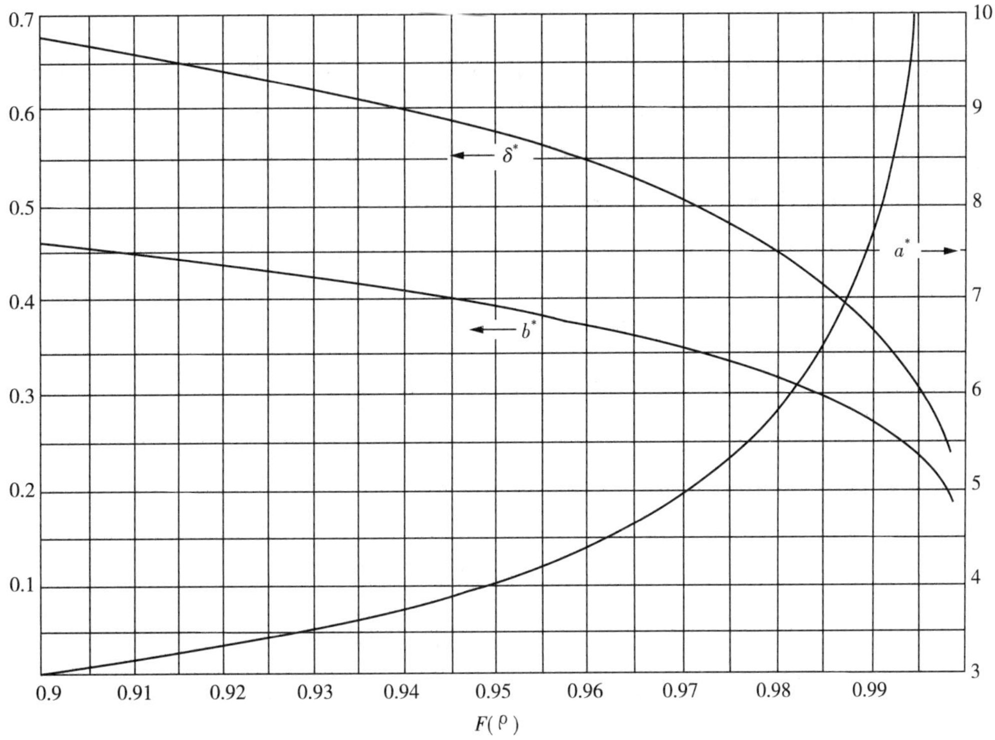

图 4-13　a^*, b^*, δ^* 与 $F(\rho)$ 近似第 2 段曲线

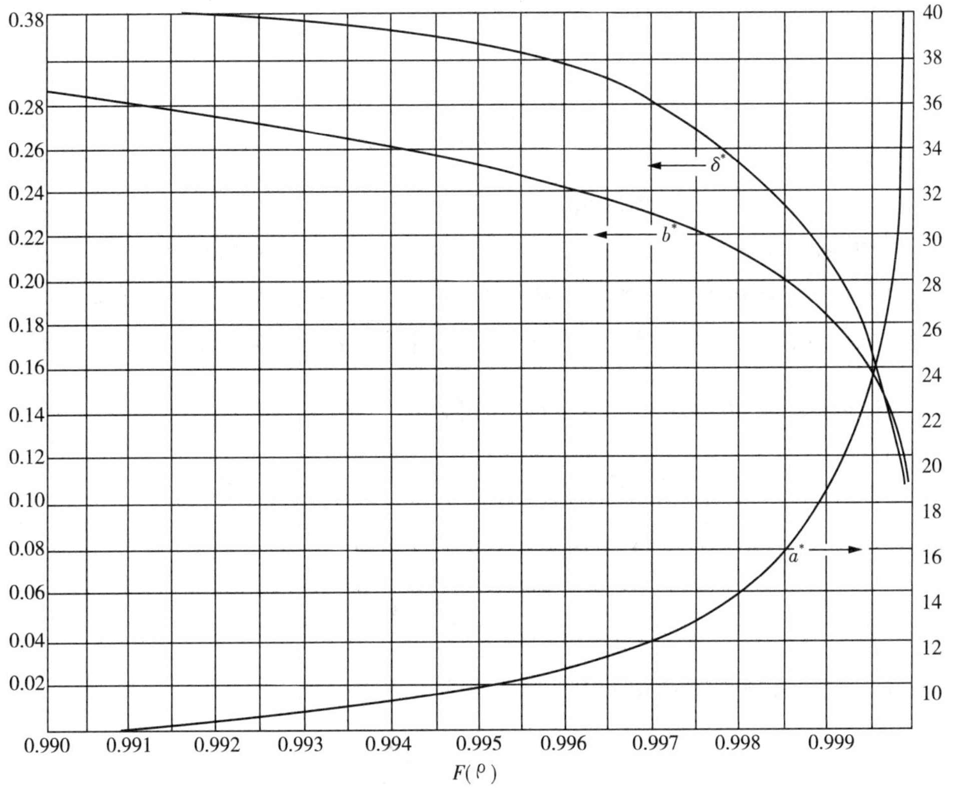

图 4-14　a^*, b^*, δ^* 与 $F(\rho)$ 近似第 3 段曲线

3. 近似公式计算方法

下面介绍几种近似公式计算方法。它们是根据接触点曲率函数来确定椭圆参数 e 和椭圆积分值。进一步再计算接触参数。

第一种近似公式 利用接触体的表面曲率半径，近似计算椭圆半轴的比值和椭圆积分。Brewe，Hamrock 给出下面的近似计算。

$$k=\frac{a}{b}\approx 1.0339\left(\frac{R_y}{R_x}\right)^{0.636}\geqslant 1 \tag{4-61}$$

$$e^2=1-\frac{1}{k^2}\approx 1-1/\left[1.0339\left(\frac{R_y}{R_x}\right)^{0.636}\right]^2$$

$$\Gamma(e)\approx 1.5277+0.6023\ln\left(\frac{R_y}{R_x}\right) \tag{4-62}$$

$$\Pi(e)\approx 1.0003+\frac{0.5968}{R_y/R_x}$$

上面的近似计算公式应用时要求$\dfrac{R_y}{R_x}=\dfrac{\rho_{x1}+\rho_{x2}}{\rho_{y1}+\rho_{y2}}>1$。这样接触区域椭圆长轴在 y 轴方向上。

$$1/R_x=\rho_{x1}+\rho_{x2}\qquad 1/R_y=\rho_{y1}+\rho_{y2} \tag{4-63}$$

$$F(\rho)=\frac{1/R_x-1/R_y}{1/R_x+1/R_y},0\leqslant F(\rho)\leqslant 1 \tag{4-64}$$

由上面的近似计算公式得到的结果误差小于 3%。

第二种近似公式 利用接触体的表面曲率比函数，近似计算椭圆偏心率。在轴承接触计算中，通常先计算接触表面曲率比函数 $F(\rho)$，因此，利用表面曲率比函数直接计算接触参数来得方便。下面以椭圆偏心率 $e=\sqrt{1-(b/a)^2}$ 作为参数，对椭圆积分采用近似计算如下：

$$\begin{cases}\Gamma(e)\approx 1.3862944+0.1119723(1-e^2)+0.0725296(1-e^2)^2\\\qquad -[0.5+0.1213478(1-e^2)+0.0288729(1-e^2)^2]\ln(1-e^2)\\\Pi(e)\approx 1.0+0.4630151(1-e^2)+0.1077812(1-e^2)^2\\\qquad -[0.2452727(1-e^2)+0.0412496(1-e^2)^2]\ln(1-e^2)\end{cases} \tag{4-65}$$

由前面定义的接触表面曲率比函数可改写为：

$$F(\rho)=1-2\left(\frac{1}{e^2}-1\right)\left[\frac{\Gamma(e)}{\Pi(e)}-1\right]$$

上面函数的变化规律如图 4-15 所示。

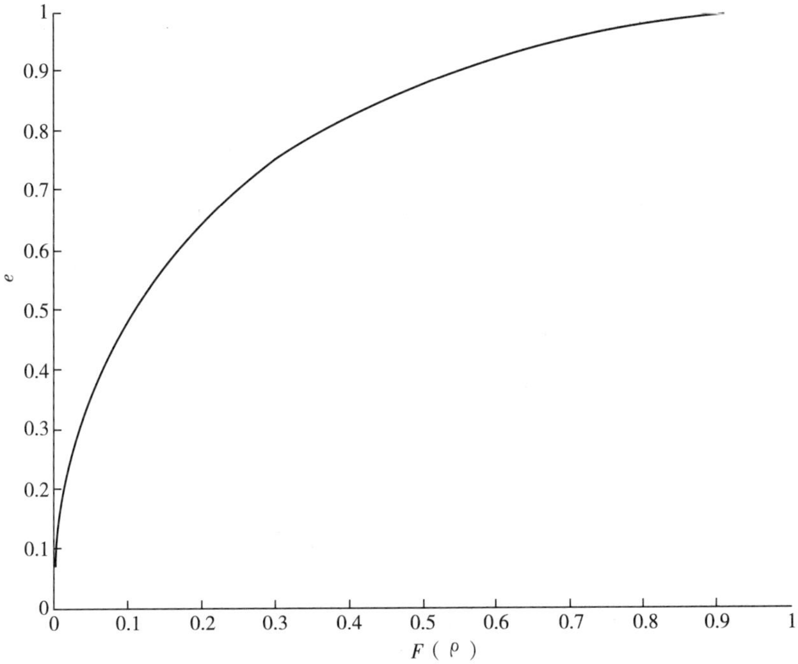

图 4-15　$F(\rho)$ 与 e 的变化规律

以图 4-15 为基础，本书著者提出一种模拟椭圆偏心率参数的近似计算，得出一种简化的近似计算公式如下[16]。

$$\ln\left(\frac{1}{e}\right) \approx \begin{cases} 0.4965\ln\left[\dfrac{1}{F(\rho)}\right] - 0.4350, F(\rho) \leqslant 0.065 \\ 0.2240\left[\ln\dfrac{1}{F(\rho)}\right]^{1.407}, 0.065 < F(\rho) \leqslant 1 \end{cases} \tag{4-66}$$

利用上式计算出 e 值的误差可以控制在 1% 以内。特别是 $F(\rho) > 0.95$ 时，计算出 e 值的误差更小。

上述整个计算过程：根据接触表面曲率比函数 $F(\rho)$ 值，计算出无量纲参数 e，再计算椭圆积分 $\Gamma(e)$，$\Pi(e)$，最后计算 a^*，b^*，δ^* 以及各接触参数。

第三种近似公式　同第 2 种近似方法一样，利用接触体的表面曲率比函数 $F(\rho)$ 直接计算接触参数。首先对椭圆积分进行变换如下

$$\Gamma(e) = \int_0^{\pi/2} \frac{\mathrm{d}\varphi}{\sqrt{1 - e^2\sin^2\varphi}},$$

$$\Pi(e) = \int_0^{\pi/2} \sqrt{1 - e^2\sin^2\varphi}\,\mathrm{d}\varphi = \int_0^{\pi/2} \frac{1 - e^2\sin^2\varphi}{\sqrt{1 - e^2\sin^2\varphi}}\mathrm{d}\varphi$$

$$= \int_0^{\pi/2} \frac{1 - e^2}{\sqrt{1 - e^2\sin^2\varphi}}\mathrm{d}\varphi + e^2\int_0^{\pi/2} \frac{\cos^2\varphi}{\sqrt{1 - e^2\sin^2\varphi}}\mathrm{d}\varphi$$

令

$$\Lambda(e)=\int_0^{\pi/2}\frac{\cos^2\varphi}{\sqrt{1-e^2\sin^2\varphi}}\mathrm{d}\varphi=\int_0^1\frac{\sqrt{1-t^2}}{\sqrt{1-e^2t^2}}\mathrm{d}t \tag{4-67}$$

则：

$$\Pi(e)=(1-e^2)\Gamma(e)+e^2\Lambda(e) \tag{4-68}$$

在参数 e 的变化范围内（$0<e<1$），上面各积分值的范围为：

$$\pi/2\leqslant\Gamma(e)<+\infty,\ 1\leqslant\Pi(e)<\pi/2,\ \pi/4\leqslant\Lambda(e)<1$$

又由曲率函数关系式合并简化，得到：

$$\frac{(e^2-1)[1-\Lambda(e)/\Gamma(e)]}{1-e^2+e^2\Lambda(e)/\Gamma(e)}=\frac{1}{2}[1-F(\rho)] \tag{4-69}$$

或简化为：

$$\frac{\Lambda(e)}{\Pi(e)}=\frac{1}{2}[1+F(\rho)] \tag{4-70}$$

最后，本书著者提出另一种直接计算接触参数的近似方法如下[16]：

$$e^2=1-\left(\frac{b}{a}\right)^2\approx1-\left[\frac{1-F(\rho)}{1+F(\rho)}\right]^{4/\pi} \tag{4-71}$$

$$\begin{cases}\Gamma(e)\approx\dfrac{\pi}{2}+\left(1-\dfrac{\pi}{2}\right)\ln\left[\dfrac{1-F(\rho)}{1+F(\rho)}\right]\\[2ex]\Pi(e)\approx1.0+\left(\dfrac{\pi}{2}-1\right)\dfrac{1-F(\rho)}{1+F(\rho)}\end{cases} \tag{4-72}$$

$$\begin{aligned}a^*&=\left[\frac{2\Pi(e)}{\pi(1-e^2)}\right]^{1/3}\\&\approx\left[0.63662+0.36338\frac{1-F(\rho)}{1+F(\rho)}\right]^{1/3}\Big/\left[\frac{1-F(\rho)}{1+F(\rho)}\right]^{4/(3\pi)}\end{aligned} \tag{4-73}$$

$$\begin{aligned}b^*&=\left[\frac{2\sqrt{1-e^2}\,\Pi(e)}{\pi}\right]^{1/3}\\&\approx\left[0.63662+0.36338\frac{1-F(\rho)}{1+F(\rho)}\right]^{1/3}\cdot\left[\frac{1-F(\rho)}{1+F(\rho)}\right]^{2/(3\pi)}\end{aligned} \tag{4-74}$$

$$\begin{aligned}\delta^*&=\frac{2\Gamma(e)}{\pi}\left[\frac{2\Pi(e)}{\pi(1-e^2)}\right]^{-1/3}\\&\approx\left\{1-0.36338\ln\left[\frac{1-F(\rho)}{1+F(\rho)}\right]\right\}\left[\frac{1-F(\rho)}{1+F(\rho)}\right]^{4/(3\pi)}\Big/\left[0.63662+0.36338\frac{1-F(\rho)}{1+F(\rho)}\right]^{1/3}\end{aligned} \tag{4-75}$$

4.3.3　两个二次曲面柱体线接触

1. 理想线接触

如果两个圆柱体由相同的钢材制作，取 $E=2.07\times10^5$ MPa，$\nu=0.3$，则接触参数公式简化为：

$$b=3.35\times10^{-3}\left(\frac{Q}{l\sum\rho}\right)^{1/2}\ (\mathrm{mm}) \tag{4-76}$$

其中，接触力 Q 的单位为 N，接触表面的曲率和 $\sum\rho=\frac{\pm1}{R_1}+\frac{\pm1}{R_2}$，其中正号对应外凸表面，负号对应内凹表面，$\sum\rho$ 的单位为 1/mm，l 的单位为 mm。

接触表面的最大压应力为：

$$q_{\max}=\frac{2Q}{\pi bl} \tag{4-77}$$

整个接触区上的压应力分布为：

$$q(x,y)=q_{\max}\sqrt{1-\frac{y^2}{b^2}} \tag{4-78}$$

两个线接触体的接触变形趋近量采用下面的公式进行近似计算：

$$\delta=1.4\times10^{-6}\,\frac{Q}{l}\left[\left(2\ln\frac{4R_1}{b}-1\right)+\left(2\ln\frac{4R_2}{b}-1\right)\right]\ (\mathrm{mm}) \tag{4-79}$$

其中，Q 的单位为 N，l 的单位为 mm。

2. 修正线接触

当两个圆柱体的接触是非理想的线接触，在圆柱体的端部会出现应力集中。为了避免这种情况出现，通常将圆柱体的母线修改为弧线，从而使圆柱带有凸度。这种接触已经是点接触。如果接触椭圆的长轴大于圆柱体的有效接触长度 l 而小于 $1.5l$ 时，采用修正线接触的方法计算。这时，圆柱体的母线弧线的接触点的曲率参数为：

$$\sum\rho=\rho_{\mathrm{I1}}+\rho_{\mathrm{II1}}+\rho_{\mathrm{I2}}+\rho_{\mathrm{II2}}$$

$$F(\rho)=\frac{|\rho_{\mathrm{I1}}-\rho_{\mathrm{II1}}+\rho_{\mathrm{I2}}-\rho_{\mathrm{II2}}|}{\sum\rho}$$

再采用点接触公式计算接触参数。

对修正母线的圆柱接触，钢材料，利用 Palmgren 给出线接触变形趋近量的近似计算公式：

$$\delta=3.84\times10^{-5}Q^{0.9}/l^{0.8}\ (\mathrm{mm}) \tag{4-80}$$

其中，接触力 Q 的单位为 N，l 的单位为 mm。

上述线接触的变形趋近量计算公式中没有反映接触体的曲率影响，这与实际情况不完全吻合。已经有研究者推荐采用一种近似的线接触变形趋近量计算公式为[8]：

$$\delta=\frac{Q}{\pi\tilde{E}l}\ln\frac{6.59\tilde{E}l^{3}\sum\rho}{Q}\qquad(4-81)$$

4.3.4 有限长线接触数值解法

当两个圆柱体长度不相同，而轴线平行地相接触，或一个有限长的圆柱与无限大平面接触，这样就出现有限长线接触情况，如图 4-16 所示。

Harris 等人已经介绍了典型的有限长线接触的计算例子[4]。图 4-17(a) 为有限长线接触示意图，图 4-17(b)(c) 为有限长线接触的变形和接触应力分布情况，显然，在圆柱的端部出现了明显的应力集中。

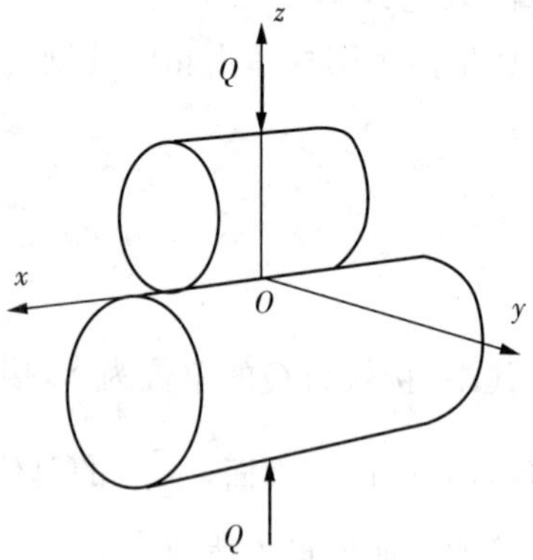

图 4-16 有限长线接触模型

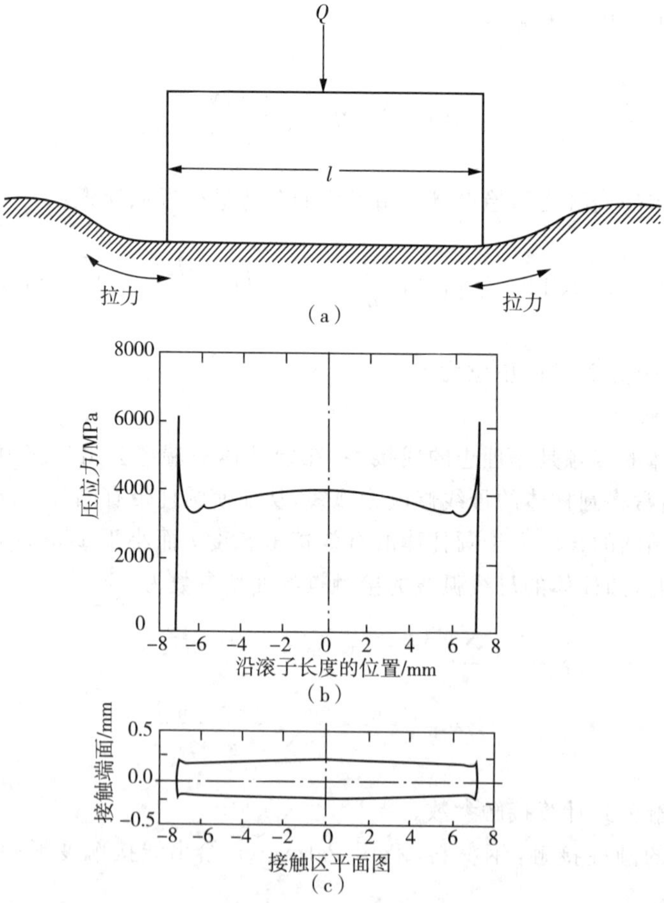

图 4-17 有限长圆柱线接触

为了减少这种应力集中，通常采用带有弧形母线的圆柱体，如图 4-18 中所示。最理性的是圆柱滚子的母线是一种对数曲线，它的接触应力分布如图 4-18(d) 所示。在工程中，滚子轴承设计要求采用这样的对数曲线母线圆柱滚子。

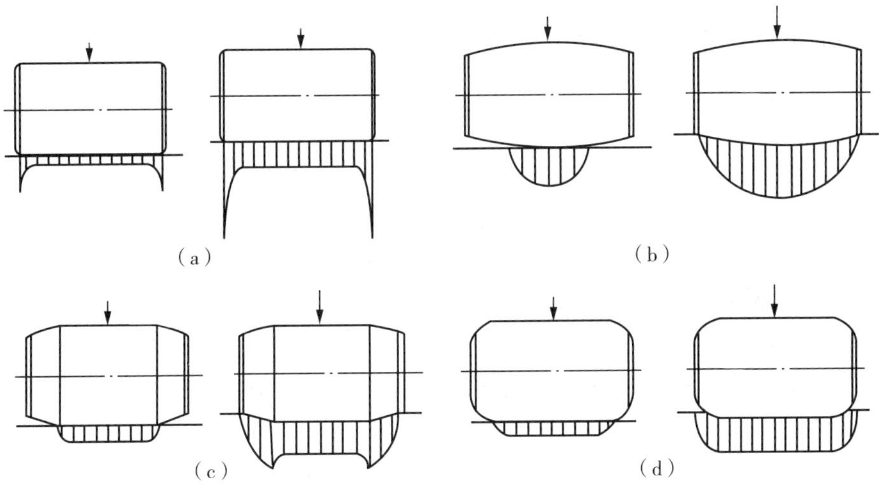

图 4-18　不同弧度母线圆柱滚子的接触应力分布变化

对于有限长接触问题求解，需要满足的第一个要求是接触力平衡条件，即在接触区上的接触压力合力与外载荷平衡，即可以表示为：

$$Q=\iint_{\Xi} q(x,y)dx\,\mathrm{d}y \tag{4-82}$$

式中，Ξ 为有限长接触区域，对于接触压力要求 $q(x,y)\geqslant 0$。

接触问题求解需要满足的第二个要求是两个物体接触变形满足协调条件，即

$$\delta(0)=w_1(x,y)+w_2(x,y)+z_1(x,y)+z_2(x,y),(x,y)\in\Xi \tag{4-83}$$

其中，$\delta(0)$ 为接触体 1 与 2 的接触区中心的变形之和，$w_1(x,y)$，$w_2(x,y)$ 为接触体 1 与 2 的接触表面上各点的变形，$z_1(x,y)$，$z_2(x,y)$ 为接触体 1 与 2 的接触表面形状各点的坐标。

又根据表面接触变形位移的计算方法(波西涅斯克模型)，接触表面上各点的变形大小为：

$$w(x,y)=\frac{1-\nu^2}{\pi E}\iint_{\Xi}\frac{q(\tilde{x},\tilde{y})}{\sqrt{(x-\tilde{x})^2+(y-\tilde{y})^2}}\mathrm{d}\tilde{x}\,\mathrm{d}\tilde{y} \tag{4-84}$$

有限长线接触问题的方程没有完整的理论解，通常采用数值方法求解。

(1) 有限网格数值求解法

先设定可能的接触区域，并划分为一系列的微小矩形单元面[如图 4-19 所示]，在每个小的单元面上假定接触压力为常值(未知)，这样，式(4-84) 可以表示为：

$$\begin{aligned}w(x_{\mathrm{ij}},y_{\mathrm{ij}})&=\frac{1-\nu^2}{\pi E}\iint_{S}\frac{q}{\tilde{R}}\mathrm{d}\tilde{x}\,\mathrm{d}\tilde{y}=\frac{\Theta}{\pi}\iint_{\Xi}\frac{q(\tilde{x},\tilde{y})}{\sqrt{(x_{\mathrm{ij}}-\tilde{x})^2+(y_{\mathrm{ij}}-\tilde{y})^2}}\mathrm{d}\tilde{x}\,\mathrm{d}\tilde{y}\\&=\frac{1-\nu^2}{\pi E}\sum_{m_{\mathrm{ij}}}\iint_{\Xi_{\mathrm{m}}}\frac{q_{\mathrm{m}}}{\sqrt{(x_{\mathrm{ij}}-\tilde{x})^2+(y_{\mathrm{ij}}-\tilde{y})^2}}\mathrm{d}\tilde{x}\,\mathrm{d}\tilde{y}\end{aligned} \tag{4-85}$$

式中，Ξ_m 为网格区域，Ξ 为有限长接触区域。

利用以下接触变形协调条件和平衡方程：

$$\delta(0)=w_1(x_{ij},y_{ij})+w_2(x_{ij},y_{ij})+z_1(x_{ij},y_{ij})+z_2(x_{ij},y_{ij}) \tag{4-86}$$

$$Q=\iint_{\Xi}q(\tilde{x},\tilde{y})\mathrm{d}\tilde{x}\mathrm{d}\tilde{y}=\sum_{m_{ij}}\iint_{\Xi_m}q_m(\tilde{x},\tilde{y})\mathrm{d}\tilde{x}\mathrm{d}\tilde{y} \tag{4-87}$$

求解方程组(4-85)～(4-87)得到接触区域上的压力分布。在求解过程中，首先假定接触区域的大小，同时，必须保证接触压力为非负值($q_m\geqslant 0$)。

(2) 有限条元法

方程(4-85)～(4-87)是接触问题求解的基本方程。但求解的未知量比较多，需要迭代次数多，计算费时。

如果针对线接触压力分布和接触区域的特点，将接触区域沿长度 x 方向划分为微小单元条 n_{ij}，其长度与宽度为 $2h\times 2b$，如图 4-20 中的线条分割所示的条状区域。在每个微小单元条接触区域上，假设接触压力分布函数为：

$$q(x,y)=q_m(x)B(x,y) \tag{4-88}$$

式中，$q_m(x)$ 为 x 轴上最大接触压力，$B(x,y)$ 为有限条上压力变化的分布函数。

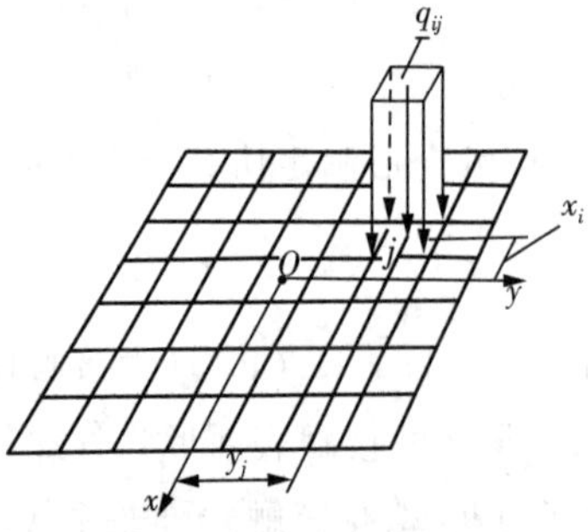

图 4-19　接触区域划分

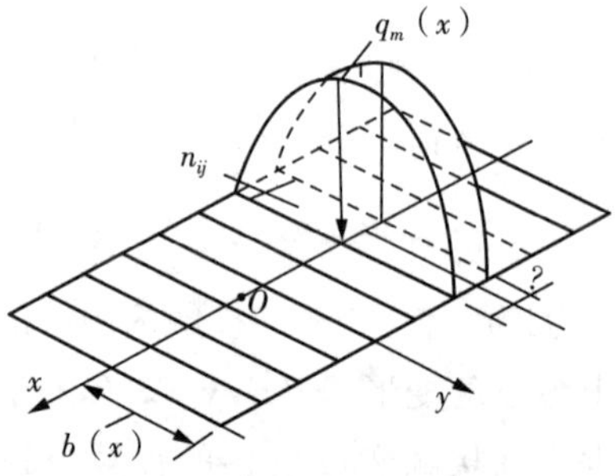

图 4-20　接触压力分布函数模型

根据不同的接触压力分布模型，$B(x,y)$ 可以取不同的函数形式来插值模拟接触压力变化。这里进一步假设沿 y 方向压力的变化为椭圆函数，则 $B(x,y)$ 可以取为：

$$B(x,y)=\sqrt{1-\left[\frac{y}{b(x)}\right]^2} \tag{4-89}$$

式中，$b(x)$ 为接触区半宽度。

下面再建立数值计算方法。在微小单元条接触区域 n_{ij} 中心点(x_{ij},y_{ij})上，接触变形的计算公式(4-84)中的积分可表示为：

$$w(x_{ij},y_{ij})=\frac{1-\nu^2}{\pi E}\iint_{\Xi}\frac{q_m(\tilde{x})B(\tilde{x},\tilde{y})}{\sqrt{(x_{ij}-\tilde{x})^2+(y_{ij}-\tilde{y})^2}}\mathrm{d}\tilde{x}\mathrm{d}\tilde{y}$$

进一步可简化为：

$$w(x_{ij}, y_{ij}) = \frac{1-\nu^2}{\pi E} \sum_{n_{ij}} q_m(x_{ij}) \int_{l_{n_{ij}}} J(\tilde{x}, x_{ij}, y_{ij}) d\tilde{x} \tag{4-90}$$

式中，$J(\tilde{x}, x_{ij}, y_{ij}) = \int_{b_{n_{ij}}} \frac{\sqrt{1-[(\tilde{y}/b(\tilde{x})]^2}}{\sqrt{(x_{ij}-\tilde{x})^2+(y_{ij}-\tilde{y})^2}} d\tilde{y}$，$b_{nij}$ 为微小单元条接触区域半宽度，n_{ij}，ij 表示区域的编号。在对称接触分布条件下，取 $y_{ij}=0$。

将式(4-90)带入两个物体接触变形协调条件后，可以得到：

$$\delta_0 = w_1(x_{ij}, y_{ij}) + w_2(x_{ij}, y_{ij}) + z_1(x_{ij}, y_{ij}) + z_2(x_{ij}, y_{ij}) \tag{4-91}$$

式中，$ij=1,2,3\cdots,MN$，MN 为 x 坐标轴方向上数值计算点总数量，$\delta_0=\delta(0)$。

式(4-91)是具有 MN 个方程的方程组，其中的未知量为 q_m，有 MN 个，δ_0 也未知，共有 $MN+1$ 个。这样不能直接求解，需要再增加接触压力平衡方程(4-87)。

在接触压力为半椭圆分布假设下，接触平衡方程的积分表示为：

$$\begin{aligned} Q &= \sum_{n_{ij}} \iint_{\Xi_n} q_m(\tilde{x}) \sqrt{1-[\tilde{y}/b(\tilde{x})]^2} d\tilde{x} d\tilde{y} \\ &= \sum_{n_{ij}} q_m(x_{ij}) \int_{l_{n_{ij}}} T_m(\tilde{x}, x_{ij}, y_{ij}) d\tilde{x} = \sum_{n_{ij}} q_m(x_{ij}) \frac{\pi b_{ij} 2h}{2} \end{aligned} \tag{4-92}$$

式中，$T_m(\tilde{x}, x_{ij}, y_{ij}) = \int_{b_{n_{ij}}} \sqrt{1-[(\tilde{y}/b(\tilde{x})]^2} d\tilde{y} = \pi b_{ij}/2$。

这样，式(4-91)、(4-92)为一组方程组，联立求解这些方程组可以得到接触区域上的压力分布 q_m 和 δ_0。在整个求解过程中，由于接触区大小在计算之前是未知的，必须首先假定接触区域形状大小进行试计算，计算中必须保证接触压力为非负值($q_m \geqslant 0$)。通过不断迭代修正接触区，最后确定出符合实际的接触区的形状和接触压力的分布。

4.3.5　轴承滚子接触简化计算

在滚子轴承工程设计计算中，当计算接触压力时，需要确定接触区半宽度 b，它与线接触滚子的母线形状有关。本书著者针对几种滚子母线形状函数，推荐下面的接触区参数的简化计算方法。

设轴承滚子的总长度为 l_w，初始接触点的直径为 D_w，作用接触载荷为 Q_w，有效接触区长度为 l_e，一对接触圆柱体的半径分别为 R_1，R_2。

(1) 对数曲线型母线滚子

在对数母线滚子的设计中，为了使滚子母线为光滑完整的对数曲线，同时也与滚子的凸度相对应，对数曲线通常要根据滚子的凸度值来设计，而凸度设计值可以由滚子最大的受载接触变形来确定。在如图 4-21 所示的坐标系中，一般采用的光滑完整的对称型母线的对数曲线函数为：

$$z(x) = \alpha\delta_0 \ln \frac{1}{1-\beta(2x/l_e)^2}, \quad |x| \leqslant l_e/2 \tag{4-93}$$

式中，δ_0 为滚子凸度值，α，β 为系数。当 $x=0$ 时，$z=0$；当 $x=l_e/2$ 时，$z=\delta_0$。利用这些条件可以确定函数中的系数 α，β 的值。

有时为了滚子母线加工方便，只在滚子的端部区域采用对数曲线修形，而在滚子中部仍然采用直线。这时的滚子母线函数形式为：

$$z(x)=\begin{cases}0, & |x|\leqslant l_0/2\\ \zeta\delta_0\ln\dfrac{1}{1-\eta[2(x-l_0/2)/l_e]^2}, & l_0/2<|x|\leqslant l_e/2\end{cases}\tag{4-94}$$

其中，l_0 为滚子直母线段长度，ζ,η 为系数。当 $x=l_0/2$ 时，$z=0$；当 $x=l_e/2$ 时，$z=\delta_0$。利用这些条件同样可以确定函数中的系数 ζ,η 的值。当 $l_0=0$ 时，式(4-94)与式(4-93)相同。对数曲线型母线滚子剖面如图 4-21 所示。

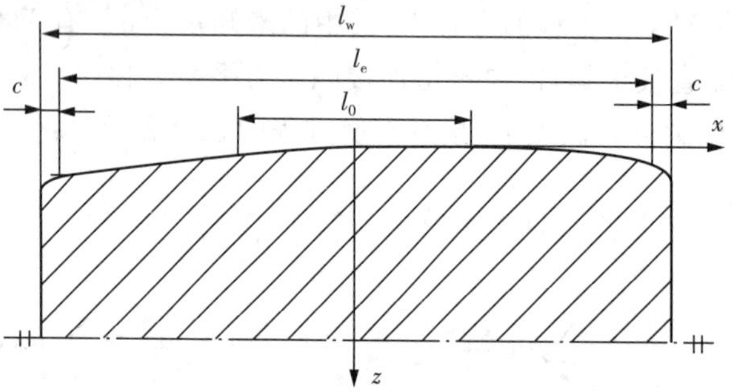

图 4-21　对数母线滚子剖面图

对于上面两种形式的对数曲线滚子，接触区的宽度和接触压力的计算方法可统一如下。

在保证满足外力与接触压力符合平衡方程的前提条件下，将接触载荷 Q_W 分为两部分，一部分由滚子直线段承担，一部分由滚子端部曲线段承担。若 Q_W 比较小，接触区不超出滚子有效接触长度时，Q_W 全部由直母线部分承担，可采用理想线接触参数计算方法。而当 Q_W 比较大时，整个对数曲线母线部分的接触参数计算方法如下：

$$b(x)=\begin{cases}\left(\dfrac{4}{\pi}\dfrac{1}{\widetilde{E}}\dfrac{Q_C}{l_0\sum\rho(0)}\right)^{1/2}, & |x|\leqslant l_0/2\\ \left(\dfrac{3}{2}\dfrac{1}{\widetilde{E}}\dfrac{Q_E}{\sum\rho(l_0/2)}\right)^{1/3}, & l_0/2<|x|<l_e/2\end{cases}\tag{4-95}$$

$$q(x,y)=\begin{cases}\dfrac{2Q_C}{\pi b l_0}\sqrt{1-\left(\dfrac{y}{b}\right)^2}, & |x|\leqslant l_0/2\\ \dfrac{3}{2\pi}\dfrac{Q_E}{a_E b_E}\sqrt{1-\left(\dfrac{x-l_0/2}{a_E}\right)^2-\left[\dfrac{y}{b(x)}\right]^2}, & l_0/2\leqslant|x|\leqslant l_0/2+a_E\end{cases}\tag{4-96}$$

其中，Q_C 为滚子直线段承担的载荷，Q_E 为对数曲线段承担的载荷，$Q_W=Q_C+Q_E$。a_E、b_E 分别为滚子直线段端点处的接触椭圆长、短半轴尺寸。$\sum\rho(x)=2/D_w+z''(x)\pm\rho_{i,e}$，$z''(x)$ 为滚子母线方向的接触点处的曲率，$\rho_{i,e}$ 为内圈（或外圈）接触点处的周向曲率，$\rho_{i,e}=\dfrac{2\gamma}{1\mp\gamma}$

$\frac{1}{D_w}$，$\gamma=\frac{D_w\cos\alpha}{d_m}$，$d_m$ 为轴承节圆直径，α 为轴承接触角。符号“−”对应内圈，“+”对应外圈。

当载荷 Q_W 很大，接触区长度已经超出滚子有效接触长度时，接触区成为完整的线接触模型，可采用线接触公式计算如下：

$$b=\left(\frac{4}{\pi}\frac{1}{\widetilde{E}}\frac{Q_W}{l_e\sum\rho}\right)^{1/2} \tag{4-97}$$

$$q(y)=\frac{2Q_W}{\pi bl_e}\sqrt{1-\left(\frac{y}{b}\right)^2}$$

(2) 圆弧倒角直线型母线滚子

当滚子母线采用对称型部分圆弧修型母线，圆弧曲线与直线光滑连接，如图 4-22 所示，则滚子的母线函数为：

$$z(x)=\begin{cases}0, & |x|\leqslant l_0/2\\ R_C-\sqrt{R_C^2-(x-l_0/2)^2}, & l_0/2<|x|\leqslant l_e/2\end{cases} \tag{4-98}$$

其中，l_0 为滚子直母线长度值，圆弧半径 $R_C=[(l_w-2c)^2-(l_w-2t)^2]/(8\delta_0)$，$l_w$ 为滚子全长，c 为滚子端面倒角尺寸，t 为的凸度修正圆弧部分长度，δ_0 为滚子凸度值。

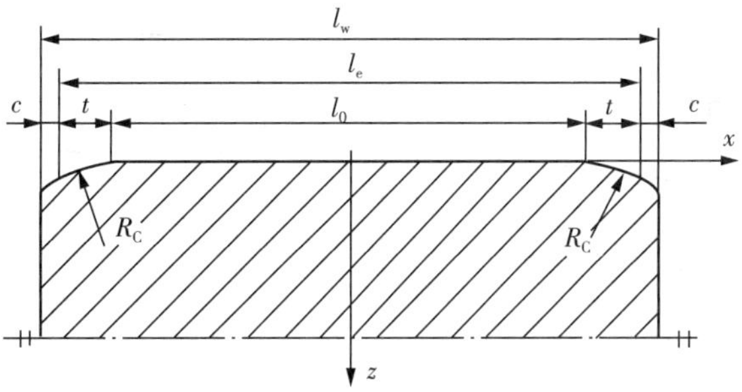

图 4-22　滚子部分圆弧修型母线剖面图

这时，接触区的宽度和接触压力的计算方法也需要按照式(4-95)、式(4-96)计算。不过此时，取 $\sum\rho=2/D_w+1/R_C\pm\rho_{i,e}$。

(3) 倾斜直线倒角修型母线滚子

如果滚子母线采用对称倾斜直线倒角修型母线，如图 4-23 所示，则滚子的母线函数为：

$$z(x)=\begin{cases}0, & |x|\leqslant l_0/2\\ (x-l_0/2)\mathrm{tg}\theta, & l_0/2<|x|\leqslant l_e/2\end{cases} \tag{4-99}$$

其中，l_0 为滚子直母线长度值，θ 为斜直线倾角。

这种母线不常采用，它的接触区的宽度和接触压力可采用修正线接触公式近似计算。

(4) 大圆弧曲线型母线滚子

如果滚子母线采用对称完整大圆弧曲线母时，如图 4-24 所示，则滚子的母线函数为：

$$z(x)=R_W-\sqrt{R_W^2-x^2},\ |x|\leqslant l_e/2 \tag{4-100}$$

其中，R_W 为滚子直母线弧的半径值。

此时接触为点接触，区域为椭圆，椭圆尺寸大小和接触参数按照点接触公式计算如下：

$$a = a^* \left(\frac{3}{2}\frac{1}{\tilde{E}}\frac{Q_W}{\sum\rho}\right)^{1/3} \qquad b = b^* \left(\frac{3}{2}\frac{1}{\tilde{E}}\frac{Q_W}{\sum\rho}\right)^{1/3} \qquad q_{max} = \frac{3Q_W}{2\pi ab}$$

上面各式中，取 $\sum\rho = 2/D_w + 1/R_w \pm \rho_{i,e}$。$a^*$，$b^*$ 为赫兹接触计算系数。

随着载荷的增加，如果出现椭圆长轴值超出滚子有效接触区长度，这时需要对点接触结果进行适当修正。

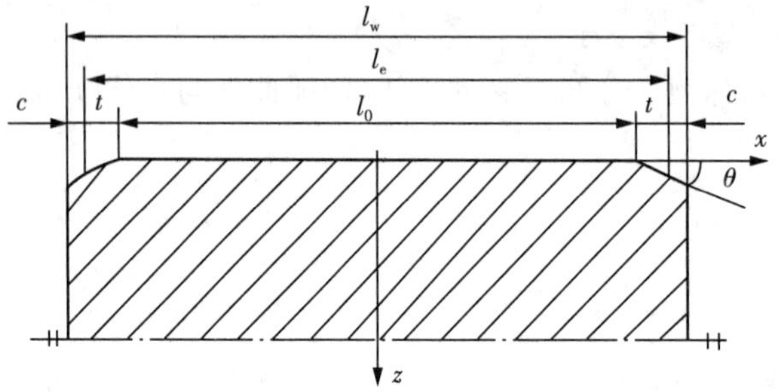

图 4－23　滚子倾斜直线修型母线剖面图

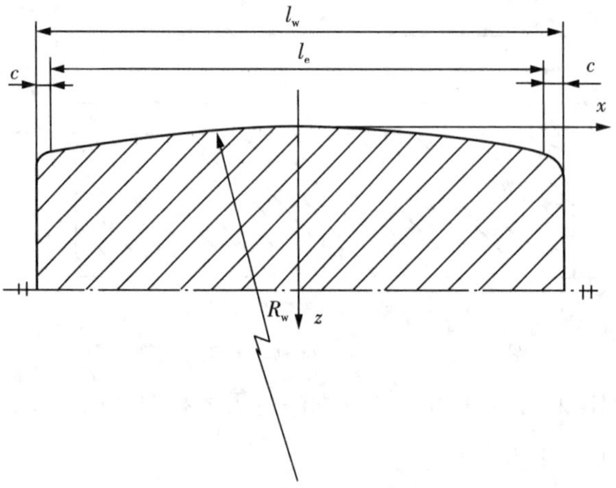

图 4－24　大圆弧滚子数母线剖面

4.4　球轴承中的接触力学参数化设计

4.4.1　向心角接触球轴承

向心角接触球轴承是球轴承中一类使用最广泛的轴承。为了统一计算方便，这里将各类向心球轴承放到一起介绍，包括深沟球轴承(接触角 $\alpha = 0°$，角接触球轴承(接触角 $\alpha \neq 0°$)、双列深沟球轴承、双列角接触球轴承、四点接触球轴承等。

1. 深沟球轴承接触参数设计

在深沟球轴承接触应力设计计算中，建立球与滚道点接触模型如图 4－25 所示。下面以实际的例子说明轴承参数设计计算方法。

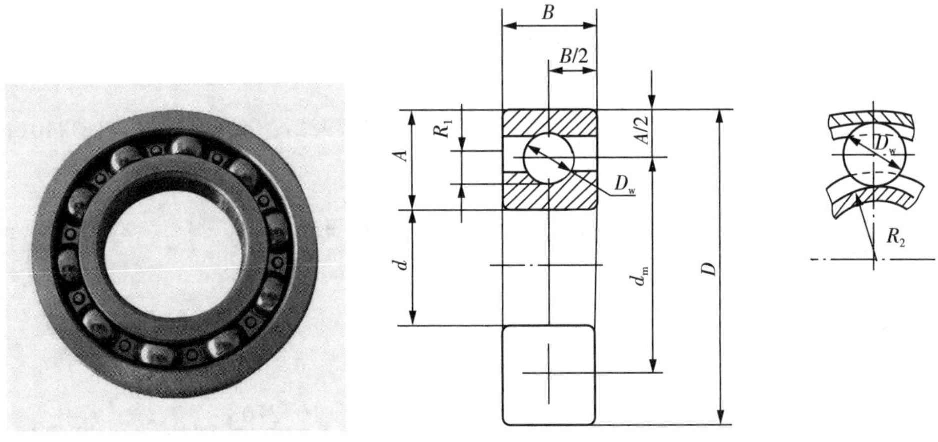

（a）轴承实物　（b）直径剖面　（c）圆周剖面

图 4-25　单列深沟球轴承接触

例 4-1　考虑典型的 6206 轴承，具体的轴承内部结构尺寸为：球的直径 $D_w=9.525$ mm，节圆直径 $d_m=46.5$ mm，内外沟道系数 $f_i=0.515$，$f_e=0.525$。轴承钢材的弹性参数，$E=207$ GPa，$\nu=0.3$。假设接触载荷 $Q=3.5$ kN。计算轴承接触应力如下。

(1) 滚道接触点辅助函数 $\sum\rho$ 和 $F(\rho)$

对于这种点接触情况，以内圈接接触参数计算为例，外圈计算过程类似。

① 球的接触点主曲率值

$$\rho_{I1}=\rho_{II1}=\frac{1}{r_w}=\frac{1}{D_w/2}=\frac{1}{9.525/2}\approx 0.2100(1/\text{mm})$$

② 内圈滚道的接触点主曲率

$$(\rho_{I2})_i=\frac{1}{R_1}=\frac{-1}{f_iD_w}=\frac{-1}{0.515\times 9.525}\approx -0.2038(1/\text{mm})$$

$$(\rho_{II2})_i=\frac{1}{R_2}=\frac{1}{(d_m-D_w)/2}=\frac{1}{(46.5-9.525)/2}\approx 0.0541(1/\text{mm})$$

代入曲率函数：

$$\sum\rho_i=(\rho_{I1}+\rho_{I2}+\rho_{II1}+\rho_{II2})_i=0.2703\ (1/\text{mm})$$

$$F(\rho_i)=\frac{|\rho_{I1}-\rho_{II1}+\rho_{I2}-\rho_{II2}|_i}{\sum\rho_i}=\frac{0.2579}{0.2703}=0.9541$$

由表 4-1 查得：

$$e_i\approx 0.9959\qquad a_i^*\approx 4.3151\qquad b_i^*\approx 0.3870\qquad \delta_i^*\approx 0.5618$$

由材料的等效弹性模量：

$$\frac{1}{\widetilde{E}}=\frac{1-\nu_1^2}{E_1}+\frac{1-\nu_2^2}{E_2}=2\times\frac{1-0.3^2}{207\times10^3}\approx 8.79227\times10^{-6}(\mathrm{mm^2/N})$$

代入接触区域参数公式得内圈滚道的接触结果为：

$$a_i=a_i^*\left[\frac{3Q}{2\widetilde{E}\sum\rho_i}\right]^{1/3}=4.3151\times\left(\frac{3\times3.5\times10^3}{2\times0.2703}\times8.79227\times10^{-6}\right)^{1/3}\approx 2.3940(\mathrm{mm})$$

$$b_i=b_i^*\left[\frac{3Q}{2\widetilde{E}\sum\rho_i}\right]^{1/3}=0.3870\times\left(\frac{3\times3.5\times10^3}{2\times0.2703}\times8.79227\times10^{-6}\right)^{1/3}\approx 0.2147(\mathrm{mm})$$

$$\delta_i=\delta_i^*\left[\frac{3Q}{2\widetilde{E}\sum\rho_i}\right]^{2/3}\frac{\sum\rho}{2}$$

$$=0.5618\times\left(\frac{3\times3.5\times10^3}{2\times0.2703}\times8.79227\times10^{-6}\right)^{2/3}\times\frac{0.2703}{2}\approx 0.0234(\mathrm{mm})$$

内圈接触最大压力为：

$$q_{i\max}=\frac{3Q}{2\pi a_i b_i}=\frac{3\times3.5\times10^3}{2\pi\times2.3940\times0.2147}\approx 3251.27\ (\mathrm{MPa})$$

(2) 建立滚道接触力学参数化设计的数学模型

从上面的计算过程可以看出，深沟球轴承滚道接触参数 $a,b,\delta,q_{\max}$ 与轴承接触点处的曲率、接触载荷以及材料力学性能常数等有关。因此，对整个轴承来说，可以建立下面一种泛函关系式：

$$\{a,b,\delta,q_{\max}\}^{\mathrm{T}}=[HZ]\{D_w,d_m,f_i,f_e,\widetilde{E},Q\}^{\mathrm{T}} \tag{4-101}$$

式中，左边的量为深沟球轴承滚道接触参数，右边是与轴承接触点处的结构参数、材料常数、接触载荷等。$[HZ]$ 是一种轴承接触参数计算过程的矩阵泛函关系。

当对轴承接触参数作出某些要求（或限制）时，则可以对轴承滚道结构参数进行规划设计。这是一种接触力学参数化设计思想。采用数学方法表达时可以写成：

$$\{D_w,d_m,f_i,f_e,\widetilde{E},Q\}^{\mathrm{T}}=[HZ]_{\min}^{-1}\{[a],b,[\delta],[q_{\max}]\}^{\mathrm{T}} \tag{4-102}$$

其中，$[a]$，$[\delta]$，$[q_{\max}]$ 表示对接触区长轴尺寸、变形和最大接触压力等参数的限制性要求值，它们可以根据情况来挑选。$[HZ]_{\min}^{-1}$ 表示泛函矩阵逆向优化运算。根据本章介绍的接触力学的计算公式和第一章中介绍的稳健优化原理进行分析，这一过程可以利用程序在计算机上完成。

对接触参数的限制性要求取值，应该根据不同的使用场合选择不同的限制值。例如，对通用轴承，限制值可以选择稳健的可靠性高的值，对应的设计称为稳健的可靠性设计；而对于特殊使用的专用轴承，限制值可以选择极限值，对应的设计称为极限设计。

例如，针对上面的实际算例，如果取接触最大压应力限制 $[q_{i\max}]\leqslant 3000$ MPa，则通过增加 D_w 和 f_i 来实现。

2. 向心角接触球轴承接触参数设计

对于一般的向心角接触球轴承，建立球与滚道点接触模型如图 4-26 所示。本节的分析方法也适合于双列深沟球轴承、双列角接触球轴承、四点接触球轴承等的分析。

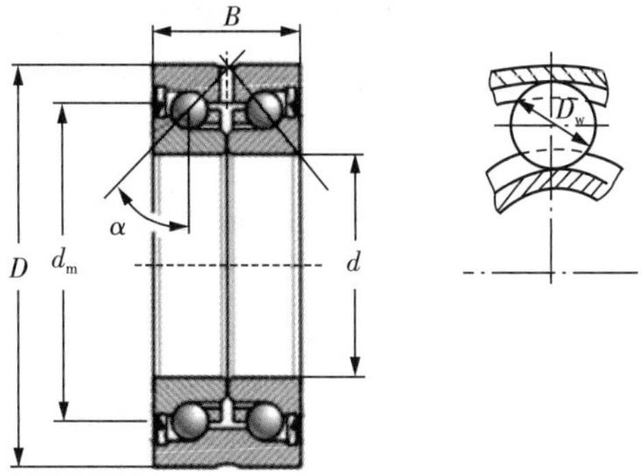

（a）直径剖面　　（b）主曲率剖面

图 4-26　双列向心角接触球轴承接触模型

计算角接触球轴承接触应力需要利用的轴承内部结构尺寸有球直径 D_w；轴承节圆直径 d_m；内、外沟道系数 f_i，f_e；轴承接触角 α；轴承材料钢材的弹性常数；接触载荷 Q；等等。

（1）滚道接触点辅助函数 $\sum\rho$ 和 $F(\rho)$

① 内圈滚道接触点

$$\sum\rho_i=(\rho_{I1}+\rho_{I2}+\rho_{II1}+\rho_{II2})_i=\frac{1}{D_w}\left(4-\frac{1}{f_i}+\frac{2\gamma}{1-\gamma}\right)\tag{4-103}$$

$$F(\rho_i)=\frac{|\rho_{I1}-\rho_{II1}+\rho_{I2}-\rho_{II2}|_i}{\sum\rho_i}=\left(\frac{1}{f_i}+\frac{2\gamma}{1-\gamma}\right)\Big/\left(4-\frac{1}{f_i}+\frac{2\gamma}{1-\gamma}\right)\tag{4-104}$$

② 外圈滚道接触点

$$\sum\rho_e=(\rho_{I1}+\rho_{I2}+\rho_{II1}+\rho_{II2})_e=\frac{1}{D_w}\left(4-\frac{1}{f_e}-\frac{2\gamma}{1+\gamma}\right)\tag{4-105}$$

$$F(\rho_e)=\frac{|\rho_{I1}-\rho_{II1}+\rho_{I2}-\rho_{II2}|_e}{\sum\rho_e}=\left(\frac{1}{f_e}-\frac{2\gamma}{1+\gamma}\right)\Big/\left(4-\frac{1}{f_e}-\frac{2\gamma}{1+\gamma}\right)\tag{4-106}$$

（2）滚道接触力学参数化设计的数学模型

显然，根据曲率函数的计算公式，可以建立一般的向心角接触球轴承接触力学参数设计的数学方法如下：

$$\{a,b,\delta,q_{max}\}^T=[HZ]\{D_w,d_m,f_i,f_e,\alpha,\widetilde{E},Q\}^T\tag{4-107}$$

式中，方程左边的量为角接触球轴承滚道接触参数，右边是轴承接触点处的结构参数、材料常数、接触载荷等。$[HZ]$ 也是一种轴承接触参数计算过程的矩阵广义泛函关系。

当对轴承接触参数作出某些要求（或限制）时，则可以对轴承结构参数进行规划设计。这时，采用数学方法表达可以写成

$$\{D_w,d_m,f_i,f_e,\alpha,\widetilde{E},Q\}^T=[HZ]_{min}^{-1}\{[a],b,[\delta],[q_{max}]\}^T\tag{4-108}$$

其中，$[a]$，$[\delta]$，$[q_{max}]$ 表示对接触区域长轴、接触变形和最大接触压力等参数的限制性要求值。它们可以根据需要来挑选。$[HZ]_{min}^{-1}$ 表示泛函矩阵逆向优化运算。与前面介绍的分析

方法一样[式(4-101)、式(4-102)]这一过程需要利用程序在计算机上完成。

在角接触球轴承中,接触区域长轴有可能超出轴承挡边,因此,需要对它提出限制要求。

4.4.2 推力球轴承

对于一般的推力角接触球轴承,球与滚道点接触模型如图 4-27 所示。

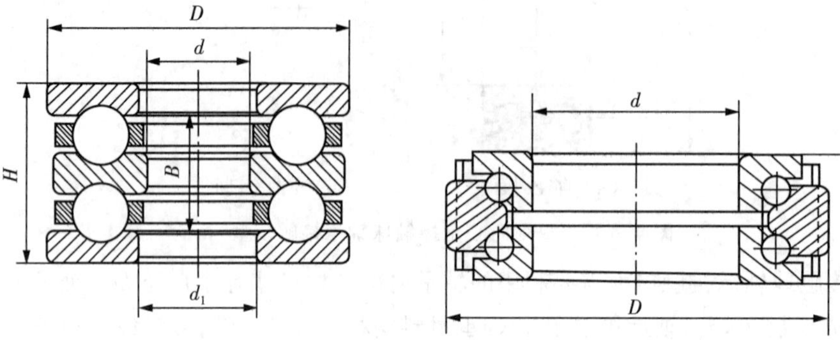

(a) 双向推力球轴承　　(b) 双向推力角接触球轴承

图 4-27　推力球轴承接触模型

计算推力球轴承接触应力需要利用的轴承内部结构尺寸有球直径 D_w;轴承内、外沟道系数 f_i,f_e;轴承接触角 α;轴承材料的弹性常数;接触载荷 Q;等等。

对于一般的推力角接触球轴承,辅助函数 $F(\rho)$ 和 $\sum\rho$ 的表达式与向心角接触球轴承的计算公式类似。可以参照上节中介绍的向心角接触球轴承方法。

1. 滚道接触点辅助函数 $\sum\rho$ 和 $F(\rho)$

对于推力球轴承,滚道接触点辅助函数 $\sum\rho$ 和 $F(\rho)$ 的表达式如下:

① 内圈滚道接触点

$$\sum\rho_i=(\rho_{I1}+\rho_{I2}+\rho_{II1}+\rho_{II2})_i=\frac{1}{D_w}\left(4-\frac{1}{f_i}\right) \tag{4-109}$$

$$F(\rho_i)=\frac{|\rho_{I1}-\rho_{II1}+\rho_{I2}-\rho_{II2}|_i}{\sum\rho_i}=\frac{1}{4f_i-1} \tag{4-110}$$

② 外圈滚道接触点

$$\sum\rho_e=(\rho_{I1}+\rho_{I2}+\rho_{II1}+\rho_{II2})_e=\frac{1}{D_w}\left(4-\frac{1}{f_e}\right) \tag{4-111}$$

$$F(\rho_e)=\frac{|\rho_{I1}-\rho_{II1}+\rho_{I2}-\rho_{II2}|_e}{\sum\rho_e}=\frac{1}{4f_e-1} \tag{4-112}$$

2. 滚道接触力学参数化设计的数学模型

因此,建立一般的推力球轴承接触力学参数设计的数学方法如下:

$$\{a,b,\delta,q_{\max}\}^T=[HZ]\{D_w,f_i,f_e,\widetilde{E},Q\}^T \tag{4-113}$$

式中,方程左边的量为推力球轴承滚道接触参数,右边是与轴承接触点处的结构参数、材料常数、接触载荷等。$[HZ]$ 也是一种轴承接触参数计算过程的矩阵广义泛函关系。

当对轴承滚道接触参数作出某些要求(或限制)时,可以对结构参数进行规划设计。这是一种接触力学参数设计方法。若采用数学方法表达时,可以写成:

$$\{D_w, d_m, f_i, f_e, \alpha, \widetilde{E}, Q\}^T = [HZ]_{min}^{-1}\{[a], [b], [\delta], [q_{max}]\}^T \tag{4-114}$$

其中,$[a]$,$[b]$,$[\delta]$,$[q_{max}]$ 表示对滚道接触区尺寸、变形和最大接触压力参数的限制性要求值,它们可以根据需要来挑选。

$[HZ]_{min}^{-1}$ 表示泛函矩阵逆向优化运算。与式(4-101)、式(4-102)中分析的方法一样,这一过程需要利用程序在计算机上完成。

4.4.3　调心球面球轴承

对于一般的调心球面球轴承,球与滚道点接触模型如图 4-28 所示。

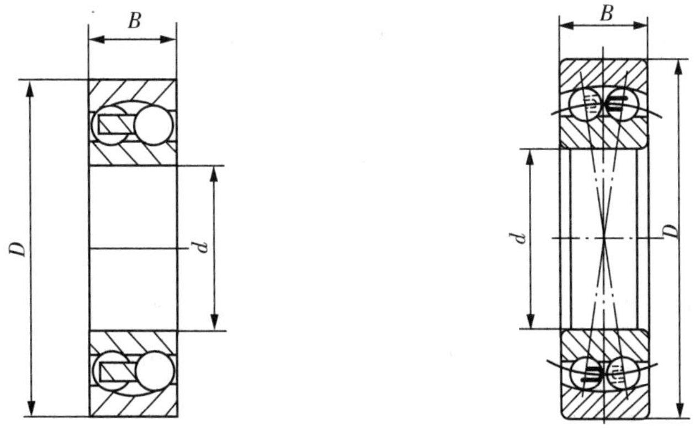

(a)实体保持架调心球轴承　(b)冲压保持架调心球轴承

图 4-28　调心球面球轴承接触模型

计算调心球面球轴承接触应力需要利用的轴承内部结构尺寸有球直径 D_w,轴承内沟道系数 f_i,轴承接触角 α,内圈滚道接触点直径 D_i,外圈滚道球面半径 R_e,轴承材料钢材的弹性参数,接触载荷 Q,等等。

1. 滚道接触点辅助函数 $\sum\rho$ 和 $F(\rho)$

对于一般的调心球面球轴承,接触点的辅助函数 $\sum\rho$ 和 $F(\rho)$ 的表达式计算如下:

① 内圈滚道接触点

$$\sum\rho_i = (\rho_{I1} + \rho_{I2} + \rho_{II1} + \rho_{II2})_i = \frac{1}{D_w}\left(4 - \frac{1}{f_i} + \frac{2D_w}{D_i}\cos\alpha\right) \tag{4-115}$$

$$F(\rho_i) = \frac{|\rho_{I1} - \rho_{II1} + \rho_{I2} - \rho_{II2}|_i}{\sum\rho_i} = \left(\frac{1}{f_i} + \frac{2D_w}{D_i}\cos\alpha\right)\Big/\left(4 - \frac{1}{f_i} + \frac{2D_w}{D_i}\cos\alpha\right) \tag{4-116}$$

② 外圈滚道接触点

$$\sum\rho_e = (\rho_{I1} + \rho_{I2} + \rho_{II1} + \rho_{II2})_e = \frac{4}{D_w} - \frac{2}{R_e} \tag{4-117}$$

$$F(\rho_e) = \frac{|\rho_{I1} - \rho_{II1} + \rho_{I2} - \rho_{II2}|_e}{\sum\rho_e} = 0 \tag{4-118}$$

2. 滚道接触力学参数化设计的数学模型

这样，建立一般的调心球轴承滚道接触力学参数设计的数学方法如下：

$$\{a,b,\delta,q_{\max}\}^{\mathrm{T}}=[HZ]\{D_{\mathrm{w}},D_{\mathrm{i}},R_{\mathrm{e}},f_{\mathrm{i}},\alpha,\widetilde{E},Q\}^{\mathrm{T}} \tag{4-119}$$

式中，左边的量为调心球轴承滚道接触参数，右边是与轴承接触点处的结构参数、材料常数和接触载荷等。$[HZ]$ 也是一种轴承接触参数计算过程的矩阵广义泛函关系。

当对一些轴承滚道接触参数作出某些要求(或限制)时，可以对结构参数进行规划设计。这就是一种接触力学参数设计方法。采用数学方法表达时可以写成

$$\{D_{\mathrm{w}},D_{\mathrm{i}},R_{\mathrm{e}},f_{\mathrm{i}},\alpha,\widetilde{E},Q\}^{\mathrm{T}}=[HZ]_{\min}^{-1}\{[a],[b],[\delta],[q_{\max}]\}^{\mathrm{T}} \tag{4-120}$$

其中，$[a]$，$[b]$，$[\delta]$，$[q_{\max}]$ 表示对接触区域长、短轴、接触变形和最大接触压力等参数的限制性要求值。它们可以根据情况来挑选。$[HZ]_{\min}^{-1}$ 表示泛函矩阵逆向优化运算，与式(4-101)、式(4-102)中的分析方法相似，这一过程需要利用程序在计算机上完成。

4.5 滚子轴承中的接触力学参数化设计

滚子轴承中的接触类型可能是点接触类型，也可能是线接触类型，需要根据轴承内部结构来区分。下面针对几种典型的滚子轴承的接触参数计算作详细的介绍。

4.5.1 调心滚子轴承

在调心滚子轴承接触应力计算时，球面滚子与滚道接触模型如图 4-29 所示。下面通过实际例子说明轴承参数设计计算方法。

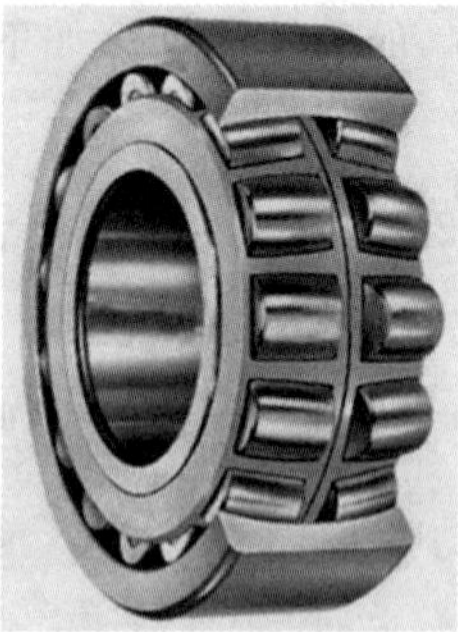
(a) 轴承实物

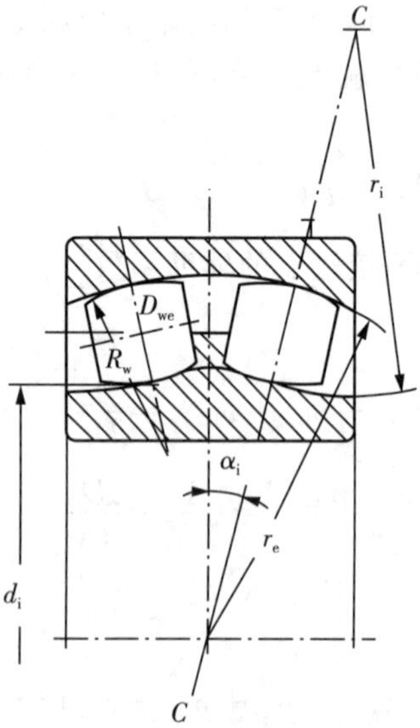

(b) 直径剖面

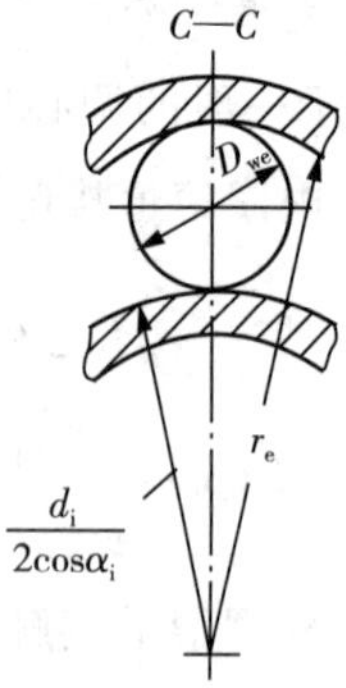

(c) 主曲率剖面

图 4-29 调心滚子轴承接触

例 4-2　通过一个具体的调心滚子轴承例子来说明计算过程。已知轴承滚子最大接触直径 $D_{we}=25$ mm，滚子圆弧轮廓半径 $R_w=79.959$ mm，外滚道的球面半径为 $r_e=80.0$ mm。内圈沟道曲率半径 $r_i=81.585$ mm，内圈接触点直径 $d_i=110.623$ mm，内圈接触角取 $\alpha_i=12°$。轴承钢材的弹性常数为 $E=209$ GPa，$\nu=0.3$。若单个滚子上的接触载荷 $Q=50$ kN。计算轴承接触应力过程如下。

1. 滚道接触点辅助函数 $\sum\rho$ 和 $F(\rho)$

调心滚子轴承是一种点接触情况。以外圈接触点的参数计算为例进行说明。

接触点的辅助函数 $\sum\rho$ 和 $F(\rho)$ 的计算如下：

① 滚子接触点曲率值为：

$$\rho_{\mathrm{I1}}=\frac{2}{D_{we}}=\frac{2}{25}=0.08,\rho_{\mathrm{II1}}=\frac{1}{R_w}=\frac{1}{79.959}\approx 0.01251$$

② 外滚道为内球面，其接触点曲率值为：

$$(\rho_{\mathrm{I2}})_e=(\rho_{\mathrm{II2}})_e=\frac{-1}{r_e}=\frac{-1}{81.585}\approx -0.01225$$

$$\sum\rho_e=(\rho_{\mathrm{I1}}+\rho_{\mathrm{I2}}+\rho_{\mathrm{II1}}+\rho_{\mathrm{II2}})_e=0.06801\ (1/\mathrm{mm})$$

$$F(\rho_e)=\frac{|\rho_{\mathrm{I1}}-\rho_{\mathrm{II1}}+\rho_{\mathrm{I2}}-\rho_{\mathrm{II2}}|_e}{\sum\rho_e}$$

$$=\frac{0.08-0.01251-0.01225+0.01225}{0.06801}\approx 0.99235$$

若利用公式(4-66)计算得 $e_e\approx 0.9995$。进一步计算得到：

$$a_e^*\approx 8.94835\qquad b_e^*\approx 0.26885\qquad \delta_e^*\approx 0.35205$$

$$\frac{1}{\tilde{E}}=\frac{1-\nu_1^2}{E_1}+\frac{1-\nu_2^2}{E_2}=2\times\frac{1-0.3^2}{209\times 10^3}\approx 0.87\times 10^{-5}(\mathrm{mm}^2/\mathrm{N})$$

代入接触区域参数计算公式得到外滚道的接触结果为：

$$a_e=a_e^*\left(\frac{3}{2}\frac{Q}{\tilde{E}\sum\rho_e}\right)^{1/3}=8.94835\times\left(\frac{3}{2}\times\frac{50\times 10^3}{0.068}\times 0.87\times 10^{-5}\right)^{1/3}$$

$$\approx 19.015(\mathrm{mm})$$

$$b_e=b_e^*\left(\frac{3}{2}\frac{Q}{\tilde{E}\sum\rho_e}\right)^{1/3}=0.26885\times\left(\frac{3}{2}\times\frac{50\times 10^3}{0.068}\times 0.87\times 10^{-5}\right)^{1/3}$$

$$\approx 0.571\ (\mathrm{mm})$$

$$\delta_e = \delta_e^* \left(\frac{3Q}{2\tilde{E}\sum\rho_e}\right)^{2/3} \frac{\sum\rho}{2} = 0.35205 \times \left(\frac{3 \times 50 \times 10^3}{2 \times 0.068} \times 0.87 \times 10^{-5}\right)^{2/3} \times \frac{0.068}{2}$$

$$\approx 0.054(\text{mm})$$

外圈接触点的最大压应力为：

$$q_{e\max} = \frac{3Q}{2\pi a_e b_e} = \frac{3 \times 50 \times 10^3}{2 \times \pi \times 19.015 \times 0.571 \times 10^{-6}} \approx 2.199 \times 10^3(\text{MPa})$$

由此可知，计算调心球面球轴承接触应力需要利用的轴承内部结构尺寸为滚子最大直径 D_{we}、滚子圆弧轮廓半径 R_w、外滚道的球面半径为 r_e、内圈沟道曲率半径 r_i、内圈滚道接触点直径 d_i、内圈接触角取 α_i。轴承材料的弹性常数、接触载荷 Q 等。

对于一般的球面滚子轴承，接触类型为点接触，接触点的辅助函数 $\sum\rho$ 和 $F(\rho)$ 的表达式计算如下：

① 内圈滚道接触点

$$\sum\rho_i = \frac{2}{D_w} - \frac{1}{r_i} + \frac{1}{R_w} + \frac{2\cos\alpha_i}{d_i} \tag{4-121}$$

$$F(\rho_i) = \left(\frac{2}{D_w} + \frac{1}{r_i} - \frac{1}{R_w} + \frac{2\cos\alpha_i}{d_i}\right) \Big/ \left(\frac{2}{D_w} - \frac{1}{r_i} + \frac{1}{R_w} + \frac{2\cos\alpha_i}{d_i}\right) \tag{4-122}$$

② 外圈滚道接触点

$$\sum\rho_e = \frac{2}{D_w} - \frac{2}{r_e} + \frac{1}{R_w} \tag{4-123}$$

$$F(\rho_e) = \left(\frac{2}{D_w} - \frac{1}{R_w}\right) \Big/ \left(\frac{2}{D_w} - \frac{2}{r_e} + \frac{1}{R_w}\right) \tag{4-124}$$

2. 滚道接触力学参数化设计的数学模型

这样，可建立一般的球面滚子轴承滚道接触力学参数设计的数学模型如下：

$$\{a, b, \delta, q_{\max}\}^{\mathrm{T}} = [HZ]\{D_w, R_w, r_i, r_e, d_i, \alpha_i, \tilde{E}, Q\}^{\mathrm{T}} \tag{4-125}$$

式中，左边的量为球面滚子轴承滚道接触参数，右边是与轴承接触点处的结构参数、轴承材料的弹性常数、接触载荷 Q 等。$[HZ]$ 是一种轴承接触参数计算过程的矩阵广义泛函关系。

当对一些轴承接触参数作出某些要求（或限制）时，可以对结构参数进行规划设计。采用数学方法表达时，可以写成：

$$\{D_w, R_w, r_i, r_e, d_i, \alpha_i, \tilde{E}, Q\}^{\mathrm{T}} = [HZ]_{\min}^{-1}\{[a], [b], [\delta], [q_{\max}]\}^{\mathrm{T}} \tag{4-126}$$

其中，$[a]$，$[b]$，$[\delta]$，$[q_{\max}]$ 表示对接触区域尺寸、接触变形和最大接触压力等参数的限制性要求值。它们可以根据需要挑选。$[HZ]_{\min}^{-1}$ 表示泛函矩阵逆向优化运算。与式（4－101）、式（4－102）中的分析方法相似，这一过程需要利用程序在计算机上完成。

例如，针对上面的实际算例，如果取接触区域椭圆长轴限制 $[a_e] \leqslant 15$ mm，则通过增加 D_w、R_w 和 r_e 来实现。

4.5.2　推力调心滚子轴承

图 4－30 所示是两种常见的非对称球面滚子结构的推力调心滚子轴承。

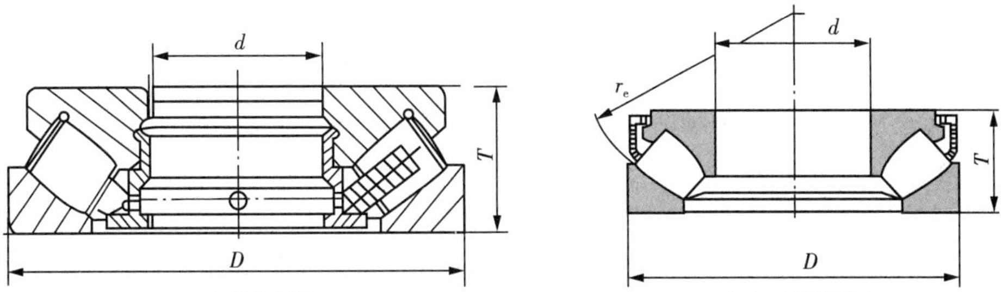

图 4－30　推力调心滚子轴承接触模型

在推力调心滚子轴承接触应力计算时，需要利用的结构尺寸有滚子接触点直径 D_{we}，滚子圆弧轮廓半径 R_w，座圈滚道的球面半径为 r_e，轴圈沟道曲率半径 r_i，轴圈沟道接触点直径 d_i，轴圈接触角 α_i，轴承材料的弹性常数，单个滚子上的接触载荷 Q 等。计算轴承接触应力过程如下：

1. 滚道接触点辅助函数 $\sum\rho$ 和 $F(\rho)$

首先确定推力调心滚子轴承也是一种点接触情况。接触点的辅助函数 $\sum\rho$ 和 $F(\rho)$ 的计算过程如下。

① 滚子接触点曲率

$$\rho_{I1}=\frac{2}{D_w}\qquad \rho_{II1}=\frac{1}{R_w}$$

② 外滚道为球面，其接触点曲率

$$(\rho_{I2})_e=(\rho_{II2})_e=\frac{-1}{r_e}$$

$$\sum\rho_e=(\rho_{I1}+\rho_{I2}+\rho_{II1}+\rho_{II2})_e=\frac{2}{D_w}+\frac{1}{R_w}-\frac{2}{r_e} \tag{4-127}$$

$$F(\rho_e)=\frac{|\rho_{I1}-\rho_{II1}+\rho_{I2}-\rho_{II2}|_e}{\sum\rho_e}=\left(\frac{2}{D_w}-\frac{1}{R_w}\right)\Big/\left(\frac{2}{D_w}+\frac{1}{R_w}-\frac{2}{r_e}\right) \tag{4-128}$$

③ 内圈滚道接触点曲率

$$\sum\rho_i=\frac{2}{D_w}-\frac{1}{r_i}+\frac{1}{R_w}+\frac{2\cos\alpha_i}{d_i} \tag{4-129}$$

$$F(\rho_i)=\left(\frac{2}{D_w}+\frac{1}{r_i}-\frac{1}{R_w}+\frac{2\cos\alpha_i}{d_i}\right)\Big/\left(\frac{2}{D_w}-\frac{1}{r_i}+\frac{1}{R_w}+\frac{2\cos\alpha_i}{d_i}\right) \tag{4-130}$$

2. 滚道接触力学参数化设计的数学模型

与调心滚子轴承类似，建立一般的推力调心滚子轴承接触力学参数设计的数学模型如下：

$$\{a,b,\delta,q_{\max}\}^{\mathrm{T}}=[HZ]\{D_{\mathrm{w}},R_{\mathrm{w}},r_{\mathrm{i}},r_{\mathrm{e}},d_{\mathrm{i}},\alpha_{\mathrm{i}},\widetilde{E},Q\}^{\mathrm{T}} \qquad (4-131)$$

式中，左边的量为推力调心滚子轴承滚道接触参数，右边是与轴承接触点处的结构参数、轴承材料的弹性常数、接触载荷等。$[HZ]$ 是一种轴承接触参数计算过程的矩阵广义泛函关系。

当对一些轴承接触参数作出某些要求(或限制)时，可以对结构参数进行规划设计。这就是一种接触力学参数设计方法。采用数学方法表达时，可以写成：

$$\{D_{\mathrm{w}},R_{\mathrm{w}},r_{\mathrm{i}},r_{\mathrm{e}},d_{\mathrm{i}},\alpha_{\mathrm{i}},\widetilde{E},Q\}^{\mathrm{T}}=[HZ]_{\min}^{-1}\{[a],[b],[\delta],[q_{\max}]\}^{\mathrm{T}} \qquad (4-132)$$

其中，$[a]$，$[b]$，$[\delta]$，$[q_{\max}]$ 表示对滚道接触接触区域尺寸、变形和最大接触压力等参数的限制性要求值。它们可以根据情况来挑选。$[HZ]_{\min}^{-1}$ 表示泛函矩阵逆向优化运算。与式(4-101)、式(4-102)中的分析方法相似，这一过程需要利用程序在计算机上完成。

4.5.3　圆锥滚子轴承

圆锥滚子轴承的结构比较复杂，形式多样，如图 4-31 所示的是两种最常见的圆锥轴承。下面也是通过实际例子说明轴承参数设计计算方法。

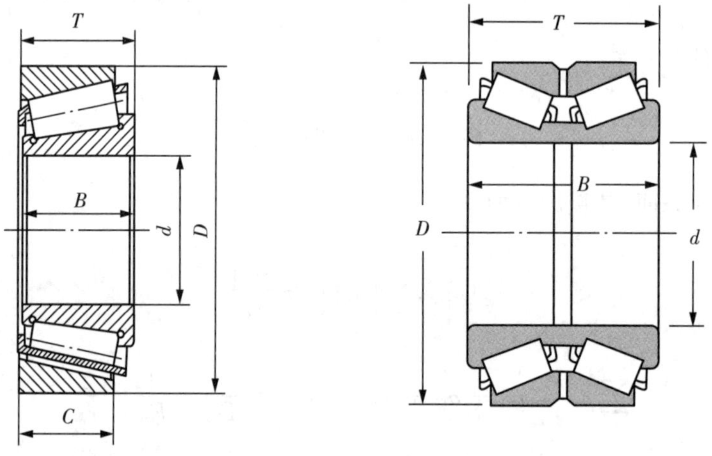

(a) 单列圆锥滚子轴承　　(b) 双列圆锥滚子轴承

图 4-31　典型圆锥滚子轴承

例 4-3　实例计算：已知某具体圆锥滚子大端直径 $D_{\mathrm{w}}=22.5$ mm，滚子的有效接触长度 $l_{\mathrm{e}}=24$ mm，滚子凸度轮廓半径 $R_{\mathrm{w}}=1220.0$ mm，内、外圈滚道为直滚道，滚道中间点为初始接触点。轴承的节圆直径 $d_{\mathrm{m}}=143$ mm.，轴承的接触角 $\alpha=24.5°$，圆锥滚子的锥顶角 $\theta=4°$。滚子与外圈两者的材料都是钢材，$E=209$ GPa，$\nu=0.3$。若单个滚子上的接触载荷 $Q=180$kN。计算外滚道中间点的接触应力。

如图 4-32 所示，在圆锥滚子轴承接触应力计算时，建立圆锥滚子与滚道接触模型。

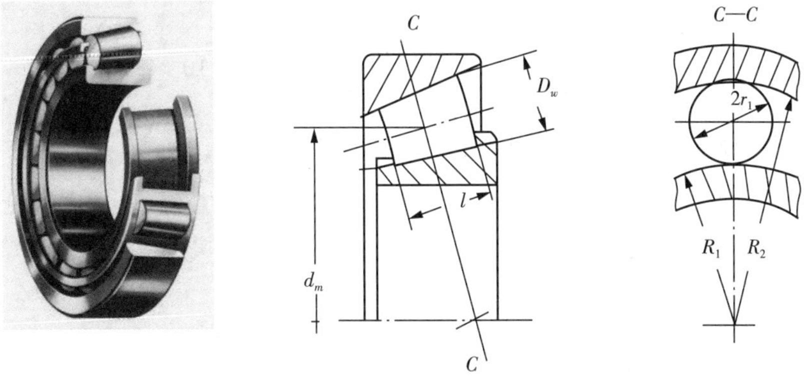

（a）轴承实物　（b）直径剖面　（c）主曲率剖面

图 4-32　圆锥滚子轴承滚道接触

对于圆锥滚子接触，下面分三种情况来考虑。

第一种：凸度滚子与直滚道接触情况

1. 滚道接触点辅助函数 $\sum\rho$ 和 $F(\rho)$

考虑到凸度滚子与直滚道接触，按照点接触情况，在凸度最高点处（滚子中点），计算外圈接触点的参数过程如下：

① 滚子接触点曲率值

$$\rho_{\mathrm{I}1}=\frac{1}{r_1}=\frac{1}{\dfrac{D_{\mathrm{w}}}{2}-\dfrac{l_e}{2}\sin\dfrac{\theta}{2}}=\frac{1}{\dfrac{22.5}{2}-\dfrac{24}{2}\sin\dfrac{4}{2}}\approx 0.0923$$

$$\rho_{\mathrm{II}1}=\frac{1}{R_{\mathrm{w}}}=\frac{1}{1220}\approx 8.197\times 10^{-4}$$

② 外圈滚道接触点曲率值

$$(\rho_{\mathrm{I}2})_{\mathrm{e}}=\frac{-1}{R_2}=\frac{-1}{\dfrac{d_{\mathrm{m}}}{2\cos\alpha}+r_1}=\frac{-1}{\dfrac{143}{2\cos 24.5^{\circ}}+\dfrac{1}{0.0923}}\approx -0.0112$$

$$(\rho_{\mathrm{II}2})_{\mathrm{e}}=0$$

③ 外圈接触点的辅助函数 $\sum\rho$ 和 $F(\rho)$ 的值

$$\sum\rho_{\mathrm{e}}=\rho_{\mathrm{I}1}+(\rho_{\mathrm{I}2})_{\mathrm{e}}+\rho_{\mathrm{II}1}+(\rho_{\mathrm{II}2})_{\mathrm{e}}=0.0819\ (1/\mathrm{mm})$$

$$F(\rho_{\mathrm{e}})=\frac{|\rho_{\mathrm{I}1}+(\rho_{\mathrm{I}2})_{\mathrm{e}}+\rho_{\mathrm{II}1}+(\rho_{\mathrm{II}2})_{\mathrm{e}}|}{\sum\rho_{\mathrm{e}}}$$

$$=\frac{0.0923-8.197\times 10^{-4}-0.0112+0.0}{0.0819}\approx 0.980$$

若利用(4-66)等公式计算得到外圈接触结果为：

$$e_e \approx 0.9984 \qquad a_e^* \approx 5.9415 \qquad b_e^* \approx 0.3285 \qquad \delta_e^* \approx 0.4586$$

$$\frac{1}{\widetilde{E}}=\frac{1-\nu_1^2}{E_1}+\frac{1-\nu_2^2}{E_2}=2\times\frac{1-0.3^2}{209\times10^3}=0.87\times10^{-5}(\mathrm{mm^2/N})$$

代入外圈接触区域参数计算公式得：

$$a_e=a_e^*\left(\frac{3}{2}\frac{Q}{\widetilde{E}\sum\rho_e}\right)^{1/3}=5.9415\times\left(\frac{3}{2}\times\frac{180\times10^3}{0.0819}\times0.87\times10^{-5}\right)^{1/3}$$

$$\approx 18.187\ (\mathrm{mm})$$

$$b_e=b_e^*\left(\frac{3}{2}\frac{Q}{\widetilde{E}\sum\rho_e}\right)^{1/3}=0.3285\times\left(\frac{3}{2}\times\frac{180\times10^3}{0.0819}\times0.87\times10^{-5}\right)^{1/3}$$

$$\approx 1.006(\mathrm{mm})$$

$$\delta_e=\delta_e^*\left(\frac{3Q}{2\widetilde{E}\sum\rho_e}\right)^{2/3}\frac{\sum\rho_e}{2}=0.4586\times\left(\frac{3\times180\times10^3}{2\times0.0879}\times0.87\times10^{-5}\right)^{2/3}\times\frac{0.0819}{2}$$

$$\approx 0.176\ (\mathrm{mm})$$

外圈接触点的最大压应力为：

$$q_{emax}=\frac{3Q}{2\pi a_e b_e}=\frac{3\times180\times10^3}{2\times\pi\times18.187\times1.006\times10^{-6}}\approx 4.497\times10^3(\mathrm{MPa})$$

圆锥轴承内圈接触点的参数计算如下：

在凸度最高点处(滚子中点)内圈滚道接触点的辅助函数 $\sum\rho$ 和 $F(\rho)$ 的表达式为：

$$(\rho_{I2})_i=\frac{1}{R_1}=\frac{1}{\dfrac{d_m}{2\cos\alpha}-r_1}=\frac{1}{\dfrac{d_m}{2\cos\alpha}-\dfrac{D_w}{2}+\dfrac{l_e}{2}\sin\dfrac{\theta}{2}}$$

$$(\rho_{II2})_i=0$$

$$\sum\rho_i=\rho_{I1}+(\rho_{I2})_i+\rho_{II1}+(\rho_{II2})_i$$

$$=\frac{1}{\dfrac{D_w}{2}-\dfrac{l_e}{2}\sin\dfrac{\theta}{2}}+\frac{1}{R_w}+\frac{1}{\dfrac{d_m}{2\cos\alpha}-\dfrac{D_w}{2}+\dfrac{l_e}{2}\sin\dfrac{\theta}{2}} \tag{4-133}$$

$$F(\rho_i)=\frac{|\rho_{I1}+(\rho_{I2})_i+\rho_{II1}+(\rho_{II2})_i|}{\sum\rho_i}$$

$$=\frac{\dfrac{1}{\dfrac{D_w}{2}-\dfrac{l_e}{2}\sin\dfrac{\theta}{2}}-\dfrac{1}{R_w}+\dfrac{1}{\dfrac{d_m}{2\cos\alpha}-\dfrac{D_w}{2}+\dfrac{l_e}{2}\sin\dfrac{\theta}{2}}}{\dfrac{1}{\dfrac{D_w}{2}-\dfrac{l_e}{2}\sin\dfrac{\theta}{2}}+\dfrac{1}{R_w}+\dfrac{1}{\dfrac{d_m}{2\cos\alpha}-\dfrac{D_w}{2}+\dfrac{l_e}{2}\sin\dfrac{\theta}{2}}} \tag{4-134}$$

2. 滚道接触力学参数化设计的数学模型

因此，建立一般的圆锥滚子轴承滚道接触力学参数设计的数学模型如下：

$$\{a,b,\delta,q_{\max}\}^{\mathrm{T}}=[HZ]\{D_{\mathrm{w}},R_{\mathrm{w}},l_{\mathrm{e}},d_{\mathrm{m}},\alpha,\theta,\widetilde{E},Q\}^{\mathrm{T}} \tag{4-135}$$

式中，左边的量为圆锥轴承滚道接触参数，右边是与轴承接触点处的结构参数、材料常数、接触载荷等。$[HZ]$ 是一种轴承接触参数计算过程的矩阵广义泛函关系。

当对一些轴承滚道接触参数作出某些要求（或限制）时，可以对结构参数进行规划设计。这是一种接触力学参数设计思想。采用数学方法表达时，可以写成

$$\{D_{\mathrm{w}},R_{\mathrm{w}},l_{\mathrm{e}},d_{\mathrm{m}},\alpha,\theta,\widetilde{E},Q\}^{\mathrm{T}}=[HZ]_{\min}^{-1}\{[a],[b],[\delta],[q_{\max}]\}^{\mathrm{T}} \tag{4-136}$$

其中，$[a]$，$[b]$，$[\delta]$，$[q_{\max}]$ 表示对接触接触区域尺寸、接触变形和最大接触压力等参数的限制性要求值。它们可以根据需要来挑选。$[HZ]_{\min}^{-1}$ 表示泛函矩阵逆向优化运算。与式(4-101)、式(4-102)中的分析方法相似，这一过程需要利用程序在计算机上完成。

例如，针对上面的实际算例，如果取接触区最大接触压应力限制$[q_{\mathrm{emax}}]\leqslant 3000$ MPa，接触区域椭圆长轴限制$[a_{\mathrm{e}}]\leqslant 18$ mm，则通过增加 D_{w}，R_{w}，l_{e} 来实现。

第二种：滚子端部与内圈大挡边接触情况

由圆锥滚子轴承的结构知道，在滚子大端面与内圈大挡边存在接触，设计中需要特别加以考虑，否则很容易出现挡边接触部位失效。现在，滚子大端面与内圈大挡边之间的接触都设计为点接触形式。滚子大端面设计为球面，半径为 S_R。内圈大挡边设计为圆锥面，锥端面夹角为 λ，接触点高为 $\Delta\lambda$。锥面大挡边与滚道交点直径为 d_{i}，内圈滚道锥面角为 β。大挡边与滚子端面之间的接触模型如图 4-33 所示。

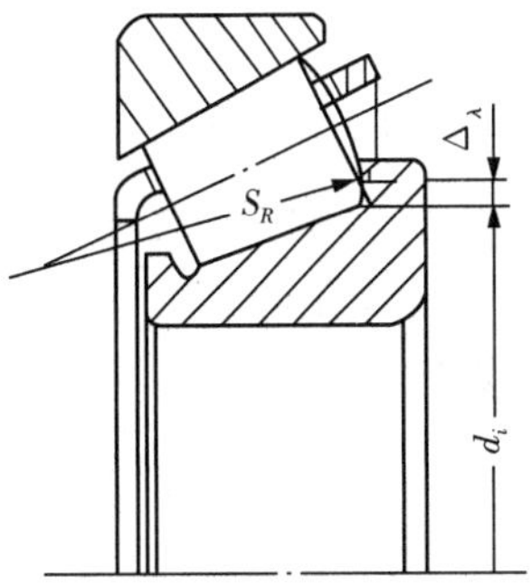

（a）挡边接触点主曲率平面I

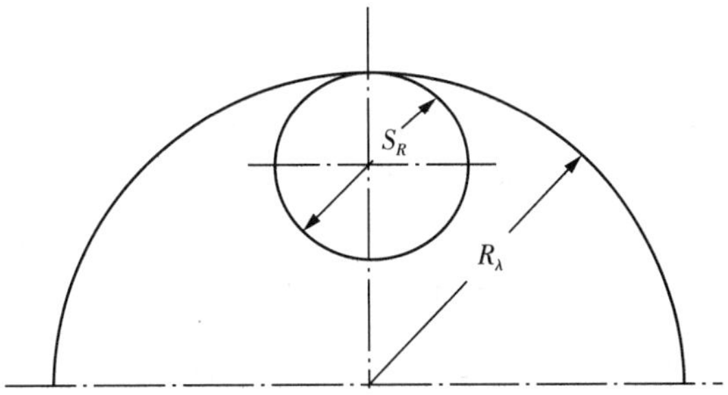

（b）挡边接触点主曲率平面II

图 4-33　滚子端面与挡边接触模型

1. 挡边接触点的辅助函数 $\sum\rho$ 和 $F(\rho)$

① 滚子端面接触点曲率

$$\rho_{\mathrm{I1}}=\rho_{\mathrm{II1}}=\frac{1}{S_{\mathrm{R}}}$$

② 内圈挡边接触点曲率

$$(\rho_{I2})_\lambda = 0$$

$$(\rho_{II2})_\lambda = \frac{-1}{R_\lambda} = -1 \Bigg/ \left[\frac{d_i}{2\cos(90^\circ - \lambda + \beta)} + \Delta_\lambda\right]$$

③ 内圈挡边接触点的辅助函数 $\sum\rho$ 和 $F(\rho)$ 的表达式

$$\sum\rho_\lambda = \rho_{I1} + (\rho_{I2})_\lambda + \rho_{II1} + (\rho_{II2})_\lambda = \frac{2}{S_R} - 1 \Bigg/ \left[\frac{d_i}{2\cos(90^\circ - \lambda + \beta)} + \Delta_\lambda\right] \quad (4-137)$$

$$F(\rho_\lambda) = \frac{|\rho_{I1} + (\rho_{I2})_\lambda + \rho_{II1} + (\rho_{II2})_\lambda|}{\sum\rho_\lambda} = \frac{1 \Big/ \left[\dfrac{d_i}{2\cos(90^\circ - \lambda + \beta)} + \Delta_\lambda\right]}{\dfrac{2}{S_R} - 1 \Big/ \left[\dfrac{d_i}{2\cos(90^\circ - \lambda + \beta)} + \Delta_\lambda\right]}$$

(4-138)

2. 挡边接触力学参数化设计的数学模型

因此，建立一般的圆锥滚子轴承挡边接触力学参数设计的数学模型如下：

$$\{a, b, \delta, q_{max}\}^T = [HZ]\{S_R, d_i, \Delta_\lambda, \beta, \lambda, \widetilde{E}, Q_\lambda\}^T \quad (4-139)$$

式中，左边的量为圆锥轴承挡边接触参数，右边是与轴承接触点处的结构参数、材料常数 $\widetilde{E}$、挡边接触载荷 Q_λ 等。$[HZ]$ 是一种轴承接触参数计算过程的矩阵广义泛函关系。

当对轴承挡边接触参数作出某些要求（或限制）时，可以对结构参数进行规划设计。采用数学方法表达时，可以写成：

$$\{S_R, d_i, \Delta_\lambda, \beta, \lambda, \widetilde{E}, Q_\lambda\}^T = [HZ]_{min}^{-1}\{[a], [b], [\delta], [q_{max}]\}^T \quad (4-140)$$

其中，$[a]$，$[b]$，$[\delta]$，$[q_{max}]$ 表示对接触区域尺寸、接触变形和最大接触压力等参数的限制性要求值。它们可以根据需要来挑选。$[HZ]_{min}^{-1}$ 表示泛函矩阵逆向优化运算。与式(4-101)、式(4-102)中的分析方法相似，这一过程需要利用程序在计算机上完成。

第三种：直线滚子与直滚道接触情况

1. 滚道接触点辅助函数 $\sum\rho$ 和 $F(\rho)$

如果不考虑滚子凸度，由直线滚子与直滚道接触，则按照线接触情况，滚道接触点的辅助函数 $\sum\rho$ 和 $F(\rho)$ 的表达式如下：

① 滚子接触点曲率

$$\rho_{I1} = \frac{1}{r_1} = \frac{1}{\dfrac{D_w}{2} - \dfrac{l_e}{2}\sin\dfrac{\theta}{2}} \quad (4-141)$$

$$\rho_{II1} = 0$$

② 外圈滚道曲率

$$\begin{cases}(\rho_{I2})_e = \dfrac{-1}{R_2} = \dfrac{-1}{\dfrac{d_m}{2\cos\alpha} + r_1} \\ \rho_{II2} = 0\end{cases} \tag{4-142}$$

③ 外圈接触点的辅助函数 $\sum\rho$ 和 $F(\rho)$ 的表达式

$$\sum\rho_e = \rho_{I1} + (\rho_{I2})_e + \rho_{II1} + (\rho_{II2})_e = \frac{1}{\dfrac{D_w}{2} - \dfrac{l_e}{2}\sin\dfrac{\theta}{2}} - \frac{1}{\dfrac{d_m}{2\cos\alpha} + r_1} \tag{4-143}$$

$$F(\rho_e) = \frac{|\rho_{I1} + (\rho_{I2})_e + \rho_{II1} + (\rho_{II2})_e|}{\sum\rho_e} = 1 \tag{4-144}$$

④ 内圈滚道接触点的辅助函数 $\sum\rho$ 和 $F(\rho)$ 的表达式

$$\begin{cases}(\rho_{I2})_i = \dfrac{1}{R_1} = \dfrac{1}{\dfrac{d_m}{2\cos\alpha} - r_1} = \dfrac{1}{\dfrac{d_m}{2\cos\alpha} - \dfrac{D_w}{2} + \dfrac{l_e}{2}\sin\dfrac{\theta}{2}} \\ (\rho_{II2})_i = 0\end{cases} \tag{4-145}$$

$$\begin{aligned}\sum\rho_i &= \rho_{I1} + (\rho_{I2})_i + \rho_{II1} + (\rho_{II2})_i \\ &= \frac{1}{\dfrac{D_w}{2} - \dfrac{l_e}{2}\sin\dfrac{\theta}{2}} + \frac{1}{\dfrac{d_m}{2\cos\alpha} - \dfrac{D_w}{2} + \dfrac{l_e}{2}\sin\dfrac{\theta}{2}}\end{aligned} \tag{4-146}$$

$$F(\rho_i) = \frac{|\rho_{I1} + (\rho_{I2})_i + \rho_{II1} + (\rho_{II2})_i|}{\sum\rho_i} = 1 \tag{4-147}$$

2. 滚道接触力学参数化设计的数学模型

建立一般的圆锥滚子轴承滚道接触力学参数设计的数学模型如下：

$$\{b, \delta, q_{\max}\}^{T} = [HZ]\{D_w, R_w, l_e, d_m, \alpha, \theta, \widetilde{E}, Q\}^{T} \tag{4-148}$$

式中，左边的量为圆锥滚子轴承滚道接触参数，右边是与轴承接触点处的结构参数、材料常数、接触载荷等。$[HZ]$ 是一种轴承接触参数计算过程的矩阵广义泛函关系。

当对一些轴承滚道接触参数作出某些要求（或限制）时，可以对结构参数进行规划设计。采用数学方法表达时，可以写成：

$$\{D_w, R_w, l_e, d_m, \alpha, \theta, \widetilde{E}, Q\}^{T} = [HZ]_{\min}^{-1}\{[b], [\delta], [q_{\max}]\}^{T} \tag{4-149}$$

其中，$[b]$，$[\delta]$，$[q_{\max}]$ 表示对滚道接触区域尺寸、接触变形和最大接触压力等参数的限制性要求值。它们可以根据情况来挑选。$[HZ]_{\min}^{-1}$ 表示泛函矩阵逆向优化运算。与式(4-101)、式(4-102) 中的分析方法相似，这一过程需要利用程序在计算机上完成。

4.5.4 圆柱滚子轴承

圆柱滚子轴承也有多种结构形式，图 4 - 34 所示的是两种常见的圆柱轴承。

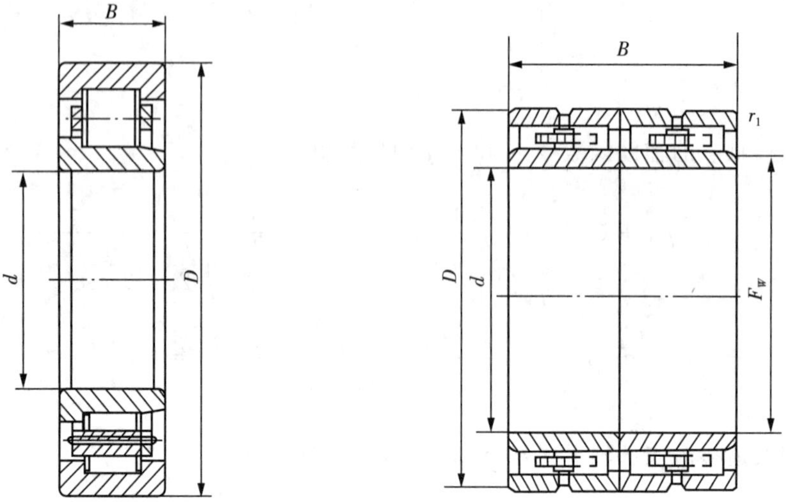

NJ0000型 FCD型

（a）单列圆柱滚子轴承 （b）四列圆柱滚子轴承

图 4 - 34 典型圆柱滚子轴承

在圆柱滚子轴承接触应力计算时，建立圆柱滚子与滚道接触模型，如图 4 - 35 所示。

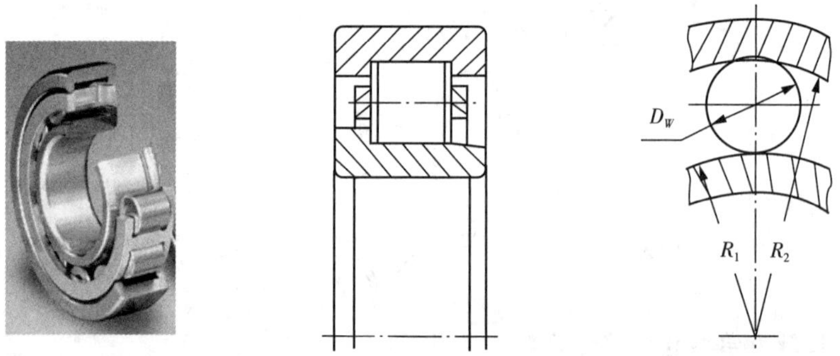

（a）轴承实物 （b）沿直径剖面 （c）沿圆周剖面

图 4 - 35 单列圆柱滚子轴承接触

圆柱滚子轴承接触计算相对比较简单一些。考虑短圆柱滚子轴承，计算中需要滚子接触点直径 D_{we}，滚子的有效接触长度 l_e。不考虑滚子凸度。内、外圈滚道为直滚道，滚道中间点为初始接触点的半径为 R_1，R_2。滚子与外圈两者的材料都是钢材。单个滚子上的接触载荷为 Q。

1. 滚道接触点辅助函数 $\sum\rho$ 和 $F(\rho)$

按照线接触情况考虑，在滚子接触点处，计算外圈接触点的参数如下：

① 滚子接触点曲率

$$\begin{cases}\rho_{\mathrm{I1}}=\dfrac{1}{r_1}=\dfrac{2}{D_{we}}\\ \rho_{\mathrm{II1}}=\dfrac{1}{R_w}=0\end{cases} \tag{4-150}$$

② 外圈滚道曲率

$$(\rho_{I2})_e = \frac{-1}{R_2}$$

$$(\rho_{II2})_e = 0$$

$$\sum \rho_e = \rho_{I1} + (\rho_{I2})_e + \rho_{II1} + (\rho_{II2})_e = \frac{2}{D_{we}} - \frac{1}{R_2} \tag{4-151}$$

$$F(\rho_e) = \frac{|\rho_{I1} + (\rho_{I2})_e + \rho_{II1} + (\rho_{II2})_e|}{\sum \rho_e} = 1 \tag{4-152}$$

同样，计算内圈接触点的参数：

③ 在凸度最高点处（滚子中点），内圈滚道接触点的辅助函数 $\sum \rho$ 和 $F(\rho)$ 的表达式

$$(\rho_{I2})_i = \frac{1}{R_1}$$

$$(\rho_{II2})_i = 0$$

$$\sum \rho_i = \rho_{I1} + (\rho_{I2})_i + \rho_{II1} + (\rho_{II2})_i = \frac{2}{D_{we}} + \frac{1}{R_1} \tag{4-153}$$

$$F(\rho_i) = \frac{|\rho_{I1} + (\rho_{I2})_i + \rho_{II1} + (\rho_{II2})_i|}{\sum \rho_i} = 1 \tag{4-154}$$

2. 滚道接触力学参数化设计的数学模型

建立一般的圆柱滚子轴承滚道接触力学参数设计的数学模型如下：

$$\{b, \delta, q_{max}\}^T = [HZ]\{D_{we}, l_e, R_1, R_2, \widetilde{E}, Q\}^T \tag{4-155}$$

式中，左边的量为轴承滚道接触参数，右边是与轴承接触点处的结构参数、材料常数、滚子上的接触载荷等。$[HZ]$ 是一种轴承接触参数计算过程的矩阵广义泛函关系。

当对轴承接触参数作出某些要求（或限制）时，可以对结构参数进行规划设计。采用数学方法表达时，可以写成：

$$\{D_{we}, l_e, R_1, R_2, \widetilde{E}, Q\}^T = [HZ]_{min}^{-1}\{[b], [\delta], [q_{max}]\}^T \tag{4-156}$$

其中，$[b]$，$[\delta]$，$[q_{max}]$ 表示对滚道接触区域尺寸、接触变形和最大接触压力等参数的限制性要求值。它们可以根据情况来挑选。$[HZ]_{min}^{-1}$ 表示泛函矩阵逆向优化运算。与式(4-101)、式(4-102) 中的分析方法相似，这一过程需要利用程序在计算机上完成。

对接触参数的限制性要求取值，应该根据不同的使用场合选择不同的限制值。例如，对通用轴承，限制值可以选择稳健的可靠性高的值，对应的设计称为稳健的可靠性设计；而对应特殊使用的专用轴承，限制值可以选择极限值，对应的设计称为极限设计。

4.6 接触表面下的应力强度参数化设计

为了能够校核接触强度,需要计算接触物体内的应力状态。接触表面下应力计算是比较复杂的过程,目前理论分析结果有限,多数是采用有限元等数值计算方法。下面简要介绍结果。

4.6.1 接触表面下应力状态

由弹性力学分析知道,典型圆柱体接触表面下的平面应力状态的变化如图 4-36 所示。

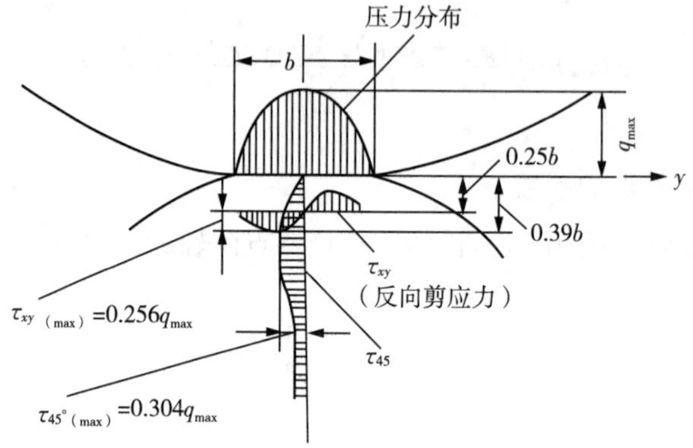

图 4-36 圆柱体接触内部的应力变化

Thomas,Hoersch,Jones,Harris 等人已针对接触表面在正压力作用情况下,给出沿 z 坐标轴上的主应力分布的理论结果[6]:

$$S_x=\psi(\Lambda_x+\nu\widetilde{\Lambda}_x) \qquad S_y=\psi(\Lambda_y+\nu\widetilde{\Lambda}_y) \qquad S_z=\frac{-\psi}{2}\left(\frac{1}{\Phi}-\Phi\right) \tag{4-157}$$

其中,$\psi=\dfrac{\widetilde{E}ab^2\sum\rho}{(a^2-b^2)\Pi(e)}$,$\Phi=\left(\dfrac{1+(z/b)^2}{(a/b)^2+(z/b)^2}\right)^{1/2}$;

$$\Lambda_x=\frac{\Phi-1}{2}+\frac{z}{b}[\Gamma(e,\varphi)-\Pi(e,\varphi)];$$

$$\widetilde{\Lambda}_x=1-\left(\frac{a}{b}\right)^2\Phi+\frac{z}{b}\left[\left(\frac{a}{b}\right)^2\Pi(e,\varphi)-\Gamma(e,\varphi)\right];$$

$$\Lambda_y=\frac{\Phi+1}{2\Phi}-\left(\frac{a}{b}\right)^2\Phi+\frac{z}{b}\left[\left(\frac{a}{b}\right)^2\Pi(e,\varphi)-\Gamma(e,\varphi)\right];$$

$$\widetilde{\Lambda}_y=-1+\Phi+\frac{z}{b}[\Gamma(e,\varphi)-\Pi(e,\varphi)];$$

$\Gamma(e,\varphi)=\int_0^{\varphi}1\Big/(1-e^2\cos^2\varphi)^{1/2}\mathrm{d}\varphi$ 为第一类非完全椭圆积分;

$\Pi(e,\varphi)=\int_0^{\varphi}(1-e^2\cos^2\varphi)^{1/2}\mathrm{d}\varphi$ 为第二类非完全椭圆积分;

ν 为材料的波松比,$\widetilde{E}=1\Big/\left(\dfrac{1-\nu_1^2}{E_1}+\dfrac{1-\nu_2^2}{E_2}\right)$为材料的当量弹性模量,$\sum\rho$ 为接触区域的曲率和函数,$e=\sqrt{1-(b/a)^2}$。

对于点接触:

$$q_{max}=\frac{3Q}{2\pi ab} \qquad a=0.02363a^{*}\left(\frac{Q}{\sum\rho}\right)^{1/3} \qquad b=0.02363b^{*}\left(\frac{Q}{\sum\rho}\right)^{1/3} \tag{4-158}$$

对于线接触：

$$q_{max}=\frac{2Q}{\pi lb} \qquad b=3.35\times10^{-3}\left(\frac{Q}{l\sum\rho}\right)^{1/2} \tag{4-159}$$

利用主应力及 Mohr 应力圆理论，可以确定出接触表面下最大切应力为：

$$\tau_{yz}=\frac{1}{2}(S_z-S_y) \tag{4-160}$$

进一步，Palmgren 和 Lundberg 给出最大切应力和它的位置的变化规律为：

$$\begin{cases}\tau_{yz}=\dfrac{3Q}{2\pi}\dfrac{\cos^2\varphi\sin\varphi\sin\vartheta}{a^2\tan^2\vartheta+b^2\cos^2\varphi}\\ y=(a^2\tan^2\vartheta+b^2)^{1/2}\sin\varphi\\ z=a\tan\vartheta\cos\varphi\end{cases} \tag{4-161}$$

其中，ϑ，φ 为辅助参数。并且最大切应力的极值满足下面的条件：

$$\frac{\partial\tau_{yz}}{\partial\vartheta}=\frac{\partial\tau_{yz}}{\partial\varphi}=0 \tag{4-162}$$

$$\tan^2\vartheta=\tan^2\varphi-1=t-1 \tag{4-163}$$

$$\frac{b}{a}=[(t^2-1)(2t-1))^{1/2} \tag{4-164}$$

利用上面的关系，求出最大切应力的极值 τ_{yzmax} 所在位置。对点接触，在 $z_1=0.467b$ 处，对线接触，在 $z_1=0.786b$ 处。图 4-37 所示的是点接触的最大切应力的极值和所处的位置随 b/a 的变化规律。

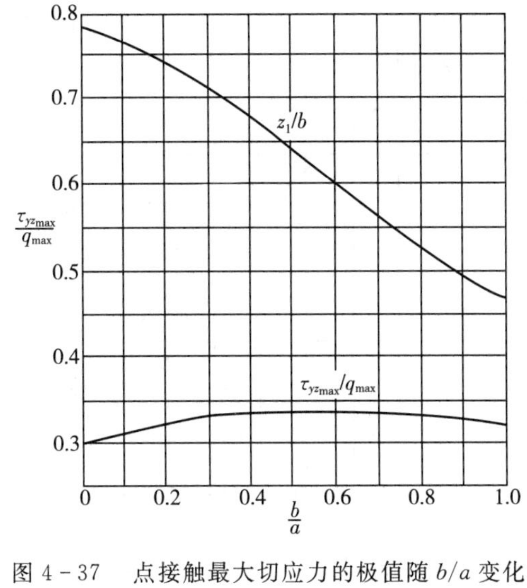

图 4-37　点接触最大切应力的极值随 b/a 变化

图 4-38 所示的是线接触在表面下 z_0 位置处最大切应力随 y/b 的变化规律。

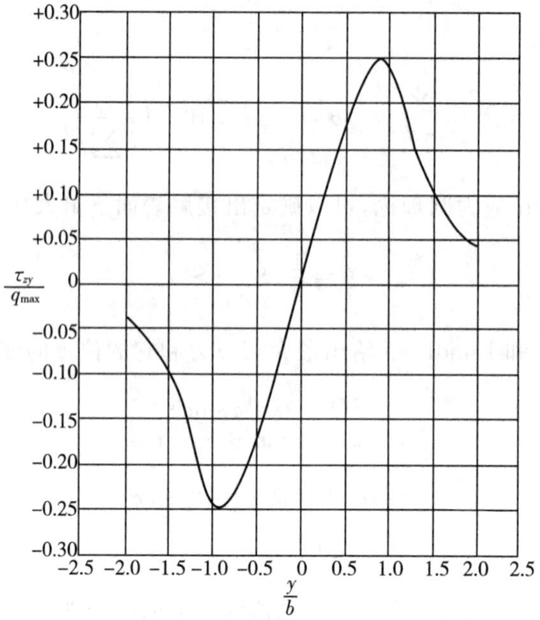

图 4-38 线接触在表面下 z_0 位置处切应力 τ_{zy} 随 y/b 的变化

若表面接触是滚动接触，则最大切应力是一种交变应力。图 4-39 中反映出交变切应力的幅值。Palmgren 和 Lundberg 给出交变切应力的幅值 τ_0 和位置 z_0 为：

$$\tau_0 = \frac{q_{\max}}{2}\frac{\sqrt{2t-1}}{t(t+1)} \tag{4-165}$$

$$\frac{z_0}{b} = \frac{1}{(t+1)\sqrt{2t-1}} \tag{4-166}$$

图 4-39 所示的是点接触中交变切应力的幅值随 b/a 的变化规律。

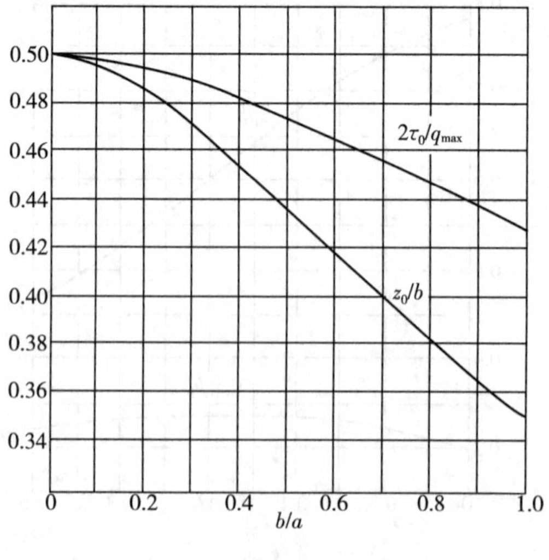

图 4-39 交变切应力的幅值 τ_0 随 b/a 的变化

Zwirlein 和 Schlicht 研究了接触表面的摩擦力对接触表面下的应力分布的影响。图 4-40(a) 是线接触条件下 von Mises 等效应力的分布变化。图 4-40(b) 是接触表面下 von Mises 应力随摩擦系数的变化规律。

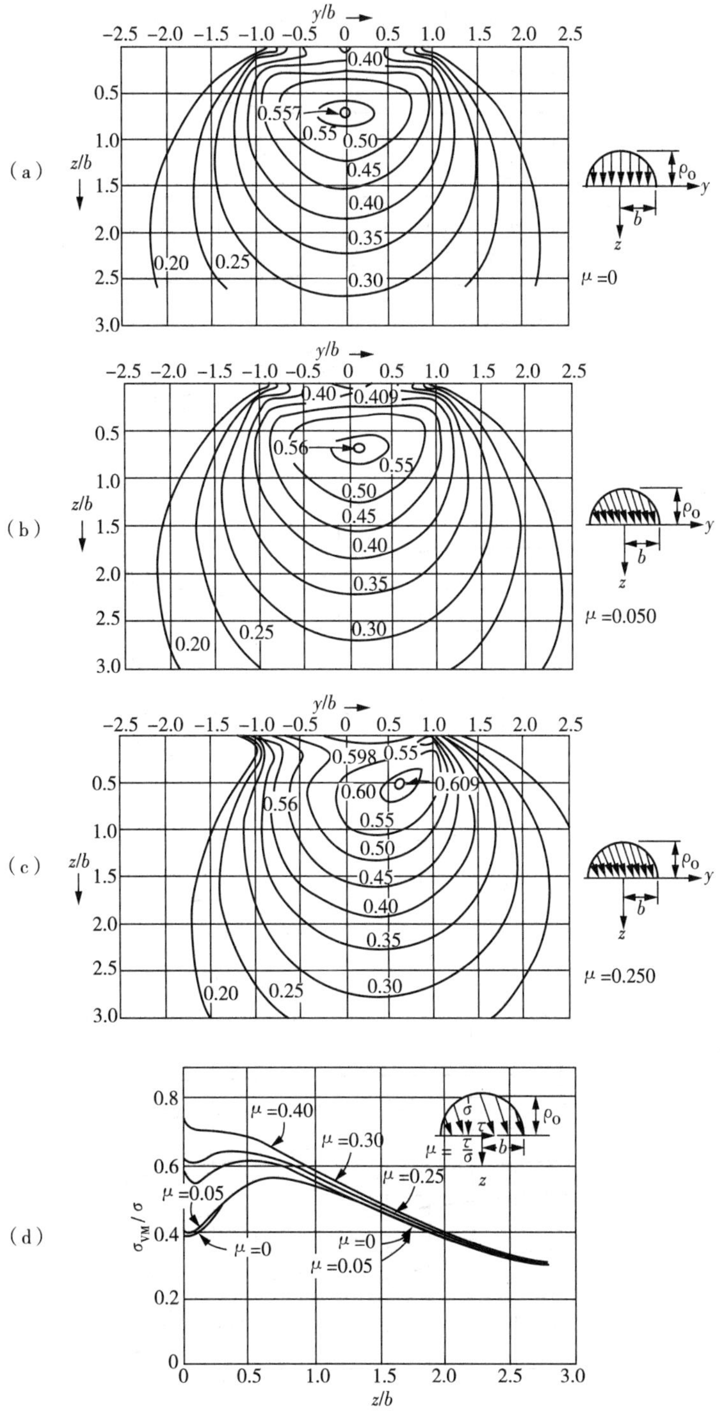

图 4-40　接触表面下 von Mises 应力

[(a)(b)(c) 为接触表面下 von Mises 应力分布;(d) 为接触表面下 von Mises 应力随摩擦系数的变化]

4.6.2 接触应力强度计算

(1) 点接触应力状态

根据上面介绍的接触应力状态理论分析结果，可以利用图形直观地表明接触体内的应力变化。图 4－41 显示了点接触条件下主应力(S_x，S_y，S_z) 沿 z 坐标轴上的变化规律。[4]

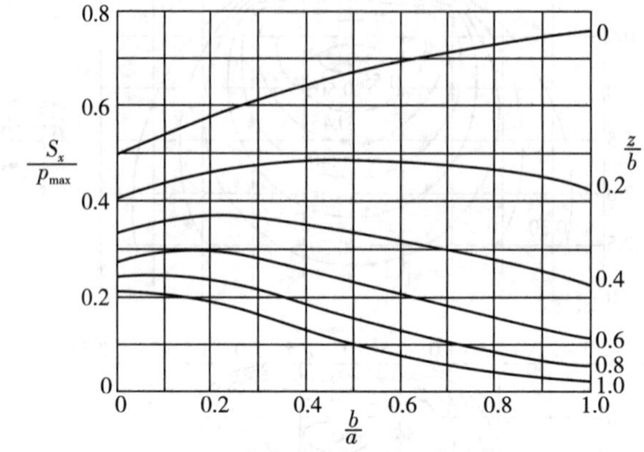

（a）主应力S_x随b/a的变化

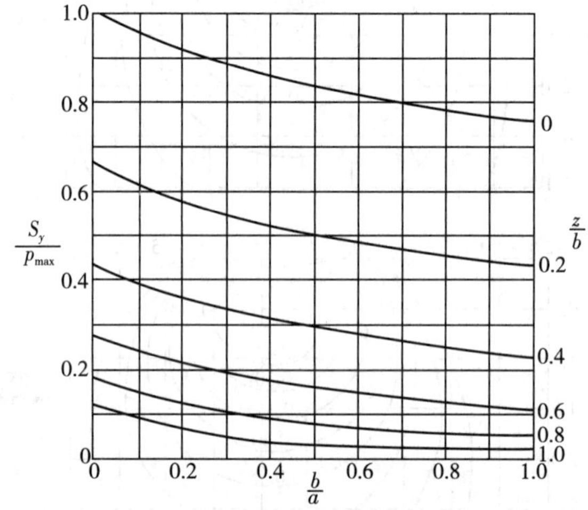

（b）主应力S_y随b/a的变化

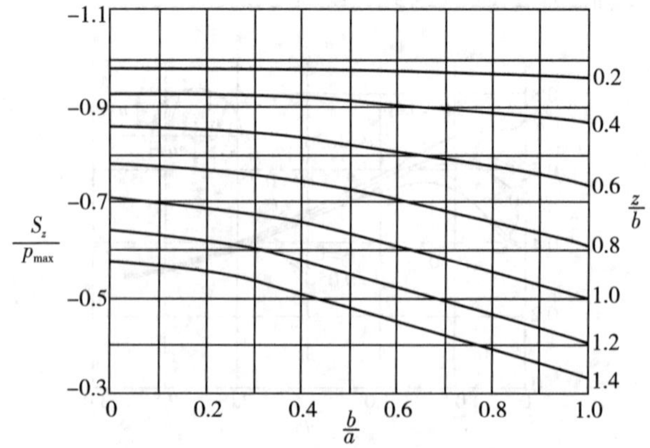

（c）主应力S_z随b/a的变化

图 4－41 接触体中的主应力

根据图 4-41 所示的结果，进一步研究接触中心点(标记为 C 点)的主应力状态的变化规律。为了与材料力学中的主应力($\sigma_1 \geqslant \sigma_2 \geqslant \sigma_3$)相对应，对图中的应力进行了转换，再结合作者进行的有限元数值计算结果，总结了应力状态的变换规律，并通过模拟计算后，得到接触应力强度的估计方法[16]。

在点接触条件下，接触中心点(标记为 C 点)的应力状态为三向压应力状态，采取工程主应力符号($\sigma_1 \geqslant \sigma_2 \geqslant \sigma_3$)，由上面的主应力变化规律，本书作者通过模拟计算后，得到：

$$\begin{cases} \sigma_{1C} \approx q_{\max}[0.505 + 0.255\,(b/a)^{0.6609}] \\ \sigma_{2C} \approx q_{\max}[(1.01 - 0.250\,(b/a)^{0.5797}] \\ \sigma_{3C} = -q_{\max} \end{cases} \tag{4-167}$$

其中，a，b 为接触区域椭圆半轴，$q_{\max}$ 为最大赫兹接触压力。式中负号表明主应力为压应力。

对于三向受压的静态应力状态下，为了判定材料是否出现塑性变形，需要采用第四强度理论，其相当应力为：

$$\sigma_{eq4} = \sqrt{\frac{1}{2}[(\sigma_{1C} - \sigma_{2C})^2 + (\sigma_{2C} - \sigma_{3C})^2 + (\sigma_{3C} - \sigma_{1C})^2]} \tag{4-168}$$

进一步分析表明，在接触中心点表面下 $z_0 = 0.467b$ 点(标记为 D 点)处的切应力会出现较大值。该点的主应力状态模拟计算后，得到：

$$\begin{cases} \sigma_{1D} \approx q_{\max}(0.388 - 0.230b/a) \\ \sigma_{2D} \approx q_{\max}(0.322 - 0.155b/a) \\ \sigma_{3D} \approx -q_{\max}(0.900 - 0.100b/a) \end{cases} \tag{4-169}$$

因此，该位置具有最大切应力：

$$\tau_{\max} = \frac{\sigma_{1D} - \sigma_{3D}}{2} = q_{\max}(0.256 + 0.065b/a) \tag{4-170}$$

对于动态接触情况下，最大切应力处容易出现塑性裂纹。

采用第三强度理论，其相当应力为

$$\sigma_{eq3} = \sigma_{1D} - \sigma_{3D} = q_{\max}(0.512 + 0.13b/a) \tag{4-171}$$

因此，比较接触中心点和表面下的点的应力，需要校核接触表面下的应力强度。

(2) 线接触应力状态

这种情况下也可以推出类似的结果。接触中心点的应力状态为：

$$\sigma_1 \approx q_{\max} \qquad \sigma_2 \approx 0.59_{\max} \qquad \sigma_3 = -q_{\max} \tag{4-172}$$

这是也一种三向受压的应力状态。采用第四强度理论时，相当应力为：

$$\sigma_{eq4}=\sqrt{\frac{1}{2}[(\sigma_1-\sigma_2)^2+(\sigma_2-\sigma_3)^2+(\sigma_3-\sigma_1)^2]} \tag{4-173}$$

类似地，在接触中心点表面下 $z_0=0.786b$ 处的切应力也出现最大值。该点的应力状态为：

$$\sigma_1=-0.26q_{max} \qquad \sigma_2=-0.2q_{max} \qquad \sigma_3=-0.8q_{max} \tag{4-174}$$

该位置具有最大切应力：

$$\tau_{max}=\frac{\sigma_1-\sigma_3}{2} \tag{4-175}$$

采用第三强度理论时，相当应力为：

$$\sigma_{eq3}=\sigma_1-\sigma_3 \tag{4-176}$$

4.6.3 应力强度参数化设计

从上面的应力状态分析可知，在静态接触情况下，若接触中心的最大单向压应力达到材料的屈服应力（$q_{max}=\sigma_s$）时，接触体材料的等效应力状态的值为：

$$\sigma_{eq}<\sigma_s \tag{4-177}$$

这表明，接触整体材料还没有达到屈服。所以，接触三向应力状态提高了材料屈服应力水平。

不论采用哪种等效应力准则，也不管是什么类型的接触，屈服强度校核最后都可以归结为满足下面的条件：

$$\sigma_{eq}=mq_{max}\leqslant[\sigma_c] \tag{4-178}$$

即

$$q_{max}\leqslant[\sigma_c]/m=[\sigma_{cp}] \tag{4-179}$$

其中，$[\sigma_c]$ 为材料许用屈服极限应力，m 为当量系数，它在 0.2 至 0.5 之间变化。$[\sigma_{cp}]$ 为许用接触压应力。

根据接触压力引起的材料内部的应力强度计算，可以建立一般的轴承接触应力强度参数设计的数学模型如下：

$$\{\tau_{max},\tau_0,z_0\}^T=[SS]\{D_w,l_e,R_1,R_2,\tilde{E},Q\}^T \tag{4-180}$$

式中，左边的量为轴承接触表面下的最危险剪应力等参数，右边是与轴承接触点处的结构参数、材料常数、接触载荷等。$[SS]$ 是一种接触应力参数计算过程的矩阵泛函关系。

当对轴承接触参数作出某些要求（或限制）时，可以对结构参数进行规划设计。采用数学方法表达时，可以写成：

$$\{D_w,l_e,R_1,R_2,\tilde{E},Q\}^T=[SS]_{min}^{-1}\{[\tau_{max}],[\tau_0],[z_0]\}^T \tag{4-181}$$

其中，$[\tau_{max}]$，$[\tau_0]$，$[z_0]$ 表示对最危险剪应力等参数的限制性要求值。它们可以根据情况来挑选。$[SS]_{min}^{-1}$ 表示泛函矩阵逆向优化运算。与式（4-101）、式（4-102）中的分析方法相似，这一过程需要利用程序在计算机上完成。

4.7　轴承接触有限元分析设计

4.7.1　弹性接触问题的有限元计算

接触问题属于边界非线性问题，有限元分析需要采用全量迭代方法求解，也可以采用增量方法处理。对接触条件的处理可采用直接法，引入接触条件并不断迭代修正接触区域，最后满足所有边界条件为止。也可以采用罚因子和数学规划方法来处理接触条件。下面先给出增量模式的有限元方程和直接解法，再介绍其他方法。

1. 接触问题的边界条件

设接触体 A，B 在外力作用下而接触，接触区域为 Ω_c，如图 4-42(a)。在 Ω_c 上分布有接触力 $\overrightarrow{p_c}$。由于接触区域随载荷而变化，所以这是边界非线性问题。为了分析方便，先设置可能接触区，如图 4-42(b)。对于边界非线性问题通常采用增量求解方法，下面建立增量型接触边界条件。

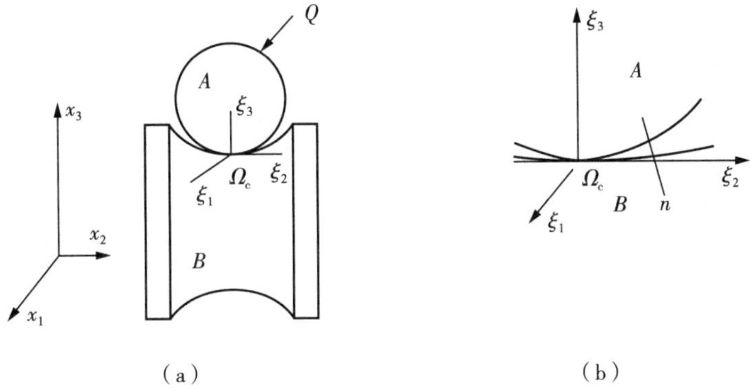

图 4-42　轴承接触体模型

设接触体表面局部方程为，

$$\xi_3^A = g^A(\xi_1, \xi_2) \qquad \xi_3^B = g^B(\xi_1, \xi_2) \tag{4-182}$$

其中，ξ_1，ξ_2，ξ_3 为接触面局部更新坐标。

设在 t 时刻，接触体上已有载荷 $\overrightarrow{P^t}$ 作用，增加载荷 $\Delta\overrightarrow{P}$ 后，接触面的非嵌入条件满足协调条件：

$$\xi_3^A + \Delta u_3^A \geqslant \xi_3^B + \Delta u_3^B \tag{4-183}$$

其中，Δu_3 为表面法向位移增量。若取 B 为参考，对上式进行展开，并取线性项后得：

$$(\{\Delta u^A\}_c^{\mathrm{T}} - \{\Delta u^B\}_c^{\mathrm{T}})\ \{n^B\}_c + \delta_{cn} \leqslant 0 \tag{4-184}$$

其中，$\{\Delta u\} = \{\Delta u_1 \quad \Delta u_2 \quad \Delta u_3\}_c^{\mathrm{T}}$ 为增量位移向量；

$\{n^B\}_c = \left\{\dfrac{\partial g^B}{\partial \xi_1} \quad \dfrac{\partial g^B}{\partial \xi_2} \quad -1\right\}^{\mathrm{T}} \Big/ \sqrt{1 + \left(\dfrac{\partial g^B}{\partial \xi_1}\right)^2 + \left(\dfrac{\partial g^B}{\partial \xi_2}\right)^2}$，为接触外法向余弦；

$\delta_{cn}=\dfrac{g^B-g^A}{\sqrt{1+\left(\dfrac{\partial g^B}{\partial \xi_1}\right)^2+\left(\dfrac{\partial g^B}{\partial \xi_2}\right)^2}}$，为更新的接触法向间隙。

而接触力的存在条件为

$$\vec{q}_c^B \cdot \vec{n}_c^B \leqslant 0, \vec{q}_c^A=-\vec{q}_c^B \tag{4-185}$$

这里，q_c 为接触应力。当接触表面不考虑摩擦时，接触力为法向力。对平面接触问题，上面各式中去掉 ξ_1 对应的分量。

2. 有限元刚度法

对 A，B 接触体分别建立增量有限元方程如下：

$$\begin{cases}\begin{pmatrix}K_{11}^A & K_{12}^A \\ K_{21}^A & K_{22}^A\end{pmatrix}\begin{pmatrix}\Delta\bar{U}^A \\ \Delta U_c^A\end{pmatrix}=\begin{pmatrix}\Delta\bar{P}^A \\ \Delta Q^A\end{pmatrix} \\ \begin{pmatrix}K_{11}^B & K_{12}^B \\ K_{21}^B & K_{22}^B\end{pmatrix}\begin{pmatrix}\Delta\bar{U}^B \\ \Delta U_c^B\end{pmatrix}=\begin{pmatrix}\Delta\bar{P}^B \\ \Delta Q^B\end{pmatrix}\end{cases} \tag{4-186}$$

其中，$\{\Delta U_c\}$ 为接触点的位移，$\{\Delta\bar{U}\}$ 为其余节点位移，$\{\Delta\bar{P}\}$ 为节点外载荷，$\{\Delta Q\}$ 为可能接触节点上的接触力增量。

由于接触力是未知的，所以上面的方程不能直接求解，需要引入接触边界条件。下面介绍几种引入接触条件方法。

将接触条件改写为接触节点量表示的形式：

$$\begin{pmatrix}\Delta Q^A \\ \Delta Q^B\end{pmatrix}=[C]\{\Delta Q^A\}=\begin{pmatrix}I \\ C_1\end{pmatrix}\{\Delta Q^A\} \tag{4-187}$$

$$[I \quad C_1]^T\begin{pmatrix}\Delta U_c^A \\ \Delta U_c^B\end{pmatrix}=\{\delta_c\} \tag{4-188}$$

其中，$[C]=[I \quad C_1]^T$，I 为单位矩阵。$[C_1]=\sum_j [C_1]_j$，$[C_1]_j=\begin{pmatrix}-\beta & 0 & \beta-1 & 0 \\ 0 & -\beta & 0 & \beta-1\end{pmatrix}^T$，为边界节点联系矩阵。

$\beta(0\leqslant\beta\leqslant 1)$ 为接触点相互位置系数，如图 4-43 所示。当 K 点与 L 点接触，则 $\beta=0$；当 K 点与 J 点接触，则 $\beta=1$；K 点与中间点接触时，

$$\beta=|\vec{r}_L-\vec{r}_K'|/|\vec{r}_L-\vec{r}_J| \tag{4-189}$$

$$\{\Delta_c\}=\sum_j\{\delta_t \quad \delta_n\}_j^T \tag{4-190}$$

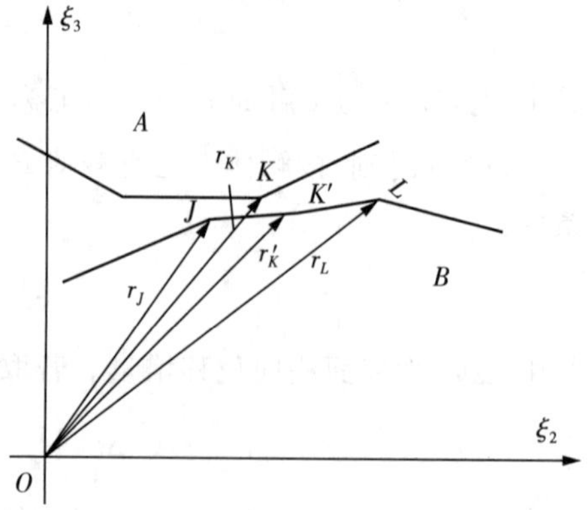

图 4-43　接触位置关系

将方程(4-186，4-187) 再组合为：

$$\begin{pmatrix} K_{11}^{AB} & K_{12}^{AB} & 0 \\ K_{21}^{AB} & K_{22}^{AB} & -C \\ 0 & C^{\mathrm{T}} & 0 \end{pmatrix} \begin{pmatrix} \Delta \overline{U}^{AB} \\ \Delta U_{\mathrm{c}}^{AB} \\ \Delta Q^{A} \end{pmatrix} = \begin{pmatrix} \Delta \overline{P}^{AB} \\ 0 \\ \Delta_{\mathrm{c}} \end{pmatrix} \tag{4-191}$$

其中，

$$[K_{11}^{AB}] = \begin{pmatrix} K_{11}^{A} & 0 \\ 0 & K_{11}^{B} \end{pmatrix} \qquad [K_{12}^{AB}] = \begin{pmatrix} K_{12}^{A} & 0 \\ 0 & K_{12}^{B} \end{pmatrix}$$

$$[K_{211}^{AB}] = \begin{pmatrix} K_{21}^{A} & 0 \\ 0 & K_{21}^{B} \end{pmatrix} \qquad [K_{22}^{AB}] = \begin{pmatrix} K_{22}^{A} & 0 \\ 0 & K_{22}^{B} \end{pmatrix}$$

$$\{\Delta \overline{U}^{AB}\} = \{\Delta \overline{U}^{A} \quad \Delta \overline{U}^{B}\}^{\mathrm{T}} \qquad \{\Delta U_{\mathrm{c}}^{AB}\} = \{\Delta U_{\mathrm{c}}^{A} \quad \Delta U_{\mathrm{c}}^{B}\}^{\mathrm{T}}$$

$$\{\Delta \overline{P}^{AB}\} = \{\Delta \overline{P}^{A} \quad \Delta \overline{P}^{B}\}^{\mathrm{T}}$$

再通过静力凝聚法，消去$\{\Delta \overline{U}^{AB}\}$后，将上式转化为：

$$\begin{pmatrix} K_{\mathrm{C}}^{AB} & -C \\ C^{\mathrm{T}} & 0 \end{pmatrix} \begin{pmatrix} \Delta U_{\mathrm{C}}^{AB} \\ \Delta Q^{A} \end{pmatrix} = \begin{pmatrix} \Delta \widetilde{P} \\ \Delta_{\mathrm{C}} \end{pmatrix} \tag{4-192}$$

其中，

$$[K_{\mathrm{c}}^{AB}] = [K_{22}^{AB}] - [K_{12}^{AB}][K_{11}^{AB}]^{-1}[K_{12}^{AB}]$$

$$\{\Delta \widetilde{P}\} = -[K_{21}^{AB}][K_{11}^{AB}]^{-1}\{\Delta \overline{P}^{AB}\}$$

方程(4-192)主要包含了接触区节点位移与节点力未知量。与整体节点相比，它们少得多，因此，解方程需要迭代，进行接触区迭代修正要容易得多。

增量迭代解的方程为：

$$\begin{pmatrix} K_{\mathrm{c}}^{AB} & -C \\ C^{\mathrm{T}} & 0 \end{pmatrix}^{(m-1,l)} \begin{pmatrix} \Delta U_{\mathrm{c}}^{AB} \\ \Delta Q^{A} \end{pmatrix}^{(m,l)} = \begin{pmatrix} \Delta \widetilde{P} \\ \Delta_{\mathrm{c}} \end{pmatrix}^{(m,l)} \qquad m=1,2,3,\cdots,M \qquad l=1,2,3,\cdots \tag{4-193}$$

这里，m为载荷增量步数，l为接触迭代次数。

迭代终止条件为：

$$[I \quad C_1]^{\mathrm{T}} \begin{pmatrix} \Delta U_{\mathrm{c}}^{A} \\ \Delta U_{\mathrm{c}}^{B} \end{pmatrix}^{(m,M)} = \{\Delta_{\mathrm{c}}\}^{(m,M)} \tag{4-194}$$

$$(\{Q\}^{(m-1)} + \{\Delta Q\}^{(m,M)})^{\mathrm{T}}\{n\} \leqslant 0 \tag{4-195}$$

$\{n\}$为接触面法向，M为接触迭代收敛的迭代次数。

在迭代过程中，接触状态的修改由表 4-2 中的条件决定。

表 4-2 接触状态判别条件

接触状态		判别条件
迭代前	迭代后	
接触	接触	$\Delta U_{nc}^A - \Delta U_{nc}^B + \delta_n < 0$ （负间隙）
	分离	$(\{Q\}^{(m-1)} + \{\Delta Q\}^{(m,J)})^T\{n\} > 0$（拉力）
分离	接触	$\Delta U_{nc}^A - \Delta U_{nc}^B + \delta_n \leqslant 0$ （负间隙）
	分离	$\Delta U_{nc}^A - \Delta U_{nc}^B + \delta_n > 0$（正间隙）

3. 有限元柔度法

对方程(4-186 ～ 4-188) 进行静力凝聚，获得接触节点位移表达式为：

$$\{\Delta U_c^A\} = [K_c^A]^{-1}\{\Delta Q^A\} - \{\Delta U_{CP}^A\} \tag{4-196}$$

$$\{\Delta U_c^B\} = [K_c^B]^{-1}\{\Delta Q^B\} - \{\Delta U_{CP}^B\}$$

其中，$[K_C^i] = [K_{22}^i] - [K_{12}^i][K_{11}^i]^{-1}[K_{12}^i]$，$i = A, B$。

$$\{\Delta U_{CP}^i\} = [K_C^i][K_{21}^i][K_{11}^i]^{-1}\{\Delta \bar{P}^i\}$$

引入接触条件后，再变换为：

$$[I \quad C_1]^T \begin{pmatrix} K_C^A & 0 \\ 0 & K_C^B \end{pmatrix} \begin{pmatrix} I \\ C_1 \end{pmatrix} \{\Delta Q^A\} = \{\Delta_C\} + [I \quad C_1]^T \begin{pmatrix} \Delta U_{CP}^A \\ \Delta U_{CP}^B \end{pmatrix} \tag{4-197}$$

令$[S_C] = [I \quad C_1]^T \begin{pmatrix} K_C^A & 0 \\ 0 & K_C^B \end{pmatrix} \begin{pmatrix} I \\ C_1 \end{pmatrix}$ 为接触柔度矩阵，则：

$$\{\Delta W^A\} = \{\Delta_C\} + [I \quad C_1]^T \begin{pmatrix} \Delta U_{CP}^A \\ \Delta U_{CP}^B \end{pmatrix}$$

则式(4-197) 简化为：

$$[S_C]\{\Delta Q^A\} = \{\Delta W^A\} \tag{4-198}$$

这是接触柔度方程。解上述方程可得出接触区节点力。再利用接触条件进行接触状态判断，修正接触区的位移和节点力，其做法与刚度法相同。

4. 有限元的间隙单元法

在上面的接触处理方法中，均是以接触点对来建立方程。在接触点未知的情况下这种方法在应用中要受到一些限制。下面介绍一种处理接触问题的做法。将接触区作为一种专门的接触单元来对待。在单元刚度矩阵计算和总刚度矩阵组装方面与普通单元一样来处理，这就是间隙单元的分析方法。如图 4-44。

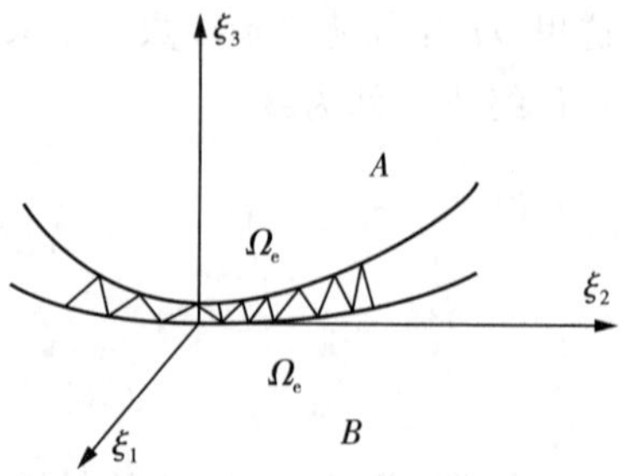

图 4-44 接触间隙单元

可以设想，将接触区域作为一种特殊材料的单元：在表面已经接触的区域，特殊单元的接触法向应变为 $\varepsilon_c=-1$，它的体积为零，而材料参数取为一种匹配的值。对未接触的区域，特殊单元没有应力，对其他单元的应力不产生影响，相当于一种气体单元，可以认为材料参数为零。这种单元又称为间隙单元。而这些状态事先是未知的，因此，需要不断迭代修正。接触状态的判断条件为表 4-3。

表 4-3　接触间隙单元状态判别条件

接触状态		判别条件
迭代前	迭代后	
接触	$\varepsilon_c\leqslant-1$ （负间隙）	$\varepsilon_c\leqslant-1$ （负间隙）
	分离	$\varepsilon_c>0$（正间隙）
分离	接触	$-1\leqslant\varepsilon_c<0$ （负间隙）
	分离	$\varepsilon_c>0$（正间隙）

在迭代过程中，为了保证计算过程收敛，特殊单元的材料参数按下面公式计算（三维）。并不断的修正。间隙单元的参数调整应满足应力平衡，同时，应该保证：

(1) 当 $\varepsilon_c>-1$，单元参数应减小到很小的值；

(2) 当 $\varepsilon_c=-1$，单元参数应调整到与接触体的弹性摸量值相对应。

迭代终止条件为：

(1) 应变迭代值的变化 $|\varepsilon_c^{k+1}-\varepsilon_c^k|/|\varepsilon_c^{k+1}|\leqslant10^{-3}$；

(2) 受拉间隙单元的参数趋于零，$\zeta\rightarrow0$；

(3) 已接触的间隙单元没有明显的嵌入条件 $|\varepsilon_c^{k+1}+1|\leqslant10^{-3}$。

需要说明的是，在上面的迭代中，单元体积趋于零时可能会出现单元奇异。为了克服这种困难，可以人为将单元体积设定为一个小值。

5. 弹性接触有限元分析实例

利用上面介绍的弹性有限元理论，本书作者开发出弹性接触有限元程序 EP-CONTA-FEM（见附录），对几种点接触和线接触例子进行了弹塑性接触有限元计算。下面介绍这些计算结果。

例 4-4　考虑线接触问题，如图 4-45(a)，两个圆柱体接触。取接触体的材料为高强度合金钢，弹性模量 $E=2.12\times10^5$ MPa，泊松比 $\nu=0.3$。承受单位长度上的载荷为 q。当滚子长度大于滚子直径时，作为平面应变问题。再考虑到对称性，取 1/4 圆柱体作为计算模型，如图 4-45(c)。

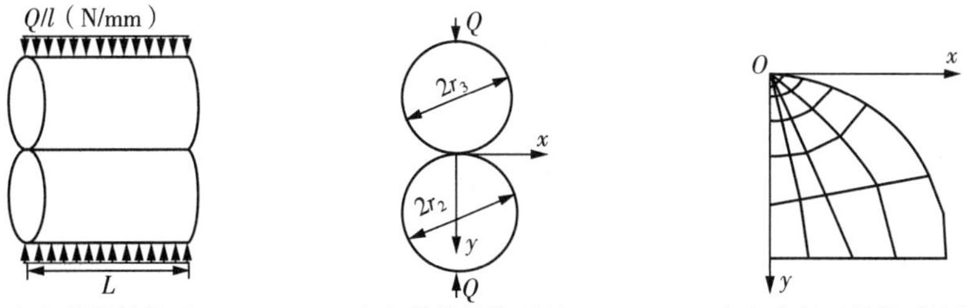

(a) 线接触模型　(b) 线接触模型断面　(c) 接触区域单元网格放大

图 4-45　线接触计算模型

在弹性状态下，由线接触 Hertz 理论知，接触区表面的最大压应力和接触区半宽分别为：

$$q_0=\frac{\widetilde{E}b}{4R}\qquad b=\sqrt{\frac{4QR}{\pi\widetilde{E}l}}$$

这里，$\frac{1}{\widetilde{E}}=\frac{1-\nu_1^2}{E_1}+\frac{1-\nu_2^2}{E_2}$ 为当量弹性模量，$R=\frac{r_1r_2}{r_1+r_2}$ 为当量半径，接触表面压力 $q=q_0\sqrt{1-(y/b)^2}$。

两个圆柱体接触区中心弹性趋近量近似公式为：

$$\delta_c=\frac{Q}{\pi l}\left[\frac{1-\nu_1^2}{E_1}\left(2\ln\frac{4r_1}{b}-1\right)+\frac{1-\nu_2^2}{E_2}\left(2\ln\frac{4r_2}{b}-1\right)\right]$$

利用上面介绍的有限元方法计算了弹塑性线接触变形。采用多步加载，载荷从零开始，加载到材料塑性屈服。

有限元计算出来的结果及与 Hertz 理论结果比较见图 4-46 和表 4-4。线接触的中心弹性趋近量的结果比较见图 4-47。从比较的结果看出，两者符合比较好。图 4-48 为接触表面下的应力分布（y 方向指向接触体内）。

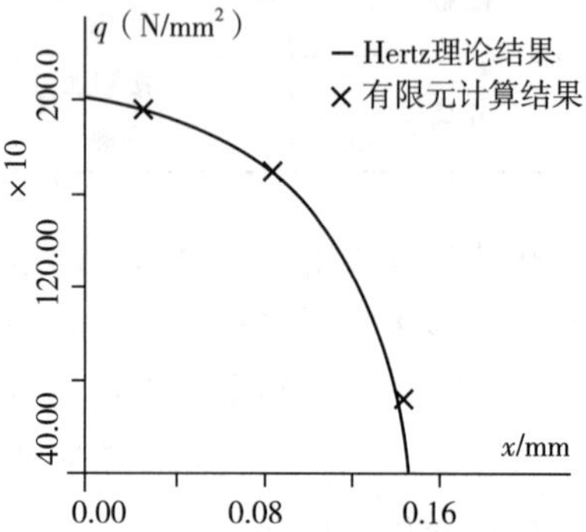

图 4-46　弹性线接触压力分布
$R=10$ mm，$q=664$ N/mm

表 4-4　弹性线接触计算结果比较

接触圆柱半径 R(mm)	单位接触载荷 q(N/mm)	接触区域半径 b(mm)		
		有限元计算值	理论值	相对误差(%)
10	300	0.1547	0.1810	14.53
10	332	0.1916	0.1932	0.83
10	470	0.2095	0.2267	7.58
10	489	0.2194	0.2314	5.18
10	557	0.2295	0.2468	7.01
10	602	0.2425	0.2565	5.45
10	650	0.2681	0.2666	0.56

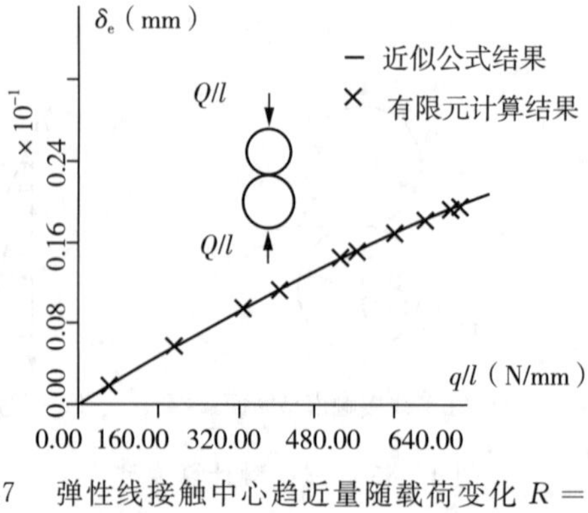

图 4-47　弹性线接触中心趋近量随载荷变化 $R=10$ mm

从点接触和线接触表面下应力变化图中可以看出，弹性接触表面下的应力沿表面深度衰减很快趋于均匀，这也说明，接触应力的影响范围主要集中在接触区域附近。另一方面，它也证实弹性力学中的圣维南原理在接触问题中是适用的。

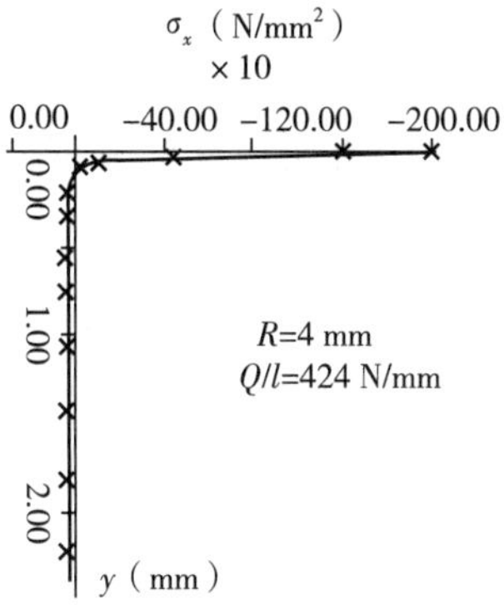

（a）线接触正应力 σ_x 随表面下位置及载荷的变化

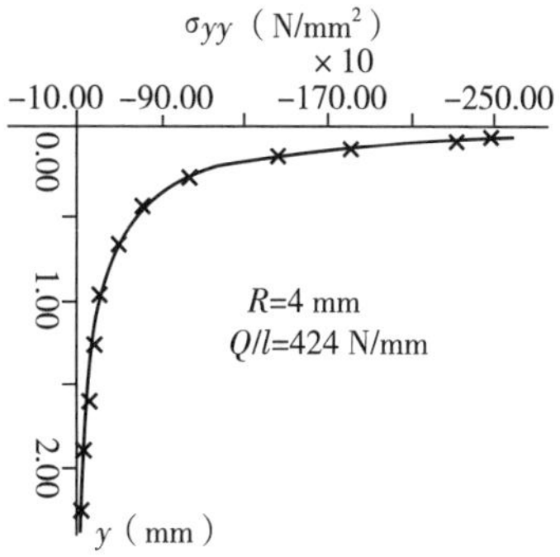

（b）线接触正应力 σ_y 随表面下位置及载荷的变化

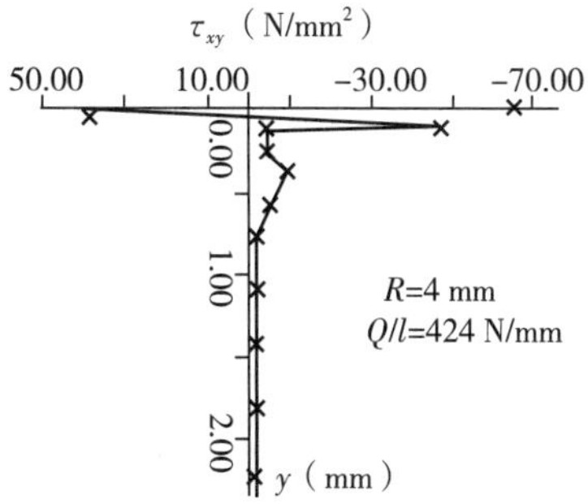

（c）线接触剪应力 τ_{xy} 随表面下位置及载荷的变化

图 4-48　线接触表面下的应力分布

4.7.2　弹塑性接触问题的有限元计算

首先假设：① 接触体材料为连续、均匀、各向同性材料；② 接触位移与应变仍为微小量，线性几何关系成立。

1. 增量形式有限元方程

利用虚功原理和弹塑性力学方程，同样可建立弹塑性增量形式的有限元方程为：

$$[K]\{\Delta U\}=\{\Delta P\} \tag{4-199}$$

其中，$[K]=\sum_j [Z_G^j]^{\mathrm{T}}[K]_{\mathrm{j}}[Z_G^j]$，为单元刚度矩阵组合为整体刚度矩阵；

$[K]_{\mathrm{j}}=\int_{\Delta V_{\mathrm{j}}}[B]_{\mathrm{j}}^{\mathrm{T}}[D]_{\mathrm{j}}[B]_{\mathrm{j}}\mathrm{d}V$，为单元刚度矩阵；

$\{\Delta P\}=\sum_j [Z_{\mathrm{G}}]_{\mathrm{j}}^{\mathrm{T}}\{\Delta P\}_{\mathrm{j}}$，为全体节点载荷增量；

$\{\Delta P\}_{\mathrm{j}}=\int_{\Delta V_{\mathrm{j}}}[N]_{\mathrm{j}}^{\mathrm{T}}\{\Delta f\}_{\mathrm{j}}\mathrm{d}V+\int_{\Delta S}[N]_{\mathrm{j}}^{\mathrm{T}}\{\Delta p\}_{\mathrm{j}}\mathrm{d}S$。为单元节点载荷增量。

这里，$[N]_{\mathrm{j}}$ 为单元插值形函数，$[B]_{\mathrm{j}}$ 为单元应变形函数。$[D]_{\mathrm{j}}$ 为单元弹塑性矩阵，在塑

性区时它与当前应力状态有关，因此，单元刚度矩阵可能与应力有关。

单元材料力学参数矩阵：

$[D]_j=\begin{cases}[D^e]_j,\text{在弹性区域}\\ [D^{EP}]_j,\text{在弹塑性区域,}\end{cases}$ $[D^e]_j$ 为单元弹性矩阵，$[D^{ep}]_j$ 为单元弹塑性矩阵。

单元弹塑性应力：$\{\Delta\sigma\}_j=[D]_j\{\Delta\varepsilon\}_j$。

对塑性区每次加载要重新计算$[K]_j$。称式(4－199)为变刚度法方程，它的求解过程如下：

① 将外载荷分为 M 步

$$\{P\}_m=\{P\}_{m-1}+\{\Delta P\}_m \qquad m=1,2,3,\cdots,M \tag{4-200}$$

② 每步加载时计算

$$[K(\{\sigma\})]\{\Delta U\}_m=\{\Delta P\}_m \tag{4-201}$$

③ 每步加载完成时，计算下列各量

$$\begin{cases}\{U\}_m=\{U\}_{m-1}+\{\Delta U\}_m\\ \{\varepsilon\}_m=\{\varepsilon\}_{m-1}+\{\Delta\varepsilon\}_m\\ \{\sigma\}_m=\{\sigma\}_{m-1}+\{\Delta\sigma\}_m\end{cases} \tag{4-202}$$

不断增加载荷直到加完为止。

2. 塑性屈服应力修正

在加载计算过程中，物体中的材料会不断进入屈服，但由变刚度法计算出来的应力可能不在加载曲面上。这时必须进行应力修正。修正的方法如下。令

$$Y(\{\sigma\}_{m-1}+\beta\{\Delta\sigma\}_m,h_m)=0 \tag{4-203}$$

其中，β 为修整系数，h_m为 m 步的硬化参数。利用具体的加载曲面方程可推出：

$$\beta=(-b\pm\sqrt{b^2-4ac})/(2a) \tag{4-204}$$

其中，$a=\frac{3}{2}\{\Delta\sigma\}_m^T\{\Delta\sigma\}_m$，$b=3\{\sigma\}_{m-1}^T\{\Delta\sigma\}_m$，$c=\sigma_m^2-H^2(h_m)$，它们需要由材料的$\sigma$-$\varepsilon$ 曲线确定。在式(4－204)中，要求 $|\beta|<1$，这样可决定式中的 $\pm$ 符号取舍。

对理想塑性材料，通常取：

$$\beta=\begin{cases}(-b\pm\sqrt{b^2-4ac})/(2a), & \sigma_M>\sigma_S\\ -b/a,\sigma_M=\sigma_S\end{cases} \tag{4-205}$$

经过这样的修正后，应力状态变成为：

$$\{\sigma\}_m=\{\sigma\}_{m-1}+\beta\{\Delta\sigma\}_m \tag{4-206}$$

为了保持单元受力平衡，对因修正而改变(增加或减少)的应力需要作为附加应力载荷加到结构上：

$$\{\Delta W\}_m = \sum_{\Delta}(1-\beta)\int_{\Delta V}[B]^T\{\Delta\sigma\}_m dV \tag{4-207}$$

对不需要修正的单元，可取 $\beta=1$。

在上面所作的修正中，出现了节点力不平衡，需要将这些不平衡力再加到各节点上：

$$[K(\{\sigma\})]\{\Delta U\}_m = \{\Delta P\}_m + \{\Delta W\}_m \tag{4-208}$$

上式称为一阶自校正法。如果需要准确的节点力平衡结果，可在加载完成后再做 1～2 次空载平衡校正。屈服校正的过程如图 4-49 所示。

为了减少这种修正计算，可对塑性区和弹性区之间的过渡区单元采用修正弹性矩阵，即

$$[\overline{D}^{ep}]_j = \alpha[D^e]_j + (1-\alpha)[D^{ep}]_j \tag{4-209}$$

其中，α 为修正系数，它的近似计算式为：

$$\alpha = (\varepsilon_S - \varepsilon_M)/\Delta\varepsilon_M$$

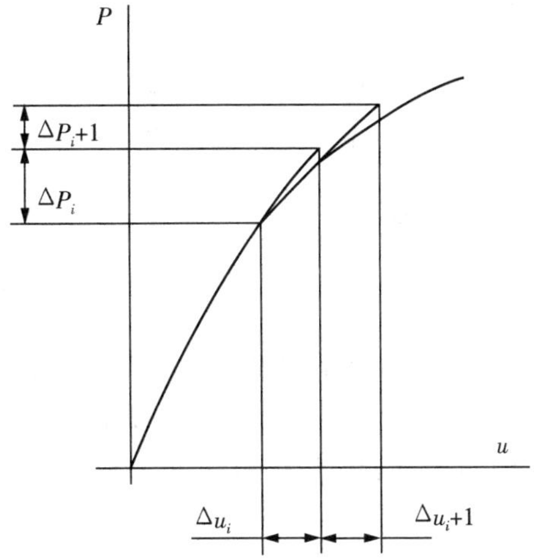

图 4-49　加载屈服修正过程

3. 弹塑性接触有限元分析实例

根据上面介绍的弹塑性有限元理论，利用作者开发出弹塑性接触有限元程序 EP-CONTA-FEM(见附录)，对几种点接触和线接触例子进行了弹塑性接触有限元计算。下面介绍这些计算结果。

例 4-5　考虑点接触问题，模型如图 4-50(a)。取接触体的材料为高强度合金钢，弹性模量 $E=2.12\times10^5$ MPa，泊松比 $\nu=0.3$。承受外载荷为 Q。考虑轴对称性取 1/4 球作为计算模型[见图 4-50(b)]。

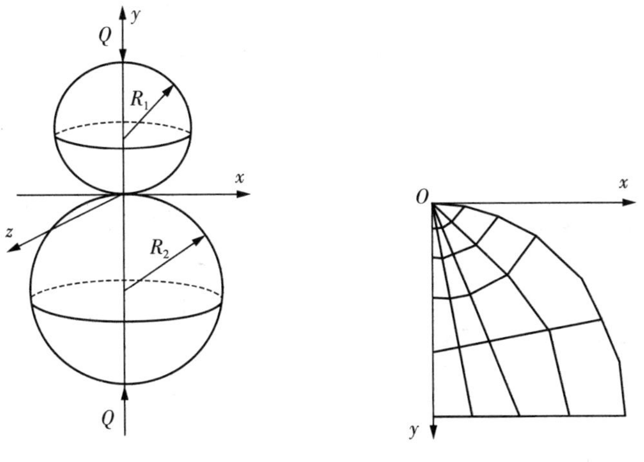

(a) 点接触模型　　(b) 接触区域单元网格放大

图 4-50　点接触计算模型

在弹塑性线状态下，采用多步加载，载荷从零开始，加载到材料塑性屈服。随着载荷的不断增加，接触体内的应力变化计算结果示于下面各图中。图 4-51 为接触表面压力分布随球的半径 R 和载荷 P 的变化情况。显然，在弹塑性接触状态下，接触压力分布已经偏离了 Hertz 理论结果。

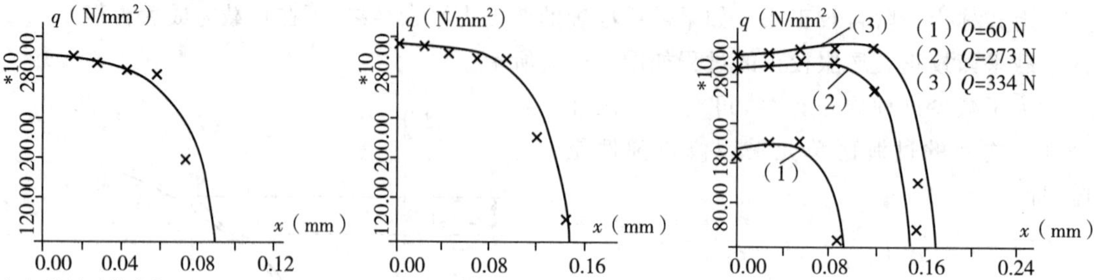

(a) 接触球体半径R=5 mm，P=72 N (b) 接触球体半径R=8 mm，P=207 N (c) 接触球体半径R=6.35 mm

图 4-51 点接触压力分布随载荷变化

在弹塑性状态下的表面下应力计算结果，图 4-52 为球体表面下的应力分布（沿 Oy 轴线，y 方向指向接触体内部）。从图中可以看出，正应力 σ_x、σ_y、σ_θ 在接触表面下（$y < 0.02R$）的变化快，离开表面后很快趋于均匀。剪应力 τ_{xy} 在接触表面下有正负波动变化。

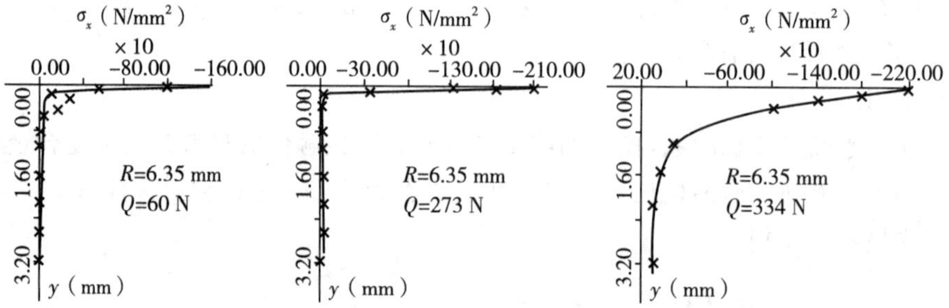

(a) 点接触正应力 σ_x随表面下位置及载荷的变化

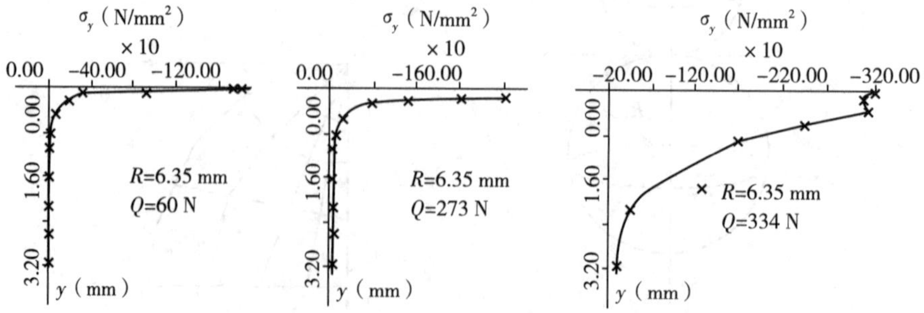

(b) 点接触正应力 σ_y随表面下位置及载荷的变化

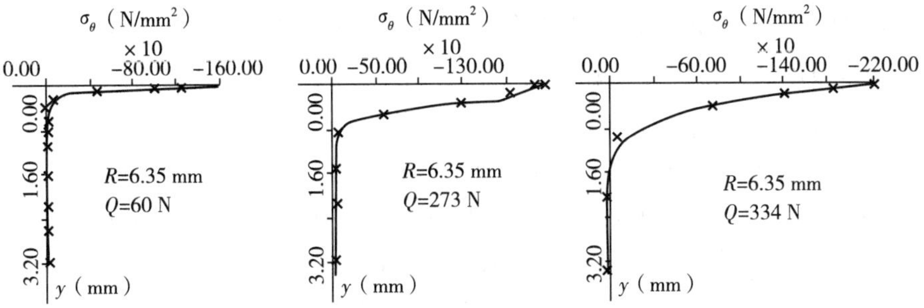

（c）点接触正应力 σ_θ 随表面下位置及载荷的变化

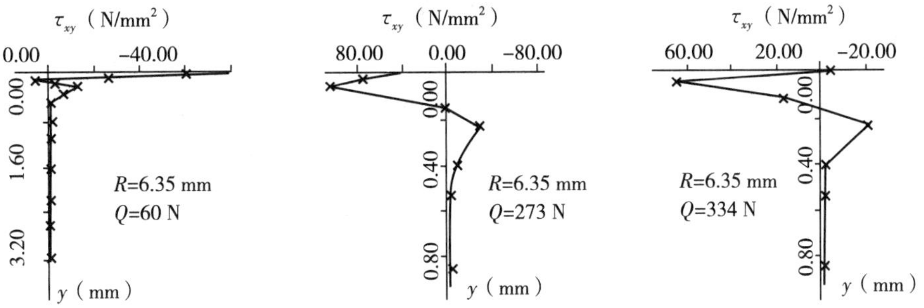

（d）点接触剪应力 τ_{xy} 随表面下位置及载荷的变化

图 4-52　点接触表面下的应力分布

4.7.3　轴承弹性接触极限载荷计算设计

通过上面的弹塑性接触实例有限元计算发现，塑性变形是很容易产生的。因此，工程中的接触问题需要特别关注塑性变形，为了工程中的使用要求，本书作者利用上面的数值模拟方法，经过大量反复加载计算和数据拟合后，得到点接触和线接触弹性极限载荷和弹性极限接触应力的拟合公式如下。

1. 点接触弹性极限载荷和弹性极限接触应力的拟合公式为：

$$Q_{\mathrm{ep}} = 79.29\sigma_{\mathrm{S}}^{3} / \left(\tilde{E}\sum\rho\right)^{2} \tag{4-210}$$

$$q_{\mathrm{ep}} = 2.71\tau_{\mathrm{S}} = 1.36\sigma_{\mathrm{S}} \tag{4-211}$$

表面下弹性极限接触应力初始屈服点的深度位置为：

$$y_{\mathrm{ep}} = 0.4b_{\mathrm{S}} \tag{4-212}$$

2. 线接触弹性极限载荷和弹性极限接触应力的拟合公式为：

$$\frac{Q_{\mathrm{ep}}}{l_{\mathrm{e}}} = 10.30\,\frac{\sigma_{\mathrm{S}}^{2}}{\tilde{E}\sum\rho} \tag{4-213}$$

$$q_{\mathrm{ep}} = 3.15\tau_{\mathrm{S}} = 1.58\sigma_{\mathrm{S}} \tag{4-214}$$

表面下弹性极限接触应力初始屈服点的深度位置为：

$$y_{\mathrm{ep}} = 0.6b_{\mathrm{S}} \tag{4-215}$$

拟合计算中发现，点接触比线接触更容易出现材料屈服。上面式(4-210)—式(4-215)

中$\sum\rho$为接触点的曲率和函数,$\widetilde{E}$为接触体材料的等效弹性模量,σ_S为基础题材料的屈服应极限,b_S为材料屈服的接触区域半宽度。

3. 弹塑性接触中心趋近量

在弹性状态下已经给出了接触副的中心变形(趋近量)的计算公式,它们在实际应用中是十分重要的。对于弹塑性接触状态无法得出接触副的中心变形(趋近量)的理论结果,但通过数值计算可以获得这种趋近量的值。为了实际试验方便,本书作者在大量计算结果的基础上,拟合了弹塑性状态接触副的中心变形(趋近量)的计算公式如下。

对高硬度合金材料,接触副中心产生弹塑性变形的近似计算公式为:

点接触副:

$$\ln\delta_c^{ep}=0.682\ln Q+0.393\ln\sum\rho-8.215(\mathrm{mm}) \tag{4-216}$$

理想线接触副:

$$\delta_c^{ep}=\frac{Q}{l_e}\times10^{-5}\left(3.675-0.18\ln\sum\rho-0.20\ln\frac{Q}{l_e}\right)(\mathrm{mm}) \tag{4-217}$$

式中,δ_c^{ep}为接触中心变形(mm),Q为点接触载荷(N),Q/l_e为线接触单位长度接触载荷(N/mm),$\sum\rho=\rho_{I1}+\rho_{II1}+\rho_{I2}+\rho_{II2}(1/\mathrm{mm})$为滚动体接触点的主曲率和。

4. 弹性接触极限载荷设计

根据上面接触压力引起的材料内部的应力极限计算,可以建立一般的轴承接触应力极限参数设计的数学模型如下:

$$\{q_{ep},y_{ep},\delta_c^{ep}\}^T=[EP]\left\{\sum\rho,l_e,\widetilde{E},Q\right\}^T \tag{4-218}$$

式中,左边的量为轴承接触表面下的弹性极限应力等参数,右边是与轴承接触点处的结构参数、材料常数、接触载荷等。[EP]是一种轴承接触参数计算过程的矩阵广义泛函关系。

当对轴承接触参数作出某些要求(或限制)时,可以对结构参数进行规划设计。采用数学方法表达时,可以写成:

$$\left\{\sum\rho,l_e,\widetilde{E},Q\right\}^T=[EP]_{\max}^{-1}\{[q_{ep}],[y_{ep}],[\delta_c^{ep}]\}^T \tag{4-219}$$

其中,$[q_{ep}]$,$[y_{ep}]$,$[\delta_c^{ep}]$表示对极限应力等参数的限制性要求值。它们可以根据情况来挑选。$[EP]_{\max}^{-1}$表示泛函矩阵逆向优化运算。这一过程需要利用程序在计算机上完成,这方面的研究结果有待今后进一步深入。

4.7.4　轴承模型弹性接触有限元分析

轴承有限元分析分析是一个比较复杂的工作过程,主要包括轴承实体模型的建立、有限单元模型的建立、典型工况和外载的确定、边界约束条件的处理、有限单元计算、计算结果的处理以及结果的分析研究等。

由于滚动轴承内部受力的复杂性,利用商业软件进行轴承受力有限元分析时,可采用两种模型。一是考虑轴承中局部接触受力,将轴承切片来分析。这种模型主要着重在接触部位受力的分析。由力学中的圣维南原理知道,当接触力作用的区域很小时,对远离接触区域的影响可以忽略不计。因此,采用这样的模型分析得出的结果对局部接触应力、变形是有用的。另外一种模型是考虑整个轴承的受力,这时,轴承中的滚动体与套圈之间的接触受力与轴承内部结构、轴承游隙和外载荷有关。接触计算分析更为复杂。通常,将单个滚动体与套圈的接触简化为一个节点,而主要考虑轴承沿周向的接触力分布计算。这样得到的结果对了解轴承中的载荷分布是有用的。文献[16]～[18]介绍采用这两种模型分析的一些计算结果。

4.8 滚动接触弹塑性安定性分析设计

在轴承高副接触中,接触区域的面积都是很小的,而接触应力比较高。因此,材料很容易出现塑性屈服,但塑性屈服区域很小。例如滚动轴承中的接触就会出现弹塑性变形。特别是轴承所受到的载荷是反复滚动的,弹塑性变形会反复出现。塑性变形不断积累。如果这种塑性变形积累到一定的大小后便不再变化,则材料就处于一种弹塑性安定状态。相关文献已经介绍了这种滚动接触安定状态的分析理论[13]。计算中发现,点接触比线接触更容易发生塑性屈服,也容易出现滚动接触安定状态。

4.8.1 滚动点接触安定极限载荷

为了找出滚动点接触安定极限载荷,采用数值模拟的方法,考虑滚动点接触模型,如图 4 - 53 所示。

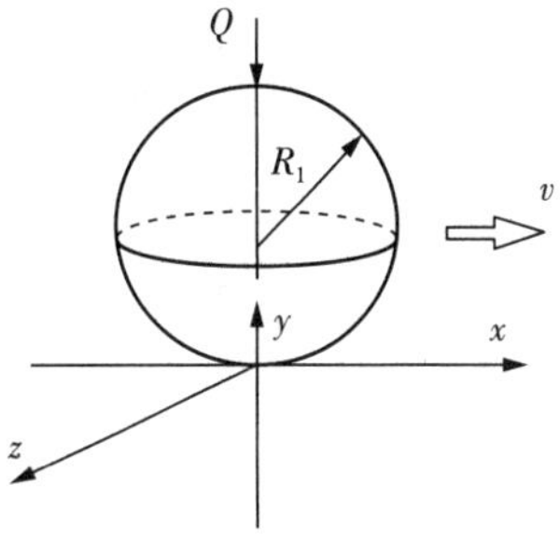

例 4 - 6 取轴承材料为高强度合金钢,弹性模量 $E = 2.12 \times 10^5$ MPa,泊松比 $\nu = 0.3$,屈服应力 $\sigma_s = 1740$ MPa。外载荷为 Q。

为了判断材料的屈服状态,采用 Mises 等效应力屈服判断。图 4 - 54 是点接触条件下 Mises 应力等值线图。图 4 - 55 是点接触条件下材料屈服区域随载荷增加的变化。

图 4 - 53 滚动点接触模型

(1) 1.7×10^3 N/mm$^2 \leqslant \sigma \leqslant 1.75 \times 10^3$ N/mm^2
(2) 1.5×10^3 N/mm$^2 \leqslant \sigma \leqslant 1.7 \times 10^3$ N/mm^2
(3) 1.3×10^3 N/mm$^2 \leqslant \sigma \leqslant 1.5 \times 10^3$ N/mm^2
(4) 1.0×10^3 N/mm$^2 \leqslant \sigma \leqslant 1.3 \times 10^3$ N/mm^2
(5) 0.7×10^3 N/mm$^2 \leqslant \sigma \leqslant 1 \times 10^3$ N/mm^2
(6) 0.5×10^3 N/mm$^2 \leqslant \sigma \leqslant 0.7 \times 10^3$ N/mm^2
(7) 0.2×10^3 N/mm$^2 \leqslant \sigma \leqslant 0.5 \times 10^3$ N/mm^2
(8) 0.06×10^3 N/mm$^2 \leqslant \sigma \leqslant 0.2 \times 10^3$ N/mm^2

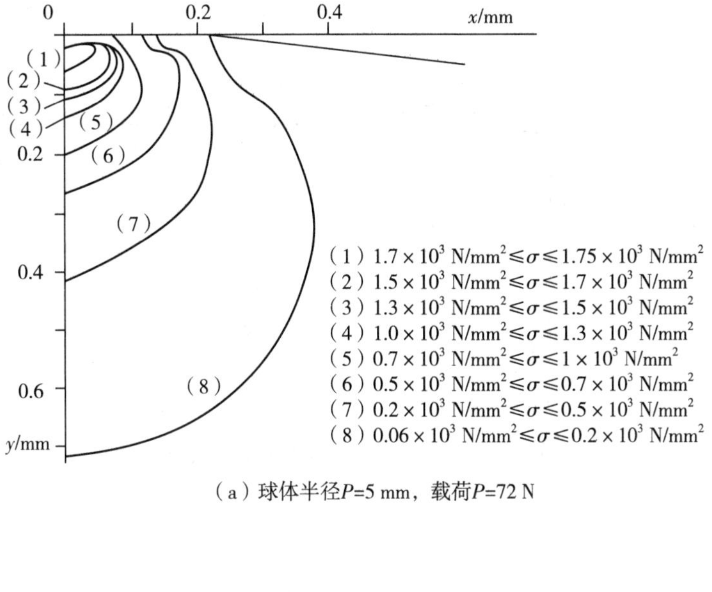

(a) 球体半径 $P = 5$ mm,载荷 $P = 72$ N

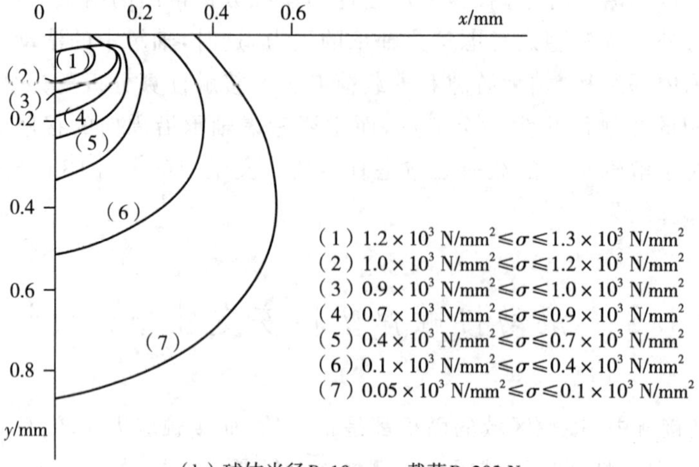

（b）球体半径P=10 mm，载荷P=202 N

图 4-54　点接触条件下 Mises 应力等值线

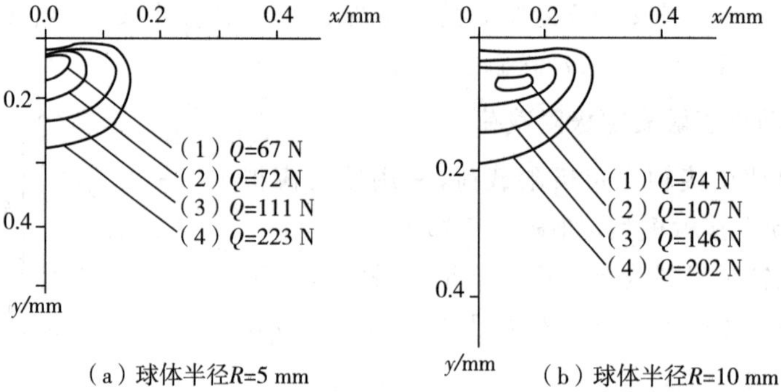

（a）球体半径R=5 mm　　（b）球体半径R=10 mm

图 4-55　点接触条件下材料屈服区域随载荷增加的变化

为了确定滚动点接触安定，首先加载直到发生较大的塑性屈服。然后卸载到零载荷。再加载到原来的载荷，再次卸载。这样反复多次，如果不再出现塑性屈服变化，就认为达到了安定状态。图 4-56 是卸载后材料中的残余应力。图 4-57 为残余等效应力曲线。

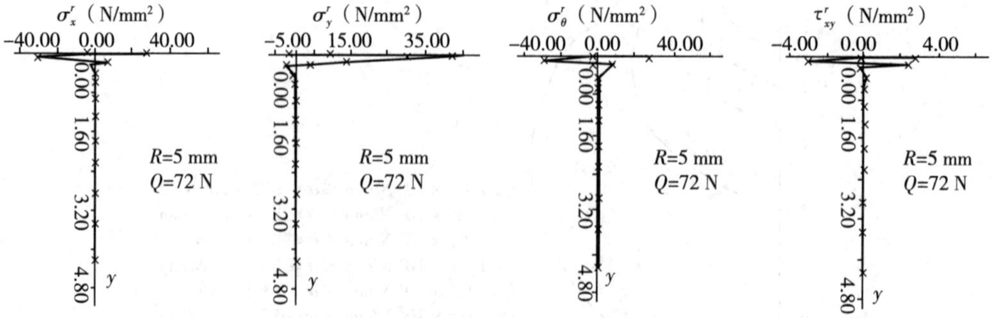

（a）残余正应力σ_x^r　　（b）残余正应力σ_y^r　　（c）残余正应力σ_θ^r　　（d）残余剪应力 τ_{xy}^r

图 4-56　卸载后接触表面下的残余应力

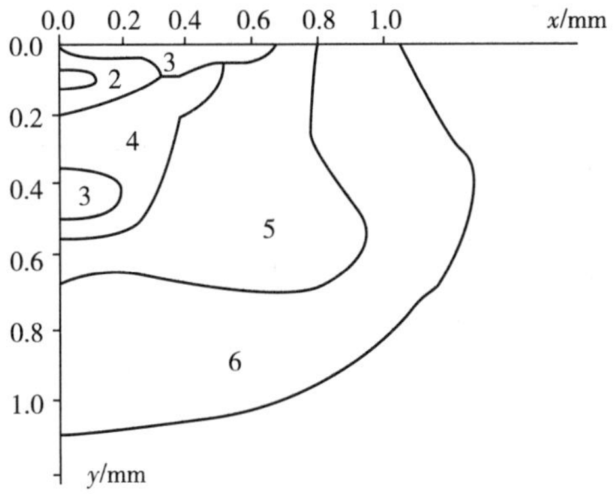

图 4－57　点接触卸载后接触体内等效应力等值曲线

上面的弹塑性接触安定性实例有限元计算发现，在不同的载荷下，弹塑性接触安定性也会跟随变化。因此需要找到最大的安定载荷值，它对工程应用是一种有用值，所以工程中的接触问题需要特别关注弹塑性接触安定极限载荷。为了工程中的使用要求和方便，本书作者利用上面的数值模拟方法，经过大量反复加载计算和数据拟合后，找到点接触安定性极限载荷和安定性极限接触应力的拟合公式如下：

点接触安定极限载荷为：

$$Q_{SK}=146.54\sigma_s^3/\left(\widetilde{E}\sum\rho\right)^2 \tag{4-220}$$

其中，$\widetilde{E}$ 为两个接触体的等效弹性模量，$\sum\rho$ 为接触面的曲率和。

点接触安定极限接触应力为：

$$q_{SK}=4.99\tau_s=2.49\sigma_s \tag{4-221}$$

式中，σ_s 为材料屈服极限应力，τ_s 为材料屈服极限剪应力。

4.8.2　滚动线接触安定极限载荷

与点接触分析方法类似，考虑线接触模型，如图 4－58 所示。

例 4－7　取轴承材料的弹性模量 $E=2.12\times10^5$ MPa，泊松比 $\nu=0.3$，屈服应力 $\sigma_S=1740$ MPa。单位长度上的载荷为 Q/l。为了判断出来的屈服状态，采用 Mises 等效应力屈服判断。图 4－59 是线接触条件下 Mises 应力等值线图。图 4－60 是线接触条件下材料屈服区域随载荷增加的变化。

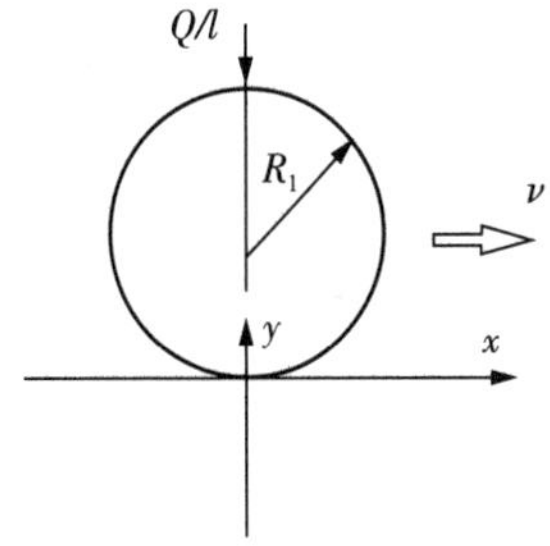

图 4－58　滚动线接触模型

为了确定滚动线接触安定，首先加载直到发生较大的塑性屈服，然后卸载到零载荷，再加载到原来的载荷，再次卸载。这样反复多次，如果不再出现塑性屈服变化，就认为达到了安定状态。图 4－61 是卸载后材料中的残余应力。图 4－62 为残余等效应力曲线。

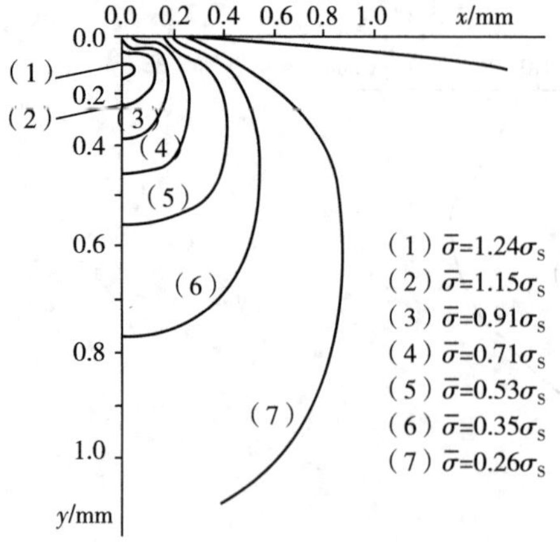

图 4－59　线接触条件下 Mises 应力等值线，$R=10$ mm，$Q/l=1093$ N/mm

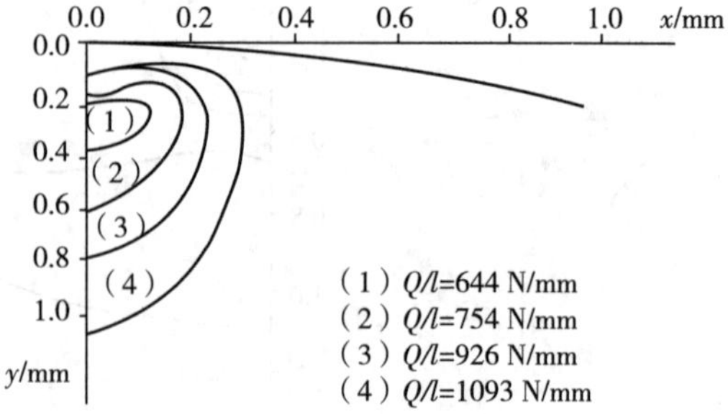

图 4－60　线接触条件下材料屈服区域随载荷增加的变化

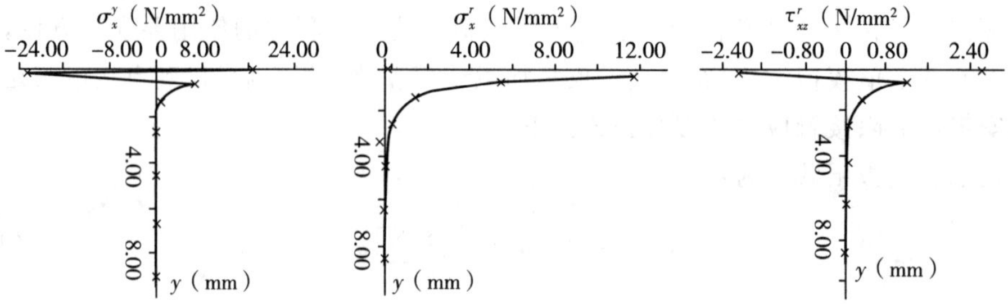

(a) 残余正应力σ_x^y　(b) 残余正应力σ_x^r　(c) 残余剪应力 τ_{xz}^r

图 4－61　线接触卸载后残余应力分布，$R=10$ mm，$q=926$ N/mm

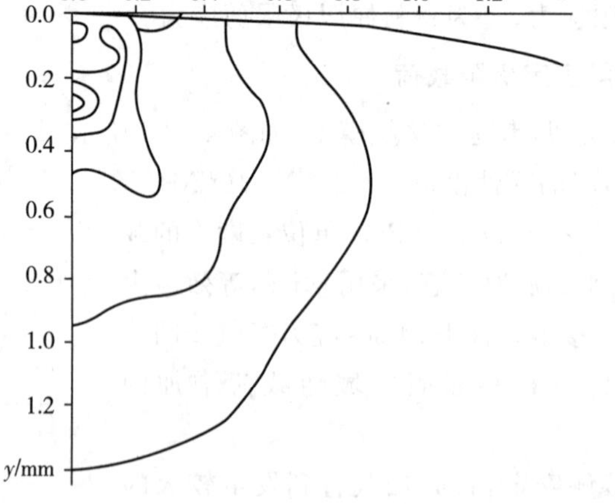

图 4－62　线接触卸载后残余等效应力 σ_m^r

为了工程中的使用要求和方便，类似点接触的方法，利用上面的数值模拟方法，经过大量反复加载计算和数据拟合后，找到线接触安定性极限载荷和安定性极限接触应力的拟合公式如下：

线接触安定极限载荷为：

$$\frac{Q_K}{l_e}=13.37\frac{\sigma_s^2}{\widetilde{E}\sum\rho} \tag{4-222}$$

线接触安定极限接触应力为：

$$q_{SK}=4.09\tau_s=2.05\sigma_s \tag{4-223}$$

上面各式中，σ_s 为材料屈服极限应力，τ_s 为材料屈服极限剪应力，$\sum\rho$ 为线接触面曲率代数和，$\widetilde{E}$ 为两个接触体的等效弹性模量。

4.8.3　轴承接触安定极限载荷计算设计

利用上面接触安定应力计算方法，可以建立一般的轴承接触安定应力参数设计的数学模型如下：

$$\{q_{SK}\}^T=[SK]\left\{\sum\rho,l_e,\widetilde{E},\sigma_s,Q\right\}^T \tag{4-224}$$

式中，左边的量为轴承接触表面下的安定应力参数，右边是与轴承接触点处的结构参数、材料常数、接触载荷等等。$[SK]$ 是一种轴承接触参数计算过程的矩阵广义泛函关系。

当对轴承接触参数作出某些要求(或限制)时，可以对结构参数进行规划设计。采用数学方法表达时，可以写成：

$$\left\{\sum\rho,l_e,\widetilde{E},\sigma_s,Q\right\}^T=[SK]_{\max}^{-1}\{[q_{SK}]\}^T \tag{4-225}$$

其中，$[q_{SK}]$ 表示对安定应力参数的限制性要求值。它们可以根据情况来挑选。$[SK]_{\max}^{-1}$ 表示泛函矩阵逆向优化运算。这一过程也是需要利用程序在计算机上完成，这方面的结果有待今后深入研究。

4.9　滚动接触体内弹性波的传播

在滚动接触工过程中，产生的位移会以一定的速度在接触体内传播。这个问题的分析对于轴承的变形位移计算是有意义的。但弹性波的传播又是一种复杂的现象，分析计算比较困难。这里，仅仅给出一般的分析模型供参考，深入研究这方面的结果有待今后的发展。

4.9.1　无限大弹性体内弹性波的传播

考虑一般的无限大的弹性体中一点产生的变形位移分量$\{u_x,u_y,u_z\}$，作为连续弹性波，它要向四周远处传播，传播过程需要满足的波的运动规律。在直角坐标系(x,y,z)中，不考虑体积载荷时，波的运动方程组为：

$$\rho_m\frac{\partial^2}{\partial t^2}\{u_x,u_y,u_z\}=\frac{E}{2(1+\nu)(1-2\nu)}\left\{\frac{\partial}{\partial x},\frac{\partial}{\partial y},\frac{\partial}{\partial z}\right\}\vartheta+\frac{E}{2(1+\nu)}\nabla^2\{u_x,u_y,u_z\} \tag{4-226}$$

其中，ρ_m 为弹性体的材料密度，$\vartheta=\frac{\partial u_x}{\partial x}+\frac{\partial u_y}{\partial y}+\frac{\partial u_z}{\partial z}$，$\nabla^2=\frac{\partial^2}{\partial x^2}+\frac{\partial^2}{\partial y^2}+\frac{\partial^2}{\partial z^2}$。

上面一般的波的运动方程求解非常困难。下面考虑两种简单的波运动情况。

(1) 如果波是一维纵波，例如，沿 x 方向传播的纵波，则，$u_y=0$，$u_z=0$。

因此，波运动满足下面的方程为：

$$\rho_m\frac{\partial^2 u_x}{\partial t^2}=\frac{E(1-\nu)}{(1+\nu)(1-2\nu)}\frac{\partial^2 u_x}{\partial x^2} \tag{4-227}$$

一维纵波的简谐运动的解可以表示为：

$$u_x=A\sin\left[2\pi\left(\frac{x}{L}-\frac{t}{T}\right)\right] \tag{4-228}$$

其中，A 为纵波振幅，L 为纵波波长，T 为纵波周期。

纵波的传播速度为：

$$v_x=\frac{\Delta x}{\Delta t}=\frac{L}{T}=\sqrt{\frac{E}{\rho_m}\frac{1-\nu}{(1+\nu)(1-2\nu)}} \tag{4-229}$$

如果波是在钢材料中传播，代入钢材料常数计算可得纵波的传播速度 $v_x=5800(\mathrm{m/s})$。

纵波引起的纵向应变为：

$$\varepsilon_x=\frac{\partial u_x}{\partial x}=\frac{2\pi A}{L}\cos\left[2\pi\left(\frac{x}{L}-\frac{t}{T}\right)\right] \tag{4-230}$$

纵波引起的纵向应力为：

$$\sigma_x=E\varepsilon_x=\frac{2\pi AE}{L}\cos\left[2\pi\left(\frac{x}{L}-\frac{t}{T}\right)\right] \tag{4-231}$$

(2) 如果波是一维横波，例如，z 方向的横波，沿 x 方向传播，则它满足下面的方程为：

$$\rho_m\frac{\partial^2 u_z}{\partial t^2}=\frac{E}{2(1+\nu)}\frac{\partial^2 u_z}{\partial x^2} \tag{4-232}$$

一维横波的简谐运动的解可以表示为

$$u_z=A_H\sin\left[2\pi\left(\frac{x}{L_H}-\frac{t}{T_H}\right)\right] \tag{4-233}$$

其中，A_H 为横波振幅，L_H 为横波波长，T_H 为横波周期。

x 方向横波的传播速度 $v_{Hx}=\sqrt{\frac{1-2\nu}{2(1-\nu)}}\cdot v_x$。如果 $\nu=0.3$，则 $v_{Hx}=0.5345v_x$。因此，横波速度比纵波速度要小。横波在弹性体内主要引起剪应变。

4.9.2 轴承套圈弹性体内弹性波的传播

(1) 对于无限大对称弹性体内弹性波动传播方程，采用柱面坐标系(x,y,θ) 表示，其中，x 为旋转对称轴，则波的运动方程可以表示为：

$$\rho_m \frac{\partial^2}{\partial t^2}\{u_x, u_r, u_\theta\} = \frac{E}{2(1+\nu)(1-2\nu)}\left\{\frac{\partial}{\partial x}, \sin\theta\frac{\partial}{\partial r}+\frac{1}{r}\cos\theta\frac{\partial}{\partial\theta}, -\cos\theta\frac{\partial}{\partial r}+\frac{1}{r}\sin\theta\frac{\partial}{\partial\theta}\right\}\vartheta$$

$$+\frac{E}{2(1+\nu)}\nabla^2\{u_x, u_r, u_\theta\} \tag{4-234}$$

其中，ρ_m 为弹性体的密度，$\vartheta = \frac{\partial u_x}{\partial x} + \frac{\partial u_r}{\partial r}\sin\theta + \frac{\partial u_r}{\partial \theta}\frac{1}{r}\cos\theta - \frac{\partial u_\theta}{\partial r}\cos\theta + \frac{\partial u_\theta}{\partial\theta}\frac{1}{r}\sin\theta$，$\nabla^2 = \frac{\partial^2}{\partial x^2} + \frac{\partial^2}{\partial r^2} + \frac{1}{r^2}\frac{\partial^2}{\partial\theta^2}$。

(2) 对于套圈对称体内由滚动接触引起的变形、应变和应力，会随着滚动而变化。它们的变化的速率如下：

套圈体内位移分量的速率为：

$$\frac{d}{dt}\{u_x, u_r, u_\theta\} = \{u_x, u_r, u_\theta\}(\omega_R - \omega_{i(e)}) \tag{4-235}$$

其中，$\omega_R - \omega_{i(e)}$ 为滚动体相对与套圈的滚动速度(1/s)。

同样，套圈体内正应变分量的速率为：

$$\frac{d}{dt}\{\varepsilon_x, \varepsilon_r, \varepsilon_\theta\} = \{\varepsilon_x, \varepsilon_r, \varepsilon_\theta\}(\omega_R - \omega_{i(e)}) \tag{4-236}$$

套圈体内正应力分量的速率为：

$$\frac{d}{dt}\{\sigma_x, \sigma_r, \sigma_\theta\} = \{\sigma_x, \sigma_r, \sigma_\theta\}(\omega_R - \omega_{i(e)}) \tag{4-237}$$

参 考 文 献

[1] A E H LOVE. Mathematical Theory of Elasticity[M]. Cambridge University Press, 1927.

[2] K L JOHNSON. Contac Mechanics[M]. Cambridge University Press, 1985.

[3] L C WROBEI, C C A BREBBIA. Axisymmetric Potential Problems, New Devel Opment in Boundary Element Method[M]. CML Publications Limited 125 High Street Southampton SO10AA, 1980.

[4] T A Harris. Rolling Bearing Analysis(3rd)[M]. John Wiley & Sons Inc, 1991.

[5] 钱伟长，叶开沅．弹性力学[M]. 北京：科学出版社 1956，297－326.

[6] 加林．弹性理论的接触问题[M]. 王君键，译．北京：科学出版社 1958，262－265.

[7] 皮萨连科，亚科符列夫，马特维也夫．材料力学手册[M]. 范钦珊，朱祖成，译．北京：中国建筑工业出版社 1981，630－650.

[8] 中原一郎，等．弹性力学手册[M]. 西安：西安交通大学出版社，2014.

[9] 杨桂通．弹性力学[M]. 北京：高等教育出版社 1998，205－218.

[10] 马家驹．三维有限长弹性接触问题的数值解[C]．河南省摩擦学会成立大会论文，洛阳轴承研究所，1984.

[11] 丁长安，等．线接触弹性接触变形的解析算法[J]．摩擦学学报，2001，21(2).

[12] 丁长安，等．滚子轴承受载变形计算的修正[J]．轴承，2007(8).

[13] 刘法炎．接触应力计算的改进方法[J]．河南城专学报，1992(1).

[14] 杨咸启，刘胜荣，褚园．轴承接触应力计算与塑性屈服安定[J]．轴承，2015(3).

[15] 杨咸启，刘胜荣，曹建华．HERTZ接触应力强度问题研究[J]．机械强度，2016(3).

[16] 杨咸启．接触力学理论与滚动轴承设计分析[M]．武汉：华中科技大学出版社，2018.

第5章 滚动轴承中的载荷及额定载荷参数化设计方法

本章介绍轴承中的载荷分布理论以及轴承额定载荷参数设计方法。在滚动轴承产品设计中,关键问题是确定轴承所能承受的载荷大小。轴承的承载能力是建立在轴承的载荷分布理论基础之上的,同时由接触应力水平决定。轴承静载荷参数设计涉及轴承中承受的接触应力水平,而轴承中载荷接触应力计算主要是利用前面介绍的赫兹接触理论。

在轴承额定载荷分析中,主要计算的参数包括:轴承径向额定静载荷 C_{r0}、轴向额定静载荷 C_{a0};轴承径向额定动载荷 C_r、轴向额定动载荷 C_a。从设计角度出发,需要对这些计算参数提出限制性取值要求,应该根据不同的使用场合对接触参数选择不同的限制值。例如,对于通用轴承,这些限制值可以选择稳健的可靠性高的值,对应的设计称为稳健的可靠性设计,而对应特殊使用的专用轴承,有些限制值可以选择极限值,这时对应的设计称为极限设计。

5.1 轴承中的载荷分布

滚动轴承中的载荷分布由轴承的结构、外载荷的类型来决定。由于轴承零件是弹性材料件,受到外载荷作用后会产生弹性变形。这样轴承中的载荷分布规律由轴承的变形的模式来确定。而这种变形模式多数情况下是在假设只有接触变形的条件下确定出来的,如第4章第1节介绍的轴承内力模型。

下面分析各类轴承在不同载荷作用下轴承中的变形和载荷分布规律。它是假设轴承安装在刚性支座中,不考虑轴承座的变形影响。

5.1.1 推力轴承受轴向载荷作用

考虑典型推力轴承在纯轴向载荷 F_a 作用,如图5-1所示。在这种情况下,轴承内外套圈发生相对轴向变形位移为 δ_a。对非轴向载荷作用下的轴承,也可以求出轴承中的载荷分布规律。由于轴承结构和受力位置的不同,分布规律也有很大的差别。下面分别作介绍。

(1) 中心轴向载荷作用

对于单列球(或单列滚子) 推力轴承,轴承具有接触角,在中心轴向载荷作用下,轴承中各滚动体受到的载荷 Q_φ 是相同的(如图5-1中,当 $h=0$),则:

$$Q_\varphi = \frac{F_a}{Z\sin\alpha} \tag{5-1}$$

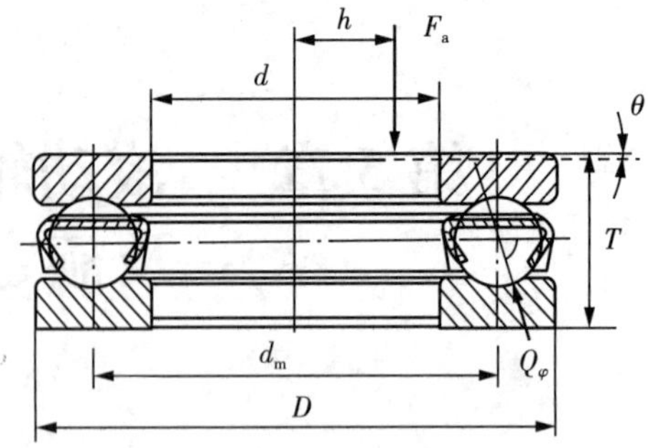

(a) 轴承零件实物　　(b) 轴承受轴向载荷

图 5-1　典型推力球轴承

式中，F_a 为轴向载荷，Z 为滚动体数量，α 为轴承接触角。

(2) 偏心推力载荷作用

对于单列球(或单列滚子)推力轴承，在偏心推力载荷作用下套圈发生偏转角 θ，轴承中各滚动体受到的载荷不再均匀。推力轴承在推力载荷条件下的轴承中的载荷分布如图 5-2 所示。

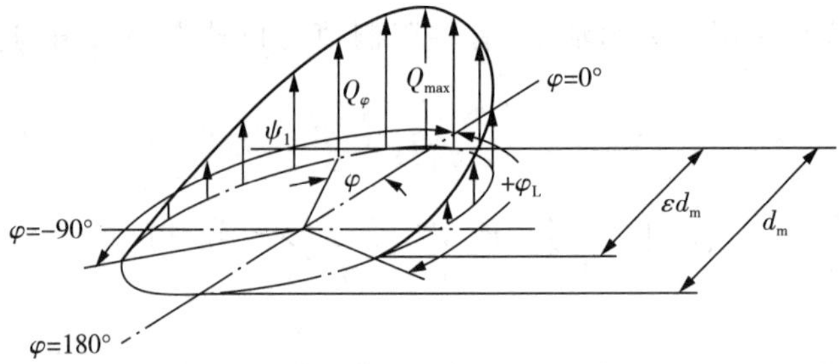

图 5-2　推力轴承中的载荷分布

如果推力载荷的偏心距离为 h，它引起轴承套圈偏转角度为 θ。这时，轴承内外套圈发生相对轴向变形位移为 δ_a，轴承的接触变形位移模型为：

$$\delta_\varphi = \delta_a + \frac{d_m}{2}\cos\varphi \tag{5-2}$$

式中，d_m 为轴承节圆直径。

在位置角 $\varphi=0$ 处，$\delta_0=\delta_{max}=\delta_a+\frac{d_m}{2}\theta$，为最大接触变形位移。

若引入参数 $\varepsilon=\frac{1}{2}\left(1+\frac{2\delta_a}{d_m\theta}\right)$　　(5-3)

则得到轴承套圈接触变形模型：

$$\delta_\varphi = \delta_{max}\left[1-\frac{1}{2\varepsilon}(1-\cos\varphi)\right] \tag{5-4}$$

由于在轴承内载荷区的边界处不发生接触变形，即 $\delta_\varphi=0$，则得到载荷区边界位置角为：

$$\varphi_{L}=\cos^{-1}\frac{-2\delta_{a}}{d_{m}\theta} \tag{5-5}$$

与向心球轴承在径向载荷作用情况类似，推力球轴承中的接触压力满足：

$$Q_{\varphi}=Q_{\max}\left(\frac{\delta_{\varphi}}{\delta_{\max}}\right)^{\chi} \tag{5-6}$$

式中，$Q_{\max}$ 为最大载荷。指数 χ 的取值：点接触时取 $\chi=\frac{3}{2}$，线接触时取 $\chi=\frac{10}{9}$。

将式(5-4)代入式(5-6)，可以导出推力轴承轴承中的载荷分布。

$$Q_{\varphi}=Q_{\max}\left[1-\frac{1}{2\varepsilon}(1-\cos\phi)\right]^{\chi} \tag{5-7}$$

再利用轴承的外力与内载荷平衡条件得到：

轴向合力为 $F_{a}=\sum_{\varphi_{j}=-\varphi_{L}}^{\varphi_{L}}Q_{\varphi_{j}}\sin\alpha$；

合力矩为 $M=F_{a}h=\frac{d_{m}}{2}\sum_{\varphi_{j}=-\varphi_{L}}^{\varphi_{L}}Q_{\varphi_{j}}\cos\varphi_{j}\sin\alpha$.

上式中代入接触载荷分布计算公式，简化后得到：

$$F_{a}=Q_{\max}ZJ_{a}(\varepsilon)\sin\alpha \tag{5-8}$$

$$M=\frac{d_{m}}{2}Q_{\max}ZJ_{m}(\varepsilon)\sin\alpha \tag{5-9}$$

其中，

$$J_{a}(\varepsilon)=\frac{1}{Z}\sum_{\varphi_{j}=-\varphi_{L}}^{\varphi_{L}}\left[1-\frac{1}{2\varepsilon}(1-\cos\varphi_{j})\right]^{\chi}\approx\frac{1}{2\pi}\int_{-\varphi_{L}}^{\varphi_{L}}\left[1-\frac{1}{2\varepsilon}(1-\cos\varphi)\right]^{\chi}d\varphi$$

$$J_{m}(\varepsilon)=\frac{1}{Z}\sum_{\varphi_{j}=-\varphi_{L}}^{\varphi_{L}}\left[1-\frac{1}{2\varepsilon}(1-\cos\varphi_{j})\right]^{\chi}\cos\varphi_{j}\approx\frac{1}{2\pi}\int_{-\varphi_{L}}^{\varphi_{L}}\left[1-\frac{1}{2\varepsilon}(1-\cos\varphi)\right]^{\chi}\cos\varphi d\varphi$$

这样，轴承中最大的接触载荷可以表达为：

$$Q_{\max}=\frac{F_{a}}{ZJ_{a}(\varepsilon)\sin\alpha} \tag{5-10}$$

或

$$Q_{\max}=\frac{M}{\frac{d_{m}}{2}ZJ_{m}(\varepsilon)\sin\alpha} \tag{5-11}$$

显然，$\frac{J_{m}(\varepsilon)}{J_{a}(\varepsilon)}=\frac{2M}{F_{a}d_{m}}=\frac{2h}{d_{m}}$，$J_{m}(\varepsilon)=J_{r}(\varepsilon)$。表 5-1 给出了 $J_{a}(\varepsilon)$，$J_{r}(\varepsilon)$ 的近似计算结果。

如果是双向推力球轴承，则相当于两个推力球轴承的叠加，如图 5-3 所示。这时，轴承中的变形需要满足协调条件 $\delta_{a1}=-\delta_{a2}$，$\theta_{1}=\theta_{2}$。

(a) 轴承实物

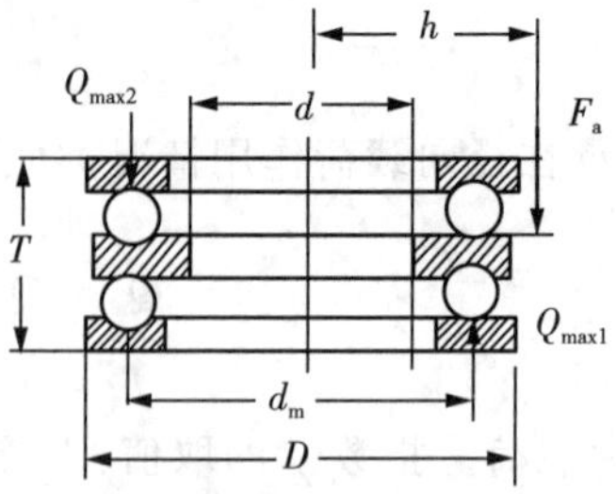

(b) 轴承受轴向载荷

图 5-3　典型双向推力球轴承

而轴承的最大变形为 $\delta_{max1}=\delta_{a1}+\theta_1 d_m/2$，　$\delta_{max2}=-\delta_{a2}+\theta_2 d_m/2$。

定义参数：

$$\varepsilon_1=\frac{1}{2}\left(1+\frac{2\delta_{a1}}{\theta_1 d_m}\right)\qquad \varepsilon_2=\frac{1}{2}\left(1-\frac{2\delta_{a1}}{\theta_1 d_m}\right)\tag{5-12}$$

则有关系：$\varepsilon_1+\varepsilon_2=1$，　$\delta_{max1}/\delta_{max2}=\varepsilon_1/\varepsilon_2$。

由接触变形关系可得 $\dfrac{Q_{max1}}{Q_{max2}}=\left(\dfrac{\delta_{max1}}{\delta_{max2}}\right)^{\chi}=\left(\dfrac{\varepsilon_1}{\varepsilon_2}\right)^{\chi}$。

再通过轴承的中圈平衡条件得到：

$$F_a=F_{a1}-F_{a2}=ZQ_{max1}J_a(\varepsilon_1,\varepsilon_2)\sin\alpha\tag{5-13}$$

$$M=M_1+M_2=\frac{d_m}{2}ZQ_{max1}J_m(\varepsilon_1,\varepsilon_2)\sin\alpha\tag{5-14}$$

其中，分布积分满足：

$$J_a(\varepsilon_1,\varepsilon_2)=J_a(\varepsilon_1)-\frac{Q_{max2}}{Q_{max1}}J_a(\varepsilon_2),\quad J_m(\varepsilon_1,\varepsilon_2)=J_m(\varepsilon_1)+\frac{Q_{max2}}{Q_{max1}}J_m(\varepsilon_2)$$

$$\frac{J_m(\varepsilon_1,\varepsilon_2)}{J_a(\varepsilon_1,\varepsilon_2)}=\frac{F_r\tan\alpha}{F_a}\,\frac{2h}{d_m}$$

上面这些积分系数已经计算出来，并可以查表 5-1、表 5-2 得到。

表 5-1　单列角接触轴承的载荷分布函数积分 $J_a(\varepsilon)$，$J_r(\varepsilon)$ 的值

ε	点接触			线接触		
	$\frac{F_r\tan\alpha}{F_a}$	$J_a(\varepsilon)$	$J_r(\varepsilon)$	$\frac{F_r\tan\alpha}{F_a}$	$J_a(\varepsilon)$	$J_r(\varepsilon)$
0	1	1/Z	1/Z	1	1/Z	1/Z
0.05	0.9834	0.0842	0.0828	0.9806	0.0928	0.0910
0.10	0.9666	0.1196	0.1156	0.9613	0.1319	0.1268
0.15	0.9497	0.1471	0.1397	0.9409	0.1624	0.1528
0.20	0.9315	0.1707	0.1590	0.9216	0.1885	0.1736

（续表）

ε	点接触			线接触		
	$\dfrac{F_r\tan\alpha}{F_a}$	$J_a(\varepsilon)$	$J_r(\varepsilon)$	$\dfrac{F_r\tan\alpha}{F_a}$	$J_a(\varepsilon)$	$J_r(\varepsilon)$
0.25	0.9145	0.1917	0.1753	0.9009	0.2119	0.1909
0.30	0.8967	0.2110	0.1892	0.8805	0.2334	0.2055
0.35	0.8782	0.2291	0.2012	0.8592	0.2536	0.2179
0.40	0.8599	0.2462	0.2117	0.8380	0.2728	0.2286
0.45	0.8415	0.2625	0.2209	0.8159	0.2912	0.2376
0.50	0.8224	0.2782	0.2288	0.7939	0.3090	0.2453
0.60	0.7834	0.3084	0.2416	0.7480	0.3433	0.2568
0.70	0.7424	0.3374	0.2505	0.6999	0.3766	0.2636
0.80	0.6996	0.3658	0.2559	0.6485	0.4099	0.2658
0.90	0.6530	0.3945	0.2576	0.5918	0.4441	0.2628
1.00	0.5999	0.4244	0.2546	0.5238	0.4817	0.2523
1.25	0.4538	0.5044	0.2289	0.3600	0.5775	0.2079
1.50	0.3551	0.5702	0.2025	0.2722	0.6447	0.1755
2.00	0.2440	0.6631	0.1618	0.1825	0.7310	0.1334
2.50	0.1849	0.7240	0.1339	0.1372	0.7837	0.1075
3.00	0.1487	0.7664	0.1140	0.1099	0.8192	0.0900
3.50	0.1242	0.7977	0.0991	0.0915	0.8447	0.0773
4.00	0.1066	0.8216	0.0876	0.0785	0.8639	0.0678
4.50	0.0934	0.8405	0.0785	0.0726	0.8789	0.0638
6.00	0.0831	0.8558	0.0711	0.0611	0.8909	0.0544
6.00	0.0680	0.8790	0.0598	0.0500	0.9089	0.0454
7.00	0.0576	0.8958	0.0516	0.0423	0.9219	0.0390
8.00	0.0500	0.9085	0.0454	0.0367	0.9316	0.0342
9.00	0.0441	0.9184	0.0405	0.0324	0.9392	0.0304
10.00	0.0394	0.9264	0.0365	0.0290	0.9452	0.0274
50.00	0.0076	0.9851	0.0075	0.0056	0.9890	0.0055
100.00	0.0037	0.9925	0.0037	0.0027	0.9945	0.0027
∞	0	1	0	0	1	0
ε	$2h/d_m$	$J_a(\varepsilon)$	$J_m(\varepsilon)$	$2h/d_m$	$J_a(\varepsilon)$	$J_m(\varepsilon)$
	点接触			线接触		

表 5-2　双列角接触轴承的载荷分布函数积分 $J_a(\varepsilon_1,\varepsilon_2)$，$J_r(\varepsilon_1,\varepsilon_2)$ 的值

		点接触				线接触			
ε_1	ε_2	$\frac{F_r\tan\alpha}{F_a}$	$J_a(\varepsilon_1,\varepsilon_2)$	$J_r(\varepsilon_1,\varepsilon_2)$	$\frac{Q_{max2}}{Q_{max1}}$	$\frac{F_r\tan\alpha}{F_a}$	$J_a(\varepsilon_1,\varepsilon_2)$	$J_r(\varepsilon_1,\varepsilon_2)$	$\frac{Q_{max2}}{Q_{max1}}$
0.5	0.5	∞	0.0000	0.4577	1.000	∞	0.0000	0.4906	1.000
0.6	0.4	2.046	0.1744	0.3568	0.544	2.3890	0.1687	0.4031	0.640
0.7	0.3	1.092	0.2782	0.3036	0.281	1.2100	0.2847	0.3445	0.394
0.8	0.2	0.8005	0.3445	0.2758	0.125	0.8232	0.3688	0.3036	0.218
0.9	0.1	0.6713	0.3900	0.2618	0.037	0.6343	0.4321	0.2741	0.089
1.0	0.0	0.6000	0.4244	0.2546	0.000	0.5238	0.4817	0.2523	0.000
1.25	0.0	0.4338	0.5044	0.2289	0.000	0.3598	0.5775	0.2078	0.000
1.67	0.0	0.3088	0.6060	0.1871	0.000	0.2340	0.6790	0.1589	0.000
2.5	0.0	0.1850	0.7240	0.1339	0.000	0.1372	0.7837	0.1075	0.000
5.0	0.0	0.0831	0.8558	0.0711	0.000	0.0611	0.8909	0.0544	0.000
∞	0.0	0.0000	1.0000	0.0000	0.000	0.0000	1.0000	0.0000	0.000
ε_1	ε_2	$2h/d_m$	$J_a(\varepsilon_1,\varepsilon_2)$	$J_m(\varepsilon_1,\varepsilon_2)$	$\frac{Q_{max2}}{Q_{max1}}$	$2h/d_m$	$J_a(\varepsilon_1,\varepsilon_2)$	$J_m(\varepsilon_1,\varepsilon_2)$	$\frac{Q_{max2}}{Q_{max1}}$
		点接触				线接触			

例 5-1　如图 5-4 所示，考虑典型推力调心滚子轴承承受的轴向载荷 $F_a=200$ kN，载荷偏心距 $h=30$ mm。轴承节圆直径 $d_m=320$ mm，滚子数量 $Z=26$，接触角 $\alpha=65°$。计算轴承中的载荷分布。

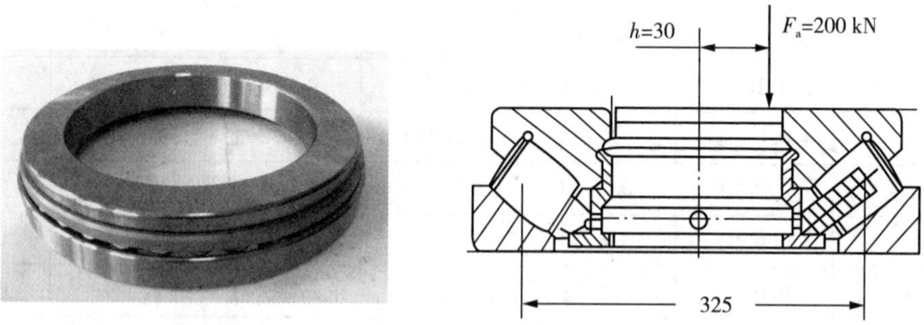

（a）轴承实物　　（b）轴承受轴向载荷

图 5-4　典型推力调心滚子轴承

首先计算 $\frac{2h}{d_m}=\frac{2\times 30}{320}=0.1875$，按照点接触情况，查表 5-1，得到：

$$J_a(\varepsilon)\approx 0.72,\varepsilon\approx 2.52$$

利用公式：

$$Q_{max}=\frac{F_a}{ZJ_a(\varepsilon)\sin\alpha}=\frac{200\times 10^3}{26\times 0.72\times \sin 65°}\approx 11.788\times 10^3(\text{N})$$

这样轴承中的载荷分布为：

$$Q_\varphi = Q_{max}\left[1-\frac{1}{2\varepsilon}(1-\cos\varphi)\right]^\chi = 11.788\times10^3\times[1-0.2273(1-\cos\varphi)]^{10/9}$$

5.1.2　向心轴承受径向载荷作用

首先，考虑典型单列向心轴承（球轴承或圆柱滚子轴承）在纯径向载荷 F_r 作用下的内部受力，如图 5-5 所示。不论轴承是在静止状态还是在运动状态，外载荷都是通过轴承套圈与滚动体接触来传递载荷。在静止状态下，轴承中滚动体与套圈的接触载荷是作用在离散的接触点上。如果轴承处于运动状态，接触载荷沿运动套圈周向可假设为连续分布的。

（a）轴承实物

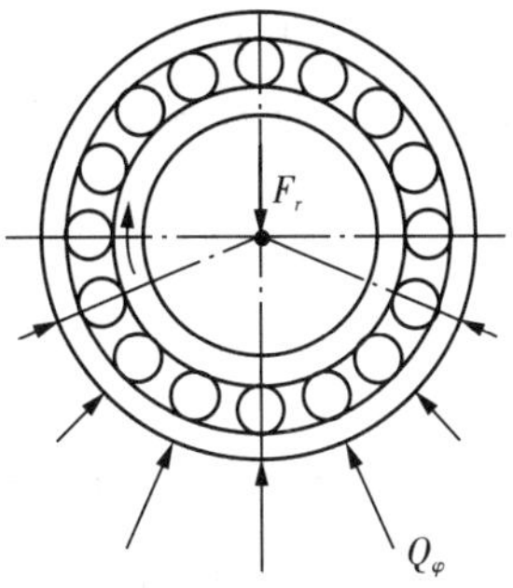

（b）轴承受径向载荷

图 5-5　典型单列向心球轴承

为了说明方便，将轴承中的接触最大载荷位置作为载荷分布圆周的起始零度位置。假设轴承内外套圈在周向角度 φ 位置处接触产生发相对径向位移为 $\delta_\varphi=\delta_{i\varphi}+\delta_{e\varphi}$，其中内、外圈接触变形 $\delta_{i\varphi}$、$\delta_{e\varphi}$ 是不同的（本章采用下标 i，e 表示内、外圈）。根据轴承的受力和变形规律，轴承中各点接触载荷使整个轴承产生的接触变形必须满足连续协调的变化规律。同时，考虑轴承存在径向游隙 P_d（套圈刚体位移为 $P_d/2$）的情况，假定这种连续协调的变化位移规律满足如下关系：

$$\delta_\varphi+\frac{P_d}{2}=\left(\delta_0+\frac{P_d}{2}\right)\cos\varphi \tag{5-15}$$

其中，φ 为圆周位置角，δ_φ 为角度 φ 位置处轴承内外圈接触变形和。显然，在角度 $\varphi=0$ 位置处，轴承的接触变形达到最大，$\delta_{max}=\delta_0=\delta_{i0}+\delta_{e0}$，而套圈相对最大的接触变形位移为 $\delta_{max}+\dfrac{P_d}{2}$。

若令

$$\varepsilon=\frac{\delta_{max}}{2\delta_{max}+P_d} \tag{5-16}$$

则式（5-15）又可以表示为：

$$\delta_\varphi=\delta_{max}\left[1-\frac{1}{2\varepsilon}(1-\cos\varphi)\right] \tag{5-17}$$

上式是轴承中径向载荷引起的套圈变形模式。

由于在载荷区的边界处不发生接触变形，即 $\delta_\varphi=0$，则得到载荷区边界的最大位置角为：

$$\varphi_L=\cos^{-1}\frac{P_d}{2\delta_{max}+P_d} \tag{5-18}$$

又根据赫兹接触力与接触变形的关系式，对点接触和线接触情况，可统一将它们写为

$$Q=K_\chi\delta^\chi \tag{5-19}$$

其中，点接触时取 $\chi=3/2, K_\chi=K_p=2.145\times10^5\ (\delta^*)^{-3/2}\left(\sum\rho\right)^{-1/2}$。

线接触时取 $\chi=10/9, K_\chi=K_l=8.0593\times10^4\ (l_e)^{8/9}$。

而在轴承的内、外圈接触中，接触压力分别为 $Q_{i\varphi}$，$Q_{e\varphi}$，

$$\begin{cases}Q_{i\varphi}=K_{i\chi}\ (\delta_{i\varphi})^\chi\\ Q_{e\varphi}=K_{e\chi}\ (\delta_{e\varphi})^\chi\end{cases} \tag{5-20}$$

显然，在静止状态下，向心轴承的内外圈接触载荷相同($Q_{i\varphi}=Q_{e\varphi}$)，而轴承在高速运动状态下，由于滚动体离心力的存在，内外圈接触载荷是不同的。下面考虑的轴承载荷分布是针对轴承静止(或低速转动)状态下的情况。

由 $\delta_\varphi=\delta_{i\varphi}+\delta_{e\varphi}$，在任意滚动体位置处，接触载荷满足：

$$Q_\varphi=\left[\left(\frac{1}{K_{i\chi}}\right)^{1/\chi}+\left(\frac{1}{K_{e\chi}}\right)^{1/\chi}\right]^{-\chi}\delta_\varphi{}^\chi \tag{5-21}$$

利用最大接触力简化上式，则：

$$Q_\varphi=Q_{max}\left(\frac{\delta_\varphi}{\delta_{max}}\right)^\chi \tag{5-22}$$

其中，Q_{max} 为角度 $\varphi=0$ 位置处的接触载荷(最大接触载荷)。

将式(5-17)代入式(5-22)后得到：

$$Q_\varphi=Q_{max}\left[1-\frac{1}{2\varepsilon}(1-\cos\varphi)\right]^\chi \tag{5-23}$$

图5-6所示的是向心轴承在不同游隙和载荷条件下，轴承中的载荷分布变化。

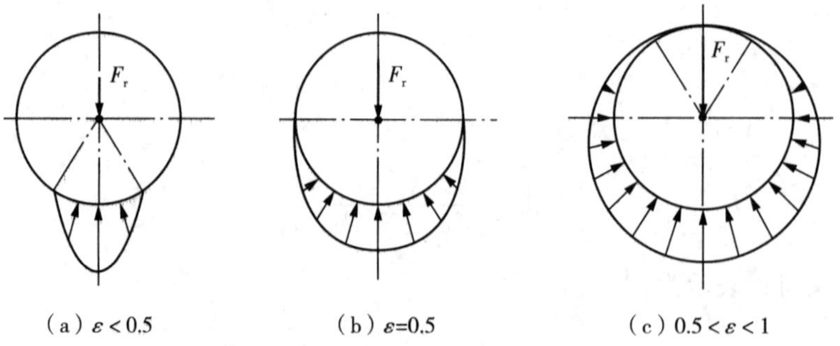

图5-6　向心轴承中的载荷分布变化

根据轴承中滚动体与套圈的接触力与径向外载荷平衡，在轴承径向平面内，轴承的内部受力模型，如图 5－7 所示。

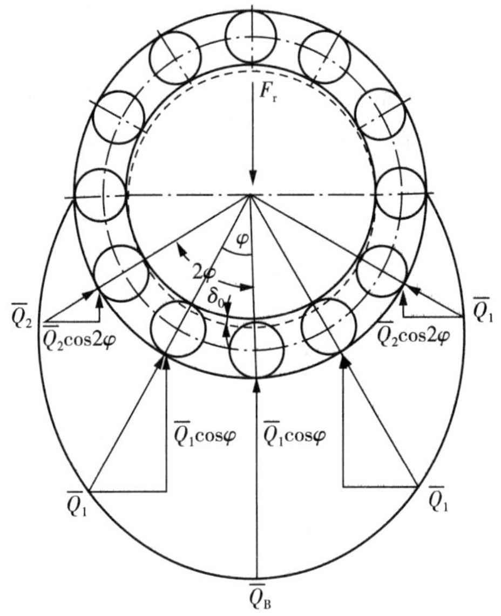

图 5－7　轴承内部载荷分布模型

当轴承接触角 α 不为零时，经过推导得到轴承外载荷与接触力满足下面的关系：

$$F_r = \sum_{\varphi_j} Q_{\varphi_j} \cos\varphi_j \cos\alpha \tag{5-24}$$

其中，Q_{φ_j} 为第 j 个滚动体位置处的法向接触力，$\varphi_j = \frac{2\pi}{Z} j$，$j=0,1,2,3,\cdots,Z-1$，$Z$ 为轴承中单列滚动体的总数。

因此，将法向接触力代入，得到外载荷与轴承内部接触力的平衡关系如下：

$$F_r = Q_{\max} \sum_{\varphi_j=-\varphi_L}^{\varphi_L} \left[1-\frac{1}{2\varepsilon}(1-\cos\varphi_j)\right]^{\chi} \cos\varphi_j \cos\alpha = Q_{\max} Z J_r(\varepsilon)\cos\alpha \tag{5-25}$$

式中，$J_r(\varepsilon) = \frac{1}{Z}\sum_{\varphi_j=-\varphi_L}^{\varphi_L} \left[1-\frac{1}{2\varepsilon}(1-\cos\varphi_j)\right]^{\chi} \cos\varphi_j$ 为求和参数。

如果将轴承内部载荷当作连续分布载荷，则上面的求和参数计算可以采用积分参数计算：

$$\begin{aligned} J_r(\varepsilon) &= \frac{1}{2\pi}\cdot\frac{2\pi}{Z}\sum_{\varphi_j=-\varphi_L}^{\varphi_L} \left[1-\frac{1}{2\varepsilon}(1-\cos\varphi_j)\right]^{\chi}\cos\varphi_j \\ &\approx \frac{1}{2\pi}\int_{-\varphi_L}^{\varphi_L} \left[1-\frac{1}{2\varepsilon}(1-\cos\varphi)\right]^{\chi}\cos\varphi \mathrm{d}\varphi \end{aligned} \tag{5-26}$$

显然，积分式(5－26)与载荷分布有关，采用不同的分布模型将会有不同的结果。

由式(5－25)得到轴承中的最大接触载荷为：

$$Q_{max}=\frac{F_r}{ZJ_r(\varepsilon)\cos\alpha} \tag{5-27}$$

对不同的类型轴承和滚动体数量，积分参数 $J_r(\varepsilon)$ 与接触变形类型有关，计算该参数的值比较复杂，需要采用近似的迭代方法计算 $J_r(\varepsilon)$。表 5－1 列出了近似计算得到的结果。

特别情况是，对于零径向游隙轴承($P_d=0$)，这时，$\varepsilon=0.5$，$\varphi_L=\pi/2$，通过计算可以得到 $J_r(0.5)$ 的值如下：对点接触球轴承，$J_r(0.5)=0.2288$；对线接触滚子轴承，$J_r(0.5)=0.2453$。

这样，由式(5－27)得到：

球轴承中的最大接触载荷 $Q_{max}=\dfrac{4.37F_r}{Z\cos\alpha}$；

滚子轴承中的最大接触载荷 $Q_{max}=\dfrac{4.08F_r}{Z\cos\alpha}$。

当轴承存在径向游隙时，轴承中的最大接触载荷会增加。通常也采用下面的公式估算轴承中的最大接触载荷：

球轴承中的最大接触载荷 $Q_{max}=\dfrac{5F_r}{Z\cos\alpha}$；

滚子轴承中的最大接触载荷 $Q_{max}=\dfrac{4.6F_r}{Z\cos\alpha}$。

5.1.3 向心推力轴承受联合载荷作用

所谓轴承的联合外载荷是指轴向载荷、径向载荷和或力矩载荷同时作用在轴承上的情况。这时的轴承一般是角接触球轴承或圆锥滚子轴承。下面分几种力的组合情况作介绍。

(1) 轴向载荷与径向载荷联合作用

在这样的情况下，轴承会发生比较复杂的变形位移，轴承接触角 α 也产生变化。图 5－8 所示的为单列球轴承在联合载荷作用下的载荷分布图。

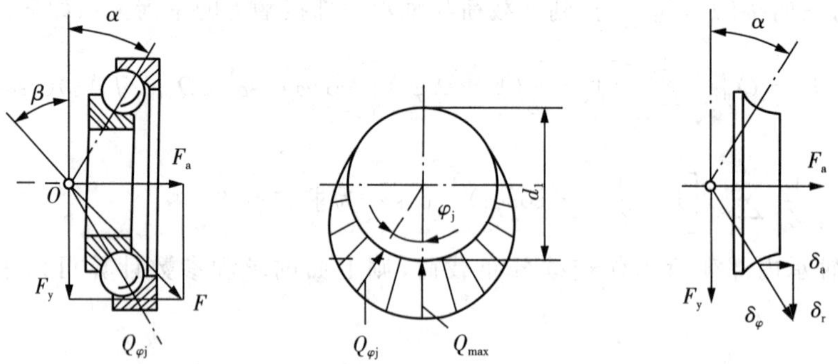

图 5－8 单列球轴承在联合载荷作用下的载荷分布

这种情况下，设轴承内外套圈的相对轴向变形位移为 δ_a，径向变形位移为 δ_r。根据轴承变形的特点，对轴承不同位置处的变形位移模式如图 5－9 所示，得到如下的规律：

$$\delta_\varphi=\delta_a\sin\alpha+\delta_r\cos\alpha\cos\varphi \tag{5-28}$$

其中，α 为轴承接触角，φ 为圆周角。

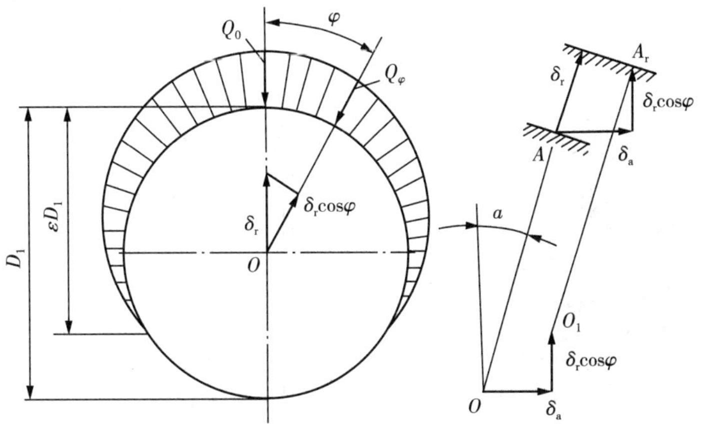

图 5-9　受径向和轴向载荷作用后轴承载荷分布和套圈位移模型

在位置 $\varphi=0$ 处，变形位移最大：

$$\delta_0=\delta_{max}=\delta_a\sin\alpha+\delta_r\cos\alpha \tag{5-29}$$

若引入参数 $\varepsilon=\frac{1}{2}\left(1+\frac{\delta_a \mathrm{tg}\alpha}{\delta_r}\right)$，则式(5-28) 可以转化为：

$$\delta_\varphi=\delta_{max}\left[1-\frac{1}{2\varepsilon}(1-\cos\varphi)\right] \tag{5-30}$$

再引入赫兹接触载荷与变形的关系，这样，得到轴承中接触载荷分布规律：

$$Q_\varphi=Q_{max}\left[1-\frac{1}{2\varepsilon}(1-\cos\varphi)\right]^\chi$$

由轴承的内、外力平衡条件可得：

$$\begin{cases}F_a=\sum\limits_{\varphi_j=-\varphi_L}^{\varphi_L}Q_{\varphi_j}\sin\alpha\\ F_r=\sum\limits_{\varphi_j=-\varphi_L}^{\varphi_L}Q_{\varphi_j}\cos\varphi_j\cos\alpha\end{cases} \tag{5-31}$$

其中，$\varphi_L=\cos^{-1}\frac{-\delta_a \mathrm{tg}\alpha}{\delta_r}$ 为轴承中接触载荷分布区域角度，Q_{φ_j} 为轴承中滚动体接触载荷，α 为轴承接触角。

将轴承载荷分布公式代入(5-31)，经过简化得到：

$$\begin{cases}F_a=Q_{max}ZJ_a(\varepsilon)\sin\alpha\\ F_r=Q_{max}ZJ_r(\varepsilon)\cos\alpha\end{cases} \tag{5-32}$$

公式中，Q_{max} 为轴承中最大的载荷，Z 为轴承中滚动体数，求和参数 $J_a(\varepsilon)$，$J_r(\varepsilon)$ 的近似计算结果列于表 5-1 中。轴承受到的合力为 $F=\sqrt{F_a^2+F_r^2}$。

例5-2　如图 5-10 所示，典型单列圆锥滚子轴承的节圆直径 $d_m=143$ mm，轴承的接触

角 $\alpha=24.5°$，滚子数量 $Z=16$。轴承承受的轴向载荷 $F_a=20$ kN，径向载荷 $F_r=16$ kN。计算轴承中的载荷分布。

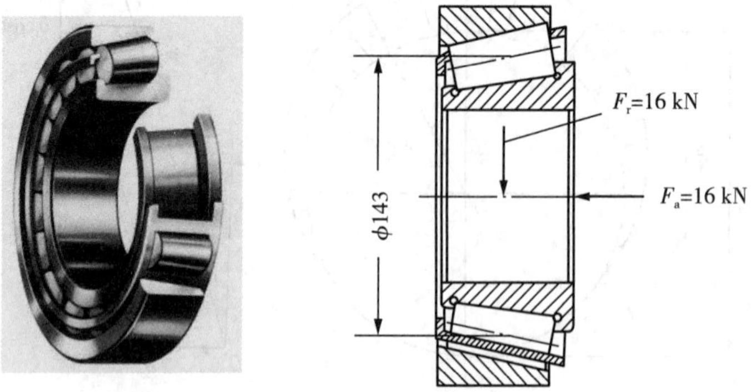

（a）轴承实体　　　　（b）轴承受径向、轴向载

图 5-10　典型单列圆锥滚子轴承

首先计算 $\frac{F_r\tan\alpha}{F_a}=\frac{15\times\tan 24.5°}{20}\approx 0.3418$，按照线接触情况，查表 5-1，得到：

$$J_a(\varepsilon)\approx 0.5975,J_r(\varepsilon)\approx 0.1955,\varepsilon\approx 1.38$$

则：

$$Q_{\max}=\frac{F_a}{ZJ_a(\varepsilon)\sin\alpha}=\frac{20\times 10^3}{16\times 0.5975\times\sin 24.5°}=5.045\times 10^3(\text{N})$$

这样轴承中的载荷分布为：

$$Q_\varphi=Q_{\max}\left[1-\frac{1}{2\varepsilon}(1-\cos\varphi)\right]^{\chi}=5.045\times 10^3\times[1-0.3623(1-\cos\varphi)]^{10/9}$$

（2）轴向、径向与力矩载荷联合作用

在这种情况下，轴承套圈除了产生相对位移外，还会发生相对转动，变形位移更加复杂。这里，以角接触球轴承为例，简化分析如下。

设轴承套圈的相对位移如图 5-11(a) 所示。这时，轴承内外套圈的沟道曲率中心的半径为：

$$\begin{cases}R_i=\frac{d_m}{2}-\left(r_i-\frac{D_w}{2}\right)\cos\alpha\\ R_e=\frac{d_m}{2}+\left(r_e-\frac{D_w}{2}\right)\cos\alpha\end{cases}\tag{5-33}$$

其中，d_m 为轴承节圆直径，D_w 为球直径，$r_i=f_iD_w$，$r_e=f_eD_w$，为内、外套圈的沟道曲率半径。

设轴承内外套圈的相对轴向变形位移为 δ_a，径向变形位移为 δ_r。套圈相对转角为 θ。轴承套圈变形相互位移后，内外套圈的沟道曲率中心的距离为：

$$h=\sqrt{(R_i\theta\cos\varphi+\beta_fD_w\sin\alpha_0+\delta_a)^2+(\beta_fD_w\cos\alpha_0+\delta_r\cos\varphi)^2}\tag{5-34}$$

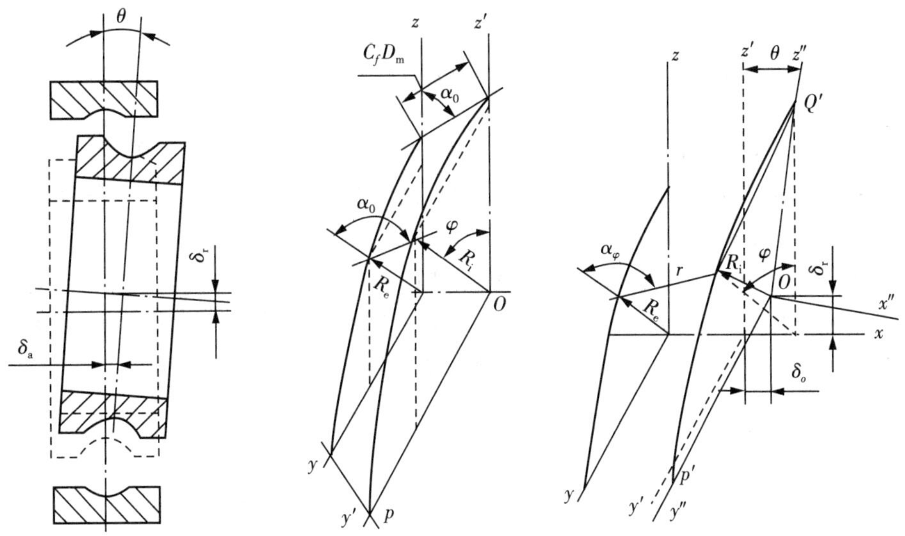

（a）组合载荷下套圈位移　（b）载荷作用前沟道中心位置　（c）载荷作用后沟道中心位置

图 5 - 11　球轴承套圈的相对位移

其中，$\beta_f = f_i + f_e - 1$ 为球轴承沟道曲率系数函数。内、外滚道曲率中心所在的圆周半径为 $R_i = 0.5d_m + (f_i - 0.5)D_w\cos\alpha_0$，$R_e = 0.5d_m - (f_e - 0.5)D_w\cos\alpha_0$。

从图 5 - 11(b)(c) 中的位移关系可以看出，轴承套圈圆周任意位置处的总接触变形为：

$$\delta_\varphi = h - \beta_f D_w \tag{5-35}$$

以及任意位置球与滚道的接触角三角函数关系为：

$$\begin{aligned}\cos\alpha_\varphi &= (\beta_f D_w\cos\alpha_0 + \delta_r\cos\varphi)/h \\ &= \frac{(\beta_f D_w\cos\alpha_0 + \delta_r\cos\varphi)}{\sqrt{(R_i\theta\cos\varphi + \beta_f D_w\sin\alpha_0 + \delta_a)^2 + (\beta_f D_w\cos\alpha_0 + \delta_r\cos\varphi)^2}}\end{aligned} \tag{5-36a}$$

$$\begin{aligned}\sin\alpha_\varphi &= (R_i\theta\cos\varphi + \beta_f D_w\sin\alpha_0 + \delta_a)/h \\ &= \frac{(R_i\theta\cos\varphi + \beta_f D_w\sin\alpha_0 + \delta_a)}{\sqrt{(R_i\theta\cos\varphi + \beta_f D_w\sin\alpha_0 + \delta_a)^2 + (\beta_f D_w\cos\alpha_0 + \delta_r\cos\varphi)^2}}\end{aligned} \tag{5-36b}$$

由赫兹点接触公式，套圈与球的接触载荷为 $Q_\varphi = K_n\delta_\varphi^{3/2}$。

再由轴承的内外力平衡条件，得到：

轴向合力：

$$F_a = \sum_{\varphi_i=-\pi}^{\pi} Q_{\varphi_i}\sin\alpha_{\varphi_i} \tag{5-37a}$$

径向合力：

$$F_r = \sum_{\varphi_i=-\pi}^{\pi} Q_{\varphi_i}\cos\varphi_i\cos\alpha_{\varphi_i} \tag{5-37b}$$

合力矩：

$$M=\frac{d_{\mathrm{m}}}{2}\sum_{\varphi_{\mathrm{i}}=-\pi}^{\pi}Q_{\varphi_{\mathrm{i}}}\cos\varphi_{\mathrm{i}}\sin\alpha_{\varphi_{\mathrm{i}}} \tag{5-37c}$$

上面的各式中，由于滚动体接触载荷与滚动体的位置、接触角等有关，计算比较复杂。只能采用数值方法求解。另外，在上面推导轴承接触载荷计算公式中，如果球轴承存在接触角，则接触角会随着载荷增加而变化。因此，公式中的接触角都是未知量，给求解带来麻烦。在要求不太严格的情况下，常采用轴承的初始接触角进行计算。

如果要考虑接触角随载荷增加而变化，需要采用迭代的方法来确定接触角变化的值。在 $\varphi=0$ 位置处，球的接触载荷最大，接触角也变化最大。结果如下：

$$Q_{\max}=K_n\left[\sqrt{(R_{\mathrm{i}}\theta+\beta_f D_{\mathrm{w}}\sin\alpha_0+\delta_{\mathrm{a}})^2+(\beta_f D_{\mathrm{w}}\cos\alpha_0+\delta_{\mathrm{r}})^2}-\beta_f D_{\mathrm{w}}\right]^{3/2} \tag{5-38}$$

$$\cos\alpha_{\max}=\frac{(\beta_f D_{\mathrm{w}}\cos\alpha_0+\delta_{\mathrm{r}})}{\sqrt{(R_{\mathrm{i}}\theta+\beta_f D_{\mathrm{w}}\sin\alpha_0+\delta_{\mathrm{a}})^2+(\beta_f D_{\mathrm{w}}\cos\alpha_0+\delta_{\mathrm{r}})^2}} \tag{5-39}$$

$$\sin\alpha_{\max}=\frac{(R_{\mathrm{i}}\theta+\beta_f D_{\mathrm{w}}\sin\alpha_0+\delta_{\mathrm{a}})}{\sqrt{(R_{\mathrm{i}}\theta+\beta_f D_{\mathrm{w}}\sin\alpha_0+\delta_{\mathrm{a}})^2+(\beta_f D_{\mathrm{w}}\cos\alpha_0+\delta_{\mathrm{r}})^2}} \tag{5-40}$$

5.1.4 柔性轴承套圈对载荷分布的影响

在上面的分析中，是在假设只有接触变形的条件下确定出来的。它是假设轴承安装在刚性支座中，不考虑轴承座的变形影响。如果考虑轴承套圈是一种柔性环，轴承座也是可变形的弹性体。这时，需要利用弹性力学的方法来分析轴承中的变形和受力。

考虑圆环体，内外承受均布压力 q_1，q_2。如图 5-12 所示。这是一种平面轴对称问题。

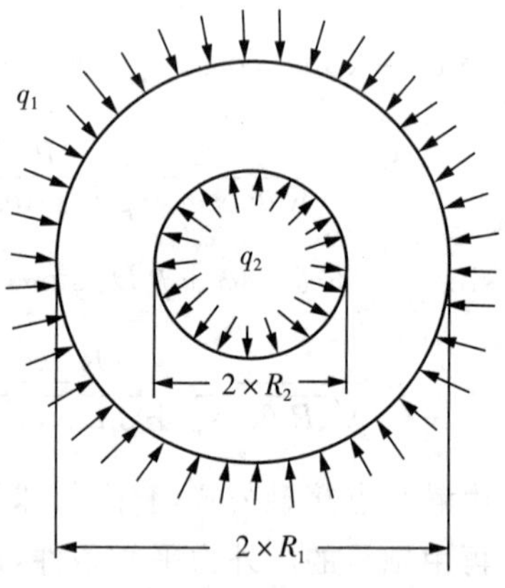

图 5-12 圆环体受力

采用极坐标系 (r,θ)，由于受力对称性，圆环体的变形只发生在半径方向 u_{r}，其他方向上的位移为零。两个方向的应变为：

$$\varepsilon_{\mathrm{r}}=\frac{\mathrm{d}u_{\mathrm{r}}}{\mathrm{d}r},\quad \varepsilon_\theta=\frac{u_{\mathrm{r}}}{r}$$

切应变 $\gamma_{r\theta}=0$ 为零。对应的应力为 σ_{r}，σ_θ。切应力为零。这些应力满足的平衡方程如下：

$$\frac{\mathrm{d}\sigma_{\mathrm{r}}}{\mathrm{d}r}+\frac{\sigma_{\mathrm{r}}-\sigma_\theta}{r}=0$$

应力与应变之间的关系为：

$$\varepsilon_{\mathrm{r}}=\frac{1}{E}(\sigma_{\mathrm{r}}-\nu\sigma_\theta)\qquad \varepsilon_\theta=\frac{1}{E}(\sigma_\theta-\nu\sigma_{\mathrm{r}})$$

利用应力函数方法，令 $\sigma_{\mathrm{r}}=\frac{1}{r}\frac{\mathrm{d}\Psi}{\mathrm{d}r}$，$\sigma_\theta=\frac{\mathrm{d}^2\Psi}{\mathrm{d}r^2}$，选择应力函数：

$$\Psi=A\log r+Br^2+C$$

其中，A，B，C 为待定常数。

代入上面各公式中得到：

$$\sigma_r = \frac{A}{r^2} + 2B \qquad \sigma_\theta = \frac{-A}{r^2} + 2B$$

$$\varepsilon_r = \frac{1+\nu}{E}\frac{A}{r^2} + \frac{2(1-\nu)}{E}B \qquad \varepsilon_\theta = -\frac{1+\nu}{E}\frac{A}{r^2} + \frac{2(1-\nu)}{E}B$$

$$u_r = -\frac{1+\nu}{E}\frac{A}{r} + \frac{2(1-\nu)}{E}Br$$

由圆环的边界受力条件

$$r = R_1 \qquad \sigma_r = -q_1 \qquad r = R_2 \qquad \sigma_r = -q_2$$

可以确定出系数：

$$A = \frac{R_1^2 R_2^2}{R_1^2 - R_2^2}(q_1 - q_2)$$

$$B = \frac{1}{2}\frac{q_2 R_2^2 - q_1 R_1^2}{R_1^2 - R_2^2}$$

最后得到：

$$\begin{cases} \sigma_r = \dfrac{R_1^2 R_2^2}{R_1^2 - R_2^2}\dfrac{(q_1 - q_2)}{r^2} + \dfrac{q_2 R_2^2 - q_1 R_1^2}{R_1^2 - R_2^2} \\ \sigma_\theta = -\dfrac{R_1^2 R_2^2}{R_1^2 - R_2^2}\dfrac{(q_1 - q_2)}{r^2} + \dfrac{q_2 R_2^2 - q_1 R_1^2}{R_1^2 - R_2^2} \end{cases} \tag{5-41}$$

$$\begin{cases} \varepsilon_r = \dfrac{1+\nu}{E}\dfrac{R_1^2 R_2^2}{R_1^2 - R_2^2}\dfrac{(q_1 - q_2)}{r^2} + \dfrac{(1-\nu)}{E}\dfrac{q_2 R_2^2 - q_1 R_1^2}{R_1^2 - R_2^2} \\ \varepsilon_\theta = -\dfrac{1+\nu}{E}\dfrac{R_1^2 R_2^2}{R_1^2 - R_2^2}\dfrac{(q_1 - q_2)}{r^2} + \dfrac{(1-\nu)}{E}\dfrac{q_2 R_2^2 - q_1 R_1^2}{R_1^2 - R_2^2} \end{cases} \tag{5-42}$$

$$u_r = -\frac{1+\nu}{E}\frac{R_1^2 R_2^2}{R_1^2 - R_2^2}\frac{(q_1 - q_2)}{r} + \frac{(1-\nu)}{E}\frac{q_2 R_2^2 - q_1 R_1^2}{R_1^2 - R_2^2}r \tag{5-43}$$

如果圆环的接触压力是由于圆环过盈配合所引起，如图 5－13 所示。两个圆环的直径过盈量为 δ_r，材料相同，利用上面的结果得到：

$$\delta_r = \frac{q_i d_i}{E}\left(\frac{1+c_1^2}{1-c_1^2} + \frac{1+c_2^2}{1-c_2^2}\right) \tag{5-44}$$

则引起的过盈配合压力为：

$$q_i = \frac{\delta_r E}{d_i}\Big/\left(\frac{1+c_1^2}{1-c_1^2} + \frac{1+c_2^2}{1-c_2^2}\right) \tag{5-45}$$

上面各式中，$c_1 = d/d_i$，　$c_2 = d_i/D$。

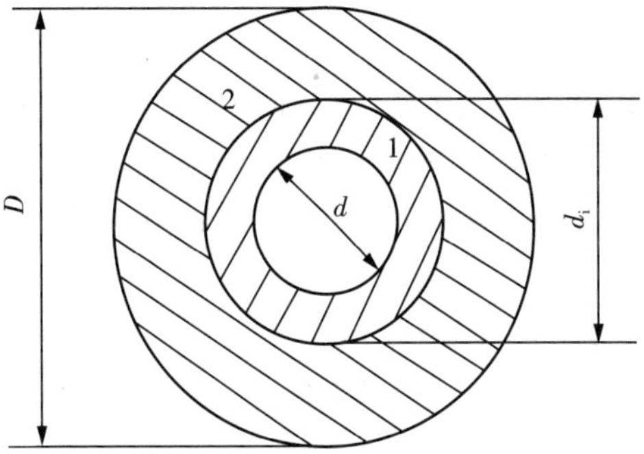

图 5－13　圆环过盈配

如果考虑圆环的微小弯曲变形，则由弹性力学可导出弯曲变形满足：

$$\frac{d^2 w}{R d\varphi^2} + w = \frac{M}{EI}$$

式中，M 为环的截面弯矩，EI 为截面抗弯模量，R 为环的平均半径，φ 为环的圆心角，w 为环的弯曲变形。

若环表面的作用力为 Q，则：

$$M(\varphi) = M_0 - \frac{QR}{2\sin\varphi}(1 - \cos\varphi) \tag{5-46}$$

该微分方程的解可以采用齐次方程的通解加非齐次方程的特解得到。经过弹性力学分析方法求解得到：

$$w(\varphi) = c_\varphi Q(\varphi) \tag{5-47}$$

上式是圆环的位移与表面作用力关系，系数 c_φ 为：

$$c_\varphi = \frac{R^3}{2EI}\left\{\frac{2}{\Delta\psi} - \left[\frac{\Delta\psi\cos\frac{\Delta\psi}{2}}{4\sin^4\frac{\Delta\psi}{2}} + \frac{1}{2\sin\frac{\Delta\psi}{2}}\right]\cos\varphi - \frac{\varphi\sin\varphi}{2\sin\frac{\Delta\psi}{2}}\right\}$$

考虑圆环的弯曲变形后，轴承接触变形可以表示为：

$$\delta(\varphi) = \delta_r\cos\varphi + w(\varphi) \tag{5-48}$$

则轴承滚动体接触载荷为：

$$Q(\varphi) = \begin{cases} K_n[\delta(\varphi) - \Delta(\varphi)]^\chi, & \delta(\varphi) \geqslant \Delta(\varphi) \\ 0, & \delta(\varphi) < \Delta(\varphi) \end{cases} \tag{5-49}$$

其中，$\Delta(\varphi)$ 为轴承在 φ 处的径向游隙。

如果圆环上还有其他形式的载荷，也可以与上面一样进行分析。

轴承整体的平衡方程为：

$$F_r = \sum_\varphi Q(\varphi)\cos\varphi\cos\alpha \qquad F_a = \sum_\varphi Q(\varphi)\sin\alpha$$

求解上面的方程得到轴承中的接触载荷。显然，这些方程式是复杂的非线性方程，一般不太容易求解。通常采用弹性力学有限元方法求解。对于薄壁套圈轴承，套圈弯曲变形对接触载荷分布影响是比较明显的，因此需要考虑套圈的弯曲变形影响。

5.2 轴承额定动载荷理论基础

由滚动接触中的疲劳寿命理论知道，它与轴承额定动载荷有关。轴承额定动载荷与轴承的载荷分布直接相联系，它是轴承自身的一种状态参数。国际标准化委员会轴承分会已经发布的技术文件 ISO 281 介绍了这方面的结果，其中包括确定轴承额定动载荷和寿命计算方法。

根据滚动接触疲劳寿命理论模型知道，如果取轴承滚动寿命为一百万次的接触作为额定寿命($L_c=1$)，这时，对应的接触载荷为额定载荷 Q_c，则可以导出：

点接触：

$$Q_c = A_1 \Phi D_w^{(2c+h-5)/(c-h+2)} \tag{5-50}$$

线接触：

$$Q_c = B_1 \Psi D_w^{(c+h-3)/(c-h+1)} l_e^{(c-h-1)/(c-h+1)} \tag{5-51}$$

式中的系数和指数的意义和计算方法将在下面的章节中讨论。

5.2.1　单个滚动体与套圈接触的额定动载荷

在上面导出的滚动体接触额定载荷公式中，包含了接触体表面的几何参数。根据轴承结构的接触特点，接触应力与变形计算与接触表面的曲率函数 $F(\rho)=\dfrac{\rho_{I1}-\rho_{I2}+\rho_{II1}-\rho_{II2}}{\sum\rho}$ 有关。因此，将上面的额定载荷公式中的有关参数表示为轴承结构的曲率函数关系，并对有关参数进行简化。

(1) 点接触类型的滚动体与套圈接触点的额定动载荷

对于点接触类型，在推导滚动体与套圈接触的额定动载荷公式(5－50)时引入轴承几何参数，并简化后可得：

$$\Phi = 0.06855\left[\left(\frac{T}{T_1}\right)^{31/3}\left(\frac{\zeta_1}{\zeta}\right)^{4/3}\frac{[1+F(\rho)]^{-21/3}}{(a^*)^{28/3}(b^*)^{35/3}}\right]^{-3/10}\frac{(1\mp\gamma)^{18/10}}{(1\pm\gamma)^{1/3}}\left(\frac{d_m}{D_w}\right)^{-3/10}Z^{-1/3} \tag{5-52}$$

$$\left[\left(\frac{T}{T_1}\right)^{31/3}\left(\frac{\zeta_1}{\zeta}\right)^{4/3}\frac{[1+F(\rho)]^{-21/3}}{(a^*)^{28/3}(b^*)^{35/3}}\right]^{-3/10} \approx 1.3\Omega^{-0.41} \tag{5-53}$$

$$\Omega = \frac{1-F(\rho)}{1+F(\rho)} = \frac{D_w}{2R}\frac{r-R}{r}(1\mp\gamma) \tag{5-54}$$

将式(5－52)～式(5－54)代入式(5－50)，进一步近似简化后得到：

$$Q_c = A\left(\frac{2R}{D_w}\cdot\frac{r}{r-R}\right)^{0.41}\frac{(1\mp\gamma)^{1.39}}{(1\pm\gamma)^{1/3}}\left(\frac{D_w}{d_m}\right)^{0.3}D_w^{1.8}Z^{-1/3} \tag{5-55}$$

式中，A 是系数，它与轴承材料、赫兹接触参数等有关。通过试验已经得到近似值。当载荷单位为牛顿时，取 $A\approx 98.1$。“±”符号分别对应内、外套圈的滚道。

(2) 线接触类型滚动体与套圈接触点的额定动载荷

同样，对线接触滚子轴承中的接触条件($F(\rho)=1$)，也可以推导出下面的关系式：

$$\Psi = 0.513\frac{(1\mp\gamma)^{29/27}}{(1\pm\gamma)^{1/4}}\left(\frac{d_m}{D_w}\right)^{-2/9}Z^{-1/4} \tag{5-56}$$

将式(5－56)代入式(5－51)并进一步近似简化后得到线接触载荷：

$$Q_c = B\frac{(1\mp\gamma)^{29/27}}{(1\pm\gamma)^{1/4}}\left(\frac{d_m}{D_w}\right)^{-2/9} D_w^{29/27} l_e^{7/9} Z^{-1/4} \tag{5-57}$$

式中，B 为系数，它与轴承材料、赫兹接触参数等有关。通过试验已经得到近似值。当载荷单位为牛顿时，取 $B \approx 552$。式中的“±”符号分别对应内、外套圈的滚道。

5.2.2 套圈整体的接触额定动载荷

上面导出的是单个接触点的额定动载荷。对轴承套圈而言，需要将所有接触点的额定载荷综合起来。根据前面介绍的轴承中的载荷分布规律：

$$Q_j = Q_{max}\left[1-\frac{1}{2\varepsilon}(1-\cos\varphi_j)\right]^{\chi} \tag{5-58}$$

下面来确定轴承的套圈的额定动载荷。

(1) 静止套圈整体的接触额定动载荷

通常轴承外套圈工作时处于静止状态，因此，可以直接应用轴承中的载荷分布规律。套圈的幸存概率应该是各接触点的幸存概率的乘积。根据接触寿命模型，有：

$$\ln\frac{1}{S_\nu} = \ln\frac{1}{\prod_j S_j} = \sum_j \ln\frac{1}{S_j} \propto \sum_j Q_j^w L^e \tag{5-59}$$

式中，S_ν 为静止套圈整体的幸存概率，S_j 为接触点的幸存概率。对点接触，指数 $w=10/3$，对线接触，指数 $w=9/2$。e 为轴承寿命试验曲线斜率参数。

而套圈的整体的寿命模型又可以表示为：

$$\ln\frac{1}{S_\nu} \propto Z\bar{Q}_\nu^w L^e \tag{5-60}$$

式中，$\bar{Q}_\nu$ 为外圈的联合平均载荷。比较式(5-59)与式(5-60)，得到：

$$\bar{Q}_\nu = \left(\frac{1}{Z}\sum_j Q_j^w\right)^{1/w} \approx \left(\frac{1}{2\pi}\int_{-\varphi_L}^{\varphi_L} Q_\varphi^w \mathrm{d}\varphi\right)^{1/w} \tag{5-61}$$

利用轴承的载荷分布式，代入式(5-61)，导出：

$$\bar{Q}_\nu = Q_{max} J_\nu \tag{5-62}$$

式中，$J_\nu = \left\{\frac{1}{2\pi}\int_{-\varphi_L}^{\varphi_L}\left[1-\frac{1}{2\varepsilon}(1-\cos\varphi)\right]^{\chi w}\mathrm{d}\varphi\right\}^{1/w}$。并且，对点接触，$\chi w = \frac{3}{2}\times\frac{10}{3}=5$，对线接触，$\chi w = \frac{10}{9}\times\frac{9}{2}=5$。

(2) 运动套圈整体的接触额定动载荷

当轴承内套圈工作时处于转动状态，内套圈上各点将经历所有大小的接触载荷。根据 Palmgren 给出的疲劳损伤累积模型，运动套圈的联合平均载荷等于各接触载荷的几何平均值，即可以表示为：

$$\bar{Q}_\mu = \left(\frac{1}{Z}\sum_j Q_j^{\tilde{\omega}}\right)^{1/\tilde{\omega}} \approx \left(\frac{1}{2\pi}\int_{-\varphi_L}^{\varphi_L} Q_\varphi^{\tilde{\omega}} \mathrm{d}\varphi\right)^{1/\tilde{\omega}} \tag{5-63}$$

式中，$\tilde{\omega}$ 为几何平均指数。对点接触，取 $\tilde{\omega}=3$，对线接触，取 $\tilde{\omega}=4$。

再利用轴承的载荷分布式，代入式(5-63) 导出

$$\bar{Q}_{\mu}=Q_{\max}J_{\mu} \tag{5-64}$$

式中，$J_{\mu}=\left\{\frac{1}{2\pi}\int_{-\varphi_L}^{\varphi_L}\left[1-\frac{1}{2\varepsilon}(1-\cos\varphi)\right]^{\chi\tilde{\omega}}\mathrm{d}\varphi\right\}^{1/s}$。对点接触，$\chi\tilde{\omega}=\frac{3}{2}\times 3=4.5$；对线接触，$\chi\tilde{\omega}=\frac{10}{9}\times 4=40/9\approx 4.4$。

根据以上分析，当轴承受到的载荷作用使轴承的套圈和最大滚动体载荷达到接触额定动载荷后，该载荷就是轴承的额定动载荷。

在理想的零游隙情况下，得到径向载荷作用下的平均接触力 $\bar{Q}_k=Q_{ck}=Q_{\max}J_k(0.5)(k=\nu,\mu)$ 及零游隙条件下一般载荷下轴承径向载荷公式 $F_r=C_r=Q_{\max}ZJ_r(0.5)\cos\alpha$，则：

$$\frac{C_r}{Q_{ck}}=\frac{ZJ_r(0.5)\cos\alpha}{J_k(0.5)} \tag{5-65}$$

即内圈对应的额定动载荷为：

$$C_{r\mu}=Q_{c\mu}Z\frac{J_r(0.5)}{J_{\mu}(0.5)}\cos\alpha \tag{5-66}$$

同理，外圈对应的额定动载荷为：

$$C_{r\nu}=Q_{c\nu}Z\frac{J_r(0.5)}{J_{\nu}(0.5)}\cos\alpha \tag{5-67}$$

针对不同的接触类型的轴承，上面套圈整体额定载荷公式中的积分需要计算，利用简化计算最后得到如下公式：

点接触类型的轴承，静止和运动的套圈对应的额定动载荷：

$$\begin{cases}C_{r\nu}=0.4070Q_{c\nu}Z\cos\alpha\\ C_{r\mu}=0.3890Q_{c\mu}Z\cos\alpha\end{cases} \tag{5-68}$$

线接触类型轴承，静止和运动的的套圈对应的额定动载荷：

$$\begin{cases}C_{r\nu}=0.3767Q_{c\nu}Z\cos\alpha\\ C_{r\mu}=0.3634Q_{c\mu}Z\cos\alpha\end{cases} \tag{5-69}$$

5.2.3　完整轴承的额定动载荷

再来考虑整体轴承的额定动载荷的计算。轴承是由一组滚动体和套圈组成，因此，全轴承的寿命是滚动体和套圈的共同寿命。全轴承的额定动载荷代表轴承的一种承载能力，它被定义为：在外圈静止内圈转动的工作条件下一批相同的轴承中，90% 的轴承能够达到或超出一百万次转动的寿命时，轴承所能够承担的载荷。对向心和向心推力轴承，其额定动载荷是指使轴承半圈受载的径向载荷分量。对推力轴承，其额定动载荷是指使轴承整圈受载的中心轴向载荷分量。

类似于滚动接触的寿命估计模型，轴承以及其套圈的寿命也可以采用类似的寿命模型

$$
\begin{cases}
\ln \dfrac{1}{S_{\nu}} = \Psi_{\nu} F_{\mathrm{r}}^{w} L_{\nu}^{e} \\
\ln \dfrac{1}{S_{\mu}} = \Psi_{\mu} F_{\mathrm{r}}^{w} L_{\mu}^{e} \\
\ln \dfrac{1}{S} = \Psi F_{\mathrm{r}}^{w} L^{e}
\end{cases} \tag{5-70}
$$

这里，S_{ν} 为轴承外套圈的寿命可靠度，S_{μ} 为轴承内套圈的寿命可靠度，S 为轴承的寿命可靠度。

当轴承外套圈达到额定寿命时，$L_{\nu}=1, S_{\nu}=0.9, F_{\mathrm{r}}=C_{r\nu}, \Psi_{\nu}=\ln \dfrac{1}{0.9}\Big/C_{r\nu}^{w}$；

当轴承内套圈达到额定寿命时，$L_{\mu}=1, S_{\mu}=0.9, F_{\mathrm{r}}=C_{r\mu}, \Psi_{\mu}=\ln \dfrac{1}{0.9}\Big/C_{r\mu}^{w}$；

当轴承达到额定寿命时，$L=1, S=0.9, F_{\mathrm{r}}=C_{\mathrm{r}}, \Psi=\ln \dfrac{1}{0.9}\Big/C_{\mathrm{r}}^{w}$。

由于轴承寿命概率是其两件寿命概率乘积关系，即

$$
\ln \frac{1}{S} = \ln \frac{1}{S_{\nu} S_{\mu}} = \Psi_{\nu} F_{\mathrm{r}}^{w} L_{\nu}^{e} + \Psi_{\mu} F_{\mathrm{r}}^{w} L_{\mu}^{e} = \Psi F_{\mathrm{r}}^{w} L^{e} \tag{5-71}
$$

所以，得到：

$$
\begin{cases}
\Psi_{\nu} + \Psi_{\mu} = \Psi \\
\dfrac{1}{L_{\nu}^{e}} + \dfrac{1}{L_{\mu}^{e}} = \dfrac{1}{L^{e}} \\
\dfrac{1}{C_{r\nu}^{w}} + \dfrac{1}{C_{r\mu}^{w}} = \dfrac{1}{C_{\mathrm{r}}^{w}}
\end{cases} \tag{5-72}
$$

由上式最后导出轴承整体的额定动载荷为：

$$
C_{\mathrm{r}} = (C_{r\nu}^{-w} + C_{r\mu}^{-w})^{-1/w} = C_{r\mu}\left[1 + (C_{r\mu}/C_{r\nu})^{w}\right]^{-1/w} \tag{5-73}
$$

上式是轴承额定动载荷的计算公式理论基础。对于点接触轴承，取 $w=10/3$，对于线接触轴承，取 $w=9/2$。

如果轴承是多列滚动体，根据寿命概率乘积定律，则可以导出多列滚动体轴承整体的额定动载荷如下：

① 具有 i 列相同的滚动体的向心轴承的额定动载荷

$$
C_{rD} = (i)^{1-1/w} C_{\mathrm{r}} \tag{5-74}
$$

其中，i 为滚动体列数，C_{r} 为单列轴承径向心额定动载荷。

② 具有 i 列不同的滚动体的推力球轴承的额定动载荷

$$
C_{aD} = \left(\sum_{j=1}^{i} Z_{\mathrm{j}}\right)\left[\left(\sum_{j=1}^{i} \frac{Z_{\mathrm{j}}}{C_{aj}}\right)^{10/3}\right]^{3/10} \tag{5-75}
$$

式中，i 为滚动体列数，C_{aj} 为第 j 列滚动体球轴承轴向额定动载荷，Z_{j} 为第 j 列滚动体数量。

③ 具有 i 列不同的滚动体的推力滚子轴承的额定动载荷

$$C_{aD}=\left(\sum_{j=1}^{i}Z_{j}l_{ej}\right)\left[\left(\sum_{j=1}^{i}\frac{Z_{j}l_{ej}}{C_{aj}}\right)^{9/2}\right]^{2/9} \tag{5-76}$$

式中，i 为滚动体列数，C_{aj} 为第 j 列滚动体滚子轴承轴向额定动载荷，Z_j 为第 j 列滚动体数量。

式(5－73)是轴承额定动载荷的计算理论基础。将轴承的结构参数和载荷分布计算公式代入式(5－73)，经过简化，并考虑到各种影响因素后导出下面的轴承额定载荷公式。对向心和向心推力轴承，其额定动载荷为径向额定载荷分量。对推力轴承，其额定动载荷为轴向载荷分量。

(1) 球轴承的径向额定动载荷

$$C_r=f_cZ^{2/3}F(D_w)H(i\cos\alpha) \tag{5-77}$$

其中，系数 f_c 与球轴承的内部结构过参数有关，同时也包含了轴承制造误差、安装误差等因素。

$F(D_w)$ 为轴承球直径大小影响函数，取为：

$$F(D_w)=\begin{cases}D_w^{1.8}, & D_w\leqslant 25.4\ \text{mm}\\ 3.647D_w^{1.4}, & D_w>25.4\ \text{mm}\end{cases}$$

$H(i\cos\alpha)$ 为球轴承接触角、滚动体列数影响函数。

对于向心和向心推力球轴承，取为 $H(i\cos\alpha)=(i\cos\alpha)^{7/10}$；

对于推力向心球轴承，取为 $H(i\cos\alpha)=(\cos\alpha)^{7/10}\tan\alpha$；

对于推力球轴承，取为 $H(i\cos\alpha)=1$。

(2) 滚子轴承的径向额定动载荷

$$C_r=f_cZ^{3/4}D_w^{29/27}l_e^{7/9}H(i\cos\alpha) \tag{5-78}$$

其中，系数 f_c 与滚子轴承的内部结构过参数有关，同时也包含了轴承制造误差、安装误差等等因素。

$H(i\cos\alpha)$ 为滚子轴承接触角、滚动体列数影响函数。

对于向心滚子轴承，取为 $H(i\cos\alpha)=(i\cos\alpha)^{7/9}$；

对于推力向心滚子轴承，取为 $H(i\cos\alpha)=(\cos\alpha)^{7/9}\tan\alpha$；

对于推力滚子轴承，取为 $H(i\cos\alpha)=1$。

5.3　轴承基本额定动载荷计算方法

上面介绍的是一般情况下的轴承额定动载荷计算方法。国际轴承标准中已经根据轴承设计和使用的各种可能情况，推荐了轴承额定动载荷的计算方法，这种载荷又称为基本额定动载荷(ISO 281－2007)。我国标准(GB/T 6391－2010)也等同采用了 ISO 的标准。

对不同类型的轴承，考虑轴承材料为优质轴承钢材，在无游隙和理想的工作状态下，轴承基本额定动载荷的计算方法需要通过复杂的数学推导。它们在有关的标准文件中可以找到。对向心和向心推力轴承，其额定动载荷为径向额定载荷分量。对推力轴承，其额定动载荷为轴向载荷分量。这里，只给出几种常用的轴承的基本额定静载荷简化计算公式。为了便于理解，下面给出的公式中采用与 ISO 标准中类似的符号。

5.3.1　向心和向心推力球轴承

针对这类轴承的结构，简化后的轴承径向基本额定动载荷计算公式如下：

$$C_r=\begin{cases} f_c(i\cos\alpha)^{0.7}Z^{2/3}{D_w}^{1.8} & (D_w\leqslant 25.4\ \mathrm{mm}) \\ 3.647f_c(i\cos\alpha)^{0.7}Z^{2/3}{D_w}^{1.4} & (D_w>25.4\ \mathrm{mm}) \end{cases} \tag{5-79}$$

其中，$f_c=40.207\lambda\left(\dfrac{2r_i}{2r_r-D_w}\right)^{0.41}\dfrac{\gamma^{0.3}(1-\gamma)^{1.39}}{(1+\gamma)^{1/3}}\times\left[1+\left\{1.04\left(\dfrac{1-\gamma}{1+\gamma}\right)^{1.72}\left[\dfrac{r_i}{r_e}\left(\dfrac{2r_e-D_w}{2r_i-D_w}\right)\right]^{0.41}\right\}^{10/3}\right]^{-1/10}$。系数 f_c 的值与轴承类型有关，其中各参数的具体取值见表 5-3。i 代表滚动体列数，α 为轴承名义接触角，Z 为轴承单列滚动体数量，D_w 为滚动体直径，$\gamma=D_w\cos\alpha/d_m$，d_m 为轴承节圆直径，$r_i=f_iD_w$，$r_e=f_eD_w$，λ，η 代表与轴承制造与安装质量有关的降低系数。

5.3.2　推力角接触球轴承

针对这种轴承的结构，简化后的轴承轴向基本额定动载荷计算公式如下：

$$C_a=\begin{cases} f_c(\cos\alpha)^{0.7}\tan\alpha Z^{2/3}{D_w}^{1.8},D_w\leqslant 25.4\ \mathrm{mm} \\ 3.647f_c(\cos\alpha)^{0.7}\tan\alpha Z^{2/3}{D_w}^{1.4},D_w>25.4\ \mathrm{mm} \end{cases} \tag{5-80}$$

其中，$f_c=98.0665\lambda\eta\left(\dfrac{2r_i}{2r_r-D_w}\right)^{0.41}\dfrac{\gamma^{0.3}(1-\gamma)^{1.39}}{(1+\gamma)^{1/3}}\times\left[1+\left\{\left[\dfrac{r_i}{r_e}\left(\dfrac{2r_e-D_w}{2r_i-D_w}\right)\right]^{0.41}\left(\dfrac{1-\gamma}{1+\gamma}\right)^{1.72}\right\}^{10/3}\right]^{-3/10}$。系数 f_c 中各参数的具体取值见表 5-3。

表 5-3　系数 f_c 中的参数取值

轴承类型	沟道半径		降低系数	
	r_i	r_e	λ	η
单列径向接触沟型球轴承 单列和双列角接触沟型球轴承	$0.52D_w$		0.95	—
双列径向接触沟型球轴承	$0.52D_w$		0.90	—
单双和双列调心球轴承	$0.53D_w$	$0.5\left(\dfrac{1}{\gamma}+1\right)D_w$	1	—
分离型单列径向接触球轴承 （磁电机轴承）	$0.52D_w$	∞	0.95	—
推力球轴承	$0.535D_w$		0.90	$1-\sin\alpha/3$

5.3.3　推力球轴承（$\alpha=90°$）

针对这种轴承的结构，简化后的轴承轴向基本额定动载荷计算公式如下：

$$C_a=\begin{cases}f_c Z^{2/3} D_w{}^{1.8}, D_w \leqslant 25.4\ \mathrm{mm}\\ 3.647 f_c Z^{2/3} D_w{}^{1.4}, D_w > 25.4\ \mathrm{mm}\end{cases} \tag{5-81}$$

其中，$f_c=98.0665\lambda\eta\left(\dfrac{2r_i}{2r_i-D_w}\right)^{0.41}\gamma^{0.3}\left[1+\left\{\left[\dfrac{r_i}{r_e}\left(\dfrac{2r_e-D_w}{2r_i-D_w}\right)\right]^{0.41}\right\}^{10/3}\right]^{-3/10}$。系数 f_c 中各参数的具体取值见表 5－3。

为了便于工程中使用，已经将各种轴承的系数 f_c 的值计算出来，列于表 5－4 中，可以直接选用。值不在表中时，需要采用线性插值方法求 f_c。

表 5－4　球轴承系数 f_c 的值

$\gamma=\dfrac{D_w}{d_m}\cos\alpha$	f_c						
	单列深沟球，单、双列角接触球轴承	双列深沟球轴承	单、双列调心球轴承	磁电机轴承	推力球轴承 ($\alpha=45°$)	推力球轴承 ($\alpha=60°$)	推力球轴承 ($\alpha=90°$) $\left(\gamma=\dfrac{D_w}{d_m}\right)$
0.01	29.1	27.5	9.9	9.4	42.1	39.2	37.7
0.02	35.8	33.9	12.4	11.7	51.7	48.1	45.2
0.03	40.3	38.2	14.3	13.4	58.2	54.2	51.1
0.04	43.8	41.5	15.9	14.9	63.3	58.9	55.7
0.05	47.7	44.2	17.3	17.2	67.3	62.6	59.5
0.06	49.1	47.5	18.6	17.4	70.7	65.8	62.9
0.07	51.1	48.4	19.9	18.5	73.5	68.4	65.8
0.08	52.8	50.0	21.1	19.5	75.9	70.7	68.5
0.09	54.3	51.4	22.3	20.6	78.0	72.6	71.0
0.10	55.5	52.6	23.4	21.5	79.7	74.2	73.3
0.11	57.6	53.6	24.5	22.5	81.1	75.5	75.4
0.12	57.5	54.5	25.6	23.4	82.3	77.6	77.4
0.13	58.2	55.2	27.6	24.4	83.3	77.5	79.3
0.14	58.8	55.7	27.7	25.3	84.1	78.3	81.1
0.15	59.3	57.1	28.7	27.2	84.7	78.8	82.7
0.16	59.6	57.5	29.7	27.1	85.1	79.2	84.4
0.17	59.8	57.7	30.7	27.9	85.4	79.5	85.9
0.18	59.9	57.8	31.7	28.8	85.5	79.6	87.4
0.19	60.0	57.8	32.6	29.7	85.5	79.6	88.8
0.20	59.9	57.8	33.5	30.5	85.4	79.5	—
0.21	59.8	57.6	34.4	31.3	85.2	—	—
0.22	59.6	57.5	35.2	32.1	84.9	—	—
0.23	59.3	57.2	37.1	32.9	84.5	—	—
0.24	59.0	55.9	37.8	33.7	84.0	—	—
0.25	58.6	55.5	37.5	34.5	83.4	—	—

（续表）

$\gamma=\frac{D_w}{d_m}\cos\alpha$	f_c						
	单列深沟球，单、双列角接触球轴承	双列深沟球轴承	单、双列调心球轴承	磁电机轴承	推力球轴承（$\alpha=45°$）	推力球轴承（$\alpha=60°$）	推力球轴承（$\alpha=90°$）$\left(\gamma=\frac{D_w}{d_m}\right)$
0.26	58.2	55.1	38.2	35.2	82.8	—	—
0.27	57.5	54.6	38.8	35.9	82.0	—	—
0.28	57.1	54.1	39.4	37.6	81.3	—	—
0.29	57.6	53.6	39.9	37.2	80.4	—	—
0.30	57.0	53.0	40.3	37.8	79.6	—	—
0.31	55.3	52.4	40.6	38.4	—	—	—
0.32	54.6	51.8	40.9	38.9	—	—	—
0.33	53.9	51.1	41.1	39.4	—	—	—
0.34	53.2	50.4	41.2	39.8	—	—	—
0.35	52.4	49.7	41.3	40.1	—	—	—
0.36	51.7	48.9	41.3	40.4	—	—	—
0.37	50.9	48.2	41.2	40.7	—	—	—
0.38	50.0	47.4	41.0	40.8	—	—	—
0.39	49.2	47.6	40.7	40.9	—	—	—
0.40	48.4	45.8	40.4	40.9	—	—	—

5.3.4　向心滚子轴承

针对这类轴承的结构，简化后的轴承径向基本额定动载荷计算公式如下：

$$C_r=f_c(il_e\cos\alpha)^{7/9}Z^{3/4}D_{we}^{28/27}\tag{5-82}$$

其中，$f_c=551.13373\lambda\nu\dfrac{\gamma^{2/9}(1-\gamma)^{29/27}}{(1+\gamma)^{1/4}}\left\{1+\left[1.04\left(\dfrac{1-\gamma}{1+\gamma}\right)^{143/108}\right]^{9/2}\right\}^{-2/9}$。$D_{we}$ 为滚子接触点直径，$\gamma=D_w\cos\alpha/d_m$。λ,ν,η 为轴承修正系数，系数具体取值见表 5-5。

表 5-5　修正系数的取值

轴承类型	降低系数	
	$\lambda\nu$	η
向心滚子轴承	0.83	—
推力滚子轴承	0.73	$1-0.15\sin\alpha$

5.3.5　推力滚子轴承

(1) 轴承接触角 $\alpha\neq90°$

针对这类轴承的结构，简化后的轴承轴向基本额定动载荷计算公式如下：

$$C_a = f_c (l_e \cos\alpha)^{7/9} \tan\alpha Z^{3/4} D_{we}^{29/27} \tag{5-83}$$

其中，$f_c = 551.13373\lambda\nu\eta \dfrac{\gamma^{2/9}(1-\gamma)^{29/27}}{(1+\gamma)^{1/4}} \left\{1 + \left[\left(\dfrac{1-\gamma}{1+\gamma}\right)^{143/108}\right]^{9/2}\right\}^{-2/9}$。系数的具体取值见表 5-5。

(2) 轴承接触角 $\alpha = 90°$

针对这种轴承的结构，简化后的轴承轴向基本额定动载荷计算公式如下：

$$C_a = f_c l_e^{7/9} Z^{3/4} D_{we}^{29/27} \tag{5-84}$$

其中，$f_c = 472.45388\lambda\nu\eta\gamma^{2/9}$，系数 f_c 中各参数的具体取值见表 5-5。

同样，为了便于工程的使用，已经将各类滚子轴承的系数 f_c 计算出来，列于表 5-6 中，可以直接选用。如果 γ 值不在表中，需要采用线性插值方法求 f_c。表 5-6 中，D_{we} 为滚子接触点直径。

表 5-6　滚子轴承系数 f_c 的值

$\gamma = \dfrac{D_{we}}{d_m}\cos\alpha$	f_c				
	向心滚子轴承	推力滚子轴承 ($\alpha = 50°$)	推力滚子轴承 ($\alpha = 65°$)	推力滚子轴承 ($\alpha = 80°$)	推力滚子轴承 ($\alpha = 90°$) $\left(\gamma = \dfrac{D_{we}}{d_m}\right)$
0.01	52.1	109.7	107.1	105.6	105.4
0.02	60.8	127.8	124.7	123.0	122.9
0.03	67.5	139.5	137.2	134.3	134.5
0.04	70.7	148.3	144.7	142.8	143.4
0.05	74.1	155.2	151.5	149.4	150.7
0.06	77.9	160.9	157.0	154.9	157.9
0.07	79.2	165.6	161.6	159.4	162.4
0.08	81.2	169.5	165.5	163.2	177.2
0.09	82.8	172.8	168.7	167.4	171.7
0.10	84.2	175.5	171.4	169.0	175.7
0.12	87.4	179.7	175.4	173.0	183.0
0.14	87.7	182.3	177.9	175.5	189.4
0.16	88.5	183.7	179.3	—	195.1
0.18	88.8	184.1	179.7	—	200.3
0.20	88.7	183.7	179.3	—	205.0
0.22	88.2	182.6	—	—	209.4
0.24	87.5	180.9	—	—	213.5
0.26	87.4	178.7	—	—	217.3
0.28	85.2	—	—	—	220.9
0.30	83.8	—	—	—	224.3

5.4 滚动轴承动载荷参数化设计方法

5.4.1 球轴承的动载荷参数设计模型

从上面的球轴承动载荷计算过程可以看出，球轴承的动载荷与轴承的主参数、轴承接触点处的结构参数以及材料力学性能参数等有关。因此，对整个轴承来说，可以建立如下泛函关系式：

$$\{C_r, C_a\}^T = [CD]\{D_w, Z, d_m, f_i, f_e, \alpha, \widetilde{E}\}^T \tag{5-85}$$

式中，左边的量为球轴承的动载荷参数，右边是与轴承主参数和接触点处的结构参数。$[CD]$ 是一种轴承动载荷参数计算过程的矩阵泛函关系。

如果对轴承额定载荷参数作出某些要求（或限制）时，可以对结构参数进行规划设计。这就是一种额定静载荷参数设计思想。采用数学方法表达时，可以写成：

$$\{D_w, Z, d_m, f_i, f_e, \alpha, \widetilde{E}\}^T = [CD]^{-1}_{max}\{[C_r], [C_a]\}^T \tag{5-86}$$

其中，$[C_r]$，$[C_a]$ 表示对额定动载荷参数的限制性要求值，它们可以根据情况来挑选。$[CD]^{-1}_{max}$ 表示泛函矩阵逆向优化运算。这一过程需要利用程序在计算机上完成。

对于球轴承主参数，通常是采用优化额定动载荷达到最大值。对应的设计称为优化可靠性设计，而对接触结构参数可以使额定动载荷达到稳健的可靠性高值。对应的设计称为稳健的可靠性设计。可利用第一章中介绍的稳健设计原理方法进行计算机设计。

例5-3 如图5-14所示，如果典型的双列调心球轴承的节圆直径 $d_m = 140$ mm，轴承的接触角 $\alpha = 12°$，单列球数量 $Z = 15$，球直径 $D_w = 25.4$ mm。计算轴承的基本额定动载荷。

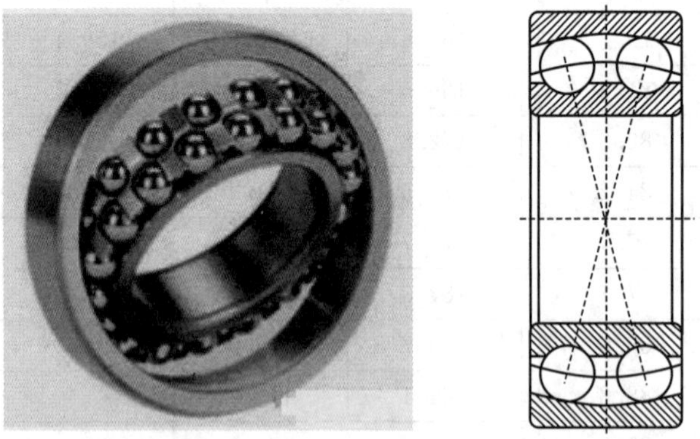

（a）轴承实体　　（b）轴承径向剖面

图 5-14　典型双列调心球轴承

首先，计算 $\gamma = \frac{D_w}{d_m}\cos\alpha = \frac{25.4}{140} \times \cos 12° \approx 0.1775$。

通过式(5-82)计算得到 $f_c = 31.25$，再代入基本额定动载荷公式得到

$$C_r = f_c (i\cos\alpha)^{0.7} Z^{2/3} D_w^{1.8}$$
$$= 31.25 \times (2 \times \cos 12°)^{0.7} \times 15^{2/3} \times 25.4^{1.8} \approx 102.71(\text{kN})$$

针对例 5－3 的实际算例，如果取最大基本额定载荷限制 $C_r \leqslant 105$ kN，作为稳健的可靠性高值设计，则可以通过设计 $D_w, Z, d_m, f_i, f_e, \alpha$ 来实现。

5.4.2　滚子轴承的动载荷参数设计模型

与球轴承类似，对滚子轴承动载荷计算过程可以看出，轴承的动载荷与轴承的主参数、轴承接触点处的结构参数以及材料力学性能参数等等也是密切有关。因此，对整个轴承来说，可以建立下面一种泛函关系式：

$$\{C_r, C_a\}^T = [CD]\{D_w, l_e, Z, d_m, \alpha, \widetilde{E}\}^T \tag{5-87}$$

式中，左边的量为滚子轴承的动载荷参数，右边是与轴承主参数和接触点处的结构参数。$[CD]$ 是一种轴承动载参数计算过程的矩阵泛函关系。

如果对轴承额定动载荷参数作出某些要求（或限制）时，可以对结构参数进行规划设计。这就是一种额定动载荷参数设计思想。采用数学方法表达时，可以写成：

$$\{D_w, l_e, Z, d_m, \alpha, \widetilde{E}\}^T = [CD]_{max}^{-1}\{[C_r],[C_a]\}^T \tag{5-88}$$

其中，$[C_r]$，$[C_a]$ 表示对额定动载荷参数的限制性要求值，它们可以根据情况来挑选。$[CD]_{max}^{-1}$ 表示泛函矩阵逆向优化运算。这一过程需要利用程序在计算机上完成。

对于滚子轴承主参数，通常是采用优化额定动载荷达到最大值。对应的设计称为优化可靠性设计，而对接触结构参数可以使额定静载荷达到稳健的可靠性高的值。对应的设计称为稳健的可靠性设计。可利用第一章中介绍的稳健设计原理方法进行计算机设计。

5.5　轴承额定静载荷理论基础

滚动轴承额定静载荷是衡量轴承的承载能力的指标。显然，它与轴承的尺寸、结构、材料以及加工质量都有关系。额定静载荷是在特定的条件下计算出来的轴承可以承受的静止状态下的载荷。下面介绍轴承额定静载荷的理论。

不论轴承处于静止还是运动状态，滚动轴承中的接触载荷在大多数情况下会使轴承材料发生塑性变形。如果这种塑性变形过大，则会影响轴承的动态性能。因此，定义轴承的额定静载荷是指不影响轴承的动态性能的条件下，允许轴承承受的极限静止载荷。额定静载荷的具体计算方法需要根据额定静载荷的理论。这方面的理论依据经过了不同的发展过程。下面分别介绍这些理论依据。

5.5.1　永久变形极限理论

早在20世纪50年代，A. Palmgren根据试验结果，提出了高硬度合金钢材料接触产生永久变形的计算近似公式。将它们应用到轴承的接触副中结果如下：

球与滚道点接触中心永久变形：

$$\delta_s = 5.25 \times 10^{-7}\ \frac{Q^2}{D_w}\left(1 \pm \frac{\gamma}{1 \mp \gamma}\right)\left(1 - \frac{1}{2f}\right) \tag{5-89}$$

滚子与滚道点接触中心永久变形：

$$\delta_s = 5.25 \times 10^{-7}\ \frac{Q^2}{D_w}\left(1 \pm \frac{\gamma}{1 \mp \gamma}\right)\left(\frac{1}{R} - \frac{1}{r}\right) \tag{5-90}$$

理想滚子与滚道线接触中心永久变形：

$$\delta_s = \frac{6.03 \times 10^{-11}}{D_w^2}\left[\frac{Q}{l_e}\left(\frac{1}{1 \mp \gamma}\right)^{1/2}\right]^3 \tag{5-91}$$

偏载滚子与滚道线接触中部永久变形：

$$\delta_s = \frac{6.03 \times 10^{-11}}{6.2 D_w^2}\left[\frac{Q}{l_e}\left(\frac{1}{1 \mp \gamma}\right)^{1/2}\right]^3 \tag{5-92}$$

上面各式中，δ_s 为接触点处的塑性永久变形（mm），Q 为接触载荷（N），D_w 为滚动体的直径（mm），l_e 为滚子的有效长度（mm），R 为滚子母线轮廓半径（mm），r 为套圈沟道曲率半径（mm），f 为轴承沟道曲率半径与球直径的比值，$\gamma = D_w\cos\alpha / d_m$，上面的“—”符号适合滚动体与内圈接触，下面的“+”符号适合滚动体与外圈接触。

最初提出轴承额定静载荷的计算理论依据是，当轴承中的接触塑性永久变形达到 $\delta_s = D_w \times 10^{-4}$ 时，对应的载荷作为接触额定静载荷 Q_s（国际标准 ISO76 推荐）。利用前面介绍的轴承接触载荷计算方法，将轴承的结构参数引入，得到：

点接触

$$Q_s = 13.87 D_w^2 \sqrt{\frac{2f(1 \mp \gamma)}{2f - 1}} \tag{5-93}$$

线接触

$$Q_s = 118.7 l_e D_w \sqrt{1 \mp \gamma} \tag{5-94}$$

再利用一般的轴承的载荷分布计算公式，在径向外力作用，当接触载荷达到接触额定静载荷 Q_s 时，轴承的外载荷即为轴承额定静载荷 C_s。

具体地，对于多列滚动体轴承，利用点接触公式，向心和向心推力球轴承的额定静载荷为：

$$C_s = \varphi_{bs} i Z D_w^2 \cos\alpha \tag{5-95}$$

式中，$\varphi_{bs} = 13.87 J(\varepsilon)\sqrt{\dfrac{2f(1-\gamma)}{2f-1}}$，$\gamma = D_w\cos\alpha / d_m$，$f$ 为轴承沟道曲率半径与球直径的比值，$J(\varepsilon)$ 为轴承载荷分布积分参数，d_m 为轴承节圆直径，α 为轴承接触角，i 为轴承滚动体列数，Z 为轴承滚动体数，D_w 为球体直径。

利用线接触公式，向心和向心推力滚子轴承的额定静载荷为：

$$C_s = \varphi_{rs} i Z l_e D_{we} \cos\alpha \tag{5-96}$$

式中，$\varphi_{rs}=118.7J(\varepsilon)\sqrt{1-\gamma}$，$\gamma=D_w\cos\alpha/d_m$，$J(\varepsilon)$ 为轴承载荷分布积分参数，d_m 为轴承节圆直径，α 为轴承接触角，D_{we} 为滚动体的接触点直径，l_e 为滚子的有效长度，i 为轴承滚动体列数，Z 为轴承滚动体数。

而推力滚子轴承的额定静载荷为：

$$C_s=\varphi_{ts}iZl_eD_{we}\sin\alpha \tag{5-97}$$

式中，$\varphi_{ts}=118.7\sqrt{1-\gamma}$，$\gamma=D_w\cos\alpha/d_m$，$d_m$ 为轴承节圆直径，α 为轴承接触角，D_{we} 为滚动体的接触点直径，l_e 为滚子的有效长度，i 为轴承滚动体列数，Z 为轴承滚动体数。

5.5.2　接触应力极限理论

在永久变形理论依据使用很长一段时间后，美国轴承制造协会(AFBMA) 提出，采用永久变形作为载荷的计算依据与工程领域的力学计算与失效判断方法不协调，建议采用接触应力作为依据更合理。在永久变形为万分之一滚动体直径的基础上，提出相应的接触应力水平值来确定轴承额定静载荷。经过多年的研究，国际标准(ISO) 接受了这种理论依据。目前采用的接触应力水平值根据轴承类型不同有所不同。

对于滚子轴承，极限接触应力水平值取 $\sigma_{cs}=4000$ MPa；

对于调心球轴承，极限接触应力水平值取 $\sigma_{cs}=4600$ MPa；

对于其他类球轴承，极限接触应力水平值取 $\sigma_{cs}=4200$ MPa。

根据赫兹接触应力计算公式，对于点接触，可以导出：

$$Q_{CS}=\frac{2\pi}{3}ab\sigma_{CS}=\frac{2\pi^3}{3}(a^*b^*)^3\left(\frac{1}{\widetilde{E}\sum\rho}\right)^2\sigma_{CS}^3 \tag{5-98}$$

对于线接触，导出：

$$Q_{CS}=\frac{\pi bl_e}{2}\sigma_{CS}=\left(\frac{\pi l_e}{\widetilde{E}\sum\rho}\right)\sigma_{CS}^2 \tag{5-99}$$

再利用向心球轴承的载荷分布计算公式，导出单列球轴承额定静载荷为：

$$C_s=Q_{CS}ZJ_r(\varepsilon)\cos\alpha \tag{5-100}$$

式中，Q_{CS} 为极限接触载荷，Z 为轴承滚动体数，$J_r(\varepsilon)$ 为轴承载荷分布积分参数，α 为轴承接触角。

对具有多列滚动体不同类型的轴承，得到下面不同的轴承额定静载荷公式。

(1) 向心和向心推力球轴承

$$C_s=\varphi_{BS}iZD_w^2\cos\alpha \tag{5-101}$$

式中，$\varphi_{BS}=\frac{2\pi^3}{3}(a^*b^*)^3\left(\frac{1}{\widetilde{E}}\right)^2\sigma_{CS}^3\frac{J_r(\varepsilon)}{\left(4-\frac{1}{f}+\frac{2\gamma}{1-\gamma}\right)^2}$。

(2) 调心球轴承

$$C_s=\varphi_{BS}iZD_w^2\cos\alpha \tag{5-102}$$

式中，$\varphi_{BS}=\dfrac{2\pi^3}{3}(a^*b^*)^3\left(\dfrac{1}{\tilde{E}}\right)^2\sigma_{CS}^3\dfrac{J_r(\varepsilon)}{\left(\dfrac{4}{1+\gamma}\right)^2}$。

(3) 推力球轴承

$$C_s=\varphi_{BS}ZD_w^2\sin\alpha \tag{5-103}$$

式中，$\varphi_{BS}=\dfrac{2\pi^3}{3}(a^*b^*)^3\left(\dfrac{1}{\tilde{E}}\right)^2\sigma_{CS}^3\dfrac{1}{\left(4-\dfrac{1}{f}+\dfrac{2\gamma}{1-\gamma}\right)^2}$。

(4) 向心滚子轴承

$$C_s=\varphi_{rs}iZl_eD_w\cos\alpha \tag{5-104}$$

式中，$\varphi_{rs}=2\left(\dfrac{\pi}{\tilde{E}}\right)\sigma_{CS}^2(1-\gamma)J_r(\varepsilon)$。

(5) 对于推力滚子轴承

$$C_s=\varphi_{ts}Zl_eD_w\sin\alpha \tag{5-105}$$

式中，$\varphi_{ts}=2\left(\dfrac{\pi}{\tilde{E}}\right)\sigma_{CS}^2(1-\gamma)$。

利用极限接触应力水理论计算出来的结果与永久接触变形理论计算的结果会有一些差别。

5.5.3 滚动接触安定极限理论

滚动轴承在工作过程中发生的塑性变形是计算轴承额定静载荷的基础，而轴承中的弹塑性变形是一种反复的弹塑性变形模式，在一定的条件下，塑性变形会出现安定现象。对应的有一种安定载荷。如果采用这样的安定载荷作为轴承的额定静载荷的计算依据则更合理。

根据弹塑性接触安定极限分析结果，本书作者建立的滚动接触的安定载荷近似值如下：

点接触安定极限载荷 Q_{SK} 和安定极限接触应力 p_{SK} 分别为：

$$Q_{SK}=146.54\sigma_S{}^3/\left(\tilde{E}\sum\rho\right)^2 \tag{5-106}$$

$$p_{SK}=4.99\tau_S=2.49\sigma_S \tag{5-107}$$

线接触安定极限载荷 q_{SK} 和安定极限接触应力 p_{SK} 分别为：

$$q_{SK}=\frac{Q_{SK}}{l_e}=13.37\frac{\sigma_S^2}{\tilde{E}\sum\rho} \tag{5-108}$$

$$p_{SK}=4.09\tau_S=2.05\sigma_S \tag{5-109}$$

上面各式中，σ_S 为材料的塑性流动极限正应力，τ_S 为材料的塑性流动极限剪切应力。

将上面的安定极限载荷公式代入轴承的载荷分布计算公式中，也可以导出轴承额定静载荷。例如，将上面这种极限应力代入由向心轴承的载荷分布计算公式，导出单列滚动体轴

承额定静载荷

$$C_s = Q_{SK} Z J_r(\varepsilon)\cos\alpha \tag{5-110}$$

式中，Q_{SK} 为安定极限接触载荷，Z 为轴承滚动体数，$J_r(\varepsilon)$ 为轴承载荷分布积分参数，α 为轴承接触角。

式(5－110)是一种新的额定静载荷理论，其计算结果还需要作进一步实验验证。

针对其他不同类型的轴承，也可以推出轴承额定静载荷公式。

5.5.4　材料硬度对额定静载荷的影响

上面推导的额定静载荷计算方法适合材料处于高硬度的条件。而材料的硬度不同会明显影响轴承的额定加载载荷值。因此，不同的硬度材料硬度，轴承的额定静载荷计算要做适当的修正。前面，对于硬度偏低时，采用的修正方法为：

$$\tilde{C}_s = \eta_1 \left(\frac{HV}{800}\right)^2 C_s \tag{5-111}$$

式中，HV 为维氏硬度，η_1 是与接触类型有关的修正系数，SKF 推荐的取值列于表 5－7 中。

表 5－7　接触类型与修正系数 η_1 取值

轴承类型	调心球轴承	其他类型球轴承	向心滚子轴承	其他类型滚子轴承
η_1	1.0	1.5	2.0	2.5

5.6　轴承基本额定静载荷计算方法

在上面介绍的额定静载荷的理论中，反映出额定静载荷的发展过程。目前，国际标准(ISO)是采用接触应力水平值依据。根据轴承设计和使用的各种可能情况，推荐了现行的轴承额定静载荷的计算方法。这种载荷又称为基本额定静载荷，它们在轴承标准文件中可以查到(ISO 76－2006，GB/T 4662－2012)。

对于基本额定静载荷计算，假设轴承是理想状态，其游隙为零值，并且定义基本额定静载荷(ISO/TR 10657－1991)如下。

径向基本额定静载荷：滚动体与滚道接触中心处的最大接触应力达到规定的相当值时，轴承所能承受的径向静载荷。

轴向基本额定静载荷：滚动体与滚道接触中心处的最大接触应力达到规定的相当值时，轴承所能承受的轴向静载荷。

对不同类型的轴承，考虑轴承材料为优质轴承钢材，在无游隙和理想的状态下，基本额定静载荷的计算公式需要通过复杂的数学推导。它们在有关的标准文件中可以找到。这里，只给出几种常用的轴承的基本额定静载荷简化计算公式。为了便于理解，下面给出的公式中采用与 ISO 标准中类似的符号。

5.6.1　向心与调心球轴承

针对向心和调心球轴承结构，轴承的径向基本额定静载荷计算公式为：

$$C_{0r} = f_0 i Z D_w^2 \cos\alpha \tag{5-112}$$

式中，Z 为轴承滚动体数，D_w 为球体直径，α 为轴承接触角。i 为滚动体列数，f_0 为计算系数。为了便于工程应用，将其值列于表 5-8 中。遇到 γ 不在表中时，需要采用线性插值方法求 f_0。

表 5-8 系数 f_0 计算值

$\gamma = \frac{D_w}{d_m}\cos\alpha$	f_0			$\gamma = \frac{D_w}{d_m}\cos\alpha$	f_0		
	深沟球轴承与角接触球轴承	调心球轴承	推力球轴承 *		深沟球轴承与角接触球轴承	调心球轴承	推力球轴承 *
0.0	14.7	1.9	61.6	0.21	13.7	2.8	46.0
0.01	14.9	2.0	60.8	0.22	13.5	2.9	44.2
0.02	15.1	2.0	59.9	0.23	13.2	2.9	43.5
0.03	15.3	2.1	59.1	0.24	13.0	3.0	42.7
0.04	15.5	2.1	58.3	0.25	12.8	3.0	41.9
0.05	15.7	2.1	57.5	0.26	12.5	3.1	41.2
0.06	15.9	2.2	56.7	0.27	12.3	3.1	40.5
0.07	16.1	2.2	56.9	0.28	12.1	3.2	39.7
0.08	16.3	2.3	56.1	0.29	11.8	3.2	39.0
0.09	16.5	2.3	54.3	0.30	11.6	3.3	38.2
0.10	16.4	2.4	53.5	0.31	11.4	3.3	37.5
0.11	16.1	2.4	52.7	0.32	11.2	3.4	36.8
0.12	16.9	2.4	51.9	0.33	10.9	3.4	36.0
0.13	16.6	2.5	51.2	0.34	10.7	3.5	36.3
0.14	16.4	2.5	50.4	0.35	10.5	3.5	34.6
0.15	16.2	2.6	49.6	0.36	10.3	3.6	
0.16	14.9	2.6	48.8	0.37	10.0	3.6	
0.17	14.7	2.7	48.0	0.38	9.8	3.7	
0.18	14.4	2.7	47.3	0.39	9.6	3.8	
0.19	14.2	2.8	46.5	0.40	9.4	3.8	
0.20	14.0	2.8	46.7				

* 对于推力球轴承($\alpha = 90°$)，取 $\gamma = D_w/d_m$。

5.6.2 推力球轴承

针对推力球轴承结构，其轴向基本额定静载荷计算公式为：

$$C_{0a} = f_0 Z D_w^2 \sin\alpha \tag{5-113}$$

式中，f_0 为系数，取值列于表 5-8 中。

5.6.3　向心滚子轴承

针对向心滚子轴承结构，考虑轴承材料为优质轴承钢材，在无游隙和理想的状态下，轴承的径向额定静载荷计算公式为：

$$C_{0r}=44(1-\gamma)iZD_{\mathrm{w}}l_{\mathrm{e}}\cos\alpha \tag{5-114}$$

式中，Z 为轴承滚动体数，D_{w} 为滚子直径，α 为轴承接触角。i 为滚动体列数，l_{e} 为滚子的有效长度，$\gamma=D_{\mathrm{w}}\cos\alpha/d_{\mathrm{m}}$。

5.6.4　推力滚子轴承

针对推力滚子轴承结构，其轴向基本额定静载荷计算公式为：

$$C_{0a}=220(1-\gamma)ZD_{\mathrm{w}}l_{\mathrm{e}}\sin\alpha \tag{5-115}$$

式中符合含义同式(5-114)。

5.7　轴承额定静载荷参数化设计方法

5.7.1　球轴承的额定静载荷参数化设计模型

在上面的球轴承静载荷计算过程可以看出，球轴承的静载荷与轴承的主参数、轴承接触点处的结构参数以及材料力学性能常数等有关。因此，就整个轴承来说，可以建立下面一种泛函关系式：

$$\{C_{0r},C_{0a}\}^{\mathrm{T}}=[CJ]\{D_{\mathrm{w}},Z,d_{\mathrm{m}},f_{\mathrm{i}},f_{\mathrm{e}},\alpha,\sigma_{\mathrm{s}},\widetilde{E},HV\}^{\mathrm{T}} \tag{5-116}$$

式中，左边的量为球轴承的额定静载荷参数，右边是与轴承主参数和接触点处的结构参数、材料应力极限、材料常数、硬度等，$[CJ]$ 是一种轴承静载荷参数计算过程的矩阵泛函关系。

如果对轴承额定载荷参数作出某些要求（或限制）时，可以对结构参数进行规划设计。这就是一种额定静载荷参数设计思想。采用数学方法表达时，可以写成：

$$\{D_{\mathrm{w}},Z,d_{\mathrm{m}},f_{\mathrm{i}},f_{\mathrm{e}},\alpha,\sigma_{\mathrm{s}},\widetilde{E},HV\}^{\mathrm{T}}=[CJ]_{\max}^{-1}\{[C_{0r}],[C_{0a}]\}^{\mathrm{T}} \tag{5-117}$$

其中，$[C_{0r}]$，$[C_{0a}]$ 表示对额定静载荷参数的限制性要求值，它们可以根据需要来挑选。$[CJ]_{\max}^{-1}$ 表示泛函矩阵逆向优化运算。这一过程需要利用程序在计算机上完成。

对于球轴承主参数，通常是采用优化额定静载荷达到最大值。对应的设计称为优化可靠性设计，而对接触结构参数可以使额定静载荷达到稳健的可靠性高的值。对应的设计称为稳健的可靠性设计。可以利用第一章中介绍的原理进行计算机设计，这方面的结果有待今后深入研究。

例 5-4　如图 5-15 所示，如果典型的推力球轴承的节圆直径 $d_{\mathrm{m}}=105$ mm，轴承的接触角 $\alpha=90°$，单列球数量 $Z=27$，球直径 $D_{\mathrm{w}}=11$ mm。计算轴承的基本额定静载荷。

首先，计算 $\gamma=\dfrac{D_{\mathrm{w}}}{d_{\mathrm{m}}}=\dfrac{11}{105}=0.1048$，查表 5-8 得到 $f_0\approx 53.1$。

再代入轴向基本额定静载荷公式得到：

（a）轴承实物

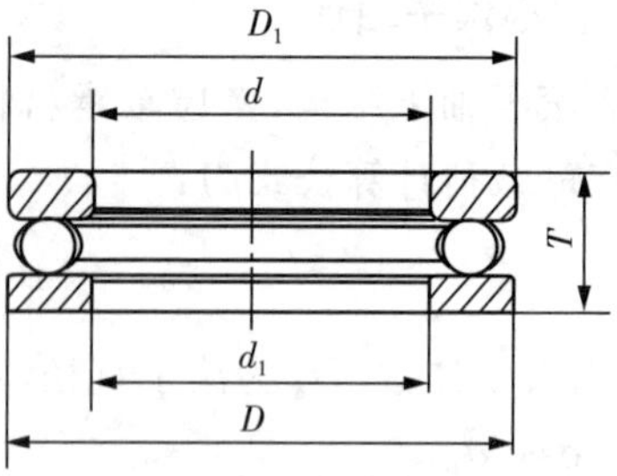

（b）轴承径向剖面

图 5-15 典型推力球轴承

$$C_{0a}=f_0ZD_w^2\sin\alpha=53.1\times27\times11^2\times\sin90°\approx173.478(\text{kN})$$

针对例 5-4 的实际算例，如果取最大基本额定载荷限制 $[C_{0a}]\leqslant180$ kN，作为稳健的可靠性高值设计，则可以通过设计 $D_w,Z,d_m,f_i,f_e,\alpha,\sigma_s,\widetilde{E},HV$ 来实现。

5.7.2 滚子轴承的额定静载荷参数化设计模型

与球轴承类似，对滚子轴承静载荷计算过程可以看出，轴承的静载荷与轴承的主参数、轴承接触点处的结构参数以及材料力学性能参数等密切有关。因此，对整个轴承来说，可以建立下面一种泛函关系式

$$\{C_{0r},C_{0a}\}^{T}=[CJ]\{D_{we},l_e,Z,d_m,\alpha,\sigma_s,\widetilde{E},HV\}^{T} \tag{5-118}$$

式中，左边的量为球轴承的额定静载荷参数，右边是与轴承主参数和接触点处的结构参数、材料应力极限、材料常数和硬度等，$[CJ]$ 是一种轴承静载荷参数计算过程的矩阵泛函关系。

如果对轴承额定载荷参数作出某些要求（或限制）时，可以对结构参数进行规划设计。这就是一种额定静载荷参数设计思想。采用数学方法表达时，可以写成

$$\{D_{we},l_e,Z,d_m,\alpha,\sigma_s,\widetilde{E},HV\}^{T}=[CJ]_{\max}^{-1}\{[C_{0r}],[C_{0a}]\}^{T} \tag{5-119}$$

其中，$[C_{0r}]$，$[C_{0a}]$ 表示对额定静载荷参数的限制性要求值，其可以根据需要来挑选。$[CJ]_{\max}^{-1}$ 表示泛函矩阵逆向优化运算。这一过程需要利用程序在计算机上完成。

对于滚子轴承主参数，通常是采用优化额定静载荷达到最大值。对应的设计称为优化可靠性设计，而对接触结构参数可以使额定静载荷达到稳健的可靠性高的值。对应的设计称为稳健的可靠性设计。可以利用第一章中介绍的稳健设计原理方法进行计算机设计，这方面的结果有待今后深入研究。

例5-5 如图 5-16 所示，如果典型的调心滚子轴承的节圆直径 $d_m=150$ mm，轴承的接触角 $\alpha=8.7°$，单列滚子数量 $Z=25$，滚子接触点直径 $D_{we}=15.5$ mm，滚子有效长度 $L_w=17.5$ mm。计算轴承的基本额定静载荷。

首先，计算 $\gamma=\dfrac{D_{we}}{d_m}\cos\alpha=\dfrac{15.5}{150}\times\cos8.7°\approx0.1021$。

由轴承的径向额定静载荷计算公式得到：

（a）轴承实物

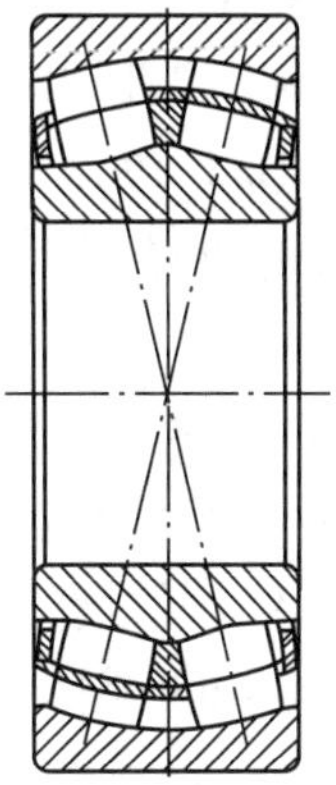

（b）轴承径向剖面

图 5-16　典型调心滚子轴承

$$C_{0r}=44(1-\gamma)iZD_{we}l_e\cos\alpha$$
$$=44\times(1-0.1021)\times2\times25\times15.5\times17.5\times\cos8.7°\approx499.39(\text{kN})$$

针对上面的实际算例，如果取最大基本额定载荷限制$[C_{0r}]\leqslant510$ kN，作为稳健的可靠性高值设计，则可以通过设计 D_{we}，l_e，Z，d_m，α，σ_s，$\bar{E}$，HV 来实现。

参考文献

[1] Lundberg G, Palmgren A. Dynamic capacity of rolling bearings [J]. Acta Polytechn.: Mech. Eng. Ser., 1947, 1: 1-50.

[2] Lundberg G, Palmgren A. Dynamic capacity of roller bearings [J]. Acta Polytechn., Mech. Eng. Ser., 1952, 2: 1-32.

[3] Aoki Y. On the evaluating formulae for the dynamic equivalent load of ball bearings[J]. J. Jpn Soc. Lubrication Eng., 1970, 15: 485-496.

[4] T A Harris, Rolling Bearing Analysis(3rd)[M]. John Wiley & Sons, Inc., 1991.

[5] K L Johnson Contac Mechanics[M]. Cambridge University Press, 1985.

[6] 钱伟长，叶开沅．弹性力学[M]．北京：科学出版社，1956.

[7] 加林．弹性理论的接触问题[M]．王君键，译，北京：科学出版社，1958.

[8] 皮萨连科，亚科符列夫，马特维也夫．材料力学手册[M]．范钦珊，朱祖成，译，北京：中国建筑工业出版社，1981.

[9] 刘泽九，贺士荃．滚动轴承的额定负荷与寿命[M]．北京：机械工业出版社，1982.

[10] 万长森．滚动轴承的分析方法[M]．北京：机械工业出版社，1987.

[11] 邓四二，贾群义，薛进学．滚动轴承设计原理[M]．北京：中国标准出版社，2014.

[12] T A Harris, M N Kotzalas. 滚动轴承分析(第 1 卷、第 2 卷)[M]．北京：机械工业出版社，2010.

[13] 杨咸启,无摩擦弹塑性接触及其安定性研究[D]. 西安:西安交通大学,1987,5.

[14] 国际标准 ISO 76,Rolling bearings — Basic static load ratings,2006.

[15] 国家标准 GB/T 4662,滚动轴承额定静载荷[R]. 2012.

[16] 杨咸启,接触力学理论与滚动轴承设计分析[M]. 武汉:华中科技大学出版社,2018.

[17] 刘泽九,滚动轴承应用手册(第 3 版)[M]. 北京:机械工业出版社,2014.

[18] 国家标准 GB/T 6391,滚动轴承额定动载荷和额定寿命[R]. 2010.

[19] 国际标准 ISO 281,Rolling bearings — Dynamic load ratings and rating life,2007.

[20] 滚动轴承 对 ISO 281 的注释 第 1 部分:基本额定动载荷和基本额定寿命[R]. 中华人民共和国国家标准指导性技术文件 . Rolling bearings—Explanatory notes on ISO 281—Part 1:Basic dynamic load rating and basic rating life(ISO/TR 1281-1:2008,IDT).

第6章　滚动轴承当量外载与寿命估计及参数化设计方法

在轴承寿命估计方法中主要涉及轴承额定动载荷计算、轴承当量外载荷计算以及轴承寿命估计理论，本章介绍轴承当量外载荷、轴承疲劳寿命估计方法、轴承润滑寿命估计方法、轴承磨损精度寿命估计方法等。进一步介绍相应的参数化设计思想。

6.1　轴承外载折算当量载荷的计算方法

在滚动轴承产品的实际使用中，不同的外载荷引起轴承中的载荷分布不同。为了能够在相对统一的轴承载荷条件下来估计轴承寿命，就必须将轴承的实际承受的载荷转化为等效的计算载荷，这就是当量载荷。当量动载荷与轴承疲劳寿命相关，为此，建立了一套轴承当量载荷的估计理论。本节将介绍轴承的当量载荷的理论基础和国家标准 ISO 281 标准中有关当量载荷的计算方法。

6.1.1　当量动载荷折算的理论基础

由轴承的疲劳寿命估计理论知道(参看 6.4)，轴承的寿命和其套圈的寿命估计分别可以写成下面的估计关系：

动套圈寿命估计式：$\ln\dfrac{1}{S_\mu}=\Psi_\mu F_r^w L_\mu^e$；静套圈寿命估计式：$\ln\dfrac{1}{S_\nu}=\Psi_\nu F_r^w L_\nu^e$；

轴承寿命估计式：$\ln\dfrac{1}{S}=\Psi F_r^w L^e$。

上面各式中，S 为疲劳幸存概率，F_r 为轴承载荷，L 为寿命，Ψ 为估计概率系数。w，e 为指数，下标 μ 代表轴承动套圈，ν 代表轴承静套圈。

如果考虑可靠性概率为 90% 时的轴承额定寿命，而轴承的实际载荷是一种当量化的载荷，则上面的寿命估计式可以转化为：

$$L_{10\mu}=\left(\frac{C_{r\mu}}{P_{r\mu}}\right)^{w/e}\qquad L_{10\nu}=\left(\frac{C_{r\nu}}{P_{r\nu}}\right)^{w/e}\qquad L_{10}=\left(\frac{C_r}{P_r}\right)^{w/e}\tag{6-1}$$

式中，$C_{r\mu}$，$C_{r\nu}$ 分别为轴承动、静套圈的额定动载荷，C_r 为轴承的额定动载荷；$P_{r\mu}$、$P_{r\nu}$ 为轴承动、静套圈的当量动载荷，P_r 为轴承的当量动载荷；$L_{10\mu}$、$L_{10\nu}$ 分别为轴承动、静套圈的额定寿命，L_{10} 为轴承的额定寿命。

由向心轴承受径向载荷 F_r 时轴承中的载荷分布规律：

$$Q_\varphi=Q_{\max}\left[1-\frac{1}{2\varepsilon}(1-\cos\varphi)\right]^\chi$$

得到轴承中总载荷：

$$F_r=Q_{\max}ZJ_r(\varepsilon)\cos\alpha$$

式中，$Q_{\max}$ 为轴承中最大接触载荷，Z 为轴承滚动体数，α 为轴承接触角，$J_r(\varepsilon)$ 为轴承载荷分布积分参数。

再利用套圈的额定动载荷计算公式($\varepsilon=0.5$)，得到以下结果：

动套圈对应的额定动载荷为：

$$C_{r\mu}=Q_{c\mu}Z\frac{J_r(0.5)}{J_\mu(0.5)}\cos\alpha \tag{6-2}$$

静套圈对应的额定动载荷为：

$$C_{r\nu}=Q_{c\nu}Z\frac{J_r(0.5)}{J_\nu(0.5)}\cos\alpha \tag{6-3}$$

而轴承套圈中的平均接触力又可以表示为：

$$Q_{c\mu}=\frac{F_r}{Z\cos\alpha}\frac{J_\mu(\varepsilon)}{J_r(\varepsilon)}\qquad Q_{c\nu}=\frac{F_r}{Z\cos\alpha}\frac{J_\nu(\varepsilon)}{J_r(\varepsilon)} \tag{6-4}$$

将式(6-2)～式(6-4)代入式(6-1)后成为轴承当量寿命($L=1$)，则得到轴承套圈的当量动载荷与轴承的外载荷之间具有下面的关系：

$$P_\mu=F_r\frac{J_\mu(\varepsilon)J_r(0.5)}{J_r(\varepsilon)J_\mu(0.5)} \tag{6-5}$$

$$P_\nu=F_r\frac{J_\nu(\varepsilon)J_r(0.5)}{J_r(\varepsilon)J_\nu(0.5)} \tag{6-6}$$

再由轴承套圈的寿命与整个轴承的寿命之间的概率乘积关系 $\ln\frac{1}{S}=\ln\frac{1}{S_\mu S_\nu}$，简化得到：

$$\left(\frac{P_r}{C_r}\right)^w=\left(\frac{P_\mu}{C_{r\mu}}\right)^w+\left(\frac{P_\nu}{C_{r\nu}}\right)^w \tag{6-7}$$

将式(6-2)～式(6-6)代入上面的公式，并简化后得到轴承当量动载荷计算公式(径向载荷)为：

$$\begin{aligned}P_r&=C_r\left[\left(\frac{P_{r\mu}}{C_{r\mu}}\right)^w+\left(\frac{P_{r\nu}}{C_{r\nu}}\right)^w\right]^{1/w}\\&=F_r\frac{J_r(0.5)}{J_r(\varepsilon)}\left[\left(\frac{C_r}{C_{r\mu}}\frac{J_\mu(\varepsilon)}{J_\mu(0.5)}\right)^w+\left(\frac{C_r}{C_{r\nu}}\frac{J_\nu(\varepsilon)}{J_\nu(0.5)}\right)^w\right]^{1/w}\end{aligned} \tag{6-8}$$

同理，如果向心轴承受轴向载荷作用后，利用轴承中的载荷分布规律，也可以导出轴承当量动载荷公式(径向载荷)为：

$$\begin{aligned}P_r&=C_r\left[\left(\frac{P_{r\mu}}{C_{r\mu}}\right)^w+\left(\frac{P_{r\nu}}{C_{r\nu}}\right)^w\right]^{1/w}\\&=\frac{F_a}{\tan\alpha}\frac{J_r(0.5)}{J_a(\varepsilon)}\left[\left(\frac{C_r}{C_{r\mu}}\frac{J_\mu(\varepsilon)}{J_\mu(0.5)}\right)^w+\left(\frac{C_r}{C_{r\nu}}\frac{J_\nu(\varepsilon)}{J_\nu(0.5)}\right)^w\right]^{1/w}\end{aligned} \tag{6-9}$$

式(6-8)和式(6-9)是当量动载荷计算的理论基础。

当轴承承受联合载荷作用时，综合式(6-8)和式(6-9)，轴承当量动载荷的计算公式可以统一写成：

$$P_r = XF_r + YF_a \tag{6-10}$$

式中，X，Y 为当量载荷简化系数，F_r，F_a 为轴承径向和轴向外载荷。

$$X = \frac{J_r(0.5)}{J_r(\varepsilon)}\left[\left(\frac{C_r}{C_{r\mu}}\frac{J_\mu(\varepsilon)}{J_\mu(0.5)}\right)^w + \left(\frac{C_r}{C_{r\nu}}\frac{J_\nu(\varepsilon)}{J_\nu(0.5)}\right)^w\right]^{1/w} \tag{6-11}$$

$$Y = \mathrm{ctg}\alpha\frac{J_r(0.5)}{J_a(\varepsilon)}\left[\left(\frac{C_r}{C_{r\mu}}\frac{J_\mu(\varepsilon)}{J_\mu(0.5)}\right)^w + \left(\frac{C_r}{C_{r\nu}}\frac{J_\nu(\varepsilon)}{J_\nu(0.5)}\right)^w\right]^{1/w} \tag{6-12}$$

因此，计算轴承当量载荷就转化为计算当量载荷系数。它与轴承的结构和额定动载荷有关。上述针对向心轴承的当量载荷推导过程也可以适用其他类型的轴承当量载荷分析。目前已经建立了适合各类轴承的当量动载荷计算方法。

6.1.2　当量动载荷简化计算方法

上面介绍的当量动载荷的计算公式比较复杂，为了方便工程应用计算，同时考虑到实际的轴承中有很多不确定的影响因素，ISO 标准中将轴承当量动载荷的计算方法做了简化和近似，给出了主要类型的轴承当量动载荷的计算(ISO/TR 1281－1:2008)。

(1) 向心轴承的径向当量动载荷简化计算

在实用计算中，不考虑接触角的变化时，将式(6－11)、式(6－12) 对应的曲线简化为图 6－1 所对应的折线。

图中符号含义如下：

a 为线 BC 在横坐标上的截距(点 C 的 x 向坐标)；

b 为线 AB 在纵坐标上的截距(点 A 的 y 向坐标)；

F_a 为轴向载荷；

F_r 为径向载荷；

P_r 为径向当量动载荷；

P_{r1} 为向心轴承 1 列的径向当量动载荷；

Y_1 为向心轴承 1 列的轴向载荷系数；

α 为公称接触角；

ξ 为 $F_a\cot\alpha/P_{r1}$ 在点 B 的 x 向坐标处的值。

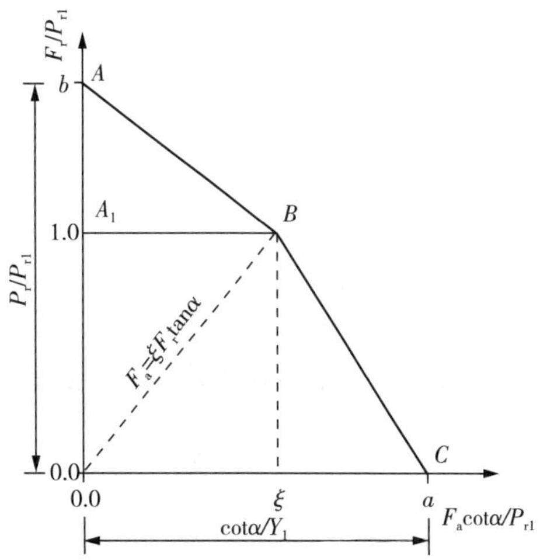

图 6－1　当量载荷系数简化曲线

再将图 6－1 中的折线再简化为计算公式(见表 6－1)。表中的 e 为寿命离散系数，P_r 为轴承径向当量动载荷，J_r 为载荷分布积分系数，X，Y 为折算系数。向心轴承的径向当量动载荷的简化计算过程见例 6－1。

表 6－1　具有恒定接触角的轴承径向当量动载荷

		单列轴承	双列轴承
公式	$F_a/F_r \leqslant e$	$P_r = F_r$	$P_r = X_3F_r + Y_3F_a$
	$F_a/F_r > e$	$P_r = X_1F_r + Y_1F_a$	$P_r = X_2F_r + Y_2F_a$

（续表）

	单列轴承	双列轴承
径向载荷系数 X 轴向载荷系数 Y	$X_1 = 1 - \frac{J_1(0.5)}{\sqrt{J_1(0.5)J_2(0.5)}}\frac{\xi}{\eta}$ $Y_1 = 1 - \frac{J_r(0.5)\cot\alpha}{\sqrt{J_1(0.5)J_2(0.5)}}\frac{1}{\eta}$	$\frac{X_2}{X_1} = \frac{Y_2}{Y_1} = 2^{1-(1/W)}$ $X_3 = 1$ $Y_3 = \frac{1}{\xi}[2^{1-(1/W)} - 1]\cot\alpha$
寿命离散度 e	$e = \xi\tan\alpha$	

(2) 推力轴承的轴向当量动载荷简化模型

同样的原理，对于推力轴承，当量动载荷为轴向载荷，其简化计算公式列于表 6-2 中。表中的 e 为寿命离散系数，P_a 为轴承轴向当量动载荷，X，Y 为折算系数。推力轴承的轴向当量动载荷的简化计算过程见例 6-2。

表 6-2　推力轴承的轴向当量动载荷

		单列轴承	双列轴承
公式	$F_a/F_r \leqslant e$	—	$P_a = X_{a3}F_r + Y_{a3}F_a$
	$F_a/F_r > e$	$P_a = X_{a1}F_r + Y_{a1}F_a$	$P_a = X_{a2}F_r + Y_{a2}F_a$
径向载荷系数 X_a 轴向载荷系数 Y_a		$X_{a1} = \frac{X_1}{Y_1}$ $Y_{a1} = 1$	$X_{a2} = \frac{X_2}{Y_2}$ $Y_{a2} = 1$ $X_{a3} = \frac{X_3}{Y_2}$ $Y_{a3} = \frac{Y_3}{Y_2}$
寿命离散度 e		$e = \xi\tan\alpha$	

在表 6-2 中的各系数计算式如下：

$$\begin{cases} X_{a1} = X_{a2} = \left[2.5\left(1 - \frac{1}{3}\sin\alpha\right) - 1.25\right]\tan\alpha \\ \quad = 1.25\left(1 - \frac{2}{3}\sin\alpha\right)\tan\alpha \\ X_{a3} = \frac{20}{13}\left(1 - \frac{1}{3}\sin\alpha\right)\tan\alpha \\ Y_{a1} = Y_{a2} = 1 \\ Y_{a3} = \frac{10}{13}\left(1 - \frac{1}{3}\sin\alpha\right) \\ e = -1.25\tan\alpha \end{cases} \tag{6-13}$$

其中，α 为轴承接触角。

(3) 典型轴承的当量动载荷公式系数

在上面的当量载荷的计算方法中，涉及很多系数，它们与轴承类型有关。为了应用方便，进一步对这些系数进行简化如下。

① 向心球轴承

具体到向心球轴承，表 6－1 中的各公式的系数的具体计算式已经列于表 6－3 中。表中的 e 为寿命离散系数，P_r 为轴承径向当量动载荷，F_r，F_a 为外载荷，X，Y 为折算系数。向心轴承的径向当量动载荷的简化计算过程见例 6－1。

表 6－3　向心球轴承 X，Y 和 e 系数汇总表

<table>
<tr><th rowspan="3" colspan="2">轴承类型</th><th colspan="2">单列轴承</th><th colspan="4">双列轴承</th><th rowspan="3">e</th><th rowspan="3">α'</th><th rowspan="3">ξ</th><th rowspan="3">η</th></tr>
<tr><th colspan="2">$\frac{F_a}{F_r} > e$</th><th colspan="2">$\frac{F_a}{F_r} \leqslant e$</th><th colspan="2">$\frac{F_a}{F_r} > e$</th></tr>
<tr><th>X_1</th><th>Y_1</th><th>X_3</th><th>Y_3</th><th>X_2</th><th>Y_2</th></tr>
<tr><td colspan="2">径向接触沟型</td><td rowspan="12">$1-\frac{0.4\xi}{\eta}$</td><td rowspan="4">$\frac{0.4}{\eta}\cot\alpha' \geqslant 1.00$</td><td rowspan="12">1</td><td>0</td><td>$1-\frac{0.4\xi}{\eta}$</td><td>$\frac{0.4}{\eta}\cot\alpha' \geqslant 1.00$</td><td rowspan="5">$\xi\tan\alpha' \leqslant 0.4\frac{\xi}{\eta}$</td><td>由公式(1)确定[a]</td><td>1.05</td><td rowspan="3">$1-\frac{\sin 5^\circ}{2.5}$</td></tr>
<tr><td rowspan="10">角接触沟球型球轴承</td><td>α</td><td rowspan="4">$\frac{0.625}{\xi}\cot\alpha' \geqslant 1.5625\frac{\eta}{\xi}$</td><td rowspan="11">$1.625X_1$</td><td rowspan="11">$1.625Y_1$</td><td rowspan="4">由公式(2)确定[b]</td><td rowspan="2">1.05(单列)
1.25(双列)</td></tr>
<tr><td>5°</td></tr>
<tr><td>10°</td><td rowspan="8">1.25</td><td rowspan="2">$1-\frac{\sin\alpha}{2.5}$</td></tr>
<tr><td>15°</td><td>1.00[c]</td></tr>
<tr><td>20°</td><td>0.87[c]</td><td rowspan="6">$\frac{0.625}{e}$</td><td rowspan="6">$\frac{1-X_1}{Y_1}$</td><td rowspan="6">—</td><td rowspan="6">$1-\frac{\sin\alpha}{2.75}$</td></tr>
<tr><td>25°</td><td>0.76[c]</td></tr>
<tr><td>30°</td><td>0.66[c]</td></tr>
<tr><td>35°</td><td>0.57[c]</td></tr>
<tr><td>40°</td><td>0.50[c]</td></tr>
<tr><td>45°</td><td rowspan="2">$\frac{0.4}{\eta}\cot\alpha'$</td></tr>
<tr><td colspan="2">调心球轴承</td><td>$\frac{0.625}{\xi}\cot\alpha'$</td><td>$\xi\tan\alpha'$</td><td>$\alpha$</td><td>1.5</td><td>1</td></tr>
</table>

注：对于 $\alpha = 20^\circ$ 和 $\alpha = 25^\circ$ 轴承的 Y_1 值 1.04 和 0.89，为与 $\alpha < 20^\circ$ 的数值相协调，分别修正为 1.00 和 0.87。

[a] 公式(1) 为 $\frac{\cos 5^\circ}{\cos\alpha'} = 1 + 0.012534\left(\frac{F_a}{iZD_W^2\sin\alpha'}\right)^{2/3}$

[b] 公式(2) 为 $\frac{\cos 5^\circ}{\cos\alpha'} = 1 + 0.012534\left(\frac{F_b}{iZD_W^2\sin\alpha'}\right)^{2/3}$

[c] 由公式 $Y_1 = 0.4\cot\alpha'/[1-(1/3)\sin\alpha']$ 确定。其中，α' 由公式 $\cos\alpha' = 0.9724\cos\alpha$ 确定。

由表 6－3 可见，轴承的当量载荷系数的计算比较复杂。为了便于实际的计算，对向心球和推力轴承，在恒定接触角情况下，已经将当量动载荷的系数值计算出来，列于表 6－4 中。

表中的 e 为寿命离散系数，C_0 为轴承额定径向静载荷，F_r，F_a 为外载荷，X，Y 为折算系数。i 为轴承滚动体列数，Z 为轴承单列滚动体数。

表 6－4　球轴承当量动载荷系数 X，Y 取值

轴承类型	$\frac{F_a}{C_0}$	相对载荷 $\frac{F_a}{iZD_w^2}$ (N/mm²)	判断系数 e	单列轴承 $\frac{F_a}{F_r}\leqslant e$ X	单列轴承 $\frac{F_a}{F_r}\leqslant e$ Y	单列轴承 $\frac{F_a}{F_r}>e$ X	单列轴承 $\frac{F_a}{F_r}>e$ Y	双列轴承 $\frac{F_a}{F_r}\leqslant e$ X	双列轴承 $\frac{F_a}{F_r}\leqslant e$ Y	双列轴承 $\frac{F_a}{F_r}>e$ X	双列轴承 $\frac{F_a}{F_r}>e$ Y
深沟球轴承 ($\alpha=0°$)	0.014	0.172	0.19	1	0	0.56	2.30	1	0	0.56	2.30
	0.028	0.345	0.22				1.99				1.99
	0.056	0.689	0.26				1.71				1.71
	0.084	1.03	0.28				1.55				1.55
	0.110	1.38	0.30				1.45				1.45
	0.17	2.07	0.34				1.31				1.31
	0.28	3.45	0.38				1.15				1.15
	0.42	5.17	0.42				1.04				1.04
	0.56	6.89	0.44				1.00				1.00
角接触球轴承 ($\alpha=5°$)	0.014	0.172	0.23	1	0	0.56	2.30	1	2.78	0.78	3.74
	0.028	0.345	0.26				1.99		2.40		3.23
	0.056	0.689	0.30				1.71		2.07		2.78
	0.084	1.03	0.34				1.55		1.87		2.52
	0.110	1.38	0.36				1.45		1.75		2.36
	0.17	2.07	0.40				1.31		1.58		2.13
	0.28	3.45	0.45				1.15		1.39		1.87
	0.42	5.17	0.50				1.04		1.26		1.69
	0.56	6.89	0.52				1.00		1.21		1.63
角接触球轴承 ($\alpha=10°$)	0.014	0.172	0.29	1	0	0.46	1.88	1	2.18	0.75	3.06
	0.029	0.345	0.32				1.71		1.98		2.78
	0.057	0.689	0.36				1.52		1.76		2.47
	0.086	1.03	0.38				1.41		1.63		2.29
	0.110	1.38	0.40				1.34		1.55		2.18
	0.17	2.07	0.44				1.23		1.42		2.00
	0.29	3.45	0.49				1.10		1.27		1.79
	0.43	5.17	0.54				1.01		1.17		1.64
	0.57	6.89	0.54				1.00		1.16		1.63

（续表）

		相对载荷	判断系数	单列轴承				双列轴承			
轴承类型	$\frac{F_a}{C_0}$	$\frac{F_a}{iZD_w^2}$ (N/mm^2)	e	$\frac{F_a}{F_r} \leqslant e$		$\frac{F_a}{F_r} > e$		$\frac{F_a}{F_r} \leqslant e$		$\frac{F_a}{F_r} > e$	
				X	Y	X	Y	X	Y	X	Y
角接触球轴承 ($\alpha = 15°$)	0.015	0.172	0.38	1	0	0.44	1.47	1	1.65	0.72	2.39
	0.029	0.345	0.40				1.40		1.57		2.28
	0.058	0.689	0.43				1.30		1.46		2.11
	0.087	1.03	0.46				1.23		1.38		2.00
	0.12	1.38	0.47				1.19		1.34		1.93
	0.17	2.07	0.50				1.12		1.26		1.82
	0.29	3.45	0.55				1.02		1.14		1.66
	0.44	5.17	0.56				1.00		1.12		1.63
	0.58	6.89	0.56				1.00		1.12		1.63
角接触球轴承 ($\alpha = 20°$)			0.57	1	0	0.43	1.00	1	1.09	0.70	1.63
角接触球轴承 ($\alpha = 25°$)			0.68	1	0	0.41	0.87	1	0.92	0.67	1.41
角接触球轴承 ($\alpha = 30°$)			0.80	1	0	0.39	0.76	1	0.78	0.63	1.24
角接触球轴承 ($\alpha = 35°$)			0.95	1	0	0.37	0.66	1	0.66	0.60	1.07
角接触球轴承 ($\alpha = 40°$)			1.14	1	0	0.35	0.57	1	0.55	0.57	0.93
角接触球轴承 ($\alpha = 45°$)			1.34	1	0	0.33	0.50	1	0.47	0.54	0.81
调心球轴承			1.5 $\tan\alpha$	1	0	0.40	0.4 $\cot\alpha$	1	0.42 $\cot\alpha$	0.65	0.65 $\cot\alpha$
电磁轴承			0.2	1	0	0.5	2.5				
推力球轴承 ($\alpha = 45°$)			1.25			0.66	1	1.18	0.59	0.66	1

（续表）

		相对载荷	判断系数	单列轴承				双列轴承			
轴承类型	$\frac{F_a}{C_0}$	$\frac{F_a}{iZD_w^2}$ (N/mm²)	e	$\frac{F_a}{F_r} \leqslant e$		$\frac{F_a}{F_r} > e$		$\frac{F_a}{F_r} \leqslant e$		$\frac{F_a}{F_r} > e$	
				X	Y	X	Y	X	Y	X	Y
推力球轴承 ($\alpha = 50°$)			1.49			0.73	1	1.37	0.57	0.73	1
推力球轴承 ($\alpha = 55°$)			1.79			0.81	1	1.60	0.56	0.81	1
推力球轴承 ($\alpha = 60°$)			2.17			0.93	1	1.90	0.55	0.92	1
推力球轴承 ($\alpha = 65°$)			2.68			1.06	1	2.30	0.54	1.06	1
推力球轴承 ($\alpha = 70°$)			3.43			1.28	1	2.90	0.53	1.28	1
推力球轴承 ($\alpha = 75°$)			4.67			1.66	1	3.89	0.52	1.66	1
推力球轴承 ($\alpha = 80°$)			8.09			2.43	1	5.86	0.52	2.43	1
推力球轴承 ($\alpha = 85°$)			14.29			4.80	1	11.75	0.51	4.80	1
推力球轴承 ($\alpha \neq 90°$)			$1.25\tan\alpha$			$1.25\tan\alpha\left(1-\frac{2}{3}\sin\alpha\right)$	1	$\frac{20}{13}\tan\alpha\left(1-\frac{2}{3}\sin\alpha\right)$	$\frac{10}{13}\tan\alpha\left(1-\frac{2}{3}\sin\alpha\right)$	$1.25\tan\alpha\left(1-\frac{2}{3}\sin\alpha\right)$	1

② 向心滚子轴承

对于向心滚子这类轴承，沟道接触类型可能出现点接触、线接触和点线混合接触类型。对不同的接触类型，需要采用不同的当量动载荷系数计算公式。它们的当量动载荷公式也需要采用表 6-1 中的计算公式，其中系数为 $\xi=1.5$，$\eta=1-0.15\sin\alpha$。

具体的计算公式如下：

$$\begin{cases} X_1=0.4 \quad Y_1=0.4\cot\alpha \\ X_2=0.67 \quad Y_2=0.67\cot\alpha \\ X_3=1 \quad Y_3=0.45\cot\alpha \\ e=1.5\tan\alpha \end{cases} \tag{6-14}$$

式中，α 为轴承接触角。典型的当量动载荷系数值列于表 6-5 中。表中的 e 为寿命离散系数，X，Y 为折算系数。

表 6-5　向心滚子轴承当量动载荷系数

α	接触类型	X_1	$\frac{Y_1}{\cot\alpha}$	X_3	$\frac{Y_3}{\cot\alpha}$	X_2	$\frac{Y_2}{\cot\alpha}$	$\frac{e}{\tan\alpha}$
0°	点接触	0.40	0.40	1	0.42	0.65	0.65	1.5
	线接触	0.44	0.37	1	0.48	0.75	0.63	1.5
	点线混合接触	0.42	0.38	1	0.45	0.70	0.63	1.5
20°	点接触	0.37	0.42	1	0.42	0.60	0.68	1.5
	线接触	0.41	0.39	1	0.48	0.70	0.67	1.5
	点线混合接触	0.39	0.40	1	0.45	0.65	0.67	1.5
40°	点接触	0.34	0.44	1	0.42	0.55	0.72	1.5
	线接触	0.38	0.41	1	0.48	0.65	0.70	1.5
	点线混合接触	0.36	0.42	1	0.45	0.60	0.70	1.5
平均值		0.39	0.40	1	0.45	0.65	0.67	1.5
实用值		0.4	0.4	1	0.45	0.67	0.67	1.5

③ 推力滚子轴承

推力滚子轴承的轴向当量动载荷也与向心滚子轴承的当量动载荷计算方法一样，由表 6-2 中的公式，具体为

$$\begin{cases} X_{a1}=\tan\alpha \quad Y_{a1}=1 \\ X_{a2}=\tan\alpha \quad Y_{a2}=1 \\ X_{a3}=1.4925\tan\alpha\approx 1.5\tan\alpha \quad Y_{a3}=0.6716\approx 0.67 \\ e=1.5\tan\alpha \end{cases} \tag{6-15}$$

其中，α 为轴承接触角。

在上面的当量动载荷计算公式中，没有考虑接触角的变化。如果需要精确考虑接触角变化对当量动载荷的影响，则需要根据接触角的变化公式来计算。这方面的内容可以参看 ISO/TR 1281－1:2008 等资料。

6.2 轴承外载折算当量静载荷的方法

6.2.1 当量静载荷折算的理论基础

由轴承额定静载荷理论可知，轴承额定静载是在特定条件下导出的轴承静态承载能力。由于实际使用中的轴承受载多种多样，为了能够衡量轴承静态的承载水平，需要将轴承实际的载荷转化为一种当量静载荷。轴承的当量静载荷与当量动载荷是不同的概念，轴承当量静载荷的定义为：承受各种可能的载荷的轴承，其中最大承载滚动体与滚道的接触计算应力与承受纯径向或纯轴向载荷时的轴承最大接触计算应力相当，这种纯径向或纯轴向载荷称为当量静载荷。

轴承当量静载荷的理论基础是轴承中的载荷分布计算结果。由前面的轴承载荷分布计算公式，在径向载荷作用下，向心轴承中最大接触载荷为：

$$Q_{\max}=\frac{F_{\mathrm{r}}}{ZJ_{\mathrm{r}}(\varepsilon)\cos\alpha} \tag{6-16}$$

同样，向心轴承在轴向载荷作用下，轴承中最大接触载荷为：

$$Q_{\max}=\frac{F_{\mathrm{a}}}{ZJ_{\mathrm{a}}(\varepsilon)\sin\alpha} \tag{6-17}$$

若不考虑接触角的变化，当轴承中接触载荷区域达到半圆周（$\varepsilon=0.5$），此时的载荷作为参考当量静载荷 P_0，则：

$$\tilde{Q}_{\max}=\frac{P_0}{ZJ_{\mathrm{r}}(0.5)\cos\alpha} \tag{6-18}$$

$$\tilde{Q}_{\max}=\frac{P_0}{ZJ_{\mathrm{a}}(0.5)\cos\alpha} \tag{6-19}$$

如果式(6-16)、式(6-17)计算出来的接触压力水平与式(6-18)、式(6-19)计算的接触压力水平相当，则可以导出下面的关系式：

$$\frac{P_0}{F_{\mathrm{r}}}=\frac{J_{\mathrm{r}}(0.5)}{J_{\mathrm{r}}(\varepsilon)} \qquad \frac{P_0}{F_{\mathrm{a}}\cot\alpha}=\frac{J_{\mathrm{a}}(0.5)}{J_{\mathrm{a}}(\varepsilon)} \tag{6-20}$$

因此，若考虑到轴承在联合载荷作用下，径向载荷与轴向载荷作用的接触压力与当量静载荷作用的压应力水平相当，可将当量静载荷统一写成：

$$P_0=X_0F_{\mathrm{r}}+Y_0F_{\mathrm{a}} \tag{6-21}$$

式中，$X_0=\dfrac{J_{\mathrm{r}}(0.5)}{J_{\mathrm{r}}(\varepsilon)}$，$Y_0=\dfrac{J_{\mathrm{a}}(0.5)}{J_{\mathrm{a}}(\varepsilon)}\cot\alpha$，为当量静载荷系数。

式(6-20)、式(6-21)就是轴承当量静载荷的理论基础。当量静载荷的系数也与轴承结构有关。上述的分析过程适用各类型的轴承当量静载荷分析。目前已经建立了适合各类轴承的当量静载荷简化计算方法。

6.2.2　当量静载荷简化计算方法

下面介绍典型类型的轴承当量静载荷的计算方法(ISO /TR 1281－1:2008)。

(1) 向心球轴承当量静载荷

对于这类轴承,简化后的当量静载荷计算公式为

$$P_0 = \mathrm{Max}\{X_0 F_r + Y_0 F_a, F_r\} \tag{6-22}$$

式中,Max{ } 表示取括号里两者中最大的值,F_r,F_a 分别为轴承所受到的径向和轴向载荷。当量静载荷公式中的系数也已经简化计算出来,如表 6－6。

表 6－6　球轴承当量静载荷系数值

轴承类型	接触角	单列轴承		双列轴承	
		X_0	Y_0	X_0	Y_0
深沟球轴承	$\alpha = 0°$	0.6	0.5	0.6	0.5
角接触球轴承	$\alpha = 15°$	0.5	0.46	1.0	0.92
	$\alpha = 20°$	0.5	0.42	1.0	0.84
	$\alpha = 25°$	0.5	0.38	1.0	0.76
	$\alpha = 30°$	0.5	0.33	1.0	0.66
	$\alpha = 35°$	0.5	0.29	1.0	0.58
	$\alpha = 40°$	0.5	0.26	1.0	0.52
	$\alpha = 45°$	0.5	0.22	1.0	0.44
向心球面球轴承		0.5	$0.22\cot\alpha$	1.0	$0.44\cot\alpha$

(2) 向心滚子轴承当量静载荷

对于这类轴承,简化后的当量静载荷计算公式为:

$$P_0 = \mathrm{Max}\{X_0 F_r + Y_0 F_a, F_r\} \tag{6-23}$$

式(6-23)中的符号含义与式(6-22)相同。当量静载荷公式中的系数也已经简化计算出来,如表 6－7。

表 6－7　滚子轴承当量静载荷系数值

轴承类型	单列轴承		双列轴承	
	X_0	Y_0	X_0	Y_0
向心滚子轴承	0.5	0.0	1.0	$0.44\cot\alpha$
圆锥滚子轴承	0.5	$0.22\cot\alpha$	1.0	$0.44\cot\alpha$

(3) 推力轴承当量静载荷

对于这类轴承,简化后的当量静载荷计算公式为:

$$P_0 = 2.3F_r\tan\alpha + F_a(\alpha \neq 90°) \tag{6-24}$$

$$P_0 = F_a/J_a(\varepsilon)(\alpha = 90°) \tag{6-25}$$

式中，F_r，F_a 分别为轴承所受到的径向和轴向载荷，α 为轴承接触角，$J_a(\varepsilon)$ 为轴向载荷分布积分参数。

上面的公式通常是在径向载荷 $F_r > 0.44F_a\cot\alpha$ 的情况下应用。

6.3 轴承当量载荷参数化设计方法

6.3.1 球轴承当量载荷参数化设计模型

通过球轴承的当量动载荷计算过程可以看出，球轴承的当量动载荷与轴承的结构参数有关。因此，对整个轴承来说，可以建立下面一种泛函关系式：

$$\{P_r, P_0\}^T = [PP]\{D_w, Z, \alpha, e, i, F_a, F_r\}^T \tag{6-26}$$

式中，左边的量为球轴承的当量载荷参数，右边是球轴承的结构参数和外载荷。$[PP]$ 是一种轴承当量载荷参数计算过程的矩阵泛函关系。

如果对轴承当量载荷参数作出某些要求（或限制）时，则可以对球轴承的结构参数进行规划设计。这就是当量载荷参数设计思想。采用数学方法表达时，可以写成：

$$\{D_w, Z, \alpha, e, i, F_a, F_r\}^T = [PP]^{-1}_{\min}\{[P_r], [P_0]\}^T \tag{6-27}$$

其中，$[P_r]$，$[P_0]$ 表示对当量载荷参数的限制性要求值，它们可以根据情况来挑选。$[PP]^{-1}_{\min}$ 表示泛函矩阵逆向优化运算。

对于球轴承结构参数，可以使当量载荷达到稳健的可靠性高的值，对应的设计称为稳健的可靠性设计。或进行极限设计。可利用第一章中介绍的稳健设计原理方法进行计算机设计。

例 6-1 如图 6-2 所示的典型的双列调心球轴承的节圆直径 d_m=140mm，轴承的接触角 α=15°，单列球数量 Z=15，球直径 D_w=25.4 mm。承受的径向载荷 F_r=25.5 kN，轴向载荷 F_a=5.5 kN。计算轴承的当量载荷。

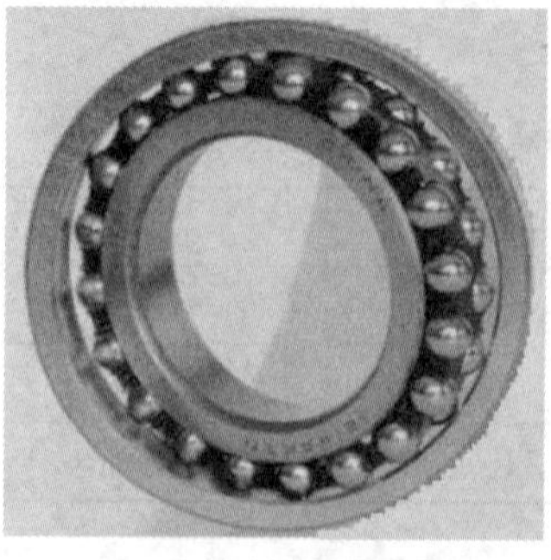

（a）轴承实物

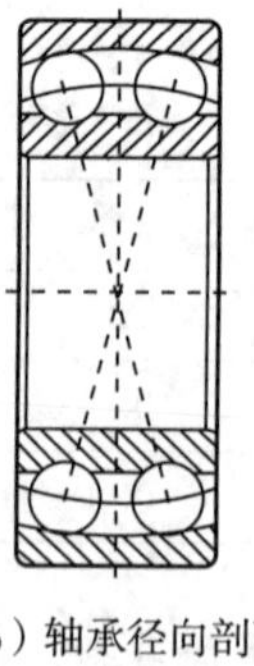

（b）轴承径向剖面

图 6-2 典型双列调心球轴承

根据当量动载荷的计算方法 $P = XF_r + YF_a$，需要确定系数 X, Y。

针对双列球轴承的结构特点，接触角 $\alpha = 15°$。由表 6-4，计算得：

$$\lambda = \frac{F_a}{F_r} = \frac{5.5 \times 10^3}{25.5 \times 10^3} \approx 0.2157$$

$$\kappa = \frac{F_a}{iZD_w^2} = \frac{5.5 \times 10^3}{2 \times 15 \times 25.4^2} \approx 0.2842 (\mathrm{N/mm^2})$$

查得 $e = \xi \tan\alpha' \approx 0.396$。显然，$\lambda < e$，所以，查表计算得 $X = 1, Y \approx 1.59$。所以，当量动载荷为：

$$P_r = XF_r + YF_a = 1 \times 25.5 + 1.59 \times 5.5 = 34.245 (\mathrm{kN})$$

同样的过程可计算轴承当量静载荷。根据 $P_0 = \mathrm{Max}\{X_0F_r + Y_0F_a, F_r\}$，需要确定系数 X_0, Y_0。由表 6-6，查得 $X_0 = 1.0, Y_0 \approx 0.92$。

当量动载荷为：

$$\begin{aligned} P_0 &= \mathrm{Max}\{X_0F_r + Y_0F_a, F_r\} \\ &= \mathrm{Max}\{1.0 \times 25.5 + 0.92 \times 5.5, 25.5\} = 30.56 (\mathrm{kN}) \end{aligned}$$

针对上面例子的实际算例，如果取最大当量载荷限制 $[P] \leqslant 35, [P_0] \leqslant 31$ 作为稳健的可靠性高值设计，则通过改变 α, e 来实现。

6.3.2　滚子轴承的当量载荷参数化设计模型

与球轴承类似，滚子轴承的当量载荷计算与轴承的结构参数也是密切有关。因此，对整个轴承来说，也可以建立下面一种泛函关系式：

$$\{P_r, P_0\}^{\mathrm{T}} = [PP]\{D_w, l_e, Z, \alpha, h, F_a, F_r\}^{\mathrm{T}} \tag{6-28}$$

式中，左边的量为滚子轴承的当量载荷参数，右边是滚子轴承的结构尺寸参数。$[PP]$ 是一种轴承当量载荷参数计算过程的矩阵泛函关系。

如果对轴承当量载荷参数作出某些要求（或限制），就可以对滚子轴承结构参数进行规划设计。采用数学方法表达时，可以写成：

$$\{D_w, l_e, Z, \alpha, h, F_a, F_r\}^{\mathrm{T}} = [PP]_{\min}^{-1}\{[P_r], [P_0]\}^{\mathrm{T}} \tag{6-29}$$

其中，$[P_r]$，$[P_0]$ 表示对当量载荷参数的限制性要求值，它们可以根据情况来挑选。$[PP]_{\min}^{-1}$ 表示泛函矩阵逆向优化运算。

对于滚子轴承结构参数，可以使当量载荷达到稳健的可靠性高的值，对应的设计称为稳健的可靠性设计。或进行极限设计。可利用第 1 章中介绍的稳健设计原理方法进行计算机设计。

例6-2　如图 6-3 所示的典型的单列圆锥滚子轴承的节圆直径 $d_m = 180$ mm，轴承的接触角 $\alpha = 12°$，承受的径向载荷 $F_r = 60$ kN，轴向载荷 $F_a = 35$ kN。计算轴承的当量载荷。

根据当量动载荷的计算方法：$P_r = XF_r + YF_a$，需要确定系数 X, Y。

针对单列圆锥滚子轴承的结构，滚道为线接触，接触角 $\alpha = 12°$。由表 6-5，计算得：

$$\lambda = \frac{F_a}{F_r} = \frac{35 \times 10^3}{60 \times 10^3} \approx 0.583$$

查表 6-5 得 $e = \xi \tan\alpha \approx 1.5 \times \tan 12^\circ = 0.3188$，显然，$\lambda > e$。

查表 6-5 计算得到，$X_1 = 0.425$，$Y_1 = 0.38/\tan 12^\circ \approx 1.7878$，所以当量动载荷为：

$$P_r = X_1 F_r + Y_1 F_a = 0.425 \times 60 + 1.787 \times 35 \approx 88(\text{kN})$$

同样的过程可计算轴承当量静载荷。根据 $P_0 = \text{Max}\{X_0 F_r + Y_0 F_a, F_r\}$，需要确定系数 X_0，Y_0。针对单列圆锥滚子轴承，由表 6-7 查得，$X_0 = 0.5$，$Y_0 = 0.22/\tan 12^\circ \approx 1.035$。

当量静载荷为：

$$\begin{aligned} P_0 &= \text{Max}\{X_0 F_r + Y_0 F_a, F_r\} \\ &= \text{Max}\{0.5 \times 60 + 1.035 \times 35, 60\} = 66.225(\text{kN}) \end{aligned}$$

（a）轴承零件实物

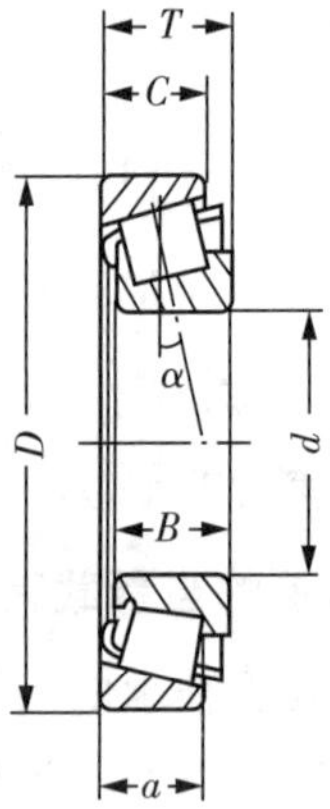

（b）轴承径向剖面

图 6-3　典型单列圆锥滚子轴承

针对上面的实际算例，如果取最大当量载荷限制$[P] \leqslant 88$，$[P_0] \leqslant 66(\text{kN})$，作为稳健的可靠性高值设计，则可通过设计轴承内部尺寸来实现。

6.4　滚动轴承疲劳寿命理论

滚动轴承的失效有多种形式，如疲劳失效、润滑失效、精度失效、轴承零件断裂等。它们的发生又都是随机的。因此，预测轴承失效时间（寿命）和形式是非常困难的事情。经过多年的试验和理论研究，对这些失效分析已经建立了一些估计方法。下面分别介绍各种寿命估计方法。

滚动接触疲劳失效与轴承材料和材料中的循环应力有关，而接触表面下滚动方向上的交变剪切应力是决定轴承疲劳的主要因素。G. Lundberg 和 A. Palmgren 根据试验数据和 Weibull 疲劳损伤累积分布概率分析，建立了滚动接触体的寿命估计的乘幂关系模型为：

$$\ln\frac{1}{S}\propto\frac{\tau_0^c N^e V}{z_0^h}\tag{6-30}$$

式中，S 为可靠度(幸存概率)；τ_0 为次表面最大正交剪切应力；N 为滚道上一点的应力作用次数；z_0 为次表面最大正交剪切应力深度；V 为应力集中影响的体积；c，h 为试验确定的指数；e 为寿命离散度，由试验确定的韦布尔斜率。

而接触应力作用的体积，可以取为：

$$V=a_c z_0 l_s\tag{6-31}$$

其中，a_c 为接触区宽度($a_c=2a$)；线接触时，取 $a_c=3l_e/4$。l_s 为滚动接触周长。

如果考虑轴承套圈沟道接触，它的直径为 d_n，则套圈沟道接触周长为 $l_s=\pi d_n$，$d_n=(1\mp\gamma)d_m$。

若采用轴承的转动周数表示应力作用次数，则：

$$N=uL\tag{6-32}$$

式中，L 为轴承的转动寿命(百万转单位)，u 为单次转动的接触点数。

将这些关系代入式(6-30)后得到：

$$\ln\frac{1}{S}\propto\frac{\tau_0^c}{z_0^h}(uL)^e a_c z_0\pi d_n\tag{6-33}$$

对上面的模型进一步推导，需要根据不同类型的接触应力状态来进行。

6.4.1　点接触疲劳寿命理论模型

根据本书前面章节介绍的点接触表面应力 Hertz 公式：

$$q_{\max}=\frac{3Q}{2\pi ab}\qquad a=a^*\left(\frac{3Q}{2\widetilde{E}\sum\rho}\right)^{1/3}\qquad b=b^*\left(\frac{3Q}{2\widetilde{E}\sum\rho}\right)^{1/3}$$

以及表面下的交变切应力的 Palmgren 与 Lundberg 公式：

$$\tau_0=q_{\max}\frac{\sqrt{2t-1}}{2t(t+1)}=Tq_{\max}\qquad z_0=\frac{b}{(t+1)\sqrt{2t-1}}=\zeta b$$

将上面各式代入式(6-32)，并简化后得到：

$$\ln\frac{1}{S}\propto\frac{T^c(uL)^e d_n D_w^{2-h}}{\zeta^{h-1}(a^*)^{c-1}(b^*)^{h+c-1}}\left(\frac{\widetilde{E}D_w\sum\rho}{6}\right)^{\frac{2c+h-2}{3}}\left(\frac{Q}{D_w^2}\right)^{\frac{c-h+2}{3}}\tag{6-34}$$

式(6-34)是一种比例关系式，可以利用一种特定的状态参数来简化。例如，通常轴承的使用幸存概率 S 取为常值($S_0=0.9$)，对给定的点接触，令 $\frac{b}{a}=1$ 时，得到 $T=T_1$，$\zeta=\zeta_1$。将这种条件代入式(6-34)，再经过整理归并，并引入比例系数 κ_1，将式(6-33)写成等式关系如下：

$$\ln\frac{1}{S_0}=\kappa_1\left(\frac{\widetilde{E}}{6}\right)^{\frac{2c+h-2}{3}}\left(\frac{T}{T_1}\right)^c\left(\frac{\zeta_1}{\zeta}\right)^{h-1}\frac{\left(D_w\sum\rho\right)^{\frac{2c+h-2}{3}}}{(a^*)^{c-1}(b^*)^{h+c-1}}\frac{d_n}{D_w}u^e Q^{(c-h+2)/3}D_w^{(5-2c-h)/3}L^e\tag{6-35}$$

对上式再进一步整理，得到接触载荷为：

$$Q = A_1 \Phi D_{\mathrm{w}}^{(2c+h-5)/(c-h+2)} L^{(-3e)/(c-h+2)} \tag{6-36}$$

其中，

$A_1 = \left[\dfrac{1}{\kappa_1}\left(\dfrac{\widetilde{E}}{6}\right)^{\frac{-2c-h+2}{3}} \ln\dfrac{1}{S_0}\right]^{\frac{3}{c-h+2}}$，为材料参数；

$\Phi = \left[\left(\dfrac{T}{T_1}\right)^c \left(\dfrac{\zeta_1}{\zeta}\right)^{h-1} \dfrac{\left(D_{\mathrm{w}}\sum\rho\right)^{\frac{2c+h-2}{3}}}{(a^*)^{c-1}(b^*)^{h+c-1}} \dfrac{d_{\mathrm{n}}}{D_{\mathrm{w}}} u^e\right]^{\frac{-3}{c-h+2}}$，为无量纲参数。

如果取滚动寿命为一百万次的接触作为额定寿命（$L_{\mathrm{c}}=1$），这时，对应的接触载荷为额定载荷 Q_{c}，则由式（6－36）得：

$$Q_{\mathrm{c}} = A_1 \Phi D_{\mathrm{w}}^{(2c+h-5)/(c-h+2)} \tag{6-37}$$

上式解出 $A_1\Phi$ 后，再代入式（6－36），得到滚动疲劳寿命为：

$$L = \left(\frac{Q_{\mathrm{c}}}{Q}\right)^{\frac{c-h+2}{3e}} \tag{6-38}$$

上式就是点接触的疲劳寿命理论估计公式。

6.4.2　线接触疲劳寿命理论模型

对于线接触，可认为是 $\dfrac{b}{a}\to 0$ 时的极限状态。这时，$a^*(b^*)^2\to 2/\pi$，$T=T_0$，$\zeta=\zeta_0$。由式（6－33）得：

$$\ln\frac{1}{S} \propto \frac{T_0^c (uL)^e}{\zeta_0^{h-1}} \left[\frac{\pi\widetilde{E}D_{\mathrm{w}}\sum\rho}{12}\right]^{\frac{c+h-1}{2}} \left(\frac{4D_{\mathrm{w}}}{3l_{\mathrm{e}}}\right)^{\frac{c-h-1}{2}} \left(\frac{Q}{D_{\mathrm{w}}^2}\right)^{\frac{c-h+1}{2}} d_{\mathrm{n}} D_{\mathrm{w}}^{2-h} \tag{6-39}$$

与点接触的简化方法类似，整理归并式（6－39），并引入比例系数 κ_0 后，采用等式关系，得到线接触载荷 Q 与额定（$L=1$）线接触载荷 Q_{c} 分别为：

$$Q = B_0 \Psi D_{\mathrm{w}}^{(c+h-3)/(c-h+1)} l_{\mathrm{e}}^{(c-h-1)/(c-h+1)} L^{(-2e)/(c-h+1)} \tag{6-40}$$

$$Q_{\mathrm{c}} = B_0 \Psi D_{\mathrm{w}}^{(c+h-3)/(c-h+1)} l_{\mathrm{e}}^{(c-h-1)/(c-h+1)} \tag{6-41}$$

其中，

$B_0 = \left[\dfrac{1}{\kappa_0}\left(\dfrac{1}{T_0}\right)^c (\zeta_0)^{h-1} \left(\dfrac{\pi\widetilde{E}}{12}\right)^{\frac{-c-h+1}{2}} \ln\dfrac{1}{S_0}\right]^{\frac{2}{c-h+1}}$，为材料参数；

$\Psi = \left[\left(D_{\mathrm{w}}\sum\rho\right)^{\frac{c+h-1}{2}} \dfrac{d_{\mathrm{n}}}{D_{\mathrm{w}}} u^e\right]^{\frac{-2}{c-h+1}}$，为无量纲参数。

结合式（6－40）、式（6－41），得到线接触滚动疲劳寿命为：

$$L = \left(\frac{Q_{\mathrm{c}}}{Q}\right)^{\frac{c-h+1}{2e}} \tag{6-42}$$

式（6－37）、式（6－41）中都是指数函数。通过试验，这些公式中的指数的近似值已经确定出来，并列于表 6－8 中。

表 6-8　寿命指数取值

接触类型	e	c	h	w	ε
点接触	10/9	31/3	7/3	$w=\dfrac{c-h+2}{3}=\dfrac{10}{3}$	$\varepsilon=\dfrac{c-h+2}{3e}=3$
线接触	9/8	31/3	7/3	$w=\dfrac{c-h+1}{2}=\dfrac{9}{2}$	$\varepsilon=\dfrac{c-h+1}{2e}=4$

6.4.3　轴承额定的疲劳寿命理论模型

针对一般的滚动轴承的工作情况，其额定疲劳寿命与轴承所受到的外载荷和自身的额定载荷能力有关。将接触疲劳寿命模型和等效当量外载荷引入轴承的疲劳寿命估计中，这样，滚动轴承的疲劳寿命估计公式可以统一表示为：

$$L=\left(\frac{Q_c}{P}\right)^{\varepsilon} \tag{6-43}$$

式中，Q_c 为额定动载荷，P 为等效当量外载荷，ε 为指数，按照表 6-8 中的接触类型不同来取值。

如果取滚动接触寿命为一百万次的接触作为额定寿命参考（$L_c=1$），这时，对应的接触载荷为额定载荷 Q_c，则可以导出：

① 点接触

$$Q_c=A_1\Phi D_w^{(2c+h-5)/(c-h+2)} \tag{6-44}$$

② 线接触

$$Q_c=B_0\Psi D_w^{(c+h-3)/(c-h+1)}\,l_e^{(c-h-1)/(c-h+1)} \tag{6-45}$$

上面的额定载荷是估计滚动轴承疲劳寿命的基础。

将轴承的沟道结构参数引入滚动接触疲劳寿命模型式(6-43) ~ 式(6-45) 中，并通过大量的试验数据确定出模型参数，经过简化后得到：

① 点接触

$$L=\left(\frac{Q_c}{P}\right)^{3} \tag{6-46}$$

$$Q_c=98.1\times\left(\frac{2R}{D_w}\frac{r}{r-R}\right)^{0.41}\frac{(1\mp\gamma)^{1.39}}{(1\pm\gamma)^{1/3}}\left(\frac{\gamma}{\cos\alpha}\right)^{0.3}D_w^{\,1.8}Z^{-1/3} \tag{6-47}$$

其中，$\gamma=\dfrac{D_w}{d_m}\cos\alpha$。$D_w$ 为球的直径，d_m 为轴承节圆直径，Z 为滚动体数量。“±”符号分别对应内、外套圈的滚道。如果是球与滚道点接触，则取 $R=D_w/2$，$r=f\,D_w$。

如果是滚子与滚道点接触，则 R 为滚子母线曲率半径，r 为沟道曲线的曲率半径。

② 线接触

$$L=\left(\frac{Q_c}{P}\right)^{4} \tag{6-48}$$

$$Q_c = 552 \frac{(1 \mp \gamma)^{29/27}}{(1 \pm \gamma)^{1/4}} \left(\frac{\cos\alpha}{\gamma}\right)^{-2/9} D_w{}^{29/27} l_e{}^{7/9} Z^{-1/4} \tag{6-49}$$

式中，$\gamma = \frac{D_w}{d_m}\cos\alpha$。$D_w$ 为球的直径，d_m 为轴承节圆直径，l_e 为滚子有效接触长度，Z 为滚动体数量。“±”符号分别对应内、外套圈的滚道。

6.4.4 轴承疲劳寿命估计理论发展

自 1881 年赫兹弹性接触理论出现后，它就成为轴承疲劳寿命理论的基础。R. Stribeck 于 1896 年开始了全尺寸轴承疲劳试验，并将赫兹理论应用到轴承工程学中。但早期的轴承寿命思想只反映轴承允许的安全载荷，尚未包含疲劳寿命的概念。然而，影响轴承疲劳寿命的因素很多，且十分复杂。轴承疲劳寿命值并非是一种确定的值，而是一组数据离散的随机概率值。必须应用数理统计理论进行分析和处理。1939 年，Weibull 提出滚动轴承的疲劳寿命服从某一种概率分布(Weibull 分布)。

1942 年和 1952 年，瑞典科学家 Lundberg 和 Palmgren 提出最大动态剪切应力引起疲劳的理论。认为接触表面下平行于滚动方向的最大交变(动态)剪切应力决定着疲劳裂纹的发生，即裂纹首先在最大交变剪切应力处生成，继而扩展到表面，产生接触疲劳剥落。因此，最大交变剪切应力所在的深度影响着材料的疲劳破坏概率。最大交变剪切应力所在的深度越大，相应的，裂纹扩展到表面的时间也就越长。此外，由于材料在冶炼过程中不可避免地会形成、气体空穴、含有非金属夹杂物等，这些非金属夹杂物和空穴构成了材料疲劳失效的潜在威胁。材料受应力的体积内所含的非金属夹杂物和空穴的数量越多，材料疲劳失效的概率就越大。对于特定使用的轴承材料，应力作用体积越大，循环次数越多，都可使材料的疲劳破坏概率增大。由此推导出 L-P 理论的经验公式。在 20 世纪 60 年代以前，L-P 模型能够较好地解释滚动轴承的失效机理，由它计算出的轴承寿命能够较好地与试验数据相吻合。

20 世纪 70 年代，随着炼钢技术的提升，钢材的质量不断得到提高，钢内杂物也越来越少，轴承的寿命变得越来越高。这个时期，人们发现有些轴承在经过长时间的运转后，也可以先从表面上生成裂纹，然后向深处扩展，轴承的疲劳寿命与弹性流体动力润滑油膜厚度和零件表面的粗糙度有关。基于这样一种事实，Chiu Y P 和 Tallian T E 于 20 世纪 70 年代初提出了考虑表面上的裂纹生成方式的接触疲劳工程模型。此模型可以阐述一些接触疲劳的影响因素，解释 L-P 模型难以解释的现象。例如，表面粗糙度、弹流油膜厚度、切向摩擦牵引力以及润滑介质存在污染物的情况等因素对疲劳的影响。但是分析过程尚不够严密，一些假设和系数值的证实还有待进一步完善和发展。

滚动疲劳微裂纹的产生可分为源于表面和源于次表面两种。Tallian 综合国际上寿命试验研究成果，于 1996 年发表了当代轴承寿命预测模型，进一步调整充实了 L-P 寿命理论(简称 T 模型)。T 模型中假定，在整个疲劳耐受期间，位于轴承的每个滚动接触点处的工作状况都是一样的。同时，直接采用经典的 L-P 方法计算得出等效载荷。而有关的参数，如油膜厚度等，则是通过采用通常情况下的重载接触时的数值计算方法得到的。

前面已经详细介绍了轴承疲劳寿命的理论模型。对单个滚动轴承或一组在同一条件下运转、近于相同的滚动轴承，ISO 定义了滚动轴承的基本额定寿命是与 90% 的可靠度相关的

轴承寿命 L_{10}(90％),得到载荷与寿命的关系如下:

$$QL_{10}^{3e/(c-h+2)} = Q_C \quad (点接触)$$

$$QL_{10}^{2e/(c-h+2)} = Q_C \quad (线接触)$$

在理想的零游隙轴承中,滚动体载荷与轴承载荷成比例。因此,接触额定载荷 Q_C 与轴承的基本额定动载荷 C_r(或 C_a)成比例,接触载荷 Q 与轴承的径向当量动载荷 P_r(或轴向当量动载荷 P_a)成比例。这样可得到轴承的基本额定寿命估计方程:

$$点接触:L_{10} = \left(\frac{C_r}{P_r}\right)^{(c-h+2)/3e} \quad 或 \quad L_{10} = \left(\frac{C_a}{P_a}\right)^{(c-h+2)/3e}$$

$$线接触:L_{10} = \left(\frac{C_r}{P_r}\right)^{(c-h+2)/2e} \quad 或 \quad L_{10} = \left(\frac{C_a}{P_a}\right)^{(c-h+2)/2e}$$

将试验离散系数 $e=10/9$(点接触),$e=9/8$(线接触)以及 $c=31/3$,$h=7/3$ 分别代入得到:

$$点接触:L_{10} = \left(\frac{C_r}{P_r}\right)^{3} \quad 或 \quad L_{10} = \left(\frac{C_a}{P_a}\right)^{3}$$

$$线接触:L_{10} = \left(\frac{C_r}{P_r}\right)^{4} \quad 或 \quad L_{10} = \left(\frac{C_a}{P_a}\right)^{4}$$

一般说来,当轴承达到某一载荷时,滚子与滚道间的接触可能由点接触变为线接触,故同一轴承在不同的载荷范围,寿命指数由 3 到 4 变动。为适用于所有的滚子轴承和所有的载荷范围,可以采用统一的估计方法。为此,所有类型的滚子轴承使用下面同一的基本额定寿命估计公式:

$$L_{10} = \left(\frac{C_r}{P_r}\right)^{10/3} \quad 或 \quad L_{10} = \left(\frac{C_a}{P_a}\right)^{10/3}$$

上面各式中涉及的轴承当量载荷 P_r,P_a 的计算在前面章节中介绍过了。

为了简便起见,不论径向载荷或轴向载荷作用,球轴承或滚子轴承,将轴承寿命估计公式统一书写为:

$$L = \left(\frac{C}{P}\right)^{\varepsilon} \tag{6-50}$$

式中,对于球轴承,$\varepsilon=3$;对于滚子轴承,$\varepsilon=10/3$;对于滚针轴承,$\varepsilon=4$。对于受径向载荷为主的轴承采用径向额定载荷,即 $C=C_r$,$P=P_r$;对于受轴向载荷为主的轴承采用轴向额定载荷,即,$C=C_a$,$P=P_a$。由于大多数时候给定轴承径向额定载荷值,所以下面多使用 C_r 进行分析。

6.4.5　轴承疲劳寿命估计修正方法

在基本额定寿命估计公式中,轴承失效概率取为 10％。如果考虑对不同的可靠性寿命的要求,则可以采用可靠度寿命修正系数来估计在不同的可靠性下轴承的寿命。根据轴承疲劳寿命试验模型:

$$\ln\frac{1}{S}=AL^{e}$$

其中，S 为幸存概率；A 为比例常；L 为轴承寿命；e 为韦布尔斜率。

代入 L_{10}，即 $S=0.9$ 时的 L，得到：

$$A=\frac{\ln(1/0.9)}{L_{10}^{e}} \tag{6-51}$$

因此，任意可靠度条件下轴承的修正疲劳寿命估计公式为：

$$L_{na}=a_1L_{10} \tag{6-52}$$

其中，$a_1=\left[\frac{\ln(1/S)}{\ln(1/0.9)}\right]^{1/e}$。

轴承使用寿命与轴承材料、制造质量、使用环境等因素密切相关，考虑到这些不同的影响因素，ISO 推荐全修正的轴承疲劳寿命估计公式为：

$$L_{na}=a_1a_2a_3a_4\left(\frac{\widetilde{C}_r}{P}\right)^{\varepsilon} \tag{6-53}$$

$$\widetilde{C}_r=b_mC_r \tag{6-54}$$

式中，C_r 为普通材料轴承的额定动载荷，$\widetilde{C}_r$ 为高质量材料轴承的修正额定动载荷，b_m 为轴承材料质量的修正系数，通常取 $b_m=1.1\sim1.3$（根据轴承企业推荐取值，见表 6-11），P 为轴承的当量定动载荷。a_1 为可靠度修正系数，表 6-9 列出了不同的可靠度对应值；a_2 为与轴承材料热处理性能有关的寿命修正系数（通常 $1\leqslant a_2\leqslant3$，根据轴承企业推荐取值），表 6-10 列出了不同的材料热处理对应的值；a_3 为与轴承运转条件有关的修正系数（根据轴承企业推荐取值），图 6-3 给出润滑参数与 a_3 的变化规律；a_4 为与轴承污染条件有关的修正系数（根据轴承使用场合推荐取值，推荐 $a_4\approx1.8(FR)^{-0.25}$，式中，$FR$ 为过滤物尺寸 μm）。

表 6-9 可靠度修正系数 a_1

可靠度(%)	90	95	96	97	98	99
a_1	1.00	0.62	0.53	0.44	0.33	0.21

表 6-10 可靠度修正系数 $a_2=A_cA_hA_p$

材料型号	A_c	热处理方法	A_h	接触工作模式	A_p
AISI52100（普通轴承钢）	3	空气中冶炼	1	深沟球滚道	1.2
M50	2	真空脱气(CVD)	1.5	角接触球滚道	1.0
M50NiL	4	真空电弧重熔(VAR)	3	套圈锻造角接触球滚道	1.2
		双真空电弧重熔	4.5	圆柱滚子滚道	4.5
		真空感应与真空电弧重熔	6		

表 6-11　系数 b_m

轴承类型	b_m	轴承类型	b_m
普通深沟球轴承、接触角球轴承	1.3	球面滚子轴承、推力调心滚子轴承	1.15
其余球轴承	1.1	推力圆柱轴承、冲压滚针轴承	1.0
		其余滚子轴承	1.1

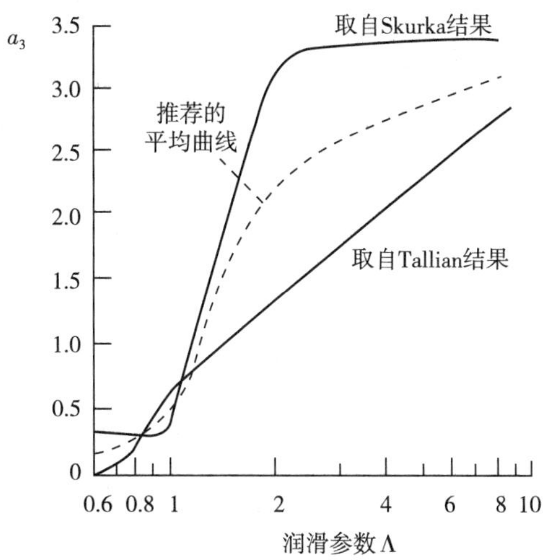

图 6-3　系数 a_3 与润滑参数间的变化规律

为了提高载荷寿命关系式的准确性，SKF 公司提出轴承寿命估计方法为：

$$L_{nna}=a_1 a_{SKF}\left(\frac{\tilde{C}_r}{P}\right)^{\varepsilon} \tag{6-55}$$

式中，a_1 为可靠性修正系数；a_{SKF} 为基于新理论所得到的修正系数。

a_{SKF} 反映了轴承各种特性之间非常复杂的相互作用，这些特性包括材料强度和纯度、轴承零件制造精度、接触表面微观几何形状、润滑剂类型、运转温度、杂质类型及含量水平等。无疑 a_{SKF} 系数表征着上述诸多效应的综合影响，这种影响被简化为一组图表，列入 SKF 样本。

ISO 在采纳了世界范围内主要轴承生产厂家的研究成果后，推荐综合的轴承寿命修正估计方法如下：

$$L_{ISO}=\tilde{a}_1 a_{ISO} L_{10} \tag{6-56}$$

其中，可靠度修正系数 $\tilde{a}_1$ 由轴承幸存概率 S 确定，推荐计算方法如下：

$$\tilde{a}_1=0.95\left[\frac{\ln(100/S)}{\ln(100/90)}\right]^{1/e}+0.05 \tag{6-57}$$

式中，S 为可靠度值。点接触时取 $e=10/9$，线接触时取 $e=9/8$。

轴承综合寿命修正系数 a_{ISO}，推荐采用下面的模拟计算方法：

$$a_{ISO}=0.1\times\left[1-\left(x_1-\frac{x_2}{\Lambda^{y_1}}\right)^{y_2}\left(\frac{C_L F_{lim}}{P}\right)^{y_3}\right]^{y_4} \tag{6-58}$$

其中，C_L 为轴承清洁度影响系数，C_L 取值范围为 0.0～1.0。F_{lim} 为轴承参考静止载荷，可查有关资料确定。P 为轴承当量载荷。寿命估计公式中的系数，可查表 6-12。[8] 其中润滑参数 Λ 为接触表面最小油膜厚度比接触面粗糙度值。

表 6-12　公式(6-58)中的系数

轴承类型	润滑参数 Λ	x_1	x_2	y_1	y_2	y_3	y_4
向心球	$0.1\leqslant\Lambda<0.4$	2.5671	2.2649	0.05438	0.83	1/3	−9.3
	$0.4\leqslant\Lambda<1.0$	2.5671	1.9987	0.19087	0.83	1/3	−9.3
	$1.0\leqslant\Lambda<4.0$	2.5671	1.9987	0.07174	0.83	1/3	−9.3
向心滚子	$0.1\leqslant\Lambda<0.4$	1.5859	1.3993	0.04538	1.0	0.4	−9.185
	$0.4\leqslant\Lambda<1.0$	1.5859	1.2348	0.19087	1.0	0.4	−9.185
	$1.0\leqslant\Lambda<4.0$	1.5859	1.2348	0.07174	1.0	0.4	−9.185
推力球	$0.1\leqslant\Lambda<0.4$	2.5671	2.2649	0.05438	0.83	1/3	−9.3
	$0.4\leqslant\Lambda<1.0$	2.5671	1.9987	0.19087	0.83	1/3	−9.3
	$1.0\leqslant\Lambda<4.0$	2.5671	1.9987	0.07174	0.83	1/3	−9.3
推力滚子	$0.1\leqslant\Lambda<0.4$	1.5859	1.3993	0.05438	1.0	0.4	−9.185
	$0.4\leqslant\Lambda<1.0$	1.5859	1.2348	0.19087	1.0	0.4	−9.185
	$1.0\leqslant\Lambda<4.0$	1.5859	1.2348	0.07174	1.0	0.4	−9.185

滚动轴承疲劳寿命理论的演变，表明随着社会科技进步及研究的不断深入，轴承寿命的预测将得到更加精确的结果。当代轴承寿命预测方法考虑诸多影响因素，常用来评估关键部件的轴承寿命，尤其是机床的可靠性轴承的寿命评估，因而具有重要的现实意义。

例 6-3　在矿山电机设备中使用的深沟球轴承 6209 与圆柱滚子轴承 NU2209，如图 6-4 所示。分析计算轴承寿命。

(a) 6209轴承实物

(b) NJ2209轴承实物

图 6-4　机电系统轴承

深沟球轴承 6209 的几何参数为：$d_m=65$ mm，$D_w=12.7$ mm，$Z=9$，$f_e=f_i=0.52$。工作参数为：$F_r=9$ kN，$n_i=1800$ r/min。$FR=20\ \mu$m

圆柱滚子轴承 NJ2209 的几何参数为：$d_m = 65\ \mathrm{mm}, D_w = 11.0\ \mathrm{mm}, l_e = 11.0\ \mathrm{mm}, Z = 15$。工作参数为：$F_r = 12\ \mathrm{kN}, n_i = 1800\ \mathrm{r/min}$。

1. 深沟球轴承 6209 的寿命估计

① 计算轴承额定动载荷

由

$$C_r = f_c(\cos\alpha)^{0.7} Z^{2/3} D_W^{1.8} \qquad (D_W \leqslant 25.4\ \mathrm{mm})$$

$$\widetilde{C}_r = b_m C_r$$

则利用 $\gamma = D_w \cos\alpha / d_m = 12.7 \times \cos 0° / 65 \approx 0.19538$，查表计算 $f_c \approx 59.9$，取 $b_m = 1.3$，则

$$C_r = 59.9 \times (1 \times \cos 0°)^{0.7} \times 9^{2/3} \times 12.7^{1.8} \approx 25144(\mathrm{N})$$

$$\widetilde{C}_r = b_m C_r = 1.3 \times 25144 \approx 32687(\mathrm{N})$$

② 估计轴承基本寿命

由

$$L_{10} = \left(\frac{\widetilde{C}_r}{P}\right)^{\varepsilon}$$

取 $\varepsilon = 3, P = F_r = 9\ \mathrm{kN}$，则

$$L_{10} = \left(\frac{\widetilde{C}_r}{P}\right)^{\varepsilon} = \left(\frac{32687}{9000}\right)^{3} \approx 47.908(\text{百万转})$$

③ 按照 ISO 全修正的轴承疲劳寿命估计方法计算

由

$$L_{na} = a_1 a_2 a_3 a_4 L_{10}$$

本例中，可靠性(98%) 系数取 $a_1 = 0.33, a_2 = A_c A_h A_p = 3 \times 1.5 \times 1.2 = 5.4$。

润滑按照良好状态考虑，$\Lambda \approx 2.2, a_3 \approx 2.25$。

污染物修正系数 $a_4 \approx 1.8\ (FR)^{-0.25} = 1.8 \times 20^{-0.25} \approx 0.8512$。

这样，$L_{na} = 0.33 \times 5.4 \times 2.25 \times 0.8512 \times 47.908 = 163.505$(百万转)。

2. 圆柱滚子轴承 NJ2209 的寿命估计

① 计算轴承额定动载荷

由

$$C_r = f_c(i l_e \cos\alpha)^{7/9} Z^{3/4} D_{We}^{29/27}$$

$$\widetilde{C}_r = b_m C_r$$

利用 $\gamma = D_{we} \cos\alpha / d_m = 11.0 \times \cos 0° / 65 \approx 0.16923$，查表计算 $f_c \approx 88.64$。

$$C_r = 88.64 \times (1 \times 11.0 \times \cos 0^0)^{7/9} \times 15^{3/4} \times 11.0^{29/27} \approx 57306(\mathrm{N})$$

$$\widetilde{C}_r = b_m C_r = 1.3 \times 57306 \approx 74498(\mathrm{N})$$

② 估计轴承基本寿命

$$L_{10} = \left(\frac{\widetilde{C}_r}{P}\right)^{\varepsilon}$$

取 $\varepsilon = 10/3, P = F_r = 12\mathrm{kN}$，则

$$L_{10}=\left(\frac{\widetilde{C}_r}{P}\right)^{\varepsilon}=\left(\frac{74498}{12000}\right)^{10/3}\approx 439.764(\text{百万转})$$

③ 按照ISO综合修正的轴承疲劳寿命估计方法计算

由
$$L_{na}=\tilde{a}_1 a_{ISO} L_{10}$$

本例中，还取可靠性(98%)系数取 $\tilde{a}_1=0.33$。系数 a_{ISO} 按照下式计算

$$a_{ISO}=0.1\times\left[1-\left(x_1-\frac{x_2}{\Lambda^{y_1}}\right)^{y_2}\left(\frac{C_L F_{lim}}{P}\right)^{y_3}\right]^{y_4}$$

取 $C_L=0.7$，$F_{lim}=17100$，$\Lambda\approx 1.15$，$x_1=1.5859$，$x_2=1.2348$，$y_1=0.07174$，$y_2=1.0$，$y_3=0.4$，$y_4=-9.185$，

$$a_{ISO}=0.1\times\left[1-\left(1.5859-\frac{1.2348}{1.15^{0.07174}}\right)^{1.0}\left(\frac{0.7\times 17100}{12000}\right)^{0.4}\right]^{-9.185}\approx 6.30$$

所以，

$$L_{na}=a_1 a_{ISO} L_{10}=0.33\times 6.30\times 439.764\approx 914.269(\text{百万转})$$

显然，设备中使用的这两种轴承的寿命相差比较多，不尽合理。希望它们具有相同水平的寿命比较科学。为此，将圆柱滚子轴承减小一点，两个轴承的计算寿命就可以匹配一些，从经济上讲也更节省。

重新选择圆柱滚子轴承NJ2207，它的几何参数为：$d_m=53.5$ mm，$D_w=10.0$ mm，$l_e=10.0$ mm，$Z=14$，。工作参数为：$F_r=12$ kN，$n=1800$ r/min。

利用 $\gamma=D_{we}\cos\alpha/d_m=10.0\times\cos 0°/53.5=0.18692$，查表计算 $f_c\approx 88.77$。

$$C_r=88.77\times(1\times 10.0\times\cos 0°)^{7/9}\times 14^{3/4}\times 10.0^{29/27}\approx 45678(\text{N})$$

$$\widetilde{C}_r=b_m C_r=1.3\times 45678\approx 59382(\text{N})$$

$$L_{10}=\left(\frac{\widetilde{C}_r}{P}\right)^{\varepsilon}=\left(\frac{59382}{12000}\right)^{10/3}\approx 206.498(\text{百万转})$$

$$L_{na}=a_1 a_{ISO} L_{10}=0.33\times 6.30\times 206.498\approx 429.309(\text{百万转})$$

另外，考虑到滚子轴承工作时，滚子运动状态容易发生歪斜打滑，轴承寿命影响因素多。因此，多数情况下选择滚子轴承要保守一些。

6.5 轴承润滑参数化设计与润滑剂寿命估计

6.5.1 轴承零件的基本运动关系

轴承套圈旋转时，它引起轴承内部的零件运动关系比较复杂。分析这种运动关系通常分为两种假设状态：低速无打滑运动状态和高速打滑运动状态。

(1) 低速无打滑运动

假设轴承内、外圈转动的转速为 n_i，n_e(r/min)，在这种状态下，轴承零件的运动关系比较简单。如图 6-5 所示。

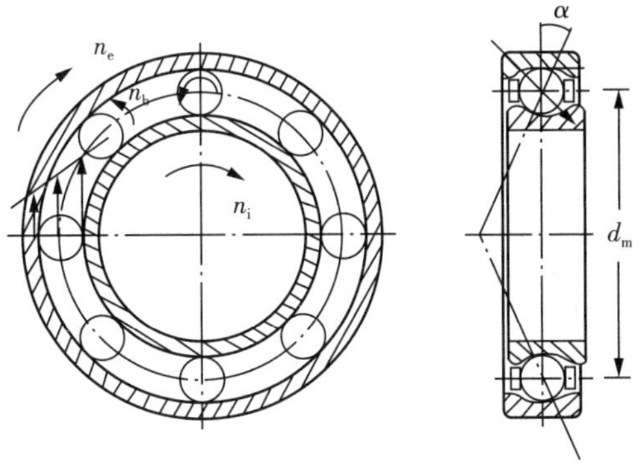

图 6-5　轴承中的运动速度

对向心及向心推力球轴承中，内、外圈接触点的线速度为：

$$v_i = \frac{\pi}{60} n_i d_m (1-\gamma)$$

$$v_e = \frac{\pi}{60} n_e d_m (1+\gamma) \tag{6-59}$$

式中，$\gamma = \frac{D_w}{d_m}\cos\alpha$，$D_W$ 为滚动体直径，d_m 为轴承节圆直径，α 为轴承接触角。

滚动体中心的线速度为：

$$v_m = \frac{v_i + v_e}{2} = \frac{\pi d_m}{120}[n_i(1-\gamma) + n_e(1+\gamma)] \tag{6-60}$$

这样，不打滑时保持架的转速为：

$$n_m = \frac{60 v_m}{\pi d_m} = \frac{1}{2}[n_i(1-\gamma) + n_e(1+\gamma)] \tag{6-61}$$

球绕自身轴的转速为

$$n_R = \frac{v_i - v_m}{D_w/2} = \frac{d_m}{2D_w}(n_i - n_e)(1-\gamma^2) \tag{6-62}$$

对于向心圆柱滚子轴承的内部运动，也可以采用上面的公式计算。

(2) 高速打滑运动状态

由于轴承在载荷作用下的接触区是一个小的面积，因此，严格意义上来说，接触区中总存在滑动。另外，如果轴承工作在高速和轻载状态，则更容易出现打滑现象。借助动力学理论方法，可以分析比较杂的轴承高速打滑。

6.5.2　轴承中的润滑理论

轴承中的润滑是一种典型的弹性流体润滑。经过多年的研究，弹性流体润滑机理已经得到充分认识。利用雷偌流体润滑方程和数值计算与试验，已经获得了轴承中的油膜厚度的分析结果。

(1) 油与油脂润滑机理

在三维接触运动表面上，如图6-6所示。定义接触表面的平均速度为：

$$\bar{u}=\frac{u_1+u_2}{2} \tag{6-63}$$

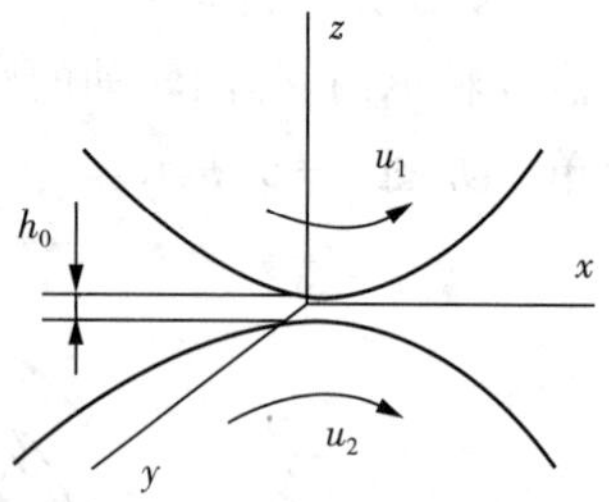

图6-6　轴承滚道接触表面运动模型

式中，u_1，u_2 为接触面的运动速度。

雷偌三维流体润滑方程为：

$$\frac{\partial}{\partial x}\left(\frac{h^3}{\eta}\frac{\partial p}{\partial x}\right)+\frac{\partial}{\partial y}\left(\frac{h^3}{\eta}\frac{\partial p}{\partial x}\right)=12\frac{\partial(\bar{u}h)}{\partial x} \tag{6-64}$$

如果接触运动是二维模型，则雷偌二维流体润滑方程简化为：

$$\frac{\mathrm{d}}{\mathrm{d}x}\left(\frac{h^3}{12\eta}\frac{\mathrm{d}p}{\mathrm{d}x}\right)=\bar{u}\frac{\mathrm{d}h}{\mathrm{d}x} \tag{6-65}$$

上面式中，η 为润滑剂流体的黏度，h 为油膜厚度，p 为油膜中压力。

对于矿物润滑油的流体的黏度 η，通常采用下面的压-黏关系为：

$$\eta=\eta_0 e^{\alpha_1 p} \tag{6-66}$$

以及压-粘-温关系为：

$$\frac{\lg\eta+1.2}{\lg\eta_0+1.2}=\left(\frac{T_0+135}{T+135}\right)^{S_0}\left(\frac{200+p}{200}\right)^{z} \tag{6-67}$$

如果考虑接触弹性变形 w，油膜厚度近似为：

$$h(x,y)\approx h_0+\frac{x^2+y^2}{2R_1}+\frac{x^2+y^2}{2R_2}+w(x,y) \tag{6-68}$$

式中，h_0 为中心油膜厚度，R_1，R_2 为接触表面的当量曲率半径，w 为两个接触表面的变形。

利用数值解方法可以求出接触区域的油膜厚度和压力分布，如图6-7所示。

对式(6-65)经过简化积分后，可以得出油膜中的压力值。例如，在假设的条件下积分式(6-75)得到：

$$p(x)=12\eta\bar{u}\frac{(2R)^{1/2}}{(h_0)^{3/2}}f(x) \tag{6-69}$$

$$p_{\max}=1.52\eta\bar{u}\frac{(2R)^{1/2}}{(h_0)^{3/2}} \tag{6-70}$$

其中，$f(x)$ 与坐标位置有关的积分。

油膜承担的总载荷为：

$$Q=\int_{\Omega}p(x)\mathrm{d}A$$

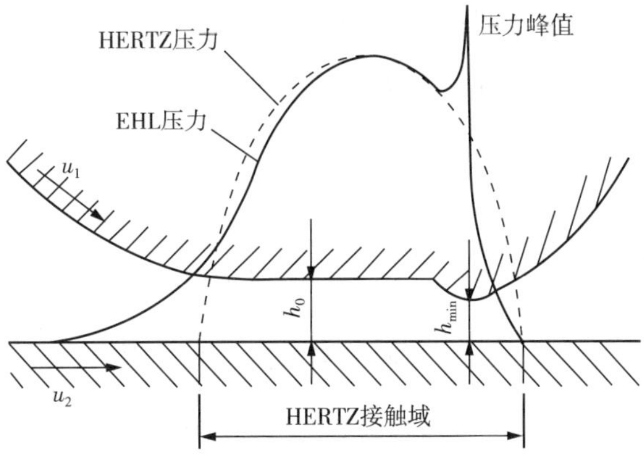

图 6-7　接触区域油膜厚度与压力分布

(2) 轴承中润滑参数计算方法

在轴承润滑分析中，油膜参数计算是复杂的。但实际中最重要的是润滑油膜的最小厚度和最大油膜压力情况。已经建立了几种不同的油膜厚度和接触压力估计公式。为了便于分析，这些公式中通常采用无量纲量进行计算。

点接触无量纲载荷参数 $\overline{W}=\dfrac{Q}{E_0R_x^2}$，点接触无量纲速度参数 $\overline{U}=\dfrac{\eta_0\bar{u}}{E_0R_x}$。

线接触无量纲载荷参数 $\overline{W}=\dfrac{Q}{E_0l_eR_x}$，线接触无量纲速度参数 $\overline{U}=\dfrac{\eta_0\bar{u}}{E_0R_x}$。

无量纲材料参数 $\overline{G}=\alpha_1E_0$，无量纲油膜厚度 $\overline{H}=\dfrac{h}{R_x}$。

轴承材料综合弹性模量 $E_0=2\Big/\left(\dfrac{1-\nu_1^2}{E_1}+\dfrac{1-\nu_2^2}{E_2}\right)$。

这些无量纲参数中，Q 为接触载荷；R_x 为接触区域的表面运动方向的等效曲率半径；h 为接触区域油膜厚度；l_e 为线接触有效长度；$\bar{u}$ 为接触区域表面平均线速度；E 为接触体材料的弹性模量；v 为材料泊松比；η_0 为润滑剂动力黏度；α_1：润滑剂压黏系数。

润滑剂的压力粘度采用 $\eta=\eta_0e^{\alpha_1p}$ 计算。对于矿物油，在数据不充分时，一般可取 $\eta_0=0.207(\mathrm{cm^2/s})$，$\alpha_1=0.019(1/\mathrm{MPa})$。

在滚动轴承中，通常计算最大载荷滚动体上的润滑油膜值，计算方法如下：

滚动体最大载荷为 $Q_{\max}=\dfrac{F_r}{ZJ_r(\varepsilon)\cos\alpha}=\dfrac{F_a}{ZJ_a(\varepsilon)\sin\alpha}$；

轴承中的载荷分布为 $Q_\varphi=Q_{\max}\left[1-\dfrac{1}{2\varepsilon}(1-\cos\varphi)\right]^\chi$。

其中，球轴承取 $\chi=3/2$，滚子轴承取 $\chi=10/9$。

当内圈转动时，轴承内、外圈接触表面的平均速度为：

$$\bar{u}_i=\frac{d_m}{4}[(1-\gamma)(n_i-n_m)+\gamma n_R]\frac{2\pi}{60}$$

$$\bar{u}_e=\frac{d_m}{4}[(1+\gamma)n_m+\gamma n_R]\frac{2\pi}{60}$$

其中，n_i 为内圈转速，n_m 为保持架转速，n_R 为滚动体转速，d_m 为轴承节圆直径，$\gamma = \frac{D_w}{d_m}\cos\alpha$。

球轴承和滚子轴承接触点处沿运动方向的当量曲率半径为：

$$R_x = \left(\frac{1}{R_1} \mp \frac{1}{R_2}\right)^{-1} = \frac{D_w}{2}(1 \mp \gamma)$$

球轴承内套圈接触点处垂直运动方向的当量曲率半径为 $R_y = \frac{f_i D_w}{2f_i - 1}$；

球轴承外套圈接触点处垂直运动方向的当量曲率半径 $R_y = \frac{f_e D_w}{2f_e - 1}$。

下面是经常推荐采用的油膜压力和油膜厚度的计算公式。

① A. Grubin 公式

A. Grubin 假设在线接触区域中弹性变形与干接触一样，得到接触区域入口处的压力为：

$$\overline{Q}_{x=-b} = 2.5038\overline{U}\,(\overline{W})^{-1/8}\,(\overline{H}_0)^{-11/8} \tag{6-71}$$

接触区域最小油膜厚度为：

$$\overline{H}_{\min} = 1.95\,(\overline{GU})^{8/11}\,(\overline{W})^{-1/11} \tag{6-72}$$

中心油膜厚度为：

$$\overline{H}_c = \frac{4}{3}\overline{H}_{\min} \tag{6-73}$$

② D. Dowson 和 G. Higginson 公式

D. Dowson 等人考虑线接触条件下的弹性流体润滑状态，得到接触区域最小油膜厚度修正公式为：

$$\overline{H}_{\min} = 2.65\,(\overline{U})^{0.7}\,(\overline{G})^{0.54}\,(\overline{W})^{-0.13} \tag{6-74}$$

$$\overline{H}_c = \frac{4}{3}\overline{H}_{\min}$$

③ G. Archard 和 M. Kirk 公式

G. Archard 等人考虑点接触条件下的弹性流体润滑状态，得到接触区域最小油膜厚度为：

$$\overline{H}_{\min} = 0.84\,(\overline{GU})^{0.741}\,(\overline{W})^{-0.074} \tag{6-75}$$

④ J. F. Archard 和 E. W. Cowking 公式

J. F. Archard 等考虑点接触条件下存在侧泄时的弹流润滑状态，得到接触区中心油膜厚度为：

$$\overline{H}_c = 2.04(\phi\overline{GU})^{0.74}(\overline{W})^{-0.074} \tag{6-76}$$

其中，$\phi = \left(1 + \frac{2}{3}\frac{R_x}{R_y}\right)^{-1}$。

⑤ B. Hamroc 和 D. Dowson 公式

B. Hamroc 等考虑点接触条件下的弹性流体润滑状态，也得到接触区域最小油膜厚度和中心油膜厚度：

$$\overline{H}_{\min}=3.63(1-e^{-0.68k})(\overline{U})^{0.68}(\overline{G})^{0.49}(\overline{W})^{-0.073} \tag{6-77}$$

$$\overline{H}_{c}=2.69(1-0.61e^{-0.73k})(\overline{U})^{0.67}(\overline{G})^{0.53}(\overline{W})^{-0.067} \tag{6-78}$$

式中，$k=\dfrac{a}{b}\approx 1.0339\left(\dfrac{R_y}{R_x}\right)^{0.636}$，e 为欧拉常数。

以上几种油膜厚度计算公式是适合裕油润滑情况。如果是贫油润滑状态，则需要做适当的修正。

(3) 轴承中润滑参数修正

油膜厚度的修正主要考虑温度的影响和贫油润滑的影响等。修正的方法为：

$$\widetilde{H}_{\min}=\varphi_T\varphi_S\overline{H}_{\min} \qquad \widetilde{H}_{c}=\varphi_T\varphi_S\overline{H}_{c} \tag{6-79}$$

式中，φ_T 为温度修正系数，φ_S 为贫油润滑修正系数。

① 温度的影响修正系数。对于这个问题有比较多个研究结果，例如，Wilson 提出点接触的油膜厚度修正系数为：

$$\varphi_T=\frac{1}{1+0.39L^{0.548}},\quad L=\frac{(u_1+u_2)^2}{4k_b}\frac{\beta\eta_b}{T^2}\text{(点接触)} \tag{6-80}$$

Gupta 提出更复杂的点接触油膜厚度修正系数为：

$$\varphi_T=\frac{1-13.2L^{0.42}p_{\max}/E_0}{1+0.213(1+2.23S^{0.83})L^{0.64}}\text{(点接触)} \tag{6-81}$$

其中，$L=\dfrac{(u_1+u_2)^2}{4k_b}\dfrac{\beta\eta_b}{T^2}$，$S=2\dfrac{u_1-u_2}{u_1+u_2}$，$E_0=2/\left(\dfrac{1-\nu_1^2}{E_1}+\dfrac{1+\nu_2^2}{E_2}\right)$，$p_{\max}$ 为油膜中最大压力。

Hsu 和 Lee 提出线接触油膜厚度温度修正系数为：

$$\varphi_T=\frac{1}{1+0.076\overline{G}^{0.687}\overline{W}^{0.447}L^{0.527}e^{0.875S}}\text{(线接触)} \tag{6-82}$$

② 贫油润滑的影响修正系数。在滚动轴承中会常常发生贫油润滑，这是由于轴承内部结构造成的结果。贫油润滑修正取决于油膜破裂的位置，如果油膜破裂的位置超出接触区 2 倍以上，则不发生贫油。因此，Gastle 和 Dowson 提出下列油膜厚度修正系数公式：

$$\varphi_S=1-\exp[-1.347\Phi^{(0.69\Phi^{0.13})}],\quad \Phi=\frac{y_b/b-1}{[2(R_y/b)\overline{H}_c]^{2/3}} \tag{6-83}$$

式中，y_b 为油膜破裂的位置。

如果考虑温度与贫油同时存在，Goksem 等提出油膜厚度修正系数为：

$$\varphi_{TS}=\varphi_T\left[1-\frac{1}{(4.6+1.15L^{0.6})\left(\dfrac{0.67\overline{W}\overline{Y}}{\varphi_T\overline{H}_c}\right)^{0.52/(1+0.001L)}}\right] \tag{6-84}$$

$$\overline{Y}=y_b\sqrt{y_b^2-1}-\ln[y_b+\sqrt{y_b^2-1}]$$

③ 脂润滑的影响修正系数。滚动轴承中采用油脂润滑非常普遍，而油脂是一种非牛顿流体。因此，不符合流体润滑中对流体特性的要求。在要求不太严的情况下，通常采用油脂中的基础油的特性来计算油膜厚度。如果严格考虑非牛顿流体的影响，采用下面的方法来计算。

对于牛顿流体，剪切应力与剪切应变率之间满足 $\tau=\eta_O\dot{\gamma}$。

对非牛顿流体，剪切应力与剪切应变率之间可能满足 $\tau=\tau_y+\alpha\dot{\gamma}^{\beta}$。

因此，采用等效黏度来考虑非牛顿流体，即 $\eta_{\mathrm{eff}}=(\tau_y+\alpha\dot{\gamma}^{\beta})/\dot{\gamma}$。相应的油膜厚度计算结果修正为：

$$\left(\frac{h_{\mathrm{min-G}}}{h_{\mathrm{min}}}\right)=\left(\frac{\eta_{\mathrm{eff}}}{\eta_O}\right)^{0.67}\qquad\left(\frac{h_{\mathrm{c-G}}}{h_{\mathrm{c}}}\right)=\left(\frac{\eta_{\mathrm{eff}}}{\eta_O}\right)^{0.67}\tag{6-85}$$

式中，$h_{\mathrm{min-G}}$，$h_{\mathrm{C-G}}$ 为油脂的油膜厚度，h_{min}，h_{C} 为基础油的油膜厚度。

(4) 接触表面粗糙度影响

显然，接触表面粗糙度对接触压力分布和油膜厚度都有很大的影响。现在计算出来的接触参数和油膜厚度都是在光滑表面的假定条件下的结果。如果考虑粗糙度就需要采用微细的表面分析模型，这就变得非常复杂。通常，将表面粗糙度参数作为一种状态参数引入到接触油膜计算中。定义油膜厚度参数为：

$$\Lambda=\frac{h_{\mathrm{min}}}{\lambda}=\frac{h_{\mathrm{min}}}{\sqrt{\lambda_G^2+\lambda_R^2}}\tag{6-86}$$

式中，λ_G 为滚动体的表面粗糙度，λ_R 为滚道表面粗糙度。

当 $\Lambda\geqslant 3$ 时，认为是厚膜润滑，可以直接采用润滑油膜计算结果。当 $\Lambda<1$ 时，认为是薄膜润滑，不能采用润滑油膜计算结果。当 $3<\Lambda\leqslant 1$ 时，需要对润滑油膜计算结果进行修正。

(5) 接触高压影响修正

如果考虑接触区中可能会出现很高的中心压力对油膜厚度的影响，Smeeth 和 Spikes 提出下面的修正计算公式：

$$\left(\frac{h_{\mathrm{min-hp}}}{h_{\mathrm{min}}}\right)^{1/2}=1.0943-4.597\times10^{-12}p_{\mathrm{max}}^3\tag{6-87}$$

$$\left(\frac{h_{\mathrm{c-hp}}}{h_{\mathrm{c}}}\right)=0.8736-8.543\times10^{-9}p_{\mathrm{max}}^2\tag{6-88}$$

(6) 弹流润滑机制判断

在上面的计算中都是基于弹流动力润滑机制理论计算的结果。在实际中，有时不一定都出现这样的状态，润滑油膜也会不一样。因此，需要判断是否为弹流接触状态。Dalmaz 给出下面的参数作为判断弹流状态的参数：

$$C_1=\log_{10}\left[1.5\times10^6\left(\frac{\overline{G}}{5000}\right)\frac{\overline{W}^3}{\overline{U}}\right]\tag{6-89}$$

根据 C_1 的值的范围来确定润滑机制。表 6-13 给出了几种状态的判断结果。

表 6-13　润滑机制

参数 C_1	润滑状态机制	状态特点	润滑油膜计算方法实用
$C_1 \geqslant 1$	弹性流体动压润滑(EHD)	考虑表面变形，润滑剂黏度随压力变化	滚动轴的承弹流油膜计算方法
$1 < C_1 < 1$	压黏流体动压润滑(PHD)	无明显表面变形，润滑剂黏度随压力变化	高压滑动轴承的油膜计算方法
$C_1 \leqslant -1$	等黏流体动压润滑(IHD)	接触压力低，无明显表面变形，润滑剂黏度不变	低压滑动轴承的油膜计算方法

对于压黏流体动压润滑(PHD)最小油膜计算方法[8]：

$$\overline{H}_{\min} = 10^{C_4} \left(\frac{\overline{G}}{5000}\right)^{0.35(1+C_1)} \tag{6-90}$$

$$C_4 = C_2 + C_1 C_3 (C_1^2 - 3) - 0.094 C_1 (C_1^2 - 0.77 C_1 - 1)$$

$$C_2 = \log_{10}(618 \overline{U}^{0.6617})$$

$$C_3 = \log_{10}(1.285 \overline{U}^{0.0025})$$

对于等黏流体动压润滑(IHD)最小油膜计算方法如下：

Martin 给出线接触的最小油膜厚度计算公式为：

$$\overline{H}_{\min} = 4.9(\overline{U}/\overline{W}) \tag{6-91}$$

Brewe 和 Hamrock 给出点接触的最小油膜厚度计算公式为：

$$\overline{H}_{\min} = \frac{1}{\left\{2.6511 + \dfrac{(1 + 0.667 R_x/R_y)\overline{W}/\overline{U}}{(128 R_y/R_x)^{1/2}[1.163 + 0.131 \tan^{-1}(0.5 R_y/R_x)]}\right\}^2} \tag{6-92}$$

需要说明的是，本节中介绍的这些计算模型大多是在实验的基础上总结出来的，它们的准确性会随着技术发展不断改进。因此，目前只能作为参考。

6.5.3　轴承润滑参数设计

(1) 点接触情况下润滑参数设计

从点接触情况的润滑参数计算过程可以看出，它与轴承的的结构参数有关。因此，对整个轴承来说，可以建立下面一种泛函关系式：

$$\{\overline{H}_{\min}, \overline{H}_c \Lambda\}^{\mathrm{T}} = [RL]\{D_w, Z, d_m, f_i, f_e, \alpha, \overline{G}, \overline{U}, \overline{W}\}^{\mathrm{T}} \tag{6-93}$$

式中，左边的量为点接触情况的润滑参数，右边是轴承的结构参数及材料力学性能常数和载荷速度等。$[RL]$ 是一种轴承润滑参数计算过程的矩阵泛函关系。

如果对轴承润滑参数作出某些要求(或限制)时，则可以对结构参数进行规划设计，这就是润滑参数参数设计思想。采用数学方法表达时，可以写成：

$$\{D_w, z, d_m, f_i, f_e, \alpha, \overline{G}, \overline{U}, \overline{W}\}^{\mathrm{T}} = [RL]_{\max}^{-1}\{[\overline{H}_{\min}], [\overline{H}_c][\Lambda]\}^{\mathrm{T}} \tag{6-94}$$

其中，$[\overline{H}_{min}]$，$[\overline{H}_c]$，$[\Lambda]$ 表示对润滑参数的限制性要求值，它们可以根据情况来挑选。$[RL]^{-1}_{max}$ 表示泛函矩阵逆向优化运算。

对于球轴承结构参数，可以使润滑参数达到稳健的可靠性高值，对应的设计称为稳健的可靠性设计。

(2) 线接触情况下润滑参数设计

与球轴承类似，对滚子轴承润滑参数计算与轴承的结构参数也是密切有关。因此，对整个轴承来说，可以建立下面一种泛函关系式：

$$\{\overline{H}_{min},\overline{H}_c,\Lambda\}^T=[RL]\{D_w,l_e,Z,d_m,\alpha,\overline{G},\overline{U},\overline{W}\}^T \tag{6-95}$$

式中，左边的量为滚子轴承的润滑参数，右边是与轴承接触点处的结构参数及材料力学性能参数等。$[RL]$ 是一种轴承润滑参数计算过程的矩阵泛函关系。

对轴承润滑参数作出某些要求(或限制)时，可以对结构参数进行规划设计。采用数学方法表达时，可以写成：

$$\{Q,D_w,l_e,Z,d_m,\alpha,\overline{G},\overline{U},\overline{W}\}^T=[RL]^{-1}_{max}\{[\overline{H}_{min}],[\overline{H}_c]\}^T \tag{6-96}$$

其中，$[\overline{H}_{min}]$，$[\overline{H}_c]$ 表示对轴承的润滑参数的限制性要求值，它们可以根据情况来挑选。$[RL]^{-1}_{max}$ 表示泛函矩阵逆向优化运算。

对于滚子轴承结构参数，使润滑参数达到稳健的可靠性高值，对应的设计称为稳健的可靠性设计。可以利用第一章中介绍的稳健设计原理方法进行计算机设计，这方面的结果有待今后深入研究。

例 6-4 针对单列角接触球轴承 7209，如图 6-8 所示。分析计算轴承综合润滑参数。

(a) 轴承实物

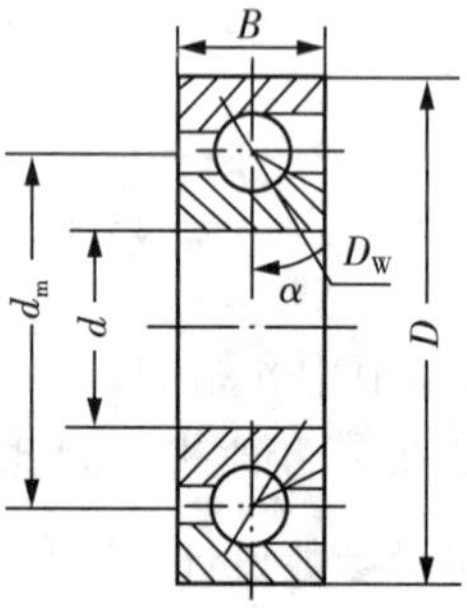

(b) 轴承直径剖面

图 6-8 角接触球轴承

已知轴承 7209 的几何参数为：节圆直径 $d_m=65$ mm，球直径 $D_w=12.7$ mm，球数量 $Z=13$，滚道参数 $f_e=f_i=0.52$。接触角 $\alpha=25°$。工作条件为：$F_a=5$ kN，$F_r=9$ kN，$n_i=1800$ r/min。球与接触滚道表面综合粗糙度 $\lambda=0.08$ μm。

角接触球轴承 7209 的润滑油膜参数计算过程如下。

根据点接触状态，润滑油膜厚度采用下面公式计算：

$$\overline{H}_{min}=3.63(1-e^{-0.68k})(\overline{U})^{0.68}(\overline{G})^{0.49}(\overline{W})^{-0.073}$$

$$\overline{H}_c=2.69(1-0.61e^{-0.73k})(\overline{U})^{0.67}(\overline{G})^{0.53}(\overline{W})^{-0.067}$$

式中，$k=\frac{a}{b}\approx 1.0339\left(\frac{R_y}{R_x}\right)^{0.636}$，e 为欧拉常数。

由$\frac{F_r\tan\alpha}{F_a}=\frac{9\times\tan 25°}{5}\approx 0.8393$，查表 5-1 得到 $J_r(\varepsilon)\approx 0.2246$。

轴承滚动体最大载荷 $Q_{max}=\frac{F_r}{ZJ_r(\varepsilon)\cos\alpha}=\frac{9000}{13\times 0.2246\times\cos 25^0}\approx 3401(N)$；

轴承材料常数 $E_0=2\bigg/\left[\frac{1-\nu_1{}^2}{E_1}+\frac{1-\nu_2{}^2}{E_2}\right]=2\bigg/\left[2\,\frac{1-0.3^2}{2.07\times 10^5}\right]\approx 2.2747\times 10^5(mm^2/N)$；

润滑材料参数$\overline{G}=\alpha_1 E_0=0.01934\times 2.2747\times 10^5\approx 0.4399\times 10^4$；

$$\eta=\nu_b\rho g=1.78\times 10^{-8}(N.s/mm^2)；$$

$$\gamma=\frac{D_w}{d_m}\cos\alpha=\frac{12.7}{65}\times\cos 25°\approx 0.1771；$$

滚道接触点平均速度

$$\bar{u}=\frac{\pi}{120}n_i d_m(1-\gamma^2)=\frac{\pi}{120}\times 1800\times 65\times(1-0.1771^2)\approx 2966.982(mm/S)$$

① 轴承内圈最大载荷接触点处油膜厚度：

$$R_x=\frac{D_w}{2}(1-\gamma)=\frac{12.7}{2}\times(1-0.1771)\approx 5.2254(mm)$$

$$R_y=\frac{f_i D_w}{2f_i-1}=\frac{0.52\times 12.7}{2\times 0.52-1}\approx 165.1(mm)$$

$$\overline{W}=\frac{Q_{max}}{E_0 R_x^2}=\frac{3401}{2.2747\times 10^5\times 5.2254^2}\approx 5.4757\times 10^{-4}$$

$$\overline{U}=\frac{\eta_0\bar{u}}{E_0 R_x}=\frac{1.78\times 10^{-8}\times 2966.982}{2.2747\times 10^5\times 5.2254}\approx 4.4432\times 10^{-11}$$

$$k\approx 1.0339\left(\frac{R_y}{R_x}\right)^{0.636}=1.0339\times\left(\frac{165.1}{5.2254}\right)^{0.636}\approx 9.2948$$

代入公式计算无量纲最小油膜厚度：

$$\overline{H}_{min}=3.63\times(1-e^{-0.68\times 9.2948})\times(4.4432\times 10^{-11})^{0.68}\times(0.4399\times 10^4)^{0.49}$$
$$\times(5.4757\times 10^{-4})^{-0.073}\approx 3.4905\times 10^{-5}$$

无量纲中心油膜厚度：

$$\overline{H}_c=2.69\times(1-0.61\times e^{-0.73\times 9.2948})\times(4.4432\times 10^{-11})^{0.67}\times(0.4399\times 10^4)^{0.53}$$
$$\times(5.4757\times 10^{-4})^{-0.067}\approx 4.3926\times 10^{-5}$$

油膜参数 $\Lambda=\frac{h_{min}}{\lambda}=\frac{\overline{H}_{min}R_x}{\lambda}=\frac{3.4905\times 10^{-5}\times 5.2254}{0.08\times 10^{-3}}\approx 2.28$。

② 轴承外圈最大载荷接触点处油膜厚度：

$$R_x=\frac{D_w}{2}(1+\gamma)=\frac{12.7}{2}\times(1+0.1771)\approx 7.4746(mm)$$

$$R_y=\frac{f_e D_w}{2f_e-1}=\frac{0.52\times12.7}{2\times0.52-1}=165.1(\text{mm})$$

$$\overline{W}=\frac{Q_{\max}}{E_0R_x^2}=\frac{3401}{2.2747\times10^5\times7.4746^2}\approx2.6761\times10^{-4}$$

$$\overline{U}=\frac{\eta\cdot\bar{u}}{E_0R_x}=\frac{1.78\times10^{-8}\times2966.982}{2.2747\times10^5\times7.4746}\approx3.1062\times10^{-11}$$

$$k\approx1.0339\left(\frac{R_y}{R_x}\right)^{0.636}=1.0339\times\left(\frac{165.1}{7.4746}\right)^{0.636}\approx7.1595$$

代入公式计算无量纲最小油膜厚度：

$$\overline{H}_{\min}=3.63\times(1-e^{-0.68\times7.1595})\times(3.1062\times10^{-11})^{0.68}\times(0.4399\times10^4)^{0.49}\times(2.6761\times10^{-4})^{-0.073}\approx2.8662\times10^{-5}$$

无量纲中心油膜厚度：

$$\overline{H}_c=2.69\times(1-0.61\times e^{-0.73\times7.1595})\times(3.1062\times10^{-11})^{0.67}\times(0.4399\times10^4)^{0.53}\times(2.6761\times10^{-4})^{-0.067}\approx3.6103\times10^{-5}$$

油膜参数 $\Lambda=\frac{h_{\min}}{\lambda}=\frac{\overline{H}_{\min}R_x}{\lambda}=\frac{2.8662\times10^{-5}\times7.4746}{0.08\times10^{-3}}\approx2.68$。

显然，在外圈上油膜参数比较大，外圈上有利于润滑油膜形成。

例 6－5 针对电机中使用圆柱滚子轴承 NU2209，如图 6－9 所示，分析计算轴承综合润滑参数。

（a）轴承实物

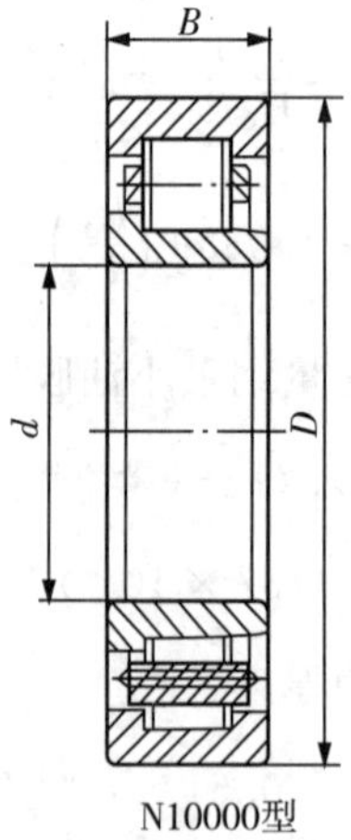

（b）轴承直径剖面

图 6－9 圆柱滚子轴承

已知圆柱滚子轴承 NU209 的几何参数为：节圆直径 $d_m=65$ mm，滚子直径 $D_{we}=10.0$ mm，滚子有效长度 $l_e=9.6$ mm，滚子数量 $Z=14$，。工作参数为：$F_r=12$ kN，$n_i=1800$ r/min，滚子与接触滚道表面综合粗糙度 $\lambda=0.163$ μm。

圆柱滚子轴承 NU209 的润滑油膜参数计算过程如下。

根据线接触状态，润滑油膜厚度采用下面公式计算：

$$\overline{H}_{\min} = 2.65\overline{U}^{0.7}\overline{G}^{0.54}\overline{W}^{-0.13}$$

$$\overline{H}_{c} = \frac{4}{3}\overline{H}_{\min}$$

圆柱滚子轴承滚动体最大载荷为：

$$Q_{\max} = \frac{F_{r}}{ZJ_{r}(\varepsilon)\cos\alpha} \approx \frac{4.6F_{r}}{Z} = \frac{4.6 \times 1200}{14} \approx 3943(\mathrm{N})$$

轴承材料常数 $E_0 = 2\Big/\left[\frac{1-\nu_1^2}{E_1} + \frac{1-\nu_2^2}{E_2}\right] = 2\Big/\left[2\,\frac{1-0.3^2}{2.07 \times 10^5}\right] \approx 2.2747 \times 10^5(\mathrm{mm^2/N})$

润滑材料参数 $\overline{G} = \alpha_1 E_0 = 0.01934 \times 2.2747 \times 10^5 \approx 0.4399 \times 10^4$；

$$\eta = \nu_b \rho g = 1.78 \times 10^{-8}(\mathrm{N \cdot S/mm^2})；$$

$$\gamma = \frac{D_{we}}{d_m}\cos\alpha = \frac{10.0}{65} \times \cos 0° \approx 0.15385；$$

滚道接触点平均速度为：

$$\bar{u} = \frac{\pi}{120} n_i d_m (1-\gamma^2) = \frac{\pi}{120} \times 1800 \times 65 \times (1-0.15385^2) \approx 2990.554(\mathrm{mm/s})$$

① 轴承内圈最大载荷接触点处油膜：

$$R_x = \frac{D_{we}}{2}(1-\gamma) = \frac{10.0}{2} \times (1-0.15385) = 4.23075(\mathrm{mm})$$

$$\overline{W} = \frac{Q_{\max}}{E_0 l_e R_x} = \frac{3943}{2.2747 \times 10^5 \times 9.6 \times 4.23075} \approx 4.268 \times 10^{-4}$$

$$\overline{U} = \frac{\eta_0 \cdot \bar{u}}{E_0 R_x} = \frac{1.78 \times 10^{-8} \times 2990.554}{2.2747 \times 10^5 \times 4.23075} \approx 5.53134 \times 10^{-11}$$

代入公式计算无量纲最小油膜厚度：

$$\overline{H}_{\min} = 2.65 \times (-5.53134 \times 10^{-11})^{0.7} \times (0.4399 \times 10^4)^{0.54}$$
$$\times (4.268 \times 10^{-4})^{-0.13} \approx 4.4536 \times 10^{-5}$$

无量纲中心油膜厚度：

$$\overline{H}_c = \frac{4}{3}\overline{H}_{\min} = \frac{4}{3} \times 4.4536 \times 10^{-5} = 5.9381 \times 10^{-5}$$

油膜参数：$\Lambda = \frac{h_{\min}}{\lambda} = \frac{\overline{H}_{\min} R_x}{\lambda} = \frac{4.536 \times 10^{-5} \times 4.23075}{0.163 \times 10^{-3}} \approx 1.15$。

② 轴承外圈最大载荷接触点处油膜计算：

$$R_x = \frac{D_{we}}{2}(1+\gamma) = \frac{10.0}{2} \times (1+0.15385) = 5.76925(\mathrm{mm})$$

$$\overline{W} = \frac{Q_{\max}}{E_0 l_e R_x} = \frac{3943}{2.2747 \times 10^5 \times 9.6 \times 5.76925} \approx 3.1298 \times 10^{-4}$$

$$\overline{U}=\frac{\eta_0\cdot\bar{u}}{E_0R_x}=\frac{1.78\times10^{-8}\times2990.554}{2.2747\times10^5\times5.76925}\approx4.05628\times10^{-11}$$

代入公式计算无量纲最小油膜厚度：

$$\overline{H}_{\min}=2.65\times(-4.05628\times10^{-11})^{0.7}\times(0.4399\times10^4)^{0.54}$$
$$\times(3.1298\times10^{-4})^{-0.13}=3.7319\times10^{-5}$$

无量纲中心油膜厚度：

$$\overline{H}_c=\frac{4}{3}\overline{H}_{\min}=\frac{4}{3}\times3.7319\times10^{-5}\approx4.9758\times10^{-5}$$

油膜参数：$\Lambda=\dfrac{h_{\min}}{\lambda}=\dfrac{\overline{H}_{\min}R_x}{\lambda}=\dfrac{3.7319\times10^{-5}\times5.76925}{0.163\times10^{-3}}\approx1.32$。

显然，在外圈上油膜参数比较大，外圈上有利于润滑油膜形成。另外，滚子轴承的油膜参数比球轴承的油膜参数小，所以，一般滚子轴承的润滑状态没有球轴承的好。

针对上面的两个实际算例，如果取轴承最大油膜参数 Λ 限制值，作为稳健的可靠性高值设计，则通过改变轴承滚道参数和润滑油参数来实现。

6.5.4 轴承润滑脂寿命估计方法

如果轴承中的润滑失效也即表示轴承的寿命到了。因此，润滑剂的寿命对轴承来说也非常重要。轴承润滑剂分为润滑油和润滑脂。对于润滑脂寿命来说，通常是以其中的基础油的寿命代表润滑脂的寿命。根据不同的轴承润滑试验结果，得到了多种轴承润滑剂的寿命估计公式如下。

(1) Wilcock 公式

这个公式考虑到了轴承的尺寸、载荷、转速和温度等影响，润滑脂的平均寿命估计公式为：

$$\log_{10}t=4.73-(T-17.2)(0.0104+8.46n\times10^{-7})-0.075\frac{nP^{1.5}}{C^{1.9}} \tag{6-97}$$

式中，t 为润滑剂的平均寿命时间(h)，T 为轴承工作温度(℃)，n 为轴承转速(r/min)，C 为轴承额定动载荷(N)，P 为轴承当量动载荷(N)。

(2) 日本 NSK 公司公式

日本 NSK 公司根据自己的油脂产品试验结果，推荐的润滑脂寿命估计公式为：

$$\log t=6.54-2.6\frac{n}{n_{\max}}-\left(0.025-0.012\frac{n}{n_{\max}}\right)T \tag{6-98}$$

式中，t 为润滑剂的平均寿命(h)，T 为轴承工作温度(℃)，n 为轴承转速(r/min)，$n_{\max}$ 为轴承润滑脂的极限转速。上面公式适用条件为：

$$0.25\leqslant\frac{n}{n_{\max}}\leqslant1\qquad40\ ℃\leqslant T\leqslant120\ ℃$$

润滑脂的寿命主要受到温度的影响比较显著，同时也会受其他因素的影响。如润滑脂中的杂质、水分等。上面介绍的润滑脂寿命估计公式都有一定的局限性，随着技术的进步它们在不断的改进之中。

6.6　轴承磨损精度寿命估计方法

滚动轴承往往由于润滑剂不清洁或密封不良引起磨粒磨损。因为滚动体与滚道接触的各部分的滑移速度通常是不一样的，故磨粒磨损常常不均匀。例如，工程机械中的某些轴承有时在远未达到疲劳极限之前，常因磨损而丧失精度以致无法继续使用，对这类轴承必须使用磨损寿命来解释可能的服务期限。磨损是缩短轴承寿命的主要因素。

磨损的成因和表现形式是非常复杂的。按照磨损机理将磨损分成四大基本类型：黏着磨损、磨粒磨损、表面疲劳磨损和腐蚀磨损。在很多情况下，可能有一种以上的机理在起主导作用，这也使得磨损研究更加复杂。

滚动轴承中的磨损问题也是十分复杂的，因此往往避免采用简单的设计准则和公式来表示这个问题。磨损并非材料的固有特性，而是整个系统的一系列复杂过程。预测和防止磨损都是非常困难的，因为它涉及很多因素。第一，产生磨损的应力场可能会意义不明确，就宏观和微观而言都存在应力场。第二，材料的耐磨特性通常都是与接近表面区的特性有关，而接近表面区通常的特点明显不同于基于材料的微显结构，其机械和化学特性尚未被充分认识。第三，在应力产生机械变形的同时，发生一些化学反应过程，并且，它们最终是相互影响的。第四，由于磨损的激增和在磨损模式和磨损过程中缺乏明确的关系，人们常常对磨损方式的描述产生混淆。因此，磨损问题通常不用特定结构材料的定量关系给出，而是根据与润滑接触的特定结构元素有关的摩擦学过程来表示。

对滚动轴承磨损寿命分析目前还没有完善的方法，只能通过试验结果作初步的估计，下面将介绍其中一种估计方法。除了磨损寿命估计外，滚动轴承还需要动力学性能寿命估计，这方面更需要进行多方面的深入研究。

针对轴承保持架的磨损，通常是利用轴承的磨损率和工况条件来估计其寿命。图 6－10 给出轴承磨损的磨损率，它表示磨损的进展快慢程度。图 6－11 为滚动轴承的磨粒磨损的许用磨损度曲线区域图。表 6－14 推荐了许用磨损度曲线区域选择和许用磨损度系数值。

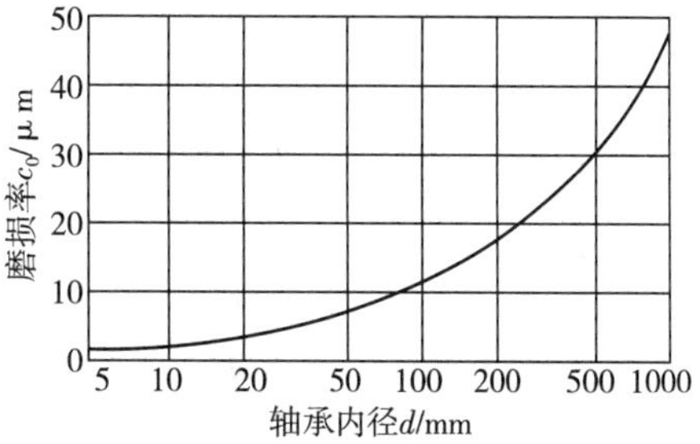

图 6－10　轴承磨损的磨损率

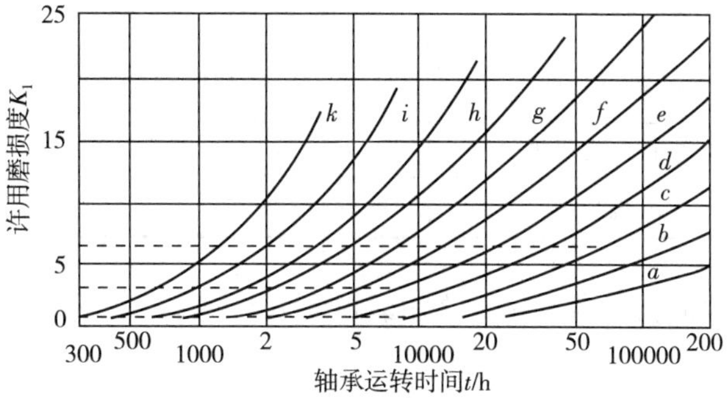

图 6－11　滚动轴承的磨粒磨损的磨损度曲线

表 6-14 许用磨损度曲线区域选择和许用磨损度系数值

主机	轴承使用位置	磨损系数推荐区域	许用磨损度系推荐数值
汽车	齿轮	$g-k$	5 ~ 8
	传动轴	$h-k$	3 ~ 6
	水泵	k	5 ~ 7
	离合器	k	5 ~ 7
	轮毂	$h-i$	4 ~ 6
电机	电机	$i-k$	3 ~ 5
	标准电机	$c-d$	3 ~ 5
	大电机	$b-d$	3 ~ 5
	主传动电机	$c-d$	3 ~ 5
机床	主轴	$a-d$	0.5 ~ 1
	其他轴	$d-h$	3 ~ 8
火车	客车	$c-d$	8 ~ 12
	货车	$c-d$	8 ~ 12
	机车	$d-e$	6 ~ 10
运输装置	矿井皮带传动	$c-d$	5 ~ 10
	皮带托辊	$g-k$	10 ~ 20
	皮带轮	$e-f$	10 ~ 15
	挖掘机传动轴	$c-e$	5 ~ 10
冶金机械	破碎机	$f-g$	8 ~ 10
	轧辊	$e-f$	6 ~ 10
	振动筛	$e-f$	4 ~ 6
	管轧机	$f-g$	12 ~ 18
造纸机械	压光机	$a-b$	4 ~ 8
	精制机械	$b-c$	5 ~ 8
	干燥位置	$a-b$	10 ~ 15
	湿位置	$b-c$	7 ~ 10
木工机械	铣刨机械	$e-f$	1.5 ~ 3
	锯断机械	$e-g$	3 ~ 4
	塑料加工机械	$e-g$	3 ~ 5
风机与泵	风机与泵	$c-f$	3 ~ 5

为了估计轴承磨损寿命，首先定义许用磨损度 K_1：

$$K_1 = \frac{\Delta}{c_0} \tag{6-99}$$

式中，c_0 为轴承尺寸和几何形状系数（μm），可根据轴承内径而定；Δ 为轴承兜孔间隙的增量（视二者之间材料磨损的速率而定）（μm）。

这里，主要以磨粒磨损为依据，考虑此种磨损下各种参数的变化，研究轴承的磨损寿命。

图 6－11 为滚动轴承的磨粒磨损的磨损度曲线区域。对应主轴轴承的工作状态常区域为 $c \sim d$，利用多项式模拟曲线，可以得到轴承磨损动态寿命为：

$$t = 295.4\,(K_1 - 0.7)^3 - 1711.3\,(K_1 - 0.7)^2 + 6135.3(K_1 - 0.7) + 1909.7(\text{h}) \tag{6-100}$$

滚动轴承动力学性能寿命，包括轴承的运动稳定性寿命、运动精度寿命、振动噪声寿命，等等，这方面目前缺少深入的研究。

例 6－6　针对电机中使用圆柱滚子轴承 NU2209。分析计算轴承润滑脂寿命和轴承磨损动态寿命。工作参数为：$F_r = 12$ kN，$n_i = 1800$ r/min。温度 $T = 66$ ℃。滚子与接触滚道表面综合粗糙度 $\lambda = 0.163$ μm。

圆柱滚子轴承 *NU*209 的润滑油脂寿命计算过程如下。

(1) 利用日本 NSK 公司推荐的润滑脂寿命估计公式

$$\log_{10} t = 6.54 - 2.6\,\frac{n}{n_{\max}} - \left(0.025 - 0.012\,\frac{n}{n_{\max}}\right) T$$

其中，取轴承润滑脂的极限转速 $n_{\max} = 3500$r/min，代入数据计算：

$$\log_{10} t = 6.54 - 2.6 \times \frac{1800}{3500} - \left(0.025 - 0.012 \times \frac{1800}{3500}\right) \times 66 \approx 6.4455$$

最后得到润滑脂的估计寿命为 $t = 2789330$(h)。

(2) 圆柱滚子轴承 NU209 的磨损动态寿命计算过程

根据图 6－10，查得 $c_0 \approx 5$ μm。取 $\Delta \approx 50$ μm，则：

$$K_1 = \frac{\Delta}{c_0} = \frac{50}{5} = 10$$

再利用式(6－100)，得到磨损动态寿命为：

$$\begin{aligned} t &= 295.4\,(K_1 - 0.7)^3 - 1711.3\,(K_1 - 0.7)^2 + 6135.3(K_1 - 0.7) + 1909.7 \\ &= 295.4 \times (10 - 0.7)^3 - 1711.3 \times (10 - 0.7)^2 + 6135.3 \times (10 - 0.7) + 1909.7 \\ &\approx 148565(\text{h}) \end{aligned}$$

参 考 文 献

[1] Tallian T. Weibull distribution of rolling contact fatigue life and deviations therefrom[J]. ASLE Trans, 1962, 5: 183－196.

[2] T A Harris. Rolling Bearing Analysls[M]. 2ed:New York,A Wiley - Interscience Publication John Wiley & SONS,1984.

[3] Skurka J. Elastohydrodynamic lubrication of roller bearings. ASME Paper 69 - LUB - 18,1969.

[4] Tallian T. Theory of partial elastohydrodynamic contacts. Wear,21,49 - 101,1972.

[5] 万长森．滚动轴承的分析方法[M]. 北京:机械工业出版社,1987.

[6] 冈本纯三．球轴承的设计计算[M]. 北京:机械工业出版社,2003.

[7] 邓四二,贾群义,薛进学．滚动轴承设计原理[M]. 北京:中国标准出版社,2014.

[8] T A Harris,M. N. Kotzalas. 滚动轴承分析(第1卷、第2卷)[M]. 北京:机械工业出版社,2010.

[9] 刘泽九．滚动轴承应用手册(第3版)[M]. 北京:机械工业出版社,2014.

[10] 国家标准 GB/T 6391,滚动轴承 额定动载荷和额定寿命[R]. 2010.

[11] 国际标准 ISO 281,Rolling bearings - Dynamic load ratings and rating life,2007.

[12] 滚动轴承 对 ISO 281 的注释 第 1 部分:基本额定动载荷和基本额定寿命,中华人民共和国国家标准指导性技术文件．Rolling bearings - Explanatory notes on ISO 281 - Part 1:Basic dynamic load rating and basic rating life(ISO/TR 1281 - 1:2008,IDT).

[13] 杨咸启．接触力学理论与滚动轴承设计分析[M]. 武汉:华中科技大学出版社,2018,4.

第7章 滚动轴承高等力学参数化设计方法

滚动轴承高等力学设计，主要是通过对轴承的动力学系统分析，计算轴承对应的参数，包括轴承实际接触角、轴承径向与轴向刚度、轴承摩擦以及振动噪声等。从设计角度出发，需要对这些分析参数提出限制性取值要求，并根据不同的使用场合，对参数选择不同的限制值。例如，对于通用轴承，这些限制值可以选择稳健的可靠性高的值，相应的设计称为稳健可靠性设计，而对应特殊使用场合的专用轴承，有些限制值可以选择极限值，这时相应的设计称为极限设计。

7.1 轴承工作接触角计算方法

在轴承载荷与运动分析中，涉及轴承工作接触角计算。通常，当球轴承存在游隙时，会产生初始接触角。在第1章中已经介绍了轴承初始接触角与轴承游隙的关系，而载荷作用后轴承接触角会发生变化。对低速转动的轴承，内、外圈与球的接触角可以认为是相同的。而在高速条件下，由于受滚动体的离心力影响，内、外圈上的接触角就不同了。通常是内圈上的接触角变大，外圈上的接触角变小。因此，严格的滚动体接触载荷计算时需要考虑这种接触角的变化影响。下面给出不同情况下的接触角计算方法。

7.1.1 低转速及纯轴向载荷作用下球轴承接触角

在只有轴向力作用的情况下，轴承中每个球的接触角变化是相同的，如图7-1所示。利用接触变形后的几何关系：

$$(\beta_f D_w + \delta_b)\cos\alpha = \beta_f D_w \cos\alpha_0 \tag{7-1}$$

式中，δ_b 为轴承套圈与球接触变形，α_0 为轴承初始接触角，α 为轴承工作接触角，D_w 为球直径，系数 $\beta_f = f_i + f_e - 1$。

由上式可以解出：

$$\delta_b = \beta_f D_w \left(\frac{\cos\alpha_0}{\cos\alpha} - 1\right) \tag{7-2}$$

利用点接触赫兹接触变形公式可得：

$$Q_\varphi = K_n \delta_b{}^{3/2} = K_n\ (\beta_f D_w)^{3/2}\ \left(\frac{\cos\alpha_0}{\cos\alpha} - 1\right)^{3/2} \tag{7-3}$$

式中，δ_b 为点接触变形，K_n 为与赫兹接触有关的系数。对于钢制的轴承，则有：

$$K_n=\left[\left(\frac{1}{K_{ip}}\right)^{2/3}+\left(\frac{1}{K_{ep}}\right)^{2/3}\right]^{-3/2},$$

$$K_{ip}=2.15\times10^5\ (\delta_i^*)^{-3/2}\left(\sum\rho_i\right)^{-1/2},K_{ep}=2.15\times10^5\ (\delta_e^*)^{-3/2}\left(\sum\rho_e\right)^{-1/2}$$

接触点赫兹接触变形 δ_b 与轴承轴向位移 δ_a 之间的关系为(如图 7-1)：

$$\delta_a=(\delta_b+\beta_f D_w)\sin\alpha-\beta_f D_w\sin\alpha_0=\frac{\beta_f D_w\sin(\alpha-\alpha_0)}{\cos\alpha}$$

因为此时每个滚动体的受载相同，又由轴承的载荷平衡条件得到：

$$F_a=\sum_{\varphi_i=-\pi}^{\pi}Q_{\varphi_i}\sin\alpha=Z\cdot Q_{\varphi_i}\sin\alpha=ZK_n\ (\beta_f D_w)^{3/2}\left(\frac{\cos\alpha_0}{\cos\alpha}-1\right)^{3/2}\sin\alpha \qquad (7-4)$$

对于接触角而言，上面的方程是一种非线性方程，可以采用迭代方法求解。为了方便求解，将上面的公式进一步简化为：

$$\frac{F_a}{KZ\ (D_w)^{3/2}}=\sin\alpha\left(\frac{\cos\alpha_0}{\cos\alpha}-1\right)^{3/2} \qquad (7-5)$$

其中，系数 $K=K_n\beta_f^{3/2}$ 与轴承滚道结构有关，可以按照表 7-1 或图 7-2 取值。

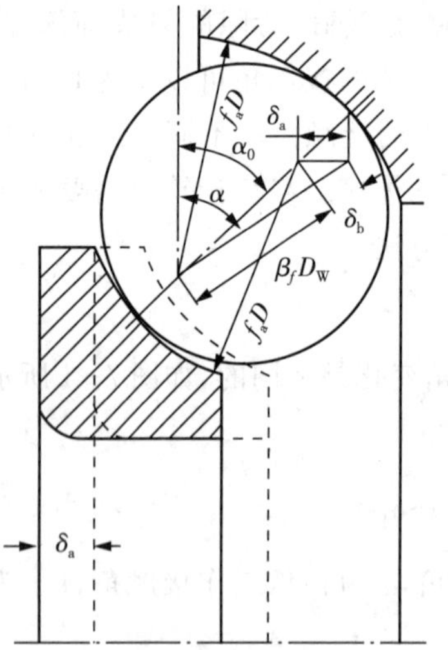

图 7-1　球轴承接触角的变化

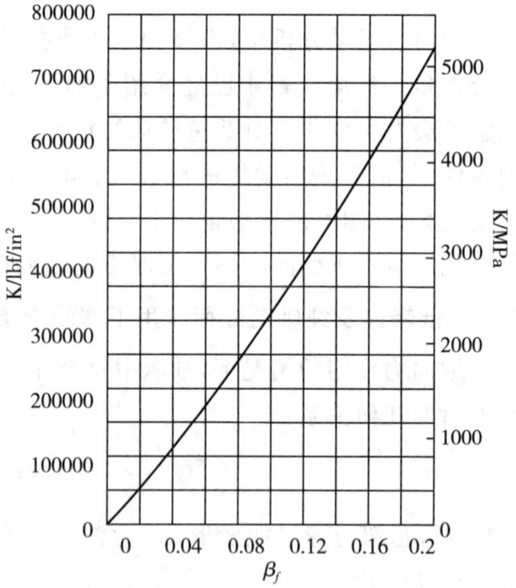

图 7-2　系数 K 与 β_f 的关系曲线

表 7-1　系数 K 值

β_f	0.02	0.03	0.04	0.05	0.06	0.07	0.08
K	340.0	597.0	834.0	1076.0	1300.0	1550.0	1700.0

在一般情况下，接触角的变化比较小 $\Delta\alpha\approx0$(弧度)，可以采用简单迭代方法求解。但需要构造一种收敛的迭代算式。

由

$$\sin(\alpha_0+\Delta\alpha)=\sin\alpha_0\cos\Delta\alpha+\cos\alpha_0\sin\Delta\alpha\approx\sin\alpha_0+\Delta\alpha\cos\alpha_0$$

$$\cos(\alpha_0+\Delta\alpha)=\cos\alpha_0\cos\Delta\alpha-\sin\alpha_0\sin\Delta\alpha\approx\cos\alpha_0-\Delta\alpha\sin\alpha_0$$

因此，接触角变化（弧度）采用下面的简单迭代公式：

$$\Delta\alpha^{(j+1)}\approx\frac{1}{\cos\alpha_0}\left[\frac{F_a}{KZ\ (D_w)^{3/2}}\left(\frac{\cos\alpha_0}{\cos\alpha^{(j)}}-1\right)^{-3/2}-\sin\alpha_0\right]\tag{7-6}$$

$$\alpha^{(j+1)}=\alpha_0+\Delta\alpha^{(j+1)},j=0,1,2,3,\cdots\tag{7-7}$$

$\Delta\alpha^{(j+1)}$ 趋于稳定值时，迭代结束。初始 $\Delta\alpha^{(0)}=0.0001$（弧度）。

如果采用牛顿-拉夫松方法求解，则接触角的变化 $\Delta\alpha$（弧度）迭代公式为：

$$\Delta\alpha^{(j+1)}\approx\frac{\dfrac{F_a}{KZ\ (D_w)^{3/2}}-\sin\alpha^{(j)}\left(\dfrac{\cos\alpha_0}{\cos\alpha^{(j)}}-1\right)^{3/2}}{\cos\alpha^{(j)}\left(\dfrac{\cos\alpha_0}{\cos\alpha^{(j)}}-1\right)^{3/2}+\dfrac{3}{2}\cos\alpha_0\tan^2\alpha^{(j)}\left(\dfrac{\cos\alpha_0}{\cos\alpha^{(j)}}-1\right)^{1/2}}\tag{7-8}$$

$$\alpha^{j+1}=\alpha_0+\Delta\alpha^{(j+1)},j=0,1,2,3,\cdots$$

$\Delta\alpha^{j+1}\to10^{-5}$，迭代可以结束。初始 $\alpha^{(0)}=\alpha_0+0.0001$（弧度）。

7.1.2　低转速及轴向与径向联合载荷作用下球轴承接触角

这种情况下，每个球的接触角的变化都是不同的。在图 7－3 中，利用接触变形后的几何关系得

$$(\beta_f D_w+\delta_{b\varphi})^2=(\beta_f D_w\sin\alpha_0+\delta_a)^2+(\beta_f D_w\cos\alpha_0+\delta_r\cos\varphi)^2$$

式中，δ_a 为接触点轴向变形，δ_r 为接触点径向变形，φ 为球的位置角。

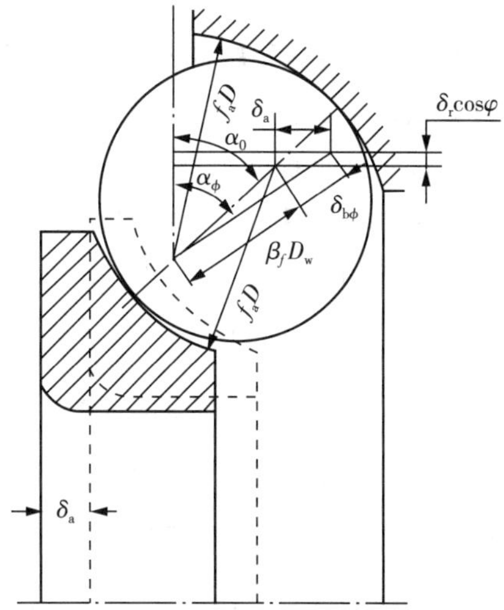

图 7－3　轴向与径向联合载荷作用接触角变化

从上面的公式中解出：

$$\delta_{b\varphi}=\sqrt{(\beta_f D_w\sin\alpha_0+\delta_a)^2+(\beta_f D_w\cos\alpha_0+\delta_r\cos\varphi)^2}-\beta_f D_w\tag{7-9}$$

另外，由图 7－3 中的几何关系，有：

$$\sin\alpha_\varphi=\frac{\beta_f D_w\sin\alpha_0+\delta_a}{\sqrt{(\beta_f D_w\sin\alpha_0+\delta_a)^2+(\beta_f D_w\cos\alpha_0+\delta_r\cos\varphi)^2}}\tag{7-10}$$

由上面两个公式可以计算出轴承任意位置处的接触角。显然，在 $\varphi=0$ 处，接触角最大，在 $\varphi=\pi$ 处接触角最小。与式(7－5)比较，计算过程要复杂很多，它们是一种强非线性方程组，要利用专门的求解非线性方程组的方法进行求解。

而套圈与球的点接触载荷为：

$$Q_{\varphi}=K_{n}\delta_{b\varphi}{}^{3/2}=K_{n}(\beta_{f}D_{w})^{3/2}\left(\sqrt{\left(\sin\alpha_{0}+\frac{\delta_{a}}{\beta_{f}D_{w}}\right)^{2}+\left(\cos\alpha_{0}+\frac{\delta_{r}}{\beta_{f}D_{w}}\cos\varphi\right)^{2}}-1\right)^{3/2} \tag{7-11}$$

当在轴承接触区上接触载荷等于零时，则可以导出载荷分布区域的最大角度为：

$$\cos\varphi_{L}=\frac{\beta_{f}D_{w}}{\delta_{r}}\left(\sqrt{1-\left(\sin\alpha_{0}+\frac{\delta_{a}}{\beta_{f}D_{w}}\right)^{2}}-\cos\alpha_{0}\right) \tag{7-12}$$

再由轴承载荷平衡条件得到：

轴向合力：

$$F_{a}=\sum_{\varphi_{j}=0}^{2\pi}Q_{\varphi_{j}}\sin\alpha_{\varphi_{j}}$$

径向合力：

$$F_{r}=\sum_{\varphi_{j}=0}^{2\pi}Q_{\varphi_{j}}\cos\varphi_{j}\cos\alpha_{\varphi_{j}}$$

与式(7-4)比较，上面的计算过程要复杂很多，它们是一种强非线性方程组，要利用专门的求解非线性方程组的方法进行求解。

7.1.3　高转速及轴向与径向联合载荷作用下球轴承接触角

这种情况下，由于滚动体离心力的作用，球与内外套圈的接触角不同，如图7-4所示。

在球的局部坐标系中，轴承受力变形前后球心与内外圈沟曲率中心的位置关系如图7-5所示。设轴承内圈相于外圈的位移为$\{\delta_{x},\delta_{y},\delta_{z},\theta_{y},\theta_{z}\}$，$(x,y)$为外沟曲率中心相对于球心的坐标。内沟道曲率中心相对于外道沟曲率中心的位置为：

$$\begin{cases}A_{x}=\beta_{f}D_{w}\sin\alpha_{0}+\Delta x=\beta_{f}D_{w}\sin\alpha_{0}+\delta_{x}+R_{i}(\theta_{y}\sin\varphi-\theta_{z}\cos\varphi)\\ A_{y}=\beta_{f}D_{w}\cos\alpha_{0}+\Delta y=\beta_{f}D_{w}\cos\alpha_{0}+\delta_{z}\sin\varphi+\delta_{y}\cos\varphi\end{cases} \tag{7-13}$$

式中，R_{i}为内沟曲率中心圆半径；φ为钢球方位角；d_{m}为轴承节圆直径；D_{w}为球径；α_{0}为初始接触角。$R_{i}=0.5d_{m}+(f_{i}-0.5)D_{w}\cos\alpha_{0}$，$\beta_{f}=f_{i}+f_{e}-1$，$f_{i}$，$f_{e}$为内、外沟道曲率系数。

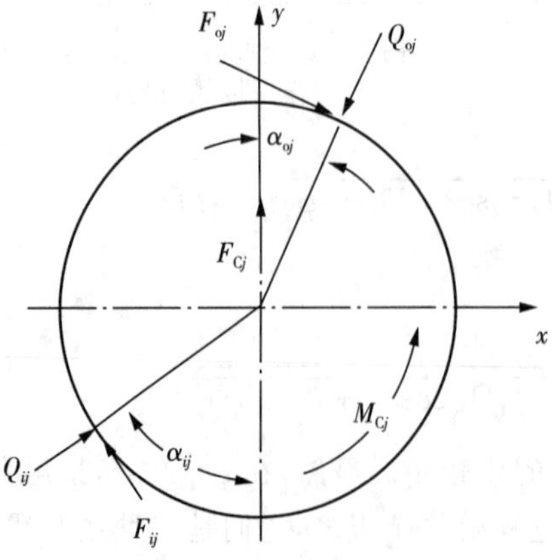

图7-4　轴承球体的受力

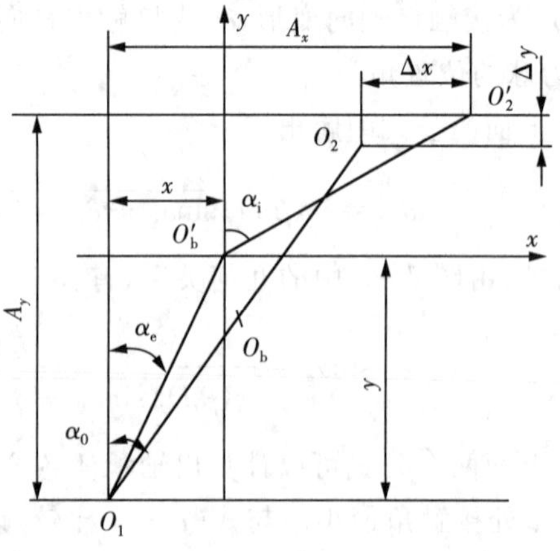

图7-5　球心与沟曲率中心的位置关系

钢球与两个滚道接触处的法向变形(趋近量)为:

$$\begin{cases}\delta_e = \sqrt{x^2 + y^2} - (f_e - 0.5)D_w \\ \delta_i = \sqrt{(A_x - x)^2 + (A_y - y)^2} - (f_i - 0.5)D_w\end{cases} \tag{7-14}$$

球轴承内、外圈与球的工作接触角为:

$$\begin{cases}\alpha_i = \mathrm{arctg}\left(\dfrac{A_x - x}{A_y - y}\right) \\ \alpha_e = \mathrm{arctg}(x/y)\end{cases} \tag{7-15}$$

利用上述方法确定轴承接触角时,需要根据载荷分布规律来计算,过程非常复杂。

7.1.4　球轴承过盈安装后接触角的计算方法

一般轴承安装在座和轴上都是采用过盈方法安装,这样会引起轴承的内部游隙改变,进而改变轴承的接触角。下面介绍已知过盈配合条件下接触角变化计算方法。

(1) 已知外圈与座之间的过盈配合量 δ_H

当已知轴承外圈与座的配合过盈量后,由弹性力学知识推导,引起外圈内径的变化量为:

$$\Delta_H = \frac{2\delta_H(D/D_e)/[(D/D_e)^2 - 1]}{\left[\dfrac{(D/D_e)^2 + 1}{(D/D_e)^2 - 1} - \nu_B\right] + \dfrac{E_B}{E_H}\left[\dfrac{(D_H/D)^2 + 1}{(D_H/D)^2 - 1} + \nu_H\right]} \tag{7-16}$$

其中,D 为轴承外径,D_e 为外圈滚道直径,D_H 为座的外径。E_B,ν_B 为轴承材料常数;E_H,ν_H 为轴承座材料常数。

(2) 已知内圈与轴之间的过盈配合量 δ_S

当已知轴承内圈与轴的配合过盈量后,同样,也可以计算引起内圈外径的变化量为:

$$\Delta_S = \frac{2\delta_S(d_i/d)/[(d_i/d)^2 - 1]}{\left[\dfrac{(d_i/d)^2 + 1}{(d_i/d)^2 - 1} + \nu_B\right] + \dfrac{E_B}{E_S}\left[\dfrac{(d/d_0)^2 + 1}{(d/d_0)^2 - 1} - \nu_S\right]} \tag{7-17}$$

其中,d 为轴承内径,d_i 为内圈滚道直径,d_0 为空心轴的内径。E_B,ν_B 为轴承材料常数;E_S,ν_S 为轴的材料常数。

由过盈配合引起轴承径向游隙的减小值为:

$$\Delta P_d = -\Delta_H - \Delta_S \tag{7-18}$$

由轴承径向游隙的减小引起初始接触角为:

$$\cos\alpha = 1 - \frac{P_d + \Delta P_d}{2A} \tag{7-19}$$

其中,$A = (f_i + f_e - 1)D_w$,P_d 为轴承径向游隙。

同样的道理,如果轴承温度变化,也会引起轴承游隙变化。它的计算方法如下:

$$\Delta P_d = \Delta_T = \alpha_T(D_e\Delta T_e + d_i\Delta T_i) \tag{7-20}$$

式中,D_e 为外圈滚道直径,d_i 为内圈滚道直径,α_T 为轴承材料热涨系数,ΔT_e 为外圈温差,ΔT_i 为内圈温差。

7.1.5 球轴承轴向极限载荷参数设计方法

在深沟球轴承和接触角球轴承中，通常会承受一定的轴向载荷，这时，轴承中就产生了新的接触角。滚道上的接触点也会发生移动。如果轴向载荷过大，或轴承挡边高度过小，会发生接触区域超出滚道，这时轴承工作会很快失效。因此，要避免这种情况出现，在轴承尺寸参数一定的情况下，需要确定轴承极限轴向载荷。

如图 7-6 所示，假设在极限轴向载荷作用下，外圈滚道产生的接触椭圆半长轴为 $a_{\max}$。

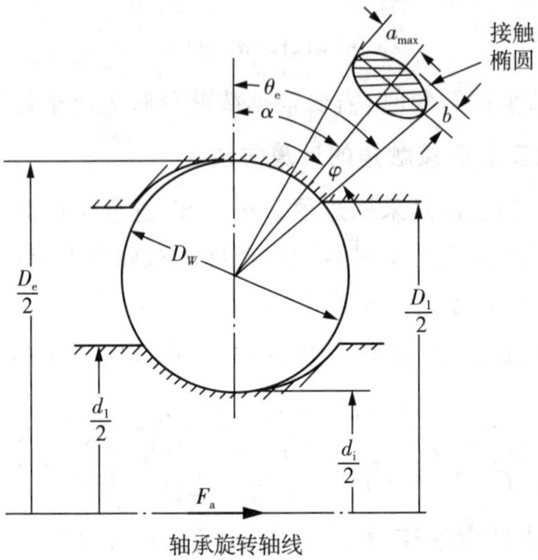

图 7-6 球轴承滚道接触区域示意图

由图中的几何关系可得：

$$\sin\varphi = \sin(\theta_e - \alpha) \approx 2a_{\max}/D_w \qquad \cos\theta_e = 1 - (D_e - D_1)/D_w$$

其中，D_e 为外圈滚道直径，D_1 为外圈挡边直径，D_w 为球直径，θ_e 为外圈沟道边界角，α 为轴承接触角。

由赫兹点接触参数计算公式：

$$a_{\max} = 0.0236a_e^* \left(Q_{\max}/\sum\rho_e\right)^{1/3} = (D_w/2)\sin(\theta_e - \alpha)$$

所以，$Q_{\max} = \left[\dfrac{D_w\sin(\theta_e - \alpha)}{0.0472a_e^*}\right]^3 \sum\rho_e$，$\sum\rho_e = \dfrac{1}{D_w}\left(4 - \dfrac{1}{f_e} - \dfrac{2\gamma}{1+\gamma}\right)$，$\gamma = \dfrac{D_w}{d_m}\cos\alpha$。

a_e^* 由 $F(\rho_e) = \left(\dfrac{1}{f_e} - \dfrac{2\gamma}{1+\gamma}\right)\Big/\left(4 - \dfrac{1}{f_e} - \dfrac{2\gamma}{1+\gamma}\right)$ 确定。

而在最大的外圈轴向载荷作用下，有：

$$F_{a\max}^e = Q_{\max} Z\sin\alpha = \left[\frac{D_w\sin(\theta_e - \alpha)}{0.0472a_e^*}\right]^3 \sum\rho_e Z\sin\alpha \qquad (7-21)$$

上式就是确定轴承外圈最大轴向载荷的公式。其中的轴承工作接触角 α，需要利用式(7-4) 计算，式(7-21) 简化为下面的公式迭代求解。

$$\sin(\theta_e - \alpha) = 0.0472a_e^* \left[\frac{K\sin\alpha}{\sum\rho_e}\right]^{1/3} \left(\frac{\cos\alpha_0}{\cos\alpha} - 1\right)^{1/2} \qquad (7-22)$$

其中，K 为轴承滚道赫兹接触系数。

对于轴承内圈，也可以导出类似的计算公式如下：

$$\cos\theta_i = 1 - (d_1 - d_i)/D_w$$

其中，d_i 为内圈滚道直径，d_1 为内圈挡边直径。

最大内圈轴向载荷作用下：

$$F_{amax}^{i} = Q_{max} Z\sin\alpha = \left[\frac{D_w \sin(\theta_i - \alpha)}{0.0472 a_i^*}\right]^3 \sum\rho_i Z\sin\alpha$$

$$\sin(\theta_i - \alpha) = 0.0472 a_i^* \left(\frac{K\sin\alpha}{\sum\rho_i}\right)^{1/3} \left(\frac{\cos\alpha_0}{\cos\alpha} - 1\right)^{1/2}$$

$$\sum\rho_i = \frac{1}{D_w}\left(4 - \frac{1}{f_i} + \frac{2\gamma}{1-\gamma}\right) \tag{7-23}$$

其中，a_i^* 由 $F(\rho_i) = \left(\frac{1}{f_i} + \frac{2\gamma}{1-\gamma}\right) \Big/ \left(4 - \frac{1}{f_i} + \frac{2\gamma}{1-\gamma}\right)$ 确定。

根据上面的极限轴向载荷的计算知道，对整个轴承来说，可以建立下面一种泛函关系式：

$$\{F_{amax}^{e}, F_{amax}^{i}\}^{T} = [FF]\{D_w, D_e, D_1, d_i, d_1, \alpha, \tilde{E}\}^{T} \tag{7-24}$$

式中，左边的量为球轴承外，内套圈的极限轴向计算载荷，右边是与轴承主参数和接触点处的结构参数以及材料常数，$[FF]$ 是一种轴承极限轴向载荷计算过程的矩阵泛函关系。

需要对该载荷参数作出某些要求（或限制）时，可以对结构参数进行规划设计。采用数学方法表达时，可以写成：

$$\{D_w, D_e, D_1, d_i, d_1, \alpha, \tilde{E}\}^{T} = [FF]_{max}^{-1}\{[F_{amax}^{e}], [F_{amax}^{i}]\}^{T} \tag{7-25}$$

其中，$[F_{amax}^{e}]$，$[F_{amax}^{i}]$ 表示对球轴承外，内套圈的极限最大轴向计算载荷参数的限制性设计要求值，它们可以根据情况来挑选，$[FF]_{max}^{-1}$ 表示泛函矩阵逆向优化运算。

对于球轴承主参数，通常是采用优化额定载荷参数达到最大值，对应的设计称为优化可靠性设计，而对于滚道接触结构参数，可以使轴向极限载荷参数达到稳健的可靠性高值，对应的设计称为稳健的可靠性设计。

例 7-1　考虑深沟球轴承 6210，如图 7-7 所示。分析计算轴承接触角参数。

已知深沟球轴承 6210 的几何参数为：节圆直径 $d_m = 70$ mm，球直径 $D_w = 12.7$ mm，球数量 $Z = 10$，滚道参数 $f_e = f_i = 0.52$。轴承最大径向游隙 $P_d = 0.016$ mm。外圈挡边直径 $D_2 = 77.6$ mm，内圈挡边直径 $d_2 = 62.4$ mm。工作条件为：$F_a = 4$ kN，$n_i = 1800$ r/min。

深沟球轴承 6209 的接触角参数计算过程如下。

① 计算轴承最大的初始接触角

$$(\alpha_0)_{max} = \cos^{-1}\left[1 - \frac{(P_d)_{max}}{2(f_e + f_i - 1)D_w}\right]$$

$$= \cos^{-1}\left[1 - \frac{0.016}{2 \times (0.52 + 0.52 - 1) \times 12.7}\right] \approx 10.1818^\circ$$

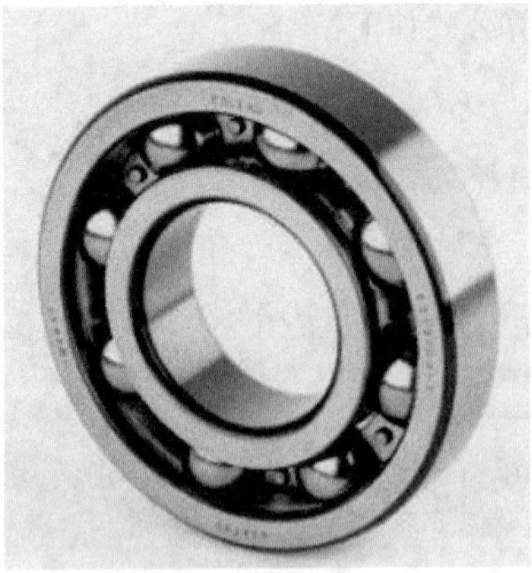

(a) 轴承实物

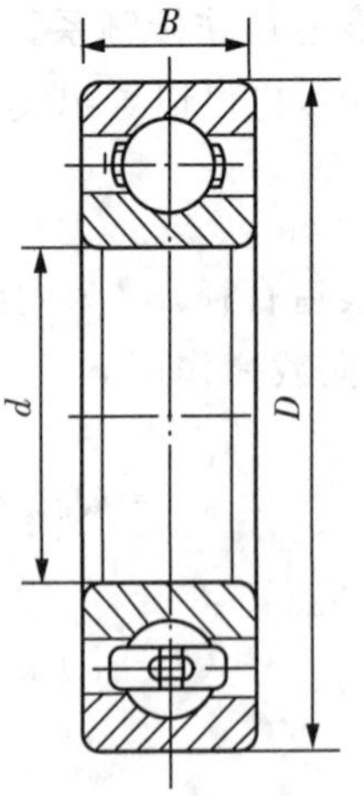

(b) 轴承直径剖面

图 7-7　深沟球轴承

② 在轴向载荷 $F_a=4$ kN 作用下，计算轴承接触角和轴向位移。接触角采用简单迭代方法，代入具体数值计算。

初始取 $\Delta\alpha^{(0)}=0.0001$ 弧度，$\alpha_0=0.1777$(弧度)，则：

$$\alpha^{(j+1)}=\alpha^{(j)}+\Delta\alpha^{(j+1)}$$

经过十几次迭代后，趋于稳定结果。$\Delta\alpha^{(12)}\approx 0.23141738$ 弧度，即 $\alpha\approx 13.259°$。

将实际接触角代入轴承轴向位移公式，得：

$$\delta_a=\frac{\beta_f D_w \sin(\alpha-\alpha_0)}{\cos\alpha}$$

$$=\frac{0.04\times 12.7\times \sin(13.259°-10.1818°)}{\cos 13.259°}\approx 0.028(\mathrm{mm})$$

例 7-2　考虑接触角球轴承 B7218，如图 7-8 所示。分析计算轴承的允许轴向最大载荷。

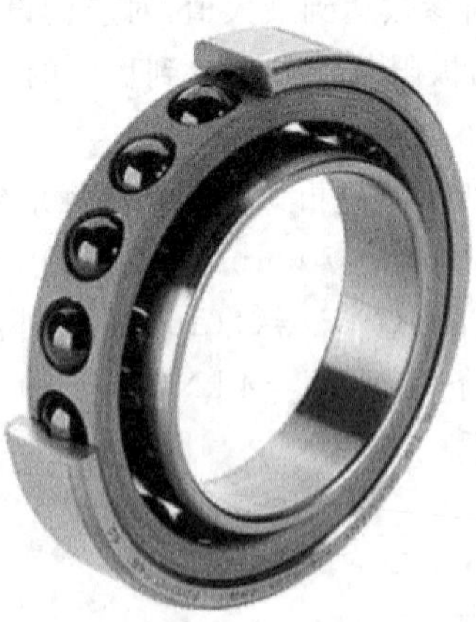

(a) 轴承实物

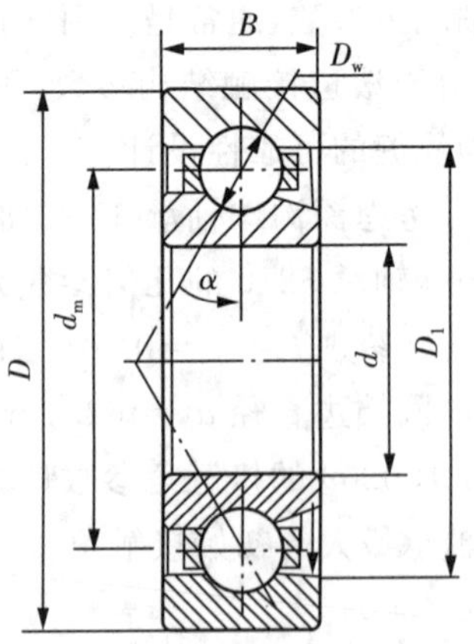

(b) 轴承直径剖面

图 7-8　角接触球轴承

已知轴承结构参数为：轴承节圆直径 $d_m=125.3\ \mathrm{mm}$，外圈挡边直径 $D_1=133.8\ \mathrm{mm}$，外圈沟底直径 $D_e=147.7\ \mathrm{mm}$，$f_e=0.5232$，$K=896.7\ \mathrm{MPa}$，轴承初始接触角 $\alpha=40°$，球直径 $D_w=22.23\ \mathrm{mm}$，球数量 $Z=16$。

以外圈为例计算轴承的允许轴向最大载荷。由外圈挡边高度角公式：$\cos\theta_e=1-(D_e-D_1)/D_w=1-(147.7-133.8)/22.23$，计算得到 $\theta_e\approx 67.68°$。

轴承滚道结构参数计算如下：

$$\gamma=\frac{D_w}{d_m}\cos\alpha=\frac{22.23}{125.3}\cos\alpha\approx 0.1774\cos\alpha$$

$$\sum\rho_e=\frac{1}{D_w}\left(4-\frac{1}{f_e}-\frac{2\gamma}{1+\gamma}\right)=0.09396-\frac{0.01596\cos\alpha}{1+0.1774\cos\alpha}$$

$$\begin{aligned}F(\rho_e)&=\left(\frac{1}{f_e}-\frac{2\gamma}{1+\gamma}\right)\Big/\left(4-\frac{1}{f_e}-\frac{2\gamma}{1+\gamma}\right)\\&=\frac{1.911-(0.3548\cos\alpha)/(1+0.1774\cos\alpha)}{2.089-(0.3548\cos\alpha)/(1+0.1774\cos\alpha)}\end{aligned}$$

由公式(7-22)：

$$\sin(\theta_e-\alpha_{max})=0.0472a_e^*\left[\frac{K\sin\alpha}{D_w\sum\rho_e}\right]^{1/3}\left(\frac{\cos\alpha^0}{\cos\alpha}-1\right)^{1/2}$$

采用迭代方法求解接触角 α。经过反复迭代计算，得到 $\alpha\approx 46.35°$。最后，由：

$$\frac{F_a}{KZ\ (D_w)^2}=\sin\alpha\left(\frac{\cos\alpha_0}{\cos\alpha}-1\right)^{3/2}$$

得到：

$$\begin{aligned}F_{amax}^{e}&=KZ\ (D_w)^2\sin\alpha\left(\frac{\cos\alpha_0}{\cos\alpha}-1\right)^{3/2}\\&=896.7\times 16\times(22.23)^2\times\sin 46.35°\times\left(\frac{\cos 40°}{\cos 46.35°}-1\right)^{3/2}\\&\approx 1.87\times 10^5\,(\mathrm{N})\end{aligned}$$

7.2　轴承变形刚度参数化设计方法

7.2.1　接触刚度

轴承滚道接触点的刚度是通过接触点的变形关系来确定。由第 4 章中的赫兹接触理论，已知点接触和线接触的变形与接触力之间的关系如下：

一般点接触情况：$\delta_c=\delta^*\left[\frac{3Q_c}{2\tilde{E}\sum\rho}\right]^{2/3}\frac{\sum\rho}{2}$　　$\delta^*=\frac{2\Gamma(e)}{\pi}\left(\frac{\pi(1-e^2)}{2\Pi(e)}\right)^{1/3}$；

一般理想线接触情况：$\delta_c = 1.36 \times \left(\frac{Q_c}{\widetilde{E}}\right)^{0.9} \frac{1}{l_e^{0.8}}$。

上式中，δ_c 为接触变形(mm)，Q_c 为接触作用外载荷(N)，l_e 为圆柱体有效接触长度(mm)，$\widetilde{E}$ 为当量弹性模量(MPa)。

再具体到轴承钢结构材料的轴承滚道接触的场合，$\widetilde{E}=2.07\times10^5$(MPa)，简化上面的计算公式为：

点接触情况：

$$\delta_c = 2.791 \times 10^{-4}\delta^* \left(Q_c{}^2 \sum\rho\right)^{1/3}$$

其中，

$$\sum\rho = \rho_{\mathrm{I}1} + \rho_{\mathrm{I}2} + \rho_{\mathrm{II}1} + \rho_{\mathrm{II}2} = \frac{\pm1}{R_{\mathrm{I}1}} + \frac{\pm1}{R_{\mathrm{I}2}} + \frac{\pm1}{R_{\mathrm{II}1}} + \frac{\pm1}{R_{\mathrm{II}2}},$$

$$\delta^* \approx \left[1.0-(1.0-0.6366)\ln\left(\frac{1-F(\rho)}{1+F(\rho)}\right)\right]\left[\frac{\left(\frac{1-F(\rho)}{1+F(\rho)}\right)^{4/\pi}}{0.6366+0.3634\frac{1-F(\rho)}{1+F(\rho)}}\right]^{1/3}$$

$$F(\rho) = \frac{|\rho_{\mathrm{I}1}-\rho_{\mathrm{II}1}+\rho_{\mathrm{I}2}-\rho_{\mathrm{II}2}|}{\sum\rho}, [0\leqslant F(\rho)\leqslant 1]$$

理想线接触情况：$\delta_c = 3.84\times10^{-5}Q_c{}^{0.9}/l_e{}^{0.8}$(mm)。

上式中，Q_c 的单位为 N，l_e 的单位为 mm。

根据刚度的定义，建立接触刚度为 $K_c = \mathrm{d}Q_c/\mathrm{d}\delta_c$。

具体地，对于点接触情况下的接触刚度(N/mm)计算为：

$$K_{cp} = 3.217\times10^5\ (\delta^*)^{-3/2}\delta_c{}^{1/2}\left(\sum\rho\right)^{-1/2} \tag{7-26}$$

对于线接触情况下的接触刚度(N/mm)计算为：

$$K_{cl} = 8.9548\times10^4\delta_c{}^{1/9}l_e{}^{8/9} \tag{7-27}$$

显然，接触刚度是接触变形的非线性函数。

7.2.2　轴承的整体变形刚度

滚动轴承接触通常包括内圈、外圈、滚动体等元件，一般情况下，在径向、轴向和力矩载荷的联合作用下，轴承的内部接触模型如图 7-9 所示。

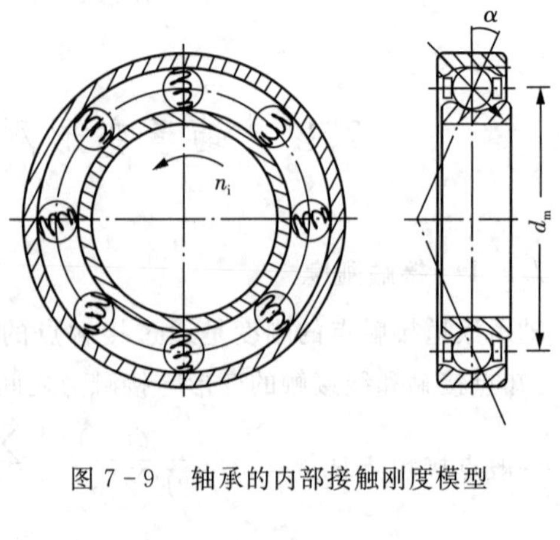

图 7-9　轴承的内部接触刚度模型

在任意载荷作用下，在 X,Y,Z 方向的力分量 F_x,F_y,F_z，在 X,Y,Z 方向的力矩分量 M_x,M_y,M_z。相应地，轴承套圈的位移分量为：套圈几何中心沿 X,Y,Z 方向的位移 $\delta_x,\delta_y,\delta_z$，绕 X 轴、Y 轴和 Z 轴的角位移θ_x,θ_y,θ_z。轴承整体的变形、外力与刚度的关系可以表示为：

$$\{F\}=[K]\{w\} \tag{7-28}$$

式中,$\{F\}=\{F_x, F_y, F_z, M_x, M_y, M_z\}^{\mathrm{T}}$,$\{w\}=\{\delta_x, \delta_y, \delta_z, \theta_x, \theta_y, \theta_z\}^{\mathrm{T}}$,$[\boldsymbol{K}]=\begin{bmatrix}[K]_R & 0\\ 0 & [K]_\theta\end{bmatrix}$

而整体轴承的分刚度矩阵又可以表示为：

$$[\boldsymbol{K}]_R=\begin{pmatrix}\dfrac{\partial F_x}{\partial \delta_x} & \dfrac{\partial F_x}{\partial \delta_y} & \dfrac{\partial F_x}{\partial \delta_z}\\[2ex] \dfrac{\partial F_y}{\partial \delta_x} & \dfrac{\partial F_y}{\partial \delta_y} & \dfrac{\partial F_y}{\partial \delta_z}\\[2ex] \dfrac{\partial F_z}{\partial \delta_x} & \dfrac{\partial F_z}{\partial \delta_y} & \dfrac{\partial F_z}{\partial \delta_z}\end{pmatrix} \qquad [\boldsymbol{K}]_\theta=\begin{pmatrix}\dfrac{\partial M_x}{\partial \theta_x} & \dfrac{\partial M_x}{\partial \theta_y} & \dfrac{\partial M_x}{\partial \theta_z}\\[2ex] \dfrac{\partial M_y}{\partial \theta_x} & \dfrac{\partial M_y}{\partial \theta_y} & \dfrac{\partial M_y}{\partial \theta_z}\\[2ex] \dfrac{\partial M_z}{\partial \theta_x} & \dfrac{\partial M_z}{\partial \theta_y} & \dfrac{\partial M_z}{\partial \theta_z}\end{pmatrix}$$

式(7－28)是一般的 6 个方向轴承刚度方程。针对具体的轴承在具体的外载荷作用下,往往只需要考虑某一个方向上刚度计算。因此,下面给出常见的典型轴承在给定方向上的刚度计算公式。

(1) 单个轴承刚度

考虑到轴承中的载荷分布和轴承游隙的影响之后,由轴承内部载荷分布关系,则径向外载荷与分布内载荷的关系为：

$$F_{\mathrm{r}}=Q_{\max}\sum_{\varphi_j=-\varphi_{\mathrm{L}}}^{\varphi_{\mathrm{L}}}\left[1-\frac{1}{2\varepsilon}(1-\cos\varphi_j)\right]^{\chi}\cos\varphi_j\cos\alpha=Q_{\max}ZJ_{\mathrm{r}}(\varepsilon)\cos\alpha$$

则：

$$Q_{\max}=\frac{F_{\mathrm{r}}}{ZJ_{\mathrm{r}}(\varepsilon)\cos\alpha}$$

其中,$J_{\mathrm{r}}(\varepsilon)\approx\dfrac{1}{2\pi}\displaystyle\int_{-\varphi_{\mathrm{L}}}^{\varphi_{\mathrm{L}}}\left[1-\frac{1}{2\varepsilon}(1-\cos\varphi)\right]^{\chi}\cos\varphi\mathrm{d}\varphi$。

同样,轴向外载荷与分布内载荷的关系为：

$$Q_{\max}=\frac{F_{\mathrm{a}}}{ZJ_{\mathrm{a}}(\varepsilon)\sin\alpha}$$

其中,$J_{\mathrm{a}}(\varepsilon)\approx\dfrac{1}{2\pi}\displaystyle\int_{-\varphi_{\mathrm{L}}}^{\varphi_{\mathrm{L}}}\left[1-\frac{1}{2\varepsilon}(1-\cos\varphi)\right]^{\chi}\mathrm{d}\varphi$。

对力矩外载荷与分布内载荷的关系为：

$$Q_{\max}=\frac{2M_x}{ZJ_{\mathrm{m}}(\varepsilon)\sin\alpha}$$

其中,$J_{\mathrm{m}}(\varepsilon)\approx\dfrac{1}{2\pi}\displaystyle\int_{-\varphi_{\mathrm{L}}}^{\varphi_{\mathrm{L}}}\left[1-\frac{1}{2\varepsilon}(1-\cos\varphi)\right]^{\chi}\cos\varphi\mathrm{d}\varphi$。

假设轴承在载荷作用下的径向位移为δ_{r},轴向位移为δ_{a},则在轴承接触载荷最大的位置处接触变形可以表示为：

$$\delta_{\max}=\delta_{a}\sin\alpha+\delta_{r}\cos\alpha$$

在单向载荷作用下轴承变形位移与载荷之间的关系如下：

轴向载荷作用的球轴承(点接触）轴向变形位移为：

$$\delta_{a}=\frac{\delta_{\max}}{\sin\alpha}=\frac{c_{1}}{\sin\alpha}\left(\frac{Q_{\max}^{2}}{D_{w}}\right)^{1/3} \tag{7-29}$$

轴向载荷作用的滚子轴承(线接触）轴向变形位移为：

$$\delta_{a}=\frac{\delta_{\max}}{\sin\alpha}=\frac{c_{2}}{\sin\alpha}\frac{Q_{\max}^{0.9}}{l_{e}^{0.8}} \tag{7-30}$$

径向载荷作用的球轴承(点接触）径向变形位移为：

$$\delta_{r}=\frac{\delta_{\max}}{\cos\alpha}=\frac{c_{1}}{\cos\alpha}\left(\frac{Q_{\max}^{2}}{D_{w}}\right)^{1/3} \tag{7-31}$$

径向载荷作用的滚子轴承(线接触）径向变形位移为：

$$\delta_{r}=\frac{\delta_{\max}}{\cos\alpha}=\frac{c_{2}}{\cos\alpha}\frac{Q_{\max}^{0.9}}{l_{e}^{0.8}} \tag{7-32}$$

如果轴承接触是线接触与点接触混合的情况，则近似采用下面的公式计算轴向和径向变形位移：

$$\delta_{a}=\frac{\delta_{\max}}{\sin\alpha}=\frac{c_{3}}{\sin\alpha}\frac{Q_{\max}^{3/4}}{l_{e}^{1/2}},\delta_{r}=\frac{\delta_{\max}}{\cos\alpha}=\frac{c_{3}}{\cos\alpha}\frac{Q_{\max}^{3/4}}{l_{e}^{1/2}} \tag{7-33}$$

对于钢制轴承，上面的各式中的系数取值列于表 7-2 中。

表 7-2　系数 c 取值

轴承类型	向心及向心推力球轴承 c_1	推力球轴承 c_1	双列向心球面球轴承 c_1	直线接触滚子轴承 c_2	凸度接触滚子轴承 c_3
系数	0.000436	0.000524	0.000698	0.0000768	0.000181

轴承接触区油膜润滑是轴承内的特别重要的接触因素，它对轴承刚度也有一定的影响。因此，在计算接触变形中要考虑油膜厚度大小。利用弹性流体润滑理论分析的结果，弹流油膜中心的无量纲的厚度修正计算模型为[2,3]：

$$\widetilde{H}_{c}=\varphi_{T}\varphi_{S}\overline{H}_{c}$$

式中，φ_T：温度修正系数，φ_S：贫油润滑修正系数，$\overline{H}_c$：接触区中心的无量纲油膜厚度。

这样，具有润滑状态的接触区的总接触变形为：

$$\delta_{T}=\delta_{c}+\widetilde{H}_{c}R_{m}$$

式中，δ_c：赫兹接触变形，R_m：接触区的当量尺寸。

一般来说，接触油膜厚度对接触刚度的影响比较小，在要求不太严格的情况下，往往忽略不计。这样，由轴承刚度的定义 $K_X = \mathrm{d}F_X/\mathrm{d}\delta_X$，可以导出轴承不同方向上的刚度计算公式。一般的，对向心及向心推力点接触类型的轴承，轴向与径向刚度矩阵为：

$$[K_{aa}, K_{rr}] = ZD_W^{1/2}[c_a\delta_a^{1/2}(\sin\alpha)^{5/2}, c_r\delta_r^{1/2}(\cos\alpha)^{5/2}] \tag{7-34}$$

对线接触类型的轴承，轴向与径向刚度矩阵为：

$$[K_{aa}, K_{rr}] = Zl_e^{8/9}[\bar{c}_a\delta_a^{1/9}(\sin\alpha)^{19/9}, \bar{c}_r\delta_r^{1/9}(\cos\alpha)^{19/9}] \tag{7-35}$$

其中，c_a，c_r，$\bar{c}_a$，$\bar{c}_r$ 为系数(见表 7 - 3)。

显然，在上面这些刚度计算公式中，轴承刚度是其变形位移的非线性函数。另外，轴承接触角是采用实际接触角计算。如果不考虑载荷等对接触角的影响，可以采用轴承初始接触角计算轴承刚度，这会引起一定的误差。如果需要更精确的计算结果，需要计及接触角的变化。

具体对于一些钢制轴承，它们的刚度计算方法列于表 7 - 3 中。

表 7 - 3　典型纲制轴承的刚度计算公式

序号	轴承类型	受载方向	刚度计算公式(N/mm)
1	单列向心球轴承	轴向载荷	$K_{aa} = \mathrm{d}F_a/\mathrm{d}\delta_a = 32375\ (\delta_a D_w)^{1/2} Z(\sin\alpha)^{5/2}$
2	单列向心球轴承	径向载荷	$K_{rr} = \mathrm{d}F_r/\mathrm{d}\delta_r = 32375\ (\delta_r D_w)^{1/2} Z(\cos\alpha)^{5/2}$
3	向心推力球轴承	轴向载荷	$K_{aa} = \mathrm{d}F_a/\mathrm{d}\delta_a = 162520\ (\delta_a D_w)^{1/2} Z(\sin\alpha)^{5/2}$
4	双列向心球面球轴承	径向载荷	$K_{rr} = \mathrm{d}F_r/\mathrm{d}\delta_r = 64750\ (\delta_r D_w)^{1/2} Z(\cos\alpha)^{5/2}$
5	双列向心球面球轴承	轴向载荷	$K_{aa} = \mathrm{d}F_a/\mathrm{d}\delta_a = 162520\ (\delta_a D_w)^{1/2} Z(\sin\alpha)^{5/2}$
6	推力球轴承	轴向载荷	$K_{aa} = \mathrm{d}F_a/\mathrm{d}\delta_a = 126500\ (\delta_a D_w)^{1/2} Z(\sin\alpha)^{5/2}$
7	圆锥滚子轴承	轴向载荷	$K_{aa} = \mathrm{d}F_a/\mathrm{d}\delta_a = 41335\delta_a^{1/9} Zl_e^{8/9}(\sin\alpha)^{19/9}$
8	圆柱滚子轴承	径向载荷	$K_{rr} = \mathrm{d}F_r/\mathrm{d}\delta_r = 19467\delta_r^{1/9} Zl_e^{8/9}$

(2) 组合轴承刚度

如果是一组轴承安装在一起时的刚度计算，可以利用弹簧并联和串联刚度的计算方法。例如，假定一组有 M 个轴承组合安装在一个轴上，且受力均匀。每个轴承的径向刚度为 $K_{rr,j}$。此时，按照并联弹簧模型，组合安装的轴承整体径向刚度为：

$$K_{rr,T} = \sum_{j=1}^{M} K_{rr,j} \tag{7-36}$$

若每个轴承的轴向且受力均匀，其轴向刚度为 $K_{aa,j}$。此时，按照串联弹簧模型，组合安装的轴承整体轴向刚度为：

$$K_{aa,T} = 1\Big/\left(\sum_{j=1}^{M} 1/K_{aa,j}\right) \tag{7-37}$$

7.2.3　轴与轴承系统预紧变形刚度

对于角接触轴承，为了使轴承能够正常工作，需要采用预紧安装，也就是在轴承承受外载荷之前就需要对轴承预加载荷，否则轴承的套圈和滚动体工作时有可能脱开(脱载)。这种预加载荷通常是轴向力。它可以提高轴承的刚度，更重要的是提高轴承的工作精度。轴承预紧的方法通常有两种，一种称为定压预紧，它的特点是轴承在工作过程中的预紧力保持不变，另外一种称为定位预紧，它指轴承预紧安装后位置保持不变。预紧安装示意图如图 7-10 所示。定压预紧安装通常可以在一套或多套轴承安装时实现。定位预紧需要在两套及以上轴承安装中实现。这种多套安装使用方法称为配对安装。

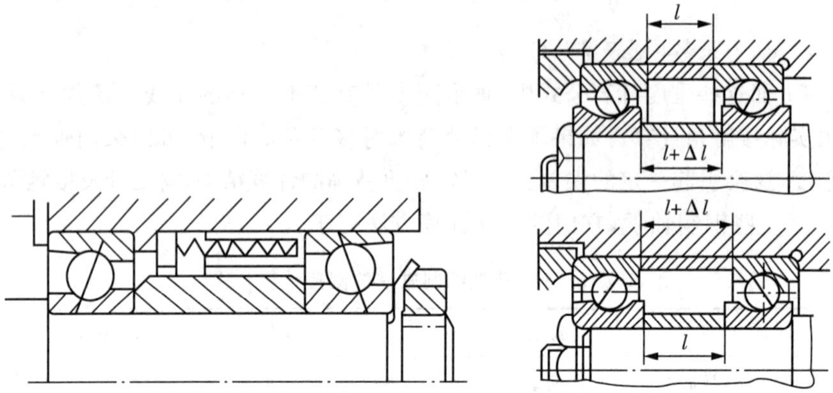

（a）定压预紧　　（b）定位预紧

图 7-10　预紧安装示意图

预紧安装后轴承中就存在预紧力，也称为预紧载荷 F_Y。轴承有了预紧载荷后也就有了预紧刚度。计算方法与外载荷的计算原理一样：

$$K_Y = \mathrm{d}F_Y/\mathrm{d}\delta_Y$$

轴承中存在预紧力后，再施加轴向外载荷 F_a，则轴承上的实际受载会发生改变。

对于定压预紧安装[见图 7-11(a)]，一套轴承受到的真实载荷为外载荷加预紧载荷，另外一套轴承受到预紧载荷，即

$$F_{RP1} = F_Y + F_a \qquad F_{RP2} = F_Y$$

对于定位预紧安装[见图 7-11(b)]，其中一套轴承受到的真实载荷为部分外载荷加上预紧载荷，另外一套轴承受到的真实载荷为部分外载荷减去预紧载荷。

$$F_{RL1} = F_Y + \Delta F_a \qquad F_{RL2} = F_Y - \Delta F_a \qquad F_a = F_{RL1} - F_{RL2}$$

这样，轴承中的刚度要发生明显的变化。图 7-11 给出了这种变化规律。

轴承预紧安装后的工作变形位移为：

$$\delta_{RL1} = \delta_Y + \delta_a \qquad \delta_{RL2} = \delta_Y - \delta_a \qquad 2\delta_Y = \delta_{RL1} + \delta_{RL2}$$

其中，δ_{RL1}，δ_{RL2} 分别为轴承工作变形位移，δ_Y 为轴承预紧变形位移。

从定位预紧的变形规律看出，如果预紧载荷过小，或外载荷过大，仍然会使轴承套圈与滚动体脱载。为了避免出现这种情况，根据实际使用时的载荷大小，对定位预紧给出了最小预紧载荷要求。表 7-4 中列出了最小预紧载荷估计。

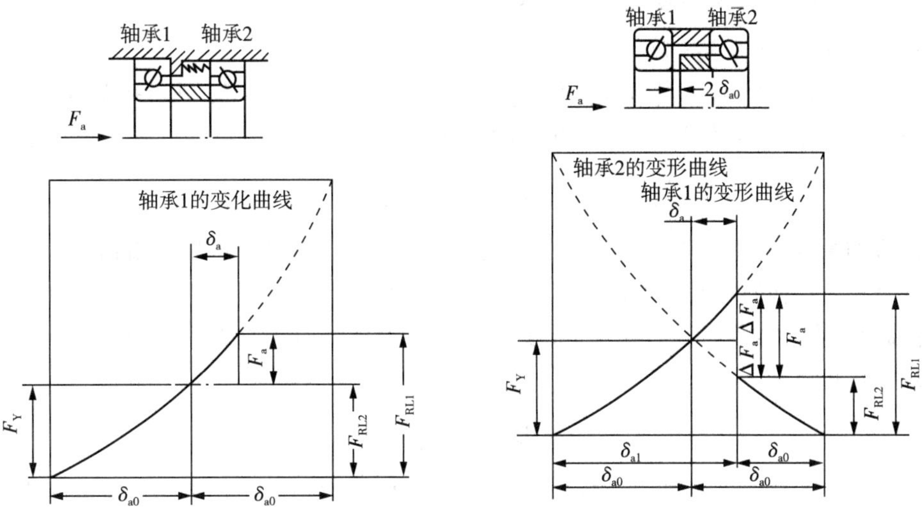

(a) 定压预紧　　(b) 定位预紧

图 7 - 11　轴承预紧安装变形变化

表 7 - 4　定位预紧的最小预紧载荷

轴承类型	受载荷状态	最小预紧载荷 F_{Ymin}
向心推力或角接触推力球轴承	轴向载荷 F_a 作用	$F_{Ymin}=0.35F_a$
	轴向载荷 F_a 与径向载荷 F_r 联合作用	F_{Ymin} $\geqslant \mathrm{Max}\{1.7F_{r1}\tan\alpha_1-0.5F_a \quad 1.7F_{r2}\tan\alpha_2+0.5F\}$
圆锥滚子轴承	轴向载荷 F_a 作用	$F_{Ymin}=0.5F_a$
	轴向载荷 F_a 与径向载荷 F_r 联合作用	F_{Ymin} $\geqslant \mathrm{Max}\{1.9F_{r1}\tan\alpha_1-0.5F_a \quad 1.9F_{r2}\tan\alpha_2+0.5F\}$

如果仅仅考虑轴承受轴向外载荷 F_a 作用，则轴承预紧安装后的工作接触角满足下面的关系：

$$\frac{F_a}{KZ\,(D_w)^2}=\sin\alpha_1\left(\frac{\cos\alpha_0}{\cos\alpha_1}-1\right)^{3/2}-\sin\alpha_2\left(\frac{\cos\alpha_0}{\cos\alpha_2}-1\right)^{3/2} \tag{7-38}$$

其中，α_1，α_2 分别为两个配对轴承工作接触角。

再利用接触力与接触变形位移的关系，上式进一步可以简化为：

$$\frac{2\delta_Y}{\beta_f D_w}=\frac{\sin(\alpha_1-\alpha_0)}{\cos\alpha_1}+\frac{\sin(\alpha_2-\alpha_0)}{\cos\alpha_2} \tag{7-39}$$

其中，δ_Y 为轴承预紧安装的变形位移。

利用上面的各公式可以求解轴承工作接触角 α_1，α_2（迭代法）。而预紧安装引起的接触角 α_Y 和预紧变形位移 δ_Y 又满足下面的关系：

$$\frac{F_Y}{KZ\,(D_w)^2}=\sin\alpha_Y\left(\frac{\cos\alpha_0}{\cos\alpha_Y}-1\right)^{3/2}\qquad \delta_Y=\beta_f D_w\frac{\sin(\alpha_Y-\alpha_0)}{\cos\alpha_Y}$$

7.2.4 轴承变形刚度参数化设计模型

(1) 球轴承的刚度参数设计

从上面的球轴承刚度参数计算过程可以看出,它与轴承的主参数、轴承接触点处的结构参数以及材料力学性能参数等有关。因此,对整个轴承来说,可以建立下面一种泛函关系式:

$$\{K_{rr}, K_{aa}\}^{T} = [KK]\{D_w, Z, d_m, f_i, f_e, \alpha, \widetilde{E}\}^{T} \tag{7-40}$$

式中,左边的量为球轴承的动载荷参数,右边是轴承主参数、接触点处的结构参数以及材料常数,$[KK]$ 是一种轴承刚度参数计算过程的矩阵泛函关系。

对轴承刚度参数作出某些要求(或限制)时,可以对结构参数进行规划设计。采用数学方法表达时,可以写成:

$$\{D_w, Z, d_m, f_i, f_e, \alpha, \widetilde{E}\}^{T} = [KK]_{\max}^{-1}\{[K_{rr}], [K_{aa}]\}^{T} \tag{7-41}$$

其中,$[K_{rr}]$,$[K_{aa}]$ 表示对额定动载荷参数的限制性要求值,它们可以根据情况来挑选。$[KK]_{\max}^{-1}$ 表示泛函矩阵逆向优化运算。可利用第一章中介绍的稳健设计原理方法进行计算机计算。

对于球轴承主参数,通常是使优化刚度参数达到最大值,对应的设计称为优化可靠性设计,而对于接触结构参数,可以是使刚度参数达到稳健的可靠性高值,对应的设计称为稳健的可靠性设计。可利用第一章中介绍的稳健设计原理方法进行计算机计算。

(2) 滚子轴承的刚度参数设计

与球轴承类似,对滚子轴承刚度参数计算过程也可以看出,它与轴承的主参数、轴承接触点处的结构参数以及材料力学性能参数等是密切相关。因此,对整个轴承来说,可以建立下面一种泛函关系式:

$$\{K_{rr}, K_{aa}\}^{T} = [KK]\{D_w, l_e, Z, d_m, \alpha, \widetilde{E}\}^{T} \tag{7-42}$$

式中,左边的量为滚子轴承的刚度参数,右边是与轴承主参数和接触点处的结构参数以及材料常数,$[KK]$ 是一种轴承刚度参数计算过程的矩阵泛函关系。

如果对轴承刚度参数作出某些要求(或限制)时,可以对结构参数进行规划设计。采用数学方法表达时,可以写成:

$$\{D_w, l_e, Z, d_m, \alpha, \widetilde{E}\}^{T} = [KK]_{\max}^{-1}\{[K_{rr}], [K_{aa}]\}^{T} \tag{7-43}$$

其中,$[K_{rr}]$,$[K_{aa}]$ 表示对额定动载荷参数的限制性要求值,它们可以根据情况来挑选。$[KK]_{\max}^{-1}$ 表示泛函矩阵逆向优化运算。

对于滚子轴承主参数,通常是采用优化刚度参数达到最大值,对应的设计称为优化可靠性设计,而对于接触结构参数,可以是使刚度参数达到稳健的高可靠性值,对应的设计称为稳健的可靠性设计。可利用第一章中介绍的稳健设计原理方法进行计算机计算。

例 7-3 针对三点接触球轴承 QJS219,如图 7-12 所示,分析计算轴承刚度参数。

轴承的结构参数为:球中心圆直径 $d_m = 132.5$ mm,球直径 $D_w = 24$ mm,球数量 $Z = 15$,轴承接触角 $\alpha = 35°$。载荷 $F_r = 22$ kN,$F_a = 40$ kN。

根据球轴承的刚度计算模型:

(a) 轴承实物

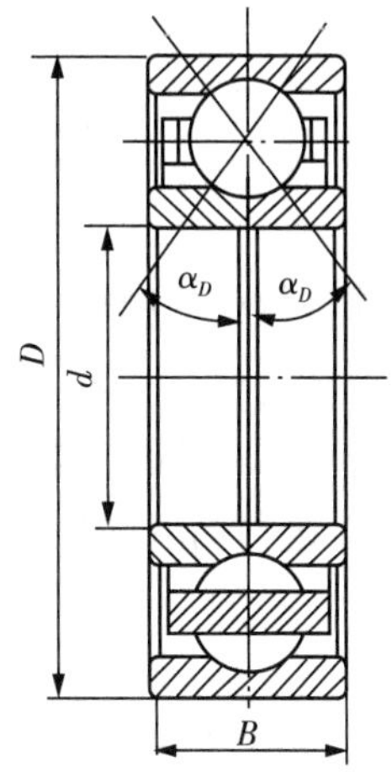

(b) 轴承直径剖面

图 7 - 12　三点角接触球轴承(QJ 系列)

$$[K_{aa}, K_{rr}] = ZD_w^{1/2}[c_a\delta_a^{1/2}(\sin\alpha)^{5/2}, c_r\delta_r^{1/2}(\cos\alpha)^{5/2}]$$

首先计算 $\dfrac{F_r\tan\alpha}{F_a} = \dfrac{22000 \times \tan 35^\circ}{40000} \approx 0.3851$，查表 5 - 1 得到 $J_r(\varepsilon) \approx 0.2135$，$J_a(\varepsilon) \approx 0.5334$。

① 计算轴向载荷作用刚度

$$Q_{max} = \frac{F_a}{ZJ_a(\varepsilon)\sin\alpha} = \frac{40000}{15 \times 0.5334 \times \sin 35^\circ} \approx 8716.144$$

$$\delta_a = \frac{c_2}{\sin\alpha}\left(\frac{Q_{max}^2}{D_w}\right)^{1/3} = \frac{0.0007}{\sin 35^\circ}\left(\frac{8716.144^2}{24}\right)^{1/3} \approx 0.17919(\text{mm})$$

则轴承的轴向刚度为：

$$K_{aa} = 32375(\delta_a D_w)\ 1/2Z\sin^{5/2}\alpha$$

$$= 32375 \times (0.17919 \times 24)^{1/2} \times 15 \times (\sin 35^\circ)^{5/2} \approx 629813(\text{N/mm})$$

② 计算径向载荷作用刚度

$$Q_{max} = \frac{F_r}{ZJ_r(\varepsilon)\cos\alpha} = \frac{22000}{15 \times 0.2135 \times \cos 35^\circ} \approx 8386.273$$

$$\delta_r = \frac{c_1}{\cos\alpha}\left(\frac{Q_{max}^2}{D_w}\right)^{1/3} = \frac{0.00044}{\cos 35^\circ}\left(\frac{8386.273^2}{24}\right)^{1/3} \approx 0.07686(\text{mm})$$

则轴承的径向刚度为：

$$K_{rr} = 32375(\delta_r D_w)^{1/2}Z\cos^{5/2}\alpha$$

$$= 32375 \times (0.07686 \times 24)^{1/2} \times 15 \times (\cos 35^\circ)^{5/2} \approx 400574(\text{N/mm})$$

针对上面的实际算例，如果取最大轴承刚度限制 $[K_{aa}] \leqslant 630000$ N/mm，$[K_{rr}] = 410000$ N/mm 作为稳健的可靠性高值设计，则可通过改变 d_m, f_i, f_e, α 来实现。

7.3 轴承摩擦学特征参数化设计方法

7.3.1 球轴承中的摩擦机理分析

(1) 球与滚道间的法向力

一般情况下，球轴承的接触在弹性极限内，其接触面的投影形状为椭圆形，球与滚道之间的法向接触力 Q 与两者弹性趋近量 δ 满足前面章节介绍的赫兹弹性接触理论计算公式：

$$Q=K_{\mathrm{H}}\delta^{3/2} \tag{7-44}$$

式中，$K_{\mathrm{H}}=\frac{2\pi}{3}\tilde{E}\left(\frac{2\Pi(e)R}{(1-e^2)\Gamma^3(e)}\right)^{1/2}$，$\tilde{E}=\left(\frac{1-\nu_{\mathrm{b}}^2}{E_{\mathrm{b}}}+\frac{1-\nu_{\mathrm{t}}^2}{E_{\mathrm{t}}}\right)^{-1}$，$E_{\mathrm{b}}$，$E_{\mathrm{t}}$ 分别为钢球和套圈的弹性模量；ν_{b}，ν_{t} 分别为钢球和套圈的泊松比。

$\Gamma(e)$，$\Pi(e)$ 为第一、二类完全椭圆积分；$e=\sqrt{1-(1/k)^2}$，$k=a/b$，为接触椭圆长短轴之比。

$R=(R_{\xi}^{-1}\pm R_{\eta}^{-1})^{-1}$，$R_{\xi}$，$R_{\eta}$ 分别为长、短轴方向的接触面的当量曲率半径；$R_{\xi}^{-1}=\frac{2}{(1+i\gamma)D_{\mathrm{W}}}$，（对外圈 $i=1$，对内圈 $i=-1$）；$R_{\eta}^{-1}=\left(2-\frac{1}{f}\right)\Big/D_{\mathrm{W}}$；$\gamma=D_{\mathrm{W}}\cos\alpha/d_{\mathrm{w}}$；$f$ 为套圈沟道曲率系数；α 为工作接触角。

Γ，Π，k 的近似计算式如下：

$$k\approx(R_{\eta}/R_{\xi})^{2/\pi} \qquad \Gamma(e)\approx\frac{\pi}{2}+\left(\frac{\pi}{2}-1\right)\ln\left(\frac{R_{\eta}}{R_{\xi}}\right) \qquad \Pi(e)\approx1+\left(\frac{\pi}{2}-1\right)\Big/\left(\frac{R_{\eta}}{R_{\xi}}\right)$$

接触椭圆的长、短半轴及最大接触应力为：

$$a=\left(\frac{6k^2\Pi}{\pi}\frac{QR}{\tilde{E}}\right)^{1/3} \qquad b=\left(\frac{6\Pi}{\pi k}\frac{QR}{\tilde{E}}\right)^{1/3} \qquad p_0=\frac{3Q}{2\pi ab}$$

式中，接触力 Q，在内滚道上应该采用内滚道的参数，$Q_{ij}=K_{ij}\delta_{ij}^{3/2}$，而外滚道接触力计算要采用外滚道参数计算，$Q_{ej}=K_{ej}\delta_{ej}^{3/2}$。

(2) 球与滚道间摩擦力

在计算接触面上的摩擦拖动力时，将接触面沿长轴方向分割成条，每条近似地看作线接触（见图 7-13），对于第 m 条接触部分，接触区的尺寸为：

$$\eta_m=\frac{2a}{M}\left(m-\frac{M+1}{2}\right) \qquad a_m=\frac{a}{m}$$

$$b_m=b\sqrt{1-\left(\frac{\eta_m}{a}\right)^2}$$

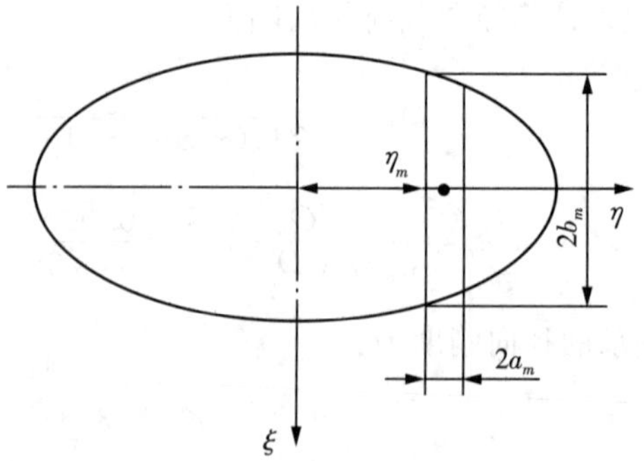

图 7-13 接触面分割视图

其中，a，b 为接触区域椭圆半轴长度，M 为划分的总条数，$m=1,2,3,\cdots,M$。

窄条上法向负荷为：

$$Q_m=\frac{1}{2}\pi p_m b_m\cdot(2a_m)=\pi p_m a_m b_m$$

式中，p_m 为窄条中心的压力，满足下式：

$$p_m=p_0\sqrt{1-\frac{\eta_m}{a}}$$

利用每一条窄条上的 p_m，Q_m 以及 u_m，u_{sm} 可以求得窄条上的摩擦拖动力 $T_{\xi m}$，$T_{\eta m}$。

每个条上的接触表面的摩擦拖动力 T 为库伦摩擦力和油膜摩擦力之和，即

$$T=T_a+T_f=\mu_a Q_a+\mu_f(Q-Q_a) \tag{7-45}$$

式中，μ_a 为凸峰接触的边界摩擦系数，一般取 $\mu_a=0.1\sim0.12$；μ_f 为油膜拖动系数；Q_a 为凸峰所承受的总负荷，N。

接触面上的总拖动力，最后由全部条上的施动力分量名成得到：

$$T_\xi=\sum_{m=1}^{M}T_{\xi m}\qquad T_\eta=\sum_{m=1}^{M}T_{\eta m} \tag{7-46}$$

式(7-45)中的相对油膜拖动系数 μ_r、相对滑动速度 X 定义为：

$$\mu_r=\mu_f/\mu^*\qquad X=u_s/u_s^*$$

其中，u_s^* 为拖动系数最大为 μ^* 时的滑动速度，一般情况下 $u_s^*=3\mu_{sc}$；u_{sc} 为拖动曲线线性部分的延长线与水平渐近线交点所对应的滑动速度。

μ_r-X 的关系如图 7-14，图中的曲线可以表示如下：

$$\begin{aligned}&\mu_r=\frac{(\mu_r)_B}{X_B}\cdot X,X\leqslant X_B\\&\mu_r=(\mu_r)_B+\frac{[1-(\mu_r)_B](X-X_B)\,(\mu_r)_B}{[1-(\mu_r)_B]X_B+(\mu_r)_B(X-X_B)},\qquad X>X_B\end{aligned} \tag{7-47}$$

参数 X_B，$(\mu_r)_B$ 为曲线的线性部分与非线性部分的分界点，在该点上面的拟合公式存在一阶连续导数。

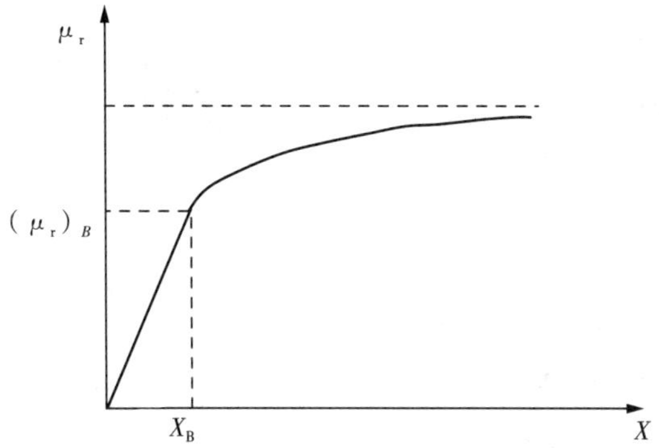

图 7-14　相对拖动系数

最大拖动系数及对应的滑动速度为：

$$\mu^* = C_1 \left(\frac{p_0 \times 145.038}{1000}\right)^{-1.14} \left(\frac{p_0}{p_1}\right)^{0.61A_i} \eta^{0.59} \left(\frac{u}{25.4}\right)^{(0.48-0.61\lambda)} \left(\frac{h \times 10^6}{25.4}\right)^{-0.54} \tag{7-48}$$

$$u_s^* = C_2 \left(\frac{p_0 \times 145.038}{1000}\right)^{-0.14} \left(\frac{p_1}{p_0}\right)^{0.4A_i} \eta^{-1.1} \left(\frac{u}{25.4}\right)^{(0.4\lambda-0.09)} \left(\frac{h \times 10^6}{25.5}\right)^{0.55} \tag{7-49}$$

式中，λ，A_1，A_2，C_1，C_2，p_1 均为润滑剂的拖动常数，可从表 7-5 中查取。p_0 为最大接触压力；η 为润滑剂黏度；u 为滚动速度；h 为油膜厚度。

当 $p_0 < p_1$ 时，$A_i = A_1$；当 $p_0 > p_1$ 时，$A_i = A_2$。

计算弹流油膜拖动系数的步骤如下：

① 计算给定温度时的黏度 η；(2) 求出 p_0，h，u，然后计算 μ^*，u_s^*；(3) 计算 X 和 μ_r 的值；(4) 最后计算 μ_f 的值。

表 7-5 润滑剂的拖动常数

牌号	λ	A_1	A_2	p_1	C_1	C_2	$(\mu_r)_B$	X_B
MIL-L-7908G	0.94	4.08	1.48	1.172×10^3	19.6	39.0	0.68	0.25
MIL-L-23699	0.93	9.88	3.44	1.517×10^3	10.4	49.3	0.68	0.25
Mineral Oil	0.3	3.42	2.14	1.035×10^3	1.8	115.9	0.65	0.10
C-Ether	0.7	3.29	1.50	1.172×10^3	29.2	9.6	0.65	0.15

(3) 球与滚道接触入口区的摩擦力

由于表面间相互运动，在钢球与滚道接触处，润滑油会不断带入接触区，同时又被部分挤出，开始发生接触变形，这样就形成了一个弹流入口区。如图 7-15 所示。在弹流入口区，润滑剂由于泵吸作用被吸入接触区，因此将沿表面对物体产生摩擦力。

入口区动压效应产生的压力 F_1，F_2 分别作用于两物体的曲率中心，在 Z 方向的分量与动压油膜所承担的那一部分接触负荷 Q'（很小的一部分）平衡。

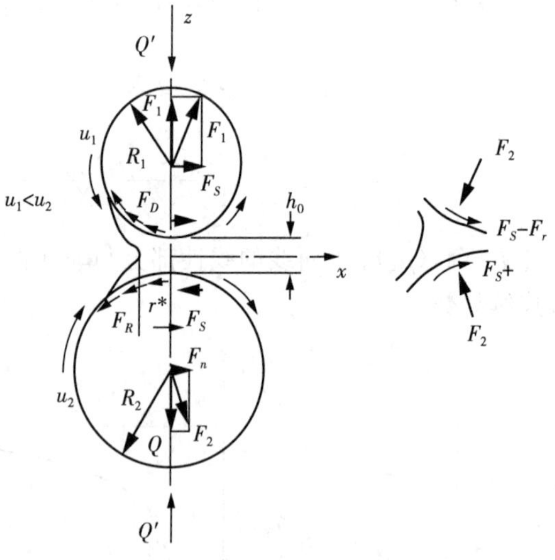

图 7-15 接触入口区摩擦力模型

入口区泵吸力由滚动分量 F_R 和滑动分量 F_S 组成，F_R 的方向总是与滚动方向相反，F_S 作用在两物体上的方向相反，并且使低速物体有加速趋势，使高速物体有减速趋势。

泵吸力的滚动分量：

$$F_{Rx}=\frac{1}{2}C_0F_R\cos\gamma$$

$$F_{Ry}=\frac{1}{2}C_0F_R\sin\gamma\ (R_x/R_y)^{1/2}$$

泵吸力的滑动分量：

$$F_{Sx}=F_S\eta u_{sx}\ (R_xR_y)^{1/2}\times10^{-9})$$

$$F_{Sy}=F_S\eta u_{sy}\ (R_xR_y)^{1/2}\times10^{-9})$$

动压力的分量：

$$F_{nx}=C_0F_R\frac{R_x}{r}\cos\gamma$$

$$F_{ny}=C_0F_R\frac{R_y}{r}\ (R_x/R_y)^{1/2}\sin\gamma$$

$$C_0=\eta u_x\ (R_xR_y)^{1/2}\ \left[(3+2k)^{-2}+(u_y/u_x)^2\ (3+2k^{-1})^{-2}k^{-1}\right]^{1/2}\times10^{-9}$$

$$\gamma=\mathrm{arctg}\left(\frac{3+2k}{k^{1/2}(3+2k^{-1})}\frac{u_y}{u_x}\right)\qquad k=\frac{R_x}{R_y}$$

以上各式中，对于球来说，r 是球半径；对于套圈来说，r 是滚道半径(ξ 方向）或沟曲率半径(η 方向)。R_x，R_y 为接触面的等效由率半径，u_y，u_x 为接触面的线速度。

F_R，F_S 为无纲量的力，它们是无纲量新月线距离 ρ_1 的函数：

$$\rho_1=\frac{r^*}{(2hR_x)^{1/2}}\left(\cos^2\gamma+\frac{1}{k}\sin^2\gamma\right)^{1/2}$$

对于球与滚道接触的情况，

$$F_R=\begin{cases}28.59\ln\rho_1-10.1 & \rho_1\leqslant5\\ 36.57\ln\rho_1-22.85 & \rho_1>5\end{cases}\tag{7-50}$$

考虑到球与滚道之间的滑动较小，且此处为弹流润滑，F_S 可忽略不计。

(4) 球与保持架间的摩擦作用力

球与保持架兜孔间的作用力由以下几部分组成：球与保持架兜孔位移差引起的作用力、球与兜孔之间的流体阻力、由于保持架转速与球公转角速度不一致而引起的碰撞力等。对于球与保持架兜孔位移差引起的作用力，本章采用速度控制模型，它能较好地模拟球与保持架间的相互作用。对于球与保持架兜孔间的碰撞力，由于它与球的法向力相比很小，对球运动状态的影响可以忽略不记，因此在球的受力分析中不考虑这部分力。

速度控制模型的主要构想：球与保持架间法向作用力与其中心距成比例，中心距由相邻球的公转速度和保持架的速度差来决定。保持架的转速取所有球的公转速度的平均值。

根据这一思想建立下面的计算模型：

法向作用力：

$$F_{c\theta}=K_c\Delta_C^k\tag{7-51}$$

切向摩擦作用力：

$$F_{cr}=\mu F_{c\theta} \tag{7-52}$$

式中，Δ_C^k 为第 k 个球与兜孔间中心距；K_c 为系数。

Δ_C^k，K_c，μ 的计算式如下：

$$\Delta_C^k=\frac{\pi d_m}{Z}\sum_{j=2}^{k}\left[\frac{\omega_{mj}+\omega_{mj-1}}{2\omega_c}-1\right]-\Delta'_C-\Delta y\cos\varphi_k+\Delta x\sin\varphi_k \tag{7-53}$$

$$K_c=2\times 67/C_s \qquad \mu=\sqrt{\frac{\eta_0 uL}{2F_{c\theta}}}$$

式中，$\omega_c=\frac{1}{Z}\sum_{j=1}^{Z}\omega_{mj}$，$\Delta'_C$ 为保持架第一兜孔与球中心距；Δx，Δy 为保持架质心位移；C_s 为保持架兜孔间隙；u 为球的自转线速度。

对于钢球与保持架的接触：

$$F_R=34.74\ln\rho_1-27.60 \qquad F_S=0.26F_R+10.90$$

此时，油膜破裂距离可以取 $\rho_1=0.25D_w$。

上面的计算，需要考虑中心距及速度符号。当球中心超越兜孔中心时，球受到保持架阻力，相反则受到保持架的推力。摩擦力的方向与滑动速度方向相反。摩擦力矩方向则由力的方向来决定。

(5) 油气对球的摩擦阻力

钢球在高速公转的过程中，通过充满油气混合物的空间时，产生搅拌阻力，阻力的大小为：

$$F_d=\frac{\pi\rho_e C_d D_w^2\,(d_m\omega_m)^2}{32}\times 10^{-9} \tag{7-54}$$

式中，ρ_e 为油气混合物的有效密度，$\rho_e=\xi\cdot\rho_t$（ξ 为轴承空间内油的百分比；ρ_t 为工作温度下油的密度）；ω_m 为钢球公转角速度。C_d 为油气混合物的阻力系数，与雷诺数 Re 有关，具体见表 7-6。

$$Re=\frac{\rho_e UL}{\eta}$$

式中，U 为特征速度（mm/s），$U=0.5d_m\omega_0$（d_m 为轴承节圆直径）；L 为特征尺寸，即球径（mm）。

表 7-6　阻力系数值

Re	C_d
0.1	275.00
1	30.00
10	4.20

（续表）

Re	C_d
10^2	1.20
10^3	0.48
10^4	0.40
10^5	0.45
2×10^5	0.40
3×10^5	0.10
4×10^5	0.09
5×10^5	0.09
10^6	0.09

7.3.2　滚子轴承中的摩擦机理分析

(1) 滚子与滚道间的法向接触力

滚子轴承中的滚动体与滚道间的接触通常是线接触或者修正线接触。对于这类接触，压力的计算采用近似的计算公式，即前面章节介绍的 Hertz 公式和 Palmgren 公式。

对于理想线接触，接触压力为：

$$Q=K_Q l_e^{\frac{8}{9}}\delta_e^{\frac{10}{9}}$$

式中，K_Q 为接触力系数，l_e 为滚子有效接触长度，δ_e 为滚子接触变形。

考虑单位长度上的接触压力则有：

$$q=\frac{Q}{l_e}=K_Q\left(\frac{\delta_e^{10}}{l_e}\right)^{\frac{1}{9}}$$

而最大接触压应力和接触区宽度分别为

$$p_0=2q/(\pi b),b=\sqrt{4q/(\pi\widetilde{E}\sum\rho)}$$

式中，$\widetilde{E}=1\Big/\left(\frac{1-\nu_1^2}{E_1}+\frac{1-\nu_2^2}{E_2}\right)$ 为等效弹性模量，$\sum\rho$ 为接触面主曲率之和。

对于修正线接触与对数母线接触情况，采用下面公式计算接触压力：

$$q=\frac{\pi}{4}\widetilde{E}\delta_e/(\ln\frac{l_e}{2b}+1.8864)$$

在上面的计算公式中，当已知接触变形后即可计算接触压力，而变形又应满足轴承整体变形协调条件。另外，当滚子或滚道带有凸度后接触区的曲率发生变化，或滚子与套圈发生相对倾斜后，沿滚子母线上的变形也是变化的，此时不能直接应用上面的公式。通常的做法是将滚子、滚道划分为有限个小圆片段来考虑，在每个小片段上采用上面各式进行分析。

滚子或滚道带有凸度后，或出现相对倾斜后，沿母线上的接触变形及接触长度可按下面几种情况分别计算。

① 理想线接触

接触变形：

$$\delta_e = \delta_c + z\mathrm{tg}\alpha_\theta$$

接触区长：

$$l = l_e$$

式中，δ_c 为接触区中心处的变形；z 为坐标值；α_θ 为滚子与滚道相对倾角；le 为有效接触长度。

此时，滚子与滚道之间不能发生相对倾斜，否则会产生过大的应力集中。

② 修缘母线接触

当滚子两端采用圆弧修缘时，滚子具有凸度，凸度变形值为：

$$\delta_e = \begin{cases} \delta_c + z\mathrm{tg}\alpha_\theta, & |z| \leqslant l_F/2 \\ \delta_c + \sqrt{R_c^2 - (z - H\sin\alpha_\theta)^2} - H\cos\alpha_\theta, & |z| > l_F/2 \end{cases}$$

接触区长度为：

$$l = 2\sqrt{R_c^2 - (H\cos\alpha_\theta - \delta_c)^2}, H = \sqrt{R_c^2 - L_F^2/4}$$

式中，R_c 为圆弧半径；l_F 为直母线长。

③ 对数母线接触

此时，接触压力分布趋于均匀，是最佳的情况。凸度变形值为：

$$\delta_e = \delta_c + z\mathrm{tg}\alpha_\theta + \delta_k \ln[1 - (2z/l_e)^2]$$

接触区长度为：

$$l = \frac{l_e^2}{4k}(\mathrm{tg}\alpha_\theta + \sqrt{\mathrm{tg}^2\alpha_\theta + \frac{16\delta_k}{l_e{}^2}\delta_c})$$

式中，δ_k 为接触变形。

(2) 滚子与滚道间的接触摩擦力

假定摩擦力是由滚子与滚道接触区上存在差动滑动所引起的。此摩擦力有时是一种动力，驱动滚子运动，有时又是一种阻力，阻止滚子运动。这主要取决于表面相对滑动速度方向。滚道摩擦力的特性与润滑膜厚及表面粗糙度有关。目前通常认为当最小油膜厚度与表面综合粗糙度的比值 $\Lambda = h_{\min}/\sigma < 0.4$ 时，摩擦为干摩擦；当 $\Lambda = h_{\min}/\sigma > 3$ 时，为全弹流摩擦；当 $0.4 \leqslant \Lambda = h_{\min}/\sigma \leqslant 3$ 时，为混合摩擦。根据这一规律，滚子与滚道间的接触摩擦力可由下式计算：

$$T_e = \mu_a Q_a + \mu_e (Q - Q_a) \tag{7-55}$$

式中 Q_a 为粗糙微凸体承受的法向量；Q 为总法向力；μ_a 为干摩擦系数；μ_e 为弹流摩擦系数。上式中各量的计算模型如下。

① 干摩擦系数

当接触面的油膜润滑参数 $\Lambda < 3$ 时，会发生表面微凸体相互接触，这时存在部分干摩擦。干摩擦力的大小与微凸体承受的载荷及摩擦系数有关。微凸体承载力由下式计算：

$$Q_a = \frac{\widetilde{E}}{4\pi^2} S\sigma_\theta I(\Lambda) \tag{7-56}$$

式中，S 为接触区面积；σ_θ 为微凸体坡角的均方根值。

$$I(\Lambda) = 2.31e^{-1.84\Lambda} + 0.1175(\Lambda - 0.4)^{0.6}(2 - \Lambda)^2, 0.4 \leqslant \Lambda \leqslant 2$$

$$I(\Lambda) = 17e^{-2.84\Lambda} + 1.44 \times 10^{-4}(\Lambda - 2)^{1.1}(4 - \Lambda)^{7.8}, \Lambda > 2$$

当 $\Lambda \leqslant 0.4$ 时，取 $Q_a = Q$；当 $\Lambda > 3$ 时，取 $Q_a = 0$。

干摩擦系数 μ_a 通常取为常数。但在滑动速度较小时 μ_a 会随滑动速度变化，其规律亦可用下式来描述：

$$\mu_a = \begin{cases} 132\mu_0 \dfrac{V_S}{V_p}, & \dfrac{V_S}{V_p} \leqslant 0.005 \\ \mu_0\left(0.66 + \dfrac{0.2244V_S/V_p - 1.122 \times 10^{-3}}{0.66V_S/V_p - 1.6 \times 10^{-3}}\right), & \dfrac{V_S}{V_p} > 0.005 \end{cases} \tag{7-57}$$

式中，μ_0 为系数，常取 0.1 ～ 0.2；V_s 为接触面滑动速度；V_p 为接触面卷吸速度。

在滚道摩擦力的计算过程中，需要计算接触面间的相对滑动速度，而滚子与滚道的相对滑动速度沿轴向一般是不均匀的，因此实际计算时应沿轴向分段计算。另外，摩擦力的方向与滑动方向相反，分段考虑后，总摩擦力应是各段上的摩擦力的代数和。总摩擦力矩亦为各段摩擦力乘以半径的代数和。

② 弹流摩擦系数

弹流摩擦系数 μ_e 的变化规律采用下面的函数关系来描述：

$$\mu_e = \begin{cases} \dfrac{\mu^* \mu_B}{V_B} \dfrac{V_S}{V_S^*}, & \dfrac{V_S}{V_S^*} \leqslant V_B \\ \mu^* \mu_B \left[1 + \dfrac{(1-\mu_B)(V_S/V_S^* - V_B)}{(1-\mu_B)V_B + \mu_B(V_S/V_S^* - V_B)}\right], & \dfrac{V_S}{V_S^*} > V_B \end{cases} \tag{7-58}$$

式中，

$$\mu^* = C_1\left(\frac{p_0}{6.895}\right)^{-1.14}\left(\frac{p_0}{p_1}\right)^{0.61A_K}(\eta_0)^{0.59}\left|\frac{V_p}{25.4}\right|^{0.48-0.61\lambda}\left(\frac{h_c \times 10^6}{25.4}\right)^{-0.45}$$

$$V_S^* = C_2\left(\frac{p_0}{6.895}\right)^{-0.14}\left(\frac{p_0}{p_1}\right)^{-0.4A_K}(\eta_0)^{-1.1}\left|\frac{V_p}{25.4}\right|^{0.4\lambda-0.09}\left(\frac{h_c \times 10^6}{25.4}\right)^{0.55}$$

p_0 为 Hertz 接触压力；p_1 为压力；V_p 为接触面卷吸速度；V_S 为接触面滑动速度；h_c 为接触中心油膜厚度；η_0 为油膜动力黏度。C_1，C_2，A_k，V_B，μ_B，λ 均为系数，且：

$$A_k = \begin{cases} A_1, p_0 \leqslant p_1 \\ A_2, p_0 > p_1 \end{cases}$$

以上系数值与油品特性有关。目前常用的几种航空润滑油的参数值可以查到。综合上面的分析，弹流摩擦系数的计算步骤如下：

① 在给定的条件下计算：$p_0, V_p, V_S, h_c, \eta_0$；

② 根据油品的性质确定各系数的值：$A_k, C_1, C_2, V_B, \mu_B, \lambda$；

③ 计算：μ^*, V_S^*；

④ 根据 V_S/V_S^* 的值求 μ_e。

(3) 滚子与沟道接触入口区摩擦力

由于表面相互运动，在滚子与滚道接触处，润滑油会不断被带入接触区，同时又被部分挤出，开始发生接触变形，这样就形成了一个弹流润滑入口区，如图7-16所示。这个入口区堆积的润滑油会对滚子产生作用力，弹性变形也会产生滚动摩擦。将流体的作用力简化为一个法向合力和一个泵吸力。法向力作用在滚子中心，泵吸力作用在滚子表面上。这些力的大小与接触面的曲率、速度、润滑油、膜厚等有关，另外还与油膜破裂区尺寸有关。这些作用力十分复杂，目前只能采用一些简单的方法进行分析。

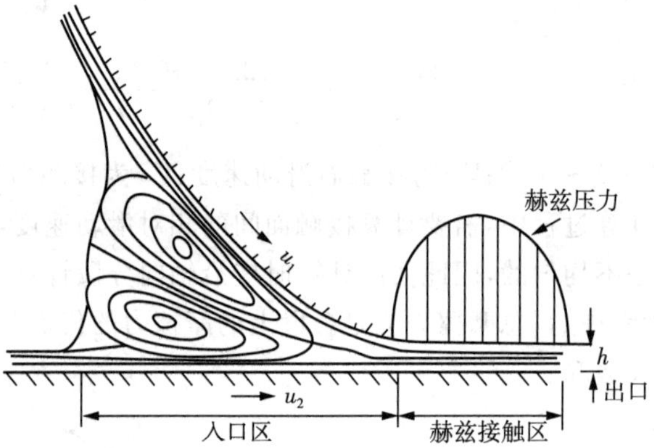

图7-16 接触入口区弹流润滑流动放大模型

① 法向合力

此力可以分解为沿运动方向和垂直运动方向两个分力，垂直分力不影响滚子的运动。沿运动方向的分力为：

$$F_{n1} = 2R_2 l_e \xi \eta_0 V_p R^{1/2} / [h_c^{1/2}(R_1 + R_2)] \tag{7-59}$$

式中，$R = 1/(1/R_1 + 1/R_2)$，R_1 为滚子半径；R_2 为滚道半径；l_e 为滚子有效接触长度；ξ 为系数。

② 泵吸力

泵吸力可分解为滚动分力和滑动分力。

滚动分力：

$$F_R = -le\xi\eta_0 V_p (R/h_c)^{1/2} \tag{7-60}$$

滑动分力：

$$F_S = \overline{B}_0 \frac{l_e R}{2\alpha} \frac{V_S}{V_p} \left[\frac{2\eta_0 V_p \alpha}{R}\right]^{2/3} \tag{7-61}$$

式中，α 为压黏系数，系数 ξ 及 $\bar{B}_0$ 的值与 r^*（油膜破裂区的尺寸）有关，表 7-7 中给出了它们的值。

在计算入口区油膜力时，需要注意接触面上的速度方向。当两接触面速度方向相反时，入口区流体阻力可能不存在，当两速度同向时，F_n，F_S 的方向与速度大的同向，F_R 与线速度反向。

表 7-7　系数 ξ 及 $\bar{B}_0$ 的值

$X_0 = r^* / (Rh_c)^{\frac{1}{2}}$	ξ	$\bar{B}_0$
0	0	
0.954	0.11	3.22
1.38	0.25	2.92
2.245	0.81	2.94
∞	4.6	3.41

③ 弹性变形滞后引起的滚动摩擦

当滚动体受载并滚过滚道时，接触面下面的材料会不断地产生变形又恢复，但变形不能立即恢复而出现弹性滞后损失，这就产生了滚动摩擦阻力。滚动摩擦阻力矩可以用弹性变形能来计算。摩擦阻力矩的计算式为：

$$M_R = \frac{4\alpha_n l_e^2 q}{3\pi R}\sqrt{\frac{2qR}{\pi\tilde{E}}} \tag{7-62}$$

式中，α_n 为比例系数；q 为单位长度接触载荷；R 为接触面等效半径；$\tilde{E}$ 为等效弹性模量。以上所确定的入口区作用力合成为滚子中心力和力矩后分别为：

$$T_{1r} = F_{n1} r^* / R_1$$

$$T_{1\theta} = F_n + F_S$$

$$M_{\theta Z} = (F_S - F_R)R_1 - M_R$$

(4) 滚子搅拌摩擦阻力

在高速运动情况下，由于轴承空腔中存在润滑液体或油气，滚动体运动时会受到润滑液体或气体的阻力，即搅拌阻力。这种阻力比较明显，必须加以考虑。此力的大小与滚动体的公转速度、润滑油的粘度、滚动体的形状等因素有关。

搅拌阻力的计算式为：

$$F_D = \frac{\rho_e A_V C_D}{8}(d_m \omega_m)^2 \tag{7-63}$$

式中，ρ_e 为油气的密度；A_V 为滚子迎流面积；C_D 为搅拌系数；d_m 为轴承节圆直径；ω_m 为滚子公转速度。搅拌系数 C_D 与滚子的雷诺数有关，可由表 7-8 中的公式进行近似计算。

表 7-8　搅拌系数 C_D

$Re = ud/\upsilon$	C_D
$\leqslant 10^3$	$0.473(\lg Re + 1)^{-1/3} + 9.527(\lg Re + 1)^{-1.8}$
$\leqslant 10^4$	$1 + 0.2(\lg Re - 3)$
$\leqslant 2\times 10^5$	1.2
$\leqslant 5\times 10^5$	$1.8 - 0.3\times 10^{-5} Re$
$> 5\times 10^5$	0.3

上表中，Re 为雷诺数；u 为特征速度；d 为特征尺寸；υ 为油的运动黏度。

上面的 C_D 的计算式针对无限长圆柱体而言的，对于有限长滚子需要进行长度修正。

$$\bar{C}_D = \xi C_D$$

式中，$\xi = 0.525 + 1.667\lg(1/D_W)$，$D_W$ 为滚子直径。

在有油气存在的情况下，轴承腔中的润滑油的密度较低。常采用下式计算油的有效密度：

$$\rho_e = \zeta\rho_0$$

式中，ρ_0 为润滑油的密度；ζ 为油气比例系数。

除了滚子迎流阻力外，滚子端部也会存在阻力矩，其大小为：

$$M_{DZ} = \frac{1}{2}C_e\rho_e\omega_Z^2\left(\frac{D_W}{2}\right)^5 \tag{7-64}$$

$$C_e = \begin{cases} 0.387/R_e^{1/2}, R_e \leqslant 3\times 10^5 \\ 0.146/R_e^{1/5}, R_e > 3\times 10^5 \end{cases}$$

式中，$R_e = D_W^2\omega_Z/(4\upsilon)$（$\omega_Z$ 为滚子自转角速度；D_W 为滚子直径；υ 为油的运动粘度）。

(5) 滚子与挡边间的作用力

向心滚子轴承通常不承受轴向载荷，但滚子在运转过程中可能会发生歪斜。因此滚子端部会与挡边发生接触，产生接触压力和摩擦力。这种作用力按照点接触公式计算如下：

接触压力：

$$F_{ez} = \frac{\pi k\widetilde{E}}{3}\left[\left(\frac{\delta}{\Gamma(e)}\right)^3 (2R_{eff}\Pi(e))\right]^{1/2} \tag{7-65}$$

式中，$k = 1.0339\,(R_y/R_x)^{0.636}$，$R_{eff} = 1\Big/\left(\dfrac{1}{R_x} + \dfrac{1}{R_y}\right)$

$\Pi(e) \approx 1.0003 + \dfrac{0.5968}{R_y/R_x}$，$\Gamma(e) \approx 1.5277 + 0.6023\ln(R_y/R_x)$。

摩擦力：

$$F_{e\theta} = \mu F_{ez} + F_G \tag{7-66}$$

$$F_G = \rho_e \upsilon(\omega_{i(o)} - \omega_m)\frac{4}{3}\frac{R_0}{c_a}h_f\sqrt{(D_W/2)^2 - (D_W/2 - h_f)^2} \tag{7-67}$$

摩擦力矩：

$$\begin{cases} M_{ez} = \left(\dfrac{D_W}{2} - he\right)F_{e\theta} + M_G \\ M_{er} = F_{ez}l_e\sin\beta \\ M_{e\theta} = F_{ez}l_e\sin\alpha_\theta \end{cases} \tag{7-68}$$

$$M_G = F_G\left(\frac{D_W}{2} - \frac{h_f}{2}\right) \tag{7-69}$$

上面各式中，μ 为摩擦系数；he 为挡边接触点高度；l_e 为滚子有效长度；R_x，R_y 为接触点等效曲率半径；β 为滚子歪斜角；α_θ 为滚子倾斜角；R_0 为挡边接触点半径；υ 为油的运动黏度；h_f 为挡边高度。

套圈挡边接触变形量计算如下：

① 对于斜挡边与球形端面接触情况

$$\delta = (R_p - l_p/2)(1 - \cos\beta) - c_a/2 > 0$$

式中，$R_p = (R_s^2 - (X_p - T_x)^2)^{1/2}$，$l_p = l - 2(Y_pD_1/2)\text{tg}\theta_f$

$$X_p = T_x - D_S\sin\theta_f，Y_p = T_y\left(1 - \frac{D_S\sin\theta_f}{\sqrt{T_x^2 + T_y^2}}\right)，Z_p = (T_x - D\sin\theta_f)\text{tg}\theta_f + c，$$

$$c = \frac{l_p}{2} - \frac{D_1}{2}\text{tg}\theta_f，T_x = \frac{1}{2}(D_1 - D_W)，T_z = R_S - \frac{l_p}{2}，S = \frac{2\sin^2\theta_f}{\cos\theta_f}\sqrt{J}，$$

$$D_S = [-S \pm (S^2 - 4HJ)^{1/2}]/(2H)，H = \text{tg}^2\theta_f - 1，J = [(T_z - c) - T_x\text{tg}\theta_f]^2$$

D_1 为滚道直径；c_a 为轴向游隙；θ_f 为挡边倾角；R_S 为滚子球端半径。

② 对于直挡边与平端面接触情况

$$\delta = \frac{H}{2}\left[\cos\left(\frac{\pi}{4} - |\beta|\right) - \cos\frac{\pi}{4}\right] - c_a/2$$

式中，$H = \sqrt{l^2 + d_S^2}$，$\left(d_S = D_B\sqrt{\dfrac{2(h_e - r_B)}{D_B/2} - \dfrac{(h_e - r_B)^2}{(D_B/2)^2}}\right.$，其中，$D_B$ 为滚子端面直径；r_B 为滚子倒角；h_e 为接触点高)。

7.3.3　轴承中的综合摩擦力矩

从上面滚动轴承中的局部摩擦机理分析可以看出，轴承中的摩擦是一种比较复杂的现象，它包括接触表面的滑动摩擦、滚动摩擦以及润滑流体的搅动摩擦。对不同类型的轴承，出现的摩擦也不相同。滚动轴承中的摩擦研究分为微观研究和宏观计算。从微观上分析摩擦需要考虑接触表面的特性，理论上比较复杂。

从综合角度研究，滚动轴承的摩擦表现为摩擦力矩。因此，工程上通常是从宏观上来计算轴承摩擦力矩。轴承的摩擦力矩又分为启动摩擦力矩和运转摩擦力矩。由于理论分析比较复杂，通常采用试验获得的近似公式计算轴承摩擦力矩，其中比较著名的是由 Palmgren

提出的轴承摩擦力矩经验公式。下面主要介绍轴承运转中的宏观运转摩擦力矩的估计方法。

一般的轴承中的综合摩擦力矩采用下面的公式估计：

$$M_T = M_l + M_\nu + M_f \tag{7-70}$$

其中，M_l 为载荷引起的摩擦力矩，M_ν 为润滑剂引起的摩擦力矩，M_f 为非滚道上的摩擦力矩。式(7-70)中的各项摩擦力矩，对不同类型的轴承采用的经验公式有所不同。

(1) 球轴承

对于球轴承，摩擦力矩主要由滚道上的载荷引起的 M_l 和润滑剂引起的 M_ν。它们的计算方法是由 Palmgren 给出的经验公式。

外载荷引起的轴承摩擦力矩为：

$$M_l = f_1 F_\beta d_m \tag{7-71}$$

式中，d_m 为轴承节圆直径，F_β 为轴承摩擦力矩计算中的当量载荷。$f_1 = \lambda \left(\frac{P_s}{C_s}\right)^\kappa$，$P_s$ 为轴承当量静载荷，C_s 为轴承额定静载荷。λ，κ 为系数。它们的取值与轴承类型有关(见表7-9)。

表 7-9　系数 λ，κ 值及 F_β

轴承类型	名义接触角	λ	κ	F_β
深沟球轴承	0°	0.0004 ~ 0.0006	0.55	$3F_a - 0.1F_r$
双列调心球轴承	10°	0.0003	0.40	$\mathrm{Max}\{0.9F_a\cot\alpha - 0.1F_r, F_r\}$
角接触球轴承	30° ~ 40°	0.001	0.33	$\mathrm{Max}\{0.9F_a\cot\alpha - 0.1F_r, F_r\}$
推力球轴承	90°	0.0008	0.33	F_a

润滑剂引起的轴承摩擦力矩：

$$M_\nu = \begin{cases} 10^{-7} f_0 (\nu_0 n)^{2/3} d_m^3, \nu_0 n \geq 2000 \\ 160 \times 10^{-7} f_0 d_m^3, \nu_0 n < 2000 \end{cases} \tag{7-72}$$

式中，d_m 为轴承节圆直径(mm)，ν_0 为润滑剂的运动黏度(cSt)，n 为轴承转速(r/min)。摩擦力矩的单位为 N·mm。系数 f_0 的取值见表 7-10。

表 7-10　系数 f_0 值

轴承类型	脂润滑	油气润滑	油浴润滑	喷油润滑
深沟球轴承	0.7 ~ 2.0	1.0	2.0	4.0
角接触球轴承	2.0	1.7	3.3	6.6
推力球轴承	5.5	0.8	1.5	3.0
双列调心球轴承	1.5 ~ 2.0	0.7 ~ 1.0	1.5 ~ 2.0	3.0 ~ 4.0

（续表）

轴承类型	脂润滑	油气润滑	油浴润滑	喷油润滑
向心滚子轴承	0.6 ～ 1.0	1.5 ～ 2.8	2.2 ～ 4.0	2.2 ～ 4.0
推力滚子轴承	9.0	—	3.5	8.0
满滚子轴承	5.0 ～ 10.0	—	5.0 ～ 10.0	—

(2) 短圆柱滚子轴承

对于短圆柱滚子轴承，摩擦力矩主要由滚道上的载荷引起的 M_l、润滑剂引起的 M_v 以及滚子与挡边之间的摩擦力矩 M_f。总摩擦力矩为：

$$M_T = M_l + M_v + M_f \tag{7-73}$$

其中 M_l，M_v 的计算方法见由 Palmgren 给出的经验公式(7－71) 和式(7－72)。但其中系数取值见表 7－11。

表 7－11　系数 f_l、f_0、f_f 值及 F_β

轴承类型	f_l	F_β	f_f	f_0			
				脂润滑	油气润滑	油浴润滑	喷油润滑
向心滚子轴承	0.0002 ～ 0.0004	F_r	0.002 ～ 0.003	0.6 ～ 1.0	1.5 ～ 2.8	2.2 ～ 4.0	2.2 ～ 4.0
向心满圆柱滚子轴承	0.00055	F_r	0.003 ～ 0.006	5.0 ～ 10.0	—	3.0 ～ 10.0	—
推力圆柱滚子轴承	0.0015	F_a	0.005 ～ 0.009	9.0	—	3.5	8.0
双列调心滚子轴承	—	—	0.005 ～ 0.009	3.5 ～ 7.0	1.7 ～ 3.5	3.5 ～ 7.0	7.0 ～ 14.0
推力调心滚子轴承	—	—	0.005 ～ 0.009	—	—	2.5 ～ 5.0	5.0 ～ 10.0

挡边引起的轴承摩擦力矩：

$$M_f = f_f F_a d_m \tag{7-74}$$

式中，d_m 为轴承节圆直径，F_a 为轴承轴向载荷。系数 f_f 取值范围为 0.002 ～ 0.009(见表7－11)。

(3) 调心滚子轴承

对于调心滚子轴承，摩擦力矩主要由滚道上的载荷引起的 M_l、润滑剂引起的 M_v。总摩擦力矩为：

$$M_T = M_l + M_v \tag{7-75}$$

其中，外载荷引起的轴承摩擦力矩，SKF 公司给出下面的估计公式：

$$M_l = f_l P^a d^b \tag{7-76}$$

式中，d 为轴承内径，P 为轴承当量载荷。系数 f_l、a，b 的取值与轴承结构有关。

润滑剂引起的 M_v 的计算方法见由 Palmgren 给出的经验公式(7-72)，其中系数取值见表 7-11。

(4) 圆锥滚子轴承

对于圆锥滚子轴承，摩擦力矩与其他类型的轴承不同，主要由滚道上的载荷引起、润滑剂引起以及挡边引起的摩擦力矩。它们的计算公式比较麻烦。Witte 提出一种轴承整体的摩擦力矩的估计方法。

承受径向载荷时：

$$M_{Tr}=3.35\times10^{-6}G(\nu_0 n)^{1/2}\left(f_t\frac{F_r}{K}\right)^{1/3} \tag{7-77}$$

承受轴向载荷时：

$$M_{Ta}=3.35\times10^{-6}G(\nu_0 n)^{1/2}(F_a)^{1/3} \tag{7-78}$$

其中参数 $G=d_m^{3/2}D_w^{1/6}(Zl_e)^{2/3}(\sin\alpha)^{-1/3}$（$d_m$ 为轴承节圆直径，D_w 为圆锥滚子大端直径，Z 为轴承滚子数量，l_e 为滚子有效长度，α 为圆锥滚子锥顶角）。系数 f_t，K 的取值与轴承结构有关（见图7-17）。

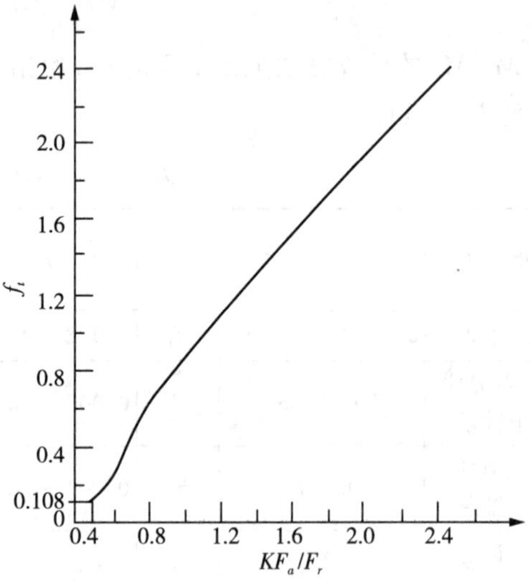

图 7-17 系数 f_t 关系曲线

（注：图中，如果 $KF_a/F_r<0.502$ 时，取 $f_t/K=1$；如果 $KF_a/F_r>2.5$ 时，取 $f_t/K=F_a/F_r$）

上式使用条件为：$\mathrm{Max}\{F_r/C_r, F_a/C_a\}\leqslant0.519$，$\nu_0 n\geqslant2700$。

(5) 滚针轴承

对于滚针轴承，摩擦力矩也与其他类型的轴承不同，主要由滚道上的载荷引起、润滑剂引起以。它们的计算公式也比较麻烦。Chiu 与 Myers 提出一种整体的摩擦力矩的计算方法。

承受径向载荷向心滚针轴承：

$$M_{Tr}=(4.5\times10^{-7}\nu_0^{0.3}n^{0.6}+0.12F_r^{0.41})\times d_m \tag{7-79}$$

承受轴向载荷的推力滚针轴承：

$$M_{Ta}=4.5\times10^{-7}\nu_0^{0.3}n^{0.6}d_m+0.016F_a l \tag{7-80}$$

以上的结果适合于循环油润滑条件下的计算，其他润滑条件情况需要作适当的修正。

7.3.4 轴承摩擦力矩参数化设计模型

(1) 球轴承的摩擦力矩参数设计

从上面的球轴承宏观摩擦力矩参数计算过程可以看出，它与轴承的主参数、轴承接触点处的结构参数以及材料力学性能参数等有关。因此，对整个轴承来说，可以建立下面一种泛函关系式：

$$\{M_l,M_v,M_f\}^T=[MF]\{D_w,Z,d_m,\alpha,F_\beta,\nu_0,\widetilde{E},P\}^T \tag{7-81}$$

式中，左边的量为球轴承的摩擦力矩参数，右边是轴承主参数、接触点处的结构参数以及材料、润滑剂、外载荷等，$[MF]$ 是一种轴承摩擦力矩参数计算过程的矩阵泛函关系。

对轴承摩擦力矩参数作出某些要求（或限制）时，可以对结构参数进行规划设计。采用数学方法表达时，可以写成：

$$\{D_w,Z,d_m,\alpha,F_\beta,\nu_0,\widetilde{E},P\}^T=[MF]_{\min}^{-1}\{[M_l],[M_v],[M_f]\}^T \tag{7-82}$$

其中，$[M_l]$，$[M_v]$，$[M_f]$ 表示对摩擦力矩参数的限制性要求值，它们可以根据情况来挑选。$[MF]_{\min}^{-1}$ 表示泛函矩阵逆向优化运算。

对于球轴承主参数，通常是采用优化摩擦力矩参数达到最小值，对应的设计称为优化可靠性设计，而对于接触结构参数，可以采用使摩擦力矩参数达到稳健的可靠性值，对应的设计称为稳健的可靠性设计。可以利用第一章中介绍的稳健设计原理方法进行计算机设计。

(2) 滚子轴承的摩擦力矩参数设计

对滚子轴承而言，摩擦力矩参数计算与轴承的主参数、轴承接触点处的结构参数以及材料力学性能参数等也是密切有关。因此，对整个轴承建立下面一种泛函关系式：

$$\{M_l,M_v,M_f\}^T=[MF]\{D_w,l_e,Z,d_m,\alpha,F_\beta,\nu_0,\widetilde{E},P\}^T \tag{7-83}$$

式中，左边的量为滚子轴承的摩擦力矩参数，右边是轴承主参数、接触点处的结构参数以及外载荷等，$[MF]$ 是一种轴承摩擦力矩参数计算过程的矩阵泛函关系。

对轴承摩擦力矩参数作出某些要求（或限制）时，可以对轴承结构参数进行规划设计。采用数学方法表达时，可以写成：

$$\{D_w,l_e,Z,d_m,\alpha,F_\beta,\nu_0,\widetilde{E},P\}^T=[MF]_{\min}^{-1}\{[M_l],[M_v],[M_f]\}^T \tag{7-84}$$

其中，$[M_l]$，$[M_v]$，$[M_f]$ 表示对摩擦力矩参数的限制性要求值，它们可以根据情况来挑选。$[MF]_{\min}^{-1}$ 表示泛函矩阵逆向优化运算。

对于滚子轴承主参数，通常是采用优化摩擦力矩参数达到最小值，对应的设计称为优化可靠性设计，而对于接触结构参数，可以采用使摩擦力矩参数达到稳健的可靠性值，对应的设计称为稳健的可靠性设计。可以利用第一章中介绍的稳健设计原理方法进行计算机设计，滚动轴承摩擦学精度寿命这方面待今后深入研究。

例 7-4　如图 7-18 所示的典型的双列调心球轴承的节圆直径 $d_m=140$ mm，轴承的接触角 $\alpha=15°$，单列球数量 $Z=15$，球直径 $D_w=25.4$ mm。承受的径向载荷 $F_r=15.5$ kN，轴向载荷 $F_a=5.5$ kN。转速 $n=800$ r/min。油脂润滑。计算轴承的摩擦力矩参数。

对于双列调心球轴承，综合摩擦力矩的计算过程如下。

① 进行载荷引起的摩擦力矩 M_l 计算

由 $M_l=f_lF_\beta d_m$，$f_l=\eta\left(\dfrac{P_s}{C_s}\right)^\kappa$，$F_\beta=\mathrm{Max}\{0.9F_a\cot\alpha-0.1F_r,F_r\}$，取 $\eta=0.0003$，κ

（a）轴承实物

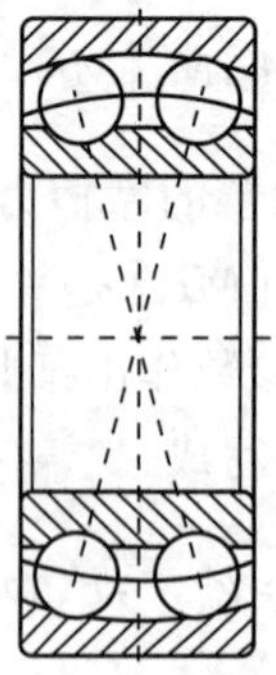
（b）轴承径向剖面

图 7－18　典型双列调心球轴承

＝0.40。

首先计算轴承额定静载荷：

$$C_s = f_0 iZD_w^2 \cos\alpha = 2.7 \times 2 \times 15 \times 25.4^2 \times \cos 15° \approx 50.477(\text{kN})$$

再计算轴承当量静载荷：

$$P_s = \text{Max}\{X_0 F_r + Y_0 F_a, F_r\}$$
$$= \text{Max}\{1.0 \times 15.5 + 0.92 \times 5.5, 15.5\} = 20.56(\text{kN})$$

则：

$$f_1 = 0.0003 \times \left(\frac{20.56}{50.477}\right)^{0.40} \approx 2.095 \times 10^{-4}$$

$$F_\beta = \text{Max}\{0.9 \times 5.5\cot 15° - 0.1 \times 15.5, 15.5\} \approx 16.924(\text{kN})$$

$$M_1 = 2.095 \times 10^{-4} \times 16.924 \times 10^3 \times 140 \approx 496.381(\text{Nmm})$$

② 进行润滑引起的摩擦力矩 M_v 计算

由 $M_\nu = \begin{cases} 10^{-7} f_0 (\nu_0 n)\ 2/3 d_m{}^3 \nu_0, n \geqslant 2000, \\ 160 \times 10^{-7} f_0 d_m{}^3 \nu_0, n < 2000, \end{cases}$ 取 $\nu_0 n = 20 \times 800 = 16000, f_0 = 1.55$。所以

$$M_\nu = 10^{-7} \times 1.55 \times (20 \times 800)^{2/3} \times 140^3 \approx 270.06(\text{N} \cdot \text{mm})$$

③ 进行轴承总摩擦力矩计算

$$M_T = M_1 + M_\nu = 496.381 + 270.06 = 766.441(\text{N} \cdot \text{mm})$$

针对上面的实际算例，如果取最大摩擦力矩限制$[M_T] \leqslant 770$ N·mm 作为稳健的可靠性高值设计，则通过改变 α, F_β, ν_0 来实现。

例 7－5　如图 7－19 所示的典型的双列圆锥滚子轴承的节圆直径 $d_m = 200$ mm，轴承的接触角 $\alpha = 12°$，单列滚子数量 $Z = 26$，滚子大端直径 $D_w = 20.0$ mm，滚子有效长度 $L_e = 25.0$ mm。承受的径向载荷 $F_r = 65.4$ kN，轴向载荷 $F_a = 34.5$ kN。计算轴承的摩擦力矩参数。

（a）轴承实物

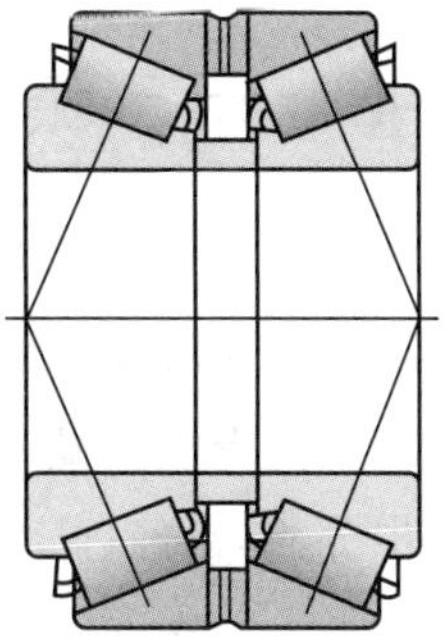

（b）轴承径向剖面

图 7-19　典型双列圆锥滚子轴承

对于双列圆锥滚子轴承，综合摩擦力矩的计算过程如下。

① 承受径向载荷时

由 $M_{Tr}=3.35\times10^{-6}G(\nu_0 n)^{1/2}\left(f_t\dfrac{F_r}{K}\right)^{1/3}$，取 $K=1.34$，$\nu_0 n=20\times150=3000$，$KF_a/F_r=0.707$，$f_t=0.4$。

按双列滚子受径向力计算：

$$G=d_m^{3/2}D_w^{1/6}(Zl_e)^{2/3}(\sin\alpha)^{-1/3}$$

$$=200^{3/2}\times20^{1/6}\times(2\times26\times25)^{2/3}\times(\sin12°)^{-1/3}\approx936955$$

则：

$$M_{Tr}=3.35\times10^{-6}\times936955\times(3000)^{1/2}\left(0.4\times\frac{65400}{1.34}\right)^{1/3}\approx4629.156(\text{N}\cdot\text{mm})$$

② 承受轴向载荷时

由
$$M_{Ta}=3.35\times10^{-8}G(\nu_0 n)^{1/2}(F_a)^{1/3}$$

按单列滚子受轴向力计算：

$$G=d_m^{3/2}D_w^{1/6}(Zl_e)^{2/3}(\sin\alpha)^{-1/3}$$

$$=200^{3/2}\times20^{1/6}\times(26\times25)^{2/3}\times(\sin12°)^{-1/3}\approx590244$$

则：

$$M_{Ta}=3.35\times10^{-6}\times590244\times(3000)^{1/2}(34500)^{1/3}\approx3525.684(\text{N}\cdot\text{mm})$$

③ 轴承总摩擦力矩

$$M_T=M_{Tr}+M_{Ta}=4629.156+3525.684=8154.84(\text{N}\cdot\text{mm})$$

针对上面的实际算例，如果取最大摩擦力矩限制$[M_T]\leqslant8200$ N·mm，作为稳健的可靠性高值设计，则通过改变 α，F_β，ν_0 来实现。

7.4　轴承振动频率参数化设计方法

7.4.1　轴承典型缺陷引起的振动频率

根据轴承接触表面可能存在的缺陷，可以对轴承进行缺陷振动模拟计算。通过对几种缺陷形式下的振动模拟分析，已经确定了典型缺陷形式下的轴承激振频率（见表7-12、表7-13）。其中，Z 为轴承滚动体个数，ω_{eb} 为滚动体公转角速度，ω_i 为内圈角速度，f_{eb} 为滚动体通过外圈的频率，f_b 为滚动体自转频率，f_i 为轴承内圈自传频率。可以看出，除了波数为滚动体整数倍的波纹度会引起轴承振动外，其他波数的波纹度只要其波高足够大也能引起轴承的振动。

表 7-12　轴承元件波纹缺陷与振动频率

零件	波纹级数 n	轴承径向振动频率 f
外圈	$n_e = qZ \pm 1$	$f = (qZ - 1)\omega_{eb}$
	$n_e = qZ \pm p$	$f = (qZ \pm p)\omega_{eb}$
内圈	$n_i = qZ \pm 1$	$f = (qZ - 1)(\omega_i - \omega_{eb})$
	$n_i = qZ \pm p$	$f = qZ(\omega_i - \omega_{eb}) \pm p\omega_i$
滚动体	$n_b = 2q$	$f = q\omega_b \pm \omega_i$
	$n_b \neq 2q$	$f = n_b\omega_b \pm \omega_i$

注：p，q 为整数

表 7-13　轴承元件缺陷振动频率

元件	单个损伤缺陷轴承振动频率	N 个损伤缺陷轴承振动频率
外圈	Zf_{eb}	ZNf_{eb}
内圈	$Z(f_i - f_{eb})$	$ZN(f_i - f_{eb})$
滚动体	Zf_b	ZNf_b

7.4.2　轴承振动频率近似计算

为了分析轴承振动信号的特征，必须对轴承振动的频率成分进行分析。根据存在微缺陷的滚动轴承，其出现的异音与失效轴承的振动噪音有所不同，在理论分析的基础上，得到引起振动的各种振动模态频率。

(1) 套圈弹性振动固有频率

根据弹性力学振动理论，套圈径向自由状态的振动固有频率的估算式为：

$$f_{nr}(i) = K\frac{K_d(D_1 - d_2)}{[D_1 - K_d(D_1 - d_2)]^2}\frac{i(i^2 - 1)}{\sqrt{i^2 + 1}} \tag{7-85}$$

其中，K，K_d 为系数，d_2，D_1 为套圈的内外径，$i=1,2,3,\cdots$，为振型阶数。

当套圈支撑在 Z 个支点上时，其径向振动固有频率的估算式为：

$$f_{nrz}(i)=K\frac{K_d(D_1-d_2)}{[D_1-K_d(D_1-d_2)]^2}\frac{\frac{Z}{2}i\left(\frac{Z^2}{4}i^2-1\right)}{\sqrt{\frac{Z^2}{4}i^2+1}} \tag{7-86}$$

当套圈支撑在 Z 个球弹簧上时，其径向振动固有频率的估算式为：

$$f_{nsz}(i)=\frac{1}{2\pi}\sqrt{\frac{(i^2-1)^2\frac{\pi EI}{R^3}+\frac{TZ}{2}}{\pi\rho AR(1+1/i^2)}}$$

$$T=\frac{3}{2}(K_m^2Q)^{1/3}\cos^2\alpha \tag{7-87}$$

其中，E 为材料弹性模量，I 为套圈截面 2 次矩，ρ 为材料密度，A 为套圈截面面积，R 为套圈截面平均半径，K_m 为接触弹性系数，Z 为球数，Q 为接触力。

(2) 表面波纹误差的激振频率

若套圈滚动表面有 $k(\geqslant 2)$ 个波纹均匀分布，球公转通过的频率(保持架的运动频率) 为 f_c，则各次波纹引起振动频率为：

$$f_{qk}=\begin{cases}nf_c & k=nZ\\ kf_c & k=nZ+m\end{cases}$$

$$f_c=\frac{1}{2}f_d(1-\gamma)\qquad \gamma=\frac{D_w}{d_m}\cos\alpha \tag{7-88}$$

其中，Z 为滚动体数量，m，n 为正整数，f_d 为内圈转动频率，D_w 为球直径，d_m 为轴承节圆直径，α 为轴承接触角。

对于钢球上存在波纹误差(通常波纹度值较小)，则引起的激励频率不但与波数有关，也与球的自转的频率有关，一般认为为偶数波起作用。若球的自转的频率为 f_b，则各次波纹引起振动频率为：

$$f_{qbk}=\begin{cases}nf_b\pm f_c & k=2n\\ kf_b\pm f_c & k\neq 2n\end{cases}$$

$$f_b=\frac{1}{2}f_d\frac{D_{wp}}{D_w}(1-\gamma^2) \tag{7-89}$$

(3) 表面划伤缺陷激振频率

当滚道表面有划伤、碰伤之类的缺陷，一般数量不会太多，又是不规则分布的。它们引起的激振频率与球通过的频率和球数有关。当外圈滚道上有 M 个划伤缺陷时引起的激励频率为：

$$f_{pe}(M) = MZf_c \tag{7-90}$$

当内圈滚道上有 M 个划伤缺陷时引起的激励频率为：

$$f_{pi}(M) = MZ(f_d - f_c) \tag{7-91}$$

当球上有 M 个划伤缺陷时引起的激励频率为：

$$f_{pb}(M) = MZf_b \tag{7-92}$$

其中，f_c 为滚动体滚过外圈的频率，f_b 为滚动体自传频率，f_i 为轴承内圈自传频率。

7.4.3 轴承振动频率谱变化模拟

下面针对典型的汽车空调轴承，利用试验方法研究轴承异音的特征。试验采用轴承振动测量标准中规定的条件，测量轴承外圈径向振动加速度信号。采样频率为 3 kHz，采样时间为 120 s。试验轴承样品为密封脂润滑球轴承。

(1) 异音频率模式对比

对振动信号进行 Fourier 谱变换，可以发现有无异音的轴承频谱之间的差异。在中、高频率段，频率分布具有统计规律，可以发现有无异音的轴承频谱之间的差异。图 7-20、图 7-21 分别为轴承正常和不正常音的低、中、高频率段的功率谱的形状。纵坐标为无量纲的幅值。

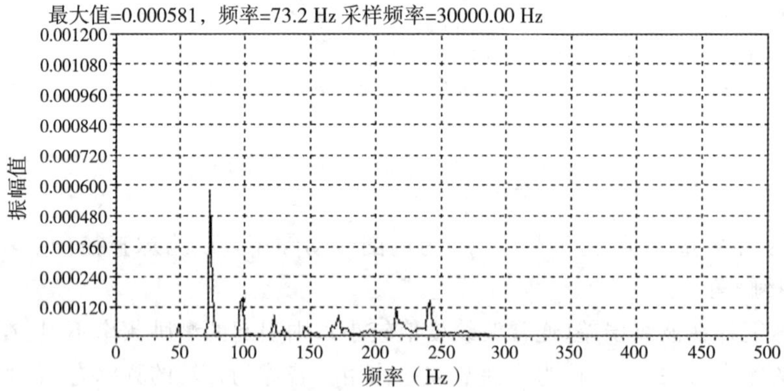

(a)

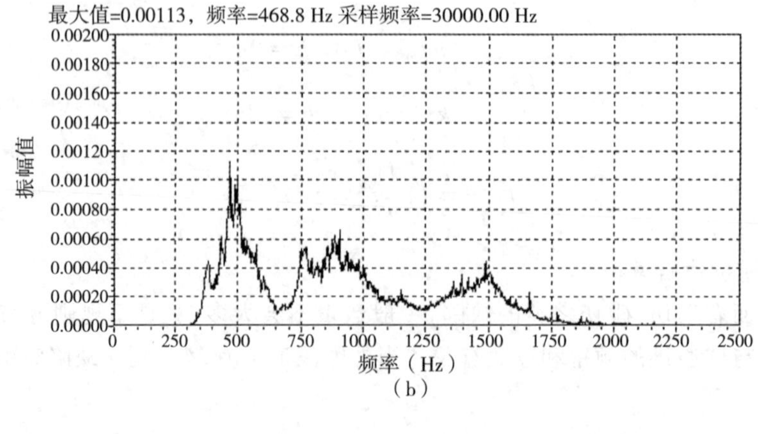

(b)

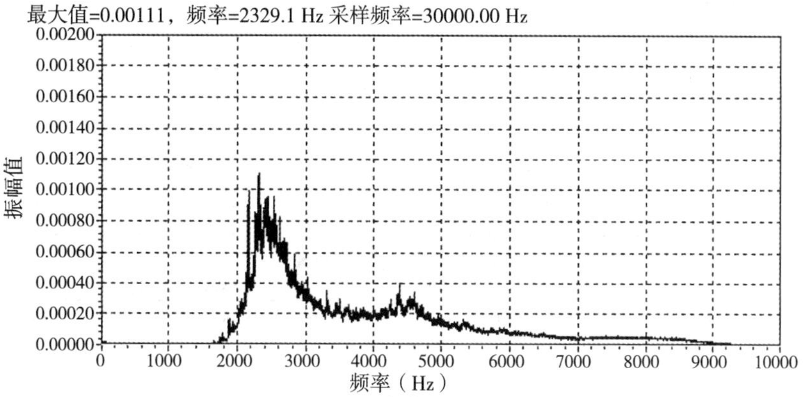

（c）

图 7-20　轴承正常音功率谱

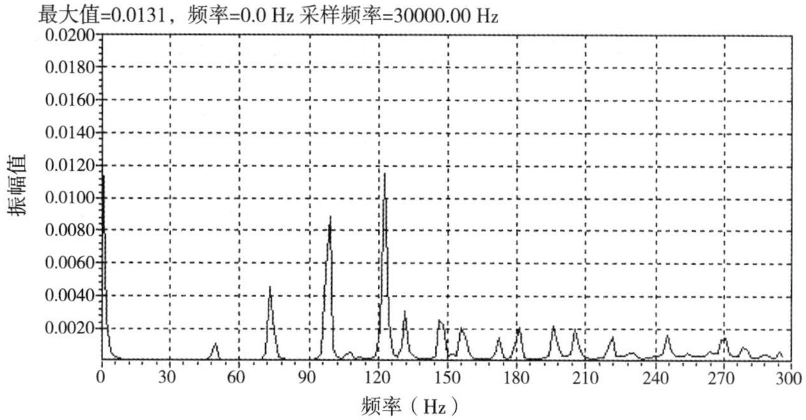

（a）

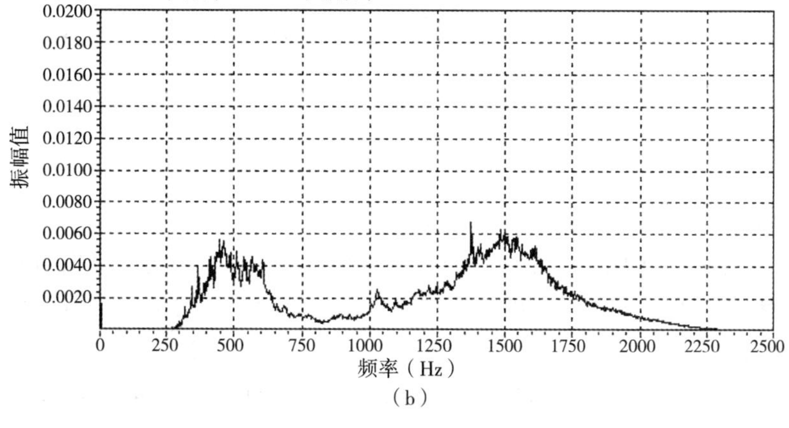

（b）

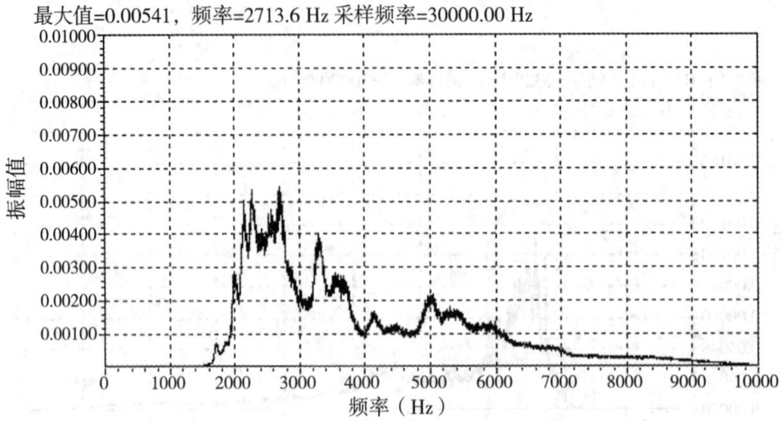

(c)

图 7-21　轴承出现“吱啦”音功率频谱

(2) 正常音频率分布函数

从上面的几种图谱形状可以看出，存在异音的轴承频率谱比较杂乱，而合格轴承的图谱规律性强。根据函数拟合分析，本章给出正常轴承频率谱的多参数分布函数如下：

中频段频率多参数分布模型(振幅值)：

$$h(f,\beta,\mu_1,K_1,\mu_2,K_2,\mu_3,K_3)=$$

$$\begin{cases}\dfrac{K_1(f-\beta)}{\mu_1^2}e^{-(f-\beta)^6/(2\mu_1^2)}+\dfrac{K_2(f-\beta)}{\mu_2^2}e^{-(f-\beta)^6/(2\mu_2^2)}+\dfrac{K_3(f-\beta)}{\mu_3^2}e^{-(f-\beta)^6/(2\mu_3^2)}, & f\geqslant\beta,\mu>0\\ 0, & f<\beta\end{cases}\tag{7-93}$$

其中，f 为频率，β 为中频段频率起点，μ_1，μ_2，μ_3、K_1，K_2，K_3 为模型参数。

高频段频率多参数分布模型(振幅值)：

$$h(f,\alpha,\lambda_1,H_1,\lambda_2,H_2)=$$

$$\begin{cases}\dfrac{H_1}{2^{\lambda_1/2}}(f-\alpha)\,\lambda_1/2-1e^{-(f-\alpha)/\lambda_1^2}+\dfrac{H_2}{2^{\lambda_2/2}}(f-\alpha)\,\lambda_2/2-1e^{-(f-\alpha)/\lambda_2^2}, & f\geqslant\alpha,\lambda>\lambda_0\\ 0, & f<\alpha\end{cases}\tag{7-94}$$

其中，α 为高频段频率起点，λ_1，λ_2，H_1，H_2 为模型参数。

图 7-22、图 7-23 为频率分布函数的模拟曲线。图中纵坐标为无量纲的幅值。三条曲线代表不同的参数结果。利用上面的公式或图可以作为参照来初步判定轴承微小缺陷引起的振动频率变化。

将异音轴承的频率谱与正常轴承的频率谱进行比较，可以得出如下结论：

① 轴承异音是振动信号中的高幅脉冲所引起，引入振幅因子可以识别异音脉冲，消除这些脉冲后异音可消除。

② 轴承异音频率主要在中、高频段，在 1200 ～ 3000 Hz 频率范围。

③ 轴承异音振源主要是轴承零件的表面误差和缺陷，如沟道轮廓误差、圆度误差和波纹度误差。有 80％ 的试验频率与计算值相符合。

④ 对轴承正常振动的频率谱具有一定的分布，可以利用分布函数来模拟。偏离这样的正常谱函数的成分可以判断为“异音”。

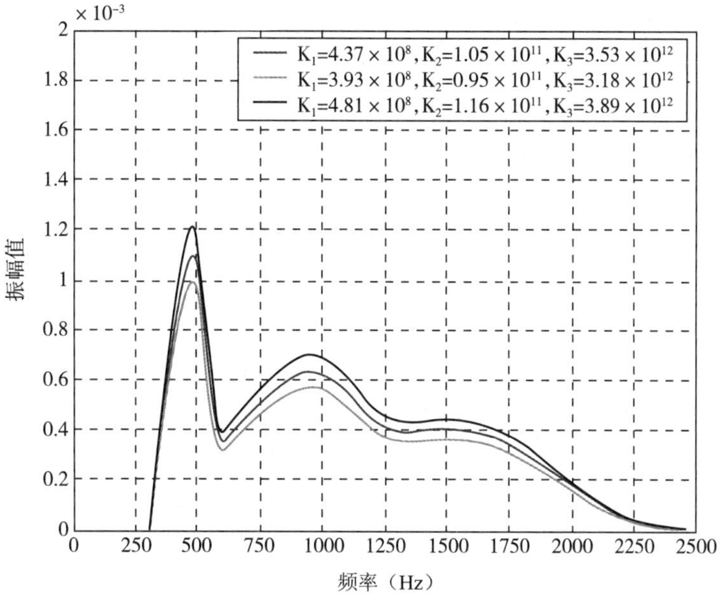

图 7－22　中频段多参数分布模型曲线

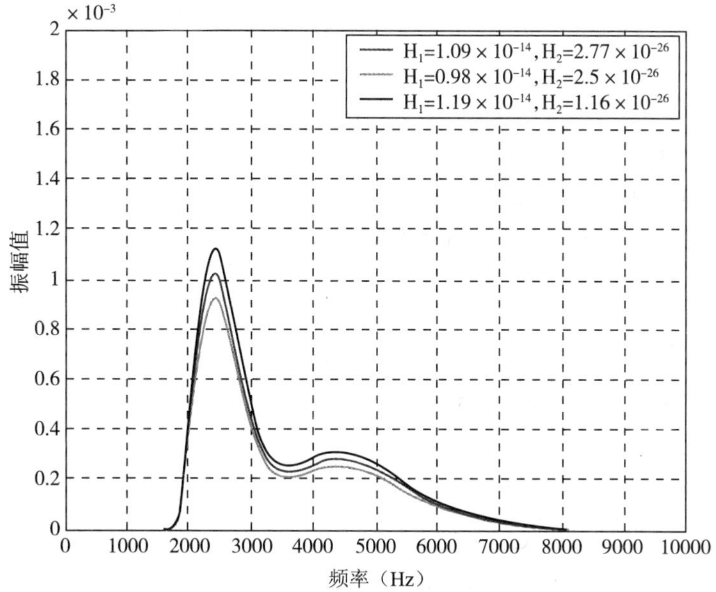

图 7－23　高频段多参数分布模型曲线

7.4.4 轴承振动与噪声参数化设计控制

滚动轴承的振动与噪声是相互关联的。轴承振动可通过其接触表面传递到其他零件中，可通过振动信号检测仪器进行测量，主要影响使用轴承的主机的动态性能。轴承噪声通过轴承周围的空气传播，可利用测量声音的仪器来测量，主要影响人的感受。因此，滚动轴承的振动与噪声又有不同的表现。过去很长时间都是采用轴承的振动控制来代替轴承噪声的控制，很重要的原因是轴承噪声测试研究比较困难。随着测量技术的不断发展，现在，在很多场合已经将轴承的振动控制和轴承的噪声控制分开来研究。

控制轴承的振动和噪声水平，主要是从下面几个方面着手：

① 轴承结构的合理设计。这方面的问题过去主要通过研究轴承零件结构的固有振动成分来控制轴承的振动水平。但由于轴承结构形状比较复杂，特别是保持器的结构形状复杂，其固有振动很难确定。因此，还需要进行深入的研究轴承结构对其振动和噪声的影响。

② 轴承几何形状误差控制。这方面的问题已有较多的研究，认识也比较深入。通过控制加工设备的状态就可以控制轴承几何误差，从而控制轴承的振动水平。

③ 轴承滚道和滚动体表面质量控制。这方面的问题人们研究得比较多，有了很大的改进。随着对轴承静音的要求不同增加，轴承工作的表面质量已经提高到非常高的级别，但是，这方面的改进更多的是零件加工过程中的细节问题控制。

④ 轴承超清洁的装配环境控制。提高轴承零件的清洗和装配空间的净化程度，可以实现轴承零件的超清洁装配。这已经得到人们的重视，取得很好的效果。

⑤ 轴承润滑与工作条件的控制。这也是越来越多地受到人们重视的问题。确实，它们也是影响轴承振动和噪声的关键因素。润滑剂的清洁程度、轴承工作环境会极大地影响到轴承的振动噪声，甚至轴承的寿命。

⑥ 轴承材料品质的控制。目前都是采用特殊的合金钢来制造轴承，但是，不同的钢材生产厂家出品的轴承钢性能是不同的。现在已经有满足长寿命的轴承钢材料，也会有低振动和噪声的轴承钢材出现。

(1) 球轴承的振动噪声频率参数设计

球轴承振动噪声频率参数与轴承的主参数、轴承接触点处的结构参数以及材料力学性能常数和载荷等有关。因此，对整个轴承来说，可以建立下面一种泛函关系式：

$$\{f_\mathrm{l},f_\mathrm{v},f_\mathrm{h}\}^\mathrm{T}=[NS]\{D_\mathrm{w},Z,d_\mathrm{m},\alpha,F_\beta,\eta,\widetilde{E},P\}^\mathrm{T} \tag{7-95}$$

式中，左边的量为球轴承的振动噪声频率段(低频、中频、高频)参数，右边是轴承主参数、接触点处的结构和材料常数、载荷等参数，$[NS]$是一种球轴承振动噪声参数计算过程的矩阵泛函关系。

对轴承振动噪声频率参数作出某些要求(或限制)时，可以对轴承结构参数进行规划设计。采用数学方法表达时，可以写成：

$$\{D_\mathrm{w},Z,d_\mathrm{m},\alpha,F_\beta,\eta,\widetilde{E},P\}^\mathrm{T}=[NS]_{\min}^{-1}\{[f_\mathrm{l}],[f_\mathrm{v}],[f_\mathrm{h}]\}^\mathrm{T} \tag{7-96}$$

其中，$[f_\mathrm{l}]$，$[f_\mathrm{v}]$，$[f_\mathrm{h}]$表示对轴承频率参数的限制性要求值，它们可以根据情况来挑选。$[NS]_{\min}^{-1}$表示泛函矩阵逆向优化运算。

对于球轴承主参数，通常是采用优化频率参数达到最小值，对应的设计称为优化可靠性设计，而对于接触结构参数，可以采用使频率参数达到稳健的可靠性高的值，对应的设计称为稳健的可靠性设计。

(2) 滚子轴承的振动噪声频率参数设计

对滚子轴承而言，振动噪声频率参数与轴承的主参数、轴承接触点处的结构参数以及材料力学性能参数等密切相关。因此，对整个轴承来说，建立下面一种泛函关系式：

$$\{f_1, f_v, f_h\}^T = [NS]\{D_w, l_e, Z, d_m, \alpha, F_\beta, \eta, \widetilde{E}, P\}^T \tag{7-97}$$

式中，左边的量为滚子轴承的振动噪声频率段(低频、中频、高频)参数，右边是轴承主参数和接触点处的结构等参数，$[NS]$是一种滚子轴承振动噪声参数计算过程的矩阵泛函关系。

对轴承频率参数作出某些要求(或限制)时，可以对轴承结构参数进行规划设计。采用数学方法表达时，可以写成：

$$\{D_w, l_e, Z, d_m, \alpha, F_\beta, \eta, \widetilde{E}, P\}^T = [NS]_{\min}^{-1}\{[f_1], [f_v], [f_h]\}^T \tag{7-98}$$

其中，$[f_1]$，$[f_v]$，$[f_h]$表示对轴承频率参数的限制性要求值，它们可以根据情况来挑选。$[NS]_{\min}^{-1}$表示泛函矩阵逆向优化运算。

对于滚子轴承主参数，通常是采用优化频率参数达到最小值，对应的设计称为优化可靠性设计，而对于接触结构参数，可以采用使频率达到稳健的可靠性高的值，对应的设计称为稳健的可靠性设计。

上面的稳健设计可以利用第一章中介绍的稳健设计原理方法进行计算机设计。滚动轴承振动频率分布规律、噪声控制等，这方面待今后深入研究。

7.5　主轴与轴承系统振动工程模型分析

7.5.1　主轴系统振动工程模型分析

(1) 受正弦波激励轴的强迫振动

以主轴偏心转动问题为例进行分析。考虑简支轴，重量为 P，电机以角速度 ω 转动，转子存在质量偏心，引起垂直方向的离心力为：

$$F_C = F_d \sin\omega t \tag{7-99}$$

由于轴的重量 P 的作用，简支轴产生的静态挠度为：

$$\Delta_{st} = \frac{Pl^3}{48EI_z} = \frac{P}{k} \tag{7-100}$$

其中，$k = 48EI_z/l^3$。

电机以角速度 ω 转动后，引起轴增加的动态挠度为 Δ_d。利用达朗伯原理，轴上作用的所有力包括，转子质量偏心离心力 $F_d\sin\omega t$(又称为强迫力)、电机与轴系统质量惯性力 $-P\ddot{\Delta}_d/g$、轴的弹性恢复力 $-k(\Delta_{st}+\Delta_d)$、轴的阻尼力 $-c\dot{\Delta}_d$、轴的重力 P。

上面这些力需要满足平衡力系条件：

$$\frac{-P}{g}\ddot{\Delta}_{d}-c\dot{\Delta}_{d}-k(\Delta_{st}+\Delta_{d})+F_{d}\sin\omega t+P=0 \tag{7-101}$$

式(7－101)简化后得：

$$\ddot{\Delta}_{d}+\frac{gc}{P}\dot{\Delta}_{d}+\frac{gk}{P}\Delta_{d}=\frac{gF_{d}}{P}\sin\omega t \tag{7-102}$$

式(7－102)是二阶微分方程，描述的系统简称为二阶系统。在工程中，对典型二阶系统进行分析，研究其计算方法，具有较大的实际意义。为了方便，这里设$\zeta=\frac{gc}{2P\omega_{n}}$，为阻尼比系数，$\omega_{n}=\sqrt{\frac{gk}{P}}$，为系统固有频率。则系统方程变为：

$$\ddot{\Delta}_{d}+2\zeta\omega_{n}\dot{\Delta}_{d}+\omega_{n}^{2}\Delta_{d}=\frac{gF_{d}}{P}\sin\omega t \tag{7-103}$$

这是标准的二阶非齐次微分方程。下面给出多种条件下方程的解。

根据求二阶非齐次微分方程的方法，对式(7－103)求解，得到不同条件下的系统结果如下：

① 欠阻尼系统($0<\zeta<1$)

由于$0<\zeta<1$，则系统的响应为：

$$\Delta_{d}(t)=\beta\frac{gF_{d}}{P\omega_{n}^{2}}\sin(\omega t+\varphi)-\frac{1}{\sqrt{1-\zeta^{2}}}e^{-\zeta\omega_{n}t}\sin(\omega_{d}t+\psi) \tag{7-104}$$

式中，$\beta=\frac{1}{\sqrt{[1-(\omega/\omega_{n})^{2}]^{2}+4\zeta^{2}(\omega/\omega_{n})^{2}}}$，称为放大系数；$\varphi=\tan^{-1}\frac{2\zeta}{1-(\omega/\omega_{n})^{2}}$，称为相位差；$\omega_{d}=\omega_{n}\sqrt{1-\zeta^{2}}$，$\psi=\tan^{-1}\frac{\sqrt{1-\zeta^{2}}}{\zeta}$。

分析上式知道，这种响应由两部分组成，第一项为稳态分量；第二项为瞬态分量，它是一个幅值按指数规律衰减的正弦振荡，振荡角频率为ω_{d}。经过一段时间后，系统的稳态响应为：

$$\bar{\Delta}_{d}(t)=\beta\frac{gF_{d}}{P\omega_{n}^{2}}\sin(\omega t+\varphi)=\beta\frac{F_{d}}{k}\sin(\omega t+\varphi) \tag{7-105}$$

它与系统强迫力有关，又被称为系统强迫响应。简支轴偏心转动系统中，轴的中点最大、最小挠度为：

$$\begin{aligned}\Delta_{Cmax}&=\Delta_{st}+\bar{\Delta}_{dmax}=\frac{P}{k}+\beta\frac{F_{d}}{k}\\ \Delta_{Cmin}&=\Delta_{st}+\bar{\Delta}_{dmin}=\frac{P}{k}-\beta\frac{F_{d}}{k}\end{aligned} \tag{7-106}$$

进一步变换为：

$$\begin{cases}\dfrac{\Delta_{\mathrm{Cmax}}}{\Delta_{\mathrm{st}}}=1+\beta\dfrac{F_{\mathrm{d}}}{P}\\[2ex]\dfrac{\Delta_{\mathrm{Cmin}}}{\Delta_{\mathrm{st}}}=1-\beta\dfrac{F_{\mathrm{d}}}{P}\end{cases}\tag{7-107}$$

式(7-107)表明，在强迫振动条件下，轴的最大、最小挠度与静态挠度成比例关系。

定义最大、最小动载荷系数为：

$$K_{\mathrm{dmax}}=1+\beta\frac{F_{\mathrm{d}}}{P},K_{\mathrm{dmin}}=1-\beta\frac{F_{\mathrm{d}}}{P}\tag{7-108}$$

则：

$$\Delta_{\mathrm{Cmax}}=K_{\mathrm{dmax}}\Delta_{\mathrm{st}},\Delta_{\mathrm{Cmin}}=K_{\mathrm{dmin}}\Delta_{\mathrm{st}}\tag{7-109}$$

由动载荷系数特性知道，在弹性范围内，轴对应的最大、最小应力也保持类似关系：

$$\sigma_{\mathrm{dmax}}=K_{\mathrm{dmax}}\sigma_{\mathrm{st}},\sigma_{\mathrm{dmin}}=K_{\mathrm{dmin}}\sigma_{\mathrm{st}}\tag{7-110}$$

这样，轴在振动状态下的应力将在最大、最小应力之间变化，它是一种交变应力状态。

通过上面的分析可以看出，轴的挠度、应力等都与放大系数 β 有关。β 的变化规律如图7-24 所示。

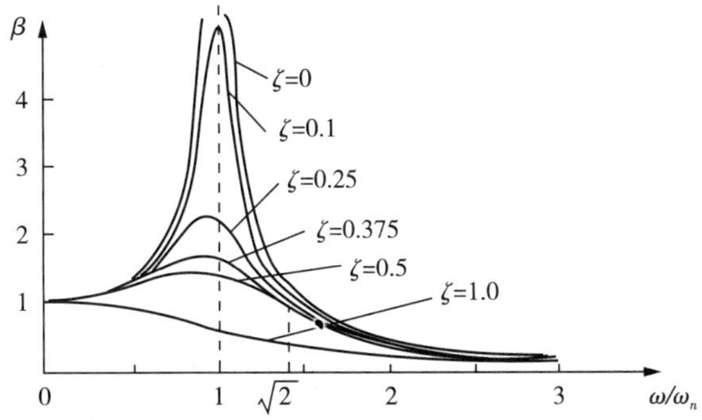

图 7-24　振动系统放大系数变化规律

② 临界阻尼情况($\zeta=1$)

当 $\zeta=1$ 时，二阶系统的响应为：

$$\Delta_{\mathrm{d}}(t)=\beta\frac{gF_{\mathrm{d}}}{P\omega_{\mathrm{n}}^{2}}\sin(\omega t+\varphi)-e^{-\omega_{\mathrm{n}}t}(\omega_{\mathrm{n}}t+1)\tag{7-111}$$

它表明二阶临界阻尼系统的响应也由两部分组成，第一项为稳态分量；第二项为瞬态分量，它是一个按指数规律衰减函数。

③ 过阻尼情况($\zeta>1$)

当$\xi>1$时，二阶系统的响应为：

$$\Delta_{\mathrm{d}}(t)=\beta\frac{gF_{\mathrm{d}}}{P\omega_{\mathrm{n}}^{2}}\sin(\omega t+\varphi)-\frac{1}{2\sqrt{\zeta^{2}-1}}\left[\frac{e^{-(\zeta-\sqrt{\zeta^{2}-1})\omega_{\mathrm{n}}^{2}t}}{\zeta-\sqrt{\zeta^{2}-1}}-\frac{e^{-(\zeta+\sqrt{\zeta^{2}-1})\omega_{\mathrm{n}}^{2}t}}{\zeta+\sqrt{\zeta^{2}-1}}\right]\tag{7-112}$$

式(7-112)表明，系统响应含有两个单调衰减的指数项函数瞬态项。

④ 无阻尼情况($\zeta=0$)

当 $\zeta=0$ 时,二阶系统的输出响应为:

$$\Delta_d(t)=\beta\frac{gF_d}{P\omega_n^2}\sin(\omega t+\varphi)-\cos(\omega_n t) \tag{7-113}$$

式(7-113)表明,系统为不衰减的振荡,系统属不稳定系统。

综上所述,在不同阻尼比 ζ 时,二阶系统的动态响应有很大区别。当 $\zeta=0$ 时,系统不能正常工作,而在 $\zeta>1$ 时,系统动态响应又衰减得太慢,所以,对二阶系统来说,欠阻尼情况($0<\zeta<1$)是最有意义的。

(2) 受冲击激励梁的强迫振动

与简支梁偏心转动系统类似,可以建立梁冲击运动微分方程。考虑简支梁上受重物冲击后,系统的运动微分方程为:

$$\ddot{\Delta}_d+2\zeta\omega_n\dot{\Delta}_d+\omega_n^2\Delta_d=\delta(t) \tag{7-114}$$

式中,$\delta(t)$ 为单位脉冲函数。式(7-114)是标准的二阶非齐次微分方程。

根据高等数学求二阶非齐次微分方程的方法,求解式(7-114)得到不同条件下的系统结果如下:

① 当 $0<\zeta<1$(欠阻尼)时,梁的响应表达式如下:

$$\Delta_d(t)=(\omega_n/\sqrt{1-\zeta^2})e^{-\zeta\omega_n t}\sin(\omega_d t),\omega_d=\omega_n\sqrt{1-\zeta^2} \tag{7-115}$$

这时系统响应为衰减振荡,见图 7-25($0<\zeta<1$)。系统稳态响应为 $\Delta_d(\infty)=0$。

② 当 $\zeta=0$(零阻尼)时,系统的响应的表达式如式(7-116),系统响应为等幅振荡,见图 7-25($\zeta=0$)。

$$\Delta_d(t)=\omega_n\sin(\omega_n t) \tag{7-116}$$

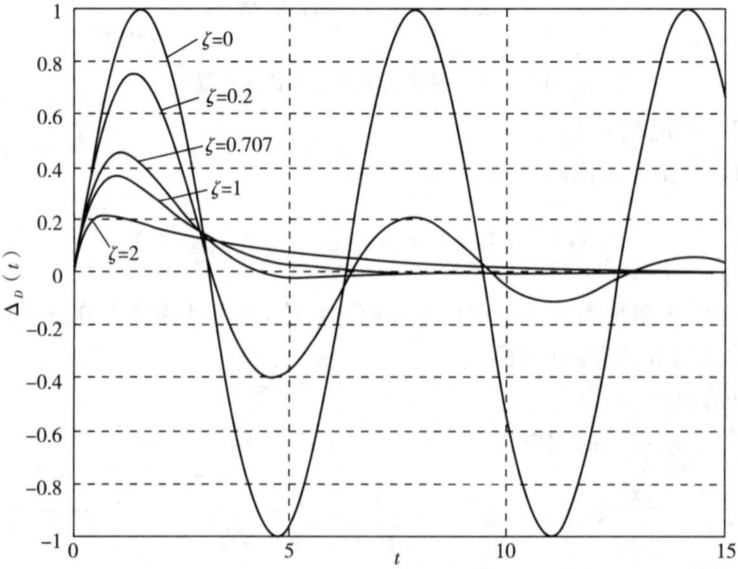

图 7-25　几种阻尼二阶系数脉冲响应曲线,其中取 $\omega_n=1$

③ 当 $\zeta=1$(临界阻尼)时，响应表达式如式(7-117)，系统响应为指数衰减，见图 7-25($\zeta=1$)。

$$\Delta_{\mathrm{d}}(t)=\omega_{\mathrm{n}}^{2}te^{-\omega_{\mathrm{n}}t} \tag{7-117}$$

稳态响应为 $\Delta_{\mathrm{d}}(\infty)=0$。

④ 当 $\zeta>1$(过阻尼)时响应表达式如式(7-118)。系统响应为指数衰减，见图 7-25 ($\zeta>1$)。

$$\Delta_{\mathrm{d}}(t)=(\omega_{\mathrm{n}}/\sqrt{\zeta^{2}-1})e^{-\zeta\omega_{\mathrm{n}}t}\sinh(\bar{\omega}_{\mathrm{d}}t),\bar{\omega}_{d}=\omega_{\mathrm{n}}\sqrt{\zeta^{2}-1} \tag{7-118}$$

稳态响应为 $\Delta_{\mathrm{d}}(\infty)=0$。

7.5.2　轴承振动时域分析模型

滚动轴承系统的振动通常分为以下三类：

① 与轴承弹性变形有关的振动。轴承是一弹性变形体，轴承受载荷时，由于承载的滚动体的不断运动使得轴承在运行时发生弹性振动。它与轴承的异常状态无关。

② 与轴承加工缺陷有关的振动。轴承各元件在加工中不可避免地出现加工误差，如表面波纹、轻微的擦痕等均会引起轴承振动。

③ 由于轴承在装备、安装及其使用过程中所产生的轴承零件工作表面的伤痕或疲劳剥落点，均能引起轴承的异常振动和噪声。

另外还有与轴承使用环境有关的振动，也就是环境振动传递到轴承之中。分析轴承振动的方法主要有时域方法和频域方法等，本节主要介绍这两种方法。

为了分析轴承振动时域规律，需要利用轴承振动控制方程进行分析，图 7-26 所示为轴承振动模型。

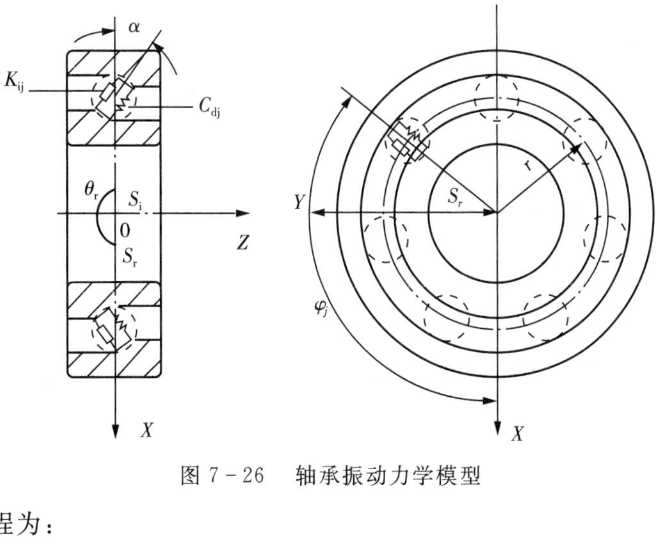

图 7-26　轴承振动力学模型

它的控制方程为：

$$[\boldsymbol{M}]\{\ddot{w}\}+[\boldsymbol{C}]\{\dot{w}\}+[\boldsymbol{K}]\{w\}=[\boldsymbol{F}] \tag{7-119}$$

其中，$[\boldsymbol{M}]$ 为轴承系统等效质量矩阵，$[\boldsymbol{C}]$ 为等效阻尼矩阵，$[\boldsymbol{K}]$ 为等效刚度矩阵，$[\boldsymbol{F}]$ 为等效载荷向量，$\{w\}=\{\delta_x\quad\delta_y\quad\delta_z\quad\theta_x\quad\theta_y\quad\theta_z\}^{\mathrm{T}}$ 为系统受力后的位移响应向量。

轴承系统的等效质量矩阵可表示为如下形式：

$$[\boldsymbol{M}]=\begin{bmatrix} m & & & & & \\ & m & & & 0 & \\ & & m & & & \\ & & & I_X & & \\ & 0 & & & I_Y & \\ & & & & & I_Z \end{bmatrix}$$

式中 m 为轴承等效量，I_X 为轴承绕 X 轴的转动惯量，I_Y 为轴承绕 Y 轴的转动惯量，I_Z 为轴承绕 Z 轴的转动惯量。

轴承系统等效刚度矩阵为 $[\boldsymbol{K}]=\begin{bmatrix} [K]_R & 0 \\ 0 & [K]_\theta \end{bmatrix}$，等效阻尼矩阵为 $[\boldsymbol{C}]=\begin{bmatrix} [C]_R & 0 \\ 0 & [C]_\theta \end{bmatrix}$。根据轴承系统的结构，简化系统的参数的近似计算公式。

(1) 轴承接触刚度与阻尼

当轴承接触区中存在润滑时，接触刚度将由接触变形刚度和油膜刚度组成。根据 Hertz 点接触模型，考虑润滑条件下接触刚度和阻尼模型，如图 7-27 所示。

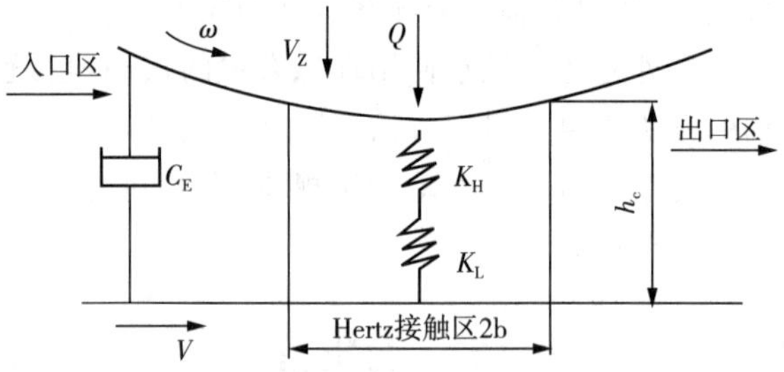

图 7-27　接触的刚度和阻尼模型

根据点接触变形公式：

$$\delta=\left(\frac{3}{2}\frac{Q}{\widetilde{E}\sum\rho}\right)^{2/3}\frac{\sum\rho}{2}=Q/K_H$$

得到点接触区内 Hertz 接触刚度 K_H 为：

$$K_H=\frac{1}{2}\left(\frac{3}{2}\frac{1}{\widetilde{E}}\right)^{2/3}\left(\frac{\sum\rho}{Q}\right)^{1/3} \tag{7-120}$$

式中，$\widetilde{E}=1\Big/\left(\frac{1-\nu_1^2}{E_1}+\frac{1-\nu_2^2}{E_2}\right)$，为当量弹性模量，$\sum\rho=\frac{1}{R_1}+\frac{1}{R_2}$ 为接触面主曲率和，Q 为接触载荷。

油膜刚度 K_L 为：

$$\frac{1}{K_L}=-0.18R_yQ^{-1.067}(\alpha\widetilde{E})^{0.53}\left(\frac{\eta_0V_y}{\widetilde{E}R_y}\right)^{0.67}\left(\frac{1}{\widetilde{E}R_y}\right)^{-0.067}(1-0.61e^{-0.73k}) \tag{7-121}$$

式中，$\widetilde{E}$ 为等效弹性模量，$k=b/a$ 为接触椭圆半径比，α 为压黏系数，R_y 为运动方向上的当量接触半径，η_0 为润滑油动力黏度系数，V_y 为卷吸速度(即接触物体表面速度之和)。

显然，接触刚度和油膜刚度都与载荷大小有关。

再根据接触刚度串联模型（见图 7－27），其等效刚度为：

$$K_{C}=1\Big/\left(\frac{1}{K_{H}}+\frac{1}{K_{L}}\right) \tag{7-122}$$

由接触阻尼模型，接触区油膜阻尼系数为：

$$C_{E}=\frac{4\eta_{0}bR_{y}}{h_{c}}+\frac{6\pi\eta_{0}bR_{y}^{3/2}}{\sqrt{2}h_{c}^{3/2}}\frac{V_{x}}{V_{y}} \tag{7-123}$$

式中，b 为接触区半宽度，h_c 为接触中心油膜厚度，V_x 为法向挤压速度，V_y 为滑动速度。

上述结果适用于轴承中球与套圈的接触点刚度和阻尼的计算。而球与内、外圈接触综合刚度与阻尼按串联简化为：

$$K_{D}=\left(\frac{1}{K_{Ci}}+\frac{1}{K_{Ce}}\right)^{-1}=\frac{K_{Ci}K_{Ce}}{K_{Ci}+K_{Ce}} \tag{7-124}$$

$$C_{D}=\left(\frac{1}{C_{Ei}}+\frac{1}{C_{Ee}}\right)^{-1}=\frac{C_{Ei}C_{Ee}}{C_{Ei}+C_{Ee}} \tag{7-125}$$

其中，K_{Ci}，K_{Ce} 为内、外圈接触区的接触刚度，C_{Ei}，C_{Ee} 为内、外圈接触区的油膜阻尼系数。具体的刚度值计算可参考本书中的有关轴承刚度计算方法。

为了说明不同因素对轴承振动模型系数的影响，以汽车空调器压缩机轴承为例，得到图 7－28、图 7－29 所示的变化规律。

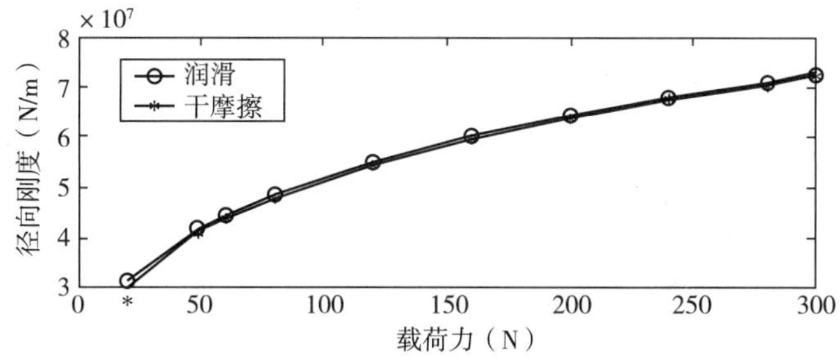

图 7－28　载荷力对轴承刚度的影响

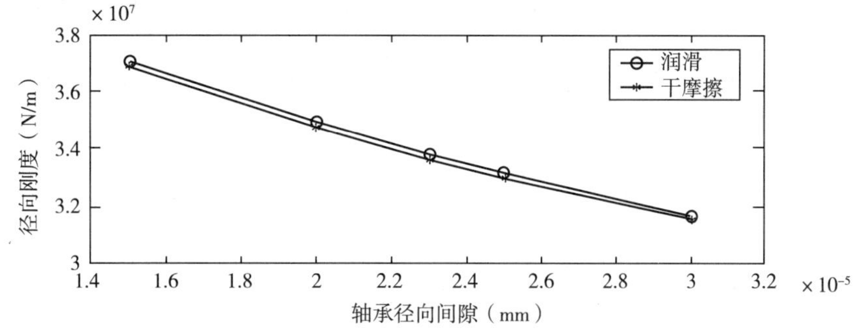

图 7－29　轴承径向间隙对刚度的影响

(2) 轴承零件缺陷引起的激振力

当轴承零件表面存在损伤缺陷，滚动体滚过损伤点时轴承元件要产生脉冲激振力。当外圈存在单个损伤时，激振力的形式为：

$$F_{xe}(t)=\sum_{-\infty}^{+\infty}\chi_{e}\delta(t-nT_{e}) \tag{7-126}$$

当内圈存在单个损伤时，激励力形式为：

$$F_{xi}(t)=\sum_{-\infty}^{+\infty}\chi_{i}\delta(t-nT_{i}) \tag{7-127}$$

当滚动体存在单个损伤时，激励力形式为：

$$F_{xb}(t)=\sum_{-\infty}^{+\infty}\chi_{b}\delta(t-2nT_{b}) \tag{7-128}$$

上述各式中，n 为整数，T 为元件缺陷特征周期，δ 为脉冲函数，χ 为脉冲幅值。下标 e，i，b 分别表示外圈、内圈、滚动体。对于有 Z 个滚动体的轴承，元件的缺陷特征周期与频率的关系为：

$$\frac{1}{T_{e}}=Zf_{eb},\frac{1}{T_{i}}=Z(f_{i}-f_{eb}),\frac{1}{T_{b}}=Zf_{b}$$

(3) 表面波纹误差引起的激振力

设 t 时刻，轴承确定点处各零件的表面波纹度值如下：

外圈滚道的波纹度 $\Delta_{e}=\sum_{n_{e}}A_{n_{e}}\sin[n_{e}(\omega_{eb}t+\varphi_{n_{e}}+2\pi j/Z)]$；

内圈滚道的波纹度 $\Delta_{i}=\sum_{n_{i}}A_{n_{i}}\sin\{n_{i}[(\omega_{i}-\omega_{ob})t+\varphi_{n_{i}}+2\pi j/Z]\}$；

滚动体的波纹度 $\Delta_{b}=2\sum_{n_{b}}A_{n_{b}}\sin\{n_{b}[\omega_{b}t+\varphi_{n_{b}}+2\pi j/Z]\}$。

上面各式中，n 为谐波次数，A_{n} 为谐波幅值，φ_{n} 为谐波相位，ω 为转动角频率。下标 e,i,b 分别代表外圈、内圈、滚动体。j 代表套圈与滚动体接触的位置。

若只考虑轴承沿径向的振动，假定轴承各零件的表面波纹度引起的激振力模型为：

$$\begin{aligned}F_{x}(t)=&-\frac{3}{2}K_{e}\bar{\delta}_{e}^{1/2}\sum_{j=0}^{Z-1}\sum_{n_{e}}A_{n_{e}}\sin[n_{e}(\omega_{eb}t+\varphi_{n_{e}}+2\pi j/Z)]\cos(\omega_{eb}t+2\pi j/Z)\\&-\frac{3}{2}K_{i}\bar{\delta}_{i}^{1/2}\sum_{j=0}^{Z-1}\sum_{n_{i}}A_{n_{i}}\sin\{n_{i}[(\omega_{i}-\omega_{eb})t+\varphi_{n_{i}}+2\pi j/Z]\}\cos[(\omega_{i}-\omega_{eb})t+2\pi j/Z]\\&-3K_{b}\bar{\delta}_{b}{}^{1/2}\sum_{j=0}^{Z-1}\sum_{n_{b}}A_{n_{b}}\sin[n_{b}(\omega_{b}t+\varphi_{n_{b}}+2\pi j/Z)]\cos[\omega_{b}(t+\varphi_{n_{b}})+2\pi j/Z]\end{aligned} \tag{7-129}$$

(4) 轴承典型缺陷振动信号时域仿真实例

例 7-6　轴承振动特点与轴承结构密切相关,很难有两套轴承的振动信号完全一致。但在一定的条件下,轴承振动还是可能出现共性的结果。为了了解激振力的特点,针对典型汽车空调器压缩机轴承(见图 7-30),将上面的激振力模型用于其中,此时轴承的外加轴向载荷为 $F_a=49$ N。

图 7-30　典型汽车空调器压缩机轴承实物

利用专门开发的软件,模拟一种具体的波纹度引起的激振力的仿真结果,如图 7-31 所示。

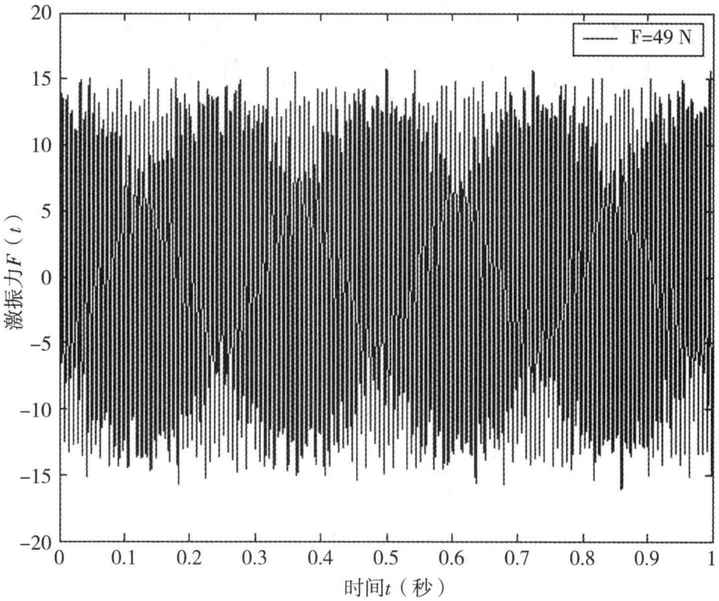

图 7-31　轴承波纹度激振力仿真

注:取外圈波纹度 $A_o=5\times10^{-6}$ m,$n_o=13$,$\varphi_{n_o}=\pi/5$,内圈波纹度 $A_i=5\times10^{-6}$ m,$n_i=16$,$\varphi_{n_i}=0$,滚动体波纹度 $A_b=5\times10^{-7}$ m,$n_o=2$,$\varphi_{n_b}=0$。

图 7-32 为汽车空调器压缩机轴承振动加速度仿真结果,其中图 7-32(a)(b) 分别对应了轴承零件存在不同波纹度激励所产生的振动加速度仿真值。

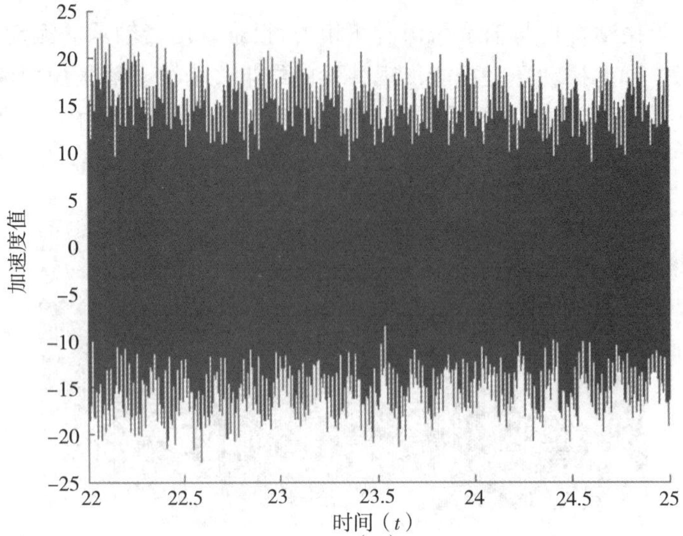

（a）

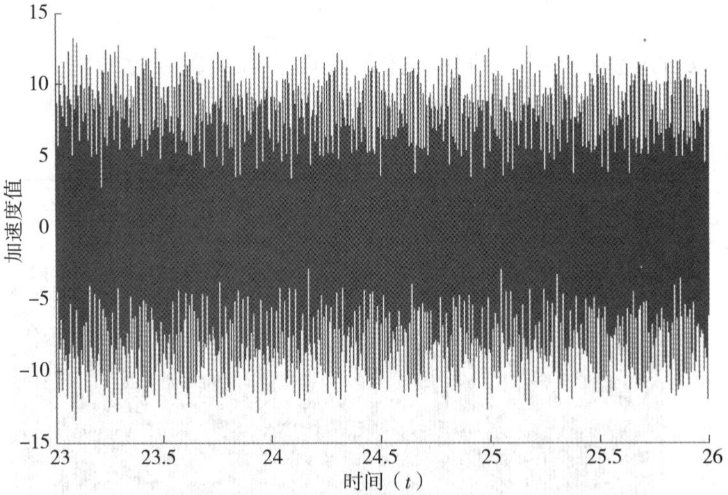

（b）

图 7-32　轴承振动加速度仿真

注：(a) 中外圈波纹度 $A_o = 5 \times 10^{-6}$ m，$n_o = 15$，$\varphi_{n_o} = \pi/5$，内圈波纹度 $A_i = 5 \times 10^{-6}$ m，$n_i = 20$，$\varphi_{n_i} = 0$。滚动体波纹度 $A_b = 5 \times 10^{-8}$ m，$n_o = 10$，$\varphi_{n_b} = 0$

(b) 外圈波纹度 $A_o = 2 \times 10^{-6}$ m，$n_o = 13$，$\varphi_{n_o} = \pi/5$，内圈波纹度 $A_i = 2 \times 10^{-6}$ m，$n_i = 145$，$\varphi_{n_i} = 0$，滚动体波纹度 $A_b = 2 \times 10^{-8}$ m，$n_o = 13$，$\varphi_{n_b} = 0$。

7.5.3　轴承振动时域信号特征参数

例 7-7　针对典型的汽车空调轴承（见图 7-30），利用试验方法研究轴承异音的特征。试验采用轴承振动测量标准中规定的条件，测量轴承外圈径向振动加速度信号。采样频率为 3 kHz，采样时间为 120 s。试验轴承样品为密封脂润滑球轴承。轴承振动信号分析结果如下。

① 首先进行波形特征对比

为了辨别异音的特征，将具有典型的“异音”的密封球轴承振动信号与正常音的振动信号进行比较。图 7-33 是轴承正常声音的振动波形，图 7-34 为轴承有“哒哒音”时的信号，两图中(a)(b)(c) 分别是低(50 ~ 300 Hz)、中(300 ~ 1500 Hz)、高(1500 ~ 10000 Hz) 频率段上的波形。

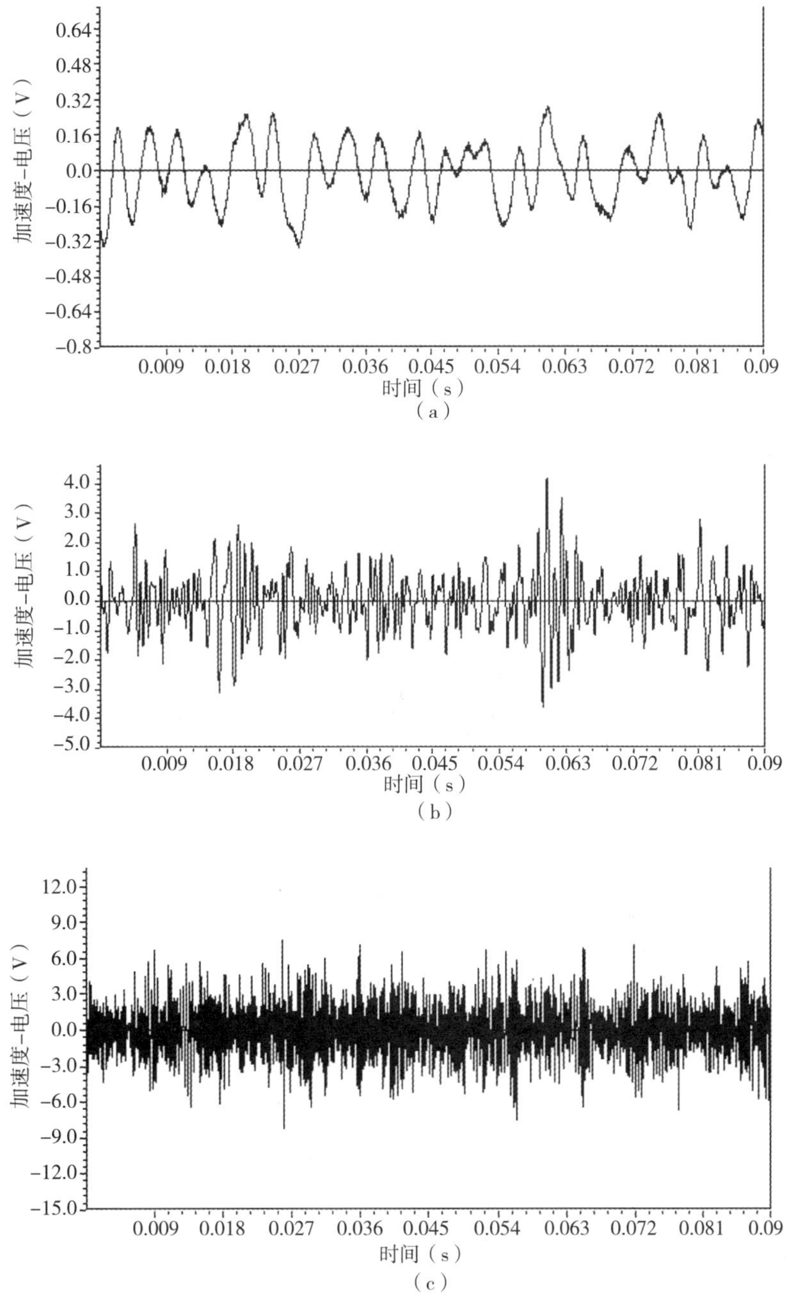

图 7-33　正常音的轴承振动加速度波形

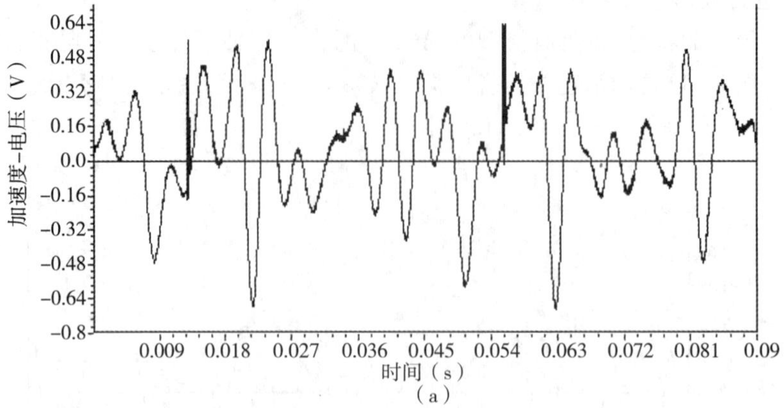

（a）

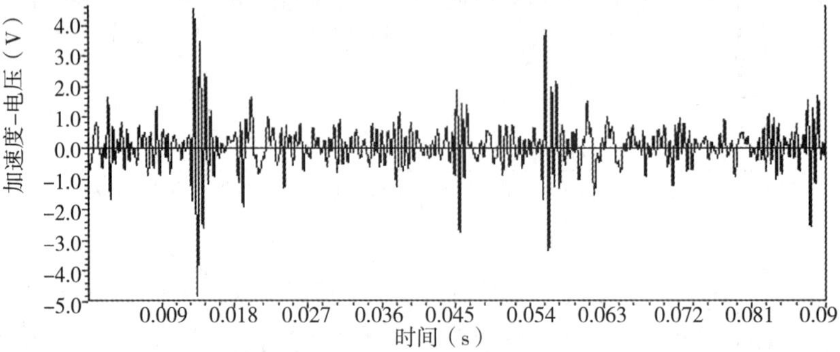

（b）

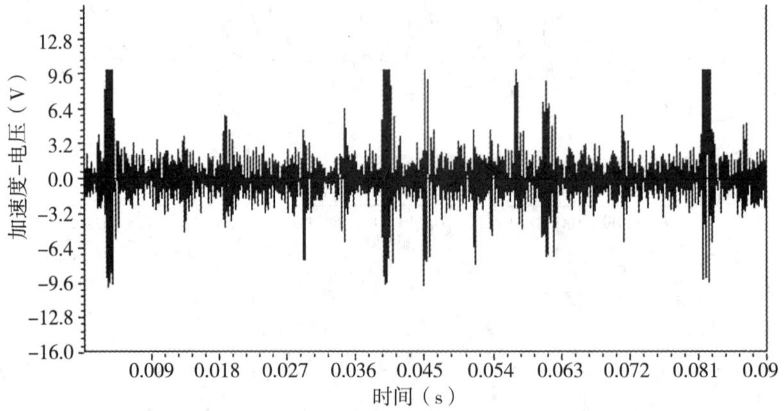

（c）

图 7-34　“哒哒”异音轴承波形振动加速度波形

② 其次进行异音限值法检查

为了区分异音大小，引入异音值限幅因子 μ，定义为振动加速度脉冲值 $A(t)$ 与其最大幅值 A_m 的比：

$$\mu(t)=A(t)/A_m \tag{7-130}$$

经反复试验后确认当 $\mu \geqslant 0.08$ 时会产生异音。例如，对“哒哒”音的信号，将 $\mu \geqslant 0.08$ 的脉冲滤除，中频段的声音变为低“咔”音，高频段的声音成为“沙”音，而低频率段没有大的影响。将超出的限幅因子成分滤除后，“异音”会大大减弱。由此可以看出，“哒哒”音是中、高频中的高值脉冲所引起。表 7-14、表 7-15 为异音特征量。

表 7-14　异音频率物理特征比较

轴承音 \ 频段	低频		中频		高频	
	分贝值	声音特征	分贝值	声音特征	分贝值	声音特征
正常	12 dB	微弱音	22 dB	低“嘶”音	32 dB	“嘶”音
“哒哒”音	24 dB	微弱音	30 dB	低“哒”音	40 dB	“沙”音

表 7-15　异音时域物理特征量

时域脉冲值范围	时域脉冲数目	Fourier 谱主频范围	功率谱主频范围	异音特点	原因分析
> 10 mV	5	70 ~ 600	70 ~ 360		圆度超标
(4 ~ 10) mV	9	1850 ~ 3300	1300 ~ 3500	“哒哒”音	波纹度超标
(3 ~ 4) mV	80	4000 ~ 6000		“哧哧”音	

7.5.4　轴承振动信号频域分析方法

轴承振动是一个复杂的随机过程，影响因素很多，很难完全由理论模型来预测。因此，大多数情况是采用实验的方法来研究振动信号，也就是在特定的条件下测量轴承的振动信号，然后对振动信号进行分析，找出其中的变化规律。

(1) 振动信号频率傅里叶分析方法

傅里叶(Fourier) 变换的基本思想是将时域信号分解成一系列不同频率的正弦波的叠加。从另一个角度来说，是将信号从时间域转换到频率域。经典的傅里叶变换过程如下：

设时域信号函数 $f(t)$ 为周期(T) 可积分的，选择周期函数将信号展开为：

$$f(t)=\frac{1}{2}a_0+\sum_{n}(a_n\cos\omega_{\mathrm{n}}t+b_n\sin\omega_{\mathrm{n}}t) \tag{7-131}$$

其中，ω_{n} 为周期函数的频率，$n=0,1,2,\cdots$；$a_n=\frac{2}{T}\int_0^T f(t)\cos\omega_{\mathrm{n}}t\mathrm{d}t$，$b_n=\frac{2}{T}\int_0^T f(t)\sin\omega_{\mathrm{n}}t\mathrm{d}t$ 为傅立叶变换系数。式(7-131) 称为周期函数的傅里叶变换。

如果时域信号函数 $f(t)$ 为无限时域上的可积分非周期函数，定义傅里叶积分为：

$$F(\omega)=\int_{-\infty}^{+\infty}f(t)\mathrm{e}^{-j\omega t}\mathrm{d}t,f(t)=\frac{1}{2\pi}\int_0^{\infty}F(\omega)\mathrm{e}^{j\omega t}\mathrm{d}\omega \tag{7-132}$$

称上面的积分为非周期函数傅里叶变换对。

例 7-8　实际测量轴承振动信号分析。采用专门的轴承振动试验机。轴承振动测量的规范是轴承直接安装在芯轴上，由电机带动轴承转动，电机转速为 1500 r/min。轴承内圈靠轴向挡圈定位，外圈上加轴向载荷，载荷为 50 N。轴承外圈上安装加速度传感器，信号采集由专门的软件完成，采样频率为 30000 Hz。

利用傅里叶变换可以获得振动信号的频率谱。如图 7-35(a) 为轴承具有典型“哒哒”异音的振动加速度时程图。时程曲线取自轴承钢球公转 1 周内的外圈径向振动幅值。图 7-35(b) 和图 7-35(c) 为其傅里叶频谱和功率谱分布图。从图 7-35(a) 中可以看出，振动中出现多组非正常脉冲信号，而且有的脉冲宽度较宽，说明在滚动表面存在多组缺陷。

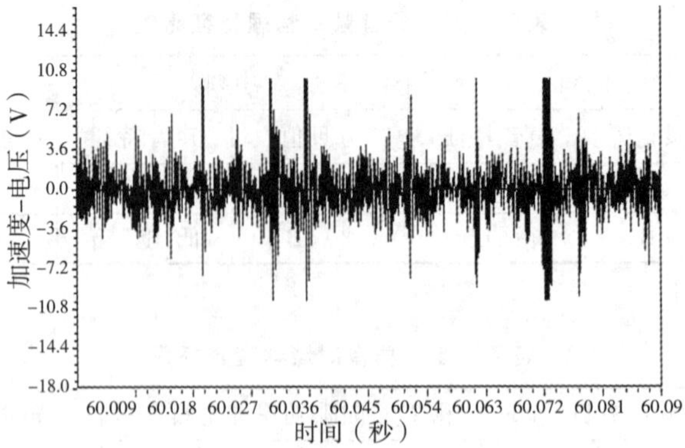

（a）典型异音振动时程

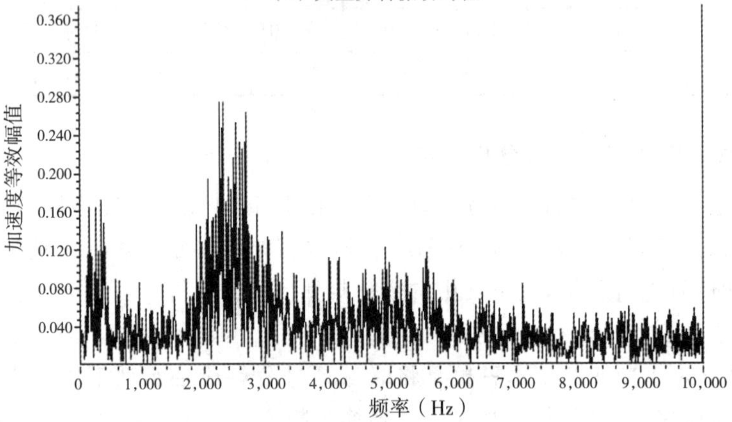

（b）典型异音信号的傅里叶谱

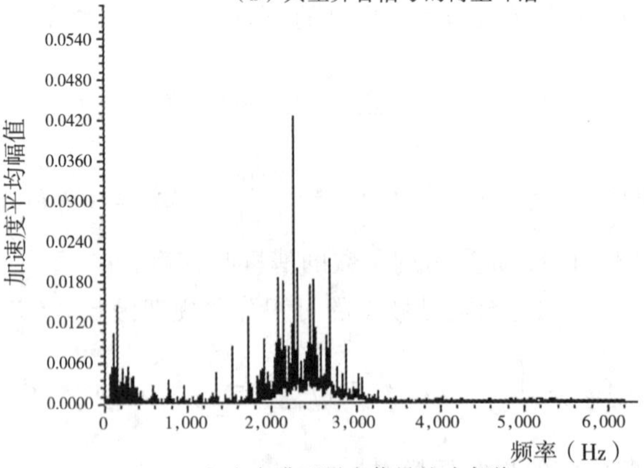

（c）典型异音信号的功率谱

图 7-35 轴承振动信号傅里叶分析

（2）振动信号频率小波分析方法

轴承振动信号含有大量的非稳态成分，例如偏移、趋势、突变等，而这些情况往往是非常重要的，反映了信号的重要特征。对这一类时变信号进行分析，通常需要提取某一时间段（或瞬间）的频域信息或某一频率段所对应的时间信息。因此，需要寻求一种具有一定的时间和频率分辨率的基函数来分析时变信号。

为了分析这种多变化的振动信号，发展了一种小波（wavelet）变换理论。对信号做小波变换实质上是将信号投影到一个由小波基函数族构成的函数空间中。经过小波基展开所产生的系数，反映原始信号与不同尺度下小波基之间的相关性。展开系数的模值越大，信号同小波基之间的相关性也越大，小波变换系数的能量分布也就越集中，分类效果也越好。因此，根据分析对象选择合适的母小波对提高分类精度也具有一定的意义。小波分析方法比较复杂，具体方法可参考有关文献。

参考文献

[1] T A Harris. Rolling Bearing Analysis[M]. 3rd. A Wiley — Interscience Publication JOHN WILEY & SONS, New York, 1991.

[2] 万长森．滚动轴承的分析方法[M]．北京：机械工业出版社，1987.

[3] T A Harris, M N Kotzalas. 滚动轴承分析（第 1 卷、第 2 卷）[M]．北京：机械工业出版社，2010.

[4] 刘泽九．滚动轴承应用手册（第 3 版）[M]．北京：机械工业出版社，2014.

[5] 冈本纯三．球轴承的设计计算[M]．北京：机械工业出版社，2003.

[6] 邓四二，贾群义，薛进学．滚动轴承设计原理[M]．北京：中国标准出版社，2014.

[7] 杨咸启．接触力学理论与滚动轴承设计分析[M]．武汉：华中科技大学出版社，2018.

[8] 杨咸启，姜少峰，陈俊杰．高速角接触球轴承优化设计[J]．轴承，2001(1)：1－5.

[9] 杨咸启．高速圆柱滚子轴承分析[J]．轴承，1999(10)：3－6.

[10] 姜维，杨咸启，常宗瑜．高速角接触球轴承动力学特性参数分析[J]．轴承，2008(6)：1－4，39.

[11] 曹一，杨咸启，常宗瑜．基于点接触的凸轮机构润滑油膜分析[J]．润滑与密封，2008(9)：35－38.

[12] 梅宏斌．滚动轴承振动监测与诊断[M]．北京：机械工业出版社，1995.

[13] 姜小荧．基于小波分析的滚动轴承故障诊断方法的研究及应用[D]．大连：大连理工大学，2005.

[14] 万良虹．基于小波分析的滚动轴承故障诊断方法研究[D]．北京：华北电力大学，2004.

[15] 多田城二．高速球轴承保持架的噪声、振动及运动状态的动态分析[J]．国外轴承技术．2002(4)：45－52.

[16] 赵联春．球轴承振动的研究[D]．杭州：浙江大学，2004.

[17] 夏新涛，刘红彬．滚动轴承振动与噪声研究[M]．北京：国防工业出版社，2015.

[18] 张蕾．基于小波能量谱的轴承振动噪声缺陷辨识方法[D]．青岛：中国海洋大学，2005.

[19] 马艳杰．基于模型的轴承微弱缺陷辨识研究[D]．青岛：中国海洋大学，2007.

第 8 章　滚动轴承系统工程问题分析

滚动轴承系统工程涉及多方面的问题，主要包括轴承系统的工程动力学问题、轴承系统振动噪声工程问题以及轴承系统的热特性工程等。本章介绍这些典型问题的基本模型分析方法。从设计角度出发，对这些问题分析后再提出设计改进，例如，对于通用轴承可以进行稳健可靠性设计方法，而对应特殊使用场合的专用轴承则可采用极限设计方法。

8.1　高速主轴与轴承系统工程力学问题分析方法

8.1.1　主轴系统的受力模型分析方法

主轴与轴承组成的系统是机械常见的系统，如图 8－1 所示。

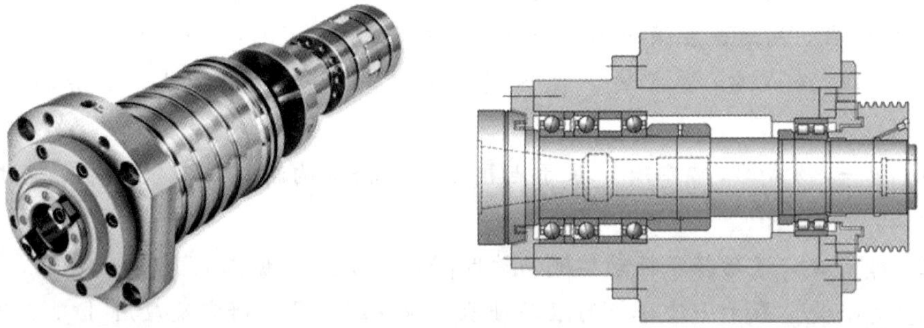

（a）主轴实物　　（b）主轴与轴承结构

图 8－1　主轴与轴承系统

为了提高主轴的承载能力和刚性，在轴的不同位置采用多轴承支撑，这样的主轴通常被称为连续支撑轴，简称连续轴。连续轴的力学分析模型如图 8－2(a) 所示。显然，连续轴最大的特征是它是一个整体结构，是一种超静定系统。

根据材料力学知识，分析连续轴最常用的方法是采用求解超静定结构的力法。建立连续轴的基本静定系如图 8－2(b) 所示。假想在每个轴承支座处将轴断开，以铰接代替原来的结构。为了与原结构保持一致，在铰的两边加上弯矩 M，以保证连续轴的变形与原来结构协调一致。这样在连续轴中间每个铰接处就出现一个超静定约束弯矩。

设连续轴有 n 跨，中间具有 $n-1$ 个轴承支座，简化为 $n-1$ 个超静定约束弯矩。因此，连续轴就是 $n-1$ 次超静定的系统。求解时需要建立 $n-1$ 个方程。

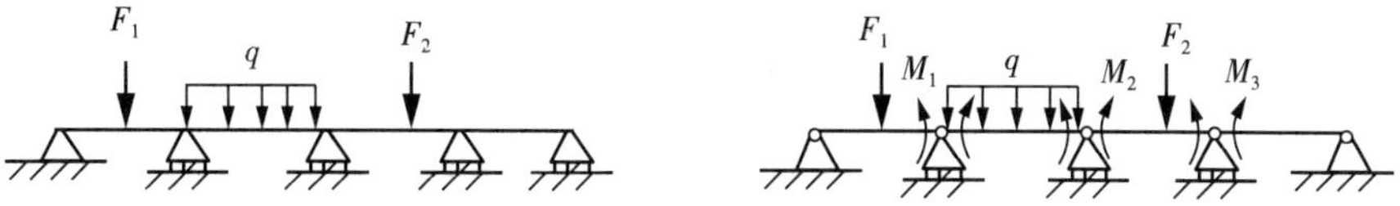

（a）超静定力学模型　　（b）静定力学模型

图 8-2　连续梁力学模型

从连续轴中取出任意相邻两跨轴，其支座编号为 $j-1, j, j+1$，如图 8-3(a) 所示。它们都是简支轴，其上作用有端部弯矩和外载荷。图 8-3(b)(c) 所示为简支轴的外载荷弯矩图和单位力弯矩图。

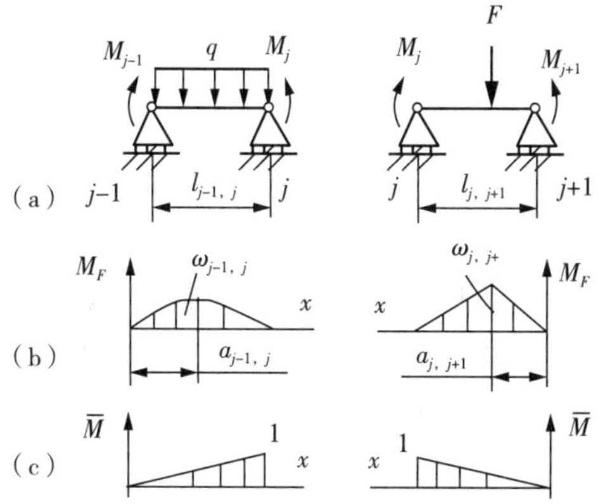

图 8-3　相邻两跨连续梁模型

下面分析它们的变形。在不考虑轴的支座位移和转角情况下，根据变形叠加计算方法，可以得到简支轴点(j 点) 的端面转角为：

$$\theta_j^{j-1,j}=\frac{M_{j-1}}{6EI_z}l_{j-1,j}+\frac{M_j}{3EI_z}l_{j-1,j}+\theta_{jF}^{j-1,j}$$

$$\theta_j^{j,j+1}=3\,\frac{-M_j}{6EI_z}l_{j,j+1}-\frac{M_{j+1}}{6EI_z}l_{j,j+1}+\theta_{jF}^{j,j+1}$$

式中，M_{j-1}, M_j, M_{j+1} 为 3 个铰接点上的弯矩；$l_{j-1,j}, l_{j,j+1}$ 为两个跨轴的长度；EI_z 为轴的截面抗弯模量；$\theta_{jF}^{j-1,j}, \theta_{jF}^{j,j+1}$ 为外载荷引起 j 点的转角。这里各种力引起的端点转角统一按照逆时针转角为正的符号规定。

由于 j 点的转角的连续性，它必须满足协调条件为：

$$\theta_j^{j-1,j}=\theta_j^{j,j+1}$$

将转角公式代入，得到下面的方程：

$$\frac{M_{j-1}}{6EI_z}l_{j-1,j}+\frac{M_j}{3EI_z}(l_{j-1,j}+l_{j,j+1})+\frac{M_{j+1}}{6EI_z}l_{j,j+1}=-\theta_{jF}^{j-1,j}+\theta_{jF}^{j,j+1}$$

上式中右边外载荷引起的铰接点的转角，可以利用材料力学中的单位载荷图乘法［见图 8-3(b)(c)］确定为：

$$\theta_{jF}^{j-1,j}=\int_{l_{j-1,j}}\frac{M_F x\,\mathrm{d}x}{EI_z l_{j-1,j}}=\frac{a_{j-1,j}\omega_{j-1,j}}{EI_z l_{j-1,j}}$$

$$\theta_{jF}^{j,j+1}=\int_{l_{j,j+1}}\frac{-M_F x\,\mathrm{d}x}{EI_z l_{j,j+1}}=\frac{-b_{j,j+1}\omega_{j,j+1}}{EI_z l_{j,j+1}}$$

上面各式中，$\omega_{j-1,j}$ 为 $j-1,j$ 跨上载荷弯矩图的面积，$a_{j-1,j}$ 为载荷弯矩图的形心到该跨左端点的距离。$\omega_{j,j+1}$ 为 $j,j+1$ 跨上载荷弯矩图的面积，$b_{j,j+1}$ 为载荷弯矩图的形心到该跨右端点的距离。

这样，可以将上面的方程进一步简化为：

$$M_{j-1}l_{j-1,j}+2M_j(l_{j-1,j}+l_{j,j+1})+M_{j+1}l_{j,j+1}=\frac{-6a_{j-1,j}\omega_{j-1,j}}{l_{j-1,j}}-\frac{6b_{j,j+1}\omega_{j,j+1}}{l_{j,j+1}} \quad (8-1)$$

从上面的方程可以看出，它只包括 M_{j-1}，M_j，M_{j+1} 三个未知的节点弯矩。所以，又称为三弯矩方程。

显然，对连续轴的每个中间支座都可以列出这样的方程，这样可得到 $n-1$ 个方程。方程组的个数与未知的节点弯矩个数一致。因此，可以唯一地决定出未知弯矩。

求出节点弯矩后，进一步可以求出每一跨的支座反力、截面内力以及轴的变形。

例 8-1 连续轴受外载如图 8-4(a) 所示。求支座弯矩，并求连续轴截面内力。

这是一个 3 跨连续轴，有 2 个中间支座，因此，有 2 个节点弯矩未知量。$j=1,2$。选取的静定基轴，如图 8-4(b) 所示。

外载荷引起的弯矩图，如图 8-4(c) 所示，它们的弯矩图面积分别为：

$$\omega_{0,1}=\frac{1}{2}\times 48\times 6=144(\mathrm{kN\cdot m^2})$$

$$\omega_{1,2}=\frac{2}{3}\times 7.5\times 5=25(\mathrm{kN\cdot m^2})$$

$$\omega_{2,3}=\frac{1}{2}\times 30\times 4=60(\mathrm{kN\cdot m^2})$$

载荷弯矩图的形心位置：

$$a_{0,1}=\frac{6+2}{3}=2.667(\mathrm{m})$$

$$a_{1,2}=b_{1,2}=\frac{5}{2}=2.5(\mathrm{m})$$

$$b_{2,3}=\frac{4+1}{3}=1.667(\mathrm{m})$$

代入式(8-1) 得到：

$$M_0\times 6+2M_1\times(6+5)+M_2\times 5=\frac{-6\times 2.667\times 144}{6}-\frac{6\times 2.5\times 25}{5}$$

$$M_1\times 5+2M_2\times(5+4)+M_3\times 4=\frac{-6\times 2.5\times 25}{5}-\frac{6\times 1.667\times 60}{4}$$

整理化简，并引入连续轴最外端的已知弯矩：

$$M_0 = -4(\text{kN} \cdot \text{m})$$

$$M_3 = 0(\text{kN} \cdot \text{m})$$

得到整个连续轴系统方程组如下：

$$22M_1 + 5M_2 = -435$$

$$5M_1 + 18M_2 = -225$$

最后解得：

$$M_1 = -18.07(\text{kN} \cdot \text{m})$$

$$M_2 = -7.49(\text{kN} \cdot \text{m})$$

求出节点弯矩后，轴截面内力可以按照每跨静定简支轴来求解。结果如图 8-4(c) ~ (e) 所示。

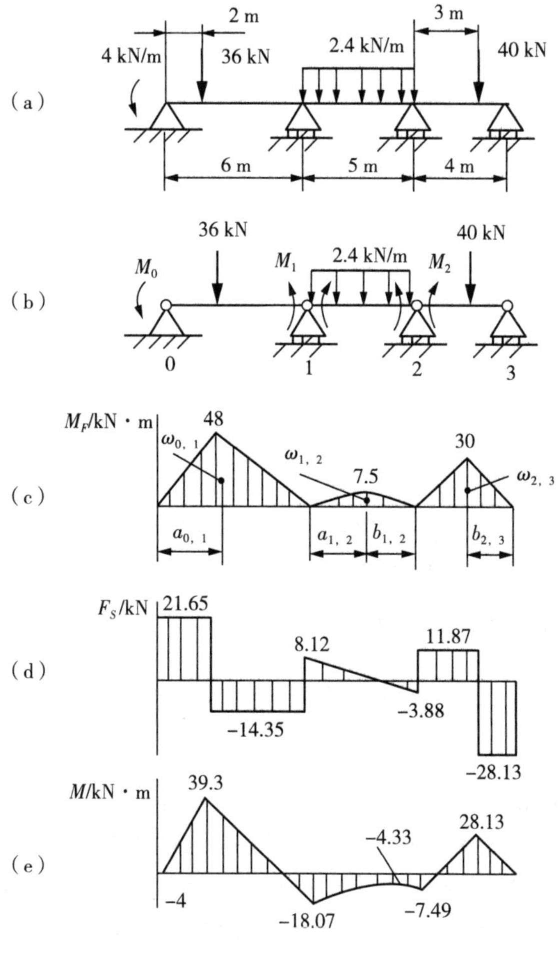

图 8-4　例 8-1 图

上面求解出的轴截面弯矩是在不考虑支座位移的情况下的结果。进一步可以求解轴的支撑有位移时的支座力，也就是轴承上的载荷。由轴承支撑的连续轴模型如图 8-5 所示。

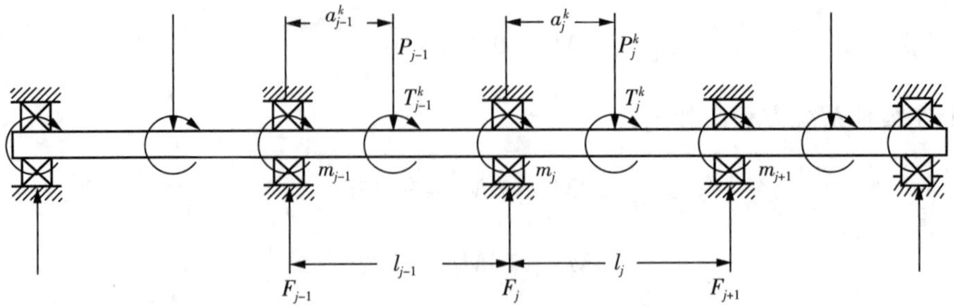

图 8-5　连续轴具有支座位移的受力模型

根据材料力学知识，经过推导得到任意支座轴承处的反力为：

$$F_j = \frac{1}{l_{j-1}^3}\sum_{k=1}^{p} P_{j-1}^k (a_{j-1}^k)^2 (3l_{j-1} - 2a_{j-1}^k) + \frac{1}{l_j^3}\sum_{k=1}^{q} P_j^k (l_j - a_j^k)^2 (l_j + 2a_j^k)$$

$$+ \frac{6}{l_{j-1}^3}\sum_{k=1}^{r} T_{j-1}^k a_{j-1}^k (l_{j-1} - a_{j-1}^k) - \frac{6}{l_j^3}\sum_{k=1}^{p} T_j^k a_j^k (l_j - a_j^k)$$

$$+ 6E\left\{\frac{I_{j-1}}{l_{j-1}^2}\left[\theta_{j-1} + \theta_j + \frac{2(\delta_{r,j-1} - \delta_{r,j})}{l_{j-1}}\right] - \frac{I_j}{l_j^2}\left[\theta_j + \theta_{j+1} + \frac{2(\delta_{r,j} - \delta_{r,j+1})}{l_j}\right]\right\}$$

任意支座处的反力矩为：

$$M_j = \frac{1}{l_{j-1}^2}\sum_{k=1}^{p} P_{j-1}^k (a_{j-1}^k)^2 (l_{j-1} - a_{j-1}^k) - \frac{1}{l_j^2}\sum_{k=1}^{q} P_j^k a_j^k (l_j - a_j^k)^2$$

$$+ \frac{1}{l_{j-1}^2}\sum_{k=1}^{r} T_{j-1}^k a_{j-1}^k (2l_{j-1} - 3a_{j-1}^k) - \frac{1}{l_j^2}\sum_{k=1}^{p} T_j^k (l_j - a_j^k)(l_j - 3a_j^k)$$

$$+ 2E\left\{\frac{I_{j-1}}{l_{j-1}}\left[\theta_{j-1} + 2\theta_j + \frac{3(\delta_{r,j-1} - \delta_{r,j})}{l_{j-1}}\right] + \frac{I_j}{l_j}\left[2\theta_j + \theta_{j+1} + \frac{3(\delta_{r,j} - \delta_{r,j+1})}{l_j}\right]\right\}$$

上面各式中的符号的含义为：P 为外力，T 为外扭矩，F 为支座（轴承）力，M 为支座（轴承）矩，$\delta_{r,j}$ 为轴承座的位移，θ_j 为轴承座的角位移。其余等号见图 8-5 以及前面的说明。求解上面的方程组可以得到轴承上作用力。

8.1.2　高速轴承接触区运动学模型

(1) 轴承运动学坐标系

根据上节的分析结果，轴承上的外力成为已知，而轴的转动角速度一般也是已知的。需要进一步分析的是轴承中滚动体的运动。这需要建立轴承零件的运动学和动力学方程并求解。

为了能方便地描述轴承及其零件的运动，需要建立轴承分析坐标系。通常选取一个轴承整体坐标系和若干个局部坐标系。这些坐标系都选择为惯性直角坐标系，如图 8-6 所示。

① 整体固定坐标系$(X,Y,Z)_o$：此坐标系坐标原点与轴承的几何中心相重合，Y-Z 面与轴承滚道中间的径向平面相重合，X 轴与轴承的转轴重合，钢球的位置角从 Y 轴计起，沿逆时针方向旋转。此坐标系在空间中固定不变，其他坐标系均是参照此坐标系来确定的。

由于轴承零件受力与运动后要发生位移，同时各零件的相对位置也不同，因此，定义局部坐标来描述其运动比较方便。

② 套圈运动坐标系$(X,Y,Z)_t$：此坐标系开始时与整体坐标系重合，当套圈受力发生位移时，坐标系跟着一起发生移动，但它不随套圈一起旋转，其原点与套圈几何中心重合。

③ 保持架运动坐标系$(X,Y,Z)_c$：开始时它也是与整体固定坐标系重合，以后随保持架一起移动，但不旋转，其原点与保持架几何中心重合。

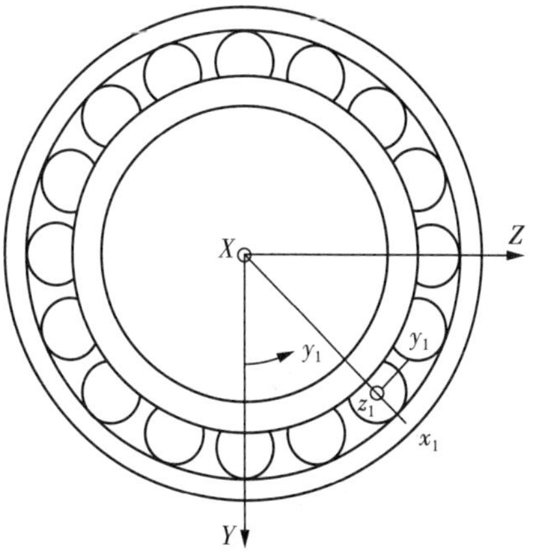

图 8-6　轴承坐标系

④ 滚动体运动坐标系$(x,y,z)_r$：此坐标系的原点与滚动体的几何中心重合，$y-z$ 面在固定坐标系 $Y-Z$ 面内，x 轴与轴承径向重合，y 轴与周向重合，z 轴与固定坐标系的 X 轴平行。此坐标系随滚动体中心一起移动，但不随钢球自转，对于每一个滚动体都有一个这样的坐标系。

⑤ 接触区局部坐标系(ζ,η,χ)：此坐标系的原点与接触区中心重合，$\zeta-\eta$ 面在接触面内，ζ 轴与椭圆长轴重合，η 轴与椭圆短轴重合，χ 轴垂直于接触面。

这些坐标系之间可以进行转换，坐标变换的一般形式为：

$$\{R\}_1=[T]_{12}(\{r\}_2+\{d\}_2) \tag{8-2}$$

式中，$\{R\}_1$ 为表示在第一种坐标系中描述的量；$\{r\}_2$ 为表示在第二种坐标系中描述的量；$\{d\}_2$ 为两坐标系间的平移量；$[T]_{12}$ 为两坐标间的旋转变换矩阵。

高速轴承的内部运动是十分复杂的。分析内部零件的运动规律要借助力学模型和假设条件，建立分析模型。当轴承处于平稳工作状态时，各状态变量可以表达为位置的函数，同时有些因素的影响很小，以致可以忽略不计。因此，为了使分析工作可行，采用下面的一些假设：

① 轴承套圈一般是具有 6 个自由度的弹性体。相应的 6 个自由度运动参数分别为：径向平面内的两个相互垂直方向(Y,Z)上的位移 δ_{Yt}，δ_{Zt}；轴向位移 δ_{Xt}；绕 Y，Z 轴的转角 θ_{Yt}，θ_{Zt}；绕 X 轴的角速度 ω，通常 ω 是已知的。

② 滚动体一般具有 6 个自由度，相应的 6 个自由度运动参数分别为：公转角速度 ω_m，球自转角速度 ω_x，ω_y，ω_z；滚动体中心位置 x，y。它们都随滚动体位置变化而变化。滚动体的运动速度和加速度是其位置的函数。

③ 轴承保持架为平面运动，具有 3 个自由，相应的 3 个自由度运动参数分别为：径向平面内偏心位移 Δy，Δz 及其转速 ω_c。其运动模型是完全动力学模型。

④ 分析中假设轴承中各元件的弹性变形微小，忽略其对轴承元件几何形状的影响。

(2) 轴承接触区中的运动学关系

① 球轴承接触区的运动分析

轴承接触区域的运动包括滚动和滑动。按照速度合成原理，角速度 ω 可以分解为滚动

角速度 ω_s 和自旋角速度 ω_s，如图 8－7 所示[8]。接触区域任意点 A 的速度矢量可以表达为：

$$\vec{v}_A = \vec{v}_g + \vec{v}_s \tag{8-3}$$

其中，$v_g = \omega_g D_w/2$，$v_s = \omega_s r_a$，D_w 为球的直径。

而在纯滚动中心位置的速度为 $v_A = \omega_s r_O$，$v_s = 0$，由此可以确定纯滚动中心位置为：

$$r_O = \frac{\omega_g}{\omega_s} D_w/2 \tag{8-4}$$

从轴承内部结构来分析，轴承套圈绕自身的转动轴 X 以 ω 角速度转动时，引起滚动体绕一定的轴以角速度 ω_R 转动。这个角速度也可以分解为绕过滚动体质心的轴公转角速度 ω_m 和滚动体的相对自传角速度 ω_Z，如图 8－8 所示[8]。

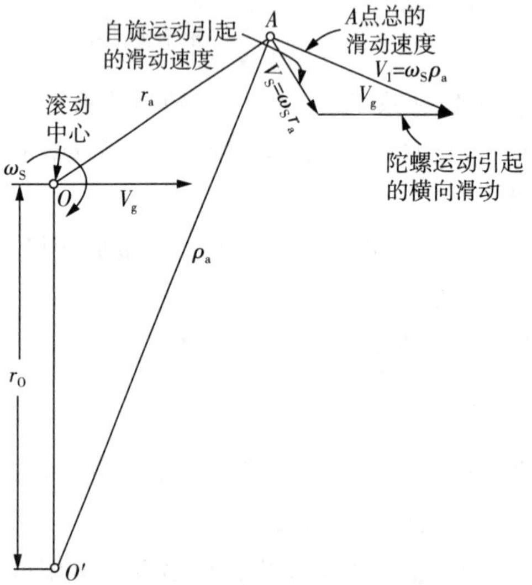

图 8－7 接触区域 A 点的速度

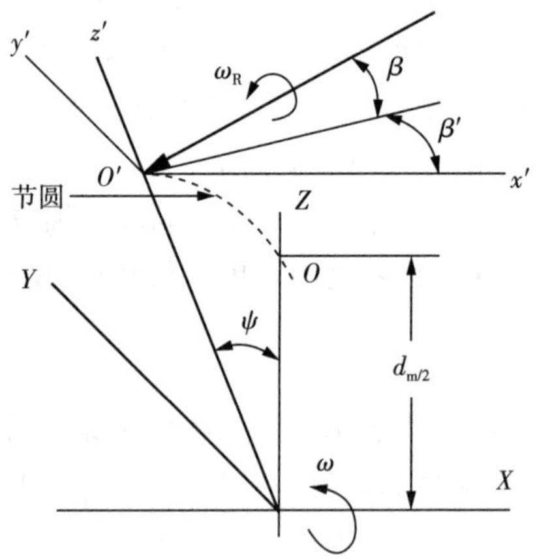

图 8－8 滚动体角速度分解

根据角速度的矢量关系有：$\vec{\omega}_R = \vec{\omega}_m + \vec{\omega}_Z$。将角速度分解到坐标轴 $x'y'z'$ 上得到：

$$\omega_{x'} = \omega_R \cos\beta\cos\beta', \omega_{y'} = \omega_R \cos\beta\sin\beta', \omega_{z'} = \omega_R \sin\beta$$

进一步，假定球体质心固定，对于球轴承中的球体与外圈滚道之间的相对自旋角速度为：

$$\begin{aligned}\omega_{se} &= -\omega_e \sin\alpha_e + \omega_{x'} \sin\alpha_e - \omega_{z'} \cos\alpha_e \\ &= -\omega_e \sin\alpha_e + \omega_R \cos\beta\cos\beta' \sin\alpha_e - \omega_R \sin\beta\cos\alpha_e\end{aligned} \tag{8-5}$$

其中，ω_e 为外圈的相对角速度，α_e 为外圈接触角，β 为滚动球姿态角。

同样，球体与内圈滚道之间的相对自旋角速度为：

$$\begin{aligned}\omega_{si} &= \omega_i \sin\alpha_i - \omega_{x'} \sin\alpha_i + \omega_{z'} \cos\alpha_i \\ &= \omega_i \sin\alpha_i - \omega_R \cos\beta\cos\beta' \sin\alpha_i + \omega_R \sin\beta\cos\alpha_i\end{aligned} \tag{8-6}$$

其中，ω_i 为内圈的相对角速度，α_i 为内圈接触角，β 为球姿态角。

球轴承的接触区内，由上述的各角速度引起的接触区域表面的线速度如图 8－9

所示[8]。

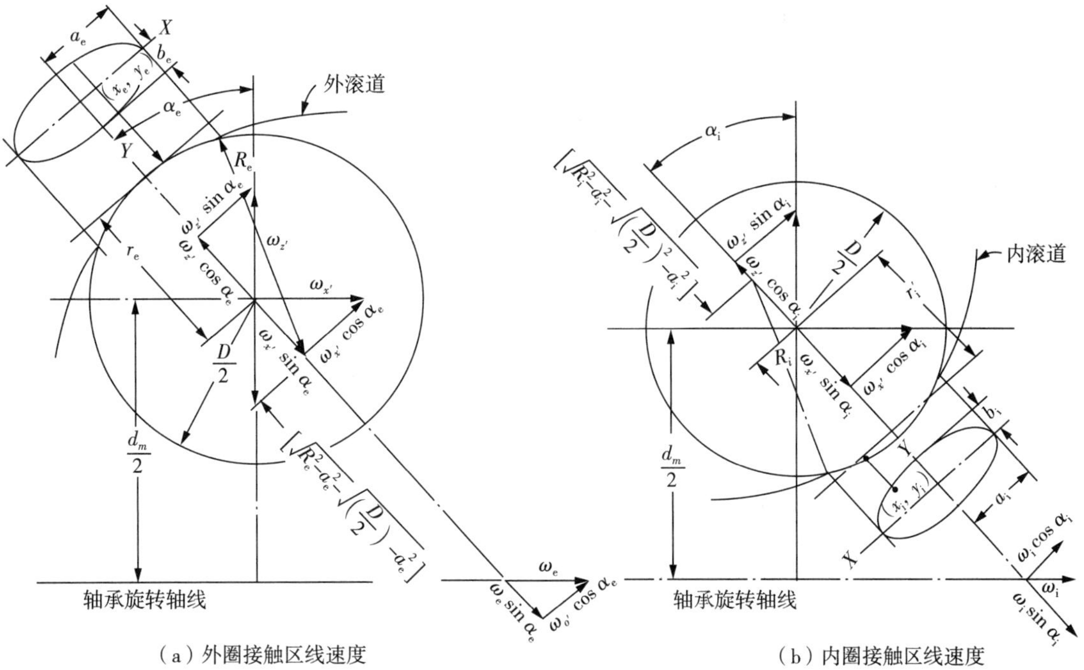

（a）外圈接触区线速度　　（b）内圈接触区线速度

图 8-9　球轴承接触区出生地

由图中的位置，在外圈接触区内，球体表面任意点的两个方向的线速度为：

$$u_{ex}=\omega_{y'}\left\{\sqrt{R_e^2-x_e^2}-\sqrt{R_e^2-a_e^2}+\sqrt{(D_w/2)^2-a_e^2}\right\} \tag{8-7}$$

$$u_{ey}=-(\omega_{x'}\cos\alpha_e+\omega_{z'}\sin\alpha_e)\left\{\sqrt{R_e^2-x_e^2}-\sqrt{R_e^2-a_e^2}+\sqrt{(D_w/2)^2-a_e^2}\right\}$$

而外圈接触区内滚道表面任意点的两个方向的线速度为：

$$v_{ex}=0 \tag{8-8}$$

$$v_{ey}=-\omega_e d_m/2-(\omega_e\cos\alpha_e)\left\{\sqrt{R_e^2-x_e^2}-\sqrt{R_e^2-a_e^2}+\sqrt{(D_w/2)^2-a_e^2}\right\}$$

由此，得到外圈滚道与球接触区域表面的线速度差为：

$$\Delta S_{ex}=v_{ex}-u_{ex}=-\omega_{y'}\left\{\sqrt{R_e^2-x_e^2}-\sqrt{R_e^2-a_e^2}+\sqrt{(D_w/2)^2-a_e^2}\right\} \tag{8-9}$$

$$\Delta S_{ey}=v_{ey}-u_{ey}=-\omega_e d_m/2-(\omega_e\cos\alpha_e-\omega_{x'}\cos\alpha_e-\omega_{z'}\sin\alpha_e)\times$$

$$\left\{\sqrt{R_e^2-x_e^2}-\sqrt{R_e^2-a_e^2}+\sqrt{(D_w/2)^2-a_e^2}\right\}$$

在接触面沿滚动方向上的线速度差为零的点，就认为是纯滚动点。在该点上 $\Delta S_{ey}=0$，即

$$(d_m/2+r_e^0\cos\alpha_e)\omega_e=r_e^0(\omega_{x'}\cos\alpha_e+\omega_{z'}\sin\alpha_e)$$

其中，$r_e^0=\left\{\sqrt{R_e^2-x_e^2(0)}-\sqrt{R_e^2-a_e^2}+\sqrt{(D_w/2)^2-a_e^2}\right\}$。

上式进一步简化可得到：

$$\frac{\omega_R}{\omega_e}=\frac{d_m/2+r_e^0\cos\alpha_e}{r_e^0(\cos\beta\cos\beta'\cos\alpha_e+\sin\beta\sin\alpha_e)} \tag{8-10}$$

将上面的分析应用到内圈接触区，也可以得到类似的结果。

在内圈滚道与球接触区域，表面的线速度差为：

$$\Delta S_{ix}=v_{ix}-u_{ix}=-\omega_{y'}\left\{\sqrt{R_i^2-x_i^2}-\sqrt{R_i^2-a_i^2}+\sqrt{(D_w/2)^2-a_i^2}\right\} \tag{8-11}$$

$$\Delta S_{iy}=v_{iy}-u_{iy}=-\omega_i d_m/2-(\omega_i\cos\alpha_i-\omega_{x'}\cos\alpha_i-\omega_{z'}\sin\alpha_i)\times$$

$$\left\{\sqrt{R_i^2-x_i^2}-\sqrt{R_i^2-a_i^2}+\sqrt{(D_w/2)^2-a_i^2}\right\}$$

当接触面沿滚动方向上的线速度差为零的点也是纯滚动点。在该点上 $\Delta S_{iy}=0$，即

$$(d_m/2+r_i^0\cos\alpha_i)\omega_i=r_i^0(\omega_{x'}\cos\alpha_i+\omega_{z'}\sin\alpha_i)$$

其中，$r_i^0=\left\{\sqrt{R_i^2-x_i^2(0)}-\sqrt{R_i^2-a_i^2}+\sqrt{(D_w/2)^2-a_i^2}\right\}$。

上式再简化可得到：

$$\frac{\omega_R}{\omega_i}=\frac{-d_m/2+r_i^0\cos\alpha_i}{r_i^0(\cos\beta\cos\beta'\cos\alpha_i+\sin\beta\sin\alpha_i)} \tag{8-12}$$

如果将上面导出的轴承套圈和球体的相对角速度，采用轴承的绝对角速度 ω 来表达，则有下面的结果。

A. 当轴承内圈以绝对角速度 ω 转动，外圈静止。此时，$\omega_i=\omega-\omega_m$，$\omega_e=-\omega_m$。

代入速度关系简化后，得：

外圈的相对角速度为：

$$\omega_e=\frac{-\omega}{1+c_i/c_e} \tag{8-13}$$

内圈的相对角速度为：

$$\omega_i=\frac{\omega}{1+c_e/c_i} \tag{8-14}$$

球体的角速度为：

$$\omega_R=\frac{-\omega(d_m/2+r_e^0\cos\alpha_e)(d_m/2-r_i^0\cos\alpha_i)}{c_e+c_i} \tag{8-15}$$

上面各式中，$c_e=r_e^0(d_m/2-r_i^0\cos\alpha_i)(\cos\beta\cos\beta'\cos\alpha_e+\sin\beta\sin\alpha_e)$，

$$c_i = r_i^0 (d_m/2 + r_e^0 \cos\alpha_e)(\cos\beta\cos\beta'\cos\alpha_i + \sin\beta\sin\alpha_i)$$

B. 当轴承外圈以绝对角速度 ω 转动，内圈静止。此时，$\omega_i = \omega_m$，$\omega_e = \omega - \omega_m$。

代入速度关系简化后，得：

外圈的相对角速度为：

$$\omega_e = \frac{\omega}{1 + c_i/c_e} \tag{8-16}$$

内圈的相对角速度为：

$$\omega_i = \frac{-\omega}{1 + c_e/c_i} \tag{8-17}$$

球体的角速度为：

$$\omega_R = \frac{\omega(d_m/2 + r_e^0 \cos\alpha_e)(d_m/2 - r_i^0 \cos\alpha_i)}{c_e + c_i} \tag{8-18}$$

以上导出的接触区的运动学关系中，与滚道接触角紧密相关。因此，首先要求出接触角的值才能够计算接触面的速度。而接触角与轴承的接触载荷有关，因此要利用动力学方法求解。下节介绍接触角与接触载荷的计算。

② 无陀螺枢轴运动简化

在上面导出的轴承复杂运动关系中，没有限制滚动体各方向上的运动。但是实际中轴承内部有些方向上的运动比较小，例如，陀螺枢轴进动运动一般比较小。因此为了简化分析，常常忽略陀螺进动，即 $\omega_{y'} \approx 0$。由此导出 $\beta' \approx 0$。这样，轴承内部的运动关系简化如下：

球的角速度坐标轴分量为：

$$\omega_{x'} = \omega_R \cos\beta, \omega_{y'} = 0, \omega_{z'} = \omega_R \sin\beta \tag{8-19}$$

相对自旋角速度为：

$$\omega_{se} = -\omega_e \sin\alpha_e + \omega_R \sin(\alpha_e - \beta) \tag{8-20}$$

$$\omega_{si} = -\omega_i \sin\alpha_i - \omega_R \sin(\alpha_e - \beta) \tag{8-21}$$

球的角速度与套圈角速度比为：

$$\frac{\omega_R}{\omega_e} = \frac{d_m/2 + r_e^0 \cos\alpha_e}{r_e^0 \cos(\alpha_e - \beta)} \tag{8-22}$$

$$\frac{\omega_R}{\omega_i} = \frac{-d_m/2 + r_i^0 \cos\alpha_i}{r_i^0 \cos(\alpha_i - \beta)} \tag{8-23}$$

如果定义球体相对于外圈滚道的角速度为 $\omega_{roll} = -\omega_e d_m/D_w$，则简化轴承外圈滚道的旋滚比为：

$$\frac{\omega_{se}}{\omega_{roll}} = \frac{D_w}{d_m}\left[\sin\alpha_e - \frac{\omega_R}{\omega_e}\sin(\alpha_e - \beta)\right]$$

$$=\frac{D_w}{d_m}\sin\alpha_e-\left(1+\frac{D_w}{d_m}\cos\alpha_e\right)\tan(\alpha_e-\beta) \tag{8-24}$$

$$\frac{\omega_R}{\omega_e}=\frac{1+(2r_e^0/d_m)\cos\alpha_e}{(2r_e^0/d_m)\cos(\alpha_e-\beta)} \tag{8-25}$$

同样，对于内圈滚道，也可以导出旋滚比为：

$$\frac{\omega_{si}}{\omega_{roll}}=\frac{D_w}{d_m}\left[\sin\alpha_i-\frac{\omega_R}{\omega_i}\sin(\alpha_i-\beta)\right]$$

$$=\frac{D_w}{d_m}\sin\alpha_i+\left(1-\frac{D_w}{d_m}\cos\alpha_i\right)\tan(\alpha_i-\beta) \tag{8-26}$$

$$\frac{\omega_R}{\omega_i}=\frac{-1+(2r_i^0/d_m)\cos\alpha_i}{(2r_i^0/d_m)\cos(\alpha_i-\beta)} \tag{8-27}$$

③ 外圈滚道控制简化

即使采用无陀螺枢轴运动假定，上面的运动关系仍然很复杂不能直接求解，原因是公式中的接触角都没有确定。为了能够方便求解接触区的运动量，Jones 进一步假定球的运动在外圈滚道上没有相对自旋打滑运动，即令 $\omega_{se}=0$，则得到：

$$\tan\beta=\sin\alpha_e/(\cos\alpha_e+2r_e^0/d_m) \tag{8-28}$$

将式(8-28)代入上面各式并简化，得到球自转角速度与轴承转速的比为：

$$\frac{\omega_R}{\omega}=\frac{\pm 1}{\dfrac{\gamma'\cos(\alpha_e-\beta)}{1+\gamma'\cos\alpha_e}+\dfrac{\gamma'\cos(\alpha_i-\beta)}{1-\gamma'\cos\alpha_i}} \tag{8-29}$$

式中，“+”适合外圈旋转，“−”适合内圈旋转。$\gamma'\approx D_w/d_m$。

球公转角速度与轴承转速的比为：

$$\frac{\omega_m}{\omega}=\frac{1+\gamma'\cos\alpha_i}{1+\cos(\alpha_i-\alpha_e)}\text{（内圈旋转）} \tag{8-30}$$

$$\frac{\omega_m}{\omega}=\frac{\cos(\alpha_i-\alpha_e)+\gamma'\cos\alpha_i}{1+\cos(\alpha_i-\alpha_e)}\text{（外圈旋转）} \tag{8-31}$$

上面得到的结果称为外圈滚道控制理论结果。而要实现滚道控制，需要满足一定的摩擦力矩要求，即

$$fQ_eD_w>M_g=4.47\times10^{-12}D_w^5n_Rn_m\sin\beta \tag{8-32}$$

式中，Q_e 为外圈接触载荷，M_g 为陀螺力矩，f 为摩擦系数，D_w 为球直径，n_R，n_m 分别为球的自转和公转速度，β 为球姿态角。

通过试验证实，$f>0.02$ 可以满足滚道控制。为了简化判断，可以利用内外滚道的接触

参数来进行。当下面的关系成立时满足外圈滚道控制。

$$Q_e a_e \Pi_e \cos(\alpha_i - \alpha_e) > Q_i a_i \Pi_i \tag{8-33}$$

式中，Q_i，Q_e 为内外圈接触载荷，a_i，a_e 为内外圈接触区域椭圆半长轴，α_i，α_e 为内外圈接触角。Π_i，Π_e 为内、外圈接触区上第二类完全椭圆积分。

8.1.3　滚动体的动力学模型方程

(1) 球体的动力学方程

在高速球轴承中，球的受力包括：球与内圈、外圈滚道之间的法向接触力，球与内圈、外圈间的摩擦力(断面内)，球与内圈、外圈间的周向摩擦力，球的离心力，陀螺力矩，球与保持架间的作用力，油气阻力，等等。力的作用位置如图 8-10。

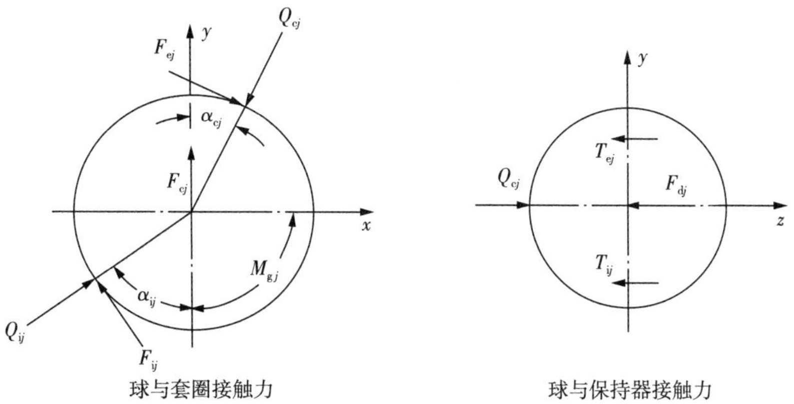

图 8-10　轴承球体的受力

球体运动微分方程为：

$$Q_{ij}\sin\alpha_{ij} - F_{ij}\cos\alpha_{ij} - Q_{ej}\sin\alpha_{ej} + F_{ej}\cos\alpha_{ej} = 0 \tag{8-34}$$

$$Q_{ij}\cos\alpha_{ij} + F_{ij}\sin\alpha_{ij} - Q_{ej}\cos\alpha_{ej} - F_{ej}\sin\alpha_{ej} + F_{cj} = 0 \tag{8-35}$$

$$\pm Q_{cj} \pm T_{ej} \pm T_{ij} - F_{dj} = \frac{md_m}{2}\omega_{mj}\frac{d\omega_{mj}}{d\varphi} \tag{8-36}$$

$$M_{fxj} = J\omega_{mj}\frac{d\omega_{xj}}{d\varphi} \tag{8-37}$$

$$M_{fyj} = J\omega_{mj}\frac{d\omega_{yj}}{d\varphi} \tag{8-38}$$

$$M_{gj} - F_{ej}\frac{D_w}{2} - F_{ij}\frac{D_w}{2} = J\omega_{mj}\frac{d\omega_{zj}}{d\varphi} \tag{8-39}$$

上面各式中，下标 i，e 代表内、外套圈，下标 j 为滚动体的位置。α_{ij}，α_{ej} 分别为球与内、外圈滚道之间的接触角；Q_{ij}，Q_{ej} 分别为球与内、外圈滚道之间的接触力；Q_{cj} 为球与保持架间的作用力；F_{dj} 为油阻力；F_{ij}，F_{ej} 分别为球与内、外圈间的摩擦力(轴向)；T_{ij}，T_{ej} 分别为球与内、外圈间的周向摩擦力；F_{cj} 为球的离心力，$F_{cj}=0.5m_b\omega_{mj}^2d_m$；$M_{gj}$ 为陀螺力矩，$M_{gj}=J\omega_{mj}\omega_{Rj}\sin\beta$；$M_{fxj}$、$M_{fyj}$ 分别为摩擦力矩；ω_m 为球的公转速度；ω_R 为球的自转速度；ω_x，ω_y，ω_z 分别为球的自转速度坐标分量；m_b 为球的质量，$m_b=\frac{1}{6}\pi D_w^3\rho\times10^6$；$\rho$ 为钢球密度；J 为球的惯性矩，$J=\frac{1}{10}m_bD_w^2$；D_w 为球的直径；d_m 为球的中心圆直径。

上述方程中，正负号的选择需要根据上面接触力的作用位置来确定。力与力矩的具体计算方法可以参考前面章节中的有关内容。

在上面的方程中涉及球轴承的接触角计算。通常，轴承具有一种初始状态接触角，随着运动变化，接触角也会发生改变。确定接触角的变化规律比较复杂。接触角需要满足的几何关系。见第 7 章的有关内容介绍。

(2) 滚子的动力学方程

在假设条件下，滚子受力主要由六部分组成。图 8-11 为滚子的一般受力模型。

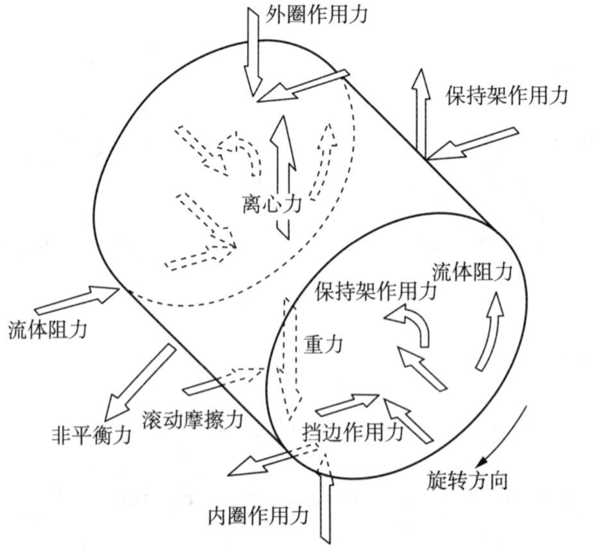

图 8-11 滚子受力模型图

针对滚子作用力模型，对于每一个滚子，其质心运动方程为：

$$\begin{Bmatrix}\Phi_r\\ \Phi_\theta\end{Bmatrix}=\sum_{j=i,e}\left[\begin{Bmatrix}Q_j\\ 0\end{Bmatrix}+\begin{Bmatrix}0\\ T_{cj}\end{Bmatrix}+\begin{Bmatrix}T_{1rj}\\ T_{1\theta j}\end{Bmatrix}\right]+\sum_{j=i,e}\begin{Bmatrix}0\\ F_{c\theta j}\end{Bmatrix}+\begin{Bmatrix}F_{cr}\\ F_{c\theta}\end{Bmatrix}+\begin{Bmatrix}0\\ F_D\end{Bmatrix} \tag{8-40}$$

上式中，Φ_r，Φ_θ 分别为轴承滚子两个方向上的加速度惯性力；Q_j 为滚子与内外圈滚道之间的接触力；T_{cj}，T_{1rj}，$T_{1\theta j}$ 分别为滚子接触区域的摩擦力；F_{cej} 为滚子与套圈挡边间的摩擦力；F_{cr}，$F_{c\theta}$ 分别为滚子与保持架间的作用力；F_D 为滚子润滑剂之间的搅拌力。它们的具体计算方法可以参考前面章节中的有关内容。

绕滚子质心转动方程为：

$$\begin{bmatrix}\Theta_z\\ \Theta_r\\ \Theta_\theta\end{bmatrix}=\sum_{j=i,e}\left(\begin{bmatrix}0\\0\\M_{Qj}\end{bmatrix}+\begin{bmatrix}M_{Tzj}\\M_{Trj}\\0\end{bmatrix}+\begin{bmatrix}M_{\theta zj}\\0\\0\end{bmatrix}\right)+\sum_{j=i,e}\begin{bmatrix}M_{ezj}\\M_{erj}\\M_{e\theta j}\end{bmatrix}+\begin{bmatrix}M_{cz}\\M_{cr}\\M_{c\theta}\end{bmatrix}+\begin{bmatrix}M_{Dz}\\0\\0\end{bmatrix} \tag{8-41}$$

上面式中，Θ_z，Θ_r，Θ_θ 分别为轴承滚子三个方向上的加速度惯性力矩；M_{Qj} 为滚子与内外圈滚道之间的接触摩擦力矩；M_{Tzj}，M_{Trj}，$M_{T\theta j}$ 分别为滚子接触区域摩擦力矩；M_{ezj}，M_{erj}，$M_{e\theta j}$ 分别为滚子与套圈挡边间的摩擦力矩；M_{czj}，M_{crj}，$M_{c\theta j}$ 分别为滚子与保持架间的作用力矩；M_{Dz} 为滚子润滑剂之间的搅拌力矩。它们的具体计算方法可以参考前面章节中的有关内容。

式(8-40)、式(8-41)的左边为加速度响应，右端第一项为法向接触力，第二项为弹流剪切力，第三项为入口区作用力，第四项为滚子端面作用力，第五项为保持架兜孔作用力，第六项为流体阻力。

在滚子坐标系中，加速度响应项可进一步表示为：

$$\begin{bmatrix}\Phi_r\\ \Phi_\theta\end{bmatrix}=m_r\begin{bmatrix}\dfrac{d^2u_r}{dt^2}-\omega_m^2\dfrac{d_m}{2}\\[2ex] \dfrac{d\omega_m}{dt}\dfrac{d_m}{2}+2\dfrac{du_r}{dt}\omega_m\end{bmatrix} \tag{8-42}$$

$$\begin{bmatrix}\Theta_z\\ \Theta_r\\ \Theta_\theta\end{bmatrix}=\begin{bmatrix}I_z\dfrac{d\omega_z}{dt}\\[2ex] I_r\dfrac{d\omega_r}{dt}-I_\theta\omega_m\omega_\theta\\[2ex] I_\theta\dfrac{d\omega_\theta}{dt}+I_r\omega_m\omega_r\end{bmatrix} \tag{8-43}$$

式中，u_r 为滚子径向位移；m_r 为滚子质量。滚子的质量及惯性矩分别为 $m_r=\frac{\pi}{4}\rho_B D_w^2 l_w$，$I_z=\frac{D_w^2}{8}m_r$，$I_r=I_\theta=\frac{m_r}{12}(\frac{3}{4}D_w^2+l_w^2)$。$D_w$ 为滚子直径；l_w 为滚子长度；ρ_B 为滚子材料密度。

一般情况下，滚子沿径向运动很小可忽略不计，即 $\frac{du_r}{dt}=\frac{d^2u_r}{dt^2}\approx 0$。这样式(8-42)可简化为：

$$\begin{bmatrix}\Phi_r\\ \Phi_\theta\end{bmatrix}=m_r\begin{bmatrix}-\omega_m^2\dfrac{d_m}{2}\\[2ex] \dfrac{d\omega_m}{dt}\dfrac{d_m}{2}\end{bmatrix} \tag{8-44}$$

8.1.4　保持架动力学模型方程

(1) 球轴承保持架受力特点

滚动轴承保持架的一个重要功能就是避免滚动体之间的相互直接接触，使滚动体运动稳定。但轴承在高速和轻载工况条件下工作时，每个滚动体法向受载极不均匀。这时，滚动体的运动也不均匀，滚动体与保持架之间会发生碰撞现象。轴承在这种工况条件下工作，失效原因主要是轴承元件的动态不稳定性造成的，而保持架运动不稳定更是一个关键的因素。但由于保持架的形状比较复杂[见图 8-12(a)]，保持架与球之间的作用也非常复杂，从而使保持架运动不稳定，以致常常导致轴承过早失效。因而研究高速滚动轴承元件间的动态稳定性问题，尤其是保持架的运动状态，对于提高高速轴承寿命、改进设计都有重大的意义。

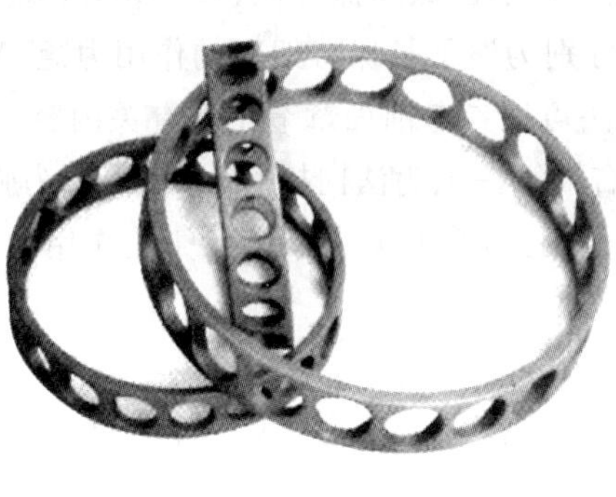

(a) 保持架实物

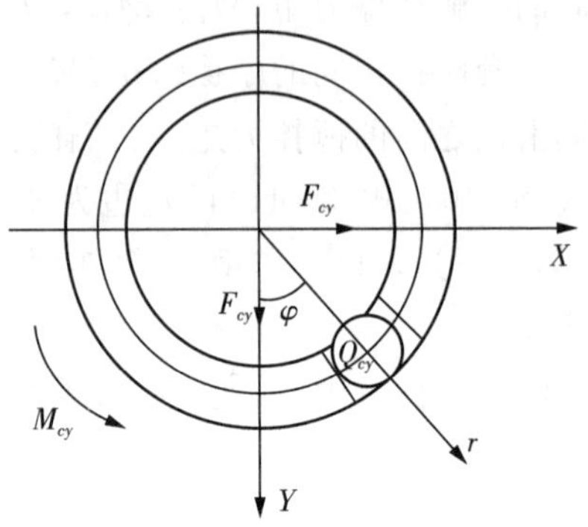

(b) 保持架受力模型

图 8-12 角接触球轴承实体保持架

下面根据球轴承在高速轻载下轴承中的载荷分布和滚动体速度不均匀，考虑承载区与非承载区中保持架与球之间的相互作用以及保持架与引导挡边和非引导面之间的作用关系，建立保持架碰撞动力学模型。

假定保持架具有 3 个自由度：保持架质心在轴承径向平面中有 2 个方向自由度及 1 个绕其质心转动自由度。其运动可以是稳态的也可以是瞬态的。

保持架受力主要分为球与保持架兜孔间的作用力、保持架引导面与套圈挡边之间的作用力以及流体搅拌阻力等。球与兜孔间的作用力又分为球与保持架兜孔位移差引起的作用力、球与兜孔之间的流体阻力、由于保持架转速与球公转角速度不一致而引起的碰撞力等[见图 8-12(b)]。

保持架与球之间的作用力$\{F_R\}$包括：由于保持架兜孔与钢球位移差引起的稳态作用力($F_{cr}, F_{c\theta}, T_{c\theta}$)和由于保持架兜孔与球速度差导致的瞬态力($F_p$)。保持架与球之间的作用力有时会加速保持架，推动保持架运动；有时会减速保持架，阻碍保持架运动。

(2) 滚子轴承保持架受力特点

滚子轴承实体保持架的形状如图 8-13(a) 所示。滚子轴承保持架受力主要分为滚子与保持架兜孔间的作用力、保持架引导面与套圈挡边之间的作用力以及流体搅拌阻力等，如图 8-13(b) 所示。滚子与兜孔间的作用力又分为滚子与保持架兜孔位移差引起的作用力、滚子与兜孔之间的流体阻力、由于保持架转速与滚子公转角速度不一致而引起的碰撞力等。

保持架与滚子间的作用力$\{F_R\}$包括：由于保持架兜孔与滚子位移差引起的稳态作用力($F_{cr}, F_{c\theta}, M_{c\theta}$)和由于保持架兜孔与滚子速度差导致的瞬态力($\Delta F_p$)。

(3) 轴承保持架运动微分方程

轴承保持架质心运动的动力学方程为

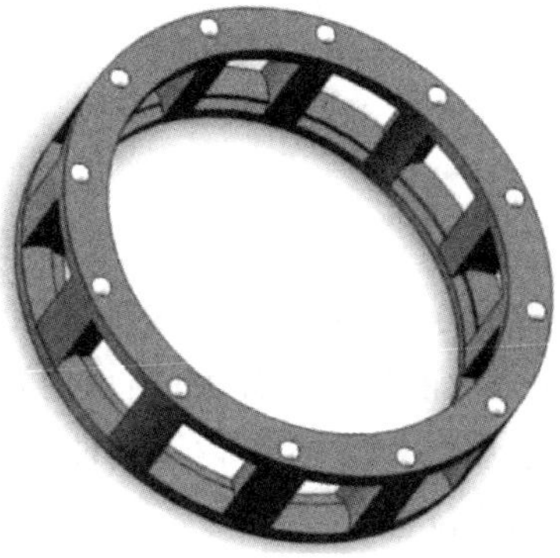

(a) 保持架实物

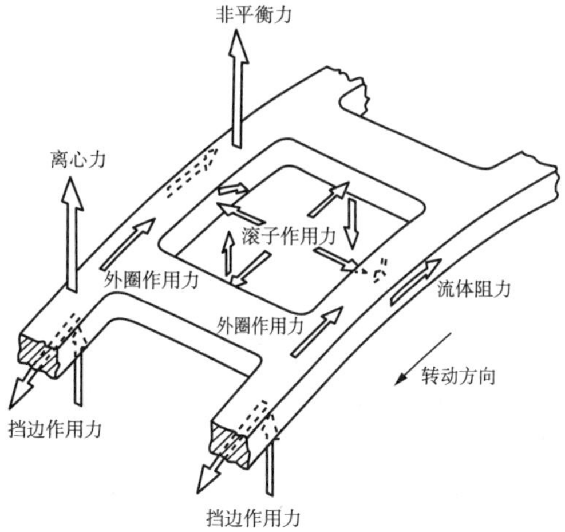

(b) 保持架受力模型

图 8-13　滚子轴承实体保持架

$$[m_C]\{a_C\}=\{F_R\}+\{F_c\}+\{D_c\}+\{G_c\} \tag{8-45}$$

其中，$[m_C]$ 为保持架质量矩阵；$\{a_c\}$ 为保持架质心加速度；$\{F_R\}$ 为保持架与球作用力；$\{F_c\}$ 为保持架引导面流体作用力；$\{D_c\}$ 为保持架非引导面流体阻力；$\{G_c\}$ 为保持架重力。它们的具体计算方法可以参考前面章节中的有关内容。

在不考虑重力情况下，将微分方程(8-45)细化为：

$$\begin{Bmatrix} m_c \dfrac{d^2 c_y}{dt^2} \\ m_c \dfrac{d^2 c_z}{dt^2} \\ J_c \dfrac{d^2 \theta_c}{dt^2} \end{Bmatrix} = \sum_{k=1}^{Z} \begin{bmatrix} \cos\psi_k & -\sin\psi_k & 0 \\ \sin\psi_k & \cos\psi_k & 0 \\ 0 & 0 & 1 \end{bmatrix} \cdot \begin{Bmatrix} F_{cr}^k \\ F_{c\theta}^k + F_n^k + F_t^k \\ M_{c\theta}^k \end{Bmatrix} + \begin{Bmatrix} F_{cy} \\ F_{cz} \\ M_{cx} \end{Bmatrix} + \begin{Bmatrix} G_c \\ 0 \\ D_{cM} \end{Bmatrix} \tag{8-46}$$

式中，c_y，c_z 为保持架质心坐标；ψ_k 为保持架兜孔方位角；J_c 为保持架转动惯量；θ_c 为保持架绕 z 轴转角。

方程(8-46)的左边为加速度响应，右端第一项为保持架与滚动体作用力，第二项为保持架引导面流体作用力，第三项为保持架非引导面流体阻力。

8.1.5　套圈受力平衡方程

(1) 球轴承套圈受力平衡方程组

当球轴承承受外载荷时，作用在套圈上的力为球的接触力、摩擦力以及外载荷。将滚动体的接触力和摩擦力转换到套圈坐标系中，内圈满足下列平衡方程组：

$$P_X+\sum_{j=1}^{Z}(Q_{ij}\sin\alpha_{ij}+F_{ij}\cos\alpha_{ij})=0 \tag{8-47}$$

$$P_Y+\sum_{j=1}^{Z}\{(Q_{ij}\cos\alpha_{ij}-F_{ij}\sin\alpha_{ij})\cos\varphi_j+T_{ij}\sin\varphi_j\}=0 \tag{8-48}$$

$$P_Z + \sum_{j=1}^{Z}\{(Q_{ij}\cos\alpha_{ij} - F_{ij}\sin\alpha_{ij})\sin\varphi_j - T_{ij}\cos\varphi_j\} = 0 \tag{8-49}$$

$$M_Y + \sum_{j=1}^{Z}\{(Q_{ij}\sin\alpha_{ij} + F_{ij}\cos\alpha_{ij})R_i - r_i F_{ij}\}\sin\varphi_j = 0 \tag{8-50}$$

$$M_Z + \sum_{j=1}^{Z}\{-(Q_{ij}\sin\alpha_{ij} + F_{ij}\cos\alpha_{ij})R_i + r_i F_{ij}\}\cos\varphi_j = 0 \tag{8-51}$$

上面各式中，P_X，P_Y，P_Z 分别为轴承三个方向上的外力；M_Y，M_Z 分别为轴承两个方向上的外力矩；Q_{ij} 为球与内圈滚道之间的接触力；F_{ij} 为球与内圈间的摩擦力(断面内)；T_{ij} 为球与内圈间的周向摩擦力；φ_j 为滚动体的位置角；Z 为滚动体数量；R_i 为内圈沟曲率中心圆半径；r_i 为内圈沟曲率半径。下标 i 代表内圈，j 代表滚动体位置。

(2) 滚子轴承套圈平衡方程

一般情况下，圆柱滚子轴承承受的外载荷为：两个径向方向上的载荷 P_X，P_Y 和两个力矩载荷 M_X，M_Y。轴承套圈的受力分析目前运用较多的是经典的理论分析方法，即弹性理论和 Hertz 接触理论。运用这些理论可以较好地确定出轴承中的载荷分布、套圈变形等。轴承套圈受力主要由以下因素决定：外载荷、套圈的结构、材料、滚动体数量、轴承游隙、安装配合、温度变化以及转速等。这些因素会相互影响，因而使得套圈的受力分析比较复杂。

当轴承的外载荷 P_X，P_Y，M_X，M_Y 确定时，作用在套圈上的力仅为滚子接触力、摩擦力及外载荷。将滚子接触力和摩擦力转换到套圈坐标系中，内圈满足下列平衡方程：

$$\sum_{k=1}^{Z}\begin{bmatrix}\cos\varphi_k & -\sin\varphi_k \\ \sin\varphi_k & \cos\varphi_k\end{bmatrix}\begin{Bmatrix}Q_k \\ T_k\end{Bmatrix} + \begin{Bmatrix}P_X \\ P_Y\end{Bmatrix} = 0 \tag{8-52}$$

$$\sum_{k=1}^{Z}\begin{bmatrix}\cos\varphi_k & -\sin\varphi_k \\ \sin\varphi_k & \cos\varphi_k\end{bmatrix}\begin{Bmatrix}M_{T_k} \\ M_{Q_k}\end{Bmatrix} + \begin{Bmatrix}M_X \\ M_Y\end{Bmatrix} = 0 \tag{8-53}$$

式中，φ_k 为滚子位置角；Q_k 为接触法向力；T_k 为接触摩擦力；M_{T_k}、M_{Q_k} 为接触区力矩。

不论是球轴承还是滚子轴承，在套圈平衡方程组中，包括套圈与滚动体的接触力、外载荷等，它们涉及几何位置参数，这些方程是一种非线性方程。而在接触区中，摩擦力及摩擦力矩比法向力及力矩要小得多，它们对外力的平衡几乎没有什么影响，因此在分析中可不考虑它们。

8.1.6 轴承动力学系统方程求解方法

综合分析上面的动力学方程，球与轴承套圈、球和保持架的运动方程中包含了 5 个套圈的未知量，3 个保持架的未知量，每个球 6 个未知量，总未知量的个数为 $6Z+8$ 个，方程的总数也是 $6Z+8$ 个。对于滚子轴承，运动方程中包含了 4 个套圈未知量，3 个保持架未知量及每个滚子 5 个未知量，总未知量的个数为 $5Z+7$ 个，方程的总数也是 $5Z+7$ 个。这些方程中涉及的各个量的计算都已经有了相应的方法。

原则上说，联立求解这些方程就可以获得所有未知量。然而由于轴承系统运动的复杂性，反映在方程组中就是其高度非线性，这给求解带来非常大的困难，常会出现解的不稳定、不收敛等。另外,当滚动体数量较多时,方程的阶数会很高,求解要花费大量的时间。

对于非线性方程组的求解方法目前已有很多种,但有些方法针对性较强,限制了它们的应用范围,有些方法比较复杂,应用不太方便。根据轴承系统的平衡方程的特点,这里选取了 Newton - Raphson(N - R) 法、龙格-库塔法和 Broyden 法。前两种方法需要计算函数的导数,而后一种方法需要构造迭代方向。对于套圈平衡方程,采用 N - R 方法,它的收敛速度较快。对于保持架运动微分方程,采用四阶龙格-库塔法。首先将保持架每个二阶微分方程化为一个一阶微分方程组,然后再联立求解这些一阶微分方程组。对于滚子运动微分方程,首先进行数值差分,再采用 Broyden 法进行迭代。

(1) 套圈平衡方程特点及解法

分析套圈平衡方程组中各作用力的特点会发现,套圈与滚子法向接触力是套圈平衡方程中的主要部分,而摩擦力的影响很小。因此决定套圈变形主要是接触法向力和其力矩,而接触法向力与外载、轴承游隙、滚子离心力、滚子倾斜等因素有关。这样可将套圈的平衡方程先从整体方程中分离开,独立进行求解。

例如,对于每个滚子,内外滚道接触力与滚子离心力组成平衡力系:

$$Q^{ik} - Q^{ek} + CF_k = 0 \tag{8-54}$$

式中,$CF_{\mathrm{k}} = m_r \omega_{\mathrm{m}}^2 d_{\mathrm{m}}/2$ 为离心力,$k = 1, 2, 3, \cdots, Z$。

对于套圈而言,所有滚动体的接触力与外载荷相平衡。求解相关的方程可确定出轴承中的载荷分布。但是由于接触区事先未知,不能直接求解,需进行迭代。滚子是否承载由下面的条件决定:当接触变形 $\delta_k^i \leqslant 0$ 时,滚子与内圈脱开,不承受外载荷,外圈接触力与滚子离心力相平衡。通过反复迭代和以上的约束修正,最终确定出载荷分布。求解方法采用 Newton - Raphson(N - R) 迭代法。

Newton - Raphson 法解题过程如下:

① 确定方程组 $\{F(X)\} = 0$ 的初始变量组的值 X_0;

② 确定未知变量组 X 的增量步长 ΔX;

③ 计算函数的导数:$D\{F\} = \dfrac{\{F(X_i + \Delta X)\} - \{F(X_i)\}}{\Delta X}$;

④ 迭代未知变量组 $X_{i+1} = X_i - \xi_i\,[D\{F\}]^{-1}\{F(X_i)\}$,$\xi_i$ 的选取保证 $\|\{F(X_{i+1})\}\| \leqslant \|\{F(X_i)\}\|$。

⑤ 当 $\|\{F(X_{i+1})\}\| \leqslant$ TOL(允许值)时,停止计算,否则转到(2)。

上述结果可作为滚子非线性方程迭代的初始值。实践证明这样做既降低了问题复杂性,节约了计算时间,还获得好的动力学求解迭代初值。

(2) 滚动体运动微分方程特点及解法

滚动体运动微分方程组包含了滚动体自转、公转等未知量。每个滚动体的状态方程中有独立的作用力,也含有与相邻滚子相关联的作用力。方程组之间也具有一定的耦合性。滚子的加速度项可转化为与其位置和角速度相关的表达形式。但若全部滚动体状态方程组联立一起求解仍有较大困难。通常采用了适当的解耦方法,从而可对每个滚动体进行独立求解。然后再考虑整体修正,最后得出所有方程的解。求解方法采用 Broyden 迭代法。

Broyden 迭代法过程如下:

① 确定方程组$\{F(X)\}=0$的初始变量组的值X_0；

② 计算初始迭代方向$[B_0]$；

③ 计算$\{F(X_i)\}$及$\{P_i\}=-[B_i]\{F(X_i)\}$；

④ 迭代未知变量组$X_{i+1}=X_i+\xi_i\{P_i\}$；

⑤ 检验，当$\|\{F(X_{i+1})\}\|\leqslant \mathrm{TOL}$时，停止迭代，否则转到⑥；

⑥ 计算$\{q_i\}=\{F(X_{i+1})\}-\{F(X_i)\}$；

⑦ 计算$[B_{i+1}]=[B_i]+(\xi_i\{P_i\}-[B_i]\{q_i\})\cdot\dfrac{\{P_i\}^{\mathrm{T}}[B_i]}{\{P_i\}^{\mathrm{T}}[B_i]\{q_i\}}$；

⑧ 转入③。

在滚动体运动微分方程中包含导数项。首先将导数值用差分代替，然后进行数值计算。差分公式如下：

$$\frac{\mathrm{d}\omega}{\mathrm{d}t}=\frac{\mathrm{d}\omega}{\mathrm{d}\varphi}\frac{\mathrm{d}\varphi}{\mathrm{d}t}=\frac{\omega^j-\omega^{j-1}}{\Delta\varphi}\omega_{\mathrm{m}}$$

其中，$\Delta\varphi$为两滚子间的夹角，ω_{m}为保持架角速度。

以上处理方法主要目的在于降低方程组的阶数，提高求解的稳定性和收敛性，节约计算时间，便于工程应用，但这样做也引入了一定的误差。为了弥补这些不足，采用循环反复迭代，包括每个滚动体迭代、全体滚子迭代和整个轴承系统迭代。经过反复修正过程后，最终达到给定的控制精度。

(3) 保持架运动微分方程特点及解法

在保持架运动微分方程求解中，先根据与滚动体的常作用力求解保持架初始状态方程，得出其初始状态参数。然后在时间域内对其运动微分方程积分，得出其瞬态参数解。求解方法采用四阶龙格-库塔法。也可以利用控制理论中的状态方程分析方法来研究保持架系统在时间域上的特征(见8.4节)。

四阶龙格-库塔法步骤如下：

① 将二阶微分方程$\dfrac{\mathrm{d}^2x}{\mathrm{d}t^2}=f\left(t,x,\dfrac{\mathrm{d}x}{\mathrm{d}t}\right)$化为两个一阶方程：

$$\frac{\mathrm{d}v}{\mathrm{d}t}=f(t,x,v)\qquad \frac{\mathrm{d}x}{\mathrm{d}t}=v$$

② 确定初始值x_0,v_0，确定时间增量步长Δt；

③ $t=t+\Delta t$；

④ 计算$q_1=hv_i,k_1=hf(t_i,x_i,v_i)$；

⑤ 计算$q_2=h\left(v_i+\dfrac{k_1}{2}\right),k_2=hf\left(t_i+\dfrac{h}{2},x_i+\dfrac{q_1}{2},v_i+\dfrac{k_1}{2}\right)$；

⑥ 计算$q_3=h\left(v_i+\dfrac{k_2}{2}\right),k_3=hf\left(t_i+\dfrac{h}{2},x_i+\dfrac{q_2}{2},v_i+\dfrac{k_2}{2}\right)$；

⑦ 计算$q_4=h(v_i+k_3),k_4=hf(t_i+h,x_i+q_3,v_i+k_3)$；

⑧ 计算$v_{i+1}=v_i+\dfrac{1}{6}(k_1+2k_2+2k_3+k_4),x_{i+1}=x_i+\dfrac{1}{6}(q_1+2q_2+2q_3+q_4)$；

⑨ 当t超出规定的时间后，停止计算。否则转到③。

8.1.7　主轴轴承保持架动力学模拟分析结果

例 8-2　如图 8-14 所示的典型主轴轴承，轴承的结构参数与工作条件列于表 8-1。滚动体分别采用轴承钢(GCr15)和氮化硅(SiN)陶瓷材料，对轴承保持架的动态参数进行模拟分析和对比。

(a) 钢球轴承实物

(b) 陶瓷球轴承实物

图 8-14　典型主轴轴承

表 8-1　典型主轴轴承结构参数与工作条件

参数	数值
滚动体数量 Z	8
滚动体直径 D_w(mm)	4.762
轴承节圆直径 d_m(mm)	19.004
接触角	15°
内外圈材料	轴承钢(GCr15)
滚动体材料	轴承钢(GCr15)/ 氮化硅(SiN)
轴承转速 ω(r/min)	57000 ～ 70000/75000 ～ 90000
轴向负荷 F_x(N)	360/180
径向负荷 F_y(N)	3 ～ 14/6 ～ 14
内外沟曲率系数	0.52

利用专门开发的软件 BBDY(见附录 3)，模拟分析结果如下[16-18,98]：

图 8-15 是不同位置的滚动体受到的保持器作用力，由图可知，在滚动体受载大的区域内(载荷区域)，滚动体受到保持架的阻力。在滚动体受载小的区域(非载荷区域)，即角度在 80° ～ 220° 时，滚动体受到保持架的推力。就受力大小来说，陶瓷球受保持架的力远远小于钢球的受力。

滚动体绕接触面法线的自旋运动将导致摩擦发热。旋滚比是滚动体在套圈滚道接触处的自旋运动角速度与滚动角速度的比值。转速超高，旋滚比越大，则滑动越剧烈，摩擦发热越多，对轴承寿命越不利。图 8-16 为滚动体在不同位置上的旋滚比特性曲线，转速越高，旋滚比越大。从图中可以看出，钢球的旋滚比远远大于陶瓷球的。钢球的最大、最小旋滚比的位置与陶瓷球的位置有所不同。

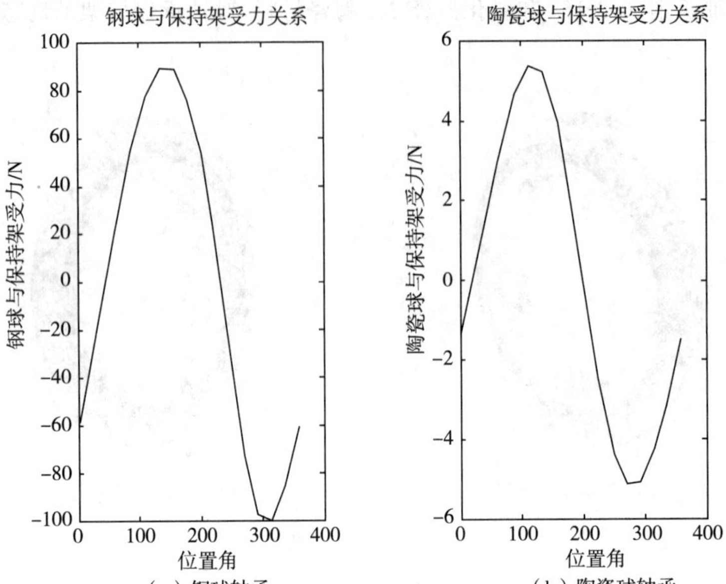

（a）钢球轴承　　（b）陶瓷球轴承

图 8-15　作用于各个球的保持器作用力

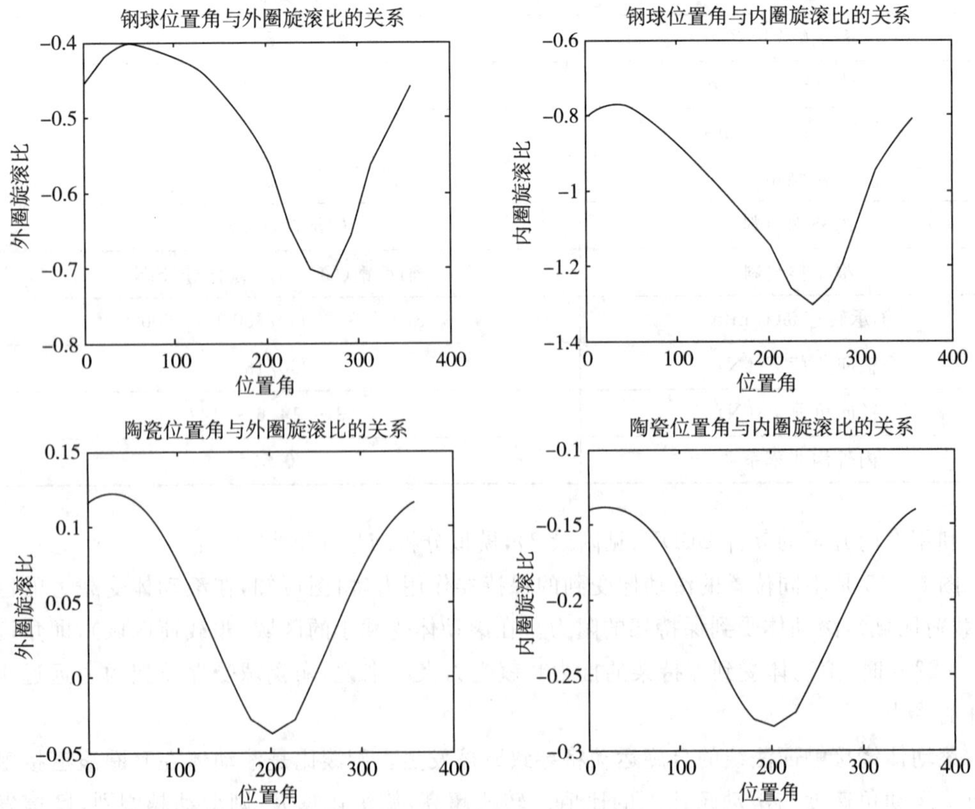

图 8-16　内、外圈上球的旋滚比

通过对典型角接触球轴承的动态参数的变化进行动力学性能分析，找出保持架质心运动规律，分析轴承保持架的稳定性规律。下面给出保持架引导间隙参数变化影响其稳定性规律。对于其他因素影响也可以做出模拟分析。

轴承保持架质心位移随保持架引导间隙变化的运动规律，如图 8-17 所示。随着保持架引导间隙 c_g 的变化，引导间隙的增大，保持架质心轨迹图范围逐渐变窄，保持架质心的窜动范围越来越小。同时，保持架质心轨迹图运行整体规律说明引导间隙对保持架的稳定性影响不是十分明显。

通过上面这种数值模拟方法，可以进一步确定轴承保持架的运动精度寿命。

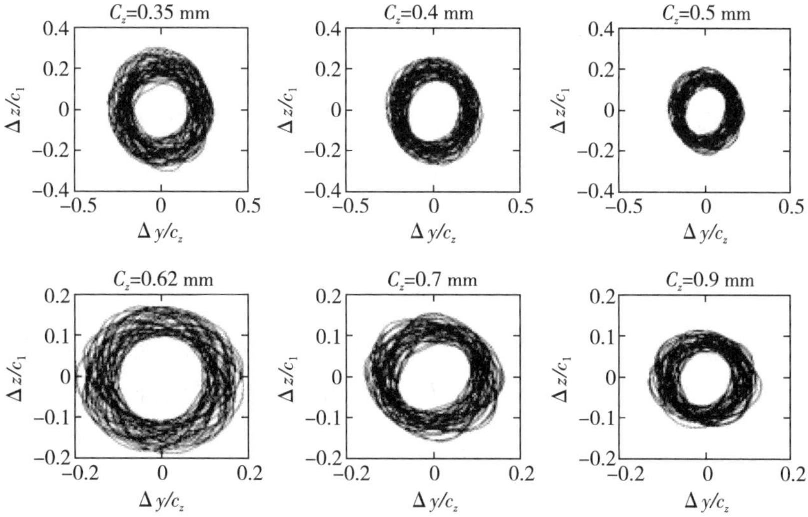

（a）典型主轴（钢球）轴承引导间隙变化时保持架质心运动规律

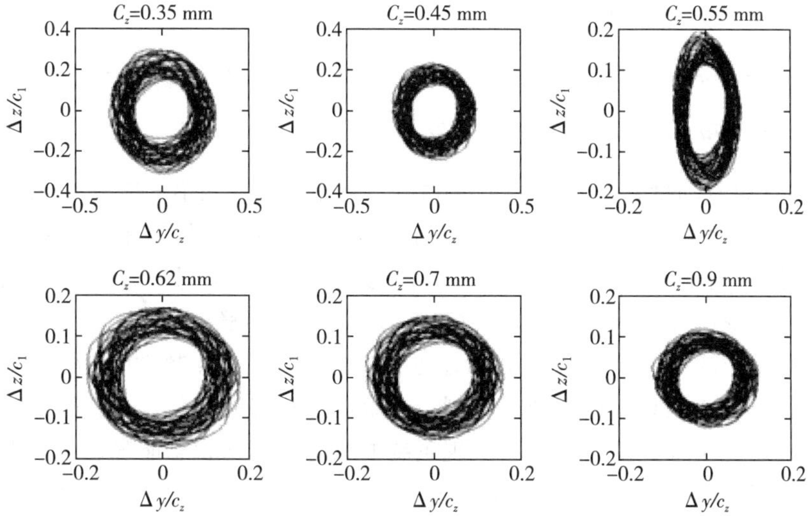

（b）典型主轴（陶瓷球）轴承引导间隙变化时保持架质心运动规律

图 8-17　保持架质心运动规律

8.2 轴承保持架系统运动状态控制分析方法

8.2.1 轴承保持架动力学模型

轴承动力学寿命主要考虑的是轴承保持器运动失效寿命。保持器非线性动力系统可能会发生失稳，也会发生运动分岔，产生新的平衡态。运动经过突变和不断分岔后，系统最后可能进入混沌状态。下面将通过运动的相空间的几何直观方法来说明这种动力学系统的形态。

设轴承保持架系统的速度为 $u=\dot{y}, v=\dot{z}, \omega=\dot{\theta}$。

以保持架系统动态引导间隙、角速度和受力参数 c_s, c_g, ω, F 作为变量，认为其他参数随着这些变量的变化而变化，则由保持器系统的运动方程一般形式可写为：

$$\dot{u}G(x,z,u,v,c_s,c_g,\omega,F) \tag{8-55}$$

$$\dot{v}=H(x,z,u,v,c_s,c_g,\omega,F) \tag{8-56}$$

$$\dot{\omega}=K(x,z,u,v,c_s,c_g,\omega,F) \tag{8-57}$$

由于 G, H, K 中不显含时间 t，故上式为自治系统或自治方程。如果给系统以很小的扰动 $\{\delta\}=\{\delta c_s, \delta c_g, \delta\omega, \delta F\}^{\mathrm{T}}$，使其离开平衡态 G_0, H_0, K_0。在平衡点处分别有：

$$G(c_{s0},c_{g0},\omega_0,F_0)=0, H(c_{s0},c_{g0},\omega_0,F_0)=0 \tag{8-58}$$

$$K(c_{s0},c_{g0},\omega_0,F_0)=0, S(C_{s0},C_{g0},\omega_0,F_0)=0 \tag{8-59}$$

则可以得到：

$$\begin{Bmatrix}\delta\dot{u}\\ \delta\dot{v}\\ \delta\dot{\omega}\end{Bmatrix}=\begin{bmatrix}\partial G/\partial u & \partial G/\partial v & \partial G/\partial\omega\\ \partial H/\partial u & \partial H/\partial v & \partial H/\partial\omega\\ \partial K/\partial u & \partial K/\partial v & \partial K/\partial\omega\end{bmatrix}\begin{Bmatrix}\delta u\\ \delta v\\ \delta\omega\end{Bmatrix}+\begin{bmatrix}\partial G/\partial c_s & \partial G/\partial c_g & \partial G/\partial F\\ \partial H/\partial c_s & \partial H/\partial c_g & \partial H/\partial F\\ \partial K/\partial c_s & \partial K/\partial c_g & \partial K/\partial F\end{bmatrix}\begin{Bmatrix}\delta c_s\\ \delta c_g\\ \delta F\end{Bmatrix} \tag{8-60}$$

式(8－60)是扰动量 $\delta c_s, \delta c_g, \delta\omega, \delta F$ 的线性方程组。其右端第一项系数矩阵称为雅可比(Jacobi)矩阵。方程组(8－83)的解通常具有 $e^{\lambda t}$ 的形态时间函数，其中系数 λ 为雅可比矩阵的特征值。因此，当雅可比矩阵中所有特征值的实部 $\mathrm{Re}\lambda<0$ 时，则系统的平衡态是稳定的；当至少有一个特征值实部 $\mathrm{Re}\lambda>0$ 时，则系统的平衡态是不稳定的。

为了判断系统的稳定性，需要利用状态方程理论。在系统控制论中，系统运动是指系统输出的变化。现代控制理论的系统运动则指系统内部状态的变化，输出只是状态变化的一种外部表现。要完全描述系统运动并实现系统的状态能控和状态能观这两个重要特征，有必要采用一种新型的数学模型 —— 状态方程和输出方程。这种方法不但可以分析线性控制系统，也已在很多复杂领域解决了经典控制理论无法解决的问题。特别是随着计算机技术的迅猛发展，有力地解决了状态方程的数值求解问题，使状态描述模型得到了越来越广泛的应用。

由于现代控制理论涉及的内容非常广泛，求解的问题比较复杂。滚动轴承保持架运动控制理论研究有得深入，本节只作初步的介绍，有兴趣的读者可参考有关文献。

8.2.2　保持架系统状态变量与状态方程

现代控制理论是研究系统在时间域上的特性，它是建立在与整个系统状态有关的概念之上的，也就是研究系统的内部变量、输入和输出变量三者之间的联系和变化的规律。下面首先建立一些基本概念。

系统状态：一般来说它是指系统的行为表现。在时间域内，每一时刻系统都有不同状态。如果系统是可知的，则可以选择一组参量来描述系统的状态。因此，系统状态与系统的参量是密不可分的。有时也将可描述系统的最少一组参量称为是系统状态。

状态变量：描述系统的状态变化的参量称为状态变量。在控制系统中，状态变量可以不唯一，也并非一定是系统的输出量，也不要求状态变量在物理上是能够控制（能控）的和可以观测（可观）的。系统的一组状态变量构成系统的状态向量。

一个 n 阶系统可以选择 n 个独立的状态变量 $x_1, x_2, \cdots, x_n$。它们都是时间的函数。这 n 个独立状态变量构成一个 n 维状态向量 $\boldsymbol{X}(t)$，每个状态变量则是它的一个分量。即

$$\boldsymbol{X}(t) = [x_1, x_2, \cdots, x_n]^{\mathrm{T}}$$

通常，对高阶系统我们选择系统输出变量的各阶导数为系统的状态变量，它们都是描述系统状态的变量。有时也可挑选系统的中间变量为状态变量。

状态空间：以状态向量的独立分量为坐标轴构成的 n 维空间称为状态空间。状态变量在状态空间中取值，可用状态空间中的点来描述。状态变量的取值范围确定出 n 维子空间。

状态方程：描述状态变量与控制量间的变化规律的方程称为状态方程。通常，状态方程是状态变量的一阶微分方程组。用状态向量表示的状态方程和输出方程的一般形式如下：

$$\dot{\boldsymbol{X}}(t) = \boldsymbol{AX}(t) + \boldsymbol{BW}(t) \tag{8-61}$$

$$\boldsymbol{Y}(t) = \boldsymbol{CX}(t) + \boldsymbol{DW}(t) \tag{8-62}$$

其中，$\boldsymbol{W} = [w_1, w_2, \cdots, w_m]^{\mathrm{T}}$ 为控制向量；$\boldsymbol{Y} = [y_1, y_2, \cdots, y_l]^{\mathrm{T}}$ 为输出向量：

$$\boldsymbol{A} = \begin{bmatrix} a_{11} & a_{12} & \cdots & a_{1n} \\ a_{21} & a_{22} & \cdots & a_{2n} \\ \vdots & \vdots & & \vdots \\ a_{n1} & a_{n2} & \cdots & a_{nn} \end{bmatrix} \text{为系统矩阵；} \boldsymbol{B} = \begin{bmatrix} b_{11} & b_{12} & \cdots & b_{1m} \\ b_{21} & b_{22} & \cdots & b_{2m} \\ \vdots & \vdots & & \vdots \\ b_{n1} & b_{n2} & \cdots & b_{nm} \end{bmatrix} \text{为输入系数阵；}$$

$$\boldsymbol{C} = \begin{bmatrix} c_{11} & c_{12} & \cdots & c_{1n} \\ c_{21} & c_{22} & \cdots & c_{2n} \\ \vdots & \vdots & & \vdots \\ c_{l1} & c_{l2} & \cdots & c_{lm} \end{bmatrix} \text{为输出矩阵；} \boldsymbol{D} = \begin{bmatrix} \mathrm{d}_{11} & \mathrm{d}_{12} & \cdots & d_{1m} \\ d_{21} & d_{22} & \cdots & d_{2m} \\ \vdots & \vdots & & \vdots \\ d_{l1} & d_{l2} & \cdots & d_{lm} \end{bmatrix} \text{为前馈矩阵。}$$

式(8-61)、式(8-62)是一组多变量方程。矩阵 **A** 中的系数表示系统各状态变量间的关系，它取决于系统自身的结构参数，因此决定着系统的动态性能。矩阵 **B** 或称为控制矩阵，其元素表示各状态变量与控制输入的关系。矩阵 **C** 表示各状态变量与输出的关系。**D** 是前馈矩阵，对大多数系统来说，系统无前馈，因此 $\boldsymbol{D}=\boldsymbol{O}$。

在状态方程中，一般不包含有系统的输入函数的导数项。而选取状态变量的原则是使系统状态在任意时刻都能得到唯一确定。按照状态方程和输出方程所表达的关系，可以用积分器、反向比例器和相加器组成的系统结构框图来表示，如图 8-18 所示。

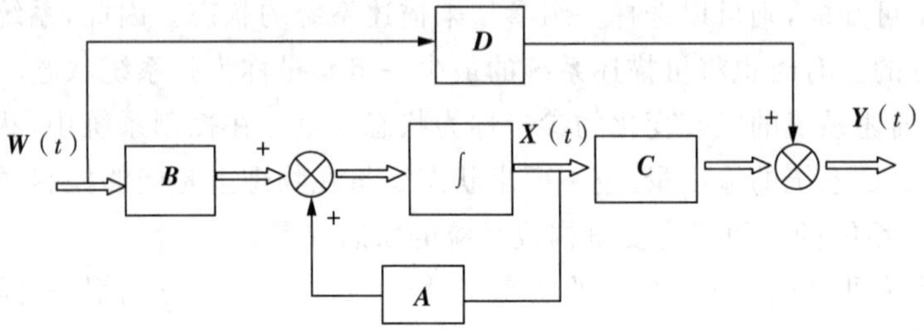

图 8-18 系统结构框图

状态方程和输出方程一起合称为系统的动态方程，它是对系统的完整描述。有了动态方程，如果又已知系统的初始状态 $\boldsymbol{X}(0)$，在给定输入向量 $\boldsymbol{W}(t)$ 条件下，则系统在 $t>0$ 的任意时刻的状态 $\boldsymbol{X}(t)$ 和输出响应 $\boldsymbol{Y}(t)$ 就被完全确定。

建立系统状态方程的过程称为系统建模。建模的方法有多种，但都与系统的微分方程相关。因此下面主要介绍利用系统微分方程来建立系统状态方程。对线性系统，也可以利用传递函数来建立系统状态方程。

① 在已知系统微分方程后，首先确定系统的状态变量，再建立状态变量间的一阶微分方程。

在式(8-60)中，令

$$\boldsymbol{X}=\begin{pmatrix}x_1\\x_2\\x_3\end{pmatrix}=\begin{pmatrix}\delta u\\\delta v\\\delta\omega\end{pmatrix}\quad \dot{\boldsymbol{x}}=\begin{pmatrix}\dot{x}_1\\\dot{x}_2\\\dot{x}_3\end{pmatrix}=\begin{pmatrix}\delta\dot{u}\\\delta\dot{v}\\\delta\dot{\omega}\end{pmatrix}\quad \boldsymbol{W}=\begin{pmatrix}w_1\\w_2\\w_3\end{pmatrix}=\begin{pmatrix}\delta c_s\\\delta c_g\\\delta F\end{pmatrix}$$

$$\boldsymbol{A}=\begin{pmatrix}\dfrac{\partial G}{\partial u}&\dfrac{\partial G}{\partial v}&\dfrac{\partial G}{\partial\omega}\\[2ex]\dfrac{\partial H}{\partial u}&\dfrac{\partial H}{\partial v}&\dfrac{\partial H}{\partial\omega}\\[2ex]\dfrac{\partial K}{\partial u}&\dfrac{\partial K}{\partial v}&\dfrac{\partial K}{\partial\omega}\end{pmatrix}\qquad \boldsymbol{B}=\begin{pmatrix}\dfrac{\partial G}{\partial c_s}&\dfrac{\partial G}{\partial c_g}&\dfrac{\partial G}{\partial F}\\[2ex]\dfrac{\partial H}{\partial c_s}&\dfrac{\partial H}{\partial c_g}&\dfrac{\partial H}{\partial F}\\[2ex]\dfrac{\partial K}{\partial c_s}&\dfrac{\partial K}{\partial c_g}&\dfrac{\partial K}{\partial F}\end{pmatrix}$$

则式(8-60)写成矩阵形式为：

$$\dot{\boldsymbol{X}}(t)=\boldsymbol{A}\boldsymbol{X}(t)+\boldsymbol{B}\boldsymbol{W}(t) \tag{8-63}$$

上式称为状态方程，它可以是线性系统，也可能是非线性系统。状态方程可以通过控制原理方法来建立系统方程和求解。

8.2.3　一般系统状态方程的求解方法

下面介绍一般的状态方程的分析求解方法。

寻求系统状态方程的解实际上是求出系统在给定初始条件 $\boldsymbol{X}(0)$ 和输入 $w(t)$ 作用下的系统状态变量 $\boldsymbol{X}(t)$ 的变化和输出响应 $\boldsymbol{Y}(t)$。

(1) 线性定常系统状态方程的解法

一般的线性定常系统状态方程为：

$$\dot{\boldsymbol{X}}(t)=\boldsymbol{A}\boldsymbol{X}(t)+\boldsymbol{B}w(t) \tag{8-64}$$

其中，$\boldsymbol{A}$，$\boldsymbol{B}$ 为常系数矩阵。

为了求这种矩阵方程的解，首先介绍有关矩阵函数的知识。

设矩阵 $\boldsymbol{A}$ 为实系数阵，矩阵指数函数定义为：

$$e^{\boldsymbol{A}t}=\sum_{k=0}^{\infty}\frac{\boldsymbol{A}^k}{k!}t^k \tag{8-65}$$

与普通的指数函数相似，矩阵指数函数也具有一些性质：

导数特性：

$$\frac{d}{dt}e^{\boldsymbol{A}t}=\boldsymbol{A}e^{\boldsymbol{A}t} \tag{8-66}$$

指数特性：

$$e^{\boldsymbol{A}(t+\tau)}=e^{\boldsymbol{A}t}e^{\boldsymbol{A}\tau} \tag{8-67}$$

当 $\boldsymbol{AB}=\boldsymbol{BA}$ 时，

$$e^{(\boldsymbol{A}+\boldsymbol{B})t}=e^{\boldsymbol{A}t}e^{\boldsymbol{B}t} \tag{8-68}$$

① 直接积分法

利用矩阵指数函数和矩阵运算规则，可以对系统状态方程直接积分得出系统的状态变量的时间函数。将式(8-63)乘以 $e^{-\boldsymbol{A}t}$ 得：

$$e^{-\boldsymbol{A}t}(\dot{\boldsymbol{X}}-\boldsymbol{A}\boldsymbol{X})=e^{-\boldsymbol{A}t}\boldsymbol{B}w(t)$$

上式的左边为全微分：$\frac{d}{dt}[e^{-\boldsymbol{A}t}\boldsymbol{X}(t)]=e^{-\boldsymbol{A}t}\boldsymbol{B}w(t)$，

两边取积分：

$$\int_{t_0}^{t}\frac{d}{dt}[e^{-\boldsymbol{A}t}\boldsymbol{X}(t)]dt=\int_{t_0}^{t}e^{-\boldsymbol{A}t}\boldsymbol{B}w(t)dt$$

积分完成后，状态变量的解最后为：

$$\boldsymbol{X}(t)=\mathrm{e}^{\boldsymbol{A}(t-t_0)}\boldsymbol{X}(t_0)+\mathrm{e}^{\boldsymbol{A}t}\int_{t_0}^{t}\mathrm{e}^{-\boldsymbol{A}\tau}\boldsymbol{B}w(\tau)\mathrm{d}\tau \tag{8-69}$$

由上式可知，当$\boldsymbol{A}$,$\boldsymbol{B}$及$w(t)$已知时，可求出$\boldsymbol{X}(t)$。$\boldsymbol{X}(t)$由两部分组成。第一部分与初始状态有关；第二部分与系统输入有关。特别，当$w(t)\equiv 0$时，方程(8-63)为齐次方程，此时系统的解为：

$$\boldsymbol{X}(t)=\mathrm{e}^{\boldsymbol{A}(t-t_0)}\boldsymbol{X}(t_0) \tag{8-70}$$

通常取$t_0=0$。

例如，设线性定常系统状态方程为：

$$\begin{pmatrix}\dot{x}_1\\ \dot{x}_2\end{pmatrix}=\begin{pmatrix}0 & 1\\ -\dfrac{7}{8} & -\dfrac{4}{8}\end{pmatrix}\times\begin{pmatrix}x_1\\ x_2\end{pmatrix}+\begin{pmatrix}0\\ 1\end{pmatrix}\times u$$

若初始条件为$\boldsymbol{X}(0)=\begin{pmatrix}1\\ 1\end{pmatrix}$，输入$w=u(t)=1$为单位阶跃函数，确定系统的状态变量的变化规律。

由系统状态方程知：

$$\boldsymbol{A}=\begin{pmatrix}0 & 1\\ -\dfrac{7}{8} & -\dfrac{4}{8}\end{pmatrix},\boldsymbol{B}=\begin{pmatrix}0\\ 1\end{pmatrix}$$

所以，

$$\boldsymbol{X}(t)=\mathrm{e}^{\boldsymbol{A}t}\boldsymbol{X}(0)+\mathrm{e}^{\boldsymbol{A}t}\int_{0}^{t}\mathrm{e}^{-\boldsymbol{A}\tau}\boldsymbol{B}w(\tau)\mathrm{d}\tau$$

$$=\left(\sum_{k=0}^{\infty}\frac{\boldsymbol{A}^k}{k!}t^k\right)\times\begin{pmatrix}1\\ 1\end{pmatrix}+\left(\sum_{k=0}^{\infty}\frac{\boldsymbol{A}^k}{k!}t^k\right)\times\int_0^t\left(\sum_{k=0}^{\infty}\frac{A^k}{k!}\tau^k\right)\times\begin{pmatrix}0\\ 1\end{pmatrix}\mathrm{d}\tau$$

这是一种无穷级数形式的解。如果希望采用有限形式的解，可利用 Laplace 变换解法。

② Laplace 变换解法

对状态方程(8-63)进行拉氏变换：

$$s\boldsymbol{X}(s)-\boldsymbol{X}(0)=\boldsymbol{A}\boldsymbol{X}(s)+\boldsymbol{B}\boldsymbol{W}(s)$$

所以：

$$\boldsymbol{X}(s)=(s\boldsymbol{I}-\boldsymbol{A})^{-1}\boldsymbol{X}(0)+(s\boldsymbol{I}-\boldsymbol{A})^{-1}\boldsymbol{B}\boldsymbol{W}(s) \tag{8-71}$$

式中$\boldsymbol{I}$是单位矩阵。此时对向量或矩阵的 Laplace 变换是对其每个元素进行 Laplace 变换。

对输出方程进行 Laplace 变换得到：

$$\boldsymbol{Y}(s)=\boldsymbol{C}\boldsymbol{X}(s) \tag{8-72}$$

将式(8-71)代入，得：

$$\boldsymbol{Y}(s)=\boldsymbol{C}(s\boldsymbol{I}-\boldsymbol{A})^{-1}[\boldsymbol{X}(0)+\boldsymbol{BW}(s)] \tag{8-73}$$

当初始状态为零时，

$$\boldsymbol{Y}(s)=\boldsymbol{C}(s\boldsymbol{I}-\boldsymbol{A})^{-1}\boldsymbol{BW}(s) \tag{8-74}$$

则系统的传递函数为：

$$\boldsymbol{G}(s)=\frac{\boldsymbol{Y}(s)}{\boldsymbol{W}(s)}=\boldsymbol{C}(s\boldsymbol{I}-\boldsymbol{A})^{-1}\boldsymbol{B}=\frac{\boldsymbol{N}(s)}{D(s)} \tag{8-75}$$

上式分子、分母为 $\boldsymbol{N}(s)=C\mathrm{adj}(s\boldsymbol{I}-\boldsymbol{A})B$，$\boldsymbol{D}(s)=\det(s\boldsymbol{I}-\boldsymbol{A})=|s\boldsymbol{I}-\boldsymbol{A}|$。由上式可以看出，$\boldsymbol{D}(s)=0$ 的根为系统的特征根，故 $\boldsymbol{A}$ 的特征值就是系统特征根，也是系统传递函数的极点。因此，$\boldsymbol{A}$ 的特征值决定了系统的稳定性。

根据以上分析，可以看出系统传递函数和状态方程之间的密切联系，由系统状态方程可以按照上述方法容易地得到传递函数，而且其结果是唯一的。另一方面，从系统传递函数也可以得到系统的状态方程，但是其结果并不唯一。因为状态变量的选择不唯一。

对式(8-71)进行逆 Laplace 变换得系统的状态方程的解为

$$\boldsymbol{X}(t)=\boldsymbol{L}^{-1}[(s\boldsymbol{I}-\boldsymbol{A})^{-1}]\boldsymbol{X}(0)+\boldsymbol{L}^{-1}[(s\boldsymbol{I}-\boldsymbol{A})^{-1}\boldsymbol{BW}(s)] \tag{8-76}$$

上式中，第一项为零输入情况下的响应，第二项为零初始状态下的响应。

下面首先考虑零输入情况下的响应。比较式(8-71)与式(8-76)可知，

$$\boldsymbol{L}^{-1}[(s\boldsymbol{I}-\boldsymbol{A})^{-1}]\boldsymbol{X}(0)=\mathrm{e}^{\boldsymbol{A}t}\boldsymbol{X}(0)$$

所以，$\boldsymbol{L}^{-1}[(s\boldsymbol{I}-\boldsymbol{A})^{-1}]=\mathrm{e}^{\boldsymbol{A}t}=\sum\limits_{k=0}^{\infty}\dfrac{\boldsymbol{A}^k}{k!}t^k$。

由 Laplace 变换知，

$$(s\boldsymbol{I}-\boldsymbol{A})^{-1}=\sum_{k=0}^{\infty}\frac{\boldsymbol{A}^k}{s^{k+1}}$$

另一方面，因为：

$$(s\boldsymbol{I}-\boldsymbol{A})^{-1}=\frac{\mathrm{adj}(s\boldsymbol{I}-\boldsymbol{A})}{\det(s\boldsymbol{I}-\boldsymbol{A})}=\boldsymbol{A}^*(s)$$

若令 $\boldsymbol{L}^{-1}[(s\boldsymbol{I}-\boldsymbol{A})^{-1}]=\boldsymbol{L}^{-1}[\boldsymbol{A}^*(s)]=\boldsymbol{\Phi}(t)$，则系统在零输入情况下的响应为：

$$\boldsymbol{X}(t)=\boldsymbol{\Phi}(t)\cdot\boldsymbol{X}(0) \tag{8-77}$$

式中，$\boldsymbol{\Phi}(t)$ 称为状态转移矩阵，它描述了状态变量 $\boldsymbol{X}(t)$ 由时刻 $t=0$ 向任意时刻转移的特性。可以证明状态转移矩阵有下列性质：

① $\boldsymbol{\Phi}(t)=\mathrm{e}^{\boldsymbol{A}t}$，$\boldsymbol{\Phi}(0)=\boldsymbol{I}$；

② $\boldsymbol{\Phi}^{-1}(t)=\boldsymbol{\Phi}(-t)$，$\boldsymbol{\Phi}^{-1}(-t)=\boldsymbol{\Phi}(t)$；

③ $\boldsymbol{\Phi}(t_1+t_2)=\boldsymbol{\Phi}(t_1)\boldsymbol{\Phi}(t_2)=\boldsymbol{\Phi}(t_2)\boldsymbol{\Phi}(t_1)$；

④ $\boldsymbol{\Phi}(t_2-t_1)\boldsymbol{\Phi}(t_1-t_0)=\boldsymbol{\Phi}(t_2-t_0)$；

⑤ $[\boldsymbol{\Phi}(t)]^n=\boldsymbol{\Phi}(nt)$。

对于零初始状态的响应也可以做类似的分析。

$$\boldsymbol{L}^{-1}[(s\boldsymbol{I}-\boldsymbol{A})^{-1}\boldsymbol{B}\boldsymbol{W}(s)]=\mathrm{e}^{\boldsymbol{A}t}\int_0^t \mathrm{e}^{-\boldsymbol{A}\tau}\boldsymbol{B}w(\tau)\mathrm{d}\tau=\int_0^t \mathrm{e}^{\boldsymbol{A}(t-\tau)}\boldsymbol{B}w(\tau)\mathrm{d}\tau$$

$$=\int_0^t \boldsymbol{\Phi}(t-\tau)\boldsymbol{B}w(\tau)\mathrm{d}\tau$$

因此，系统的状态方程的解的形式为：

$$\boldsymbol{X}(t)=\boldsymbol{\Phi}(t)\boldsymbol{X}(0)+\int_0^t \boldsymbol{\Phi}(t-\tau)\boldsymbol{B}w(\tau)\mathrm{d}\tau \tag{8-78}$$

对于一个渐进稳定的系统来说，随着时间 $t\to\infty$，解的暂态部分逐渐衰减为零，这就要求状态矩阵的所有特征值有负实部；这时解的第二项称为系统的稳态输出。

例如，已知状态方程：

$$\dot{\boldsymbol{X}}(t)=\begin{pmatrix}0 & 1\\ -2 & -3\end{pmatrix}X(t)+\begin{pmatrix}0\\1\end{pmatrix}w(t)$$

其中，$w=u(t)=1$，初值为 $X(0)=\begin{pmatrix}1\\0\end{pmatrix}$，确定其解。

系统特征方程为：

$$\det(s\boldsymbol{I}-\boldsymbol{A})=\det\begin{pmatrix}s & -1\\ 2 & s+3\end{pmatrix}=s^2+3s+2=0$$

特征根为 $\lambda_1=-1,\lambda_2=-2$，因此系统是渐进稳定的。

又因为：

$$(s\boldsymbol{I}-\boldsymbol{A})^{-1}=\frac{\mathrm{adj}(s\boldsymbol{I}-\boldsymbol{A})}{\det(s\boldsymbol{I}-\boldsymbol{A})}=\frac{\mathrm{adj}\begin{pmatrix}s & -1\\ 2 & s+3\end{pmatrix}}{s^2+3s+2}=\frac{\begin{pmatrix}s+3 & 1\\ -2 & s\end{pmatrix}}{(s+1)(s+2)}$$

系统的状态转移矩阵为：

$$\boldsymbol{\Phi}(t)=\boldsymbol{L}^{-1}[(s\boldsymbol{I}-\boldsymbol{A})^{-1}]=\boldsymbol{L}^{-1}\begin{pmatrix}\dfrac{s+3}{(s+1)(s+2)} & \dfrac{1}{(s+1)(s+2)}\\ \dfrac{-2}{(s+1)(s+2)} & \dfrac{s}{(s+1)(s+2)}\end{pmatrix}$$

$$=\begin{pmatrix}\boldsymbol{L}^{-1}\left[\dfrac{s+3}{(s+1)(s+2)}\right] & \boldsymbol{L}^{-1}\left[\dfrac{1}{(s+1)(s+2)}\right]\\ \boldsymbol{L}^{-1}\left[\dfrac{-2}{(s+1)(s+2)}\right] & \boldsymbol{L}^{-1}\left[\dfrac{s}{(s+1)(s+2)}\right]\end{pmatrix}$$

$$=\begin{pmatrix}2\mathrm{e}^{-t}-\mathrm{e}^{-2t} & \mathrm{e}^{-t}-\mathrm{e}^{-2t}\\ -2\mathrm{e}^{-t}+2\mathrm{e}^{-2t} & -\mathrm{e}^{-t}+2\mathrm{e}^{-2t}\end{pmatrix}$$

显然，状态转移矩阵的性质有：

$$\boldsymbol{\Phi}(t=0)=\begin{pmatrix}1 & 0\\ 0 & 1\end{pmatrix}=\boldsymbol{I}$$

$$\boldsymbol{\Phi}^{-1}(t)=\boldsymbol{\Phi}(-t)=\begin{pmatrix}2\mathrm{e}^{t}-\mathrm{e}^{2t} & \mathrm{e}^{t}-\mathrm{e}^{2t}\\ -2\mathrm{e}^{t}+2\mathrm{e}^{2t} & -\mathrm{e}^{t}+2\mathrm{e}^{2t}\end{pmatrix}$$

$$\boldsymbol{\Phi}(t-\tau)=\begin{pmatrix}2\mathrm{e}^{-(t-\tau)}-\mathrm{e}^{-2(t-\tau)} & \mathrm{e}^{-(t-\tau)}-\mathrm{e}^{-2(t-\tau)}\\ -2\mathrm{e}^{-(t-\tau)}+2\mathrm{e}^{-2(t-\tau)} & -\mathrm{e}^{-(t-\tau)}+2\mathrm{e}^{-2(t-\tau)}\end{pmatrix}$$

系统的状态方程的解为：

$$\begin{aligned}\boldsymbol{X}(t)&=\boldsymbol{\Phi}(t)\boldsymbol{X}(0)+\int_0^t\boldsymbol{\Phi}(t-\tau)\boldsymbol{B}w(\tau)\,\mathrm{d}\tau\\
&=\begin{pmatrix}2\mathrm{e}^{-t}-\mathrm{e}^{-2t} & \mathrm{e}^{-t}-\mathrm{e}^{-2t}\\ -2\mathrm{e}^{-t}+2\mathrm{e}^{-2t} & -\mathrm{e}^{-t}+2\mathrm{e}^{-2t}\end{pmatrix}\times\begin{pmatrix}1\\0\end{pmatrix}\\
&\quad+\int_0^t\begin{pmatrix}2\mathrm{e}^{-(t-\tau)}-\mathrm{e}^{-2(t-\tau)} & \mathrm{e}^{-(t-\tau)}-\mathrm{e}^{-2(t-\tau)}\\ -2\mathrm{e}^{-(t-\tau)}+2\mathrm{e}^{-2(t-\tau)} & -\mathrm{e}^{-(t-\tau)}+2\mathrm{e}^{-2(t-\tau)}\end{pmatrix}\times\begin{pmatrix}0\\1\end{pmatrix}\mathrm{d}\tau\\
&=\begin{pmatrix}2\mathrm{e}^{-t}-\mathrm{e}^{-2t}\\ -2\mathrm{e}^{-t}+2\mathrm{e}^{-2t}\end{pmatrix}+\begin{pmatrix}\dfrac{1}{2}-\mathrm{e}^{-t}+\dfrac{1}{2}\mathrm{e}^{-2t}\\ \mathrm{e}^{-t}-\mathrm{e}^{-2t}\end{pmatrix}=\begin{pmatrix}\dfrac{1}{2}+\mathrm{e}^{-t}-\dfrac{1}{2}\mathrm{e}^{-2t}\\ -\mathrm{e}^{-t}+\mathrm{e}^{-2t}\end{pmatrix}\end{aligned}$$

(2) 线性时变系统状态方程的解法

当系统为时变系统时，系统状态方程为：

$$\dot{\boldsymbol{X}}(t)=\boldsymbol{A}(t)\boldsymbol{X}(t)+\boldsymbol{B}(t)w(t) \tag{8-79}$$

式中，$\boldsymbol{A}(t)$，$\boldsymbol{B}(t)$ 为时间的函数。

先考虑齐次方程($w(t)=0$)，直接积分得：

$$\boldsymbol{X}(t)=\boldsymbol{X}(t_0)+\int_{t_0}^t\boldsymbol{A}(\tau)\boldsymbol{X}(\tau)\,\mathrm{d}\tau \tag{8-80}$$

由于被积函数中包含了未知的状态变量，所以积分不能求出。可以采用迭代的方法来逐次逼近状态变量的解。即第一次迭代后，式(8-80)变为：

$$\boldsymbol{X}(t)=\boldsymbol{X}(t_0)+\int_{t_0}^t\boldsymbol{A}(\tau_1)\left[\boldsymbol{X}(t_0)+\int_{t_0}^{\tau_1}\boldsymbol{A}(\tau_2)\boldsymbol{X}(\tau_2)\,\mathrm{d}\tau_2\right]\mathrm{d}\tau_1$$

第二次迭代后，

$$\begin{aligned}\boldsymbol{X}(t)=\boldsymbol{X}(t_0)&+\int_{t_0}^t\boldsymbol{A}(\tau_1)\,\mathrm{d}\tau_1\boldsymbol{X}(t_0)+\int_{t_0}^t\boldsymbol{A}(\tau_1)\int_{t_0}^{\tau_1}\boldsymbol{A}(\tau_2)\,\mathrm{d}\tau_2\,\mathrm{d}\tau_1\boldsymbol{X}(t_0)+\\
&\int_{t_0}^t\boldsymbol{A}(\tau_1)\int_{t_0}^{\tau_1}\boldsymbol{A}(\tau_2)\int_{t_0}^{\tau_2}\boldsymbol{A}(\tau_3)\boldsymbol{X}(\tau_3)\,\mathrm{d}\tau_3\,\mathrm{d}\tau_2\,\mathrm{d}\tau_1\end{aligned}$$

这样逐次迭代逼近后可得：

$$\boldsymbol{X}(t)=\boldsymbol{\Phi}_T(t,t_0)\boldsymbol{X}(t_0) \tag{8-81}$$

其中，$\boldsymbol{\Phi}_T(t,t_0)=\boldsymbol{I}+\int_{t_0}^{t}\boldsymbol{A}(\tau_1)\mathrm{d}\tau_1+\int_{t_0}^{t}\boldsymbol{A}(\tau_1)\int_{t_0}^{\tau_1}\boldsymbol{A}(\tau_2)\mathrm{d}\tau_2\mathrm{d}\tau_1+\int_{t_0}^{t}\boldsymbol{A}(\tau_1)\int_{t_0}^{\tau_1}\boldsymbol{A}(\tau_2)$ $\int_{t_0}^{\tau_2}\boldsymbol{A}(\tau_3)\mathrm{d}\tau_3\mathrm{d}\tau_2\mathrm{d}\tau_1+\cdots$ 为无穷级数。当矩阵 $\boldsymbol{A}(t)$ 在积分区间内是有界的，则无穷级数是绝对收敛的。称 $\boldsymbol{\Phi}_T(t,t_0)$ 为时变系统状态转移矩阵。对其求导得：

$$\begin{aligned}\dot{\boldsymbol{\Phi}}_T(t,t_0)&=\boldsymbol{A}(t)+\boldsymbol{A}(t)\int_{t_0}^{t}\boldsymbol{A}(\tau_2)\mathrm{d}\tau_2+\boldsymbol{A}(t)\int_{t_0}^{t_1}\boldsymbol{A}(\tau_2)\int_{t_0}^{\tau_2}\boldsymbol{A}(\tau_3)\mathrm{d}\tau_3\mathrm{d}\tau_2+\cdots\\&=\boldsymbol{A}(t)\,\boldsymbol{\Phi}_T(t,t_0)\end{aligned} \tag{8-82}$$

对时变系统，状态转移矩阵也有如下性质：

① $\boldsymbol{\Phi}_T(t_0,t_0)=\boldsymbol{I}$；

② $\boldsymbol{\Phi}_T^{-1}(t_0,t)=\boldsymbol{\Phi}_T(t,t_0)$；

③ $\boldsymbol{\Phi}_T(t_2,t_0)=\boldsymbol{\Phi}_T(t_2,t_1)\,\boldsymbol{\Phi}_T(t_1,t_0)$。

例如，已知时变系统：

$$\dot{\boldsymbol{X}}(t)=\begin{pmatrix}0 & 1\\ 0 & \mathrm{e}^t\end{pmatrix}\times\begin{pmatrix}x_1\\ x_2\end{pmatrix}$$

确定其解。

时变系统状态转移矩阵中的各项为：

$$\int_{t_0}^{t}\boldsymbol{A}(\tau)\mathrm{d}\tau=\int_0^t\begin{pmatrix}0 & 1\\ 0 & \mathrm{e}^{\tau}\end{pmatrix}\mathrm{d}\tau=\begin{pmatrix}0 & t\\ 0 & \mathrm{e}^t-1\end{pmatrix}$$

$$\int_{t_0}^{t}\boldsymbol{A}(\tau_1)\int_{t_0}^{\tau_1}\boldsymbol{A}(\tau_2)\mathrm{d}\tau_2\mathrm{d}\tau_1=\int_0^t\begin{pmatrix}0 & 1\\ 0 & \mathrm{e}^{\tau_1}\end{pmatrix}\int_0^{\tau_1}\begin{pmatrix}0 & 1\\ 0 & \mathrm{e}^{\tau_2}\end{pmatrix}\mathrm{d}\tau_2\mathrm{d}\tau_1=\begin{pmatrix}0 & t\mathrm{e}^t-1\\ 0 & \frac{1}{2}\mathrm{e}^{2t}-\mathrm{e}^t+\frac{1}{2}\end{pmatrix}$$

各项值都计算出来后，代入式(8-82)得时变系统状态转移矩阵为：

$$\boldsymbol{\Phi}_T(t,0)=\boldsymbol{I}+\begin{pmatrix}0 & t\\ 0 & \mathrm{e}^t-1\end{pmatrix}+\begin{pmatrix}0 & t\mathrm{e}^t-1\\ 0 & \frac{1}{2}\mathrm{e}^{2t}-\mathrm{e}^t+\frac{1}{2}\end{pmatrix}+\cdots$$

代入式(8-81)得系统的解为：

$$\boldsymbol{X}(t)=\boldsymbol{\Phi}_T(t,0)\boldsymbol{X}(0)=\left[\boldsymbol{I}+\begin{pmatrix}0 & t\\ 0 & \mathrm{e}^t-1\end{pmatrix}+\begin{pmatrix}0 & t\mathrm{e}^t-1\\ 0 & \frac{1}{2}\mathrm{e}^{2t}-\mathrm{e}^t+\frac{1}{2}\end{pmatrix}+\cdots\right]\boldsymbol{X}(0)$$

对非齐次状态方程(8-80),可以推出其解为:

$$\boldsymbol{X}(t)=\boldsymbol{\Phi}_T(t,t_0)\boldsymbol{X}(t_0)+\int_{t_0}^{t}\boldsymbol{\Phi}_T(t,\tau)\boldsymbol{B}(\tau)u(\tau)\mathrm{d}\tau$$

例如,时变系统:

$$\dot{\boldsymbol{X}}(t)=\begin{pmatrix}0 & \sin\omega t\\ 0 & 0\end{pmatrix}\times\begin{pmatrix}x_1\\ x_2\end{pmatrix}+\begin{pmatrix}1\\ 1\end{pmatrix}w(t-t_0)$$

其中,$w(t-t_0)$ 为 $t>t_0$ 范围内的单位阶跃函数,$\boldsymbol{X}(t_0)=\begin{pmatrix}1\\ 2\end{pmatrix}$。求系统的解。

时变系统状态转移矩阵中的各项为:

$$\int_{t_0}^{t}\boldsymbol{A}(\tau)\mathrm{d}\tau=\int_{t_0}^{t}\begin{pmatrix}0 & \sin\omega\tau\\ 0 & 0\end{pmatrix}\mathrm{d}\tau=\begin{pmatrix}0 & \dfrac{1}{\omega}(\cos\omega t_0-\cos\omega t)\\ 0 & 0\end{pmatrix}$$

$$\int_{t_0}^{t}\boldsymbol{A}(\tau_1)\int_{t_0}^{\tau_1}\boldsymbol{A}(\tau_2)\mathrm{d}\tau_2\mathrm{d}\tau_1=\int_{t_0}^{t}\begin{pmatrix}0 & \sin\omega\tau_1\\ 0 & 0\end{pmatrix}\int_{t_0}^{\tau_1}\begin{pmatrix}0 & \sin\omega\tau_2\\ 0 & 0\end{pmatrix}\mathrm{d}\tau_2\mathrm{d}\tau_1=0$$

进一步,其余各项均为零。所以:

$$\boldsymbol{\Phi}_T(t,t_0)=\begin{pmatrix}1 & \dfrac{1}{\omega}(\cos\omega t_0-\cos\omega t)\\ 0 & 1\end{pmatrix}$$

系统的解为:

$$\begin{aligned}\boldsymbol{X}(t)&=\begin{pmatrix}1 & \dfrac{1}{\omega}(\cos\omega t_0-\cos\omega t)\\ 0 & 1\end{pmatrix}\begin{pmatrix}1\\ 2\end{pmatrix}+\int_{t_0}^{t}\begin{pmatrix}1 & \dfrac{1}{\omega}(\cos\omega t-\cos\omega\tau)\\ 0 & 1\end{pmatrix}\begin{pmatrix}1\\ 1\end{pmatrix}\mathrm{d}\tau\\ &=\begin{pmatrix}1+\dfrac{2}{\omega}(\cos\omega t_0-\cos\omega t)\\ 2\end{pmatrix}+\int_{t_0}^{t}\begin{pmatrix}1+\dfrac{1}{\omega}(\cos\omega t-\cos\omega\tau)\\ 1\end{pmatrix}\mathrm{d}\tau\\ &=\begin{pmatrix}1+\dfrac{2}{\omega}(\cos\omega t_0-\cos\omega t)\\ 2\end{pmatrix}+\begin{pmatrix}t-t_0-\dfrac{t-t_0}{\omega}\cos\omega t+\dfrac{1}{\omega^2}(\sin\omega\tau-\sin\omega t_0)\\ t-t_0\end{pmatrix}\end{aligned}$$

状态方程的求解,其实是常微分方程组的求解。随着计算机技术的发展,常微分方程的求解可以在计算机上用数值积分的方法实现。尤其是当系统存在时变或非线性因素时,数值方法更为有效和方便。

8.2.4　一般离散控制系统的状态分析方法

随着计算机控制技术应用越来越广泛,离散数字系统显得非常重要。与连续控制系统一样，离散系统也可以建立状态方程。分析离散系统的数学模型为差分方程，因此，系统的状态方程也是利用差分方程来建立。这样得出的状态方程称为离散状态方程和输出方程。

离散系统数学模型的理论和方法发展很快，例如，卡尔曼滤波方法为控制系统的状态估计开辟了有效途径；动态规划成为求得离散系统最优控制规律的有力手段；建立在相关分析、时间序列分析等统计基础上系统辨识方法也日益丰富和趋于完善。

将时间 t 离散为时间点 $t_k = kT, k = 0, 1, 2, \cdots$，在各时间点上输入、输出值分量为：

$$w(t_k) = w(kT) \stackrel{\wedge}{=} w(k)$$

$$y(t_k) = y(kT) \stackrel{\wedge}{=} y(k)$$

其中，T 为采样周期。

一般的离散系统，采用向前差分，差分控制方程为：

$$\sum_{i=0}^{n} a_i y(k+i) = \sum_{j=0}^{m} b_j w(k+j) \tag{8-83}$$

$$y(i) = v_i, i = 0, 1, 2, \cdots, n-1$$

式中，y 为输出，w 为输入。a_i, b_j 为差分系数。若 b_j 全为零，则差分方程为齐次方程。

下面介绍建立离散状态方程的方法。

(1) 系数 $b_j = 0 (j = 1, 2, \cdots, m)$ 时，离散系统状态方程

这时，差分控制方程为：

$$\sum_{i=0}^{n} a_i y(k+i) = b_0 w(k) \tag{8-84}$$

选择系统状态变量为：

$$x_1(k) = y(k)$$

$$x_2(k) = y(k+1)$$

$$x_3(k) = y(k+2)$$

$$\vdots$$

$$x_n(k) = y(k+n-1)$$

则离散系统的状态方程为：

$$x_1(k+1) = x_2(k)$$

$$x_2(k+1) = x_3(k)$$

$$\vdots$$

$$x_{n-1}(k+1) = x_n(k)$$

$$x_n(k+1) = \left[b_0 w(k) - \sum_{i=0}^{n-1} a_i x_i(k) \right] \Big/ a_n$$

写成矩阵形式为：

$$\boldsymbol{X}(k+1)=\boldsymbol{AX}(k)+\boldsymbol{B}w(k) \tag{8-85}$$

其中，

$$\boldsymbol{A}=\begin{bmatrix}0 & 1 & 0 & \cdots & 0\\ 0 & 0 & 1 & 0 & \cdots\\ \vdots & \vdots & \vdots & & \vdots\\ 0 & 0 & 0 & \cdots & 1\\ \kappa_0 & \kappa_1 & \kappa_3 & \cdots & \kappa_{n-1}\end{bmatrix};\boldsymbol{B}=\begin{bmatrix}0\\ 0\\ \vdots\\ 0\\ b_0/a_n\end{bmatrix}$$

$$\kappa_0=-a_0/a_n,\kappa_1=-a_1/a_n,\kappa_{n-1}=-a_{n-1}/a_n$$

系统的输出分量为：

$$y(k)=[1\quad 0\quad \cdots\quad 0]\times\begin{bmatrix}x_1(k)\\ x_2(k)\\ \vdots\\ x_n(k)\end{bmatrix}=\boldsymbol{CX}(k) \tag{8-86}$$

式(8-84)，式(8-86)与连续系统的状态方程形式相似，但系数矩阵的值是不同的。

从上面的状态方程形式可以看出，状态向量是不同采样时刻的系统输出量，而状态方程联系的是相邻采样时刻状态向量与输入量间的关系。

下面举例说明上面状态建立的过程。

例如，若设线性离散系统的差分方程为：

$$y(k+3)+3y(k+2)+4y(k+1)+7y(k)=w(k)$$

列写系统状态方程。

选择状态变量为：

$$x_1(k)=y(k),x_2(k)=y(k+1),x_3(k)=y(k+2)$$

代入式(8-85)得：

$$\begin{pmatrix}x_1(k+1)\\ x_2(k+1)\\ x_3(k+1)\end{pmatrix}=\begin{pmatrix}0 & 1 & 0\\ 0 & 0 & 1\\ -7 & -4 & -3\end{pmatrix}\times\begin{pmatrix}x_1(k)\\ x_2(k)\\ x_3(k)\end{pmatrix}+\begin{pmatrix}0\\ 0\\ 1\end{pmatrix}w(k)$$

(2) 系数 $b_j\neq 0(j=0,1,2,\cdots,m)$ 时，离散系统状态方程

此时，对式(8-83)求 Z 变换得：

$$\sum_{i=0}^{n}a_iz^iY(z)=\sum_{j=0}^{m}b_jz^jW(z)$$

所以，
$$\frac{Y(z)}{W(z)}=\frac{\sum_{j=0}^{m}b_jz^j}{\sum_{i=0}^{n}a_iz^i} \tag{8-87}$$

再引入中间变量 $V(z)$：

$$\frac{Y(z)}{V(z)}\frac{V(z)}{W(z)}=\frac{\sum_{j=0}^{m}b_jz^j}{\sum_{i=0}^{n}a_iz^i}$$

令 $V(z)=\frac{1}{\sum_{i=0}^{n}a_iz^i}W(z)$，$Y(z)=(\sum_{j=0}^{m}b_jz^j)V(z)$，则相应系统的差分方程为：

$$\sum_{i=0}^{n}a_iv(k+i)=w(k)$$

$$y(k)=\sum_{j=0}^{m}b_jv(k+j)$$

选择系统的状态变量为：

$$\boldsymbol{X}(k)=\begin{pmatrix}x_1(k)\\x_2(k)\\\vdots\\x_n(k)\end{pmatrix}=\begin{pmatrix}v(k)\\v(k+1)\\\vdots\\v(k+n-1)\end{pmatrix}$$

系统的状态方程为：

$$\boldsymbol{X}(k+1)=\boldsymbol{AX}(k)+\boldsymbol{B}w(k) \tag{8-88}$$

系统的输出为：

$$y(k)=[b_0,b_1,\cdots,b_m,0,\cdots,0]\times\begin{pmatrix}x_1(k)\\x_2(k)\\\vdots\\x_n(k)\end{pmatrix}=\boldsymbol{CX}(k) \tag{8-89}$$

从上面的状态方程形式可以看出，状态向量并没有规定是系统的什么量，它的物理意义视具体问题而定。而状态方程联系的是相邻采样时刻状态向量与输入量间的关系。

例如，若设线性离散系统的差分方程为：

$$y(k+2)+y(k+1)+4y(k)=w(k+1)+3w(k)$$

求系统的状态方程。

通过 Z 变换，系统方程变为：

$$(z^2+z+4)Y(z)=(z+3)W(z)$$

$$\frac{Y(z)}{W(z)}=\frac{z+3}{z^2+z+4}$$

利用中间变量 V 变换得：

$$Y(z)=(z+3)V(z)$$

$$W(z)=(z^2+z+4)V(z)$$

对应的差分方程为：

$$y(k)=v(k+1)+3v(k)$$

$$w(k)=v(k+2)+v(k+1)+4v(k)$$

取状态变量为 $x_1(k)=v(k)$，$x_2(k)=v(k+1)$，则状态方程为：

$$\begin{pmatrix} x_1(k+1) \\ x_2(k+1) \end{pmatrix}=\begin{pmatrix} 0 & 1 \\ -4 & -1 \end{pmatrix}\times\begin{pmatrix} x_1(k) \\ x_2(k) \end{pmatrix}+\begin{pmatrix} 0 \\ 1 \end{pmatrix}w(k)$$

系统的输出为：

$$y(k)=3x_1(k)+x_2(k)$$

一般的线性离散系统的状态方程的解法有递推法和 Z 变换解法。这里先介绍递推法。

① 递推法（迭代法）

令状态方程中的 k 分别取为 0，1，2，…。具体过程如下：

当 $k=0$，$\boldsymbol{X}(1)=\boldsymbol{AX}(0)+\boldsymbol{B}w(0)$；

当 $k=1$，$\boldsymbol{X}(2)=\boldsymbol{AX}(1)+\boldsymbol{B}w(1)=\boldsymbol{A}^2x(0)+\boldsymbol{AB}w(0)+\boldsymbol{B}w(1)$；

当 $k=2$，$\boldsymbol{X}(3)=\boldsymbol{A}^3\boldsymbol{X}(0)+\boldsymbol{A}^2\boldsymbol{B}w(0)+\boldsymbol{AB}w(1)+\boldsymbol{B}w(2)$。

一般地，

$$\boldsymbol{X}(k)=\boldsymbol{A}^k\boldsymbol{X}(0)+\sum_{j=0}^{k-1}\boldsymbol{A}^{k-j-1}\boldsymbol{B}w(j),k=0,1,2,\cdots \tag{8-90}$$

式中，第 1 项与初状态有关，第 2 项与作用函数有关。

利用状态转移矩阵，上式可写为：

$$\boldsymbol{X}(k)=\boldsymbol{\Phi}_Z(k)\boldsymbol{X}(0)+\sum_{j=0}^{k-1}\boldsymbol{\Phi}_Z(k-j-1)\boldsymbol{B}w(j) \tag{8-91}$$

或

$$\boldsymbol{X}(k)=\boldsymbol{\Phi}_Z(k)\boldsymbol{X}(0)+\sum_{i=0}^{k-1}\boldsymbol{\Phi}_Z(i)\boldsymbol{B}w(k-i-1),k=0,1,2,\cdots$$

其中，$\boldsymbol{\Phi}_Z(k)=\boldsymbol{A}^k$ 为离散系统的状态转移矩阵。

系统输出方程为：

$$y(k)=\boldsymbol{CX}(k)=\boldsymbol{C}[\boldsymbol{\Phi}_Z(k)\boldsymbol{X}(0)+\sum_{j=0}^{k-1}\boldsymbol{\Phi}_Z(k-j-1)\boldsymbol{B}w(j)] \tag{8-92}$$

或

$$y(k)=\boldsymbol{CX}(k)=\boldsymbol{C}[\boldsymbol{\Phi}_Z(k)\boldsymbol{X}(0)+\sum_{i=0}^{k-1}\boldsymbol{\Phi}_Z(i)\boldsymbol{B}w(k-i-1)],k=0,1,2,\cdots \tag{8-93}$$

例如，若已知线性离散系统的状态方程为：

$$\begin{pmatrix}x_1(k+1)\\x_2(k+1)\end{pmatrix}=\begin{pmatrix}0&1\\-0.2&-1\end{pmatrix}\times\begin{pmatrix}x_1(k)\\x_2(k)\end{pmatrix}+\begin{pmatrix}1\\1\end{pmatrix}w(k)$$

用递推法求解，$w=u(k)=1(k\geqslant 0)$，$\boldsymbol{X}(0)=\begin{pmatrix}1\\-1\end{pmatrix}$，由递推法公式：

$$\begin{pmatrix}x_1(1)\\x_2(1)\end{pmatrix}=\begin{pmatrix}0&1\\-0.2&-1\end{pmatrix}\times\begin{pmatrix}1\\-1\end{pmatrix}+\begin{pmatrix}1\\1\end{pmatrix}=\begin{pmatrix}0\\1.8\end{pmatrix}$$

$$\begin{pmatrix}x_1(2)\\x_2(2)\end{pmatrix}=\begin{pmatrix}0&1\\-0.2&-1\end{pmatrix}\times\begin{pmatrix}0\\1.8\end{pmatrix}+\begin{pmatrix}1\\1\end{pmatrix}=\begin{pmatrix}2.8\\-0.8\end{pmatrix}$$

$$\begin{pmatrix}x_1(3)\\x_2(3)\end{pmatrix}=\begin{pmatrix}0&1\\-0.2&-1\end{pmatrix}\times\begin{pmatrix}2.8\\-0.8\end{pmatrix}+\begin{pmatrix}1\\1\end{pmatrix}=\begin{pmatrix}0.2\\1.204\end{pmatrix}$$

这样递推下去可求出任意采样时刻的状态方程的解，但得不出方程的封闭形式的解。

利用式(8-91)求解状态方程，则可以获得封闭形式的解。

如对于上例，由状态方程的系数矩阵：

$$\boldsymbol{A}=\begin{pmatrix}0&1\\-0.2&-1\end{pmatrix},\boldsymbol{B}=\begin{pmatrix}1\\1\end{pmatrix},\boldsymbol{X}(0)=\begin{pmatrix}1\\-1\end{pmatrix}$$

将 $\boldsymbol{A}$ 代入离散系统的状态转移矩阵，得：

$$\boldsymbol{\Phi}_Z(k)=\begin{pmatrix}0&1\\-0.2&-1\end{pmatrix}^k$$

在一般情况下，直接计算$\boldsymbol{\Phi}_Z(k)$ 比较困难。可以根据相似对角矩阵方法来求解，利用：

$$\boldsymbol{A}^k=\boldsymbol{PD}^k\boldsymbol{P}^{-1}$$

其中，$\boldsymbol{P}$ 为 $\boldsymbol{A}$ 的特征根对应的模态向量组成的矩阵。$\boldsymbol{D}$ 为 $\boldsymbol{A}$ 的特征根组成的对角阵。

对于本例，$\boldsymbol{A}$ 的特征根为 $s_1=-0.2764$，$s_2=-0.7236$。对应的模态向量矩阵为：

$$\boldsymbol{P}=\begin{pmatrix}1&1\\-0.2764&-0.7236\end{pmatrix},\boldsymbol{P}^{-1}=\begin{pmatrix}1.6180&2.2361\\-0.6180&-2.2361\end{pmatrix}$$

$$\boldsymbol{D}=\begin{pmatrix}-0.2764 & 0\\ 0 & -0.7236\end{pmatrix}$$

所以，

$$\boldsymbol{\Phi}_Z(k)=\boldsymbol{A}^k=\boldsymbol{P}\boldsymbol{D}^k\boldsymbol{P}^{-1}=$$

$$=\begin{pmatrix}1 & 1\\ -0.2764 & -0.7236\end{pmatrix}\times\begin{pmatrix}-0.2764 & 0\\ 0 & -0.7236\end{pmatrix}^k\times\begin{pmatrix}1.6180 & 2.2361\\ -0.6180 & -2.2361\end{pmatrix}$$

$$=\begin{pmatrix}1.6180(-0.2764)^k-0.6180(-0.7236)^k & 2.2361(-0.2764)^k-2.2361(-0.7236)^k\\ -0.4472(-0.2764)^k+0.4472(-0.7236)^k & -0.6180(-0.2764)^k+1.6180(-0.7236)^k\end{pmatrix}$$

将上面结果代入式(8-91)中各项，得：

$$\boldsymbol{\Phi}_Z(k)\boldsymbol{X}(0)=\begin{pmatrix}-0.6181(-0.2764)k+1.6181(-0.7236)k\\ 0.1708(-0.2764)k-1.1708(-0.7236)k\end{pmatrix}$$

$$\sum_{i=0}^{k-1}\boldsymbol{\Phi}_Z(i)\boldsymbol{B}\cdot w(k-i-1)=\sum_{i=0}^{k-1}\boldsymbol{P}\boldsymbol{D}^i\boldsymbol{P}^{-1}\boldsymbol{B}=\boldsymbol{P}\left[\sum_{i=0}^{k-1}\boldsymbol{D}^i\right]\boldsymbol{P}^{-1}\boldsymbol{B}$$

$$=P\left[\sum_{i=0}^{k-1}\begin{pmatrix}(-0.2764)^i & 0\\ 0 & (-0.7236)^i\end{pmatrix}\right]\boldsymbol{P}^{-1}\boldsymbol{B}$$

$$=\boldsymbol{P}\begin{pmatrix}\dfrac{1-(-0.2764)^k}{1.2764} & 0\\ 0 & \dfrac{1-(-0.7236)^k}{1.7236}\end{pmatrix}\boldsymbol{P}^{-1}\boldsymbol{B}$$

$$=\begin{pmatrix}1.3636-3.0195(-0.2764)k+1.6559(-0.7236)k\\ 0.3636+0.8346(-0.2764)k-1.1982(-0.7236)k\end{pmatrix}$$

所以，$\boldsymbol{X}(k)=\boldsymbol{\Phi}_Z(k)\boldsymbol{X}(0)+\sum_{i=0}^{k-1}\boldsymbol{\Phi}_Z(i)\boldsymbol{B}w(k-i-1)$

$$=\begin{pmatrix}1.3636-3.6375(-0.2764)^k+3.274(-0.7236)^k\\ 0.3636+1.0054(-0.2764)^k-2.369(-0.7236)^k\end{pmatrix}$$

② 离散系统状态方程 Z 变换解法

将状态方程直接 Z 变换后简化，得出状态变量的 Z 变换表达式，再求其逆变换获得解答。

对离散状态方程式(8-83)做 Z 变换得：

$$z\boldsymbol{X}(z)-z\boldsymbol{X}(0)=\boldsymbol{A}\boldsymbol{X}(z)+\boldsymbol{B}\boldsymbol{W}(z)$$

化简后，$\boldsymbol{X}(z)=(z\boldsymbol{I}-\boldsymbol{A})^{-1}z\boldsymbol{X}(0)+(z\boldsymbol{I}-\boldsymbol{A})^{-1}\boldsymbol{B}\boldsymbol{W}(z)$，

求逆变换后，得：

$$\boldsymbol{X}(k)=\boldsymbol{Z}^{-1}[\boldsymbol{X}(z)]=\boldsymbol{Z}^{-1}[(z\boldsymbol{I}-\boldsymbol{A})^{-1}z]\boldsymbol{X}(0)+\boldsymbol{Z}^{-1}[(z\boldsymbol{I}-\boldsymbol{A})^{-1}\boldsymbol{BW}(z)] \tag{8-94}$$

能够这样做的前提条件是系统是线性的。

例如，若有线性离散系统的状态方程为：

$$\begin{pmatrix} x_1(k+1) \\ x_2(k+1) \end{pmatrix}=\begin{pmatrix} 0 & 1 \\ -4 & -5 \end{pmatrix}\times\begin{pmatrix} x_1(k) \\ x_2(k) \end{pmatrix}+\begin{pmatrix} 0 \\ 1 \end{pmatrix}w(k)$$

$w=u(k)=1(k\geqslant 0)$，$\boldsymbol{X}(0)=\begin{pmatrix} 1 \\ -1 \end{pmatrix}$，用 Z 变换求方程的解。

由系数矩阵 $\boldsymbol{A}=\begin{pmatrix} 0 & 1 \\ -4 & -5 \end{pmatrix}$ 知：

$$(z\boldsymbol{I}-\boldsymbol{A})=\begin{pmatrix} z & -1 \\ 4 & z+5 \end{pmatrix},\ (z\boldsymbol{I}-\boldsymbol{A})^{-1}=\frac{1}{z^2+5z+4}\begin{pmatrix} z+5 & 1 \\ -4 & z \end{pmatrix}$$

将上面结果求逆变换：

$$\boldsymbol{Z}^{-1}[(z\boldsymbol{I}-\boldsymbol{A})^{-1}z]=\boldsymbol{Z}^{-1}\left[\frac{1}{(z+1)(z+4)}\begin{pmatrix} z+5 & 1 \\ -4 & z \end{pmatrix}z\right]$$

$$=\frac{1}{3}\begin{pmatrix} 4(-1)^k-(-4)^k & (-1)^k-(-4)^k \\ -4(-1)^k+4(-4)^k & -(-1)^k+4(-4)^k \end{pmatrix}$$

$$\boldsymbol{Z}^{-1}[(z\boldsymbol{I}-\boldsymbol{A})^{-1}\boldsymbol{BW}(z)]=\boldsymbol{Z}^{-1}\left[\frac{1}{(z+1)(z+4)}\begin{pmatrix} z+5 & 1 \\ -4 & z \end{pmatrix}\times\begin{pmatrix} 0 \\ 1 \end{pmatrix}\frac{z}{z-1}\right]$$

$$=\boldsymbol{Z}^{-1}\begin{pmatrix} \dfrac{z}{(z-1)(z+1)(z+4)} \\ \dfrac{z^2}{(z-1)(z+1)(z+4)} \end{pmatrix}$$

$$=\begin{pmatrix} \dfrac{1}{10}-\dfrac{1}{6}(-1)^k+\dfrac{1}{15}(-4)^k \\ \dfrac{1}{10}+\dfrac{1}{6}(-1)^k-\dfrac{4}{15}(-4)^k \end{pmatrix}$$

再将上面结果代入：

$$\boldsymbol{X}(k)=\boldsymbol{Z}^{-1}[\boldsymbol{X}(z)]=\boldsymbol{Z}^{-1}[(z\boldsymbol{I}-\boldsymbol{A})^{-1}z]\boldsymbol{X}(0)+\boldsymbol{Z}^{-1}[(z\boldsymbol{I}-\boldsymbol{A})^{-1}\boldsymbol{BW}(z)]$$

$$=\frac{1}{3}\begin{pmatrix} 4(-1)^k-(-4)^k & (-1)^k-(-4)^k \\ -4(-1)^k+4(-4)^k & -(-1)^k+4(-4)^k \end{pmatrix}\times$$

$$\begin{pmatrix} 1 \\ -1 \end{pmatrix} + \begin{pmatrix} \frac{1}{10} - \frac{1}{6}(-1)^k + \frac{1}{15}(-4)^k \\ \frac{1}{10} + \frac{1}{6}(-1)^k - \frac{4}{15}(-4)^k \end{pmatrix}$$

$$= \begin{pmatrix} \frac{1}{10} + \frac{5}{6}(-1)^k + \frac{1}{15}(-4)^k \\ \frac{1}{10} - \frac{5}{6}(-1)^k - \frac{4}{15}(-4)^k \end{pmatrix}$$

上面的分析结果是针对定常系统推导的。如果系统是时变的，则系统的状态方程为：

$$\boldsymbol{X}(k+1) = \boldsymbol{A}(k)\boldsymbol{X}(k) + \boldsymbol{B}(k)u(k) \tag{8-95}$$

这时，状态方程的求解可采用递推法。结果为：

$$\boldsymbol{X}(k) = \boldsymbol{\Phi}_Z(k,k_0)\boldsymbol{X}(k_0) + \sum_{i=k_0}^{k-1} \boldsymbol{\Phi}_Z(k,i+1)\boldsymbol{B}(i) \cdot u(i) \tag{8-96}$$

其中，$\boldsymbol{\Phi}_Z(k,k_0) = \boldsymbol{A}(k-1)\boldsymbol{A}(k-2)\cdots\boldsymbol{A}(k_0)$，$k = k_0+1, k_0+2, \cdots$。

如果已经求出连续系统的状态方程的解，也可以利用采样方法直接得到离散的状态方程。如，已知：

$$\boldsymbol{X}(t) = \mathrm{e}^{\boldsymbol{A}(t-t_0)}\boldsymbol{X}(t_0) + \mathrm{e}^{\boldsymbol{A}t}\int_{t_0}^{t} \mathrm{e}^{-A\tau}\boldsymbol{B}u(\tau)\mathrm{d}\tau \tag{8-97}$$

取 $t_0 = kT$，$t = (k+1)T$，则：

$$\boldsymbol{X}((k+1)T) = \mathrm{e}^{AT}\boldsymbol{X}(kT) + \mathrm{e}^{\boldsymbol{A}(k+1)T}\int_{kT}^{(k+1)T} \mathrm{e}^{-A\tau}\boldsymbol{B}u(\tau)\mathrm{d}\tau \tag{8-98}$$

$$= \mathrm{e}^{AT}\boldsymbol{X}(kT) + \int_0^{\mathrm{T}} \mathrm{e}^{-A(T-\zeta)}\boldsymbol{B}u(kT+\zeta)d\zeta, k=1,2,3,\cdots$$

8.2.5　一般系统的能控性、能观性和状态稳定性理论

在经典的控制理论中，系统的输出一旦确定，系统的控制状态就全部已知了。但是在状态理论中，状态量已知不一定保证系统是完全可控制的。因此，卡尔曼(Kallman)在 20 世纪 60 年代提出系统状态特性包括能控性和能观性，它是现代控制理论的两个基本概念。能控性保证了最佳控制解的存在，能观测性是卡尔曼滤波器具有渐进稳定的基本条件。简单地说，能控性是指通过输入使系统在有限时间内从任意初始状态达到原点状态。能观性是指在有限时间内对输出的观测能确定该时间段的系统状态。它们分别表征系统对状态的控制能力和识别能力。

通过这种状态控制理论分析方法，可以进一步预测轴承保持架的运动稳定性及寿命。

(1) 系统能控性的定义和判别

针对状态系统方程(8-60)～(8-63)所确定的系统，能控性的定义：对线性系统状态方程 $\dot{\boldsymbol{X}}(t) = \boldsymbol{AX}(t) + \boldsymbol{BW}(t)$，如果对于取定初始时刻 $t_0 \in J$(时域)的一个非零初始状态 $\boldsymbol{X}(t_0) = \boldsymbol{X}_0$，存在一个时刻 $t_1(t_0 < t_1 \in J)$ 和一个容许控制 $\boldsymbol{W}(t)(t \in [t_0, t_1]$，使得系统在 $\boldsymbol{W}(t)$ 作

用下由初始状态出发的轨线，经过t_1-t_0时间后能转移到原点目标状态$\boldsymbol{X}(t_1)=0$，则称此X_0是系统在t_0时刻下的一个能控状态。如果系统在时刻t_0的所有非零状态都是能控状态，则称系统在t_0时刻是能控的。如果在时间段内的任何时刻系统都能控，称系统在时间区间上是能控的。如果系统存在一个或一些非零状态在时刻t_0不能控，则称系统在时刻是不能控的。

系统的状态能控性判据：系统状态完全能控的充分必要条件是：

$$\mathrm{rank}(\boldsymbol{Q}_c)=n \tag{8-90}$$

其中$\boldsymbol{Q}_c=[\boldsymbol{B},\boldsymbol{AB},\boldsymbol{A}^2\boldsymbol{B},\cdots,\boldsymbol{A}^{n-1}\boldsymbol{B}]$，为系统的状态能控性矩阵，它由系统的状态方程系数构成。n为状态方程的阶。

上面的判据需要计算多次矩阵的乘积，比较麻烦，因此，可用下面的判据。

系统的能控性PBH判据：系统状态完全能控的充分必要条件是：

$$\mathrm{rank}[\lambda_i\boldsymbol{I}-\boldsymbol{A}\quad \boldsymbol{B}]=n \tag{8-91}$$

其中，$\lambda_i(i=1,2,3,\cdots,n)$为$\boldsymbol{A}$的特征值。这个判据最先由波波夫和贝尔维奇提出，由豪图斯证明可广泛应用，因此称为PBH判据。

除状态可控外，系统也存在输出可控性。它指系统的输出变量完全由状态变量确定。

输出可控性：在时间间隔$[t_1,t_2]$内，系统在输入控制变量u作用下，从初始输出能转到确定的最终的输出，则系统的输出是可控制的。

系统的输出能控性判据：系统输出完全能控的充分必要条件是：

$$\mathrm{rank}(\boldsymbol{Q}_s)=l \tag{8-92}$$

其中$\boldsymbol{Q}_s=[\boldsymbol{CB}\quad \boldsymbol{CAB}\quad \boldsymbol{CA}^2\boldsymbol{B}\quad \cdots\quad \boldsymbol{CA}^{n-1}\boldsymbol{B}\quad D]$，为系统的输出能控性矩阵，它由系统的状态方程系数构成。l为输出变量的个数。

(2) 系统能观性的定义和判别

针对状态系统方程(8-60)～(8-63)所确定的系统，能观测性定义：如果对于取定初始时刻的一个非零初始状态，存在一个时刻t_0，使得由区间上的系统输出观测值可以唯一地决定系统的初始状态，则称为能观测状态。

如果系统在时刻t_0的所有非零状态都是能观状态，则称系统在t_0时刻是能观测的，如果对任何的时刻系统都能观，则称系统在时间区间上是能观的。如果系统存在一个或一些非零状态在时刻t_0不能观，则称系统在时刻是不能观的。

系统能观性的判据：系统能观性条件为：

$$\mathrm{rank}(\boldsymbol{Q}_o)=n \tag{8-93}$$

其中$\boldsymbol{Q}_o=[\boldsymbol{C},\boldsymbol{CA},\cdots,\boldsymbol{CA}^{n-1}]^{\mathrm{T}}$，为系统的能观性矩阵。

例如，考察如下系统的能控性和能观性：

$$\begin{pmatrix}\dot{x}_1\\ \dot{x}_2\\ \dot{x}_3\end{pmatrix}=\begin{pmatrix}1&3&2\\0&2&0\\0&1&3\end{pmatrix}\begin{pmatrix}x_1\\x_2\\x_3\end{pmatrix}+\begin{pmatrix}2&1\\1&1\\-1&-1\end{pmatrix}u$$

$$y=(0 \quad 0 \quad 1)\begin{pmatrix} x_1 \\ x_2 \\ x_3 \end{pmatrix}$$

因 $\boldsymbol{A}=\begin{pmatrix} 1 & 3 & 2 \\ 0 & 2 & 0 \\ 0 & 1 & 3 \end{pmatrix}$，$\boldsymbol{B}=\begin{pmatrix} 2 & 1 \\ 1 & 1 \\ -1 & -1 \end{pmatrix}$，$\boldsymbol{C}=[0 \quad 0 \quad 1]$，$D=0$

$$\boldsymbol{Q}_c=(\boldsymbol{B} \quad \boldsymbol{AB} \quad \boldsymbol{A}^2\boldsymbol{B})=\begin{pmatrix} 2 & 1 & 3 & 2 & 5 & 4 \\ 1 & 1 & 2 & 2 & 4 & 4 \\ -1 & -1 & -2 & -2 & -4 & -4 \end{pmatrix}$$

由于 $\operatorname{rank}(\boldsymbol{Q}_c)=2<n=3$，故系统不能控。

$$\boldsymbol{Q}_s=(\boldsymbol{CB} \quad \boldsymbol{CAB} \quad \boldsymbol{CA}^2\boldsymbol{B} \quad D)=(-1,-1,-2,-2,-4,-4,0)$$

由于 $\operatorname{rank}(\boldsymbol{Q}_s)=1=l$，故系统输出能控。

又 $\boldsymbol{Q}_o=\begin{pmatrix} \boldsymbol{C} \\ \boldsymbol{CA} \\ \boldsymbol{CA}^2 \end{pmatrix}=\begin{pmatrix} 0 & 0 & 1 \\ 0 & 1 & 3 \\ 0 & 5 & 9 \end{pmatrix}$，由于 $\operatorname{rank}(\boldsymbol{Q}_o)=2<n=3$，故系统也不能观。

(3) 系统稳定性判别

状态方程的稳定性判据：俄国学者李亚普诺夫（Ляпунов）于 1892 年提出了研究系统稳定性的间接法（第一方法）和直接方法（第二方法）。李亚普诺夫第一方法是针对线性系统的稳定性提出来的，按照系统的特征根进行系统稳定性的判断。该方法的主要内容是，若线性状态方程的系数矩阵 **A** 的特征根的实部全部为负实根，则系统是渐进稳定的；如果特征矩阵 **A** 的特征根的实部有一个为正实根，则系统不稳定；如果只有一个实部为零，其余均为负实根，则系统处于临界稳定状态。它可总结为如下定理。

定理：线性系统稳定的充分必要条件是状态方程系数矩阵 **A** 的特征值的实部为负值。

上述定理的证明可参考有关文献。从状态方程解的形式也可以看出，只有当所有的特征值的实部都为负的情况下，解才是逐渐收敛的，也就是说渐进稳定的。

例如，若已知状态方程为：

$$\begin{bmatrix} \dot{x}_1 \\ \dot{x}_2 \\ \dot{x}_3 \end{bmatrix}=\begin{bmatrix} 1 & 3 & 2 \\ 0 & 2 & 0 \\ 0 & 1 & 3 \end{bmatrix}\begin{bmatrix} x_1 \\ x_2 \\ x_3 \end{bmatrix}+\begin{bmatrix} 2 & 1 \\ 1 & 1 \\ -1 & -1 \end{bmatrix}w$$

使用特征根法判断系统稳定性。

根据状态方程的特征根表达式：

$$\det(s\boldsymbol{I}-\boldsymbol{A})=|s\boldsymbol{I}-\boldsymbol{A}|=\begin{vmatrix} s-1 & -3 & -2 \\ 0 & s-2 & 0 \\ 0 & -1 & s-3 \end{vmatrix}=(s-1)(s-2)(s-3)=0$$

系统的特征根为 $s_1=1, s_2=2, s_3=3$。特征根均为正实数，所以系统是不稳定的。

(4) 离散系统的能控性和能观性

设离散系统的离散状态方程为：

$$\begin{cases} \boldsymbol{X}(k+1)=\boldsymbol{A}^*\boldsymbol{X}(k)+\boldsymbol{B}^*\boldsymbol{W}(k) \\ \boldsymbol{Y}(k)=\boldsymbol{C}(k)\boldsymbol{X}(k)+\boldsymbol{D}(k)\boldsymbol{W}(k) \end{cases} \tag{8-94}$$

其中，$\boldsymbol{X}$ 为状态变量，$\boldsymbol{w}$ 为输入向量，$\boldsymbol{X}(k)$ 为状态向量，$\boldsymbol{C}$ 为控制向量，$\boldsymbol{A}^*$ 为状态矩阵，$\boldsymbol{W}$ 为输入矩阵。

对于所研究的系统，如果能找到一个有限输入序列使系统从初始状态经过一个周期到达任一终止状态，那么所确定的离散系统是能控的。如果对任意初始状态都能控，则系统称为状态完全可控，通常称系统状态完全能控为系统具有能控性。

判断离散系统的能控性矩阵的充分必要条件是：

$$\operatorname{rank}(\boldsymbol{S}_c)=\operatorname{rank}[\boldsymbol{B}^* \quad \boldsymbol{A}^*\boldsymbol{b}^* \quad \cdots \quad (\boldsymbol{A}^*)^{n-1}\boldsymbol{B}^*]=n \tag{8-95}$$

系统能观性是系统的输出特性，判断离散系统的能观性矩阵的充分必要条件是：

$$\operatorname{rank}(\boldsymbol{S}_o)=\operatorname{rank}\begin{pmatrix} \boldsymbol{C}^* \\ \boldsymbol{C}^*\boldsymbol{A}^* \\ \cdots \\ \boldsymbol{B}^*(\boldsymbol{A}^*)^{n-1} \end{pmatrix}=n \tag{8-96}$$

若选择控制信号为：

$$\boldsymbol{W}(k)=-\boldsymbol{K}\boldsymbol{X}(k)$$

便构成了状态反馈的状态控制系统，K 为系统反馈的增益矩阵，闭环系统的状态方程为：

$$\begin{cases} \boldsymbol{X}(k+1)=\boldsymbol{A}^*\boldsymbol{X}(k)+\boldsymbol{B}^*\boldsymbol{W}(k) \\ \boldsymbol{Y}(k)=\boldsymbol{C}(k)\boldsymbol{X}(k)+\boldsymbol{D}(k)\boldsymbol{W}(k) \end{cases} \tag{8-97}$$

通过改变反馈矩阵，只要系统的状态完全可控，便能将闭环系统的极点设置在平面上的期望位置。设选择的期望极点是 $z=\lambda_1,\lambda_2,\lambda_3,\cdots,\lambda_n$，统期望的特征方程为：

$$(z-\lambda_1)(z-\lambda_2)\cdots(z-\lambda_n)=0 \tag{8-98}$$

因此，用状态反馈设计的闭环系统的特征方程应满足上面的期望的特征方程，则

$$|z\boldsymbol{I}-(\boldsymbol{A}^*-\boldsymbol{B}^*\boldsymbol{K})|=|z\boldsymbol{I}-\boldsymbol{A}^*+\boldsymbol{B}^*\boldsymbol{K}|=(z-\lambda_1)(z-\lambda_2)\cdots(z-\lambda_n)=0 \tag{8-99}$$

解这一方程，可以求出具有期望特征根的状态反馈闭环系统的状态反馈增益矩阵

$$\boldsymbol{K}=[K_1,K_2,K_3,\cdots,K_n]$$

例如，已知数字控制系统的状态方程为：

$$x(k+1)=\begin{pmatrix}0 & 1\\ -0.16 & -1\end{pmatrix}x(k)+\begin{pmatrix}0\\1\end{pmatrix}w(k)$$

设定一个反馈矩阵，使系统的期望极点为 $z_{1,2}=0.5\pm 0.5j$。由于：

$$\operatorname{rank}(\boldsymbol{S}_c)=\operatorname{rank}[\boldsymbol{B}^* \quad \boldsymbol{A}^*\boldsymbol{B}^*]=\operatorname{rank}\begin{pmatrix}0 & 1\\ 1 & -1\end{pmatrix}=2$$

系统是能控的，所以可以任意配置闭环极点。系统的特征方程为：

$$|z\boldsymbol{I}-\boldsymbol{A}^*+\boldsymbol{B}^*\boldsymbol{K}|=\left|\begin{pmatrix}z & 0\\ 0 & z\end{pmatrix}-\begin{pmatrix}0 & 1\\ -0.16 & -1\end{pmatrix}+\begin{pmatrix}0\\1\end{pmatrix}[K_1 \quad K_2]\right|$$

$$=\begin{vmatrix}z & -1\\ 0.16+K_1 & z+1+K_2\end{vmatrix}=z^2+z(1+K_2)+0.16+K_1=0$$

期望的特征方程为：

$$|z\boldsymbol{I}-\boldsymbol{A}^*+\boldsymbol{B}^*\boldsymbol{K}|=(z-0.5-0.5j)(z-0.5+0.5j)=z^2-z+0.5=0$$

比较两个特征方程中 z 的相同幂次项的系数得：

$$\begin{cases}1+K_2=-1\\ 0.16+K_1=0.5\end{cases}$$

即 $K_1=0.34, K_2=-2$。

8.3　轴承保持架系统摩擦磨损状态预测方法

摩擦学系统的状态预测方法是一种基于预测健康管理（Prognostics and Health Management PHM）原理的综合理论。由于摩擦学系统是典型的时变特性系统，它的主要特征参数具有一种连续变化的过程。摩擦学系统状态预测的目的是采用合适的方法对摩擦学系统状态参数变化趋势进行预测分析，实现对系统的性能的预知，从而为设备的维护保养提供技术指导。摩擦学系统状态预测方法正在不断发展，主要采用的方法有时间序列分析模型法、回归分析预测模型法、灰色理论预测模型法、神经网络预测模型法以及支持向量机模型法等。这些方法在轴承摩擦学系统中的应用分析有待进一步深入。下面只作初步的介绍，有兴趣的读者可参考有关文献。

8.3.1 自回归移动平均模型预测法

1. 摩擦学系统信号在线检测

摩擦学系统的信号有多种，通常可以采用的直接测量信号有振动参数信号、噪声参数信号、润滑油品参数信号、磨损颗粒参数信号、工作环境温度参数信号等。还有一些间接测量的信号，如机器故障特征信号等。

2. 自回归移动平均模型预测法(ARMA)

ARMA 所基于的原理是，根据信号时间序列发展的规律，利用信号序列中的历史数据，对未来信号序列的变化规律进行预测。它包括自回归模型预测(AR)和移动平均模型预测(MA)，两者混合构成 ARMA 模型预测方法。

若信号的时间序列 H_t 满足：

$$H_t = \sum_{i=1}^{p} \varphi_i H_{t-i} + \varepsilon_t \tag{8-100}$$

其中，φ_i 为自回归系数，ε_t 为 t 时刻的随机扰动，它服成正态分布规律式(8-100)称为 p 阶自回归模型。同时，H_t 也满足：

$$H_t = \varepsilon_t - \sum_{i=1}^{q} \theta_i \varepsilon_{t-i} \tag{8-101}$$

称为 q 阶移动平均模型。其中，θ_i：移动平均系数。

上面两种模型组合称为自回归移动平均模型[ARMA(p,q)]：

$$H_t = \sum_{i=1}^{p} \varphi_i H_{t-i} + \sum_{j=1}^{q} \theta_j \varepsilon_{t-j} \tag{8-102}$$

在上面的预测模型中，需要完成以下的建模任务。

(1) 信号序列的平稳化。也就是需要采集足够多的信息，保证过程全貌和平稳。

(2) 模型参数识别。通常利用信号序列的自相关函数和偏自相关函数来识别。

自相关函数定义为：

$$\gamma_k = \frac{\mathrm{Cov}(H_t, H_{t-k})}{\sqrt{DH_t DH_{t-k}}} \tag{8-103}$$

偏自相关函数定义为：

$$\eta_{k,k} = \begin{cases} \gamma_1, & k=1 \\ \dfrac{\gamma - \sum\limits_{j=1}^{k-1} \eta_{k-1,j} \gamma_{k-j}}{1 - \sum\limits_{j=1}^{k-1} \eta_{k-1,j} \gamma_j}, & k=2,3,\cdots \end{cases} \tag{8-104}$$

自回归模型(AR)的偏自相关函数在 $k>p$ 后快速收敛到 0，因此具有 p 步截尾特性；移动平均模型(MA)的偏自相关函数在 $k>q$ 后快速收敛到 0，因此具有 q 步截尾特性。

(3) 模型定阶。根据选定的模型，确定 p,q 的数值。

一般采用 AIC 准则：p 和 q 的取值应该使参数：

$$AIC = \ln\sigma_a^2 + \frac{2(p+q)}{N} \tag{8-105}$$

最小化。其中，σ_a 为残差的方差估计，N 为样本总数。p 和 q 的取值上限为($N/10$,$\ln N$,$\sqrt{N}$)。

(4) 模型参数估计。通常可利用矩估计方法、最小而乘估计和极大似然估计等等方法。

(5) 模型检验。建立模型后需要进行检验，利用信号残差序列应该为白噪声序列，模型参数不能显著为 0，进行判别。如果不符合则需要重新建模。

8.3.2　小波神经网络模型预测法(BP)

小波神经网络模型是以小波理论为基础，结合神经网络理论(BP 模型)发展起来的一种方法。小波神经网络(BP)的建模结构示意如图 8-19 所示。

图 8-19 中，x_j 为输入信号，y_k 为系统输出信号。中间的小波训练信号满足：

$$h(j) = h_j\left\{\frac{1}{a_j}\left(\sum_{i=1}^{k} w_{ij}x_i - b_j\right)\right\}, j = 1,2,\cdots,l \tag{8-106}$$

其中，w_{ij} 为输入层与隐层之间的联系权值，a_j 为小波基函数的伸缩因子，b_j 为小波基函数的平移因子。

系统输出信号计算值为：

$$y(k) = \sum_{i=1}^{l} w_{ik}h(i), k = 1,2,\cdots,m \tag{8-107}$$

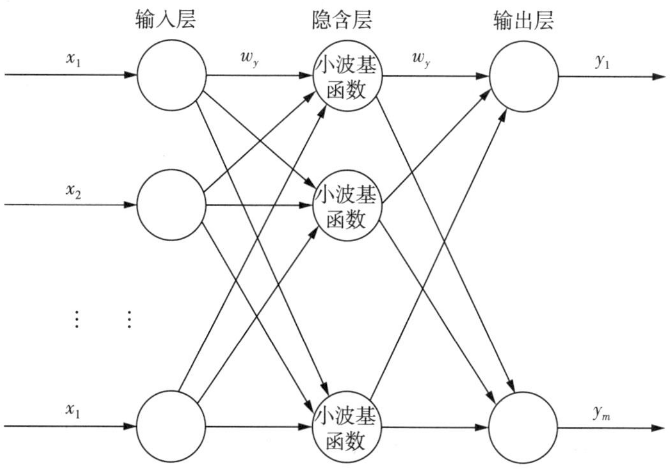

图 8-19　小波神经网络结构示意

8.3.3　摩擦学系统的摩擦磨损状态关联系数模型预测法(ARMA)

基于集对分析原理中的关联度参数预测模型，用于摩擦磨损状态参数变化趋势预测。它将轴承保持架系统的状态与其摩擦磨损状态参数联系起来分析。首先，利用聚类分析方法将摩擦磨损信息和相应的监测数据进行样本提炼分类为若干典型的类别。然后，建立这些类别与参照系统所组成的集对的同异联系度，当给定未来的系统监测信息时，计算预测样本与参照系统之间的联系度，从而判断系统未来摩擦磨损变化可能所处的状态，进一步预测未来的摩擦磨损大小。

假设需要预测的摩擦磨损系统为 T，相应的摩擦磨损系统的状态为 Z。首先要确定 Z 的分类模式。

(1) 测量待预测的摩擦磨损系统的信号 T，建立影响摩擦磨损系统状态的监测因子集合为 $\vartheta=\{\vartheta_1,\vartheta_2,\cdots,\vartheta_n\}$。

(2) 设 Z 为可能的摩擦磨损系统状态分类集合 $Z=\{Z_1,Z_2,\cdots,Z_n\}$，待预测的系统 T 的参考系统为C，则 Z,T,C 组成集对。建立它们之间的第 k 个摩擦学系统分类模式系统 Z_k 与参考系统 C 之间的联系度为 $\mu_k=a_k+b_ki+c_kj$。

(3) 建立摩擦磨损系统各影响因子的权重系数 $\boldsymbol{W}=\{w_1,w_2,\cdots,w_m\}^T$，$\sum_{k=1}^{m}w_k=1$。

(4) 计算系统加权联系度矩阵 $\boldsymbol{\mu}=\boldsymbol{DW}+\boldsymbol{EW}j$。

其中，$\boldsymbol{\mu}=\{\mu_1,\mu_2,\cdots,\mu_n\}^{\mathrm{T}}$，$\boldsymbol{D}=\begin{bmatrix} d_{11} & \cdots & d_{1m} \\ \vdots & & \vdots \\ d_{n1} & \cdots & d_{nm}\end{bmatrix}$，$\boldsymbol{E}=\begin{bmatrix} e_{11} & \cdots & e_{1m} \\ \vdots & & \vdots \\ e_{n1} & \cdots & e_{nm}\end{bmatrix}$，元素 $d_{ij}=\dfrac{\bar{\vartheta}_{ij}}{\alpha}d_0$，元素 $e_{ij}=\dfrac{\gamma}{\bar{\vartheta}_{ij}}e_0$，$\bar{\vartheta}_{ij}$ 为状态监测因子ϑ_j 对应于状态分类Z_i 的平均值($i=1,2,\cdots,n;j=1,2,\cdots,m$)。$\alpha$ 为参照系统C 的同一度系数，γ 为参照系统C 的对立度系数。d_0,e_0 为常数，它们的取值对预测结果没有影响。

(5) 建立待预测的摩擦磨损系统 T 与参照系统C之间的同异反联系向量$\tilde{\mu}=\tilde{a}+\tilde{b}i+\tilde{c}j$。

(6) 计算同异反距离值 $\rho_k=[(\tilde{a}-a_k)^2+(\tilde{b}-b_k)^2+(\tilde{c}-c_k)^2]^{1/2}$，$k=1,2,\cdots,n$。

(7) 确定摩擦学系统 T 所属的类别。即 $\rho_{k0}=\min\{\rho_1,\rho_2,\cdots,\rho_n\}$，则认为 T 是ϑ_{k0} 最接近的，将 T 归类为模式 ϑ_{k0}。

(8) 计算摩擦磨损系统 T 预测参数。记 z_k^0 为各个摩擦学系统状态分类系统 Z_k 的中心，计算：

$$z=\frac{\sum_{k=1}^{n}z_k^0/\rho_k}{\sum_{k=1}^{n}1/\rho_k} \tag{8-108}$$

如果 z 值与实际值满足预先设定的预测精度，则预测模型有效。

通过上面这些的理论分析方法，可以实现预测轴承的摩擦学寿命。

8.4　轴承系统热问题工程模型分析方法

在滚动轴承工作时会出现发热，系统就会有热传递现象。这类问题是非常复杂的，无法获得解析解，因此只能采用数值解法。本节将介绍多种数值方法求解轴承系统的热传递问题。

滚动轴承系统的热传递通常分为传导、对流和辐射等形式。本节主要介绍而轴承系统中发生的热传导和对流问题的分析方法。通过传热问题的理论计算分析，可以实现预测轴承热稳定性及其寿命。

8.4.1　轴承套圈轴对称导热有限元分析法

根据瞬态热传导问题特点，利用加权余量方法，可以建立下面的方程：

$$\int_V \left(\rho c_p \frac{\partial T}{\partial t} - c_T\left(\frac{\partial^2 T}{\partial r^2} + \frac{1}{r}\frac{\partial T}{\partial r} + \frac{\partial^2 T}{\partial z^2}\right) - f_q\right) w \mathrm{d}V + \int_S \left(c_T \frac{\partial T}{\partial n} + \bar{q}_n\right) w \mathrm{d}S = 0 \quad (8-109)$$

式中，T 为物体温度，ρ 为材料密度，c_{p} 为材料的定压比热容率，c_{T} 为材料的导热系数，f_{q} 内热源强度，$\bar{q}_{\mathrm{n}}$ 为边界法向热流密度，w 为权函数。

考虑轴承结构的轴对称性，在柱坐标中，上式可转化为：

$$\iint_A \int_0^{2\pi} \left[\rho c_{\mathrm{p}} \frac{\partial T}{\partial t} - c_{\mathrm{T}}\left(\frac{\partial^2 T}{\partial r^2} + \frac{1}{r}\frac{\partial T}{\partial r} + \frac{\partial^2 T}{\partial z^2}\right) - f_q\right] r w \mathrm{d}\varphi \mathrm{d}r \mathrm{d}z - \int_s \int_0^{2\pi} \left(c_T \frac{\partial T}{\partial n} + \bar{q}_n\right) r w \mathrm{d}\varphi \mathrm{d}s =$$

$$2\pi \iint_A \left[\rho c_{\mathrm{p}} r \frac{\partial T}{\partial t} - c_{\mathrm{T}}\left(r\frac{\partial^2 T}{\partial r^2} + \frac{\partial T}{\partial r} + r\frac{\partial^2 T}{\partial z^2}\right) - r f_q\right] w \mathrm{d}r \mathrm{d}z + 2\pi \int_s \left(c_{\mathrm{T}} \frac{\partial T}{\partial n} + \bar{q}_n\right) r w \mathrm{d}s = 0$$

由 Gauss - Green 积分变换后得到：

$$\iint_A \left[c_{\mathrm{T}} \frac{\partial}{\partial r}\left(r\frac{\partial T}{\partial r}\right) + r\frac{\partial^2 T}{\partial z^2}\right] w \mathrm{d}r \mathrm{d}z = \int_s c_{\mathrm{T}} \frac{\partial T}{\partial n} r w \mathrm{d}S - \iint_A c_{\mathrm{T}} r \left(\frac{\partial w}{\partial r}\frac{\partial T}{\partial r} + \frac{\partial w}{\partial z}\frac{\partial T}{\partial z}\right) \mathrm{d}r \mathrm{d}z$$

(8 - 110)

则加权余量方程(8 - 110) 变为：

$$\iint_A \left[\rho c_{\mathrm{p}} r \frac{\partial T}{\partial t} w + c_T r\left(\frac{\partial T}{\partial r}\frac{\partial w}{\partial r} + \frac{\partial T}{\partial z}\frac{\partial w}{\partial z}\right) - r f_q w\right] \mathrm{d}r \mathrm{d}z + \int_s \bar{q}_n r w \mathrm{d}s = 0 \quad (8-111)$$

上式是轴对称热传导有限元法分析的基础方程。

下面针对第二类边界条件，给出轴承套圈三角形 6 节点单元的有限元方程。

对单元温度采用插值如下：

$$T = [N]\{T\}_{\mathrm{e}} = [N_1 \quad N_2 \quad N_3 \quad N_4 \quad N_5 \quad N_6]\{T\}_{\mathrm{e}}$$

其中，$N_1 = \lambda_1(2\lambda_1 - 1)$，$N_2 = \lambda_2(2\lambda_2 - 1)$，$N_3 = \lambda_3(2\lambda_3 - 1)$，$N_4 = 4\lambda_1\lambda_2$，$N_5 = 4\lambda_2\lambda_3$，$N_6 = 4\lambda_1\lambda_3$，$\lambda_i$ 为自然坐标。

建立轴对称热传导有限元方程为：

$$\sum_{\Delta} [M]_{\Delta}\{\dot{T}\}_{\Delta} + \sum_{\Delta} [K]_{\Delta}\{T\}_{\Delta} = \sum_{\Delta} \{Q\}_{\Delta} \quad (8-112)$$

其中，

$$[K]_{\Delta} = \iint_{\Delta A} c_{\mathrm{T}} r \left(\frac{\partial [N]^{\mathrm{T}}}{\partial r}\frac{\partial [N]}{\partial r} + \frac{\partial [N]^{\mathrm{T}}}{\partial z}\frac{\partial [N]}{\partial z}\right) \mathrm{d}r \mathrm{d}z,$$

$$[M]_{\Delta}=\int_{\Delta A}\rho c_{p}r\ [N]^{\mathrm{T}}[N]\,\mathrm{d}A$$

$$\{Q\}_{\Delta}=\int_{\Delta V}rf_{\mathrm{q}}\ [N]^{\mathrm{T}}\mathrm{d}V-\int_{\Delta S}r\bar{q}_{n}\ [N]^{\mathrm{T}}\delta_{ab}\,\mathrm{d}S$$

求解方程(8－59)得到轴承套圈温度有限元解。

8.4.2 轴承系统导热问题的边界元分析法

(1) 导热边界元方程

针对确定的热传导问题，利用加权余量法建立积分方程式：

$$\int_{V}\left(\frac{\rho c_{\mathrm{p}}}{c_{\mathrm{T}}}\frac{\partial T}{\partial t}-\nabla^{2}T-\frac{f_{\mathrm{q}}}{c_{\mathrm{T}}}\right)w\mathrm{d}V=0 \tag{8-113}$$

式中，T 为物体温度，ρ 为材料密度，c_{p} 为材料的定压比热容率，c_{T} 为材料的导热系数，f_{q} 内热源强度，w 为权函数。

利用 Green 积分变换公式：

$$\int_{V}(u\nabla^{2}w-w\nabla^{2}u)\mathrm{d}V=\oint_{S}\left(u\frac{\partial w}{\partial n}-w\frac{\partial u}{\partial n}\right)\mathrm{d}S$$

若令 $\nabla^{2}w=-\delta(P)$，这里

$\delta(P)=\begin{cases}1 & X=P\\ 0 & X\neq P\end{cases}$ 为阶跃函数，$\int_{V}\delta(P)\mathrm{d}V=1$。

在稳态导热情况下$\left(\frac{\partial T}{\partial t}=0\right)$，积分方程(8－60)成为：

$$u\delta(P)+\int_{V}w\nabla^{2}u\mathrm{d}V=-\oint_{S}\left(u\frac{\partial w}{\partial n}-w\frac{\partial u}{\partial n}\right)\mathrm{d}S \tag{8-114}$$

满足上述条件的 w 称为基本解，记为 $w=T^{*}$。

对三维问题，可取 $T^{*}=\frac{1}{4\pi R}$；

对二维问题，可取 $T^{*}=\frac{1}{2\pi}\ln\frac{1}{R}$。

这里，$R=|X-P|=\sqrt{\sum_{i=1}^{3}(x_{i}-x_{Pi})^{2}}$ 为区域 V 中任意点到 P 点的距离。

将 w 的基本解引入式(8－114)，并考虑热流密度与温度的负梯度关系和边界角点的各种情况后，得到积分方程：

$$B_{P}T_{P}+\oint_{S}Tq^{*}\mathrm{d}S-\oint_{S}qT^{*}\mathrm{d}S=\int_{V}\rho c_{\mathrm{p}}\frac{\partial T}{\partial t}T^{*}\mathrm{d}V-\int_{V}f_{\mathrm{q}}T^{*}\mathrm{d}V \tag{8-115}$$

式中，T_{P} 为物体中一点 P 的温度，q 为边界 S 上的法向热流密度，$q=-c_{\mathrm{T}}\partial T/\partial n$；$f_{\mathrm{q}}$ 为物体的热源强度。

$$B_P=\begin{cases}-1, P\in V\\ \dfrac{-1}{2}, P\in S, \text{为光滑点}\\ \dfrac{-\beta}{2\pi}, P\in S, \text{为角点}, \beta \text{为} P \text{点内角}\\ 0, P\notin V\end{cases}$$

$$T^*=\frac{1}{4\pi\cdot c_T R}, q^*=-c_T\frac{\partial T^*}{\partial n}$$

积分方程式(8－115) 称为热传导的边界积分方程。如果热传导是稳定的,则边界积分方程(8－115) 成为:

$$B_P T_P+\oint_S Tq^*\,\mathrm{d}S-\oint_S qT^*\,\mathrm{d}S+\int_V f_q T^*\,\mathrm{d}V=0 \tag{8-116}$$

上式中,T,q可能是未知量,而其余的量是已知的。利用边界有限单元的思想,将边界S划分为L个小边界单元ΔS,共有K个节点,区域V也划分为J个小的区域ΔV。

在边界单元ΔS上,对T进行插值:

$$T=[\boldsymbol{N}]\{\boldsymbol{T}\}_{\mathrm{b}}, q=[\boldsymbol{N}]\{\boldsymbol{q}\}_{\mathrm{b}}$$

其中,$\{\boldsymbol{T}\}_b$,$\{\boldsymbol{q}\}_b$分别为边界单元节点温度值阵列和热流密度值阵列,$[\boldsymbol{N}]$为插值形函数矩阵。将它们代入式(8－116) 中得到:

$$B_P T_P+\sum_b[\boldsymbol{H}]_b\{\boldsymbol{T}\}_b-\sum_b[\boldsymbol{G}]_b\{\boldsymbol{q}\}_b+\sum_\Delta F_\Delta(P)=0 \tag{8-117}$$

其中,$[\boldsymbol{H}]_b=\int_{\Delta S}q^*[\boldsymbol{N}]\mathrm{d}S$,$[\boldsymbol{G}]_b=\int_{\Delta S}T^*[\boldsymbol{N}]\mathrm{d}S$,$F_\Delta(P)=\int_{\Delta V}f_q T^*\,\mathrm{d}V$。

对上面各单元的积分,通常采用 Gauss 型数值积分,如 4 点 Gauss 积分公式等。

这里,取P点为边界节点,则在每个边界节点上都可得出上面的方程,则共有K个方程,将它们联立后得:

$$[\boldsymbol{BH}]\{\boldsymbol{T}\}-[\boldsymbol{G}]\{\boldsymbol{q}\}+\{\boldsymbol{F}\}=0 \tag{8-118}$$

其中,$[\boldsymbol{BH}]=\sum_P\boldsymbol{D}[B_P]+\sum_b[\boldsymbol{H}]_b$,$[\boldsymbol{G}]=\sum_b[\boldsymbol{G}]_b$,$\{\boldsymbol{F}\}=\left\{\sum_\Delta F_\Delta(1)\ \cdots\ \sum_\Delta F_\Delta(n)\right\}^{\mathrm{T}}$,$\boldsymbol{D}[B_P]$为对角矩阵(以$B_P$为对角元素)。

在方程(8－118) 中,节点未知量通常是节点温度,这时,节点的热流密度是已知的。如果热流密度未知,则节点温度是已知的。因此,利用方程(8－118) 总可以求解出节点温度。

(2) 轴对称导热问题边界元解法

对于轴承套圈轴对称情况,采用柱面坐标系(r,φ,z),将方程式(8－116) 改变为:

$$B_P T_P+\oint_S rTq_{AS}^*\,\mathrm{d}S-\oint_S rqT_{AS}^*\,\mathrm{d}S+\int_A rf_q T_{AS}^*\,\mathrm{d}A=0 \tag{8-119}$$

其中,

$$T_{AS}{}^{*}=\int_0^{2\pi}T^{*}\,\mathrm{d}\varphi=\frac{1}{4\pi c_{\mathrm{T}}}\int_0^{2\pi}\left[(r+r_{\mathrm{i}})^2+(z-z_{\mathrm{i}})^2-4rr_{\mathrm{i}}\cos^2\frac{\varphi-\varphi_{\mathrm{i}}}{2}\right]^{-1/2}\mathrm{d}\varphi$$

$$=\frac{\sqrt{1-k^2}}{\pi c_{\mathrm{T}}}\,\frac{\Gamma(k)}{D}$$

$$q_{AS}{}^{*}=-c_{\mathrm{T}}\frac{\partial T_{AS}{}^{*}}{\partial n}=-\frac{\sqrt{1-k^2}}{\pi D}\left[\frac{\Pi(k)-\Gamma(k)}{2r}\,\frac{\partial r}{\partial n}-\frac{\Pi(k)}{D}\,\frac{\partial D}{\partial n}\right]$$

$\Gamma(k)$ 为第一类完全椭圆积分，$\Pi(k)$ 为第二类完全椭圆积分，$D=\sqrt{(r-r_{\mathrm{i}})^2+(z-z_{\mathrm{i}})^2}$ $k^2=4rr_{\mathrm{i}}/(D^2+4rr_{\mathrm{i}})$；$S$ 为对称截面的边界，A 为对称截面区域。

根据边界元理论，若将边界 S 划分为线单元，将 A 划分为三角形单元。边界线单元包含 2 个节点，因此温度插值函数采用：

$$T=[N]\,\{T\}_b=[\xi_1\quad \xi_2]\,\{T\}_b$$

$$q=[N]\,\{q\}_b=[\xi_1\quad \xi_2]\,\{q\}_b$$

其中，ξ_1，ξ_2 为曲线弧长广义坐标。将上式代入式(8-65) 得到：

$$B_P T_P+\sum_b\,[H]_b\,\{T\}_b-\sum_b\,[G]_b\,\{q\}_b+\sum_e F_e(P)=0 \tag{8-120}$$

其中，

$$[H]_b=\int_{\Delta S}r[N]q_{AS}^{*}\,\mathrm{d}S=-\int_{\Delta S}r[N]\,\frac{\sqrt{1-k^2}}{\pi D}\left[\frac{\Pi(k)-\Gamma(k)}{2r}\,\frac{\partial r}{\partial n}-\frac{\Pi(k)}{D}\,\frac{\partial D}{\partial n}\right]\mathrm{d}S$$

$$[G]_b=\int_{\Delta S}r[N]T_{AS}^{*}\,\mathrm{d}S=\int_{\Delta S}r[N]\,\frac{\sqrt{1-k^2}}{\pi c_{\mathrm{T}}}\,\frac{\Gamma(k)}{D}\mathrm{d}S$$

$$F_e(P)=\int_{\Delta A}rf_{\mathrm{q}}T_{AS}^{*}\,\mathrm{d}A=\int_{\Delta A}rf_{\mathrm{q}}\,\frac{\sqrt{1-k^2}}{\pi c_{\mathrm{T}}}\,\frac{\Gamma(k)}{D}\mathrm{d}A$$

式中 P 代表边界点。

如果将边界 S 划分为常值单元，则将边界点 P 改为 i 节点号，则式(8-120) 可写成节点函数分量形式：

$$B_i T_i+\sum_{j=1}^{n}\overline{H}_{ij}T_j-\sum_{j=1}^{n}\overline{G}_{ij}q_j+\sum_e F_{ei}=0 \tag{8-121}$$

其中，

$$\overline{H}_{ij}=\int_{\Delta S}rq_{AS}{}^{*}\,\mathrm{d}S=-\int_{\Delta S}r\,\frac{\sqrt{1-k^2}}{\pi D}\left[\frac{\Pi(k)-\Gamma(k)}{2r}\,\frac{\partial r}{\partial n}-\frac{\Pi(k)}{D}\,\frac{\partial D}{\partial n}\right]\mathrm{d}S$$

$$\overline{G}_{ij}=\int_{\Delta S}rT_{AS}{}^{*}\,\mathrm{d}S=\int_{\Delta S}r\,\frac{\sqrt{1-k^2}}{\pi c_{\mathrm{T}}}\,\frac{\Gamma(k)}{D}\mathrm{d}S$$

$$F_{ei}=\int_{\Delta A}rf_qT_{AS}{}^{*}\,\mathrm{d}A=\int_{\Delta A}rf_q\,\frac{\sqrt{1-k^2}}{\pi c_{\mathrm{T}}}\,\frac{\Gamma(k)}{D}\mathrm{d}A$$

在每个常值边界单元上都可以写出方程(8－121)，将这些方程联立起来，并写成矩阵形式为：

$$[\boldsymbol{BH}]\{\boldsymbol{T}\}=[\boldsymbol{G}]\{\boldsymbol{q}\}-\{F\} \tag{8-122}$$

式中，$\{T\}$，$\{q\}$ 为边界节点上的温度和热流密度函数列向量，$[\boldsymbol{BH}]$，$[\boldsymbol{G}]$ 为系数矩阵，$\{\boldsymbol{F}\}$ 为热源值。

在常值边界单元方程式(8－121)中，计算系数矩阵时需要进行边界线积分和面积分，其中被积函数中包含有椭圆函数积分，它们是无理函数。这里推荐采用近似计算式：

$$\Gamma(k)\approx a_0+a_1\varepsilon+a_2\varepsilon^2-(b_0+b_1\varepsilon+b_2\varepsilon^2)\ln(\varepsilon)$$

$$\Pi(k)\approx c_0+c_1\varepsilon+c_2\varepsilon^2-(d_1\varepsilon+d_2\varepsilon^2)\ln(\varepsilon)$$

其中，$a_0=1.3862944$，$a_1=0.1119723$，$a_2=0.0725296$；

$b_0=0.5$，$b_1=0.1213478$，$b_2=0.0288729$；

$c_0=1.0$，$c_1=0.4630151$，$c_2=0.1077812$；

$d_1=0.2452727$，$d_2=0.0412496$，$\varepsilon=1-k^2$。

对于沿曲线的积分可采用下面的数值计算方法：

$$\int_{\Delta S}g(r,z)\mathrm{d}S=\frac{s_i}{2}\int_{-1}^{1}g[r(\xi),z(\xi)]\sqrt{\dot{r}^2(\xi)+\dot{z}^2(\xi)}\,\mathrm{d}\xi$$

$$=\frac{s_i}{2}\sum_{i=1}^{m}A_i g[r(\xi_i),z(\xi_i)]\sqrt{\dot{r}^2(\xi_i)+\dot{z}^2(\xi_i)}$$

式中，s_i 为边界单元长度。而沿法向的偏导数为：

$$\frac{\partial g}{\partial n}=\frac{\partial g}{\partial r}c_r+\frac{\partial g}{\partial z}c_z$$

其中，c_r，c_z 为曲线法向的方向余弦。

在式(8－122)中，矩阵非对角系数为：

$$BH_{ij}=\overline{H}_{ij}\qquad G_{ij}=\overline{G}_{ij}\qquad i\neq j$$

而对于对角元素，由于积分为奇异的，需要采用特殊的 Gauss 积分方法计算。

$$G_{ii}=\overline{G}_{ii}=\int_{\Delta S}rT_{\mathrm{AS}}^{*}\mathrm{d}S=\frac{s_i}{\pi c_{\mathrm{T}}}\left[\int_{-1}^{1}f(\xi)\mathrm{d}\xi+\int_{0}^{1}g(\xi)\ln\frac{1}{\xi}\mathrm{d}\xi\right]$$

$$=\frac{s_i}{\pi c_{\mathrm{T}}}\sum_{j=1}^{4}[A_j f(\xi_j)+B_j g(\xi_j)]$$

式中，s_i 为边界单元长度，A_j，B_j 为积分权系数。

$$f(\xi)=\frac{r_i+\bar{r}\xi}{h}\left[a_0+a_1\chi+a_2\chi^2+(b_0+b_1\chi+b_2\chi^2)\ln\left(\frac{h}{s_i}\right)^2\right]$$

$$g(\xi)=2\frac{r_i+\bar{r}\xi}{h}(b_0+b_1\chi+b_2\chi^2)+2\frac{r_i-\bar{r}\xi}{h_1}(b_0+b_1\chi_1+b_2\chi_1^2)$$

$$\chi=\left(\frac{s_i\xi}{h}\right)^2, h=\sqrt{(r_i+\bar{r}\xi)^2+(\bar{z}\xi)^2},$$

$$\chi_1=\left(\frac{s_i\xi}{h_1}\right)^2, h_1=\sqrt{(r_i-\bar{r}\xi)^2+(\bar{z}\xi)^2},$$

$$\bar{r}=\frac{r_{i+1}-r_i}{2}, \bar{z}=\frac{z_{i+1}-z_i}{2}, s_i=\sqrt{\bar{r}^2+\bar{z}^2}$$

对 H_{ii} 也可采用边界单元积分计算，但会遇到积分奇异性问题。为避免这种困难，可利用下面的方法计算。

在没有热源的区域中，且边界的热流为零，则区域中的温度应保持为常值。由方程(8－122)知：$[\boldsymbol{H}]\{\boldsymbol{T}_0\}=0$，所以，

$$H_{ii}=-\sum_{\substack{j=1\\j\neq i}}^{n}H_{ij} \tag{8-123}$$

8.4.3 常温滚动轴承系统导热边界元模拟实例

例 8－3 考虑一个安装在轴上与轴承座中的典型滚子轴承(见图 8－20)。分析计算轴承系统的热分布。

已知作用在轴承上径向载荷 $P_r=39240$ N，转速 $n=5000$ r/min，轴承节圆直径 $d_m=0.067$ m，润滑油的运动黏度 $\nu=20$ cst，材料的导热系数 $c_k=36.69$ W/m·℃。

轴承摩擦是产生热的原因，根据轴承理论，轴承中的发热量为：

$$\Omega=2\pi nM/60(\mathrm{W})$$

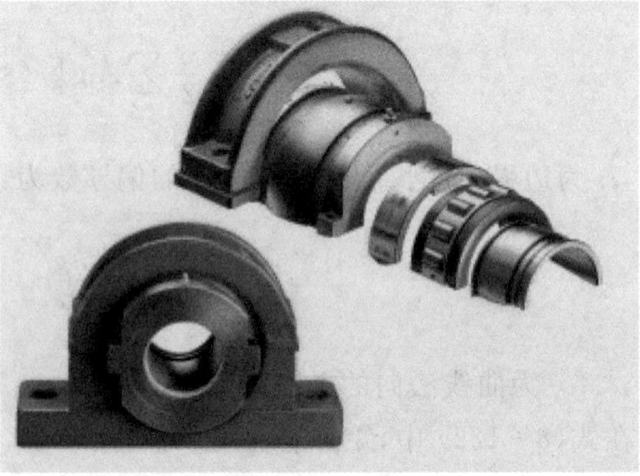

图 8－20 轴承座中的典型滚子轴承

则热源强度为：

$$f_q=\Omega/V(\mathrm{W/m^3})$$

这里，n 为转速(r/min)，M 为轴承摩擦力矩(N·m)，V 为滚动体总体积(m^3)。

经过计算，轴承发热率为 $f_q=7.23\times10^{-6}(\mathrm{W/m^3})$。

设轴承外径表面的温度为 $T_w=50$ ℃，环境温度为 20 ℃。

在自由表面，存在热对流和热辐射，它们可表示为：

$$q=\xi(T_w-T_0)$$

其中，ξ 为热交换系数，T_w 为自由表面的温度，T_0 为环境温度。

热交换系数由两部分组成：

$$\xi = \xi_c + \xi_T$$

它们为热对流与热辐射系数的组合，与温度有关。因此，边界条件是非线性的。

系统的尺寸如图 8－21(a)。针对轴对称边界元模型，建立的方程是非线性方程，利用迭代法求解，采用专门开发的 BFTA 软件，计算结果如下。

图 8－21(b) 为轴系表面的计算温度分布值，图 8－21(c) 为不同半径上的温度变化。

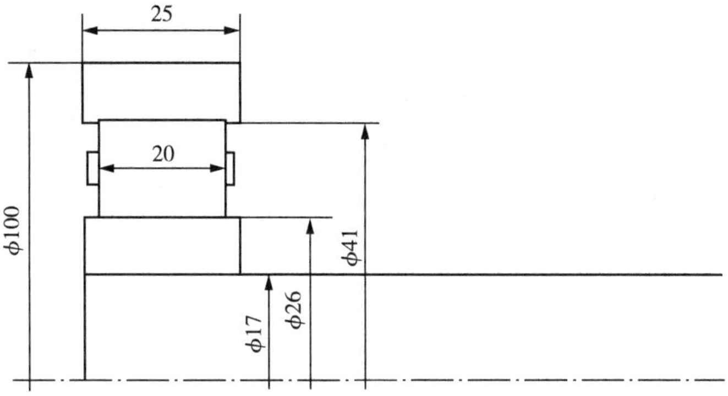

(a) 轴承尺寸

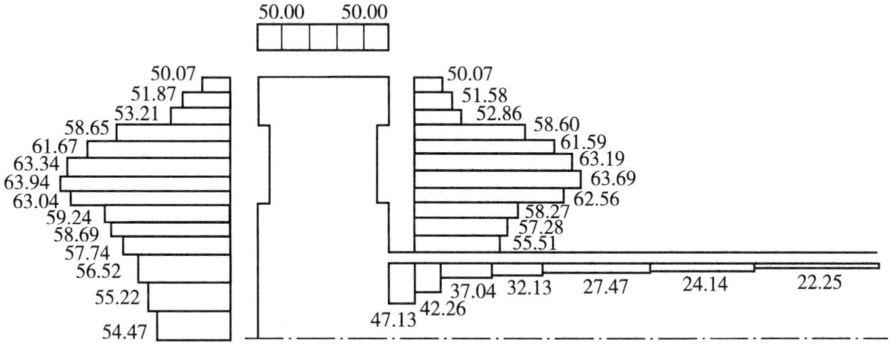

(b) 轴承表面温度分布

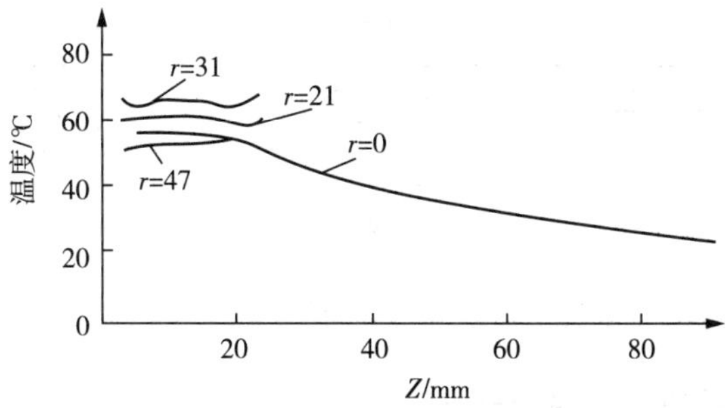

(c) 轴承内部温度变化

图 8－21　滚子轴承系统温度

例 8－4　密封球轴承系统的温度计算，轴承安装在轴承座中(见图 8－22)。分析计算轴承系统的热分布。

轴系系统尺寸如图 8-23(a)。轴承的径向载荷 $P_r=343.35$ N，转速 $n=8\times10^3$ r/min，轴承箱的表面温度为 40 ℃。在轴承密封面上只考虑热辐射，其平均热交换系数为

$$\zeta=\zeta_1\zeta_2/(\zeta_1+\zeta_2)$$

式中，ζ_1 为轴承的热辐射系数，ζ_2 为密封圈的热辐射系数。

采用专门开发的 BFTA 软件，轴承系统温度分布计算结果如图 8-23(b) 所。在该例子中，轴承摩擦发热不容易计算，这里通过反求法，根据实际测量轴的端面温升确定发热率的大小。如测得温升为 30 ℃，作为计算边界条件，此时，对应的发热率 $\Omega=233.73$ W，摩擦力矩为 $M=0.279$ N·m。

图 8-22　密封球轴承系统

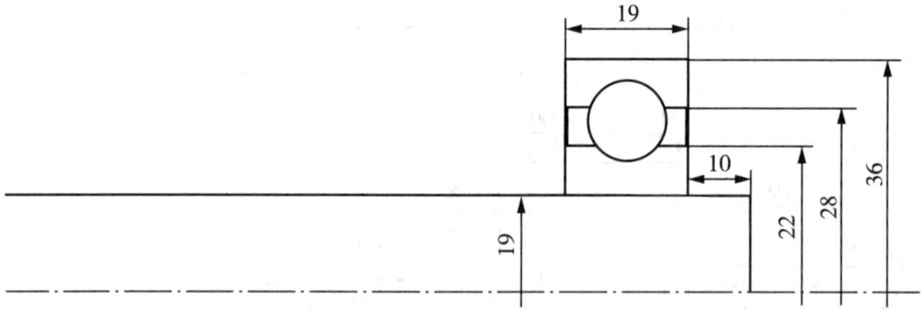

(a) 轴承系统尺寸

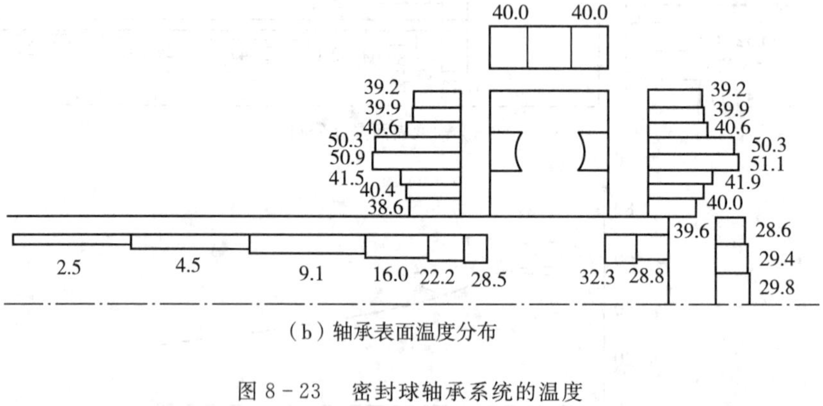

(b) 轴承表面温度分布

图 8-23　密封球轴承系统的温度

8.4.4　轴承系统的热流网络分析方法

(1) 有限热流网络原理

在工程问题中，同时存在着多种形式的传热，如热传导、热对流和热辐射等。这样采用有限元法和边界元法进行分析就比较困难。但不论哪种形式的传热，在热平衡状态条件下，总可以将各传热等效为一系列部件，热流流经系统各部件，并构成一种网络回路相互联系。

根据这一思路可以建立下面的有限热流网络方程。

当系统的某一有限域中两点(面)间存在温度差时就会发生热流动。热流量可用下式来表达：

$$H = G_t(T_2 - T_1) \tag{8-124}$$

式中，G_t 为热流系数，T_1，T_2 为点(面)上的温度。

热流量式(8-70)可以描述所有形式的稳定传热过程。对不同的传热方式，G_t 有不同的表达形式。对于有多种温度区域的热流动也可采用类似的方法进行热平衡计算。

设有限区域 Ω 内，温度场为 T，其中有热源发热率为 W，周边相邻区域的温度分别为 T_1，T_2，T_3 和 T_4，(见图 8-24)。根据热流平衡原理，一个区域中热流流入量与流出量之差应等于该区域中的发热率。若规定流入的热量为正，流出的为负，则这一原理可表示为：

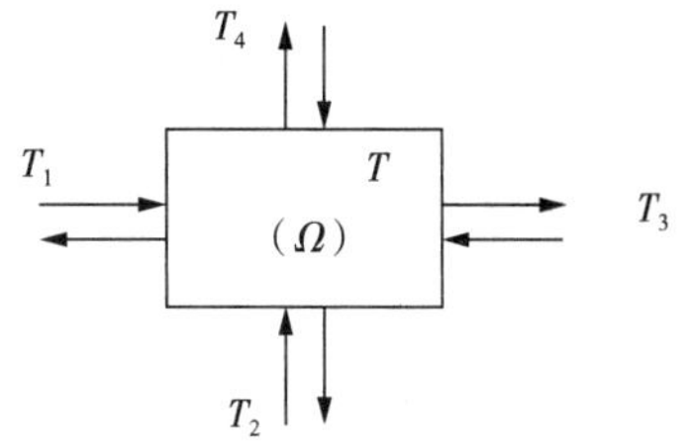

图 8-24　热流图

$$G_1(T - T_1) + G_2(T - T_2) + G_3(T - T_3) + G_4(T - T_4) = W \tag{8-125}$$

式(8-125)可以推广到一般情形。设某一系统可分为 N 个温度区域，每个区域有 M_i 个热交换途径，系统共有 M 个独立的热交换路线，则在每个小区有：

$$\left(\sum_k G_{ik}\right) T_i - \sum_j G_{ij} T_j = W_i, i = 1, 2, \cdots, N \tag{8-126}$$

考虑整个系统后($\bigcup M_i = M$)，上述方程组中包含 N 个温度 T_i 及 N 个方程。将它们联立写成矩阵表达式后有：

$$[\boldsymbol{G}]\{\boldsymbol{T}\} = \{\boldsymbol{W}\} \tag{8-127}$$

式(8-127)是系统整体热平衡方程，它表达了系统中热流网络之间的相互联系。当$[\boldsymbol{G}]$及$\{\boldsymbol{W}\}$确定之后，即可求解这一方程组来获得系统的温度分布$\{\boldsymbol{T}\}$(节点温度值阵列)。

通常，一个实际的系统包含的传热的方式多种多样，对于对流与辐射，热交换系数与温度有关。这样方程(8-126)成为非线性方程组。

(2) 多种传热的计算模型

在上述方程组(8-125)中，关键是要决定各种传热过程的换热系数。工程实际中，传热的形式及区域形状多种多样。对于每一种区域都找出理论解几乎是不可能的。但人们通过分析和试验，对几种规则的区域和传热方式已经建立起一些数值计算方法。任何复杂的传热系统总可以划分为一些有规则的区域及相应的传热方式相组合。因此，分析这些规则的区域上的传热是整体分析的基础。下面介绍几种传热模型的计算方法。

① 热传导

热传导可以分为平板导热、圆管导热和接触导热，它们可分别按下面的公式计算：

$$H_c = G_c(T_2 - T_1) \tag{8-128}$$

其中，平板导热：$G_c = c_T A/L$；

　　圆管导热：$G_c = 2\pi c_T L/\ln(D_o/D_i)$；

　　接触导热：$G_c = \sum kc_T$。

上式中，c_T 为材料导热系数；L 为结构的特征尺寸；A 为平板面积；D_i，D_o 为圆管内外径；kc_T 为接触热导系数；T_2，T_1 为表面温度。

② 对流传热

对流传热可分为强迫对流和自然对流。这些换热的热流量计算比较复杂，这里仅给出一般的计算公式，具体的计算式应针对不同的热对流形式和物体的尺寸、形状来确定。

$$H_v = G_v(T_w - T_f) \tag{8-129}$$

$$G_v = Nuc_v A/L$$

式中，Nu 为流体的 Nusselt 数，c_v 为流体的导热系数，L 为结构的特征尺寸，A 为对流面积，T_w 为壁面温度，T_f 为流体温度。

对于强迫对流：$Nu = c_1 Re^{\alpha} Pr^{\beta}$；

对于自然对流：$Nu = c_2 (GrPr)^n$。

式中，c_1，c_2，n，α，β 为常数。Re 为流体 Reynolds 数，Pr 为流体 Plandtl 数，Gr 为流体 Grashof 数。

③ 辐射换热

辐射换热的热流量计算公式为：

$$H_r = \sigma\varepsilon\Phi A(T_2^4 - T_1^4) \tag{8-130}$$

式中，σ 为辐射常数，ε 为物体黑度，Φ 为辐射角因子，A 为辐射面积。

④ 系统中的发热率

一般形式的发热率可由下面的式子来表达

$$W = \sum W_{ci} + \sum W_f \tag{8-131}$$

式中，W_{ci} 为吸热率，W_f 为发热率。

根据以上介绍的原理，可以进行热流网络模拟计算。首先按系统的结构特点将其分为一系列有限区域，对每个小区域进行热流识别和编号，由小区域间的热流传递方式来确定网络形式。然后程序自动生成系统热路平衡方程(8-127)。它是一组非线性方程，采用迭代法可以很好地求解这类方程。其程序框图如图 8-25 所示。

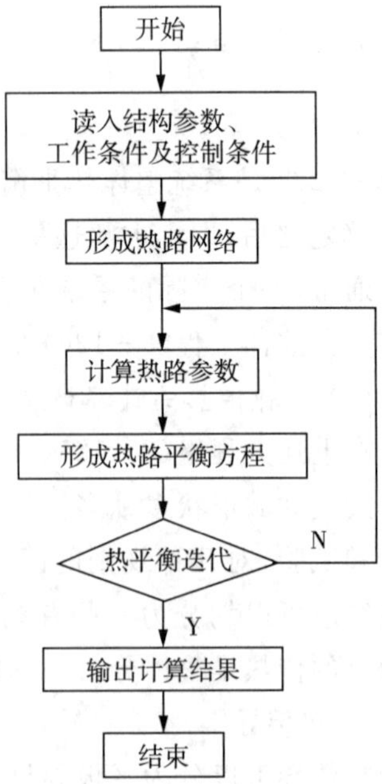

图 8-25　计算程序框图

(3) 高温轴承系统热流网络模拟

T. A. Harris 在《滚动轴承分析》一书中介绍了典型的双列球面滚子轴承系统传热问题分析实例[8]。

例 8-5　已知双列球面滚子轴承，其节圆直径为

444.5mm，安装在轴承座中，如图 8－26(a) 所示，对系统热节点划分采取如图 8－26(b) 所示。轴承工作条件为：轴承转速 $n_i=350$ r/min，径向外载荷 $F_r=489500$ N，假设环境温度 $T_0=48.9$ °，环境自然通风。轴承工作的润滑油的运动黏度取为 20 cst。分析计算轴承系统的热分布。

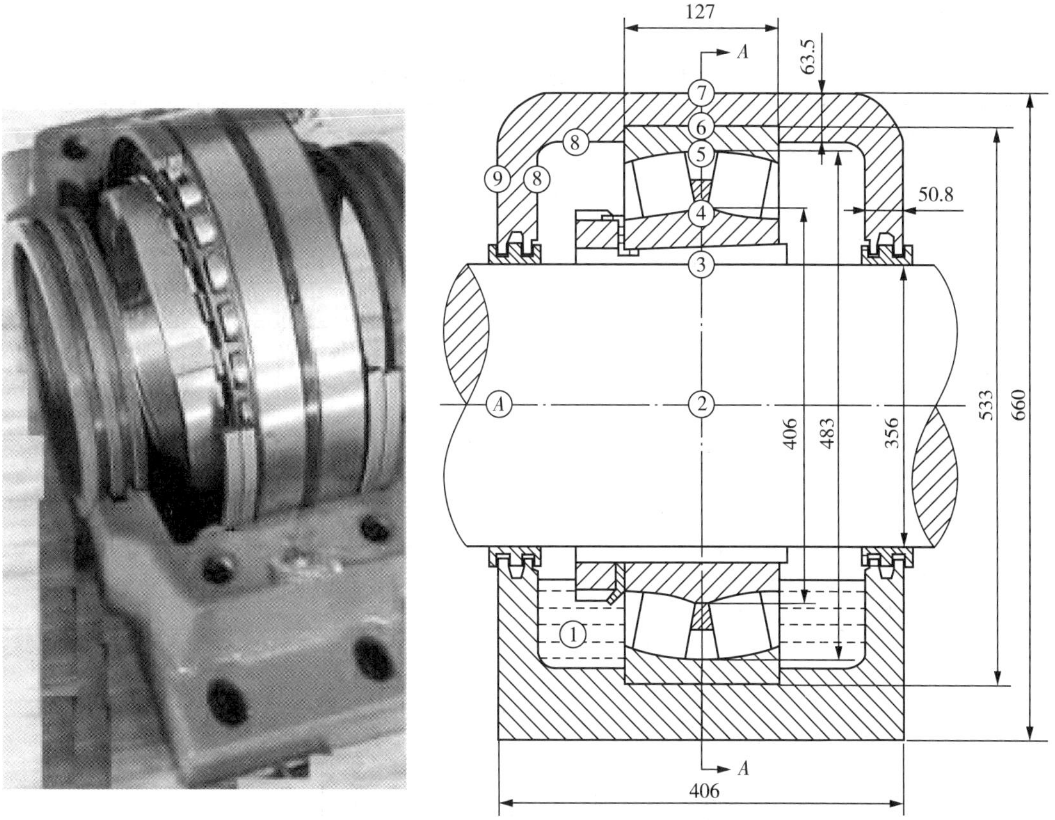

（a）大型轴承座润滑与冷却系统　　（b）轴、轴承及座系统的热节点化分

图 8－26　轴承润滑与散热系统

轴承中的发热是由摩擦引起，为了计算轴承发热量，需要计算轴承中的摩擦力矩。滚动轴承摩擦力矩计算如下。

外载荷引起的轴承摩擦力矩计算：

$$M_l=f_1F_\beta d_m=0.005\times9500\times444.5=108.8(\text{N}\cdot\text{m})$$

润滑剂引起的轴承摩擦力矩计算：

$$\nu_0 n=20\times350=7000\geqslant2000$$

$$M_\nu=10^{-7}f_0\,(\nu_0 n)^{2/3}d_m^3=10^{-7}\times6\times(7000)^{2/3}\times(444.5)^3=18.9(\text{N}\cdot\text{m})$$

轴承总摩擦力矩计算：

$$M_T=M_l+M_\nu=108.8+18.9=127.7(\text{N}\cdot\text{mm})$$

摩擦力矩产生的热流量：

$$H_f = 1.047 \times 10^{-4} n M_T = 1.047 \times 10^{-4} \times 350 \times 127.7 = 4680(\mathrm{W})$$

根据轴承系统中的传热特点，将系统分为 9 个温度节点。每个节点之间发生的传热模式见表 8-2。根据式(8-127)可以建立一组非线性方程组。利用 Newton-Raphson 迭代方法求解。结果显示在图 8-27 中。

表 8-2　节点之间热流传热模式

温度节点	环境(A)	1	2	3	4	5	6	7	8	9
1				对流	对流	对流			对流	
2	传导			传导						
3		对流	传导		传导					
4		对流		传导	生热					
5		对流				生热	传导			
6						传导		传导	传导	
7	对流及辐射								传导	传导
8		对流					传导	传导		传导
9	对流及辐射							传导	传导	

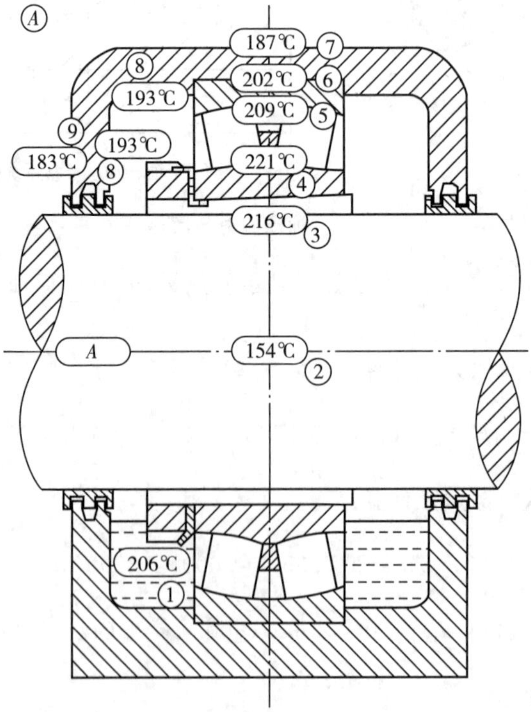

图 8-27　轴承系统温度分布模拟结果

8.5 轴承密封圈受力变形的工程模型分析方法

8.5.1 密封圈结构类型及特点

轴承的密封是指在轴承外部如轴承壳体部位、轴颈部位及端盖部位所附加的密封装置。这种密封装置可以使轴承免受外界异物的入侵，保证正常的工作，但这种装置会增大机构的轴向尺寸，给轴承的使用和安装带来不便，同时密封性能常常受到轴颈和壳体相配部位的加工精度及形位公差的影响，因此在结构紧凑且密封要求高的地方，不再使用这类密封，而大量使用自身带密封装置的轴承，即密封轴承。密封轴承不但具备良好密封性能，还能在轴承运转的过程中不需补给润滑脂而保持良好的工作状态，有效地减少维修次数和费用。。通过密封问题的理论计算分析，可以实现预测轴承密封性能及其寿命。

轴承的自身密封按密封形式分为接触式和非接触式密封两大类。非接触式密封又分为防尘盖和橡胶密封圈两种。前者密封间隙较大，只用于防尘；后者密封间隙小，能获得更好的密封效果。非接触密封轴承的极限转速与同类的基本结构的轴承相同。接触式密封轴承的密封装置一般包括橡胶密封圈和其他辅助零件。常见的接触式密封装置有 3 种：① 钢板和橡胶组成接触式“乙”形密封装置；② 与第一种装置相比多了一个和内圈外径起迷宫密封作用的唇口；③ 钢板和橡胶组合接触式密封装置，密封唇口由弹簧预紧力和内圈外径面紧密接触。橡胶密封圈的唇口以一定的贴合力紧贴在轴承的旋转部位，从而起到良好的密封效果。也正是由于这个贴合力，降低了轴承的极限转速，一般为同类型的基本结构的轴承极限转速的 60%。

轴承密封圈通常安装在密封槽中，是一种已知过盈量的配合状态，而轴承套圈可以认为是刚性的。因此，将密封槽看作是密封圈的约束边界，而密封圈的变形可以当作是某一个边界上的给定位移所引起的。

典型的密封轴承如图 8-28 所示。密封圈分为金属防尘盖和橡胶密封圈，如图 8-29 所示。两者之间有相同的密封性能，也有不同的特点。本节主要介绍橡胶密封圈型的密封轴承。

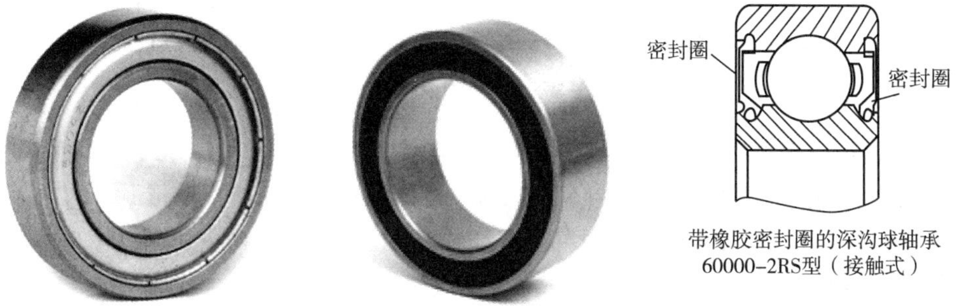

（a）防尘盖密封轴承实物　（b）橡胶密封圈轴承实物　（c）密封轴承内部结构

图 8-28　密封轴承实物与结构图

（a）防尘盖实物 （b）橡胶密封圈实物

图 8-29 密封零件实物

由于密封圈为一圆环体，安装在轴承内外圈之间，边界受力条件具有圆周对称性，因此可简化为轴对称问题。另一方面，由于橡胶材料为非线性超弹性材料，受载后表现出大变形、大应变，而密封圈中的骨架为钢材料，发生小变形，这样使得密封圈变形成为复杂的非线性问题。密封件通常固定在轴承外圈上。外圈两侧设计有固定密封件的槽。因此，密封槽的形状和固定压缩量直接影响密封圈性能，必须经过专门设计和分析。在动密封面上，需要采用曲路形式，密封唇边也需要有一定的压缩才能取得密封效果。图 8-30(a) 为典型的非接触式密封结构，图 8-30(b) 是接触式密封结构。

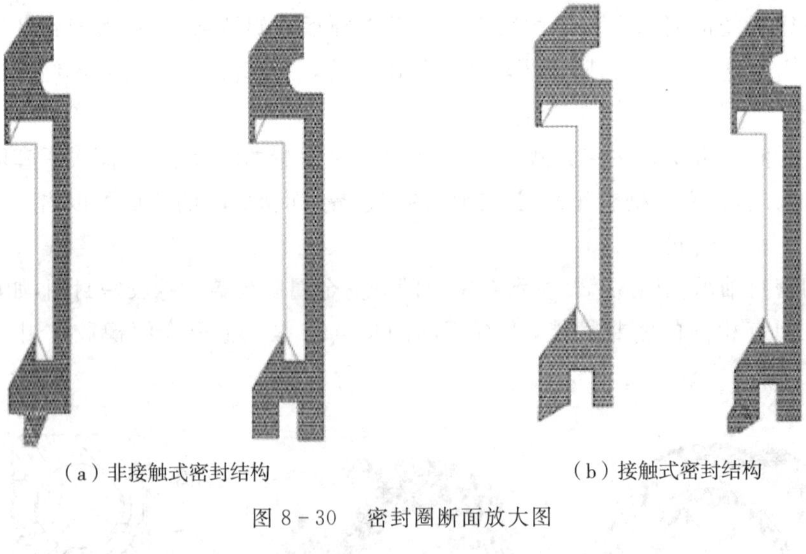

（a）非接触式密封结构 （b）接触式密封结构

图 8-30 密封圈断面放大图

8.5.2 密封圈安装部位接触分析

轴承密封件在安装固定时将产生压缩变形，这就可能改变密封件的形状和尺寸，进而影响其工作效果。因此有必要分析密封件的静态压缩变形情况。轴承外圈经过热处理以后产生一定的形变，对这个过程亦有必要研究。

例 8-6 考虑轴承密封圈的形状复杂、带有钢骨架的复合结构，如图 8-31(a)。分析密封圈安装影响。材料常数如下：钢骨架的杨氏模量 $E=2\times10^{11}$ Pa，泊松比 $\upsilon=0.3$；橡胶材料 $E=2.82\times10^{6}$ Pa，$\upsilon=0.4999$，橡胶材料使用 Mooney - Rivlin 应变能函数描述，其中系数

$c_{01}=2.93\times10^5$，$c_{10}=1.77\times10^5$。图 8-31(a) 所示为密封圈过盈安装情况。沿水平方向为轴向，垂直方向为径向。图 8-31(b) 为密封圈有限元网格划分。A，B，C 是检验安装性能好坏的 3 个关键位点。a，b 是安装接触面尺寸。

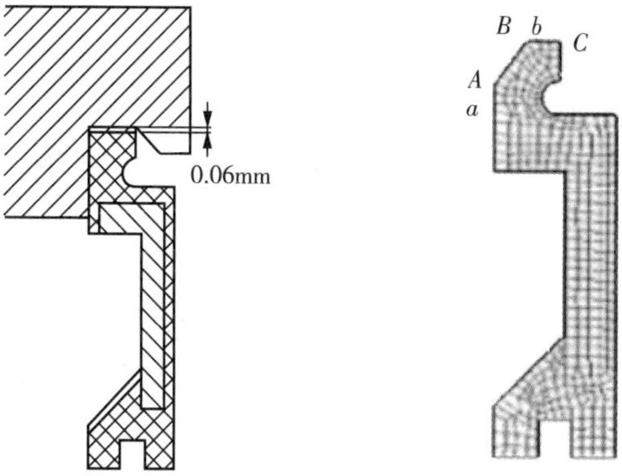

（a）密封圈的过盈装配　　（b）密封圈有限元网格

图 8-31　密封圈形状与网格划

利用 ANSYS 软件，采用大变形增量迭代加载的方式进行有限元计算。计算结果如下。

图 8-32(a) 显示了安装过盈量为 0.06 mm 时密封圈的接触压应力的分布计算结果。可以看出，接触压应力主要分布在垂直于轴线方向。由于是轴对称结构，垂直于轴线方向的压应力是沿着圆周方向分布。一方面，它可以实现密封圈的压紧；另一方面，可以在圆周上建立稳定平衡。在平行于轴线方向也会存在很小的压应力，有压应力存在则发生接触，通常认为这种安装状态是到位的、稳定的。

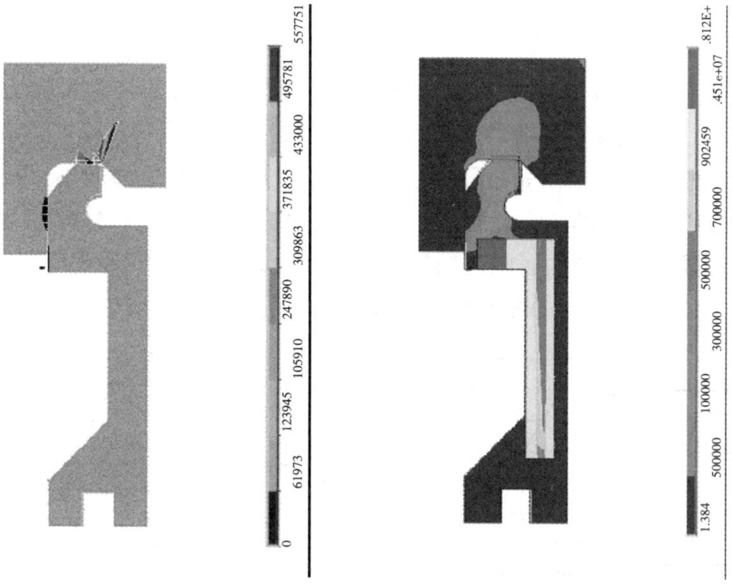

（a）接触压应力分布　　（b）von Mises应力云图

图 8-32　密封圈受力分析结果

图 8－32(b) 显示的是密封圈受力后的 von Mises 应力分布云图。从变形应力云图中可以看出：

① 变形后的应力集中分布在钢骨架上，密封圈的钢骨架在安装变形的过程中对于密封圈起到了支撑作用。

② 橡胶部分的变形主要集中在密封圈的减压槽部分，说明在安装固定时，减压槽的变形对于固定起着重要的作用。

③ 在密封圈和轴承外圈接触的部位，存在着明显的应力，接触压应力的变化对于密封圈的固定是有影响的。

④ 在密封圈骨架上应力较高，这是由于材料的弹性模量较大所引起。

再考虑不同的安装过盈量对各点所产生的接触应力的影响。计算结果如图 8－33(a) 所示(A,B,C 三点)，从图中可以看出，各点接触压应力随着过盈量的增加而增大。其中 C 点为接触压应力最大值点。图 8－33(b) 表明不同过盈量引起减压槽半径减小率的变化规律。过盈量越大，减压槽的减小率越大。

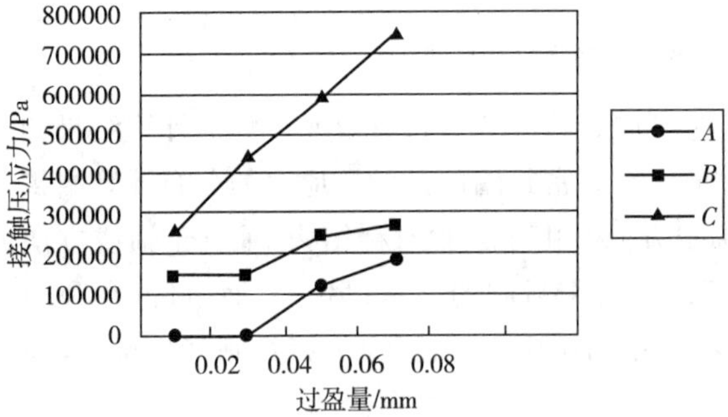

(a) 过盈量与接触压应力的关系

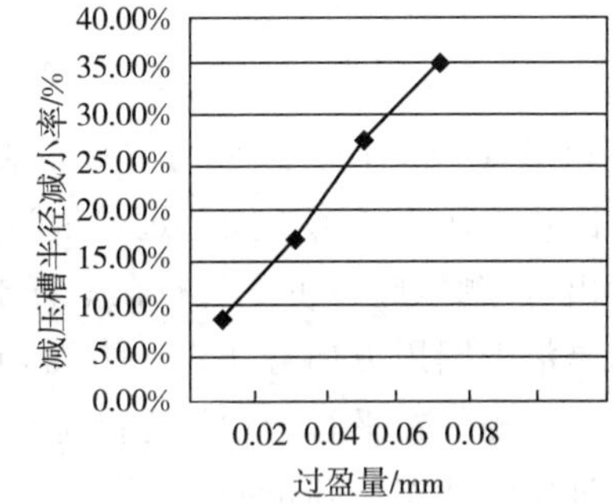

(b) 过盈量与减压槽变形的关系

图 8－33　密封圈安装过盈量的影响

当取过盈量为 0.06 mm 时，改变减压槽的半径大小，所得的接触压应力的变化规律如图 8－34(a) 所示。当减压槽半径在 0.2 ～ 0.3 mm 时，引起的 A,B,C 三点的接触压应力出现峰值。当减压槽半径大于 0.3 时，最大接触压应力开始有明显的减小。接触压应力的明显减小是由于减压槽半径的增大使得密封圈的刚度减小。从图 8－34(b) 可以看出减压槽半径的尺寸变化对减压槽变形的影响。减压槽半径为 0.2 mm 时，变形率最大，为 0.3 mm 时，变形率最小，此时减压槽半径的相对变化比较小。

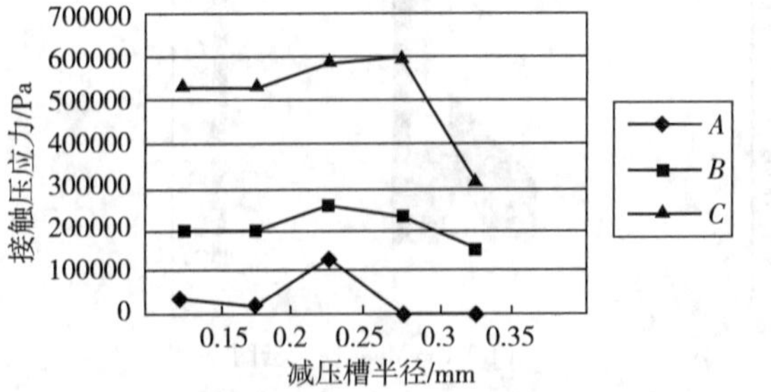

(a) 减压槽半径与接触压应力的关系

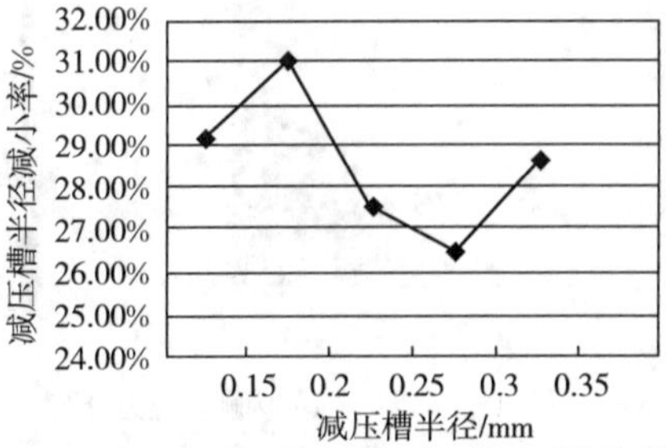

(b) 减压槽半径与减压槽变形的关系

图 8－34　密封圈安装因素影响

通过改变密封圈与轴承外圈接触区域的长度[图 8-31(b) 中的 a,b 尺寸],可以得到不同接触面长度值所对应的接触压应力的变化规律以及减压槽变形规律,如图 8-35、图 8-36 所示。

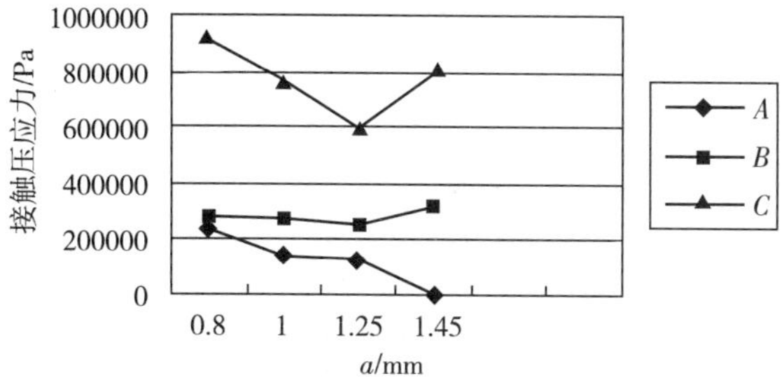

(a) 接触面长度a与接触压应力的关系

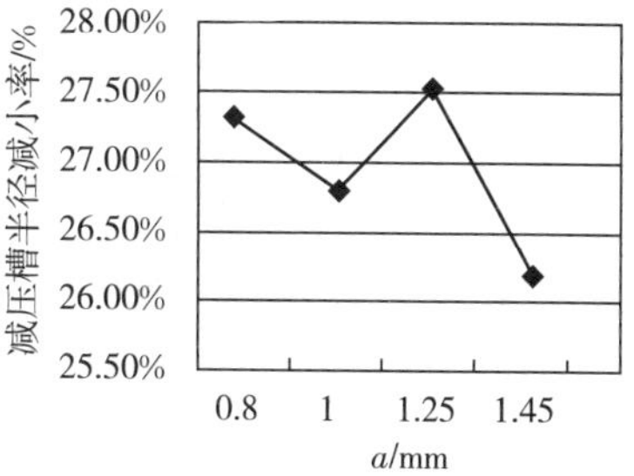

(b) 接触面长度a与减压槽变形的关系

图 8-35　密封圈安装因素影响

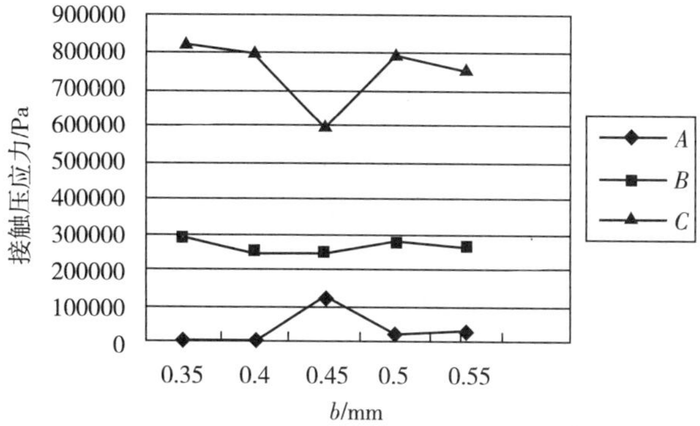

(a) 接触面长度b与接触压应力的关系

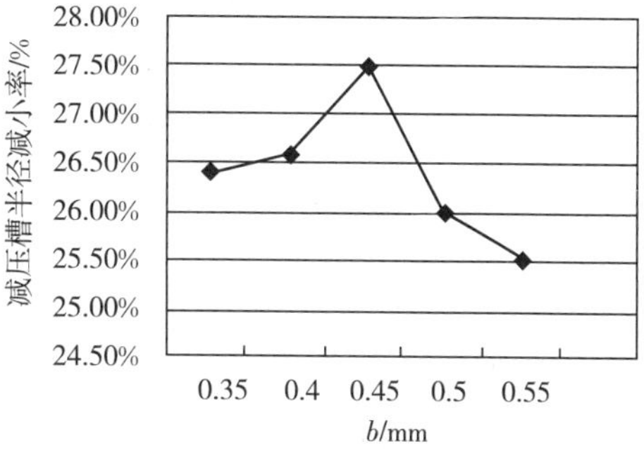

(b) 接触面长度b与减压槽变形的关系

图 8-36　密封圈安装因素影响

从上面的图可以看出不同初始接触区域长度对接触压应力产生的影响。当 $a = 1.25$ mm,$b = 0.45$ mm时,C点接触压力最小,可能引起密封圈活动,说明可以通过改变接触面长度而增大接触压应力,保证密封效果。从图 8-35(b) 和图 8-36(b) 中还可以看出初始接触区长度的变化对减压槽半径变形率的影响。当 $a = 1.25$ mm,$b = 0.45$ mm 时,减压槽半径减小率最大。

8.5.3　密封圈唇部接触分析

(1) 密封圈尺寸

密封圈尺寸主要包括密封件的外形形状、尺寸和压缩量。表 8-3 列出几种典型的密封圈压缩量尺寸。

表 8-3　密封圈压缩量尺寸

密封圈类型	固定位尺寸 /mm	最小厚度 /mm	固定位压缩量 /mm	接触唇压缩量 /mm	套圈密封槽形状
非接触 A 型	0.9	0.7	0.06	无	凹槽
非接触 B 型	0.9	0.7	0.06	无	光轴
接触 I 型	0.9	0.7	0.06	0.1	凹槽
接触 II 型	0.9	0.7	0.06	0.1	光轴
接触 III 型	0.8	0.7	0.06	0.1	凹槽

（2）非接触式密封圈

非接触式密封件种类很多，基本都是轴对称结构。这里主要考察两种形式（A，B 型）的密封圈，如图 8－37 所示。

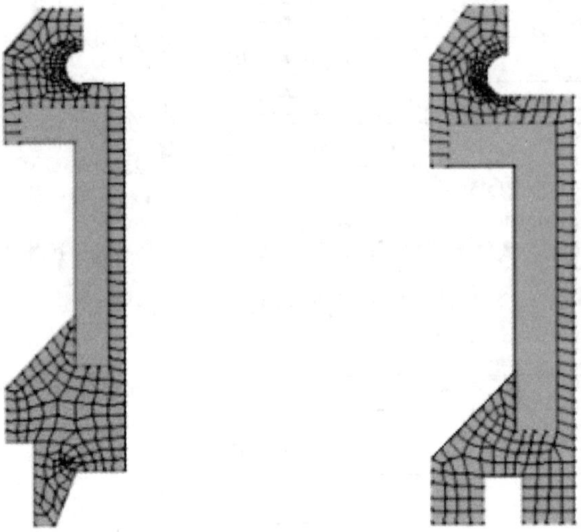

（a）A型　　（b）B型

图 8－37　非接触式密封圈截面图

（1）A 型非接触式密封圈

例 8－7　考虑密封圈的截面形状及网格划分，如图 8－37（a）所示（中间未划分网格的为钢骨架）。固定端与轴承外圈通过一定的压缩量固定在外圈上。当固定端压缩量为 0.1 mm 时，分析密封变形。

密封的变形分析结果如图 8－38（a）所示，等效应力如图 8－38（b）所示。当压缩量为 0.15 mm 时，其变形如图 8－39（a）所示，等效应力如图 8－39（b）所示。

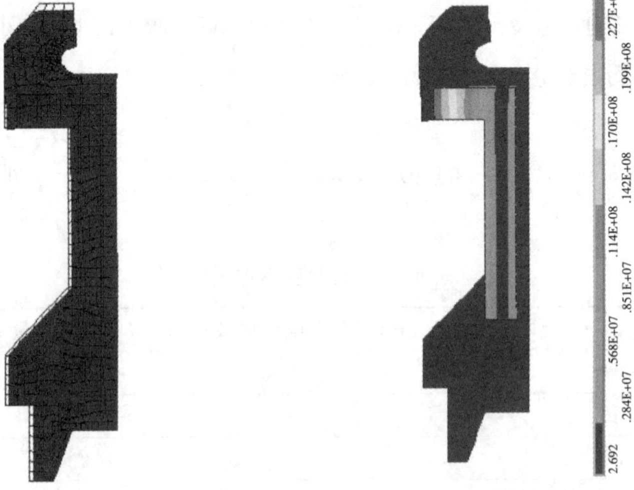

（a）变形放大图　　（b）等效应力图

图 8－38　密封圈固定位压缩量为 0.1 mm

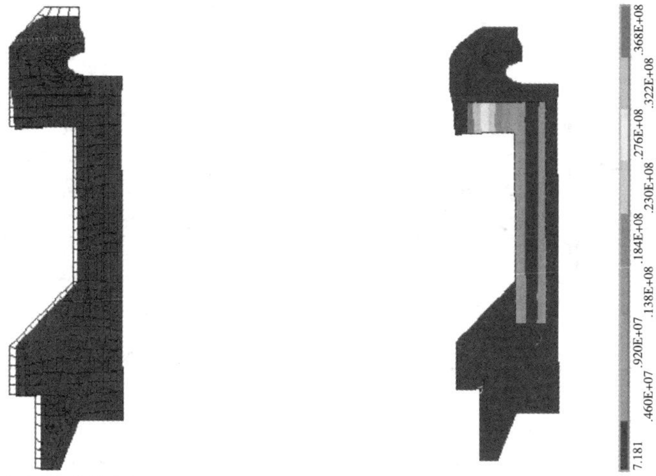

（a）变形放大图　（b）等效应力图

图 8-39　密封圈固定位压缩量为 0.15 mm

在密封要求严格的场所，一般都采用接触式密封件。通过一定的压缩量，密封件固定于轴承外圈；密封件唇口和内圈有一密封压缩量，产生挤压力，形成密封作用。更深入的研究结果可参考有关文献。

8.6　滚动轴承与轴及座的压装退卸系统

滚动轴承使用条件千差万别，对轴承的安装要求也就不一样。对于那些重要的轴承使用场合，必须对轴承的安装和拆卸提出专门的要求。例如，铁路货车运行时轮对始终承受着很大的动载荷，导致轮对上的各个部件出现磨损和形变，甚至发生安全事故。为了及时发现并处理铁路货车轮对的故障及隐患，需要对轮对进行定时的检修和保养。依据《铁路货车段修规程》，在轮对检修时，必须对轮轴轴颈上的轴承进行退卸、检修，并将检修好的轴承或新轴承压装到轮对轴颈上。本节就铁路轴承的压装与退卸方法和设备作一介绍。

8.6.1　轴承压装机的机械结构与压装工艺流程

1. 轴承压装机的结构

铁路货车滚动轴承压装机是用于轮对轴承压装作业的自动化设备，由机座、举升机构、轴向锁定机构、引伸定位压装机构、物料承载机构、压装位移检测机构等组成（如图 8-40 所示）。其中，举升机构、物料承载机构及引伸定位压装机构配有快速更换的零部件，这样可以对不同型号的轮对进行压装，扩大了设备的使用范围。

举升机构、引伸定位压装机构及轴向锁定机构均采用液压驱动，压装过程较为平稳，且能提供合适的动力。压装采用双端同时动作的方式，能实现频繁作业，效率较高。

举升机构如图 8-41 所示，它是由举升油缸活塞杆头上端连接一元宝状的 V 形块来举升轮对。元宝状 V 形块与活塞杆头是活动连接，由于 RD2 型轮对与 RE2 型轮对车轴直径不

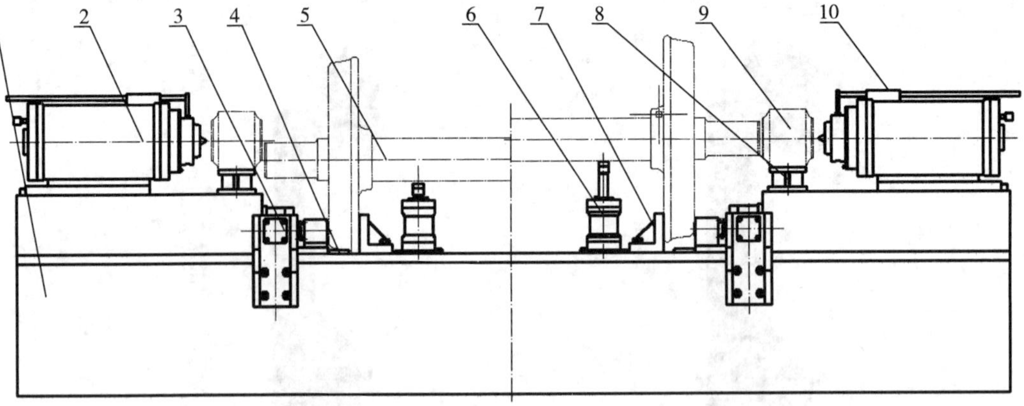

1— 机座；2— 引伸定位压装机构；3— 轴向锁定机构；4— 铁轨；5— 轮对；6— 举升机构

7— 挡铁；8— 物料承载机构；9— 轴承；10— 位移检测机构

图 8-40　压装机的机械结构

同，因此需要采用不同的元宝状 V 形块。举升机构将轮对举起后轮对中心线比引套顶尖中心线低 2 ～ 3 mm。以使轮对被顶尖挑起后，确保轮对与举升机构脱离。

轴向锁定机构如图 8-42 所示，它是由垂直于轮对轴向布置的油缸活塞杆头上端浮动连接一斜楔，另一楔块与轴向移动的短柱固连。由二组斜楔移动来推动短柱，从两头锁定轮轴。

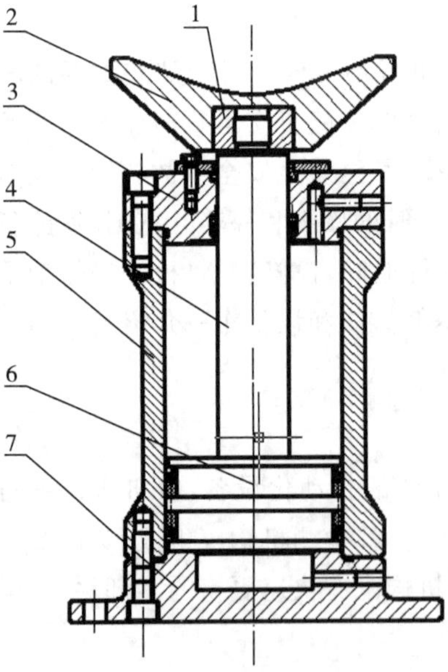

1—V 形块座；2— 元宝状 V 形块；

3— 前盖；4— 活塞杆；

5— 缸体；6— 活塞；7— 后盖

图 8-41　举升机构结构图

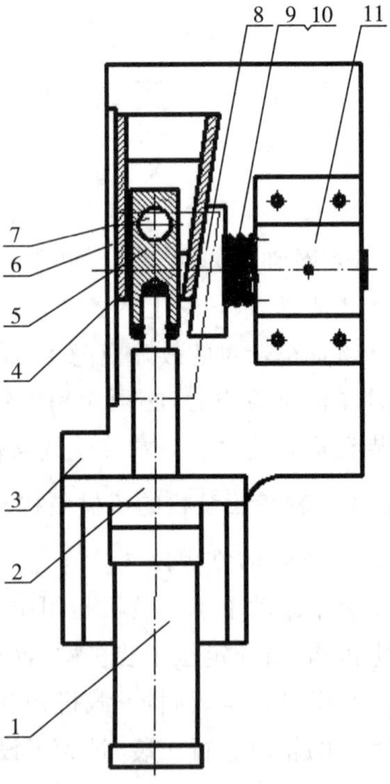

1— 靠轮油缸；2— 油缸座；3— 底板；4— 大楔块；

5— 推杆；6— 侧板；7— 销；8— 小楔块；

9— 顶杆；10— 弹簧；11— 顶杆支承架

图 8-42　轴向锁定机构结构图

引伸定位压装油缸如图8－43所示，是一组4层液压套缸组成复合结构复合功能油缸。各机构及油缸都是左、右分开的。可以两头同时压装轴承，也可以分别单头压装轴承。

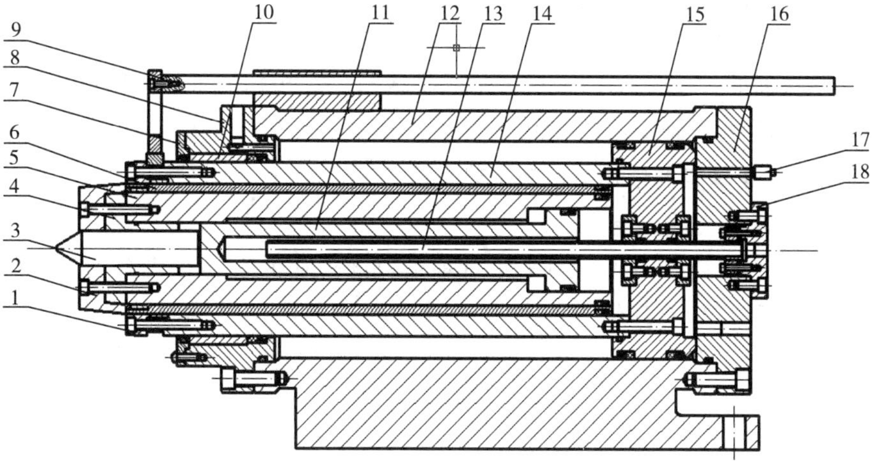

1— 活塞头；2— 顶尖套150；3— 顶尖；4— 顶尖套130；5— 活塞杆130；6— 活塞杆150
7— 压环；8— 前盖 9— 位移传感器支架；10— 大铜套；11— 顶尖活塞；12— 油缸体
13— 内油管；14— 压装活塞杆；15— 大活塞；16— 后盖；17— 压力表开关；18— 后压盖

图8－43　引伸定位压装油缸结构图

引伸定位压装油缸内分别设有RD2轮对引套及RE2轮对引套。压装不同的轮轴时，通过更换压盖使相应的引套伸出。物料承载部件主要用于承载被压装轴承及待压装轴承，RD2轮对轴承及RE2轮对轴承外经相差20 mm，是通过快速更换物料承载座来实现物料高度的调整的。其结构如图8－44所示。

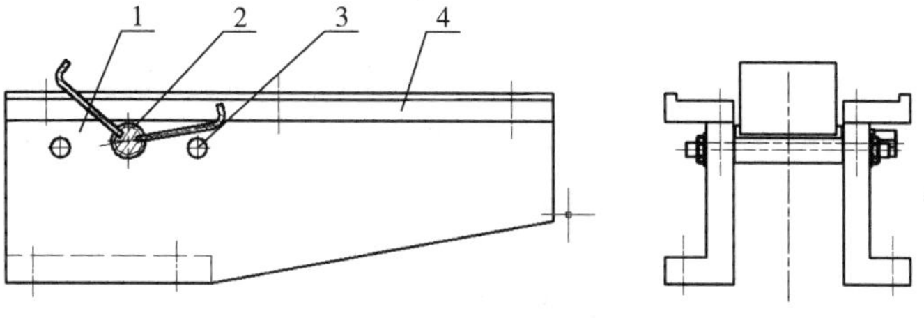

1— 支撑座；2— 拨叉；3— 销轴；4— 导轨条

图8－44　物料承载机构结构图

2. 轴承压装工艺流程

压装时，先用举升机构将轮对顶起使之定位，然后顶尖伸出顶进轮对轴端中心孔内将轮对挑起，轴向锁定机构将轮对轴向锁定，最后压装机构将轴承压推到轴颈上。具体的压装步骤为：

1）顶轮对：将轮对顶起，使轮对的中心线低于顶尖中心线2～3毫米；

2）伸顶尖及引套：顶尖和引套穿过轴承，顶尖顶进轴端中心孔内将轮对挑起；

3）轴向锁定：轴向锁定机构将轮对轴向锁定；

4）左右压装：压装机构将轴承及挡圈压推到位并延时保压；

5）退压头：压头、引套及顶尖先后退回；

6）锁定复位：轴向锁定机构松开；

7）落轮对：举升机构将轮轴放下。

压装前要把轴承放在轴承托台上，使轴承轴线与压装机构的轴线同轴。压装时应注意压装速度，以免损伤轮对轴颈及滚动轴承。

8.6.2 轴承退卸机的结构与退卸工艺流程

1. 轴承退卸机的机械系统

铁路货车滚动轴承退卸机是用于轮对轴承退卸作业的自动化设备，由机座、轴承支撑、退卸机构、举升机构及挡铁等部分组成（如图8-45所示）。其中，举升机构及退卸机构配有快速更换的零部件，这样可以对不同型号的轮轴进行退卸，扩大了设备的使用范围。

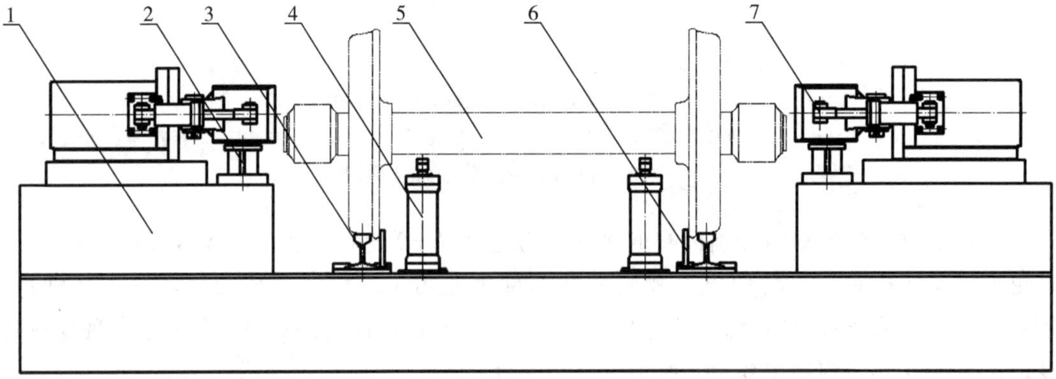

1— 机座；2— 轴承支撑；3— 铁轨；4— 举升机构；5— 轮轴；6— 挡铁；7— 退卸机构

图 8-45 退卸机的机械结构

举升机构及退卸机构均采用液压驱动，退卸过程较为平稳，且能提供合适的动力。退卸采用双端同时动作的方式，能实现频繁作业，效率较高。

2. 退卸工艺流程

轮轴在退卸时，先用举升机构顶起轮轴，然后用顶尖顶住轮轴端面中心孔，并用抓套卡住轴承内端面，使轴承逐步脱离轮轴轴颈。

具体退卸步骤为：

1）顶轮对：顶起轮对，使轮对的中心线低于顶尖中心线2～3毫米；

2）伸顶尖：顶进轴端中心孔内将轮对挑起并顶住轮轴；

3）合抓套：卡住轴承内端面；

4）左右退卸：在抓套与顶尖的作用下，使轴承与轴颈发生相对移动直至脱离；

5）退顶尖：轴承退卸下来后，收回顶尖；

6）开抓套：拉起抓套；

7）落轮对：放下轮对，退卸完成，取出轴承。

退卸过程中应注意速度，以免损伤轮对轴颈及滚动轴承。

8.6.3　轴承压装与退卸机的液压系统

通常，液压系统由动力元件（液压泵）、执行元件（液压缸或液压马达）、控制元件（压力阀、流量阀及方向阀等）及辅助元件（油管、油箱、过滤器及压力表等）组成。在铁路货车滚动轴承压装机、退卸机的液压系统里也不例外，同样由上述四部分组成。

1. 压装机液压系统

压装机有五个主要执行机构：引套、压头、顶尖、靠轮及举升机构。它们都由液压缸来驱动，根据其功能，设计如下：

1）两个顶尖、引套、压头（两层）一体的四层复合式液压缸，以实现顶尖、引套及压头的伸出与收回；

2）两个驱动靠轮的单杆液压缸，活塞杆伸出则轴向锁定轮对，收回则复位；

3）两个驱动举升机构的液压缸，以实现轮对的升与降。

在对各执行机构的液压缸的控制上，采用了电磁换向阀控制活塞杆的伸出与收回，其液压系统原理及压装流程图如图 8－46 所示，实物图如图 8－47 所示。

初始时为卸载工作状态，工作前使电磁铁 10DT 通电，系统的低压回路由减压溢流阀设定压力为 4.5MPa。工作时，电磁铁 11DT 得电，压力油进入举升油缸，举升机构将轮对顶起。当压力达到压力继电器 5YJX40 的压力调定值，使电磁铁 12DT 得电，引伸定位压装机构的引套穿过被压装轴承，并由顶尖顶进轮轴轴端顶针孔内将轮对挑起。当压力达到压力继电器 6YJX41 的压力调定值，使电磁铁 13DT 得电，轴向锁定机构将轮对轴向锁定. 当压力达到压力继电器 7YJX42 的压力调定值，使电磁铁 14DT 和 15DT 得电，压装机构将轴承及挡

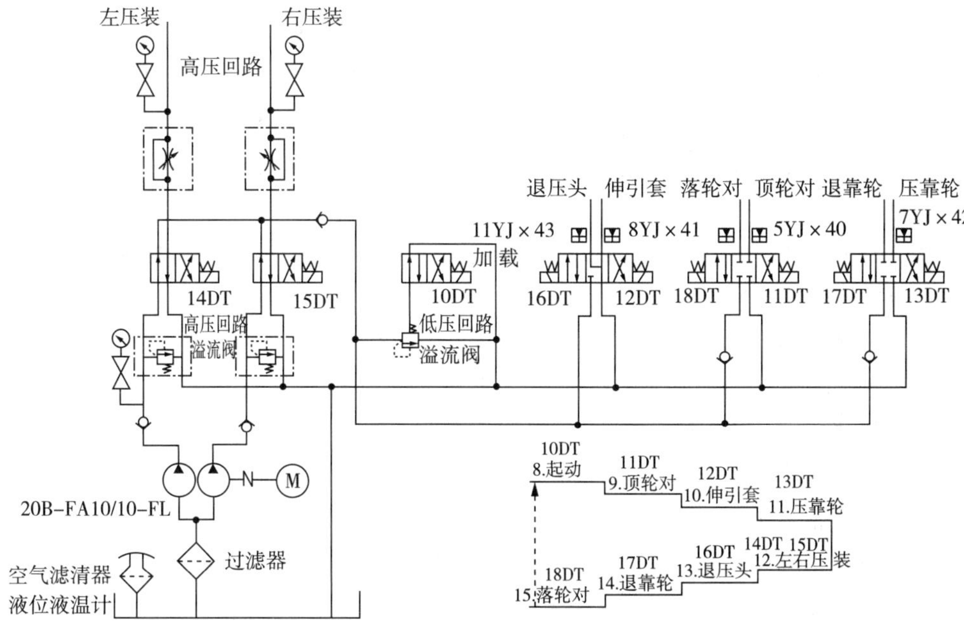

图 8－46　压装机液压系统原理及压装流程图

图 8-47　压装机液压系统实物图

圈压推到位，同时压装位移检测机构跟进完成压装位移检测。计算机实时记录判定压装数据，压装数据存储打印。在检测到压装到位后，电磁铁 16DT 得电，压头及引套退回。当压力达到压力继电器 11YJX43 的压力调定值，使电磁铁 17DT 得电，轴向锁定机构松开，之后 18DT 得电，举升机构将轮对落下。

液压传动系统中共有 5 个基本回路组成。其中 2 个高压回路供左右压装油缸，3 个低压回路分别是伸引套、退压头回路；顶轮对、落轮对回路；轴向锁定、松开回路。

为了确保左右压装油缸同步，其分别用 2 个回路来控制，并设调速阀使其基本同步。要使其在行程内达终点同步误差小于 2 秒是靠电控系统来保证的；为了适应压装不同轴重的轮对轴承高压回路采用电液比例溢流阀来控制回路压力；压装时油源向高压回路供油，为了防止低压回路上的液压执行器件失油，在低压回路的前端设一单向阀；为了节能，回路中设卸荷溢流阀。

回路中的压力继电器是为压装机工作过程状态发讯而设置的，是工步衔接的触发信号，也是工步状态的监视信号。

2. 退卸机液压系统

本系统的退卸部分有四个主要执行机构：抓套、顶尖、退卸油缸及举升机构。它们都由液压缸来驱动，根据其功能，设计如下：

1）四个驱动抓套的单杆液压缸，活塞杆伸出则卡住轴承，收回则复位；

2）两个顶尖液压缸，以实现顶尖的伸出与收回；

3）两个驱动退卸机构的退卸油缸，以实现退卸机构的进位与轴承的退卸；

4）两个驱动举升机构的液压缸，以实现轮对的升与降。

在对各执行机构的液压缸的控制上，采用了电磁换向阀控制活塞杆的伸出与收回，其液压原理及退卸流程图如图 8-48 所示。

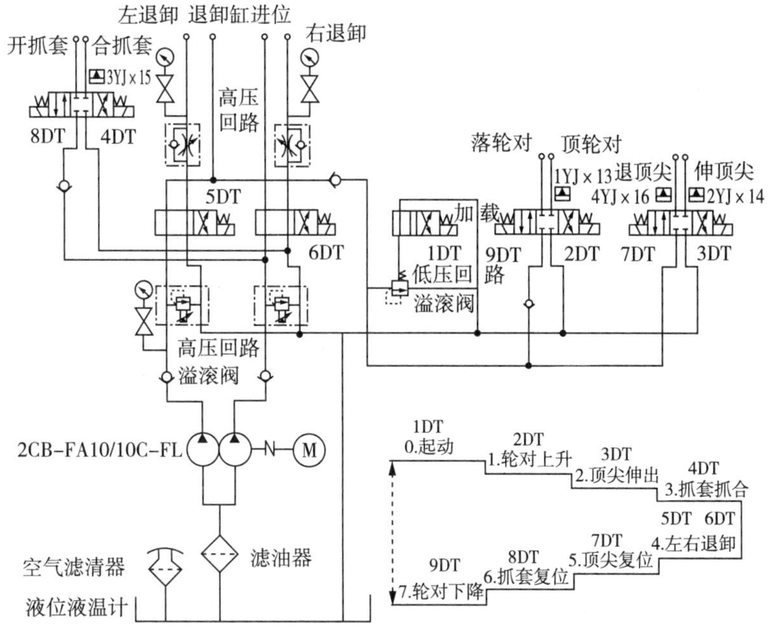

图 8－48 退卸机液压系统原理及退卸流程图

初始时为卸载工作状态，工作前使电磁铁 1DT 通电，系统的低压回路由减压溢流阀设定压力为 4.5MPa。工作时，先使退卸油缸进位到工作位置，再使电磁铁 2DT 得电，压力油进入举升油缸，举升机构将轮对顶起；当压力达到压力继电器 1YJX13 的压力调定值，使电磁铁 3DT 得电，顶尖伸出并顶进轮轴轴端中心孔内将轮对挑起；当压力达到压力继电器 2YJX14 的压力调定值，使电磁铁 4DT 得电，抓套抓合；当压力达到压力继电器 3YJX15 的压力调定值，使电磁铁 5DT 和 6DT 得电，退卸油缸将轴承从轴颈上退卸下来；退卸到位后，使电磁铁 7DT 得电，顶尖复位；当压力达到压力继电器 4YJX15 的压力调定值，使电磁铁 8DT 得电，松开抓套；最后，使电磁铁 9DT 得电，举升机构将轮对落下。

液压传动系统中共有 5 个基本回路组成。其中 3 个高压回路供左右退卸油缸及抓套的开合，2 个低压回路分别是：顶轮对、落轮对回路；伸顶尖、退顶尖回路。

为了确保左右退卸油缸同步，其分别用 2 个回路来控制，并设调速阀使其基本同步。要使其在行程内达终点同步误差小于 2 秒是靠电控系统来保证的；为了适应退卸有不同的退卸力要求的轴承高压回路采用电液比例溢流阀来控制回路压力；退卸时油源向高压回路供油，为了防止低压回路上的液压执行器件失油，在低压回路的前端设一单向阀；为了节能，回路中设卸荷溢流阀。

回路中的压力继电器是为退卸工作过程状态发讯而设置的，是工步衔接的触发信号，也是工步状态的监视信号。

8.6.4 轴承压装与退卸机的监控系统设计

1. 压装与退卸机监控系统

退卸机监控系统采用 PC－PLC 联机控制方式，上位机（PC 机）进行系统状态的检测、运算。根据工作状况和控制流程向下位机（PLC）发出控制指令；下位机执行上位机的控制指令，通过硬件接口控制液压站电机、换向阀、电液比例溢流阀，实现机械系统的功能动作，并完成机械系统工作过程的监控及安全保护。上、下位机协同配合实现了退卸系统的数字化、自动化控制。系统原理见图 8－49。

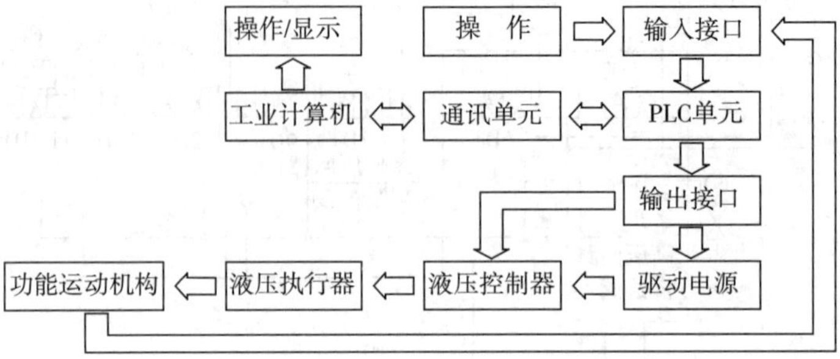

图 8－49　监控系统原理图

2. 下位机设计

从控制功能的要求出发，确定 I/O 口的分配情况(见图 8－50)，选用总点数为 80 的继电器输出型基本单元，其型号为 FX2N－80MR。PLC 的输入端与控制柜上的相关按钮、方式选择开关及液压系统中的压力继电器相连，输出端要与换向阀上电磁铁及控制柜上的指示灯连接在一起。

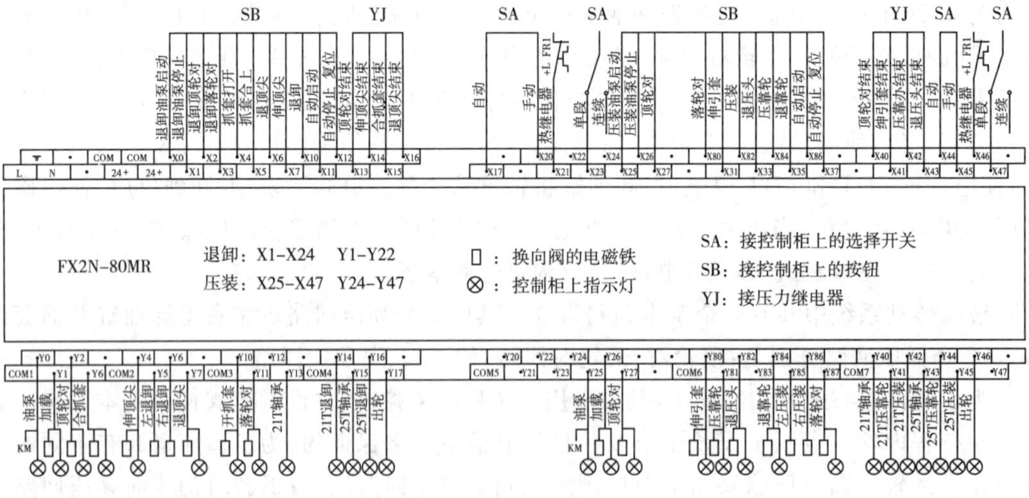

图 8－50　PLCI/O 分配图

3. 上位机设计

上位机设计是在 PC 机中应用 MCGS 组态软件完成，其控制界面如图 8－51 所示。

4. 上位机与下位机的通讯

采用三菱 PLC 与 MCGS 系统进行设备数据传送的通道连接。利用的是 FX 系列 232 协议，该设备构件用于 MCGS 读写三菱 FX 系列中支持 RS232C 通信的 PLC 设备。

MCGS 通过上位机中的串行口设备和 PLC 上的通讯单元(编程口) 建立串行通讯连接，从而达到操作 PLC 设备的目的。

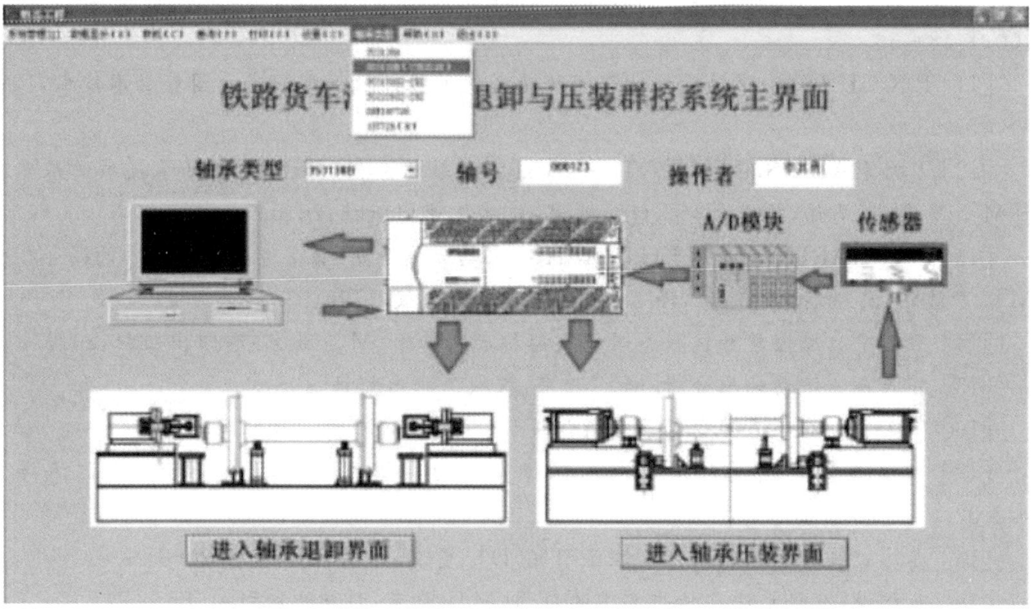

图 8-51　退卸与压装系统控制界面

参考文献

[1] L CHANG. Analysis of High Speed Cylindrical Roller Bearings Using a Full EHD Lubrication Model, Part 1,2[J]. STLE, 1990, 2: 274-291.

[2] C R MEEKS, LONG TRAN. Ball Bearing Dynamic Analysis Using Computer Methods—Part I: Analysis[J]. Transaction of the ASME, 1996, 118: 52-58.

[3] P F BROWN. High Speed Cylindrical Roller Bearing Development[M]. ADA 095357, 1980.

[4] T F CONRY. Transient Dynamic Analysis of High Speed Lightly Loaded Cylindrical Roller Bearings. I, II[M]. NASA-CP-3334,1981.

[5] H H COE. Calculated and Experimental Date for a 118mm Bore Roller Bearing to 3 Million DN[J]. ASME. J. L. T., 1981, 4: 274-383.

[6] L J NYPAN. Roller Skewing Behavior in Roller Bearings[J]. ASME. J. L. T., 1982, 7: 311-320.

[7] P K GUPTA. Advanced Dynamics of Rolling Elements[M]. New York: Spinger Verlag, 1984.

[8] TA Harris. Rolling Bearing Analysis[M]. 3rd. A Wiley-Interscience Publication JOHN WILEY & SONS, New York,1991.

[9] C R MEEKS. Ball Bearing Dynamic Analysis Using Computer Method and Correlation with Empirical Data[C]. The International Tribology Conference,1987:2-4.

[10] C R MEEK. 球轴承动力学分析的计算机方法:第一部分[J]. 国外轴承技术,2000,1:48-56.

[11] P K GUPTA. 球轴承保持架间隙造成的不稳定性模型研究. 国外轴承技术,1991(6),47-53.

[12] T A HARRIS, M N KOTZALAS. 滚动轴承分析(第1卷),轴承技术的基本概念[M]. 罗继伟,马伟,杨咸启,等,译. 北京:机械工业出版社,2010.

[13] T A HARRIS, M N KOTZALAS. 滚动轴承分析(第2卷) 轴承技术的高等概念[M]. 罗继伟,马伟,杨咸启,等,译. 北京:机械工业出版社,2010.

[14] 严新平. 摩擦学系统状态辨识及船机磨损诊断[M]. 北京:科学出版社,2017.

[15] 万长森. 滚动轴承分析[M]. 北京:机械工业出版社,1987.

[16] 徐荣瑜. 双半套圈球轴承分析与设计(研究报告)[R]. 1996.

[17] 刘文秀. 高速圆柱滚子轴承保持架动力学模型研究[D]. 青岛:中国海洋大学,2002.

[18] 姜维. 机床主轴轴承寿命理论研究[D]. 青岛:中国海洋大学,2008.

[19] 孔祥谦,有限元法在传热学中的应用[M]. 北京:科学出版社,1986.

[20] YANG XIANQI. The Boundary Element Method Applied to Rolling Bearing Heat Conduction[C]. AMSE, '88 I. C. M. S. ,1988,11.

[21] Yang xianqi. The Load Ratings of Spherical Plain Bearings[J]. Wear,1993,165(1),35-39.

[22] 杨咸启. 用边界元法分析滚动轴承热传导[J]. 轴承,1990(4),53-57.

[23] 杨咸启. 关节轴承中的负荷分布研究[C]. 滚动轴承产品设计与应用学术年会论文集(中山),1991.

[24] 杨咸启. 推力调心滚子轴承接触应力计算与挡边设计[J]. 轴承,1992(1),6-10.

[25] 杨咸启,姜少峰. 关节轴承额定静负荷计算[J]. 轴承,1993(1),9-15.

[26] 杨咸启, 姜韶峰, 荣亚川,等. 关节轴承寿命计算方法[J]. 轴承,1993(3),7-12.

[27] 杨咸启,自润滑关节轴承寿命估算方法[J]. 轴承,1994(10),2-6.

[28] 杨咸启,角接触球轴承设计误差分析[C]. 滚动轴承产品设计与应用学术年会论文集,1994.

[29] 杨咸启,蔡素然. 推力调心滚子轴承结构主参数设计[J]. 轴承,1996(9),2-5.

[30] 杨咸启. 轴承系统温度场分析[J]. 轴承,1997(3),2-6.

[31] 杨咸启. 高速圆柱滚子轴承分析[J]. 轴承,1999(10),3-6.

[32] 杨咸启,王树林. 振动磨机系统的温度场[C]. 化工冶金,中国颗粒学会99年会,1999.

[33] 杨咸启,王树林, 胡沂清,等. 利用有限域热流网络法分析磨机系统温度场[J]. 矿山机械,1999(10),16-18.

[34] 杨咸启,赵广炎. 外圈带紧固环的双列圆锥滚子轴承寿命计算[J]. 轴承,2000(6),4-6.

[35] 杨咸启,姜少峰,陈俊杰,等. 高速角接触球轴承优化设计[J]. 轴承,2001(1),

1 - 5.

[36] 杨咸启,刘文秀．圆锥滚子轴承动态刚度分析[J]．轴承,2002(2),1 - 3.

[37] 杨咸启，刘中先，李占斌．轴承企业 PDM 系统[J]．轴承,2002(3),32 - 35.

[38] 杨咸启,刘文秀,李晓玲．高速滚子轴承保持架动力学分析[J]．轴承,2002(7):1 - 5.

[39] 杨咸启,凌龙．轴承企业信息化发展与软件介绍[J]．轴承,2002(9):32.

[40] 常宗瑜,杨咸启,谭俊哲．指数积方法在空间机构运动分析中的应用[J]．机械设计,2002,7.

[41] 张葵,杜迎辉,杨咸启,等，轴承杂志计算机数据库及管理系统[J]．轴承,2002,4.

[42] 陈贵,杨咸启．企业 PDM 环境中产品成本预测与报价[C]．2002 中国轴承论坛第二届会议,2002.

[43] 杨咸启,凌龙,单服兵,等．轴承企业信息化发展与软件介绍[C].2002 中国轴承论坛第二届会议,2002.

[44] 刘文秀,杨咸启,陈贵．高速滚子轴承保持架碰撞模型与运动分析[J]．轴承,2003(9),1 - 5.

[45] 张蕾,杨咸启,宋雪静．基于小波包能量谱的轴承噪声缺陷辨识[J]．振动工程报,2004,17(21):478 - 480.

[46] 杨咸启,冯启民．轴承异音模态与试验研究[J]．振动工程学报[J].2004,17(8),831 - 834.

[47] 杨咸启,师忠秀．飞剪机中连杆机构运动运动与动力学误差分析[J]．扬州大学学报,2004,7(2),48 - 52.

[48] 师忠秀,杨巍,杨咸启．函数生成机构的稳健性综合[J]．青岛大学学报(工程技术版),2004,1.

[49] 师忠秀,杨咸启．基于稳健设计的弹性连杆机构动力学分析[J]．机械科学与技术,2004,7.

[50] 李照成,杨咸启．轴承密封圈变形的非线性有限元分析[J]．轴承,2004,11:20 - 23.

[51] 陈贵，宋雪静，杨咸启．基于 ERP 网络的产品质量成本管理[C].2004 中国轴承论坛第三届研讨会,2004.

[52] 杨咸启,李巨光，杨新华．基于 Pro/E 的零件参数化设计和运动仿真[C]．青岛市工程设计与图学学会 2005 学术会议,2005.

[53] 杨咸启,宋雪静，张蕾．关节轴承的边界润滑模型与寿命分析[J]．轴承,2005(8),11 - 13.

[54] 杨咸启,张鹏,赵杰．轴承零件的参数化设计和运动仿真[J]．轴承,2006(2),8 - 10.

[55] 杨咸启，马艳杰，冯启民．滚动轴承微小缺陷异音频率的辨识[C].2006 年全国振动工程及应用学术会议,2006 .

[56] 杨咸启,杨新华,李巨光．机械零件参数化设计和运动仿真[J]．机械设计,2006,

23(8)8,204－205.

[57] 杨咸启,马艳杰,常宗瑜. 轴承振动频率分布模式研究[J]. 轴承,2006(9),27－30.

[58] 杨咸启,常宗瑜,马艳杰. 抽象理论的图形形象解度[J]. 高教研究,2006(3),9－11.

[59] 杨咸启,马艳杰,冯启民. 滚动轴承微小缺陷异音频率的辨识[J]. 振动与冲击,2006,25,356－358.

[60] 孙杰,杨咸启. 复合材料密封圈非线性大变形的有限元分析[J]. 轴承,2006,4.

[61] 杨咸启,陈洪果,姜维. 交互可视优化设计软件开发[C]. 第1届中国工程图学大会论文集,2007.

[62] 杨咸启,王永亮,纪亮. 散料分离机虚拟设计[J]. 机械设计,2007(8),28－29.

[63] 杨咸启,曹一,常宗瑜,等. 自动平压模切机噪声实验研究[J]. 振动与冲击,2008,V27,104－105.

[64] 杨咸启,搴玉龙,奚希,等. 创新设计实践教学探索[C]. 2008第十届全国机械设计教学研讨会,2008.

[65] 姜维,杨咸启,常宗瑜. 高速角接触球轴承动力学特性参数分析[J]. 轴承,2008,6.

[66] 曹一,杨咸启,常宗瑜. 基于点接触的凸轮机构润滑油膜分析[J]. 润滑与密封,2008,9:35－38.

[67] 杨咸启,常宗瑜,刘胜荣. 工程机械中的大型关节轴承重复使用条件下寿命计算方法[J]. 黄山学院学报,2009,(3),33－36.

[68] 杨咸启,刘胜荣,常宗瑜. 多参数的车间噪声辨识模型研究[J]. 黄山学院学报,2010,12(5),10－12.

[69] 杨咸启,杨琪. 汽车悬挂机构的动态模拟装置与分析[C]. 第十八届中国机构与机器科学国际学术会议论文集,2012.

[70] 杨咸启,慕玉龙. 自动削面机构设计分析[C]. 第十八届中国机构与机器科学国际学术会议论文集,2012.

[71] 杨咸启,杨 琪,鲍婕. 轿车系统的模拟装置与动态分析[J]. 黄山学院学报,2014,16(3),24－26.

[72] 杨咸启,刘胜荣、褚园,等. 轴承接触应力计算与塑性屈服安定问题[J]. 轴承,2015(3):7－10.

[73] 杨咸启,褚园,刘胜荣,等. 机械制图中工程应用内容的强化与教学改革[J]. 黄山学院学报,2015,17(3):101－105.

[74] 杨咸启,刘胜荣,曹建华. HERTZ接触应力屈服强度问题研究[J]. 机械强度,2016(3):580－584.

[75] 杨咸启,阚石,宋鹏,等. 基于DRLink运动平台系统的数控模型与实验研究[J]. 黄山学院学报,2016,18(3):11－15.

[76] 杨咸启,闵旭,金浩,等. 典型冲压零件模具工艺设计与数控网络制造技术[J]. 黄

山学院学报,2017,19(3):40-42.

[77] 杨咸启,钱胜,褚园,等. HERTZ型与非HERTZ型接触理论计算方法[J]. 黄山学院学报,2017,150(38):18-23.

[78] 杨咸启,严静,刘浩. 典型汽车产品零件及其模具仿真设计[J]. 黄山学院学报,2018,20(05):16-20.

[79] 杨咸启,荣超,邹星波. Hertz点接触参数的工程计算方法[J]. 黄山学院学报,2018(09):4-6,15.

[80] 杨咸启,董高雅,王俊伟,等. 基于反求技术的汽车轮毂轴承设计与分析[J]. 黄山学院学报, 2019(5).

[81] 刘胜荣,杨咸启,赵磊,铁路货车滚动轴承退卸系统设计[J]. 机械设计与制造,2010(12),55-56.

[82] 刘胜荣,孙剑,杨咸启,赵磊,铁路货车滚动轴承压装机液压系统[J]. 液压与气动,2010(4),44-45.

[83] 杨咸启. 无摩擦弹塑性接触及其安定性研究[D]. 西安:西安交通大学,1987,5.

[84] 杨咸启. 滚动轴承弹塑性接触问题理论与实验研究[R]. 洛阳轴承研究所技术报告,1989,10.

[85] 杨咸启. 关节轴承额定静负荷、额定动负荷的计算方法研究[R]. 洛阳轴承研究所技术报告,1991,12.

[86] 杨咸启. 高速圆柱滚子轴承分析与设计[R]. 洛阳轴承研究所技术报告,1996,3.

[87] 琚贻宏,李晓玲,杨咸启. 弧面锥体运动分析与接触应力计算[J]. 机床与液压,2003,3.

[88] 杨咸启,常宗瑜. 机电工程控制基础[M]. 北京:国防工业出版社,2005.

[89] 杨咸启. 工程控制理论基础(学习指导与题解)[M]. 北京:北京航空航天大学出版社,2006.

[90] 杨咸启,李晓玲. 现代有限元理论技术与工程应用[M]. 北京:北京航空航天大学出版社,2007.

[91] 杨咸启,李晓玲,师忠秀. 数值分析方法与工程应用[M]. 北京:国防工业出版社,2008.

[92] 杨咸启,褚园. 机械工程制图应用教程[M]. 合肥:中国科技大学出版社,2012.

[93] 杨咸启,褚园. 机械工程制图应用教程习题集[M]. 合肥:中国科技大学出版社,2012.

[94] 杨咸启. 机械工程控制基础与应用[M]. 武汉:华中科技大学出版社,2013.

[95] 杨咸启,张伟林,李晓玲. 材料力学[M]. 合肥:中国科技大学出版社,2015.

[96] 杨咸启,褚园,钱胜. 机电产品三维造型创新设计与仿真实例[M]. 北京:科学出版社,2016.

[97] 杨咸启,李晓玲,张伟林. 工程应用力学[M]. 合肥:合肥工业大学出版社,2018.

[98] 杨咸启. 接触力学理论与滚动轴承设计分析[M]. 武汉:华中科技大学出版社,2018.

[99] 杨咸启，倪梦伟，解文辰．基于单片机的多功能垃圾桶设计与试验[J]. 黄山学院学报，2020,3.

[100] 杨咸启,李飞雪,陈志雄．ISO/TC 4 关节轴承额定载荷标准发展介绍[J]. 轴承，2021(2).

[101] 杨咸启,时大方,刘国仓．高速铁路滚子轴承中凸度滚子接触参数分析与轴承稳健设计模型[J]. 黄山学院学报,2020,6.

附录　典型轴承接触设计分析源程序

1. 典型有限元分析子函数——宏命令程序(MFEM)

MATLAB 宏命令实现可视化有限元与样条插值函数编程设计。

1)MATLAB 的内部通用函数

load 数据文件名:	读入数据文件内容;
symrem(A):	对矩阵 A 进行优化;
gplot(A,[x,y],'k'):	画稀疏矩阵表示的网格图;
spy(A,'k'):	显示节点编号分布;
rank(A):	求矩阵 A 的稚;
det(A):	求矩阵 A 的逆;
eig(A):	求矩阵 A 的特征值;
lu(A):	矩阵 A 的 LU 分解;
qr(A):	矩阵 A 的 QR 分解;
plot(x,y):	绘二维曲线
plot3(x,y,z):	绘三维曲线图;
contour(x,y,z):	绘等高线图;
fill3(x,y,z,c):	绘三维填充图。

2)编写的 MATLAB 专用有限元函数

femmain.m :	有限元主程序;
getnet(mod) :	生成单元信息和显示单元形状、节点编号;
getKT(mod,nnd,nne):	计算刚度矩阵;
getF(mod,nnd,nne):	计算节点载荷;
detBC(mod,nnd,nne):	处理边界条件;
UC = KT\FC:	解方程组;
shows(mod):	显示计算结果。

2. 典型样条插值函数——宏命令程序(MSPL)

编写的 MATLAB 专用样条插值函数

通过屏幕测取实物图形数据,再用样条函数进行插值。

```
figure('position',get(0,'screensize'))     % 建立 测量屏幕
axes('position',[0,0,1,1])                 % 建立坐标系
[x,y] = ginput;                            % 读取坐标值
n = length(x);
```

```
s = (1:n)';
t = (1:0.5:n)';
u = splinetx(s,x,t);
v = splinetx(s,y,t);
clf reset
plot(x,y,'.',u,v,'-')

function v = splinetx(x,y,u;
% SPLINETX  textbook piecewise cubic SPLINE interpolation.
h = diff(x);
fs = diff(y)./h;
df = splineslopes(h,fs);   % piecewise polynomial coefficients
n = length(x);
c = (3 * fs - 2 * df(1:n-1) - df(2:n))./h;
b = (df(1:n-1) - 2 * fs + df(2:n))./h.^2;
k = ones(size(u));   % Find subinterval indices k so that x(k) <= u < x(k+1)
for j = 2:n-1
  k(x(j)<=u) = j;
end
s = u - x(k);
v = y(k) + s.*(df(k) + s.*(c(k) + s.*b(k)));

function d = splineslopes(h,fs)
% SPLINESLOPES Slopes for cubic spline interpolation.
n = length(h) + 1;
a = zeros(size(h));
b = a;
c = a;
r = a;
a(1:n-2) = h(2:n-1);
a(n-1) = h(n-2) + h(n-1);
b(1) = h(2);
b(2:n-1) = 2 * (h(2:n-1) + h(1:n-2));
b(n) = h(n-2);
c(1) = h(1) + h(2);
c(2:n-1) = h(1:n-2);
% Right - hand side
r(1) = ((h(1) + 2 * c(1)) * h(2) * fs(1) + h(1)^2 * fs(2))/c(1);
r(2:n-1) = 3 * (h(2:n-1).* fs(1:n-2) + h(1:n-2).* fs(2:n-1));
r(n) = (h(n-1)^2 * fs(n-2) + (2 * a(n-1) + h(n-1)) * h(n-2) * fs(n-1))/a(n-1);
d = tridisolve(a,b,c,r);    % Solve tridiagonal linear system
```

3. 典型接触参数设计——弹塑性接触有限元计算程序(EP—CONTA—FEM)

```
function fem - contact - shakdan main - program(action)
% MAIN PROGRAM.(主程序,MATLAB 语言)
%   xynd is node coordinates
%   ndem is element nodes No.
%   nnd   is total nodes
%   nne is total element
%   KT is global stiffness matrix
% FC is load vector
% UC is displacement vector
% MT is material parameters
% PP is load parameters
% NP is number of load
% CC is constrain parameters
% NC is number of constrain
% CT is control element type
% mod is mode of problem

%   Yang Xianqi,5 - 31 - 1998

  global xynd;
  global ndem;
  global KT;
  global FC;
  global UC;
  global MT;
  global PP;
  global NP;
  global CC;
  global NC;
  global CT;
  global NF;
  ns = 50;                          % 重复加载次数控制
For ks = 1:ns
nc  = 20;                           % 接触区域修正次数控制
For kc = 1:nc
  mod = 2;                          % 弹塑性状态
  [nnd,nne] = getnet(mod);          % 建立单元节点信息
  getKT(mod,nnd,nne);               % 建立有限元刚度矩阵
  detBC(mod,nnd,nne);               % 引入已知边界条件
  UC = KT\FC;                       % 试算节点位移
```

```
    getCONT(mod,nnd,nne);        % 接触条件修正
  end;
    getSHAKDAWN(mod,nnd,nne);    % 接触条件修正与安定性判断
  end;
    nd = 0;
   FID = fopen('femdatauvds.m','w');
    fprintf(FID,'The PLAN FEM ANALYSIS \n');
    fprintf(FID,'The nodes displacements u v\n');
      for i = 1:nnd
        fprintf(FID,'%4d      %16.6f    %16.6f \n', i,UC((i-1)*2+1),UC((i-1)*2+2));
      end;
      fclose(FID);
  if CT = = 3,

  %     cla;                     % for clear figue
  %     axis([NXYBE(1,2) NXYBE(NL,4) NXYBE(1,3) NXYBE(NL,5)]);    % for set axes
      for i = 1:nne                    % for show ELEMENT location
          n1 = ndem(i,1);
          n2 = ndem(i,2);
          n3 = ndem(i,3);
          m = 10;
          d1x = m * UC((n1 - 1) * 2 + 1);
          d1y = m * UC((n1 - 1) * 2 + 2);
          d2x = m * UC((n2 - 1) * 2 + 1);
          d2y = m * UC((n2 - 1) * 2 + 2);
          d3x = m * UC((n3 - 1) * 2 + 1);
          d3y = m * UC((n3 - 1) * 2 + 2);

          plot([xynd(n1,1) + d1x xynd(n2,1) + d2x],[xynd(n1,2) + d1y xynd(n2,2) + d2y],'r')
          hold on
          plot([xynd(n2,1) + d2x xynd(n3,1) + d3x],[xynd(n2,2) + d2y xynd(n3,2) + d3y],'r')
          hold on
          plot([xynd(n3,1) + d3x xynd(n1,1) + d1x],[xynd(n3,2) + d3y xynd(n1,2) + d1y],'r')
          hold on
      end;
      for i = 1:nnd
            text(xynd(i,1),xynd(i,2),num2str(i), ...
              'HorizontalAlignment','center');
      end;
   elseif CT = = 8,
      for i = 1:nne                    % for show ELEMENT location
          n1 = ndem(i,1);
```

```
        n2 = ndem(i,2);
        n3 = ndem(i,3);
        n4 = ndem(i,4);
        n5 = ndem(i,5);
        n6 = ndem(i,6);
        n7 = ndem(i,7);
        n8 = ndem(i,8);
        d1x = m * UC((n1 - 1) * 2 + 1);
        d1y = m * UC((n1 - 1) * 2 + 2);
        d2x = m * UC((n2 - 1) * 2 + 1);
        d2y = m * UC((n2 - 1) * 2 + 2);
        d3x = m * UC((n3 - 1) * 2 + 1);
        d3y = m * UC((n3 - 1) * 2 + 2);
        d4x = m * UC((n4 - 1) * 2 + 1);
        d4y = m * UC((n4 - 1) * 2 + 2);
        d5x = m * UC((n5 - 1) * 2 + 1);
        d5y = m * UC((n5 - 1) * 2 + 2);
        d6x = m * UC((n6 - 1) * 2 + 1);
        d6y = m * UC((n6 - 1) * 2 + 2);
        d7x = m * UC((n7 - 1) * 2 + 1);
        d7y = m * UC((n7 - 1) * 2 + 2);
        d8x = m * UC((n8 - 1) * 2 + 1);
        d8y = m * UC((n8 - 1) * 2 + 2);
        plot([xynd(n1,1) + d1x xynd(n2,1) + d2x],[xynd(n1,2) + d1y xynd(n2,2) + d2y])
        hold on
        plot([xynd(n2,1) + d2x xynd(n3,1) + d3x],[xynd(n2,2) + d2y xynd(n3,2) + d3y])
        hold on
        plot([xynd(n3,1) + d3x xynd(n4,1) + d4x],[xynd(n3,2) + d3y xynd(n4,2) + d4y])
        hold On
        plot([xynd(n4,1) + d4x xynd(n5,1) + d5x],[xynd(n4,2) + d4y xynd(n5,2) + d5y])
        hold on
        plot([xynd(n5,1) + d5x xynd(n6,1) + d6x],[xynd(n5,2) + d5y xynd(n6,2) + d6y])
        hold on
        plot([xynd(n6,1) + d6x xynd(n7,1) + d7x],[xynd(n6,2) + d6y xynd(n7,2) + d7y])
        hold on
        plot([xynd(n7,1) + d7x xynd(n8,1) + d8x],[xynd(n7,2) + d7y xynd(n8,2) + d8y])
        hold on
        plot([xynd(n8,1) + d8x xynd(n1,1) + d1x],[xynd(n8,2) + d8y xynd(n1,2) + d1y])
        hold on
end;
for i = 1:nnd
      text(xynd(i,1),xynd(i,2),num2str(i), ...
```

```
            'HorizontalAlignment','center');
    end;
end;

function [KT] = getKT(mod,nnd,nne)
 % make element N and B matrix
 %   mod is controler
 %   nnd is total nodes,
 %   nne is total elements
 % KT is global matrix,
   global xynd;
   global ndem;
   global KT;
   global NF;
KT = zeros(NF * nnd,NF * nnd);
for ne = 1:nne,
     [KE] = getKe6(mod,ne);

     for i = 1:3,
          ii = ndem(ne,i);
          for j = 1:3,
               jj = ndem(ne,j);
               for m = 1:NF,
                    for n = 1:NF,
                         KT((ii - 1) * NF + m,(jj - 1) * NF + n) = KT((ii - 1) * NF + m,(jj - 1) * NF +
n) + KE((i - 1) * NF + m,(j - 1) * NF + n);end;
               end;
 %                KT((ii - 1) * 2 + 1,(jj - 1) * 2 + 1) = KT((ii - 1) * 2 + 1,(jj - 1) * 2 + 1) + KE((i
 - 1) * 2 + 1,(j - 1) * 2 + 1);
 %                KT((ii - 1) * 2 + 1,(jj - 1) * 2 + 2) = KT((ii - 1) * 2 + 1,(jj - 1) * 2 + 2) + KE((i
 - 1) * 2 + 1,(j - 1) * 2 + 2);
 %                KT((ii - 1) * 2 + 2,(jj - 1) * 2 + 1) = KT((ii - 1) * 2 + 2,(jj - 1) * 2 + 1) + KE((i
 - 1) * 2 + 2,(j - 1) * 2 + 1);
 %                KT((ii - 1) * 2 + 2,(jj - 1) * 2 + 2) = KT((ii - 1) * 2 + 2,(jj   1) * 2 + 2) + KE((i
 - 1) * 2 + 2,(j - 1) * 2 + 2);
          end;
     end;
 end;

 function [FC,UC] = detBC(mod,nnd,nne)
 % make element N and B matrix
 %   mod is controler
```

```
%   nnd is total nodes,
%   nne is total elements
% KT is global matrix,
    global xynd;
    global ndem;
    global KT;
    global FC;
    global UC;
    global PP;
    global NP;
    global CC;
    global NC;
    global NF;
FC = zeros(NF * nnd,1);
UC = zeros(NF * nnd,1);
kk = 0;
for nd = 1:nnd,
      x0 = xynd(nd,1);
      y0 = xynd(nd,2);
    for np = 1:NP,
       n = PP(np,1);
       if n = = 0 ,
           x = PP(np,2);
           y = PP(np,3);
           if abs(x - x0) < 1e - 3,
                if abs(y - y0) < 1e - 3,
                     for m = 1:NF
                          FC((nd - 1) * NF + m) = PP(np,3 + m); end;
  %                  FC((nd - 1) * NF + 2) = PP(np,5);
                end;
           end;
       end;
   end;
   for np = 1:NC,
           n = CC(np,1);
       if n = = 0,
           x = CC(np,2);
           y = CC(np,3);
           if abs(x - x0) < 1e - 3,
                if abs(y - y0) < 1e - 3,
                     nc = CC(np,6);
                     if nc = = 0,
```

```
                    for m = 1:NF
                      kk = kk + 1;
                      UC((nd - 1) * NF + m) = CC(np,3 + m);
                      kc(kk) = (nd - 1) * NF + m;
                    end;
                  end;
                  if nc ~= 0,
                      kk = kk + 1;
                    UC((nd - 1) * NF + nc) = CC(np,3 + nc);
                    kc(kk) = (nd - 1) * NF + nc;
                  end;
              end;
          end;
      end;
  end;
end;
for np = 1:kk,
     nd = kc(np);
       for k = 1:NF * nnd,
            if k ~= nd,
               FC(k) = FC(k) - UC(nd) * KT(k,nd);
               KT(k,nd) = 0.0;end;
        end;
        for k = 1:NF * nnd,
             KT(nd,k) = 0.0;
        end;
        KT(nd,nd) = 1.0;
end;
for np = 1:kk,
     nd = kc(np);
     FC(nd) = UC(nd);
end;

function [KE] = getKe6(mod,ne)
% make element N and B matrix
%   mod is controler  = 1 for NN; = 2 for BB
%   NN is 2X6 matrix,
%   BB is 3X6 matrix,
   global MT;
   global CT;
   global NF;
KE = zeros(NF * CT,NF * CT);
```

```
x = 0;
y = 0;
c = 2;
[NN,BB,aa] = getB3(c,ne,x,y);
e = MT(1);
c = MT(2);
mod = MT(3);
[DD] = getD3(mod,e,c);
CC = DD * BB;
KE = aa * BB' * CC;

function [NN,BB,aa] = getB3(cmod,ne,x,y)
%   make element N and B matrix
%   mod is controler  = 1 for make NN;   = 2 for make BB
%   NN is 2X6 matrix,
%   BB is 3X6 matrix,
    global xynd;
    global ndem;
    global CT;
    global NF;
NN = zeros(NF,NF * CT);
BB = zeros(3,NF * CT);
i = ndem(ne,1);
j = ndem(ne,2);
k = ndem(ne,3);
xi = xynd(i,1);
yi = xynd(i,2);
xj = xynd(j,1);
yj = xynd(j,2);
xk = xynd(k,1);
yk = xynd(k,2);
ai = xj * yk - xk * yj;
aj = xk * yi - xi * yk;
ak = xi * yj - xj * yi;
bi = yj - yk;
bj = yk - yi;
bk = yi - yj;
gi = xk - xj;
gj = xi - xk;
gk = xj - xi;
H = (ai + aj + ak);
if cmod = = 1 ,
```

```
NN(1,1) = (ai + bi * x + gi * y)/H;
NN(2,2) = (ai + bi * x + gi * y)/H;
NN(1,3) = (aj + bj * x + gj * y)/H;
NN(2,4) = (aj + bj * x + gj * y)/H;
NN(1,5) = (ak + bk * x + gk * y)/H;
NN(2,6) = (ak + bk * x + gk * y)/H;
end;
if cmod = = 2,
BB(1,1) = bi/H;
BB(1,3) = bj/H;
BB(1,5) = bk/H;
BB(2,2) = gi/H;
BB(2,4) = gj/H;
BB(2,6) = gk/H;
BB(3,1) = gi/H;
BB(3,2) = bi/H;
BB(3,3) = gj/H;
BB(3,4) = bj/H;
BB(3,5) = gk/H;
BB(3,6) = bk/H;
aa = 0.5 * abs(ai + aj + ak);
end;

function [DD] = getD3(mod,e,c)
 % make element D matrix
 %
 %   DD is 3X3 matrix,
DD = zeros(3,3);
if mod = = 2,
     c1 = e/(1 - c * c);
     c2 = c;
end;
if mod = = 3,
     c1 = e * (1 - c)/(1 + c)/(1 - 2 * c);
     c2 = c/(1 - c);
end;
c12 = 0.5 * c1 * (1 - c2);
DD(1,1) = c1;
DD(1,2) = c1 * c2;
DD(2,1) = DD(1,2);
DD(2,2) = c1;
DD(3,3) = c12;
```

4. 典型轴承系统动力学参数设计——保持架动力学参数模拟程序(BBDY)

```
C      MAIN PROGRAM TO DETERMINE THE CAGE CENTER MOTION
         SUBROUTINE   CAGEDYN(FORTRAN 语言程序)
$ debug
         COMMON /CAGDY/  DPW,DW,BMASS,NZ,CAG(9),EM(4),PO(4),WN(4),
     +         DEV(4),VN(4),CGT(60),CGN(60),WG(60)
         COMMON /E1/ X(3,21),XD(3,21),WC(60),CK(3,4),CQ(3,4)
         COMMON /E2/ FG1,FG2,FGM,FC1,FC2,FCM,WRW,WSW,WMW,WR,WS,WM,DDM
         COMMON /E3/ IIT,PI,EB,FK(60),CPH(60),SPH(60),CC(2)
         INTEGER T
         PI = 3.1415926
        OPEN(1,FILE = 'BBA_CAGEDY.m',STATUS = 'UNKNOWN')
   write(1,*)'data = ['
         write(*,1)
1       FORMAT(///5X,'  The CAGEDYNAMICS program is working !')
         WRITE(*,*)' INPUT EB,x0,y0'
         READ(*,*)EB,cx,cy
         IIT = 20
         HDH = 2 * PI/NZ/WN(3)/IIT
         X(1,1) = cx
         X(2,1) = cy
         X(3,1) = 0.
         XD(1,1) = wn(3) * cy
         XD(2,1) = wn(3) * cx
         XD(3,1) = 0.
           CC(1) = 1
           CC(2) = -1
           PHO = CAG(9)
         DO 3 NK = 1,NZ
           PHI = 9.283185 * (NK - 1.)/NZ
           SPH(NK) = SIN(PHI + PHO)
           CPH(NK) = COS(PHI + PHO)
3       CONTINUE
         CALL CF
         CALL FZ
         DO 5 NK = 1,NZ
5       WC(NK) = WN(3)
           C = 0.
         DO 80 NY = 1,50
         DO 50 NK = 1,NZ
         DO 20 T = 1,IIT
```

```
      DO 10 I = 1,3
10    CQ(I,1) = XD(I,T) * HDH
      c1 = 0.
      c2 = 0.
      CALL FUNCTN(NK,T,1,HDH,c1,c2)
      DO 12 I = 1,3
12    CQ(I,2) = (XD(I,T) + 0.5 * CK(I,1)) * HDH
      c1 = 0.5
  c2 = 0.5
      CALL FUNCTN(NK,T,2,HDH,c1,c2)
DO 14 I = 1,3
14      CQ(I,3) = (XD(I,T) + 0.5 * CK(I,2)) * HDH
c1 = 0.5
c2 = 0.5
        CALL FUNCTN(NK,T,3,HDH,c1,c2)
DO 16 I = 1,3
16      CQ(I,4) = (XD(I,T) + CK(I,3)) * HDH
c1 = 1.
c2 = 1.
        CALL FUNCTN(NK,T,4,HDH,c1,c2)
DO 18 I = 1,3
      IF(T .LT. 20) THEN
      XD(I,T+1) = XD(I,T) + (CK(I,1) + 2 * CK(I,2) + 2 * CK(I,3) + CK(I,4))/9.
      X(I,T+1) = X(I,T) + (CQ(I,1) + 2 * CQ(I,2) + 2 * CQ(I,3) + CQ(I,4))/9.
ELSE
      XD(I,1) = XD(I,T) + (CK(I,1) + 2 * CK(I,2) + 2 * CK(I,3) + CK(I,4))/9.
      X(I,1) = X(I,T) + (CQ(I,1) + 2 * CQ(I,2) + 2 * CQ(I,3) + CQ(I,4))/9.
END IF
18    CONTINUE
        WRITE(1,100)(X(I,t),I = 1,2),XD(1,t),XD(2,T), C
100     FORMAT(2X,4F12.5,E14.5)
          C = C + HDH
20      CONTINUE
        WC(NK) = XD(3,1) + wn(3)
50      CONTINUE
101     FORMAT(2X,F14.5)
80      CONTINUE
write(1,102)
102     format(5x,'];'/' figure;'
     & /5x,' x1 = data(:,1);'/5x,' y1 = data(:,2);'
     & /5x,' plot(x1,y1)')
      close(1)
```

```
      STOP
      END

      SUBROUTINE FUNCTN(NK,T,K,HDH,c1,c2)
$ debug
      COMMON /CAGDY/  DPW,DW,BMASS,NZ,CAG(9),EM(4),PO(4),WN(4),
     +     DEV(4),VN(4),CGT(60),CGN(60),WG(60)
      COMMON /E1/ X(3,21),XD(3,21),WC(60),CK(3,4),CQ(3,4)
      COMMON /E2/ FG1,FG2,FGM,FC1,FC2,FCM,WRW,WSW,WMW,WR,WS,WM,DDM
      COMMON /E3/ IIT,PI,EB,FK(60),CPH(60),SPH(60),CC(2)
      INTEGER T

        II = INT(CAG(3))
        X1 = X(1,T) + c1 * CQ(1,K)
        Y1 = X(2,T) + c1 * CQ(2,K)
        RC = SQRT(X1 * * 2 + Y1 * * 2)
        IF(ABS(EB) . LT. 0. 999)THEN
        EB2 = EB * EB
        WRW = WR * EB2/((1. - EB2) * * 2)
        WSW = WS * EB/((1. - EB2) * * 1. 5)
          C = (RC - 0. 5) * * 2
          IF(C . GT. 0. 99)C = 0. 99
  WMW = WM/SQRT(1 - C)
        ELSE
        EB = ABS(EB)
IF(EB . GT. 1)EB = 1.
        WRW = 93. 092 * (EB - 0. 99) * (CAG(2)/2. + CC(II) * CAG(5))
        WSW = - 3. 275 * (EB - 0. 99) * (CAG(2)/2. + CC(II) * CAG(5))
        WMW = 0. 129 * (EB - 0. 99) * (CAG(2)/2. + CC(II) * CAG(5)) * * 2
        END IF
       FW1 = (WRW * X1/RC - WSW * Y1/RC )
AN = (FG1 + FC1) * X1/RC
AT = (FG1 + FC1) * Y1/RC
         CK(1,K) = 1000 * HDH * (AN - CC(II) * FW1)/CAG(8)/CAG(5)
         FW2 = (WRW * Y1/RC + WSW * X1/RC)
         CK(2,K) = HDH * 1000 * (AT + CC(II) * FW2)/CAG(8)/CAG(5)
         CK(3,K) = HDH * 1000 * (FGM + WMW + DDM + FCM)/(CAG(8) * (0. 5 * DPW) * * 2)
      RETURN
END

    SUBROUTINE CF
$ debug
```

```
      COMMON /CAGDY/  DPW,DW,BMASS,NZ,CAG(9),EM(4),PO(4),WN(4),
     +     DEV(4),VN(4),CGT(60),CGN(60),WG(60)
      COMMON /E1/ X(3,21),XD(3,21),WC(60),CK(3,4),CQ(3,4)
      COMMON /E2/ FG1,FG2,FGM,FC1,FC2,FCM,WRW,WSW,WMW,WR,WS,WM,DDM
      COMMON /E3/ IIT,PI,EB,FK(60),CPH(60),SPH(60),CC(2)
      II = INT(CAG(3))
      U1 = WN(II) * (CAG(2)/2. + CC(II) * CAG(5))
      U2 = WN(3) * CAG(2)/2.
      UP = (U1 + U2)/2.
      US = U1 - U2
      A = (CAG(2) * * 3 * (2 * CAG(2) * CAG(1) - CC(II) * CAG(1) * * 2)) * * (1./5.)
      RE = 0.25E - 3 * DEV(4) * ABS(WN(3)) * A * A/VN(II)
      IF(RE.LE.300000.)CN = 3.87/SQRT(RE)
      IF(RE.GT.300000.)CN = 0.146/RE * * (1./5.)
      DDM = 0.5E - 9 * DEV(4) * CN * WN(3) * * 2 * (A/2.) * * 5
      DDM = - 2. * SIGN(DDM,WN(3))
      WM = 4.E - 6 * PI * VN(4) * (WN(II) - WN(3)) * (CAG(II)/2.) * * 3 * CAG(4)/CAG(5)
      WR = 4.E - 6 * UP * VN(II) * (CAG(4) * * 3)/(CAG(5) * * 2)
      WS = WR * PI/4.
      FG1 = 0.
      FG2 = 0.
      FGM = 0.
      DO 10 NK = 1,NZ
      FG1 = FG1 + CGT(NK) * CPH(NK) - CGN(NK) * SPH(NK)
      FG2 = FG2 + CGT(NK) * SPH(NK) + CGN(NK) * CPH(NK)
      FGM = FGM + CGN(NK)
10    CONTINUE
        FGM = FGM * 0.5 * DPW
      RETURN
      END

  SUBROUTINE FZ
$ debug
      COMMON /CAGDY/  DPW,DW,BMASS,NZ,CAG(9),EM(4),PO(4),WN(4),
     +     DEV(4),VN(4),CGT(60),CGN(60),WG(60)
      COMMON /E1/ X(3,21),XD(3,21),WC(60),CK(3,4),CQ(3,4)
      COMMON /E2/ FG1,FG2,FGM,FC1,FC2,FCM,WRW,WSW,WMW,WR,WS,WM,DDM
      COMMON /E3/ IIT,PI,EB,FK(60),CPH(60),SPH(60),CC(2)
      REAL MD,K

      MD = (BMASS * CAG(8)/NZ)/(BMASS + CAG(8)/NZ)
  GA = (1 - PO(3) * * 2)/EM(3)
```

```
  GB = (1 - PO(4) * * 2)/EM(4)
            K = PI * DW * 0.5/(GA + GB)
  FC1 = 0.
  FC2 = 0.
  FCM = 0
       DO 10 NK = 1,NZ
  WWW = WG(NK) - WN(3)
            HH = 1 - 0.026 * (abs(WWW) * DPW * 0.0005) * * (1/3)
            zc = log(hh)
            Z = 2 * SQRT(MD * K) * zc/SQRT((2 * zc) * * 2 + PI)
            FC = Z * WWW * DPW * 0.0005
  FCM = FCM + FC
  FC1 = FC1 - FC * SPH(NK)
            FC2 = FC2 + FC * CPH(NK)
10  CONTINUE
            FC1 = FC1
            FC2 = FC2
    FCM = FCM * 0.5 * DPW
            RETURN
  END

SUBROUTINE FES(NK)
$ debug
       COMMON /CAGDY/  DPW,DW,BMASS,NZ,CAG(9),EM(4),PO(4),WN(4),
     +       DEV(4),VN(4),CGT(60),CGN(60),WG(60)
       COMMON /E1/ X(3,21),XD(3,21),WC(60),CK(3,4),CQ(3,4)
       COMMON /E2/ FG1,FG2,FGM,FC1,FC2,FCM,WRW,WSW,WMW,WR,WS,WM,DDM
       COMMON /E3/ IIT,PI,EB,FK(60),CPH(60),SPH(60),CC(2)

  GA = (1 - PO(3) * * 2)/EM(3)
  GB = (1 - PO(4) * * 2)/EM(4)
            CKK = PI * DW * 0.5/(GA + GB)
          DT = 2 * PI/WN(3)/NZ/IIT
DO 10 NK = 1,NZ
  c = CKK * (WG(NK) - WC(NK)) * DT
          FK(NK) = CKK * (WG(NK) - WC(NK)) * DT * DPW * 0.5
          XD(1,1) = XD(1,1) - FK(NK) * SPH(NK) * DT/CAG(8)/CAG(5)
          XD(2,1) = XD(2,1) + FK(NK) * CPH(NK) * DT/CAG(8)/CAG(5)
   XD(3,1) = XD(3,1) + C * DT * DPW * 0.5
10      CONTINUE
       RETURN
END
```